Werkstoffe für Gleitlager

Bearbeitet von

H. Berchtenbreiter · W. Bungardt · E. vom Ende
Frhr. F. K. v. Göler · R. Kühnel · H. Mann
H. v. Selzam · R. Strohauer · A. Thum · R. Weber

Herausgegeben von

Dr.-Ing. R. Kühnel
Oberreichsbahnrat in Berlin

Mit 324 Abbildungen

Berlin
Verlag von Julius Springer
1939

ISBN-13: 978-3-642-98833-2 e-ISBN-13: 978-3-642-99648-1
DOI: 10.1007/978-3-642-99648-1

Softcover reprint of the hardcover 1st edition 1939

Vorwort.

Nur wenige der Lagerwerkstoffe sind wirkliche Heimstoffe. In Ländern, in denen Rohstoffmangel eine zielbewußte Heimstoffwirtschaft voraussetzt, muß die Frage der Bewertung und der Auswahl zweckmäßig zusammengesetzter und doch hochleistungsfähiger Lagerwerkstoffe im Mittelpunkt des Interesses stehen. Selten vielseitig ist die Zahl der Einflüsse, von denen das Verhalten des Lagerwerkstoffs abhängt, ebenso vielseitig Form und Verwendung des einzelnen Lagers. Besonders schwierig ist daher auch auf diesem Gebiet die Gewinnung eindeutig übertragbarer Betriebserfahrungen und sogar auch schon der Laboratoriumsprüfungsergebnisse. Trotzdem verlangt eine zielbewußte Heimstoffwirtschaft neben den kurzgefaßten Richtlinien und Umstellnormen noch ein kleines Handbuch, das Ziel und Sinn aller dieser Anweisungen erweitert und sie miteinander verbindet. Als Obmann des Ausschusses für Werkstoffe im Fachausschuß für Werkstoffkunde im VDI konnte ich mich daher der Aufforderung des Verlages, ein solches Buch herauszugeben, nicht entziehen. Zu vielseitig ist das Gebiet, zu stürmisch die Entwicklung, als daß man schon heute in einem solchen Buch alles erfassen könnte. Um den Inhalt zu beschränken, ist von allem abgesehen, was nicht unmittelbar zum Thema gehört. Die Durchführung der mechanischen und chemischen Untersuchung, die Probenahmen, sind nicht erörtert worden, auch von einem allgemeinen Aufsatz über die Gußtechnik von metallischen Lagerwerkstoffen wurde abgesehen, jedoch findet sich darüber Näheres in den Einzelabsätzen. Der allgemeine Teil enthält drei Absätze: Grundlagen der Konstruktion, Auswahl und Bewertung und Lagerprüfung. Im Hauptteil ist unterschieden: in Kunststoffe und metallische Gleitlagerwerkstoffe. Bei letzteren wieder ist unterteilt in Legierungen und gehärtete und gesinterte Metalle. Die Legierungen sind gruppiert nach dem Werkstoff, aus dem sie überwiegend bestehen. Allerdings ließ sich diese Unterteilung nicht ganz streng durchführen, weil die Norm, an die ich mich ebenfalls halten mußte, manchmal andere Wege gegangen ist und die Legierungen mit Blei als Hauptbestandteil nach ihrem Zinngehalt bezeichnet, weil dieser der wichtigste Fremdstoff ist. Der Absatz Legierungen enthält daher nur

1. Aluminiumlegierungen (einschl. Magnesiumlegierungen),
2. Kadmiumlegierungen,

3. Kupferlegierungen, davon

a) Rotguß und Bronzen, hierunter auch die Aluminiumbronzen und Messinge,

b) Bleibronzen, denen wegen ihrer Wichtigkeit ein besonderer Abschnitt gewidmet ist,

4. Zinklegierungen,

5. Zinn- und Blei-Zinnlegierungen.

Alle Einzelabsätze haben etwa den gleichen Aufbau: Herstellungstechnik, mechanische Eigenschaften, Aufbau, Erfahrungsbeispiele, Fehler und ihre Beseitigung. Die Verfasser stehen teils auf der Erzeuger-, teils auf der Verbraucherseite, teils sind sie reine Wissenschaftler. So ist auch hier Einseitigkeit vermieden und ein abgerundetes Gesamtbild des Stoffes gegeben. Auch an dieser Stelle sei den Verfassern — auch den Verwaltungen der Werke, denen sie angehören, ebenso den Behörden — herzlichst gedankt dafür, daß sie sich in dieser Zeit des technischen Hochbetriebes trotz der für sie damit verbundenen Mehrbelastung noch bereit gefunden haben, ihre so sehr in Anspruch genommene Zeit für den Zweck dieses Buches zur Verfügung zu stellen. Der Verlag hat keine Kosten gescheut, die technische Ausgestaltung aufs Beste durchzuführen. Auch ihm sei dafür bestens gedankt. Nicht unerwähnt sei auch die ehrenamtliche Mitarbeit so vieler ungenannter Fachgenossen, deren Mitteilungen in den Ausschüssen mit dazu beigetragen haben, daß die Unterlagen, auf denen dieses Buch aufbaut, zunächst einmal entstehen konnten. Es herrscht in Deutschland kein Mangel an wirklich guten Fachbüchern, ich glaube aber, daß mit diesem Buch über die Gleitlagerwerkstoffe, trotzdem und nicht nur in Deutschland eine fühlbare Lücke geschlossen wird.

Berlin, im Februar 1939.

R. KÜHNEL.

Inhaltsverzeichnis.

Allgemeiner Teil.

Seite

Spezieller Teil.

A. Nichtmetallische Stoffe (Kunststoffe).

B. Legierungen.

Allgemeiner Teil.

I. Allgemeine Grundlagen für Konstruktion der Gleitlager.

Von Obering. H. v. SELZAM, VDI, Berlin.

Mit 24 Abbildungen.

Für den allgemeinen Maschinenbau galt das Lager mit seinen dort bis jetzt üblichen mittleren und kleineren Beanspruchungen noch bis vor kurzem als ein gelöstes Problem, bei dem Schwierigkeiten nicht zu erwarten waren, solange man sich in den alten und gewohnten Bahnen bewegte. Erst die Verknappung der devisenbelasteten Lagerwerkstoffe und die dadurch notwendig gewordene Umstellung auf geeignete Austauschwerkstoffe hatten zur Folge, daß sich der Konstrukteur wieder eingehender mit den Fragen der zweckmäßigen Lagerung und Schmierung befassen muß als er es bis dahin im allgemeinen gewohnt war. Es seien deshalb im folgenden nochmals die wichtigsten Gesichtspunkte, die für die Gestaltung und Berechnung der Lager beachtet werden müssen, zusammengefaßt und an einem Zahlenbeispiel erläutert. Sie gelten selbstverständlich für alle Lagerwerkstoffe, wenn sie auch für viele Austauschstoffe erhöhte Bedeutung gewinnen.

1. Allgemeine konstruktive Gesichtspunkte.

a) Ausgußdicken.

Die Verwendung von hochbleihaltigen Weißmetallen bei Lagern mit hohen spezifischen Flächenpressungen setzt voraus, daß die Ausgußdicken verhältnismäßig gering gemacht werden, anderenfalls besteht die Gefahr, daß der Ausguß weggequetscht wird. Das gilt in geringerem Maße natürlich auch für hochzinnhaltige Weißmetalle. Diese Forderung steht im Gegensatz zu den früheren Anschauungen, denen zufolge man die Weißmetallschicht gar nicht dick genug machen konnte! Man bezweckte damit wohl ein besseres Einlaufen der damals üblichen dünnen biegsamen Wellen in den langen Lagern. Bei den heutigen kurzen Lagern und kräftigen Wellen ist dieser Grund hinfällig, und man sollte sowohl aus technischen als auch aus wirtschaftlichen und devisenpolitischen Gründen die Weißmetalldicke nur so groß machen, wie es die Ausgießtechnik oder die gegebenenfalls verlangte Nachstellbarkeit der Lager erfordert. Die in Zahlentafel 1 angegebenen Richtwerte sollten nach Möglichkeit nicht überschritten werden.

Zahlentafel 1.
Ausgußdicken[1] für Weißmetall-Lager.

Zapfendurchmesser mm	Grundschalen aus Gußeisen[2] mm	Stahlguß oder Stahl[3] mm	Rotguß oder Bronze[4] mm
Von 20 bis 50		2	0,5
Über 50 „ 75	2,5	2,5	0,75
„ 75 „ 100	3	2,5	1
„ 100 „ 150	3,5	3	1,5
„ 150 „ 200	4	3	1,5
„ 200 „ 250	4,5	3	
„ 250 „ 300	5	3,5	
„ 300 „ 350	5,5	4	
„ 350 „ 400	6	4,5	
„ 400 „ 450	6,5	5	
„ 450 „ 500	7	5	
„ 500 „ 550	7,5	5	
„ 550	8	5	

b) Befestigung der Weißmetallausgüsse in den Grundschalen.

Zur Befestigung des Ausgusses mit der Grundschale verwendet man in der Regel die bekannten Schwalbenschwanznuten. Diese sind aber wegen der dadurch bedingten ungleichmäßigen Stoffverteilung unerwünscht. Sie sollten deshalb im allgemeinen nur da angewendet werden, wo eine einwandfreie Bindung des Ausgusses mit der Grundschale nicht sicher erzielt werden kann, z. B. bei Gußeisen-Stützschalen. Stahlguß, Stahl, Rotguß und namentlich Bleibronze lassen sich dagegen gut verzinnen. Bei Stützschalen aus diesen Werkstoffen kann dann, wenigstens bei kleineren Abmessungen bis zu etwa 250 mm Lagerdurchmesser, ganz auf Schwalbenschwanznuten verzichtet werden. Es genügt, wenn die auszugießenden Lagerbohrungen geschruppt werden. Infolgedessen kann man in diesen Fällen auch mit den Ausgußdicken beträchtlich heruntergehen, d. h. entsprechende Gießvorrichtungen und geübte Leute vorausgesetzt, bis auf 0,5 mm und weniger. Man muß dabei allerdings in Betracht ziehen, ob die Lager unter Umständen draußen an Ort und Stelle unter ungünstigen Verhältnissen neu ausgegossen werden müssen.

Kann man auf die Schwalbenschwanznuten nicht verzichten, soll man sie verhältnismäßig klein machen und ihre Anzahl beschränken. Für die Bemessung und Anordnung der Nuten werden folgende Richtlinien gegeben (Abb. 1):

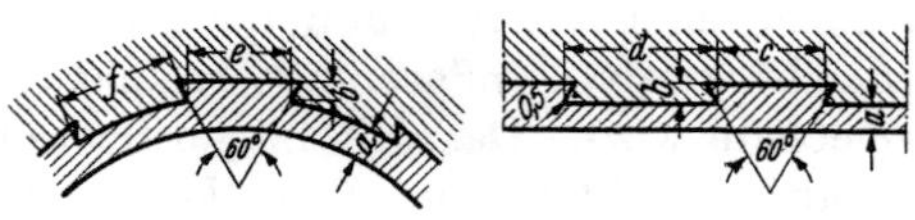

Abb. 1. Schwalbenschwanznuten.

Dicke $b = \sim 0{,}5\,a$, Abstand $d \leq \sim 15\,a$ für Ringnuten,
Breite $c = \sim 3\,a$ für Ringnuten, Abstand $f \leq \sim 20\,a$ für Längsnuten,
Breite $e = \sim 2\,a$ für Längsnuten, Flankenwinkel $= 60°$.

[1] Die angegebenen Werte gelten für die fertig bearbeiteten Lager.
[2] Befestigung des Ausgusses *mit* Schwalbenschwanznuten.
[3] Bohrung der Grundschale geschruppt, *keine* Schwalbenschwanznuten; sollen Schwalbenschwanznuten vorgesehen werden oder wird Nachstellbarkeit verlangt, Ausgußdicken wie bei Grundschalen aus Gußeisen.
[4] Bohrung der Grundschale geschruppt, *keine* Schwalbenschwanznuten.

Alle Kanten sind mit mindestens $r = 0{,}5$ mm sorgfältig abzurunden, um die Gefahr von Rissen oder Brüchen herabzusetzen. Ein eventuelles Hochziehen des Ausgusses an den Lagerseitenflächen hat mit gleichbleibender oder sich nach außen leicht vergrößernder Ausgußdicke unter Anpassung an die Hohlkehle oder Abschrägung der Lagerkontur zu erfolgen[1].

Für die Verzinnung der Stützschalen verwendet man bis jetzt in der Regel ein Lötzinn von 80% Zinn und 20% Blei. Es sind Bestrebungen im Gange, auch beim Lötmittel Zinn zu sparen, z. B. durch Anwendung einer Legierung ähnlicher Zusammensetzung wie die des vorgesehenen Lagerausgusses. Bei Grundschalen aus Gußeisen, Stahlguß oder Stahl wird man aber auf das 80%ige Zinnlot nicht verzichten können und trotzdem durch die dann mögliche starke Verringerung der Anzahl und der Größe der Schwalbenschwanznuten bzw. durch ihre gänzliche Beseitigung beträchtliche Zinnersparnisse gegenüber einer Ausführung mit starker mechanischer Verklammerung des Ausgusses erzielen.

c) Konstruktive Maßnahmen zur Erzielung vollkommener Schmierung.

Für den Betrieb eines Lagers ist stets *vollkommene* Schmierung anzustreben, d. h. der Zustand flüssiger Reibung. Bekanntlich berühren sich bei diesem die beiden aufeinandergleitenden Teile nicht mehr, sondern sie sind stets und an allen Punkten der Gleitflächen durch eine dünne, aber zusammenhängende Flüssigkeitsschicht voneinander getrennt, so daß ein Verschleiß nicht mehr auftreten kann. Der Druck in dieser Schmierschicht muß also so groß sein, daß er die ganze Lagerbelastung aufzunehmen imstande ist. Das ist nur unter zwei grundsätzlichen Voraussetzungen möglich: Erstens muß das Schmiermittel ein mehr oder weniger großes Haftvermögen an den Gleitflächen besitzen, zum anderen müssen diese Gleitflächen in der Bewegungsrichtung gegeneinander geneigt sein, so daß sich ein keilförmiger Flüssigkeitsspalt bilden kann. Die bewegte Gleitfläche läuft gewissermaßen auf der Schmierschicht auf und erhält sich auf dieser vermöge der Gleitgeschwindigkeit schwimmend. Diese Neigung der Gleitflächen gegeneinander wird z. B. bei Querlagern in einfacher Weise durch das *Lagerspiel* — als zahlenmäßiger Unterschied zwischen den Durchmessern der Bohrung und des Zapfens — erreicht. Das an der Oberfläche des Zapfens haftende Schmiermittel wird durch die Drehbewegung in den sichelförmigen Keilspalt, den Welle und Bohrung miteinander bilden, hineingetrieben und angestaut. Der auf diese Weise entstehende Staudruck hebt die Welle an, und zwar um so mehr, je höher die Drehzahl ist. Der Wellenmittelpunkt beschreibt dabei etwa einen Halbkreis (Abb. 2).

[1] Ausführungsformen findet man in dem Heft: A. Erkens: Konstruktive Lagerfragen, Grundlagen und Richtlinien für die Gestaltung von Gleitlagern. Berlin: VDI-Verlag G. m. b. H. 1937.

Ein sattes „Auftuschieren“ des Zapfens auf die Lagerschale ohne jegliches Spiel, wie es vielfach aus Unachtsamkeit oder Unkenntnis noch geschieht, ist demnach grundsätzlich falsch und macht einen verschleißlosen Betrieb nicht möglich. Nur bei Schwinglagern und hoch belasteten

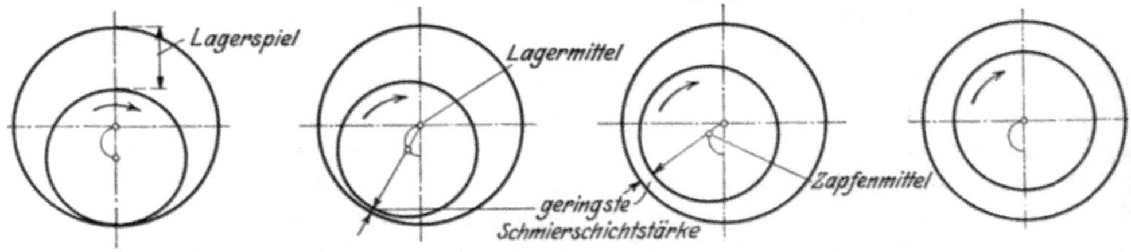

Abb. 2. Lage des Zapfens im Lager bei verschiedener Drehgeschwindigkeit und Belastung von oben nach unten. (Aus Falz: Grundzüge der Schmiertechnik, 2. Aufl.)

Lagern mit sehr geringer Umfangsgeschwindigkeit, die zur Ausbildung eines genügenden Ölkeildruckes nicht ausreicht, ist „spiellose“ Lagerung anzustreben.

Je kleiner das Lagerspiel ausgeführt werden kann, umso größer wird die Tragfähigkeit des Lagers. Andererseits ist das Lagerspiel nach unten begrenzt durch die Unebenheiten δ und δ_1 der aufeinandergleitenden Oberflächen (Abb. 3) und der unvermeidlichen Abweichungen von der genauen Zylinderform. Werkstattseitig werden die Schwierigkeiten in der Herstellung geringer Spiele um so größer, je größer die Lagerdurchmesser werden. Diesem Umstand tragen die

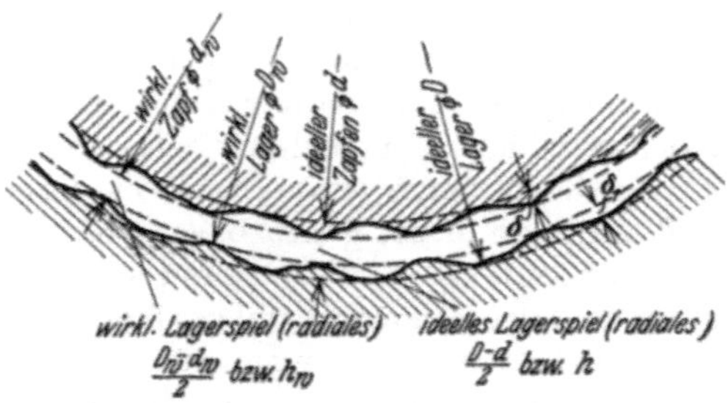

Abb. 3. Schematische, stark vergrößerte Darstellung der Bearbeitungsunebenheiten eines zentrisch in einem Lager schwimmenden Zapfens. (Aus Falz: Grundzüge der Schmiertechnik, 2. Aufl.)

Laufsitzpassungen nach DIN bzw. ISA Rechnung, wobei für normale Fälle der DIN-Sitz L in B bzw. der ISA-Sitz f 7 in H 7 als Mindestspielsitz in Betracht kommen. Hochwertige Gleitflächenbearbeitung verbunden mit weitgehendster Einhaltung der zylindrischen Form bedeuten also wirksame Maßnahmen zur Steigerung der Lagertragfähigkeit.

Bei hohen Drehzahlen[1] oder verhältnismäßig zähen Schmiermitteln kann es notwendig werden, das werkstattmäßig herstellbare „Kleinstlagerspiel“ auf Kosten der Lagertragfähigkeit erheblich zu vergrößern, um zu vermeiden, daß die Welle durch den Ölkeildruck zu stark angehoben wird. Nach der hydrodynamischen Schmiertheorie ist die Lage

[1] Über das Lagerspiel bei sehr hohen Drehzahlen vgl. auch die Ausführungen auf S. 18 und 19.

des Wellenmittelpunktes zum Lagermittelpunkt abhängig von dem Verhältniswert

(1) $$\varphi = \frac{19{,}1 \cdot c \cdot P \cdot (D-d)^2}{z \cdot n \cdot d^4 \, (l:d)},$$

und zwar besteht nach FALZ[1] die Beziehung

(2) $$\varphi = \frac{2{,}08}{1-\chi} \quad \text{für} \quad 1-\chi \leqq 0{,}5 \quad \text{bzw.} \quad \chi \geqq 0{,}5.$$

Hierbei sei:

P = die Lagerbelastung in kg,
D = der „ideelle", d. h. der bis zum Grunde der Oberflächenunebenheiten gemessen gedachte Lagerschalendurchmesser gemäß Abb. 3 in m,
d = sinngemäß der „ideelle" Zapfendurchmesser in m,
z = die absolute Zähigkeit des Schmiermittels in $\text{kg} \cdot \text{s/m}^2$ *,
n = die Drehzahl je min,
l = die Lagerlänge in m,
c = $\frac{d+l}{l}$ ein Korrektionsfaktor für endliche Lagerlängen,
χ = die verhältnismäßige (d. h. die als Teil des radialen Lagerspieles $\frac{D-d}{2}$ ausgedrückte) Exzentrizität des Zapfenmittelpunktes gemäß Abb. 5.

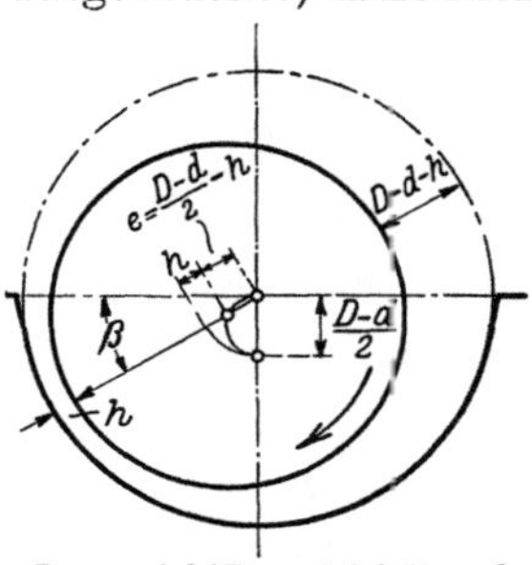

Abb. 4. Lagerspiel, Exzentrizität und geringste Schmierschichtstärke, als absolute Größen dargestellt. (Aus FALZ: Grundzüge der Schmiertechnik, 2. Aufl.)

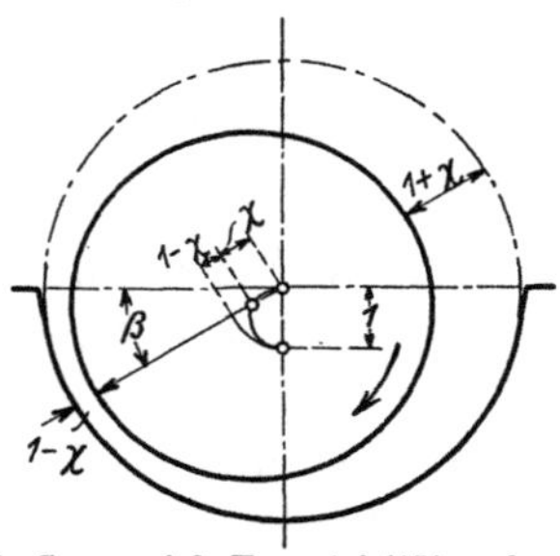

Abb. 5. Lagerspiel, Exzentrizität und geringste Schmierschichtstärke, als Verhältnisgrößen dargestellt. (Aus FALZ: Grundzüge der Schmiertechnik, 2. Aufl.)

Um ruhigen Wellenlauf zu erzielen, sollte man es vermeiden, daß der Zapfen sich auf eine verhältnismäßige Exzentrizität von weniger als $\chi = 0{,}5$ einstellt. Nach Formel (2) bedeutet das:

$$\varphi = \frac{2{,}08}{1-\chi} \geqq \sim 4.$$

Setzt man diesen Wert in Gl. (1) ein und löst nach $D-d$ auf, so ergibt sich als Bedingung für sehr rasch laufende Wellen ein ideelles Mindestlagerspiel von

(3) $$D-d \geqq 2\,d^2 \sqrt{\frac{z \cdot n \cdot (l:d)}{19{,}1 \cdot c \cdot P}}.$$

[1] E. FALZ: Grundzüge der Schmiertechnik, 2. Aufl. Berlin: Julius Springer 1931.

* Näheres hierüber siehe in dem unter Anmerkung 1, S. 5, angeführten Werk, Kap. 7.

Das wirkliche Lagerspiel ergibt sich daraus zu

$$D_w - d_w = (D - d) - 2\,(\delta + \delta_1)\,^* \qquad \text{(Abb. 3)}.$$

Bei der Bemessung des Lagerspiels ist darauf zu achten, daß das benötigte Spiel im *Betriebszustand* vorhanden sein muß, wenn das Lager den der Rechnung zugrunde gelegten Anforderungen genügen soll. In der Regel wird die Welle während des Betriebes eine höhere Temperatur einnehmen als das Lager, auch ist dieses oft an der freien Ausdehnung nach außen behindert. Infolgedessen wird das „Warmspiel" S_w geringer sein als das „Kaltspiel" S_k. Letzteres muß also um den sog. „Spielzuschlag" Z'' größer gemacht werden als das für den Betriebszustand gewünschte oder berechnete Warmspiel[1]. Demnach besteht die Beziehung

$$(4) \qquad S_k = S_w + Z'' \text{ mm}.$$

Für Stahlzapfen kann der nötige Spielzuschlag berechnet werden nach der Formel

$$(5) \qquad Z'' = \frac{S_1 \cdot d'' \cdot T_1}{66600} \text{ mm},$$

wobei bedeuten:

d'' = den Zapfendurchmesser in mm,

T_1 = den Temperaturunterschied zwischen Schmierschicht und Herstellungstemperatur des Lagers,

S_1 = einen von der Lagerbauart und dem Lagerwerkstoff abhängigen Zahlenwert.

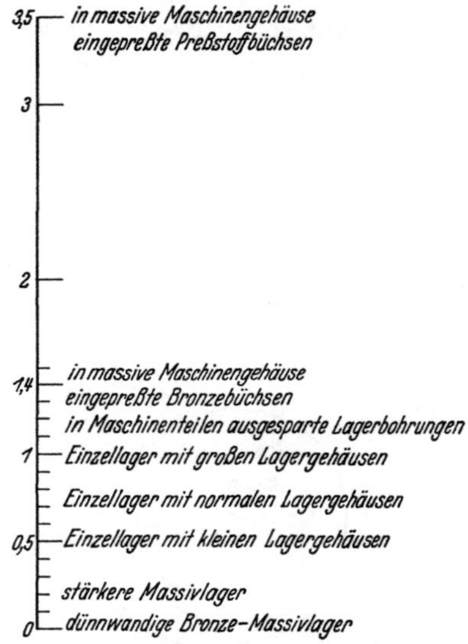

Abb. 6. Darstellung der Abhängigkeit des Zahlenwertes S_1 von Lagerbauart und Lagerwerkstoff.

Die Größe von S_1 bewegt sich zwischen dem Mindestwert Null für z. B. Bronzeschalen, die sich frei nach außen ausdehnen können, so daß das Kaltspiel auch im Betrieb erhalten bleibt, und dem Höchstwert von etwa 3,5 für Preßstoffbüchsen, die von einer festen Gehäusewand umschlossen werden (Abb. 6).

Schmiernuten, Ölzufuhr. Wie wir gesehen haben, muß beim Zustand flüssiger Reibung Gleichgewicht herrschen zwischen der Summe der Schmierschichtdrücke eines Lagers einerseits und der resultierenden Lagerbelastung andererseits. Im Interesse gesteigerter Tragfähigkeit

* Erfahrungswerte über δ und δ_1 siehe in dem unter Anmerkung 1, S. 5, angeführten Werk, Kap. 10.

[1] FALZ, E.: Der Wärmeausgleich im Gleitlager. Petroleum, Berl. Bd. 29 Nr. 36. — Das Lagerspiel bei höheren Temperaturen. Petroleum, Berl. Bd. 30 Nr. 2.

des Lagers muß deshalb danach getrachtet werden, die Gleichmäßigkeit der belasteten Lagerfläche in keiner Weise zu unterbrechen. So wirken Nuten jeglicher Art schädlich, ganz besonders dann, wenn sie mit Stellen geringeren Druckes in Verbindung stehen. Die Wirkung solcher Nuten geht aus Abb. 7 anschaulich hervor. Die früher so beliebten Kreuznuten sind deshalb unbedingt zu verwerfen. Ebenso sind Ringnuten schädlich, da sie das Lager in mehrere schmale Lager unterteilen und damit das axiale Abströmen des Schmiermittels begünstigen. Das gilt natürlich auch für Druckschmierung, da der Pumpendruck im Vergleich zum Lagerdruck verschwindend klein ist. Der Vorteil der Druckschmierung liegt bekanntlich darin, daß die Zwischenräume zwischen Zapfen und Schale dauernd und überreichlich mit Öl durchspült werden, so daß neben guter Schmierung auch noch gute Kühlung und bei wechselnder Belastung stoßdämpfende Wirkung erzielbar sind.

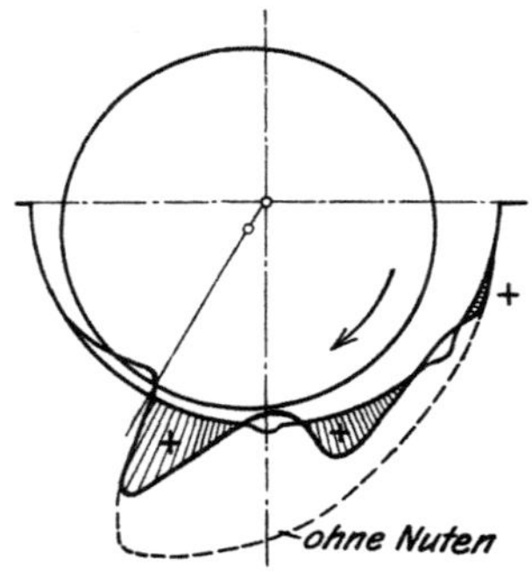

Abb. 7. Verringerung des Schmierschichtdruckes durch Anordnung zweier axial durchgehender Schmiernuten. (Aus FALZ: Grundzüge der Schmiertechnik, 2. Aufl.)

Die Schmiermittelzuführung hat stets auf der nichtbelasteten Zapfenseite zu erfolgen. Öltaschen, die zur Verteilung des Öles über die Zapfenlänge dienen, dürfen nicht bis zum Ende der Lagerschale geführt werden, sondern es muß ein genügend breiter Steg stehen bleiben, um ein seitliches Abströmen des Öles möglichst zu vermeiden. Die Öltaschen müssen in der Drehrichtung schlank keilförmig in die Lagerlauffläche übergehen. Es empfiehlt sich, diese Stellen in den Zeichnungen vergrößert herauszuziehen, da erfahrungsgemäß sonst von der Werkstatt zu wenig darauf geachtet wird und die Ausführung unsachgemäß erfolgt (Abb. 8). Bei kurzen Lagern verbreitert man die Öltaschen in Drehrichtung nach der Lagerlängsmitte hin, was den Ölstrom mehr dorthin lenken und damit dem seitlichen Abströmen des Öles entgegenwirken soll[1].

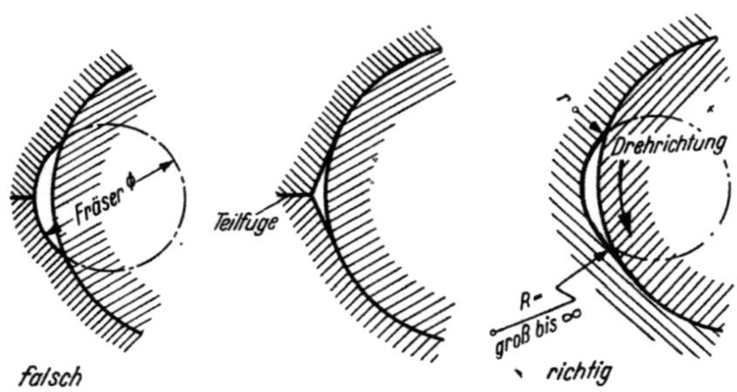

Abb. 8. Falsche und richtige Ausbildung der Öltaschen.

Für die Weiterleitung des Öles bei Druckschmierung werden auch heute vielfach noch Ringnuten vorgesehen. Ein Beispiel, wie sich diese

[1] FALZ, E.: Zweckmäßige Gleitlagerschmiernuten. AWF-Mitt. Nr. 202.

zum Teil vermeiden lassen, zeigen die Abb. 9a—d für die Hauptlager, das Kurbelzapfenlager und das Kreuzkopfbolzenlager einer liegenden Kolbenmaschine. Das Drucköl tritt oben in die unbelastete Oberschale des Hauptlagers (Abb. 9b) ein. Die Mittelnut erstreckt sich von oben nur noch bis knapp zur Mitte der Seitenschalen. Der Zapfen des *freien*

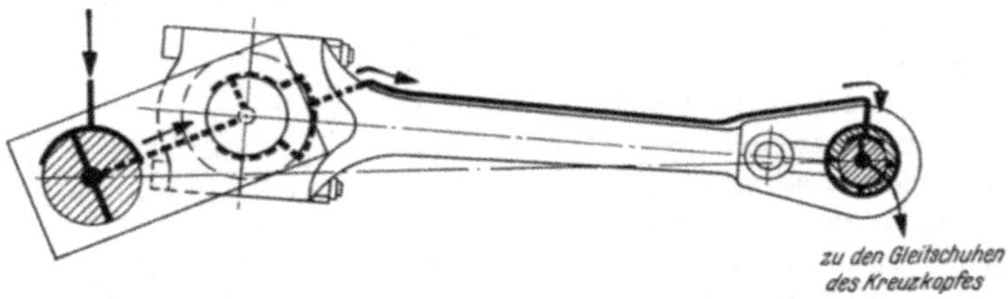

Abb. 9a. Schmierschema für das Triebwerk einer liegenden Kolbenmaschine mit Druckumlaufschmierung.

Endes der gekröpften Welle, der durch kein Drehmoment beansprucht wird, erhält eine radial durchlaufende Bohrung, deren beide Enden abwechselnd mit der Ölzuführungsnut in Verbindung stehen. Dadurch wird dem Kurbelzapfenlager (Abb. 9c), das durch die Welle von der radialen Bohrung des Hauptlagerzapfens aus geschmiert wird, während eines Winkels von etwa 2×160°, also fast dauernd, Drucköl zugeführt. Der Kurbelzapfen ist nur bis zur Zapfenmitte radial angebohrt in einem Winkel von 90° zur Kurbelebene. Das Öl tritt während 2×90° in seitliche Nuten des Kurbelzapfenlagers ein, von wo es zum Kreuzkopfzapfenlager weitergeleitet wird. Durch diese Ölführung werden die in der Hauptsache belasteten Lagerflächen von keinen Nuten unterbrochen.

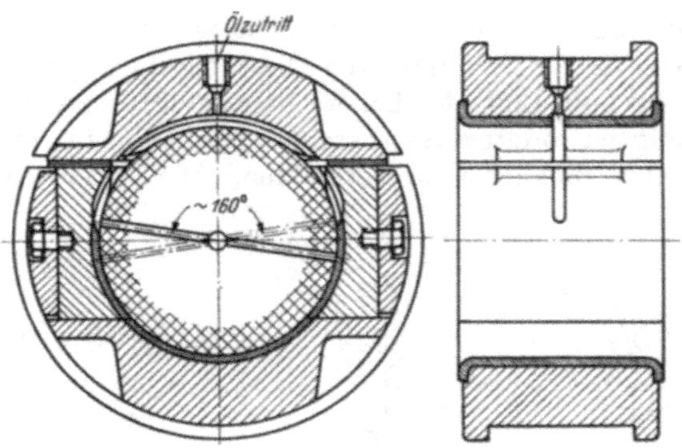

Abb. 9 b. Hauptlager einer liegenden Kolbenmaschine mit Druckumlaufschmierung.

Grundsätzlich verschieden von den Lagern umlaufender Zapfen liegen die Verhältnisse bei Schwinglagern. Bei diesen ist die Umfangsgeschwindigkeit sehr klein, so daß sich kein genügend hoher Ölkeildruck ausbilden kann, der den meist hohen spezifischen Flächendruck allein aufzunehmen in der Lage ist. Man verzichtet deshalb möglichst überhaupt auf ein Lagerspiel und tuschiert die Schalen auf den Zapfen auf.

Bei Schwinglagern mit Druckwechsel hat man dafür zu sorgen, daß beim Loslösen des Zapfens von der Schale an dieser Stelle möglichst schnell Öl zugeführt werden kann, damit keine Luft in den Lagerspalt gesaugt wird und beim Druckwechsel genügend Öl vorhanden ist, um beim Auftreffen des Zapfens auf die Schale stoßdämpfend zu wirken. Die Ölzuführung hat deshalb im Gegensatz zu Lagern umlaufender

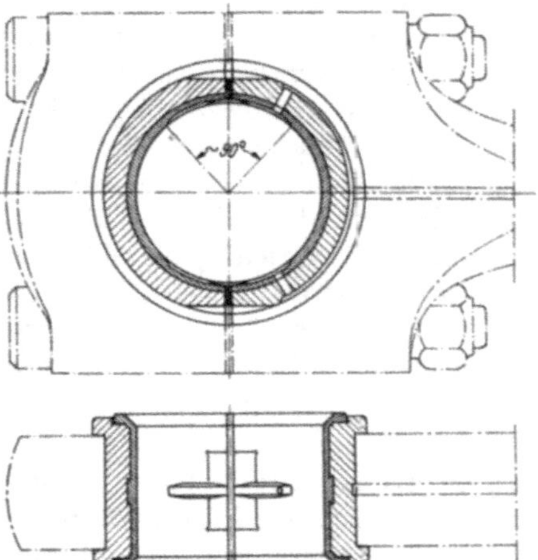

Abb. 9 c.

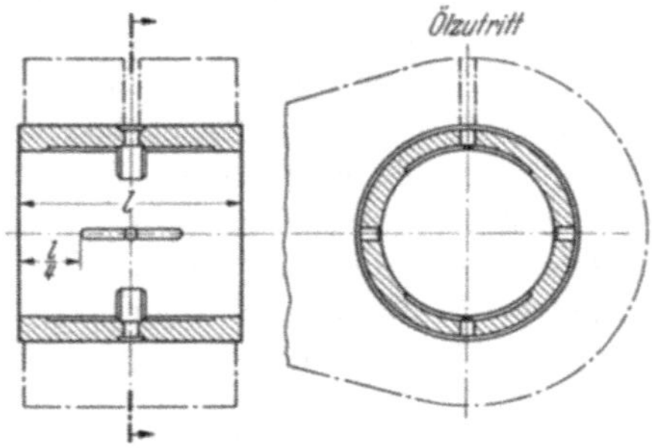

Abb. 9 d.

Abb. 9 c und d. c Kurbelzapfenlager, d Kreuzkopfbolzenlager einer liegenden Kolbenmaschine mit Druckumlaufschmierung.

Zapfen in der Lagermitte an der Stelle höchsten Druckes zu erfolgen! (Abb. 9d.) Für eine schnelle Verteilung in axialer Richtung wird eine kurze Längsnut vorgesehen, die sich von der Mitte aus nach jeder Seite auf etwa $^1/_4$ der Lagerlänge erstreckt und deren Kanten schlank keilförmig abgeschrägt werden (Abb. 10).

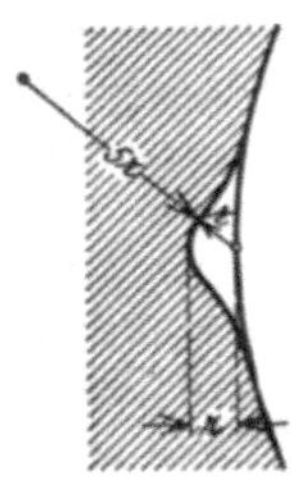

Abb. 10. Normale Schmiernuten. (Aus FALZ: Grundzüge der Schmiertechnik, 2. Aufl.)

Bei Schwinglagern ohne Druckwechsel ist vollkommene Schmierung nicht möglich. Um genügend Öl zwischen die Gleitflächen zu bekommen und wenigstens halbflüssige Reibung zu erzielen, sind in der belasteten Schalenhälfte mehrere schmale Längsnuten einzuarbeiten, die von einer mittleren Ringnut aus mit Öl versorgt werden. Diese Nuten, die wiederum nach Abb. 10 gut abzuschrägen sind, werden zweckmäßigerweise in einem Abstand voneinander angeordnet, der dem Schwingungsausschlag entspricht.

G e t e i l t e L a g e r ; N a c h s t e l l b a r k e i t. Wir haben gesehen, daß die tragende Lagerfläche nach Möglichkeit nicht von Nuten unterbrochen werden und eine möglichst gleichmäßige zylindrische Form haben soll. Die Teilfugen mehrteiliger Lager wirken ähnlich wie Nuten und stören die Ölkeilbildung. In dieser Hinsicht sind also einteilige Lagerbüchsen am besten, vierteilige Lager am ungünstigsten.

Zweiteilige Lager stehen zwischen beiden. Besonders gefährdet sind vierteilige Lager mit Druckschrauben- oder Keilnachstellung, bei denen es leicht vorkommt, daß die Seitenschalen bremsbackenähnlich gegen den Lagerzapfen gedrückt werden, dadurch ölabstreifend wirken und Ölkeilbildung wegen Fehlens jeglichen Spiels unmöglich machen. Durch im Sinne der Drehrichtung schwach keilförmiges Freischaben der Seitenschalen, das aber nicht bis zu den Lagerenden durchgeführt werden darf, läßt sich diesem Übelstand bis zu einem gewissen Grade begegnen. Vorzuziehen ist eine Lagerkonstruktion, bei der eine eventuelle Nachstellung durch Einlegen von Beilageblechen vorgenommen wird (Abb. 9b). Aber auch hier ist man nicht sicher, daß aus Unkenntnis zu starke Beilagen eingebaut werden und dadurch ebenfalls die erwähnte gefährliche Bremsbackenwirkung erzielt wird. Eine genaue Unterrichtung des Maschinenpersonals ist jedenfalls unerläßlich. Schmiertechnisch richtig ausgebildete und kräftige zweiteilige Lager sind auch bei kleineren *liegenden* Kolbenmaschinen vierteiligen Lagern vorzuziehen. Bei größeren Maschinen wird man aber aus Montagegründen nicht immer auf letztere verzichten können, da sie werkstattmäßige Ungenauigkeiten leichter auszugleichen gestatten.

Verhältnis Lagerlänge zu Lagerdurchmesser. Von wesentlichem Einfluß auf die Belastbarkeit eines Lagers ist seine *Länge*. Während man diese früher ein Mehrfaches des Durchmessers machte, um die spezifischen Flächendrücke gering zu halten, ist man in neuerer Zeit zu der Erkenntnis gekommen, daß verhältnismäßig kurze Lager trotz hoher spezifischer Drücke besser laufen als lange, bzw. daß sie sogar noch höhere Kräfte aufzunehmen in der Lage sind. Das läßt sich damit erklären, daß infolge der Durchbiegung der Wellen Kantenpressungen auftreten, die sich naturgemäß bei einem langen Lager stärker bemerkbar machen müssen als bei einem kurzen. Hinzu kommt noch, daß sich bei kurzen Lagern der Abstand von der Kraftebene in der Regel verkleinern läßt und dadurch die Durchbiegung der Welle an sich schon geringer wird. Andererseits wird bei einem kürzeren Lager der Ölverlust größer werden und damit die Tragfähigkeit sinken. Beide Einflüsse wirken also einander entgegen, und es muß zwischen dem zu langen Lager und dem zu kurzen Lager ein günstigster Wert liegen. FALZ[1] hat den Einfluß der Lagerlänge auf die Tragfähigkeit eines Lagers rechnerisch untersucht und die dabei ermittelte Gesetzmäßigkeit durch Auswertung von Versuchen, die vom Prüffeld für Maschinenelemente der Technischen Hochschule Charlottenburg an einem Caro-Bronzebüchslager durchgeführt worden sind, im wesentlichen bestätigt gefunden. Die Zone der tragfähigsten Lagerlänge liegt hiernach etwa zwischen

[1] FALZ, E.: Einfluß der Lagerlänge auf die Tragfähigkeit. Petroleum, Berl. Bd. 27 Nr. 16.

$l:d = 1,0$ und $l:d = 0,5$. Bei gekröpften Kurbelwellen von Dampfmaschinen, Kompressoren und Dieselmaschinen haben sich z. B. praktisch bewährt[1]:

Für Kurbelzapfenlager Werte von $l:d \approx 0,7$—$0,9$,
für Hauptlager Werte von $l:d \approx 0,6$—$1,0$.

Abb. 11 zeigt die Kurbelwellen eines älteren und eines neueren Kompressors mit etwa gleichen Kolbenhöchstkräften einander gegenübergestellt. Aus der gedrungenen Bauart der neueren Welle erkennt man deutlich den Wandel der Anschauungen.

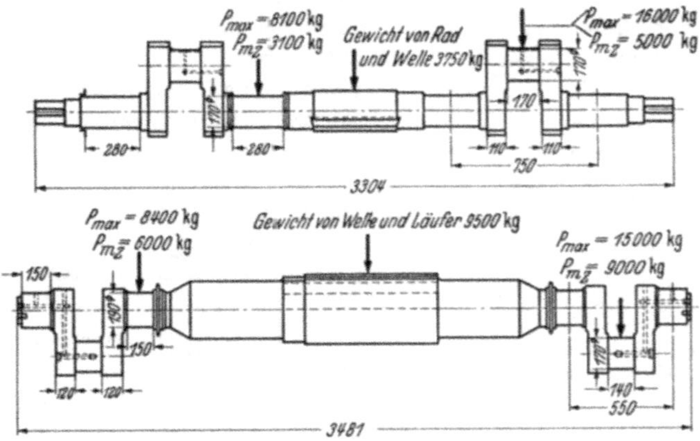

Kurbelzapfenlager
$l:d = 1,0$,
$p'_{max} = 70\ kg/cm^2$,
$p_{mz} = 22\ kg/cm^2$.

Hauptlager
$l:d = 1,65$,
$p'_{max} = 18,5\ kg/cm^2$,
$p_{mz} = 7,0\ kg/cm^2$.

Kurbelzapfenlager
$l:d = 0,83$
$p'_{max} = 78\ kg/cm^2$,
$p_{mz} = 51\ kg/cm^2$,

Hauptlager
$l:d = 0,79$,
$p_{max} = 36\ kg/cm^2$,
$p_{mz} = 27\ kg/cm^2$.

Abb. 11. Vergleich zweier Kurbelwellen alter und neuer Bauart.

S e l b s t e i n s t e l l e n d e L a g e r s c h a l e n. Lager für einseitig belastete Wellen und für Stirnzapfen unterliegen nicht nur dem Einfluß der Wellenkrümmung, sondern auch dem viel größeren der Wellenschiefstellung. Letzterer läßt sich aber durch selbsteinstellende Lagerschalen ausgleichen, die in solchen Fällen deshalb stets angestrebt werden sollten. Sind diese nicht möglich, muß versucht werden, durch besonders steife Wellen und besonders kurze Lager die Wellendurchbiegung weitgehendst zu vermindern und ihre schädliche Wirkung auf die Lager dementsprechend zu mildern.

M a ß n a h m e n z u r B e g ü n s t i g u n g d e r W ä r m e a b f u h r. Die Betriebstemperatur und damit letzten Endes auch die Betriebssicherheit eines Lagers hängt außer von der Temperatur der Umgebung davon ab, wie schnell die entstehende Reibungswärme abgeführt werden kann. Die Konstruktion hochbeanspruchter Lager hat hierauf Rücksicht zu nehmen. So sind Trennfugen auf dem Wege der Wärme von der Lauffläche bis zur Lageraußenfläche möglichst zu vermeiden. In bezug auf

[1] Siehe Anmerkung 1, S. 3.

die Wärmeableitung sind beispielsweise Lager, bei denen das Weißmetall unmittelbar in den Lagerkörper vergossen wird, besser als solche, bei denen Lagerschalen mit Ausguß vorgesehen sind. Besonders schlecht ist der Wärmeübergang, wenn die Trennflächen ölbenetzt sind. Auch Luftspalte sind diesbezüglich sehr ungünstig, wie sie z. B. bei der Konstruktion der Nachstellung der seitlichen Schalen eines vierteiligen Lagers mittels Druckschrauben (Abb. 12) nicht vermeidbar sind. Die Ausführung nach Abb. 9b ist deshalb vorzuziehen. Aus dem gleichen Grunde sollen Lagerschalen im Gegensatz zu Abb. 13 mit ihrer ganzen Rückenfläche im Deckel oder im Lagerstuhl anliegen. Eine satte Rückenauflage der Lagerschalen sollte, zum mindesten bei stark stoßbeanspruchten Lagern, auch deshalb angestrebt werden, da sonst Gefahr besteht, daß der Lagerausguß infolge Dauerbiegebeanspruchung Risse bekommt[1].

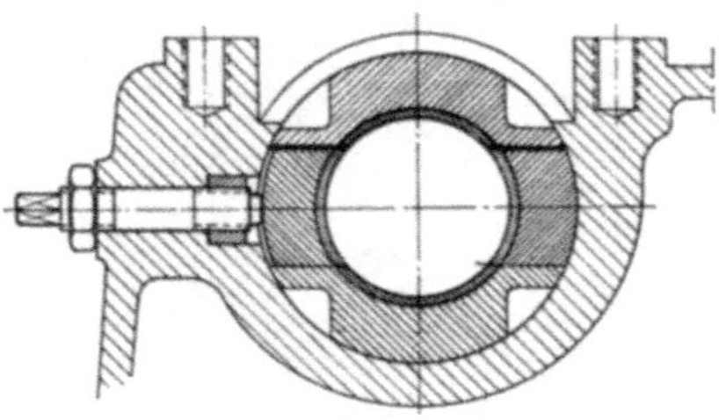

Abb. 12. Vierteiliges Lager mit Druckschraubennachstellung.

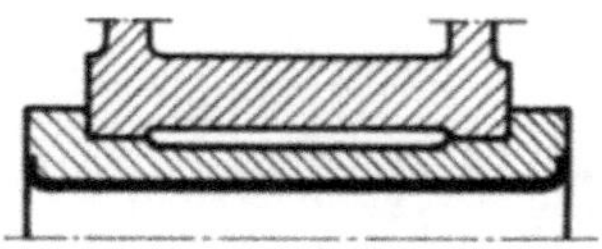

Abb. 13. In bezug auf Wärmeableitung ungünstige Ausbildung des Lagerschalenrückens.

Die Wärmeableitfähigkeit eines Lagers an die umgebende Luft ist um so größer, je größer die gesamte Lageraußenfläche, je größer die gesamte Wellenoberfläche und je intensiver die Luftbewegung in unmittelbarer Nähe des Lagers sind. FALZ[2] gibt für verschiedene Querlager bei ruhender und bei bewegter Luft „Ausstrahlfaktoren" a an (Zahlentafel 2), die zwar nur auf Schätzung beruhen, aber immerhin einen brauchbaren Anhalt bieten. Die Schmierschichttemperatur kann dann mit Hilfe der folgenden Formeln berechnet werden:

(6) $$t = \frac{t_1}{2} + \sqrt{\left(\frac{t_1}{2}\right)^2 + \sqrt[2{,}6]{\frac{P \cdot n^3 \cdot i}{24\, a^2 \cdot (l:d)}}} \quad \text{Grad}$$

oder auch, falls an Stelle von i die absolute Zähigkeit z des Öles gegeben ist:

(6a) $$t = t_1 + \sqrt[2{\cdot}6]{\frac{P \cdot n^3 \cdot z}{9600 \cdot a^2 \cdot (l:d)}}.$$

Hierin bedeuten:

t = die mittlere Schmierschichttemperatur in °C,

t_1 = die Temperatur der umgebenden Luft in °C,

[1] THUM, A. u. STROHAUER, R.: Prüfung von Lagermetallen und Lagern. Z. VDI Bd. 81 (1937) Nr. 43.

[2] Siehe Anmerkung 1, S. 5.

P = die Lagerbelastung in kg,
n = die Drehzahl je min,
$l:d$ = das Verhältnis Lagerlänge zu Lagerdurchmesser,
a = den Ausstrahlfaktor nach Zahlentafel 2,
i = die Kennziffer des Öles gemäß Abb. 14.

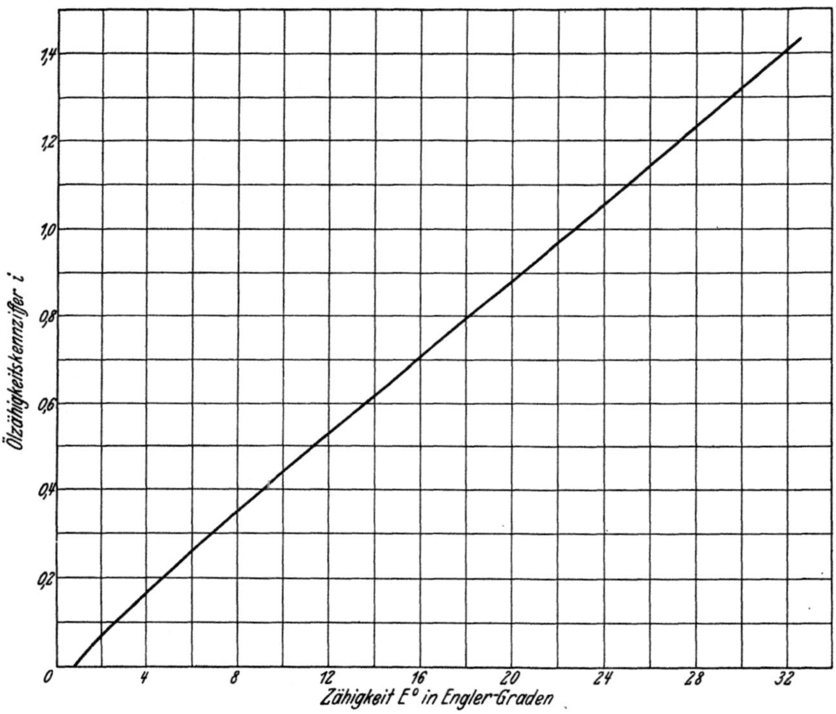

Abb. 14. Ölkennziffer i in Abhängigkeit von der Viskosität bei 50°. (Aus FALZ: Grundzüge der Schmiertechnik, 2. Aufl.)

In den Fällen, in denen die natürliche Wärmeableitung zu hohe Lagertemperaturen ergeben würde, muß künstliche Kühlung mit herangezogen werden. Weißmetallager sollten beispielsweise nicht mit Temperaturen über 80° laufen. Grundsätzlich ist zu sagen, daß die Dauerhaltbarkeit der meisten Lagerwerkstoffe mit steigender Temperatur mehr oder weniger stark abnimmt. Das ist bei hohen spezifischen Flächendrücken, insbesondere wenn sie stoßweise auftreten, zu beachten[1]. Näheres über die Beherrschung der Lagerreibungswärme ist dem bereits mehrfach erwähnten grundlegenden Werk von FALZ „Grundzüge der Schmiertechnik" zu entnehmen.

[1] Siehe Anmerkung 1, S. 12.

Zahlentafel 2. Individuelle Wärmeableitziffern („Ausstrahlfaktoren") von Querlagern bei ruhender und bei bewegter Luft.

1. Lager mit unendlich dünner Lagerschale, ohne Gehäuse und ohne Welle (rein theoretischer unterster Grenzwert) für ruhende Luft $a = 0{,}17$
2. Lager mit kleinem Lagergehäuse, mit eingelegter Welle (einfache Tropföllager, Auglager, Exzenter und ähnliche) für ruhende Luft $a = 0{,}7$
3. Lager mit größerem Lagergehäuse, mit eingelegter Welle (Transmissionslager, Außenlager, Ringschmierlager allgemein, Achslager usw.) oder Kurbelzapfenlager . . . . für ruhende Luft $a = 1{,}0$
4. Lager wie unter 2, jedoch in der Nähe einer rotierenden Scheibe $a = 1$—2
5. Lager wie unter 2, jedoch in unmittelbarer Nähe einer rotierenden Scheibe oder Ventilation zu beiden Seiten . . . . $a = 2$—3
6. Lager wie unter 3, jedoch in der Nähe einer rotierenden Scheibe (Transmissionslager, Außenlager) . . . . $a = 2$—3
7. Lager wie unter 3, jedoch in unmittelbarer Nähe einer rotierenden Scheibe oder Ventilation zu beiden Seiten (Transmissionslager, Elektromotorenlager, Außenlager) . . . . $a = 3$—4
8. Hauptlager von Dampfmaschinen und Kolbenkompressoren mit gekapseltem bzw. offen laufendem Triebwerk . . . . $a = 4$—5
9. Hauptlager von Luft- und Kaltwasserkolbenpumpen. . . . . . . $a = 5$—6
10. Hauptlager von Eismaschinen . . . . $a = 7$—8

Bei Kurbelzapfenlagern und bei Achslagern erhöht sich a mit der Kurbelzapfengeschwindigkeit bzw. der Fahrgeschwindigkeit, und zwar ist a (= 1,0) zu vergrößern bei einer Geschwindigkeit

von	0,5 m/s	2,3mal	bei	11 m/s =	39,5 km/h	8,8mal
bei	1 m/s	3,0 „	„	12 m/s =	43,2 km/h	9,2 „
„	2 m/s	4,0 „	„	13 m/s =	46,8 km/h	9,6 „
„	3 m/s	4,8 „	„	15 m/s =	54 km/h	10,2 „
„	4 m/s	5,5 „	„	20 m/s =	72 km/h	11,7 „
„	5 m/s	6,1 „	„	25 m/s =	90 km/h	13,0 „
„	6 m/s	6,6 „	„	30 m/s =	108 km/h	14,1 „
„	7 m/s	7,1 „	„	35 m/s =	126 km/h	15,2 „
„	8 m/s	7,6 „	„	40 m/s =	144 km/h	16,3 „
„	9 m/s	8,0 „	„	45 m/s =	162 km/h	17,3 „
„	10 m/s	8,4 „	„	50 m/s =	180 km/h	18,2 „

Bei Preßschmierung kann a schätzungsweise soviel mal vergrößert werden, wie die Oberfläche des Lagergehäuses + der Drucköl- und Saugölleitungen größer ist als die Oberfläche des Lagergehäuses allein.

Fernhalten von Schmutzteilchen. Von großer Wichtigkeit für einen verschleißlosen Betrieb ist der Schutz des Lagers vor Staub und Verunreinigungen. Namentlich bei Umlaufschmierung, bei der das Öl im steten Kreislauf durch die Lagerstellen läuft, ist gründliche Filterung des Öles unerläßlich, wenn man Abnutzung vermeiden will. Jeder Betriebsmann weiß, daß auch die sorgfältigste Reinigung eines Gußstückes dieses nicht vollständig von festgebranntem Formsand befreien kann. Dieser löst sich erst nach einiger Betriebszeit ab und gelangt bei fehlender oder mangelhafter Filterung mit dem umlaufenden Öl in die Lager. Das gleiche gilt von Zunder und Rost aus den Schmierölleitungen. Diese Teilchen werden mit in den Schmierspalt hineingetrieben und, falls sie größer sind als die geringste Schmierschichtdicke, mehr oder weniger zermahlen und in das weiche Lagermetall hineingepreßt. Diese harten und spitzen, in die Lagerlauffläche eingebetteten Sandkörnchen, Zunder- und Metallstückchen üben dann auf die Welle eine regelrecht schmirgelnde Wirkung aus. Der auf diese Weise entstehende Metallstaub erhöht seinerseits noch die schädliche Schleifwirkung.

Die Filterung des Öles sollte immer auf der Druckseite erfolgen, vor Eintritt in die erste Lagerstelle. Saugfilteranlagen bauen umfangreicher als Druckfilter und sind nicht betriebssicher, da bei Verschmutzung Gefahr des Abreißens der Ölsäule in der Saugleitung besteht. Grobmaschige Filter sind praktisch wertlos. Falz empfiehlt Metalltuchfilter mit mindestens 10000 Maschen/cm², die zwecks Reinigung während des Betriebes entweder als Doppelfilter auszubilden oder mit einer Umführungsleitung zu versehen sind. Die Brutto-Filterfläche soll etwa betragen:

$$F_f \geq \frac{Q}{0{,}05} \quad \text{bis} \quad \frac{Q}{0{,}1}\ \text{cm}^2, \tag{7}$$

wobei Q die zu filternde Ölmenge in l/min bedeutet.

Das Ölsammelbecken muß groß genug sein, um den Schmutzteilchen Zeit zu geben, sich abzusetzen. Erfahrungsgemäß soll das Öl nicht mehr als 8mal in der Stunde umgepumpt werden. Bei der konstruktiven Ausbildung des Absetzbehälters ist darauf zu achten, daß die Ölpumpe nicht das aus den Lagerstellen zufließende verschmutzte Öl gleich wieder ansaugen kann. Sauganschluß und Ölzufluß sind also an entgegengesetzten Seiten des Behälters anzuordnen.

Nach oben Gesagtem ist es einleuchtend, daß nach der ersten Inbetriebnahme einer Maschine das Öl öfter gewechselt werden sollte unter jedesmaliger gründlicher Reinigung des Absetzbeckens, bis man annehmen kann, daß Formsand, Zunder und Rost weitgehendst ausgespült sind.

2. „Zulässiger“ Flächendruck und „zulässige“ Geschwindigkeit.

a) Abhängigkeit des zulässigen Flächendrucks und der zulässigen Geschwindigkeit[1] von den Lagerabmessungen, den Betriebsbedingungen und der Bearbeitungsgenauigkeit.

Wir wenden uns nunmehr der Frage zu, welche spezifischen Lagerdrücke als *zulässig* erachtet werden. Man findet hierüber in den Handbüchern für die verschiedenen Lagerarten bestimmte Zahlenwerte, die sich aber meist in ziemlich weiten Grenzen bewegen, ohne Angaben darüber, unter welchen Voraussetzungen man an die obere Grenze herangehen kann. Andererseits sind die Zahlenwerte im großen und ganzen an sich überholt, da sie auf Erfahrungen mit mehr oder weniger veralteten Lagerkonstruktionen beruhen. Wir haben schon weiter oben

[1] Siehe auch S. 52 u. 108.

gesehen, daß kurze Lager im allgemeinen höhere Belastungen aufzunehmen imstande sind als übermäßig lange Lager, und daß deshalb ein bestimmter Zahlenwert für eine höchstzulässige spezifische Lagerbelastung in dieser allgemeinen Form nicht gegeben werden kann.

Die Belastbarkeit eines Lagers ist durch vier Bedingungen begrenzt, die im einzelnen nachgeprüft werden müssen:

1. Die zulässige Biegungsbeanspruchung des Zapfens darf nicht überschritten werden.

2. Die Druckfestigkeit bzw. die Stauchfestigkeit des Lagerausgusses muß den auftretenden Höchstdrücken gewachsen sein.

3. Die Lagertemperaturen dürfen keine Werte annehmen, die zu einer Zerstörung des Lagerwerkstoffes führen würden.

4. Die sich im Betrieb einstellende geringste Schmierschichtdicke muß mindestens gleich der Summe $\delta + \delta_1$ der Unebenheiten von Zapfen und Schale sein (Abb. 3). Andererseits aber sollte sie im Interesse eines ruhigen Wellenlaufes auch nicht größer werden als $^1/_4$ des ideellen Lagerspieles $D—d$.

Die Untersuchung 1. darf als bekannt vorausgesetzt und braucht deshalb hier nicht weiter behandelt zu werden. Über die Druckfestigkeit und Stauchfestigkeit der verschiedenen Lagerwerkstoffe finden sich Angaben in den verschiedenen Abschnitten dieses Buches.

Die Lagertemperatur wird nach den Formeln (6) oder (6a) berechnet. Erforderlichenfalls kann durch Anwendung künstlicher Kühlung dafür gesorgt werden, daß die als oberste Grenze erachtete Lagertemperatur nicht überschritten wird.

Bei der Kontrolle der geringsten Schmierschichtdicke muß auch die Durchbiegung der Welle berücksichtigt werden. Betrachten wir beispielsweise eine Welle, die beiderseits des Lagers gleich stark belastet ist (Abb. 15) und nehmen wir der Einfachheit halber an, daß sich in der Ebene der Lagerlängsmitte diejenige Wellenverlagerung einstellt, die einer vollkommen steifen Welle entsprechen würde. An dieser Stelle berechnet sich dann die geringste Schmierschichtstärke „h" nach der Formel der hydrodynamischen Schmiertheorie:

$$(8) \qquad h = \frac{d^4 \cdot (l:d) \cdot n \cdot z}{18{,}3 \cdot c \cdot P \cdot (D-d)} \quad \text{m}$$

oder auch

$$(8\text{a}) \qquad h = \frac{d^2 \cdot n \cdot z}{18{,}3 \cdot c \cdot p_m \cdot (D-d)} \quad \text{m}.$$

Hierin bedeutet:

p_m = den spezifischen Lagerdruck in kg/m². Die Erklärung der anderen Zeichen ist bei Formel (1) gegeben.

Nach der bekannten Gleichung der elastischen Linie für einen in der Mitte zwischen zwei Stützen belasteten Träger ergeben sich die Durchbiegungen „f" in Lagermitte und „y" in den Ebenen der Lagerkanten (im Abstand x von einem Auflager). In diesen Ebenen verringert sich also die geringste Schmierschichtstärke „h“ um den Betrag $(f - y)$, und es gilt für den angenommenen Belastungsfall die Beziehung

(9) $$h_{\text{red}} = h - (f - y) \geq \delta + \delta_1 \text{*}.$$

Setzt man den Wert für h aus Gl. (8a) ein und löst nach p_m auf, so erhält man die höchstzulässige spezifische Lagerbelastung aus

(10) $$p_{m_{\text{zul}}} = \frac{d^2 \cdot n \cdot z}{18{,}3 \cdot c \cdot (D - d) \cdot (\delta + \delta_1 + f - y)} \quad \text{kg/m}^2$$

oder

(11) $$p_{m_{\text{zul}}} = \frac{d^2 \cdot n \cdot i}{18{,}3 \cdot c \cdot (D - d)\,(0{,}1 \cdot t)^{2{,}6}\,(\delta + \delta_1 + f - y)} \quad \text{kg/m}^2,$$

wenn man an Stelle der absoluten Zähigkeit z die Ölkennziffer i und die Öltemperatur einsetzt gemäß der von FALZ angegebenen und für eine Reihe von Schmierölen mit genügender Genauigkeit gültigen Beziehung

(12) $$z = \frac{i}{(0{,}1\,t)^{2{,}6}} \quad \text{kg} \cdot \text{s/m}^2.$$

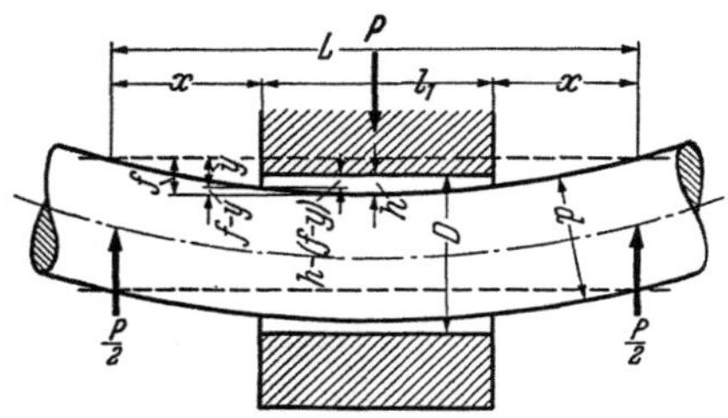

Abb. 15. Durchbiegung einer auf 2 Stützen gelagerten Welle, die in der Mitte über ein Lager von der Länge l_1 durch die Kraft P beansprucht wird.

Der Grenzwert $p_{m_{\text{zul}}}$ wird also um so größer, je größer der Lagerdurchmesser, die Drehzahl und die Kennziffer des Öles, je kleiner das Lagerspiel, je niedriger die Betriebstemperatur (evtl. durch künstliche Kühlung), je hochwertiger die Bearbeitung der aufeinander gleitenden Flächen, je steifer die Welle und je kürzer das Lager. Wie wir gesehen haben, darf allerdings unter einen gewissen Mindestwert des Verhältnisses Lagerlänge zu Lagerdurchmesser nicht heruntergegangen werden, da sich dann die seitliche Ölabströmung (Faktor c!) zu nachteilig auswirken würde.

Die Gl. (10) und (11) wurden in erster Linie abgeleitet, um zu zeigen, von welchen Faktoren die Größe der zulässigen Lagerbelastung abhängt. Sie gestatten nur dann eine unmittelbare Berechnung von $p_{m_{\text{zul}}}$, wenn die Temperatur t durch künstliche Kühlung auf einem gewollten Wert gehalten wird, und wenn die Durchbiegung vernachlässigt werden kann; anderenfalls muß man sich damit begnügen, für eine gegebene Belastung die Temperatur und die Durchbiegung durch Rechnung oder Versuch zu ermitteln, und für diese Werte zu prüfen, ob die Bedingung erfüllt ist

$$p_m \leq p_{m_{\text{zul}}}$$

oder besser nach Gl. (9):

$$h_{\text{red}} \geq \delta + \delta_1.$$

* Genau genommen müßte h_{red} auf geometrischem Wege ermittelt werden. der algebraisch ermittelte Wert ist zu klein. Siehe Abb. 3 des unter Anmerkung 1, S. 10 angeführten Aufsatzes.

b) Zusammenhang zwischen Geschwindigkeit und Druck: $p \cdot v$ und Faustformeln nach FALZ. Überlegungen von THOMA.

Früher war es allgemein üblich, die Belastbarkeit eines Lagers nach der Faustformel $p \cdot v = \text{const}$ zu beurteilen. Nach den neueren Erkenntnissen wird diese Formel abgelehnt, auch in der allgemeineren Form $p^m \cdot v = \text{const}$ oder $p \cdot v^m = \text{const}$. Nach rechnerischen Untersuchungen von FALZ[1] scheinen dagegen folgende Beziehungen brauchbar zu sein:

(13) $$p : d'^{1/m} = C_1,$$

(14) $$n_{\max} \cdot d' = C_2.$$

Selbstverständlich sind die Konstanten C_1 und C_2 je nach Bauart, Längenverhältnis und Spiel des Lagers verschieden, wahrscheinlich auch die Exponenten m. Für Ringschmierlager von $d' = 5$—30 cm mit selbsteinstellenden sauber bearbeiteten Weißmetallagerschalen und Laufsitzpassung, mit einem Verhältnis $l : d = 1{,}5$, einem Ausstrahlfaktor $a = 1$ und bei Verwendung eines leichten Maschinenöles von 3,5 Engler-Graden bei 50° C ergeben sich nach FALZ z. B. folgende Zahlenwerte:

$$C_1 = 2{,}4$$
$$C_2 = 7500$$
$$m = 1{,}25\,,$$

wenn man p in kg/cm² und d' in cm einsetzt.

Ersetzt man in Gl. (14) $n_{\max}$ durch die Umfangsgeschwindigkeit $v_{\max}$, so ergibt sich die Beziehung

(14a) $$v_{\max} = C_3.$$

Hiernach wäre also für Lager *gleicher Bauart, die unter gleichen Betriebsbedingungen* laufen, der zulässige spezifische Flächendruck abhängig vom Durchmesser, dagegen wäre die zulässige Umfangsgeschwindigkeit von der Größe des Lagers und von der Höhe des spezifischen Flächendruckes unabhängig!

Für sehr schnellaufende Lager hat H. THOMA die folgenden Überlegungen angestellt[2]:

Die Erfahrung zeigt ganz allgemein, daß gerade bei diesen trotz der sich nach obigen Rechnungsverfahren ergebenden reichlich großen Ölfilmstärken am häufigsten Schwierigkeiten auftreten, und daß die praktisch erzielbare Belastbarkeit schnellaufender Lager jedenfalls starken Beschränkungen unterworfen ist.

Temperaturerhöhungen von 50° im Ölfilm können erfahrungsgemäß als höchstzulässige Erwärmung angesehen werden. Auch rechnerische Überlegungen zeigen, daß wesentlich größere Temperaturanstiege im Ölfilm für den ungestörten Betrieb unmöglich sind, weil sie gewissermaßen zu einer thermischen Instabilität des Ölfilms führen. Bei übermäßig hoher Temperatur sinkt die Zähigkeit der gebräuchlichen Schmier-

[1] Siehe Anmerkung 1, S. 5.

[2] THOMA, H.: Der Heißlauf der Gleitlager. Forschung Bd. 9, Heft 3.

stoffe so stark, daß die nötige Druckentwicklung im Ölfilm nur bei entsprechend verringertem Spalt aufrechterhalten werden kann. Hierdurch wird aber wiederum die durch das Lager mit dem Film hindurchlaufende Ölmenge verringert, und dies führt im Gebiete der schnellaufenden Lager zu weiterer Überhitzung, da bei diesen Lagerschale und Welle nur kleine Teile der Reibungswärme ableiten, der Hauptteil der Wärme daher mit der umlaufenden Ölmenge weggeführt werden muß. Letzten Endes tritt Verdampfung des Öles und Ersatz der Ölflüssigkeit durch Öldampf ein. Hinzu kommen Ausscheidungen von gelöster Luft und verdampfenden Wasserbestandteilen. Mit der Vertreibung des Ölfilms durch die sehr dünnflüssigen Gase tritt metallische Reibung auf, und bei schnellaufenden Lagern ist dann eine völlige Zerstörung eine unvermeidliche Folge.

Die Überlegungen von THOMA führen zu dem Ergebnis, daß von schnellaufenden Gleitlagern mit einer Umfangsgeschwindigkeit von etwa 10 m/s und mehr eine *gleichbleibende* Belastung von höchstens 50 bis 55 kg/cm² ertragen werden kann, unabhängig von Lagerdurchmesser, Ölzähigkeit und Zapfengeschwindigkeit. Voraussetzung ist, daß der Ölzufluß genügt und das zweckmäßige, mit Erhöhung der Drehzahl, Lagergröße und Ölzähigkeit ansteigende Lagerspiel ausgeführt wird. Dieses läßt sich nach folgender Formel berechnen:

$$S' = 0{,}65 \text{ bis } 0{,}20 \sqrt{\frac{D}{2} \cdot z \cdot v} \text{ cm} = \sim 0{,}1 \text{ bis } 0{,}035\, D \cdot \sqrt{z \cdot n} \text{ cm}.$$

Der günstigste Wert liegt bei etwa

$$S' = 0{,}06\, D \cdot \sqrt{z \cdot n}\,. \tag{15}$$

Hierbei bedeutet

S' = das Lagerspiel in cm,
D = den Lagerdurchmesser in m,
z = die absolute Zähigkeit des Öles in kg · s/m²,
n = die Drehzahl je min.

Bei Lagern mit periodisch wechselnden Drücken, etwa den Pleuel- oder Kurbellagern von Verbrennungsmaschinen, geben die aufgestellten Gleichungen natürlich nur gewisse Mittelwerte für die mögliche Belastbarkeit an. Dem entspricht die erfahrungsgemäß hierbei gerade noch mögliche Belastung von etwa 200 kg/cm², berechnet für die projizierte Lagerfläche und den höchsten kurzzeitig wirkenden Verbrennungsdruck.

3. Ermittlung der Lagerdrücke, insbesondere bei Kolbenmaschinen.

a) Begriffsfestlegung für Höchstdruck, Mitteldruck und tragende Lagerfläche.

Zahlenangaben über spezifische Lagerdrücke sind mit großer Vorsicht zu verwerten, wenn man nicht weiß, *wie* sie ermittelt worden sind. Dies gilt insbesondere für Lager von Kolbenmaschinen, die meist durch stark schwankende Kräfte beansprucht werden. Man muß bei diesen Maschinen zunächst grundsätzlich zwischen Lagerhöchstdrücken und Lagermitteldrücken unterscheiden, was oft nicht beachtet wird. Hinzukommt noch, daß auch die Ermittlung dieser Drücke sehr unterschiedlich vorgenommen wird. Viele errechnen z. B. den höchsten Lagerdruck für ein Kurbelzapfenlager einfach derart, daß sie die Kolbenfläche mit dem höchsten Kolbendruck multiplizieren und die so erhaltene Kolbenkraft durch die gesamte Lagerfläche $l \cdot d$ dividieren. Manche beziehen diesen Druck auf die *tragende* Lagerfläche, indem sie von der projizierten Fläche die Schmiernuten und Abrundungen in Abzug bringen. Andere berücksichtigen auch die Massenkräfte, die wenigsten aber geben an, *wie* sie nun eigentlich vorgegangen sind. Oft scheint nicht daran gedacht zu werden, daß die Massenkräfte die wirklich im Betrieb auftretenden höchsten Kolbenkräfte im allgemeinen herabdrücken. Man bildet sich unter Umständen also ein, hochbelastete Lager zu haben, während in Wirklichkeit die Belastung gar nicht so hoch ist. Im Gegensatz dazu können die Massenkräfte bei Volldruckmaschinen, wie Pumpen und Gebläsen, die Gestängekraft beträchtlich erhöhen. Es ist klar, daß schwere Rückschläge eintreten können, wenn man die Angaben über die Belastung von Lagern urteilslos hinnimmt.

Es ist also notwendig, für die Ermittlung und den Vergleich von Lagerbeanspruchungen zunächst einheitliche Begriffe festzulegen. Diese haben den tatsächlichen Verhältnissen weitgehendst Rechnung zu tragen. Man[1] versteht unter

a) Höchstdruck $p'_{\max}$ (in kg/cm²) den resultierenden Höchstdruck aus sämtlichen auf das Lager wirkenden Kräften, wie Kolbenkräften, Massenkräften, Schwungrad-, Läufer- und Wellengewicht, Riemenzug usw., bezogen auf die tragende Lagerfläche und auf diese gleichmäßig verteilt gedacht;

b) Mitteldruck p_{mz} (in kg/cm²) den mittleren Zapfendruck während eines Arbeitsspieles, bestimmt aus dem Zeitdiagramm des Stangendruckverlaufes und unter Berücksichtigung aller sonst auf das Lager wirkenden Kräfte, bezogen auf die tragende Lagerfläche und auf diese gleichmäßig verteilt gedacht;

c) tragender Lagerfläche F' (in cm²) die projizierte Lagerfläche $l_1' \cdot d'$, wobei l_1' die um Ringnuten und Abrundungen verminderte Lagerlänge und d' den Lagerdurchmesser bedeuten.

b) Betrachtungen über den Mitteldruck.

Der Begriff des Mitteldruckes muß noch weiter erläutert werden. Seine genaue Bestimmung erfordert in der Regel ziemlich umständliche

[1] ERKENS, A.: Konstruktive Lagerfragen, Grundlagen und Richtlinien für die Gestaltung von Gleitlagern. Berlin VDI-Verlag G. m. b. H. 1937.

Untersuchungen, deshalb begnügt man sich oft damit, zu seiner überschläglichen Berechnung den mittleren Indikatordruck p_{mi} (kg/cm²) bzw. P_{mi} (kg) zu benutzen. Um beurteilen zu können, ob die Fehler einer solchen Berechnungsweise nicht zu groß werden, muß man sich aber über das Wesen dieser beiden Drücke vollkommen im klaren sein.

Mittlerer Kolbenstangendruck und mittlerer Indikatordruck. Der mittlere Indikatordruck wird bekanntlich bestimmt als *Differenz* aus Treibdrücken und Widerstandsdrücken, bezogen auf den Kolbenweg. Dagegen ist für die mittlere Lagerbelastung die *Summe* dieser Drücke maßgebend, da ja beide während eines Arbeitsspieles von dem Lager bzw. von dem Zapfen aufgenommen werden müssen. Dieser Unterschied geht aus den schematischen Darstellungen der Abb. **16** und 17 für eine einfachwirkende Maschine deutlich hervor. Es ist die mittlere Indikatorkraft

$$P_{mi} = \frac{F_i}{2s}\,^*,$$

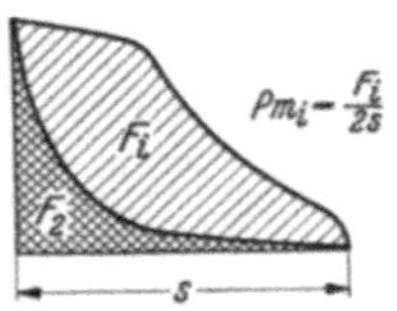

Abb. 16. Bestimmung der mittleren Indikatorkraft P_{mi} einer einfachwirkenden Maschine.

während für die Ermittlung von P_{mz} die mittlere Kolbenstangenkraft

$$P_{mk} = \frac{F_1 + F_2}{2s} = P_{mi} + \frac{F_2}{s}$$

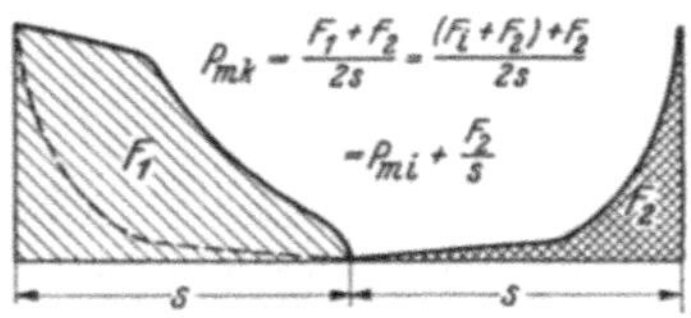

Abb. 17. Bestimmung der mittleren Kolbenstangenkraft P_{mk} einer einfachwirkenden Maschine.

maßgebend ist. Man sieht, daß die Größe der Widerstandsfläche F_2 entscheidend ist für die Größe des Fehlers, den man bei Verwendung von P_{mi} für die Ermittlung des Lagermitteldruckes macht. Anschaulich geht das auch aus Abb. 18 hervor, in dem beispielsweise die Bestimmung des höchsten und des mittleren Druckes aus dem Zeit-Druckdiagramm für das Kurbelzapfenlager einer stehenden Zwillingskapseldampfmaschine bei verschiedenen Belastungen und unter Berücksichtigung der Massenkräfte dargestellt ist. Bei diesem Bild und bei den folgenden dieser Art sind die Kräfte auf die eine Lagerschalenhälfte nach oben, die auf die andere Schalenhälfte nach unten aufgetragen. Als Mittelkräfte auf die einzelnen Schalenhälften ergeben sich die Werte P_{mlv} und P_{mlh}. Maßgebend für die Lagererwärmung ist die Summe dieser beiden, nämlich P_{mz}. Maßgebend für die von der Maschine nach außen abgegebene Arbeit dagegen ist die Differenz aus den in der Abbildung einfach schraffierten Treibdruckflächen und den doppelt schraffierten Widerstandsflächen,

---

* In der Regel bezeichnet man mit P_{mi} das Verhältnis F_i/s unabhängig davon, ob es sich um einfachwirkende Zweitaktmaschinen, doppeltwirkende Zweitaktmaschinen oder um einfachwirkende Viertaktmaschinen handelt. Richtiger wäre es, für P_{mi} im ersten Fall zu setzen $F_i/2s$, im zweiten Fall F_i/s und im letzten $F_i/4s$. Der besseren Übersichtlichkeit halber wurde hier entsprechend verfahren.

allerdings nicht, wie hier, auf die Zeit, sondern auf den Weg bezogen. Für genaue Ermittlungen darf übrigens beim Aufzeichnen dieser Diagramme nicht vergessen werden, die Treibkräfte mit dem mechanischen Wirkungsgrad zu multiplizieren und die Widerstandskräfte durch diesen zu dividieren.

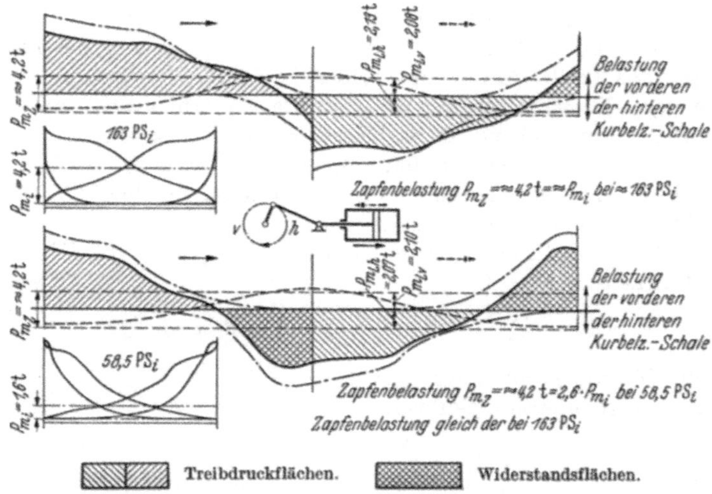

$P_{m\,i}$ = Indikatordiagramm-Mittelkraft; $P_{m\,z}$ = Zapfenmittelkraft; $P_{m\,Lv}$ = Mittelkraft auf die vordere Lagerschale; $P_{m\,Lh}$ = Mittelkraft auf die hintere Lagerschale.

Abb. 18. Beziehungen zwischen mittlerer Indikatorkraft $P_{m\,i}$ und mittlerer Zapfenkraft $P_{m\,z}$ für das Kurbelzapfenlager einer Dampfmaschine mit Achsreglersteuerung bei verschiedenen Belastungen. Zylinderdurchmesser 330 mm, Hub 350 mm, Drehzahl 250 U/min.

Da es sich bei dem vorliegenden Beispiel um eine Achsreglermaschine mit nur *einem* Steuerschieber handelt, ist bei großer Füllung, also bei dem Indikatordiagramm mit 163 PS$_i$, nur kleine Kompression vorhanden. Es ergeben sich im Überdruckdigramm auch nur kleine Widerstandsflächen. Infolgedessen ist hier die mittlere Indikatorkraft P_{mi} annähernd gleich der mittleren Zapfenkraft P_{mz}. Bei dem unteren Diagramm mit der kleinen Leistung von 58,5 PS$_i$ dagegen ergibt die Steuerung große Kompression und ferner Voreinströmung. Hierdurch entstehen im Überdruckdiagramm auch große Widerstandsflächen, die eine starke zusätzliche Belastung der Lager bedingen. Aus diesem Grunde ist die mittlere Zapfenkraft bei der kleinen Leistung von 58,5 PS$_i$ rd. 2,6mal so groß wie die zugehörige mittlere Indikatorkraft und ungefähr genau so groß wie P_{mz} bei 163 PS$_i$. Es wäre hier also ganz falsch, für die Ermittlung der Lagerbelastung den mittleren Indikatordruck zugrunde zu legen. Auf Grund der hier angestellten Überlegungen kann man sagen, daß große Lagerbelastungen im Verhältnis zum mittleren Diagrammdruck auftreten bei Viertaktmaschinen, bei einfachwirkenden

Zweitaktmaschinen, bei doppeltwirkenden Viertaktmaschinen und mehr oder weniger bei allen denjenigen doppeltwirkenden Zweitaktmaschinen, Dampfmaschinen, Verdichtern usw., die mit hoher Verdichtung und kleinen Füllungen bzw. mittlerem und hohem Druckverhältnis arbeiten. Bei Dampfmaschinen mit getrennter Steuerung der Auslaßorgane, bei vollbelasteten Achsreglerdampfmaschinen und bei doppeltwirkenden Niederdruckkompressoren sowie bei langsamlaufenden Pumpen, also bei Maschinen, die mit geringer Verdichtung und großer Füllung arbeiten, kann man dagegen die mittlere Kolbenstangenkraft etwa der mittleren aus dem Indikatordiagramm berechneten Kraft gleichsetzen. Bei hintereinander gekuppelten Kraft- und Arbeitsmaschinen, wie Dampfkompressoren und Dampfpumpen, sind die größten Stangenkräfte infolge Addition im Totpunkt natürlich beträchtlich. Dagegen betragen die mittleren Zapfendrücke, die für die Lagererwärmung maßgebend sind, je nach der Drehzahl nur etwa 20—50% der Höchstdrücke, da die Kräfteübertragung zum großen Teil unmittelbar von Kolben zu Kolben erfolgt.

Berücksichtigung der Einwirkungsdauer der Totpunktkräfte. Wie bereits erwähnt, sind in Abb. 18 gemäß der eingangs gegebenen Begriffsfestlegung und entgegen der sonst üblichen Gepflogenheit die Überdrücke nicht über dem Kolbenweg $2\,s$, sondern über dem Kurbelweg $2\,s \cdot \frac{\pi}{2}$, d. h. über der *Zeit* aufgetragen. Nur diese Darstellungsweise ist für die Ermittlung von P_{mz} richtig, da sie die *Dauer* der Krafteinwirkung auf die Lager berücksichtigt. Da nämlich die höchsten Trieb- und Verdichtungsdrücke in der Nähe des Totpunktes liegen und der Unterschied zwischen Zeit und Wegdruckdiagramm sich gerade an diesen Stellen auswirkt, stehen bei kleinem Kolbenweg die Lagerschalen während ziemlich langer Zeit unter den hohen Belastungsdrücken. Die Auftragung der Überdrücke über dem Kolbenweg berücksichtigt das aber nicht, daher würde man sich hier eine zu geringe Lagerbelastung vortäuschen. Bei dem Teillastdiagramm der Abb. 18 würde der Fehler etwa 24% betragen. Zahlentafel 3 gibt eine Zusammenstellung der Fehlergröße β für einige Maschinen. Bei Füllungen (bzw. Ausschüben) von 35—40% und mehr und mittleren ausgleichend wirkenden Massenkräften ist ungefähre Übereinstimmung zwischen P_{mz}/Zeit und P_{mz}/Weg vorhanden. Bei kleinen Füllungen und großer Kompression und bei kleinen Massenkräften, bei addierten Drücken in Tandemanordnung gekuppelter Maschinen, überhaupt überall da, wo die größten Kräfte in den Totpunkten auftreten, muß P_{mz} stets auf die Zeit bezogen werden! Im Gegensatz zu P_{mz} kann die mittlere Indikatorkraft natürlich nur aus dem Weg-Druckdiagramm ermittelt werden.

Bezugnahme des Mitteldruckes auf das Arbeitsspiel. Während es üblich ist, den mittleren Indikatordruck auf einen

Zahlentafel 3. Beziehungen zwischen P_{mz}/Weg, P_{mz}/Zeit und P_{mi}.

Maschinenart	Hub mm	Drehzahl U/min	Zyl.-Dmr. mm	Füllung bzw. Ausschub %	Massenkräfte in den Totpunkten kg	$\frac{P_{mz}/\text{Weg}}{P_{mi}}$	$\frac{P_{mz}/\text{Zeit}}{P_{mi}}$	$\frac{P_{mz}/\text{Zeit}}{P_{mz}/\text{Weg}}$ β	Bemerkungen
Dampfmaschine mit Achsreglersteuerung	350	250	330	40	1600/2400	1	1	1	*Große* Füllung, *kleine* Kompression, kleine Widerstandsflächen (Abb. 18)
				22	1600/2400	2,1	2,6	1,24	*Kleine* Füllung, sehr *große* Kompression, große Widerstandsflächen (Abb. 18)
Tandemdampfmaschine mit Zwischendampfentnahme	900	125	500	45	14500/21800	1	1	1	Große mittlere Füllung, mäßige Kompression
			800	15					
Liegender Zweikurbeldampfkompressor, 27 ata Gasdruck	1000	55	{$D\,2 \times 510$		4130/6670			1,36	Die größten Kräfte treten in Gegend der Totpunkte auf, daher großes β!
		105	$G\,1170/780$}		15100/24300			1,28	
Liegender doppeltwirkender Zweikurbelverbundverdichter, 1/9,2 ata	500	187,5	880	37	8800/13200	$\sim$1	0,866	0,864	Infolge großer Massenkräfte geringe Totpunktkräfte im Vergleich zu den Kräften im mittleren Teil des Hubes, daher $\beta < 1$
			520	35	7850/11800	1,025	0,906	0,884	
Liegender doppeltwirkender Zweikurbelverbundverdichter, 1/12 ata	500	208	880	28	8100/12200	1,06	$\sim$1,0	$\sim$0,94	Ausgleichend wirkende Massenkräfte $\beta < 1$
			520	21	5900/8900	1,13	1,05	$\sim$0,93	

Liegender Einkurbelverbundverdichter mit Ausgleichraum, 1/26 ata	250	200	400	8	720/1080	1,055	1,32	1,25	Kleiner Ausschub, große Kompression, große Totpunktkräfte
			180	14					
Einfachwirkender Viertaktdieselmotor $P_{\max} = 33000$ kg	500	300	300		4700/7100	3,26	4,18	1,28	P_{mi} gleichmäßig über 4 Hübe verteilt gedacht
		375			7400/11100		5,27		
Doppeltwirkender Zweitaktdieselmotor	500	300	300		4700/7100	1,14	1,85	1,63	Mäßige Massenkräfte, daher große Totpunktkräfte, β groß!
Doppeltwirkender Zweitaktdieselmotor $P_{\max} = 127200$ kg	900	215	600		105000/142000	2,66	2,84	1,07	Sehr große Massenkräfte, daher mäßige Totpunktkräfte, $\beta \sim 1$!

Arbeitshub zu beziehen[1], müssen die mittleren Lagerdrücke auf das *ganze Arbeitsspiel* bezogen werden. Nur dann ist es möglich, einwandfreie Vergleiche zwischen Lagerbelastungen doppeltwirkender Zweitaktmaschinen, einfachwirkender Zweitaktmaschinen und einfachwirkender Viertaktmaschinen zu ziehen. In Abb. 19 ist eine derartige Untersuchung für das Kurbelzapfenlager eines einfachwirkenden Viertaktdieselmotors durchgeführt. Man sieht, wie die Verbrennungskraft $P_{\max}$ durch die Beschleunigungskräfte herabgesetzt wird, daß die Massenkräfte dagegen während der Ansaug-, Verdichtungs- und Ausschubhübe eine starke zusätzliche Lagerbelastung bewirken. In dem gezeigten Beispiel ist P_{mz} bei 375 U/min, bezogen auf die 4 Hübe des Arbeitspieles, um 32% größer als P_{mi}, bezogen auf 1 Hub, und um 427% größer als P_{mi}, bezogen auf 4 Hübe. Bei 300 U/min beträgt der Unterschied 5% bzw. 318%. Bei einem doppeltwirkenden Zweitaktdieselmotor, der unter den gleichen Bedingungen läuft wie der eben behandelte Viertaktmotor, würde bei 300 U/min P_{mz} um ungefähr 85% größer sein als P_{mi}, beide Drücke bezogen auf das Arbeitsspiel = 1 Hub. Es ist auch hier wieder zu sehen, wie verkehrt es sein kann, P_{mi} und P_{mz} gleichsetzen zu wollen!

[1] Siehe Anmerkung S. 21.

Welche Drücke sind für die Berechnung der Schmierschichttemperatur und der geringsten Schmierschichtstärke zugrunde zu legen? Für die Berechnung der Schmierschichttemperatur t hat man in die Formeln (6) bzw. (6a) für P den Wert P_{mz} einzusetzen, bezogen auf ein Arbeitsspiel, da dieser Druck für die sich einstellende mittlere Temperatur maßgebend ist. Dagegen wäre es verkehrt, P_{mz} auch für die Ermittlung der geringsten Schmierschichtstärke h nach Formel (8) zugrunde legen zu wollen, da ja bei einer

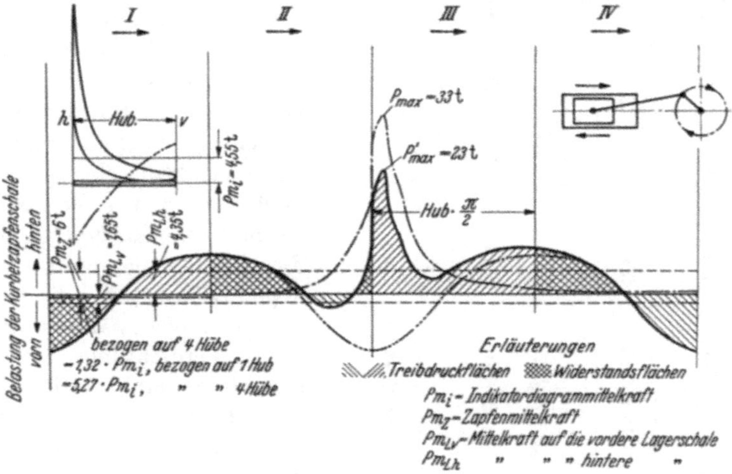

Abb. 19. Beziehungen zwischen mittlerer Indikatorkraft P_{mi} und mittlerer Zapfenkraft P_{mz} für das Kurbelzapfenlager eines einfachwirkenden Viertaktdieselmotors. Zylinderdurchmesser 300 mm, Hub 500 mm, Drehzahl 375 U/min.

Kolbenmaschine abwechselnd die eine und die andere Lagerschalenhälfte belastet wird. Andererseits würde eine Rechnung mit P'_{max} zu ungünstige Werte ergeben, denn es ist anzunehmen, daß die Welle dem rasch wechselnden Kräfteverlauf nur mit einer gewissen Phasenverschiebung und nicht im vollen Ausmaß der auftretenden Höchstkräfte folgen kann, wie es der Fall wäre, wenn diese Höchstkräfte dauernd auftreten würden. Sowohl die Trägheit der zu beschleunigenden Massen als auch die Zähigkeit und Haftfähigkeit des aus dem engsten Lagerspalt herauszupressenden Öles wirken stoßdämpfend und ausgleichend.

Man wird wohl den tatsächlichen Verhältnissen mit genügender Sicherheit Rechnung tragen, wenn man in Gl. (8) den arithmetischen Mittelwert von P_{mz} und P'_{max} einsetzt, also

$$(16) \qquad P_h = \frac{P'_{max} + P_{mz}}{2}.$$

Die Ermittlung der tatsächlichen Kolbenstangenkräfte erfordert oft ziemlich zeitraubende Untersuchungen. Deshalb sind in Zahlentafel 4 einige Angaben über ausgeführte Dampfmaschinen und Verdichter gemacht worden, die für überschlägliche Rechnungen bei ähnlichen Maschinen Rückschlüsse zulassen über die Verhältniswerte $P'_{\max k}$ zu $P_{\max k}$ und $P_{m k}$ zu $P_{\max k}$. Hierbei werden verstanden unter $P_{\max k}$, $P'_{\max k}$ und $P_{m k}$ die den Lagerkräften $P_{\max}$, $P'_{\max}$ und $P_{m z}$ entsprechenden Kolbenstangenkräfte. $P_{\max}$ (bzw. $P_{\max k}$) ist die größte „Nennkraft" ohne Berücksichtigung der Massen.

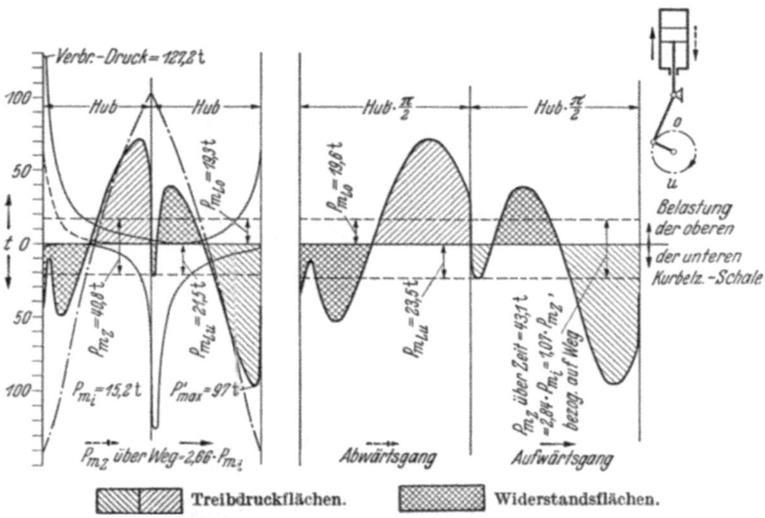

$P_{m i}$ = Indikatordiagramm-Mittelkraft; $P_{m z}$ = Zapfenmittelkraft; $P_{m Lo}$ = Mittelkraft auf die obere Lagerschale; $P_{m Lu}$ = Mittelkraft auf die untere Lagerschale.

Abb. 20. Beziehungen zwischen mittlerer Indikatorkraft $P_{m i}$ und mittlerer Zapfenkraft $P_{m z}$ für das Kurbelzapfenlager eines doppeltwirkenden Zweitaktdieselmotors. Zylinderdurchmesser 600 mm, Hub 900 mm, Drehzahl 215 U/min.

Einfluß der Massenkräfte. Bei allen schnellaufenden Maschinen ist der Einfluß der Massenkräfte bekanntlich von großer Bedeutung. Oft sind es nicht die Arbeitsdrücke, sondern die Massendrücke, die einem Lager gefährlich werden. Andererseits tragen aber häufig gerade die Massendrücke zur Milderung der Spitzenbeanspruchung bei. Abb. 20 läßt erkennen, wie stark sich die Kräfte verlagern können, wenn große hin- und hergehende Massen vorhanden sind. Links ist das Weg-Druckdiagramm, rechts das Zeit-Druckdiagramm eines größeren doppeltwirkenden Zweitaktdieselmotors dargestellt. Die höchste Verbrennungskraft beträgt rund 127 t, die höchste Massenkraft 142 t. Im oberen Totpunkt ist die Massenkraft also größer, im unteren Totpunkt mit 105 t kleiner als die Verbrennungskraft. Während des Abwärtsganges des Kolbens wird die obere Lagerschale durch den Zünddruck gar nicht belastet, sondern erst im zweiten Teil des Hubes durch die Verzögerungskräfte.

Zahlentafel 4. Kolben-Höchstkräfte $P'_{\max k}$ und Kolbenmittelkräfte P_{mk} einigen ausgeführten Maschinen

Maschinenart	Hub mm	Zylinderanordnung	Zylinderbezeichnung[1]	Zylinderdurchmesser mm	Gasdruck Anfang/Ende ata
Zweikurbel-Dampfkompressor	1000	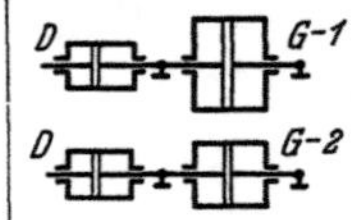	D G-1 G-2	2 × 510 1170 780	27/12 1/6,5
6stufiger Hochdruck-gaskompressor, 1800 PS	1000	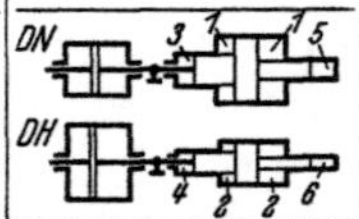	D-H/N G-1/2 G-3/4 G-5/6	650/1150 940/580 520/305 150/92	18/2 1/300
Zweikurbel-Dampfkompressor	900	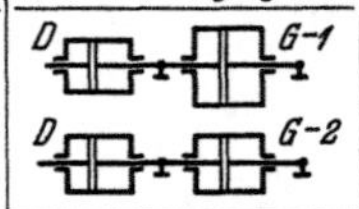	D G-1 G-2	2 × 500 850 520	13/1 1/8
Tandemdampfmaschine	900	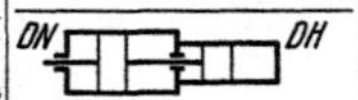	D-H/N	320/580	41/12 11,7/3,5
Tandemdampfmaschine mit Zwischendampfentnahme	900	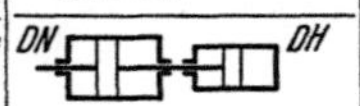	D-H/N	500/800	13,5/0,15
Tandemdampfmaschine mit Zwischendampfentnahme	600	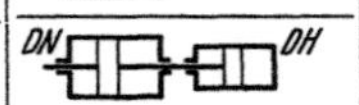	D-H D-N	520 820	12,4/2,87 1,95/0,13
Tandemdampfmaschine	700	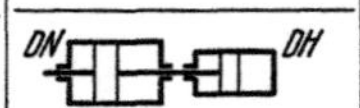	D-H D-N	430 720	9,5/1,3 1,25/0,15
Tandemdampfmaschine 1200 PS	1000	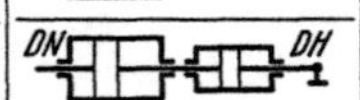	D-H/N	618/967	10/2,6 2,6/0,3
Einzylinderdampfmaschine 1200 PS	800	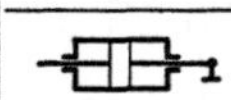	D	520	26/9
Einkurbel-verbundkompressor	250	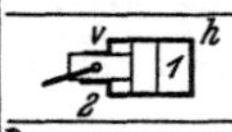	G-1/2	450/360	1/9
Einkurbel-Verbundkompressor mit Ausgleichraum	250	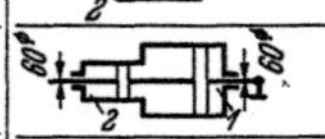	G-1 G-2	400 180	1/26
Doppeltwirkender Einstufenverdichter	200	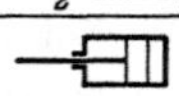	G	260	1/7
Zweikurbel-verbundverdichter	500	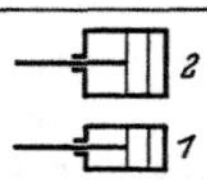	G-1 G-2	880 520	1/9,2
Zweikurbel-verbundverdichter	500	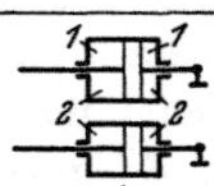	G-1 G-2	880 520	1/12,6
Zweikurbel-verbundverdichter	700	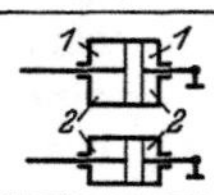	G-1 G-2	1300 800	1/8
Dreistufiger Treibgasverdichter	550	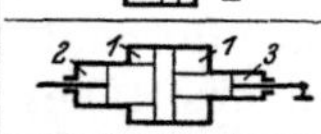	G-1/2/3	790/380/290	1/26
Dreistufiger Hochdruckverdichter	700	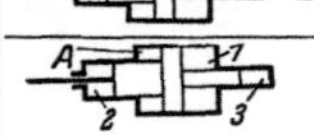	G-1/2/3	320/230/110	15,5/300

[1] D Dampfzylinder (DH Hochdruck, DN Niederdruck); G Gaszylinder,

im Vergleich zu den theoretischen Kolbenhöchstkräften $P_{\max k}$ bei liegender Bauart.

Drehzahl U/min	Füllung bzw. Ausschub %	Massenkräfte in den Totpunkten kg	$P_{\max k}$ kg	$P'_{\max k}$ kg	$\frac{P'_{\max k}}{P_{\max k}}$	$P_{m k}$ kg	$\frac{P_{m k}}{P_{\max k}}$
55		4 130/6 670	47 000	43 500	0,93	21 000	0,45
105		15 100/24 300	47 000	31 500	0,67	12 000	0,26
30	Nieder-druck-seite	2 480/ 4 000	77 000	76 000	~1	38 000	~0,49
100		27 800/45 000	77 000	51 200	~0,66	16 400	0,21
80		4 150/ 6 250	33 400	28 450	0,85		
120		9 500/14 200	33 400	23 100	0,7		
125	~42 ~60		37 500	29 500	0,79	24 000	0,64
125	~45 ~15	14 500/21 800	34 000	22 250	0,65	19 000	0,56
167	~27 ~ 8	16 500/25 500	30 500	19 000	0,62	15 000	0,49
150	~20 ~50	8 000/12 000	21 400	19 000	0,89	13 000	0,61
125	~60 ~60	19 200/28 800	38 800	29 500	0,76	22 400	0,58
160	~28	27 000/40 000	52 000	34 000	0,65	26 300	0,51
255	~35	1780/2 500	5 350 in Zylinder2	4 200 in Zylinder2	0,79	~2 250	0,42
200	~ 8 ~14	720/1 080	6 350 in Zylinder2	5 600 in Zylinder2	0,88	2 670	0,42
300	~15	630/950	3 370	2 800	0,83	1 445	0,43
187,5	~37	8800/13 200	15 000	12 600	0,84	7 340	0,49
	~35	7850/11 800	17 100	14 400	0,84	8 000	0,47
208	28	8 100/12 200	20 500	16 000	0,78	10 000	0,49
	27	5 900/ 8 900					
150		14 700/23 500	26 000	22 400	0,86	13 200	0,51
		12 600/20 000	27 200	24 750	0,91	13 200	0,49
145	1—11 2—51 3—60	7 650/12 100	35 900	27 150	0,76	13 490	0,38
122		2 700/ 4 500	38 500	38 000	~1	23 600	0,61

(G-1 1. Stufe, G-2 2. Stufe).

Im unteren Totpunkt tritt dann durch den Verbrennungsdruck der unteren Zylinderseite eine verhältnismäßig geringfügige Belastung der unteren Kurbelzapfenschale auf. Kurz hinter dem Totpunkt reicht aber die Triebkraft des rasch fallenden Gasdruckes nicht mehr aus, um die erforderliche Beschleunigung aufzubringen; es tritt scharfer Druckwechsel ein und die obere Schale wird mit etwa 38 t belastet. Dann bewirken die Verzögerungskräfte einen erneuten Druckwechsel und eine Belastung der unteren Schale mit dem Höchstwert P'_{max} von rd. 97 t. Das Triebdiagramm kehrt sich also fast um; die höchsten Lagerbelastungen treten gerade da auf, wo man sie gar nicht vermutet und umgekehrt. Wahrscheinlich ist die hohe Beanspruchung vieler Dieselmaschinenlager weniger auf die zahlenmäßige Höhe der Lagerdrücke zurückzuführen als vielmehr auf ihren stoßweise wechselnden Verlauf, der die Ausbildung eines Ölkeiles beeinträchtigt. Soweit man es in der Hand hat, sollte man also versuchen, Treibkräfte und Massenkräfte möglichst aufeinander abzustimmen und vor allem stoßartige Druckwechsel weitgehend zu vermeiden.

In diesem Beispiel ist der Wert für P_{mz} aus dem Zeit-Druckdiagramm nur um etwa 7% größer als derjenige aus dem Weg-Druckdiagramm, da die Hauptkräfte von den Totpunkten weg mehr nach der Hubmitte zu verlagert sind. Bei dem oben erwähnten doppeltwirkenden Zweitaktdiesel betrug der Unterschied etwa 63%, ein Beweis, wie vorsichtig man beim Vergleich ähnlicher Maschinen sein muß!

Bei den schnellaufenden Verbrennungsmaschinen sind neben den hin- und hergehenden Massen auch die umlaufenden Massen in bezug auf die Belastbarkeit der Lager von Bedeutung. Wie Dr. SCHMIDT[1] gezeigt hat, spielt die Wanderung des „Lastpunktes" auf Zapfen und Schale eine wichtige Rolle. Je größer diese Wanderung ist, desto größer ist die Möglichkeit, die entstehende Reibungswärme aus dem Lager abzuführen und die Belastbarkeit zu steigern. Bei einfachwirkenden Viertaktmaschinen wird die Lastpunktwanderung begünstigt durch im Vergleich mit den umlaufenden Massen große hin- und hergehende Massen, andererseits wachsen mit den letzteren die Beschleunigungskräfte und damit in den Arbeitsabschnitten des Ansaugens, Ausdehnens und Ausschiebens die Lagerbelastungen. Nach Dr. SCHMIDT treten bei diesen Maschinengattungen die günstigsten Verhältnisse auf bei einem Verhältnis der hin- und hergehenden zu den umlaufenden Massen von etwa 2:1. In bezug auf die Belastbarkeit der Lager ist also eine Verminderung der hin- und hergehenden Massen nicht immer von Vorteil.

---

[1] SCHMIDT: Triebwerks- und Lagerfragen bei schnellaufenden Dieselmaschinen. Maschinenelementetagung Aachen. Bericht über die Tagung des Fachausschusses für Maschinenelemente in Aachen 1935. Berlin: VDI-Verlag G. m. b. H. 1936.

4. Zahlenbeispiel: Lagerberechnung eines dreistufigen Gasverdichters.

Anordnung und Hauptabmessungen des Verdichters gehen aus der schematischen Darstellung Abb. 21 hervor. In den Abb. 22a—d sind die Indikatordiagramme der einzelnen Zylinderseiten aufgezeichnet. Durch Multiplikation der Überdrücke mit den jeweiligen Kolbenflächen erhält man die entsprechenden Kolbenkräfte in kg. Diese werden

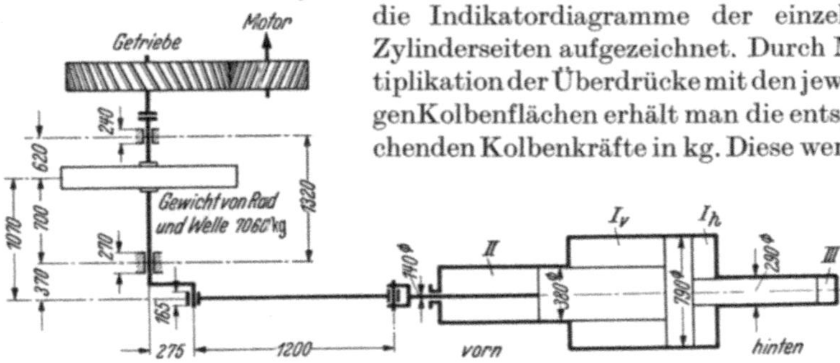

Abb. 21. Anordnungsschema eines dreistufigen Gasverdichters.

zusammen mit den Massenkräften für ein Arbeitsspiel, d. h. für 2 Hübe, über dem Kolbenweg aufgetragen (Abb. 22e), und zwar die nach hinten (rechts) gerichteten Kräfte nach oben, die nach vorne (links) gerichteten Kräfte nach unten. Man addiert diese Kräfte und erhält für jeden Punkt des Kolbenweges die resultierende Kolbenstangenkraft und damit das Druck-Wegdiagramm. Das Druck-Zeitdiagramm wird dann am einfachsten dadurch gewonnen, daß man die zu jeder Kolbenstellung gehörende Kraft über den entsprechenden Punkt des abgewickelten Kurbelkreises aufträgt (Abb. 22f).

Diesem Diagramm entnehmen wir:

$P'_{\max k}$ = 27150 kg = höchste Kolbenstangenkraft;

P_{mk} = 13490 kg = Summe der nach vorne und hinten gerichteten mittleren Kolbenstangenkräfte.

Daraus gemäß Gl. (16)

$$P_{hk} = \frac{P'_{\max k} + P_{mk}}{2} = 20320 \text{ kg}.$$

Kurbelzapfenlager. Wir beginnen mit der Nachrechnung des Kurbelzapfenlagers, da dieses in der Regel für die Wahl des Triebwerköles maßgebend ist.

Die Hauptabmessungen betragen:

Länge	$l'' = 165$ mm	Tragende Fläche	$F' = 16 \cdot 19 = 304\ \text{cm}^2$
Tragende Länge	$l_1'' = 160$ mm		
Durchmesser	$d'' = 190$ mm		$l_1'' : d'' = 0{,}842$
Trägheitsmoment	$J = 6397\ \text{cm}^4$		$c = \left(\frac{d'' + l_1''}{l_1''}\right) = \frac{19 + 16}{16} = 2{,}19$
Widerstandsmoment	$W = 673\ \text{cm}^3$.		

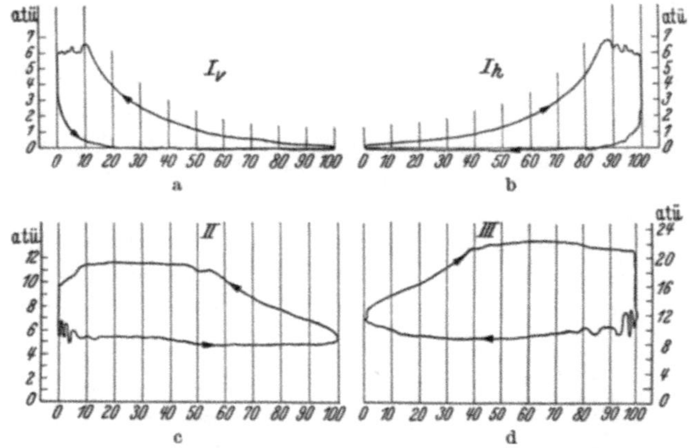

Abb. 22a—d. Indikatordiagramme eines dreistufigen Gsaverdichters.

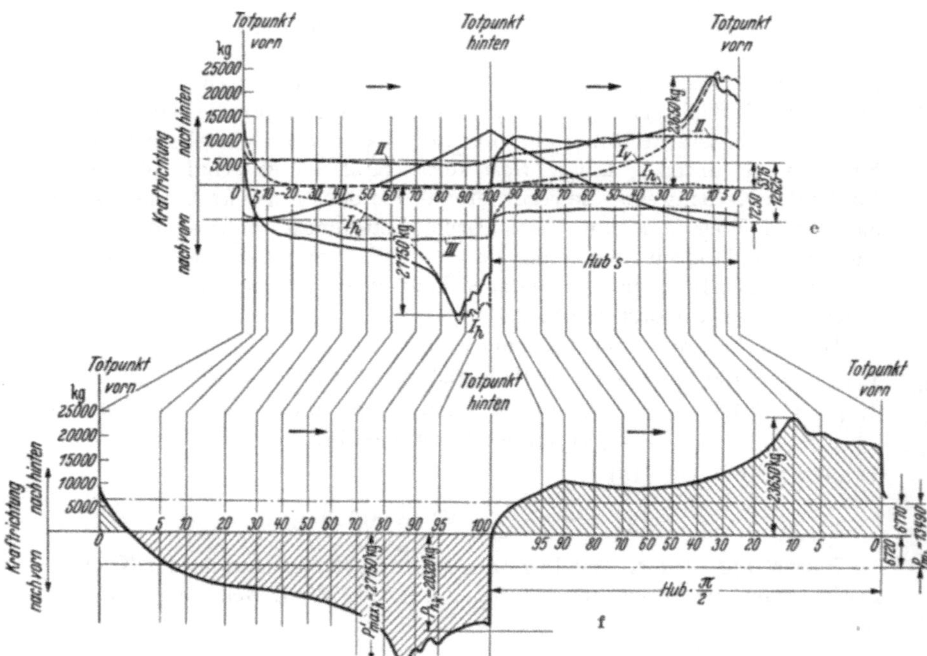

Abb. 22e u. f. e Kolbenkraft-Wegdiagramm, f Kolbenkraft-Zeitdiagramm eines dreistufigen Gasverdichters.

Der mechanische Wirkungsgrad sei angenommen mit $\eta_m = 0{,}95$, dann ist

$$P'_{\max} = \frac{P'_{\max k}}{\eta_m} = \frac{27\,150}{0{,}95} = 28\,600 \text{ kg},$$

$$p'_{\max} = \frac{P'_{\max}}{F'} = \frac{28\,600}{304} = 94 \text{ kg/cm}^2,$$

$$P_{mz} = \frac{P_{mk}}{\eta_m} = \frac{13\,490}{0{,}95} = 14\,200 \text{ kg},$$

$$p_{mz} = \frac{P_{mz}}{F'} = \frac{14\,200}{304} = 46{,}7 \text{ kg/cm}^2,$$

$$P_h = \frac{P_{hk}}{\eta_m} = \frac{20\,320}{0{,}95} = 21\,400 \text{ kg}.$$

Nach der bekannten Gleichung der Festigkeitslehre für einen einseitig eingespannten, gleichmäßig über seine Länge belasteten Träger berechnet sich die größte Biegebeanspruchung des Zapfens zu

$$\sigma_b = \frac{P'_{\max} \cdot l'}{2 \cdot W} = \frac{28\,600 \cdot 16{,}5}{2 \cdot 673} = 351 \text{ kg/cm}^2.$$

Die Durchbiegung des Zapfens setzt sich aus zwei Vorgängen zusammen (Abb. 23):

a) der Durchbiegung des einseitig eingespannten Zapfens

$$f'_1 = \frac{P \cdot l_1'^3}{E \cdot J \cdot 8} \text{ cm und}$$

b) der Durchbiegung f'_2 als Folge der Gesamtdurchbiegung der Welle.

Entsprechend Gl. (9) und unter Bezugnahme auf Abb. 23 gilt dann die Beziehung

$$h'_{\text{red}} = \sim h' - (f'_1 - y') - \frac{f'_2}{2} \geq \delta' + \delta'_1$$

oder

$$h'_{\min} = (\delta' + \delta'_2) + \frac{f'_2}{2} + (f'_1 - y') \text{ cm}.$$

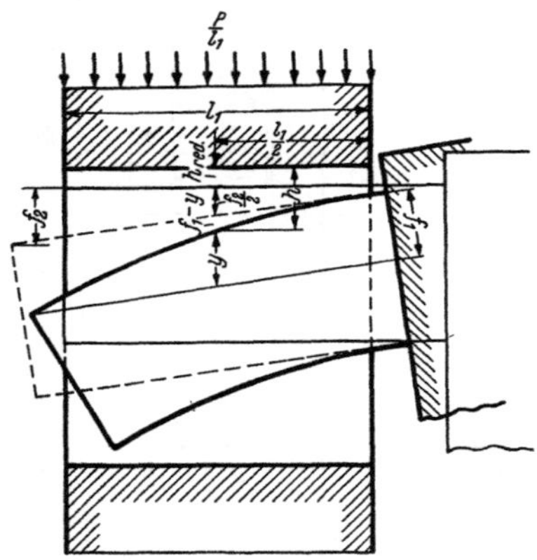

$$h_{red} = h - (f_1 - y) - \frac{f_2}{2}, \quad f_1 = \frac{P \cdot l_1^3}{E \cdot J \cdot 8}$$

$$y = f_1 \left(\frac{4}{3} \cdot \frac{x}{l_1} - \frac{1}{3} \cdot \frac{x^4}{l_1^4}\right) = 0{,}6458 \cdot f_1 \quad \text{für } x = \frac{l_1}{2}$$

$$f_1 - y = 0{,}3542 \cdot f_1 \quad \text{für } x = \frac{l_1}{2}$$

Abb. 23. Durchbiegung eines Stirnkurbelzapfens, der gleichmäßig über seine Länge l durch die Kräfte P/l_1 belastet wird.

Wie wir bereits gesehen haben, erhält man die günstigsten Laufverhältnisse, wenn man das ideelle Lagerspiel $D-d$ gleich der vierfachen geringsten Schmierschichtstärke macht, was einer verhältnismäßigen Exzentrizität des Wellenmittelpunktes von $\chi = 0{,}5$ entspricht (Abb. 4 und 5). Ferner sollte χ nicht kleiner als 0,5 werden. Daraus folgt die Bedingung

$$D' - d' \geq 4 \cdot h'_{\min} \text{ cm}.$$

Wir müssen zunächst noch auf die Durchbiegungen f'_1 und f'_2 näher eingehen. Die Ergebnisse der Praxis zeigen, daß man viel zu ungünstig rechnet, wenn man für die Ermittlung der Durchbiegungen bei stark schwankenden Kolbenkräften den Höchstwert dieser Kräfte zugrunde legt. Das wird verständlich sein, wenn man bedenkt, daß einmal eine gewisse Zeit erforderlich ist, um die Durchbiegungen zur Auswirkung

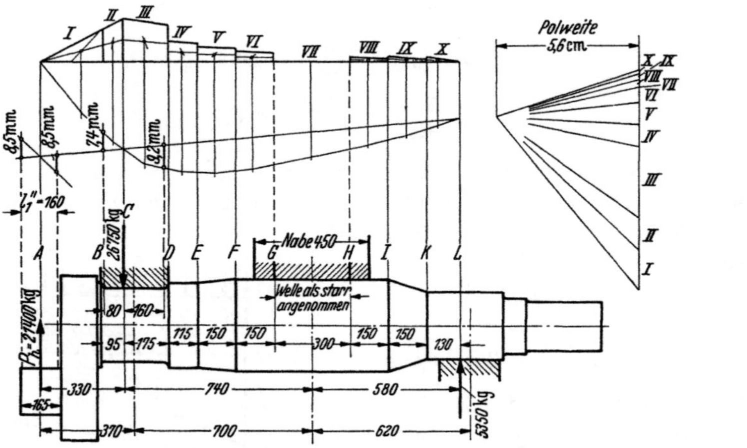

Maßstab: 1 cm = 100 kg/cm², Polabstand = 5,6 cm, Zeichnung 1 cm = 10 cm,

$$m = \frac{100 \cdot 5{,}6 \cdot 10}{2\,100\,000} = 0{,}002665$$

Hauptlager: $f_z' = 0{,}92 + 0{,}74 = 1{,}66$ cm, $f_w' = m \cdot f_z' = 0{,}004425$ cm.
Kurbelzapfenlager: $f_z' = 0{,}85 + 0{,}85 = 1{,}7$ cm, $f_2' = m \cdot f_z = 0{,}00453$ cm.

Querschnitt	d cm	J cm⁴	M kg · cm	M/J kg/cm³
A	—	—	0	0
B	30	39 761	535 000	13,45
C	30	39 761	706 000	17,75
D	30 35	39 761 73 662	613 000	15,43 8,32
E	35 36,5	73 662 87 100	551 000	7,48 6,32
F	36,5 38	87 100 102 354	471 000	5,41 4,60
G	38 ∞	102 354 ∞	391 000	3,82 0
H	∞ 38	∞ 102 354	230 000	0 2,25
I	38 33	102 354 58 214	150 000	1,47 2,58
K	33 28	58 214 30 172	69 500	1,19 2,3
L	28	30 172	0	0

Abschnitt	Mittlere Grundlinie kg/cm³	Höhe cm	Inhalt kg/cm²
I	6,73	25	168
II	15,6	8	125
III	16,64	17,5	291
IV	7,9	11,5	91
V	5,86	15	88
VI	4,21	15	63
VII	0	30	0
VIII	1,86	15	28
IX	1,89	15	28
X	1,15	13	15
			897

Abb. 24a. Ermittlung der Wellendurchbiegung durch die Triebwerkkraft P_h.

zu bringen, und daß sich zum anderen außer der Höhe der Kräfte auch die Ebene der Durchbiegungen infolge der Wellendrehung ständig ändert. Wir legen deshalb für die Ermittlung von f_1' und f_2' nicht P'_{max}, sondern P_h zugrunde, wobei wir noch reichlich sicher rechnen dürften. Einen weiteren Abstrich können wir bei f_2' machen, indem wir berücksichtigen, daß die Trägheit des Schwungrades der Wellendurchbiegung entgegenwirkt. Wir setzen deshalb für f_2' nur 50% desjenigen Wertes ein, der der Kraft P_h entspricht. Schließlich tragen wir noch der Erkenntnis Rechnung, daß mehrteilige Lagerschalen niemals vollkommen

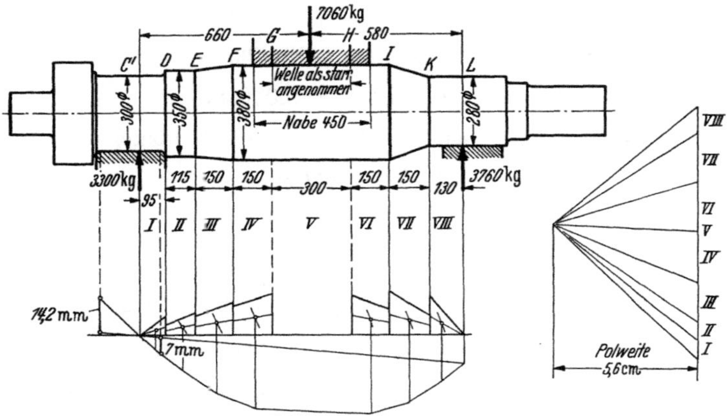

Maßstab: 1 cm = 10 kg/cm², Polabstand 5,6 cm, Zeichnung 1 cm = 10 cm

$$m = \frac{10 \cdot 5{,}6 \cdot 10}{2\,100\,000} = 0{,}0002665$$

Hauptlager: $f_{zs}' = 1{,}42 + 0{,}7 = 2{,}12$ cm, $f_s' = m\,f_{zs}' = 0{,}000565$ cm.

Querschnitt	d cm	J cm⁴	M kg · cm	M/J kg/cm³
C'	30	39 761	0	0
D	30 35	39 761 73 662	31 700	0,798 0,43
E	35,0 36,5	73 662 87 100	69 300	0,941 0,796
F	36,5 38	87 100 102 354	118 800	1,363 1,16
G	38 ∞	102 354 ∞	168 400	1,645 0
H	∞ 38	∞ 102 354	161 700	0 1,58
I	38 33	102 354 58 214	105 300	1.028 1,809
K	33 28	58 214 30 172	48 900	0,84 1,62
L	28	30 172	0	0

Abschnitt	Mittlere Grundlinie kg/cm³	Höhe cm	Inhalt kg/cm²
I	0,798	9,5	7,58
II	0,686	11,5	7,89
III	1,08	15	16,2
IV	1,4	15	21
V	0	30	0
VI	1,3	15	19,5
VII	1,32	15	19,8
VIII	0,81	13	10,5
			102,4

Abb. 24b. Ermittlung der Wellendurchbiegung durch das Wellen- und Schwungradgewicht.

starr sind, indem wir annehmen, daß nur $^2/_3$ der wirksam werdenden Durchbiegung dem Lager gefährlich werden können.

Mit diesen Annahmen, die natürlich nicht kritiklos für alle Fälle übernommen werden können und über deren Berechtigung und Umfang man selbstverständlich auch verschiedener Meinung sein kann, die sich aber auf Erfahrungen und Beobachtungen an ausgeführten Maschinen stützen, wollen wir die weitere Berechnung durchführen. Wir werden daraus ersehen, wie wichtig die Forderung nach steifen Wellen sowie kurzen und selbsteinstellenden Lagern ist!

Es ist

$$f'_1 = \frac{P_h \cdot l'^3_1}{E \cdot J \cdot 8} = \frac{21400 \cdot 16^3}{2100000 \cdot 6397 \cdot 8} = 0{,}000816 \text{ cm}$$

und für die Mittelebene des Zapfens (Abb. 23)

$$(f'_1 - y') = 0{,}3542 \cdot f'_1 = 0{,}000289 \text{ cm}.$$

Aus Abb. 24a entnehmen wir für das Kurbelzapfenlager

$$f'_2 = 0{,}00453 \text{ cm}.$$

Setzt man $\delta' + \delta'_1 = 0{,}001$ cm ein, so berechnet sich die mindestens erforderliche geringste Schmierschichtdicke zu

$$h'_{\min} = (\delta' + \delta'_1) + \frac{2}{3}(f'_1 - y') + \frac{2}{3} \cdot 0{,}5 \cdot \frac{f'_2}{2} \text{ cm}$$
$$= 0{,}001 + 0{,}000193 + 0{,}000755 = 0{,}001948 \text{ cm}.$$

Demnach muß das ideelle Lagerspiel mindestens gewählt werden mit

$$(D' - d') \min = 4 \cdot h' \min = 0{,}007792 \text{ cm}$$

und das wirkliche Lagerspiel mit

$$(D'_w - d'_w)_{\min} = (D' - d') - 2(\delta' + \delta'_1) = 0{,}007792 - 2 \cdot 0{,}001 = 0{,}005792 \text{ cm}.$$

Dieses Mindestspiel muß als „Warmspiel" in Betriebszustand vorhanden sein, das entsprechende „Kaltspiel" ist größer; wir kommen weiter unten darauf zurück.

Zur Bestimmung der erforderlichen Ölzähigkeit lösen wir Gl. (8) nach z auf und erhalten mit $P = P_h$

$$z = \frac{18{,}3 \cdot c \cdot P_h \cdot (D - d) \cdot h}{d^4 \cdot (l:d) \cdot n} =$$
$$= \frac{18{,}3 \cdot 2{,}19 \cdot 21400 \cdot 0{,}00007792 \cdot 0{,}00001948}{0{,}19^4 \cdot 0{,}842 \cdot 145} = 0{,}0082 \text{ kg} \cdot \text{s/m}^2.$$

Mit diesem Wert von z ermitteln wir die Schmierschichttemperatur nach Formel (6a):

$$t = t_1 + \sqrt[2{,}6]{\frac{P_{mz} \cdot n^3 \cdot z}{9600 \cdot a^2 \cdot (l:d)}}.$$

Angenommen werden die Lufttemperatur innerhalb des Kurbelschutzes mit $t_1 = 30°$ und der Ausstrahlfaktor nach Zahlentafel 2 für eine Kurbelgeschwindigkeit $v_k = \frac{s \cdot \pi \cdot n}{60} = \frac{0{,}55 \cdot \pi \cdot 145}{60} = 4{,}17$ m/s mit $a = 1{,}15 \cdot 5{,}6 = 6{,}44$. Hierbei berücksichtigt der Faktor 1,15 die geschätzte Verbesserung der Kühlwirkung durch die Druckschmierung.

$$t = 30 + \sqrt[2{,}6]{\frac{14200 \cdot 145^3 \cdot 0{,}0082}{9600 \cdot 6{,}44^2 \cdot 0{,}842}} = 44{,}6°.$$

Der absoluten Zähigkeit des Öles von 0,0082 bei 44,6° entspricht eine Zähigkeit bei 50° von

$$z_{50} = z_{44,6} \cdot \left(\frac{44,6}{50}\right)^{2,6} = 0,0061 \text{ kg} \cdot \text{s/m}^2$$

bzw. eine Viskosität bei 50° von

$$E^0 = z_{50} \cdot 1490 = 9,08 \text{ Engler-Graden}^1.$$

Es bleibt noch übrig, das Kaltspiel nach Gl. (4) zu berechnen und zu prüfen, ob es werkstattmäßig ohne Schwierigkeiten herzustellen ist:

$$S_k = S_w + Z'' \text{ mm}$$

$$S_w = D_w'' - d_w'' = 0,05792 \text{ mm}.$$

Nach Gl. (5) ist

$$Z'' = \frac{S_1 \cdot d'' \cdot T_1}{66600} \text{ mm}.$$

Unter T_1 verstanden wir dabei den Temperaturunterschied zwischen Schmierschicht im Betriebszustand und Herstellungstemperatur von Zapfen und Lager, unter S_1 einen von der Lagerbauart und dem Werkstoff abhängigen Zahlenwert. Da sowohl die Lagerschalen als auch der Zapfen und der Schubstangenkopf aus Stahl bestehen, ist anzunehmen, daß sich alle Teile bei gleicher Temperaturerhöhung auch gleichmäßig ausdehnen, so daß man ohne Bedenken als Herstellungstemperatur die im Kurbelschutz herrschende Temperatur setzen kann. Damit ergibt sich $T_1 = t - t_1 = 44,6 - 30 = 14,6°$. S_1 sei 0,6 geschätzt, und wir erhalten

$$Z'' = \frac{0,6 \cdot 190 \cdot 14,6}{66600} = 0,025 \text{ mm},$$

damit

$$S_k = 0,05792 + 0,025 = 0,0829 \text{ mm}.$$

Dieses Spiel entspricht etwa dem Mittelwert des ISA-Sitzes H 7/f 7.

Kurbelwellenhauptlager.

$$l'' = 270 \text{ mm} \qquad F' = 24 \cdot 30 = 720 \text{ cm}^2$$

$$l_1'' = 240 \text{ mm} \qquad l_1'' : d'' = 0,8$$

$$d'' = 300 \text{ mm} \qquad c = \frac{d' + l_1'}{l_1'} = \frac{30 + 24}{24} = 2,25.$$

Übersetzungsverhältnis gegenüber den am Kurbelzapfen angreifenden Kräften (Abb. 24a):

$$\alpha = \frac{1650}{1320} = 1,25,$$

$$P'_{\max W} = \frac{P'_{\max k}}{\eta_m} \cdot \alpha = \frac{27150}{0,95} \cdot 1,25 = 35750 \text{ kg},$$

$$P_{mz\,W} = \frac{P_{mk}}{\eta_m} \cdot \alpha = \frac{13490}{0,95} \cdot 1,25 = 17750 \text{ kg},$$

$$P_{hW} = \frac{P_{hk}}{\eta_m} \cdot \alpha = \frac{20320}{0,95} \cdot 1,25 = 26750 \text{ kg}.$$

---

[1] Siehe Fußnote 1, S. 5.

In der senkrechten Ebene wirken die Gewichte von Schwungrad und Kurbelwelle mit zusammen 7060 kg. Auf das kurbelseitige Hauptlager entfallen davon 3300 kg. Durch geometrische Addition der senkrechten und der waagerechten Kräfte erhalten wir

$$P'_{\max} = 36000 \text{ kg} \qquad p'_{\max} = 50 \text{ kg/cm}^2$$
$$P_{mz} = 18100 \text{ kg} \qquad p_{mz} = 25{,}2 \text{ kg/cm}^2$$
$$P_h = 27000 \text{ kg}$$

Aus Abb. 24a entnehmen wir für das Hauptlager eine waagerechte Durchbiegung von $f'_w = 0{,}004425$ cm, aus Abb. 24b eine senkrechte Durchbiegung von $f'_s = 0{,}000565$ cm. Unter Berücksichtigung der oben gemachten Annahmen erhalten wir durch geometrische Addition von

$$0{,}5 \cdot \frac{f'_w}{2} = 0{,}001106$$

und

$$\frac{f'_s}{2} = 0{,}000283$$

die zur Auswirkung kommende Durchbiegung

$$\frac{f'_1}{2} = 0{,}001145 \text{ cm},$$

damit

$$h'_{\min} = (\delta' + \delta'_1) + \frac{2}{3} \cdot \frac{f'_1}{2} = 0{,}001 + 0{,}000763 = 0{,}001763 \text{ cm}$$

Die Schmierschichttemperatur berechnen wir mit Hilfe von Gl. (6)

$$t = \frac{t_1}{2} + \sqrt{\left(\frac{t_1}{2}\right)^2 + \sqrt[2{,}6]{\frac{P_{mz} \cdot n^3 \cdot i}{24\, a^2 \cdot (l:d)}}} =$$
$$= 10 + \sqrt{10^2 + \sqrt[2{,}6]{\frac{18100 \cdot 145^3 \cdot 0{,}4025}{24 \cdot 4{,}6^2 \cdot 0{,}8}}} = 42{,}3^\circ.$$

Hierbei wurden angenommen eine Außenlufttemperatur $t_1 = 20^\circ$, ein Ausstrahlfaktor $a = 4$ nach Zahlentafel 2 bzw. $4 \cdot 1{,}15 = 4{,}6$ zur Berücksichtigung der Druckschmierung. Die Kennziffer i des durch die Verhältnisse des Kurbelzapfenlagers erforderlichen Öles von $z_{50} = 0{,}0061$ wird berechnet aus der Gl. (12)

$$i = z_{50} \cdot (0{,}1\, t_{50})^{2{,}6} = 0{,}0061 \cdot 5^{2{,}6} = 0{,}4025.$$

Bei der oben errechneten Temperatur von 42,3° beträgt die absolute Zähigkeit des verwendeten Öles

$$z_{42{,}3} = z_{50} \cdot \left(\frac{50}{42{,}3}\right)^{2{,}6} = 0{,}0094 \text{ kg} \cdot \text{s/m}^2.$$

Wir lösen Formel (8) nach $D - d$ auf und erhalten für $h_{\min} = 0{,}00001763$ m das größtzulässige ideelle Lagerspiel (Warmspiel)

$$(D' - d')_{\max} = 100 \cdot \frac{d^4 \cdot (l:d) \cdot n \cdot z_{42{,}3}}{18{,}3 \cdot c \cdot P_h \cdot h_{\min}} =$$
$$= 100 \cdot \frac{0{,}3^4 \cdot 0{,}8 \cdot 145 \cdot 0{,}0094}{18{,}3 \cdot 2{,}25 \cdot 27000 \cdot 0{,}00001763} = 0{,}045 \text{ cm}$$

bzw. das größtzulässige meßbare Lagerwarmspiel $(D'_w - d'_w)\max = 0{,}043$ cm. Der Spielzuschlag wird berechnet aus

$$Z'' = \frac{S_1 \cdot d'' \cdot T_1}{66600} \text{ zu } \frac{0{,}6 \cdot 300 \cdot (42{,}3 - 20)}{66600} = 0{,}06 \text{ mm}.$$

Demnach

$$S_{k\,\max} = (D''_w - d''_w)_{\max} + Z'' = 0{,}43 + 0{,}06 = 0{,}49 \text{ mm}.$$

Die untere Spielgrenze ergibt sich aus der Überlegung, daß gemäß Gleichung (8) eine Verringerung des Wertes $D - d$ eine Vergrößerung des engsten Lagerspaltes h zur Folge hat. Wie bereits erwähnt, soll aber das Verhältnis $\frac{D-d}{h}$ nicht kleiner als 4 werden. Setzen wir diese Bedingung $h_{\max} = \frac{D-d}{4}$ in Gleichung (8) ein und lösen nach $D - d$ auf, so ergibt sich die Bedingung für

$$(D - d)_{\min} = 2\sqrt{\frac{d^4 \cdot (l:d) \cdot n \cdot z}{18{,}3 \cdot c \cdot P}}\,. \tag{17}$$

In unserem Beispiel

$$(D - d)_{\min} = 2\sqrt{\frac{0{,}3^4 \cdot 0{,}8 \cdot 145 \cdot 0.0094}{18{,}3 \cdot 2{,}25 \cdot 27000}} = 17{,}85 \cdot 10^{-5} \text{ m}$$

und

$$S_{k\,\min} = (D'' - d'')_{\min} - 2\,(\delta'' + \delta''_1) + Z'' = 0{,}1785 - 0{,}02 + 0{,}06 = 0{,}2185 \text{ mm}.$$

Die Werte für $S_{k\,\max}$ und $S_{k\,\min}$ entsprechen etwa dem ISA-Sitz H 8/d 10 mit der unteren Spielgrenze von 0,19 und der oberen Spielgrenze von 0,481 mm.

Im Rahmen dieser Arbeit sollte nur in großen Zügen auf die Konstruktion und die Berechnung der Lager eingegangen werden. Es kam in erster Linie darauf an, grundsätzliche Erkenntnisse zu vermitteln und Richtlinien für die Berechnung zu geben. Die Notwendigkeit der Festlegung einheitlicher Begriffe wurde klargelegt. Schließlich bot die Durchrechnung eines Beispiels die Möglichkeit, zu zeigen, wie die theoretischen Überlegungen praktisch auszuwerten sind.

II. Grundlagen für die Auswahl und Bewertung der Lagerwerkstoffe.

Von O.R.R. Dr.-Ing. R. KÜHNEL, VDI, Berlin.

Mit 42 Abbildungen.

Wie vielfach in der Technik, hat die Entwicklung der Lagerwerkstoffe zunächst einmal den Weg über die Markenbezeichnung genommen. Der Erzeuger entwickelte einen Lagerwerkstoff auf Grund seiner Erfahrungen, gab ihm einen Markennamen und diese Bezeichnung war es, die den Wert der Legierung für den Verbraucher bestimmte. Technologische Eigenschaften und chemische Zusammensetzung des Lagermetalls interessierten in der Vorkriegszeit für die Bewertung nicht in dem Ausmaß wie heute — von einigen Behördenvorschriften abgesehen — zum mindesten nicht in der Gesamtheit. Für Lagerausgüsse auch höchster Beanspruchung reichten Legierungen in einer Zusammensetzung wie das heutige WM 80 und ähnliche Weißmetalle sehr gut aus, sie vertrugen auch metallurgische Mißhandlung. Für Trag- und Stützschalen verwandte man Rotgußlegierungen ähnlich dem heutigen Rg 9, dessen Zusammensetzung nahezu einen Überschneidungspunkt der Bestwerte von Härte, Zähigkeit und Gleiteigenschaften sowie Abnutzungsbeständigkeit darstellte, ohne daß man früher Versuche gemacht hätte, diese Zusammenhänge systematisch zu erforschen. Der Weltkrieg mit seinen Rohstoffschwierigkeiten brachte auch auf dem Gebiete der Bewertung der Lagermetalle zum erstenmal die Heimstofffrage auf die Tagesordnung und damit setzten die Bemühungen zum Ersatz der hochzinn- und hochkupferhaltigen Lagermetalle ein. Zum systematischen Studium war damals keine Zeit; man half sich also schlecht und recht, ohne bleibende Erfolge zu erzielen und neue Unterlagen für die Bewertung der Lagermetalle zu gewinnen. Einen vorzüglichen Anhalt gaben aber die gerade im Februar 1914 erschienenen Untersuchungen über Lagermetalle des MPA. Berlin-Dahlem von HEYN und BAUER[1]. Die bald folgende Inflation ließ weiterhin die Heimstofffrage nicht wieder von der Tagesordnung verschwinden. Mit allem Nachdruck betrieb beispielsweise die Reichsbahn[2] von 1920 ab den Ersatz der zinnhaltigen

[1] Beiheft der Verhandlungen des Vereins zur Beförderung des Gewerbefleißes. Berlin: Leonhard Simion Nachf. 1914.

[2] Siehe auch O. LINDERMAYER: Glasers Ann. 1935, S. 35f.

Legierungen, sowohl wie der kupferhaltigen und ergriff Maßnahmen, um die Gewinnung von Unterlagen für die Bewertung der Lagermetalle zu vervollkommnen. Marksteine in dieser Entwicklung sind: die Errichtung einer besonderen Versuchsanstalt für Lager in Göttingen: die Einführung des hochbleihaltigen Kalzium- und Lurgimetalls (bariumhaltig), deren Vereinheitlichung zum heutigen Bahnmetall führte: die systematische Untersuchung der technologischen Eigenschaften und des Aufbaues der Rotgußlegierungen[1] und die Herbeiführung eines möglichst verlustlosen Kreislaufes der wertvollen Lagermetalle durch eine geordnete Altstoffwirtschaft.

Von industrieller Seite her wurden diese Bestrebungen vorbereitet, unterstützt und erweitert. CZOCHRALSKI und WELTER brachten 1919 in dem Buch „Lagermetalle und ihre technologische Bewertung" eine erste Zusammenstellung der Grundlagen für die Bewertung der weißen und roten Lagermetalle, das bald in zweiter Auflage herausgegeben werden konnte. Auf der Werkstofftagung 1927 wurde die Frage der Bewertung der Eigenschaften der Lagermetalle ebenfalls eingehend erörtert[2].

Nicht vergessen seien hier die Normungsarbeiten, die gerade auf diesem Gebiet besonders langwierig und zeitraubend waren und die vor reichlich einem Jahrzehnt das DIN-Blatt 1703 und das DIN-Blatt 1705 brachten.

Technologe (d. h. Erzeuger) und Konstrukteur gingen aber noch immer getrennte Wege und bearbeiteten die Fragen jeder für sich. Insbesondere verschwand mit der Scheinkonjunktur um 1929 das Interesse an der chemischen Zusammensetzung und der Bewertung der Lagermetalle von der heimstoffwirtschaftlichen Seite aus wieder erheblich. Erst nach 1933 sehen wir wieder den Boden vorhanden für eine systematische und großzügige Zusammenfassung technologischer und konstruktiver Gesichtspunkte zur Entwicklung geeigneter Heimstofflegierungen auf dem Gebiete der Lagermetalle und ihrer Bewertung. Die Zusammenstellung der „Grundlagen und Richtlinien für die Gestaltung von Gleitlagern", wiederum unter Führung der Reichsbahn, erscheint 1936 von Dipl.-Ing. A. ERKENS nach umfassender Beratungsarbeit im VDI-Verlag. Mehr und mehr hat sich dadurch die Erkenntnis entwickelt, daß eine Übertragung von Erfahrungen bei Gleitlagern nur möglich ist, wenn man zu ihrer Bewertung ein Gesamtbild der konstruktiven und technologischen Betriebsbedingungen möglichst lückenlos entwickelt, das nachstehend umrissen werden soll, zunächst nach der konstruktiven und danach nach der werkstofftechnischen Seite.

---

[1] Veröffentlicht in der Z. Metallkde. 1926 Heft 9/10.

[2] Siehe Lagermetalle auf Blei- und Zinnbasis von Dr.-Ing. R. KÜHNEL. Gießerei 1928 Heft 19 S. 141.

1. Konstruktive Gesichtspunkte für die Auswahl.

a) Die Form des Lagers.

Grundsätzlich muß man auseinander halten, ob ein volles oder geteiltes Lager vorliegt, ob also das Lager die Form einer Buchse hat oder ob es aus zwei Schalen besteht. Die Einteilung der Lager in Annäherung an das Richtlinienblatt A für konstruktive Lagerfragen des VDI ist ab nächsten Absatz wiedergegeben. Schon diese Unterscheidung findet sich in vielen Veröffentlichungen nicht. Wenn man z. B. in Aufsätzen lesen kann, daß Lagermetalle grundsätzlich aus zwei verschiedenen Kristallarten bestehen sollen[1], so gilt das für Lagerschalen, während sich gezogene Buchsen aus Kupferlegierungen, in fester Lösung mit nur einer Kristallart, bewährt haben.

b) Einteilung der Lager.

„*Einteiliges Lager.* Die einfachste Form des einteiligen Lagers ist das Lagerauge, Abb. 25, das durch eine Bohrung im vollen Baustoff eines

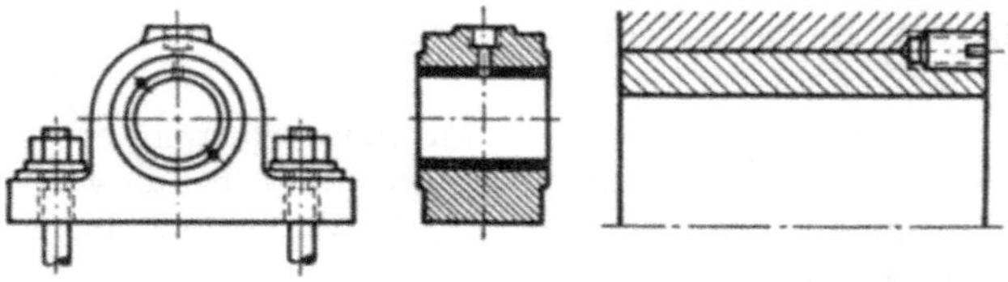

Abb. 25. Einteiliges Lager. Augenlager mit eingesetzter Büchse.

passend geformten Maschinenteiles entsteht. Durch Einsetzen eines Futters oder einer eingepaßten Laufbuchse aus Gußeisen, Stahl oder Metall besteht die Möglichkeit, diese bei Abnutzung auszuwechseln. Man unterscheidet Lagergehäuse und Laufbuchse.

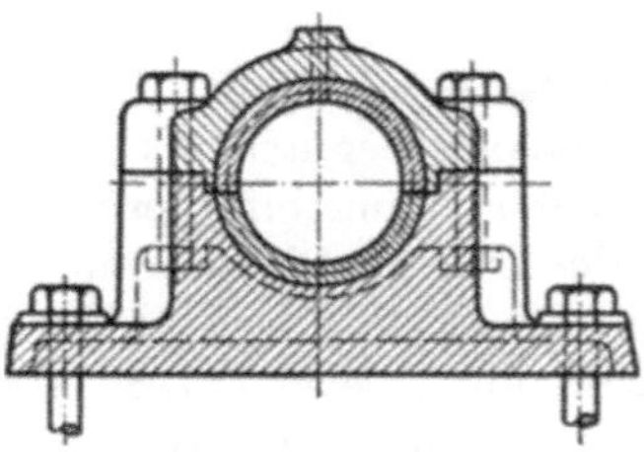

Abb. 26. Zweiteiliges Lager.

Einmal geteiltes Lager. Die zweiteiligen Lager bestehen aus Lagerkörper, Lagerdeckel und Schalen. Die Unterschale liegt im Lagerkörper, die Oberschale im Lagerdeckel. Bei Abnutzung der Gleitflächen lassen sich diese durch Nachziehen der Deckelschrauben wieder nachstellen, Abb. 26.

Mehrfach geteilte Lager. Mehrteilige Lager können aus drei oder vier Schalen zusammengesetzt werden, deren Seitenschalen mit Schrauben oder Keilen nachgestellt werden, Abb. 27[2].

Die Welle kann senkrecht oder waagerecht angeordnet sein. Die Bohrung D des Lagers ist größer als der Durchmesser d der Welle. Den

[1] Prof. Dr.-Ing. VOM ENDE: Handbuch der physikalischen und technischen Mechanik von AUERBACH und JOST, Bd. V, S. 941.

[2] Siehe auch Dreibundlager bei Leichtmetallen, S. 204.

Unterschied zwischen *D* und *d* nennt man das „Lagerspiel". Die Lagerbreite bzw. Lagerlänge bezeichnet man mit *L*. Das Lagerspiel wird durch die Schmiermittelschicht ausgefüllt."

Vollager. Beschränkt ist das Anwendungsgebiet der Vollager, bei denen Schale und Ausguß eines sind. Auch hier muß eine andere Bewertungsgrundlage bei der Auswahl des Lagermetalls einsetzen, noch mehr aber bei der einem Lager nur noch teilweise verwandten Form der vielen Gleitstücke, Gradführungen, Schnecken und Spindeln. Dasselbe Lagermetall kann sich unter sonst gleichen Bedingungen in der einen Form des Lagers gut bewähren, in der anderen völlig versagen."

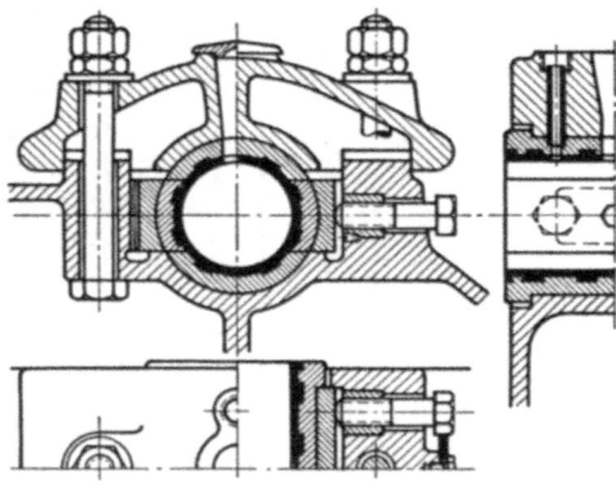

Abb. 27. Mehrteiliges Lager.

Nähere Angaben über die konstruktive Gestaltung der Lager, für die man einen Werkstoff empfehlen will, wie Vollager, geteiltes Lager, Buchse, Mehrstofflager, z. B. „Zweistofflager aus Bleibronze-Schmiedestahl" BlBz 30 St 37 oder „Dreistofflager WM 10-Rg 5-St 37" sollten daher in keiner Veröffentlichung fehlen, wenn man Wert darauf legt, daß die übermittelten Ergebnisse als Bewertungsgrundlage für andere Betriebsverhältnisse dienen sollen. Ausguß- und Tragschalenwerkstoffe unterscheiden sich meistens grundsätzlich und gehören ganz verschiedenen Werkstoffgruppen an. Nur in Sonderfällen wird man auch bei der Tragschale noch Gleiteigenschaften vorsehen. So stellt z. B. die Reichsbahn an die Tragschale die Forderung des Notlaufs, d. h. sie erwartet, daß nach Heißlauf bei Ausschmelzen des Ausgusses die Lagerschale den Schenkel noch gleiten läßt, bis das Fahrzeug nach Feststellung des Heißlaufs zum Stillstand gebracht wird, was manchmal erst nach längerer Laufzeit geschehen kann. Die Frage der metallurgischen Bindung zwischen Ausguß und Schale, sofern sie sich nicht umgehen läßt, ist oft recht bedeutsam, und an ihr kann die Verwendung eines sonst recht guten Lagerausgußwerkstoffes scheitern [1]. Schließlich sei noch die Dicke des Lagerausgusses erwähnt. Einerseits richten sich danach die Erstarrungsbedingungen und damit die Ausbildung des Aufbaues, andererseits wird das Verhalten des Lagerwerkstoffes dadurch günstig beeinflußt, daß beim dünnen Ausguß gegebenenfalls die Stützschale mitträgt; an sich weichere Ausgußwerkstoffe werden sich alsdann wesentlich widerstandsfähiger

[1] Die Absätze im speziellen Teil behandeln diese Fragen ausführlicher.

erweisen, als man nach ihren mechanischen Durchschnittseigenschaften annehmen sollte. Das Richtlinienblatt F für konstruktive Lagerfragen des VDI ist nachstehend abgedruckt[1]:

„Angaben über Weißmetallausgußdicken (Zahlentafel 5).

Die nachfolgenden Angaben dienen als Übersicht für die grundsätzliche Ausrichtung der Verbraucher. *Maßgebend bleiben* die *Angaben der einzelnen Herstellgebiete* für den dort erreichten Stand auf Grund der bisher vorliegenden Erfahrungen.

Zahlentafel 5. Weißmetallausgußdicken für Grundkörper aus Gußeisen, Stahl oder Stahlguß.

Bohrungsdurchmesser mm	Gußeisen mm	Stahl mm
20 bis 50	2	0,75
über 50 „ 75	3	1
„ 75 „ 100	3,5	1,5
„ 100 „ 200	4	2
„ 200 „ 300	5	2,5
„ 300 „ 400	6	3
„ 400 „ 450	7	3,5
„ 450 „ 500	8	4
„ 500	9	5

a) Grundkörper aus Gußeisen bzw. Stahl oder Stahlguß. Werden Beilagen zwischen die zweiteiligen oder vierteiligen Lager gelegt, um die Möglichkeit des Nachstellens zu haben, dann müssen die Ausgußdicken etwas heraufgesetzt werden.

Lager mit ruhender Belastung oder auch solche mit Druckwechsel, bei denen die spezifische Flächenpressung nicht zu hoch ist, sollten auf jeden Fall Grundkörper aus Stahl bzw. Stahlguß bekommen. Der technische Wert wird nicht herabgesetzt, aber an Nichteisenmetallen wird gespart.

b) Grundkörper aus Rotguß, Bronze oder Bleibronze. Für die Grundkörper aus obigen Werkstoffen gelten dieselben Ausgußdicken wie für Stahl oder Stahlguß. Die Notlaufeigenschaften, Bindungs- und Bearbeitungsfragen sind für die Auswahl dieser Werkstoffe an Stelle von Stahl oder Stahlguß maßgebend.

Bei größeren Durchmessern werden in den seltensten Fällen Grundkörper aus obigen Werkstoffen in Frage kommen, es sei denn, daß Rücksicht auf Korrosion genommen werden muß.

Die *Bleibronze* hat außergewöhnlich gute Notlaufeigenschaften. Da sie außerdem eine gute Arbeitsaufnahme gewährleistet und infolge der frei eingelagerten Bleiinselchen eine äußerst gute Bindung zwischen dem Ausgußwerkstoff und der Bleibronze erreicht wird, können die Ausgußdicken auf 0,3 bis 0,5 mm herabgesetzt werden. Die Größe der Bohrung findet hier keine Berücksichtigung. Es soll an drei Beispielen kurz erläutert werden, wie die Ausgußdicke zu wählen ist:

Fahrzeugdieselmotor. Es kommt die geringst mögliche Dicke in Anwendung, also 0,3 bis 0,5 mm, weil ja bei einer Abnutzung von nur

[1] Außerdem sei auf weitere Angaben im Abschnitt „Konstruktive Grundlagen", Zahlentafel 1, hingewiesen.

0,2 mm der Schlag in den Lagern schon so stark ist, daß der Ausguß erneuert werden muß.

Achslager. Soll ein Achslager 150000 Fahrtkilometer durchlaufen, so soll die Ausgußdicke 2 mm betragen.

Dampfmaschinen und Verdichter. Bei den Lagern großer Maschinen legt man Beilagen zwischen die Lagerhälften, um bei der Abnutzung der Lager die Beilagen stufenweise herausnehmen zu können, wodurch die Lagerbohrung auf das richtige Maß gebracht und ein Klopfen vermieden wird.

Ist die Abnutzung auf beiden Lagerhälften gleich und wird eine Nachstellung von 10 mm verlangt, dann muß die Ausgußdicke 5 mm betragen.

Bei einseitiger Abnutzung des Lagers soll die Ausgußdicke aber nun auf keinen Fall etwa 10 mm dick gewählt werden, da dann die Stauchung des zu dicken Ausgusses die Laufdauer des Lagers eher herabsetzt. Die geringere Nachstellbarkeit muß dann in Kauf genommen werden.

Für Kreuzkopfschuhe, Kreuzkopfgleitbahnen und Exzenterbügel gelten den verschiedenen Werkstoffen entsprechend dieselben Ausgußdicken wie vorstehend aufgeführt. Der Durchmesser des zugehörigen Hauptlagers kann als dafür maßgebend angenommen werden."

Es war schon angedeutet, daß auch Angaben über die Bindung von Ausguß und Schale notwendig sind, sei es, daß man sie durch Löten oder durch mechanisches Verklammern in Nuten oder Gewinden erreicht. Auch hiervon wird das Verhalten des Ausgußwerkstoffes weitgehend beeinflußt. Ergibt sich die Notwendigkeit einer Verlötung, die ja oft nur durch Zinn oder hochzinnhaltige Legierungen durchzuführen ist, so wird damit wieder eine Heimstofffrage berührt. Gerade zur Frage des richtigen Sitzes des Ausgusses im Lagerkörper und zu seiner Herbeiführung durch Lötverbindung ist in den Einzelabsätzen des speziellen Teils eingehender Stellung genommen[1]. Im allgemeinen wird man durch eine Klangprobe sich überzeugen können, ob die Ausgußfläche überall am Lagerkörper gut gebunden hat.

e) Die Gleitbedingungen.

Neben der Form des Lagers ist nun die zweite wichtige Voraussetzung für das Verhalten des Lagerwerkstoffes und seine Bewertung ein gutes Gleiten und hier wieder sind es eine ganze Anzahl Einzeleinflüsse, die aufeinander abgestimmt sein müssen, wenn gute Gleiteigenschaften erzielt werden sollen.

Heinz O. Heyer hat in Heft 10 der Autom.-techn. Z. 1936 in dem Aufsatz „Beiträge zur Gleitlagerfrage in schnellaufenden Verbrennungsmaschinen" zu den Gleitbedingungen der Gleitlager *allgemein* in treffenden Ausführungen Stellung genommen. Hier und im folgenden seien daher wiederholt Auszüge aus diesem Aufsatz gebracht.

[1] Ferner auf S. 3.

„Die Betriebsbedingungen eines idealen Lagers, bei dem eine mathematisch runde Welle in einer mathematisch runden Bohrung, getrennt durch eine flüssige Zwischenschicht, umläuft und das Lager mit einer nach Größe und Richtung gleichbleibenden Kraft belastet, sind in der schnellaufenden Verbrennungskraftmaschine in keinem Punkte vollständig erfüllt.

Aus dem Wesen der Maschine und aus der Unvollkommenheit unseres technischen Könnens ergeben sich Abweichungen. Aufgabe des Werkstoffmanns und des Gestalters ist es, diese Abweichungen kennenzulernen und so zu beherrschen, daß eine möglichst große Annäherung an den Idealzustand erreicht wird. Nur so ergeben sich Maschinen mit gutem Wirkungsgrad, geringer Abnutzung und großer Betriebssicherheit.

Eine Betrachtung derjenigen Lager, die unter schwierigen Bedingungen arbeiten, ergibt von selbst Gestaltungsgrundsätze für die weniger beanspruchten. Darum können bei der Besprechung von Gleitlagern schnellaufender Verbrennungskraftmaschinen die Lager der Kurbelwelle im Gehäuse und der Kurbelzapfen in den Pleuelstangen in den Vordergrund gerückt werden.“

Schmierung. Allem voran steht die Frage der Schmierung, sowohl des Öles als auch der Art seiner Zuführung. Sie entscheidet weitgehend mit beim Versagen oder Bewähren eines Werkstoffes und Angaben darüber, ferner ob flüssige oder halbflüssige Lagerreibung angenommen werden kann, sollten daher niemals in Veröffentlichungen über Lagerwerkstoffe fehlen.

„Sobald der flüssige Schmierfilm nicht mehr ausschließlich Träger des Bewegungsvorganges ist, erhalten die an Lager und Welle durch Adhäsion haftenden Schmiermittelschichten entscheidenden Einfluß auf den weiteren Lagerlauf. Diesen Schichten, mit denen sich besonders die neuzeitliche Ölforschung beschäftigt, scheint eine ausgesprochene Schutzwirkung zuzukommen. Ihr Vorhandensein wird veranschaulicht durch die Schwierigkeit, die es bereitet, zwischen zwei ölbenetzten Flächen durch statisches Zusammenpressen das Öl restlos herauszudrücken.

Untersuchungen über den Einfluß von *Graphitzusatz* auf die Schmierung haben ergeben, daß sich bei richtigem Graphitzusatz Oberflächenschutzfilme aus Graphitteilchen bilden. Solche Graphitschutzschichten können, wie Laufversuche erwiesen haben, nach Aussetzen der Schmierung Träger des Bewegungsvorganges sein und diesen von den Metallflächen fernhalten. Es sei dahingestellt, ob dies auf eine Beeinflussung des Haftvermögens des verbliebenen Schmiermittelrestes zurückzuführen ist, oder ob der Graphit die von der Bearbeitung zurückgebliebenen, vom Graphitteilchen aus gesehen, tiefen Zerklüftungen der Metalloberfläche ausfüllt und „glattere Flächen“ erzeugt, die weniger gegenseitige Angriffspunkte bieten.

Die Vorgänge, die sich in dem Gebiet der gemischten Reibung abspielen, sind im einzelnen von der Oberflächengestalt (d. h. der Bearbeitungsgüte und dem Gefüge) und von der Wechselwirkung zwischen dem Schmiermittel und den metallischen Flächen abhängig. Zwischen dem gegenseitigen Verhalten der verschiedenen mineralischen und vegetabilischen Öle zu den verschiedenen Wellen- und Lagerwerkstoffen bestehen sehr große Unterschiede, welche die Forschung im einzelnen durch die Begriffe Schmierfähigkeit, Oiliness, Laufeigenschaften, Gleiteigenschaften näher zu umreißen versucht. Der bei gemischter Reibung auftretende Verschleiß wird vom Schmiermittel wahrscheinlich ähnlich beeinflußt wie die Vorgänge bei spanabhebender Bearbeitung durch Schneidöle.

Je weiter man sich von dem Gebiet der reinen Flüssigkeitsreibung entfernt, sei es durch weiteres Sinken der Umfangsgeschwindigkeit oder Abnehmen des flüssigen Schmierfilms aus anderen Gründen (Überhitzung, die von einer schon trocken laufenden Lagerstelle ausgehen kann, oder Ölmangel), um so steiler steigt die Reibungsziffer bis zum Erreichen des Wertes für trockene Reibung an. Das Verhalten der Lagerwerkstoffe bei Annäherung an diesen Punkt wird durch den Begriff *Notlaufeigenschaften* gekennzeichnet. Hierauf ist wiederum der Gefügeaufbau von entscheidendem Einfluß. Wenn, wie bei den Weißmetallen, die zuerst in metallische Berührung kommenden und damit den ganzen Druck auf sich nehmenden Stellen nachgeben können, wobei sich der Laufspiegel vergrößert, sinkt die spezifische Belastung unter Umständen so weit, daß wieder ein tragfähiger Schmierfilm zustande kommt. Am ungünstigsten verhalten sich harte Lagerwerkstoffe, bei denen die überlasteten Stellen durch Verschleißschubkräfte abgetragen werden müssen. Hierbei besteht die Gefahr des Ineinanderhakens der Oberflächenvorsprünge von Welle und Lager, die in der Tiefe aufreißen (tief im Verhältnis zur Höhe der Bearbeitungsspuren). Die plötzliche Wärmeentwicklung steigert das Fortschreiten des Zerstörungsvorganges. Lagermetalle niedrigen Schmelzpunktes könnten unter solchen Einflüssen auslaufen. Bei großem Härteunterschied zwischen Welle und Lager wird meist nur der weichere Bauteil beschädigt. Bei bestimmten Verhältnissen kommt es jedoch zum Verschweißen von Wellen und Lagerteilchen (Fressen). Einzelne Werkstoffpaare (z. B. Stahl und Kupfer, Stahl und Aluminium) zeigen besondere Neigung, bei trockener Reibung miteinander zu verschweißen. Die gegenseitigen Molekularkräfte sind dann größer als die Kohäsionskraft innerhalb der einzelnen Werkstoffe."

Lagerwärme. Die vordem genannten Einflüsse wirken nun zusammen beim Einlauf und Lauf des Lagers, und bestimmen die Höhe der Lagertemperatur, die damit auch eine Bewertungsgrundlage wird. Ist sie gleichmäßig und niedrig, so haben wir einen Anhalt dafür, daß Konstrukteur und Metallurge gut gearbeitet haben und daß sich das Lager voraussichtlich im Betriebe bewähren wird. Die Abb. 28 zeigt ein Ergebnis von Einlaufuntersuchungen von verschieden aufgebauten Lagermetallen.

„Ähnlich, wie der Gestalter für die Aufnahme und Verteilung der in der Maschine auftretenden Kräfte sorgt, muß er die Aufnahme und Verteilung der entstehenden *Reibungswärme* beherrschen. Das schon erwähnte stark unterschiedliche Verhalten der verschiedenen Lagerwerkstoffe macht die Beachtung dieser Zusammenhänge besonders dann zwingend notwendig, wenn bei vorhandenen Konstruktionen neue Lagerwerkstoffe zur Verwendung kommen sollen.

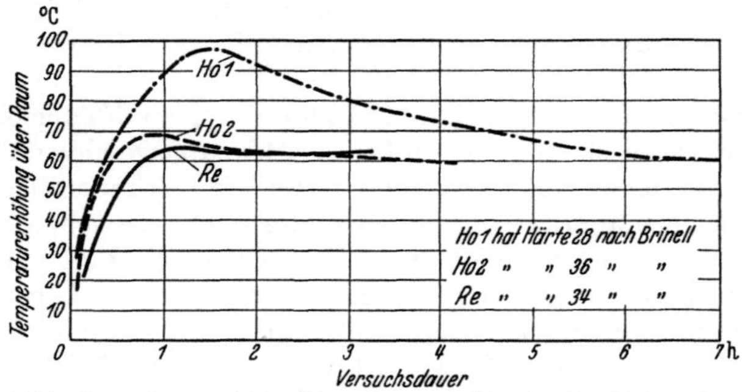

Abb. 28. Einlaufversuche von bleihaltigen Lagermetallen im Vergleich zu Wm 80 | *Re* |.

Was an dieser Stelle versäumt wird, ist oft an der fertigen Maschinengestaltung nicht nachzuholen. Man sieht sich dann später gezwungen, auf die früher verwendeten Lagerwerkstoffe zurückzugreifen, nicht weil die neuen „nichts taugen", sondern weil man ihnen nicht gerecht geworden ist.

Die Ableitung der Wärme von der Erzeugungsstelle erfolgt im wesentlichen durch das Schmieröl und die Lager an das Gehäuse, zum geringeren Teil auch durch die Welle. Die Weiterleitungsmöglichkeit an das Kühlwasser und die Luft bestimmen die Betriebstemperatur. Bei den Lagern ist die Wärmeleitfähigkeit der zur Verwendung kommenden Werkstoffe sehr unterschiedlich. Sie muß bei der Gestaltung in Betracht gezogen werden. Gute Wärmeleitfähigkeit kann das Fehlen von Notlaufeigenschaften bis zu gewissem Grade wettmachen."

Lagerbelastung. Auch sie ist maßgebend für die Auswahl des Lagerwerkstoffes und hier wieder ist wichtig, ob sie schlagartig oder ruhend wirkt. Von Bedeutung ist auch, ob sie von einem umlaufenden oder hin- und hergehenden Maschinenteil übertragen wird; letztere Beanspruchung ist gewöhnlich schärfer. HEYER schreibt zur Lagerbelastung in dem schon genannten Aufsatz:

„Der wesentliche Unterschied gegenüber dem idealen Lager liegt hierbei in der ungleichartigen Belastung. Zu jeder Kurbelstellung gehört eine nach Größe und Richtung der Resultierenden veränderliche Belastung.

Die Arbeits- und Massenkräfte vereinigen sich für jedes Lager zu einem Schaubild, aus dem hervorgeht, daß ein Teil des Lagers niedrigere Drücke und ein anderer höhere auszuhalten hat. Bei manchen Lagern tritt im Belastungsschaubild vollständiger Druckwechsel ein, d. h. jede der beiden Schalen ist durch den Richtungswechsel der Resultierenden aus Gas- und Massenkräften zeitweise ganz entlastet. Dieser Lastwechsel ist als günstig für die Schmierung anzusehen, da durch das damit verknüpfte Abheben der Welle von der Schale Öl nachgesaugt werden kann, wenn für genügende Ölvorflut gesorgt ist.

Größe und Verlauf der auftretenden Kräfte werden maßgeblich durch das Arbeitsschaubild des Triebwerkes bestimmt. Das plötzliche Auftreten starker Drücke in kürzesten Zeiträumen ergibt die kennzeichnende *stoßweise Beanspruchung* der Lager.

Ferner besteht zwischen Vergaser- und Dieselmotor noch ein grundsätzlicher Unterschied darin, daß beim Dieselverfahren infolge der hohen Verdichtung wesentlich höhere Spitzendrücke auftreten, die die ,,Stoßhaftigkeit“ vergrößern. Abwandlungen des Dieselverfahrens können hier weitgehenden Ausgleich schaffen. Ungünstig bleibt dabei aber der bei allen Betriebszuständen gleichbleibend zu erzeugende Verdichtungsenddruck. Bei den Massenkräften kommt eine besondere Rolle den Erschütterungen zu, die von außen an die Maschine herandringen. Verbrennungsmotoren in Schienenfahrzeugen sollten vom Standpunkt der Lagerschonung möglichst im bestgefederten Fahrzeugteil befestigt werden.

Die Kräfte werden in den Lagern nicht gleichmäßig von den halbkreisförmigen Flächen aufgenommen, die der Belastungsrichtung gegenüberliegen. Das hat folgende Gründe: Erstens verformen sich die Lager selbst, zweitens biegt sich die Kurbelwelle um ein bestimmtes Maß durch, so daß der Laufzapfen schräg steht, und drittens liegt bei mehrfach gelagerten Wellen ein statisch unbestimmtes System vor, bei dem die Kräfte auf die Lager ungleich verteilt werden. Diese Verteilung hängt von der Verformung der Gehäuseelemente und von der Herstellungsgenauigkeit der Bohrungen ab.

Trotz der großen Abweichung der Belastung und ihrer Aufnahme von der des Idealfalles müssen die Reibungs- und Verschleißverhältnisse denen des Idealfalles möglichst angenähert werden. Bei reiner Flüssigkeitsreibung erzeugt die umlaufende Welle infolge des Haftens des Öls an der Oberfläche einen tragenden Schmierfilm, dessen Stärke von der Ölzähigkeit und dem Lagerspiel abhängt. Abnutzung kann hierbei nur insoweit eintreten, als das Öl Teile enthält, die als Schleifmittel auf die metallischen Flächen einwirken.

Bei den Gleitlagern der Verbrennungskraftmaschinen ergeben sich dagegen andere Abnutzungsverhältnisse. Außer der Erschwerung der Bedingungen durch die geschilderte Belastungsweise kommen noch verschiedene Betriebszustände vor: das Anfahren, die Beharrungszustände unter verschiedenen Belastungen und Unterbrechungen in den erreichten Zuständen.

Hierbei treten folgende betriebsschädigende Erscheinungen auf:

a) mechanischer Verschleiß durch Gleiten metallischer Flächen aufeinander ohne Zwischenschaltung eines Schmierfilms,

b) mechanischer Verschleiß durch feste Teilchen, meist Abnutzungserzeugnisse und Verunreinigungen, die vom Schmiermittel zwischen die gleitenden Flächen gebracht werden,

c) Brüchigwerden der Lagerflächen in Form von Rißbildung und Ausbröckeln.

Die Klärung der Ursachen für diese Schäden ist für die Entwicklung betriebsicherer Lager von maßgender Bedeutung.

Zu a). Ursache für den mechanischen Verschleiß durch trockene Reibung ist in erster Linie Ölmangel. Beim Anfahren ist die Gefahr am größten, daß die hydrodynamische Förderung, die das Öl von den weniger belasteten Stellen im Lager wegführt, nicht genug Nachschub findet, um das seitlich aus dem Lager herausgedrückte Öl zu ersetzen. Die geringe vorhandene Menge überhitzt sich sofort und kann keinen tragfähigen Schmierfilm bilden. Ist einmal ein Schmierfilm vorhanden, so kann gegebenenfalls trotzdem eine mechanische Berührung noch infolge verschiedener Abweichungen von der zylindrischen Form des ideellen Lagers stattfinden. Sind *Vorsprünge* infolge unvollkommener Bearbeitung vorhanden, so wirken diese wie Klippen im Strom. Der Ölfilm wird zerschnitten, Lager und Welle können sich berühren. Bei schlecht tragenden Lagern kann örtliche Überlastung zur Schmierfilmdurchbrechung führen. *Verformt* sich das Lager unter der Belastung, so tritt eine Spaltverengung an den weniger belasteten Stellen ein und die Schmierfilmbildung wird gestört. Sehr ungünstige Auswirkungen ergeben sich, sobald Zapfen und Lager *nicht* mehr *parallel* sind, z. B. bei unzulässig großen Kurbelwellendurchbiegungen. Hierbei kommt es zum Laufen der Lagerkante auf dem Zapfen. Die auftretende hohe Überlastung dieser Stellen führt schnell zu großem Verschleiß.

Neben der geschilderten Oberflächenabnutzung treten bei Lagern zuweilen *plastische Formänderungen* im Ausguß ein. Infolge örtlicher Schubkräfte, welche die Festigkeit des Ausgusses bei der herrschenden Betriebstemperatur übersteigen, kommt es zum Schieben des Lagermetalls. Hierdurch werden dickere Ausgüsse im allgemeinen schwerer beschädigt als dünnere, weil die schiebende Werkstoffmenge dort größere Verwerfungen entstehen lassen kann. Da die Haftfähigkeit der Ausgüsse größer als die Schubfestigkeit ist, werden bei *dünnen* Ausgüssen die Schubkräfte näher an der Entstehungsstelle abgefangen. (Behinderte Formänderung.)

Zu b). Der *mechanische Verschleiß* durch Fremdkörper im Öl tritt bei ähnlichen Maschinen verschiedener Hersteller sehr verschieden stark in Erscheinung. Die Reinheit des zu den Lagern gelangenden Öls und die Schmierfilmstärke entscheiden über die Größe des Verschleißes. Die vorhandenen Fremdteilchen sind meist die Abnutzungserzeugnisse des Oberflächenverschleißes. Die Lagermetalleigenschaften spielen hierbei eine große Rolle. Die verhältnismäßig weichen Weißmetalle z. B. können in gewissem Grade Fremdteilchen einbetten.

Zu c). Die dritte Art des Lagerschadens, das *Zermürben*[1], ist in dem starken Wechsel der Lagerkräfte begründet. Dieses Brüchigwerden der Lagerwerkstoffe zu vermeiden, ist die schwerste Aufgabe für den Werkstoffmann und Gestalter, Lager, bei denen die Abnutzungserscheinungen an der Lauffläche sehr klein gehalten werden können, gehen oft nach bestimmter Betriebsstundenzahl durch Rissigwerden und Ausbröckeln der Ausgüsse zugrunde. Das Lager hat dann seine Tragfähigkeit verloren, obwohl die Abnutzung nicht unzulässig fortgeschritten ist. Die Pleuellager an Dieselmaschinen erliegen dieser Zermürbung am schnellsten, da bei ihnen die stoßweise Beanspruchung durch die hohe Verdichtung am stärksten ausgeprägt ist. Diese Dauerschlagbeanspruchung ruft Ermüdungserscheinungen im Lagermetall hervor, an deren Klärung noch gearbeitet wird. Jeder auftretende Stoß wird über den Schmierfilm an das Lagermetall weitergeleitet und erzeugt wechselnde elastische Verformungen, die zu Dauerbrüchen führen.

Bisher war die Rede von den auftretenden Kräften, der Art ihrer Aufnahme durch die Lager und der Abnützung und Zermürbung. Es ist jetzt der eigentliche *Bewegungsvorgang* zu betrachten, der Aufschluß über die Reibungsverhältnisse gibt und vor allem die Bedeutung der Umfangsgeschwindigkeit erkennen läßt. Die wiederholt hierüber veröffentlichten Ausführungen haben noch immer nicht alle veralteten Ansichten ausrotten können, die heute noch über die Bedeutung der Gleitgeschwindigkeit im Lager vorhanden sind.

Bei dem anzustrebenden Betriebszustand, der dem Fall des Ideallagers entspricht, hat eine Lagerstelle nach der heutigen Anschauung folgenden Aufbau aus fünf Schichten:

1. Die Welle mit der von Gefüge und Bearbeitung abhängigen Wellenoberfläche,
2. eine an der Welle durch molekulare Kräfte haftende Schmiermittelschicht,
3. die Schmiermittelschicht, die als Träger des eigentlichen Bewegungsvorganges anzusehen ist,
4. eine an der Lageroberfläche haftende Schmiermittelschicht,
5. das Lager mit der von Gefüge und Bearbeitung abhängigen Lageroberfläche.

[1] Siehe auch S. 84 und 115.

Die Reibungszahl der flüssigen Reibung ist um so geringer, je kleiner die Ölzähigkeit und je dünner der Schmierfilm ist. Das Gesetz für die Reibungsziffer der flüssigen Reibung (nach FALZ-GÜMBEL) $\mu = 3{,}8\sqrt{\frac{z \cdot \omega}{p_m}}$ bringt das zum Ausdruck. Hierin ist z die Ölzähigkeit; ω die Winkelgeschwindigkeit und p_m die Flächenpressung, bezogen auf die Lagerprojektion. Gemäß dieser Beziehung *sinkt die Reibungsziffer* der flüssigen Reibung

mit steigender Temperatur, da hierdurch die Zähigkeit des Öls verringert wird,

mit steigender Belastung, da hierdurch die Schmierfilmstärke verringert wird,

mit abnehmender Geschwindigkeit, da mit ihr die Schmierfilmdicke abnimmt."

Die Größe der tragenden Lagerfläche. Nicht immer ist man in der Lage, ein Lager gut einzupassen, oft trägt nur ein kleinerer Teil der Schalenfläche. Man denke an die Verhältnisse des Eisenbahnbetriebes, wo eine heißgelaufene Achse mit einem Ersatzlager, das auf irgendeiner Betriebswerkstatt eingesetzt wird, weiter laufen muß.

Die Geschwindigkeit. Sie spielt naturgemäß ebenfalls eine erhebliche Rolle beim Verhalten des Lagermetalls, und es ist sehr zu bedauern, daß man sich über Schaubilder aus Lagerdrücken in kg/cm² und Geschwindigkeit in m/s zur Bewertung einer Lagerbeanspruchung noch nicht einigen konnte. Wenn man auch vom konstruktiven Standpunkt sicherer Lagerberechnung erhebliche Bedenken gegen einen derartigen Bewertungsgang haben mag — s. Abschnitt Grundlagen für Konstruktion —, so wäre es doch für die Auswahl des Lagermetalls sehr zweckmäßig, wenn eine solche Bewertung sich allgemein einführen würde, zum mindesten für die Lager mit unvollkommener Schmierung. Ich habe daher einen Vorschlag von ARMBRUSTER in einem Vortrag auf der Hauptversammlung des VDI in Darmstadt 1936 zur Verwendung empfohlen[1]. Die vorstehende Abb. 29 enthält ihn[2]. Es ist dabei in drei Gruppen zu unterteilen, von denen die erste bei der Belastung 80 kg/cm² und 5 m/s Geschwindigkeit abschneidet, die zweite bei 150 kg/cm² mit 10 m/s, die dritte bei

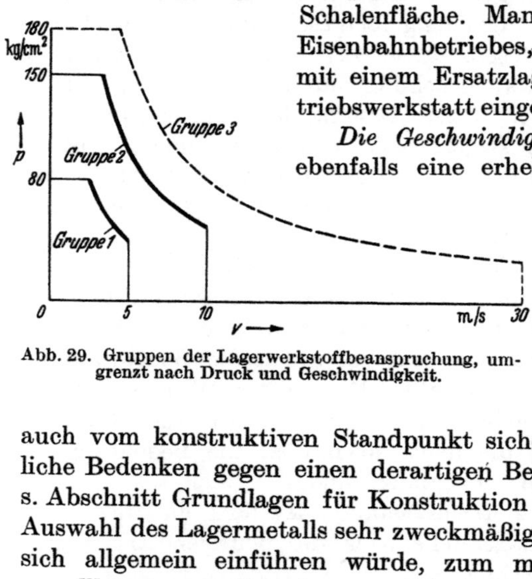

Abb. 29. Gruppen der Lagerwerkstoffbeanspruchung, umgrenzt nach Druck und Geschwindigkeit.

[1] Wege zum Heimstoff in Werkstoffauswahl und Formgebung der Lagermetalle. Heft Fachvorträge der 74. VDI-Hauptversammlung Darmstadt 1936, im Auszug auch Gießerei 1936 Heft 15 S. 357.

[2] Siehe auch Abb. 100—103, S. 108f. und S. 15 und 206 sowie 398.

180 kg/cm² und 30 m/s. Die Grenze der letzten Lagerbelastungslinie, die ARMBRUSTER vorsieht, habe ich nur schwach punktiert einzeichnen lassen, da die heute üblichen Lagerdrücke ja teilweise schon viel höher liegen, so daß eine Abgrenzung der Zone hoher Belastung nach oben nicht zweckmäßig erscheint[1]. Nur im Bereich der Gruppe 1 wird man sich zu allererst vollen Erfolg bei der Anwendung der ziemlich zahlreichen Austauschwerkstoffe versprechen können, und da diese Gruppe mengenmäßig schon einen recht großen Anwendungsbereich umfaßt, so ist für eine gedeihliche Heimstoffwirtschaft mehr getan, wenn man erst einmal diese Anwendungsmöglichkeiten von Austauschwerkstoffen möglichst erschöpft. Wenn man daran geht, Austauschwerkstoffe für die anderen beiden Gruppen anzuwenden, so sind unbedingt gründliche Vorversuche nötig, wenn man Rückschläge, die der Heimstoffwirtschaft sehr schädlich wären, vermeiden will. Daß aber selbst bei der Abgrenzung des unteren Bereichs nach oben noch eine gewisse Vorsicht geboten ist, ergibt sich beim Durchblättern der Einzelblätter des Buches ,,Konstruktive Lagerfragen".

Zahlentafel 6. Übersichtstafel für Belastungen und Werkstoffe im Hartzerkleinerungsbau.

Belastungen			Werkstoffe	Bemerkungen
bei Dauerbetrieb p kg/cm² höchstens	v m/s höchstens	bei zeitweisem Belastungswechsel p kg/cm² höchstens		
8	1	15	Sondergußeisen für Lagerschalen	Es ist wegen höherer Härte des Ge mit größerer Abnutzung der Welle zu rechnen
8	2 3	15	WM 5 oder Umstellwerkstoff	Wellenwerkstoff wird mehr angegriffen als bei hochzinnhaltigem Ausguß
10	2 5	20	WM 10 oder Umstellwerkstoff	Ab $v = 4$ Kühlung vorgesehen
10	2	25	WM 80 für Sonderfälle, bei denen Umstellwerkstoffe noch nicht erprobt sind	Kühlung
12	7	36		
15	10	40		Drucköl und Kühlung
40	1	80	Bl-Bz 8 oder Umstellwerkstoff	Ab $p = 50$ kg Kühlung vorsehen
50	1	150		
80	1	200		Kühlung durch durchbohrten Zapfen
40	1	80	GBz 10 oder Umstellwerkstoff	Kühlung wie vor für hämmernde Beanspruchung
50	1	150		
80	1	200		
100	2 bis 0,5	150	GBz 14	Nur für Spurlager

[1] Siehe auch S. 206 und 398.

Während das Blatt für Kolbendampfmaschinen, Kolbenverdichter und Kolbenpumpen ungefähr die Grenzen des Feldes I für die Verwendung der Austauschwerkstoffe vorsieht, begrenzt das Blatt Elektro- und Wasserkraftmaschinen die obere Grenze des Feldes für Austauschwerkstoffe auf 5—10 kg/cm², verlängert es aber gleichzeitig nach der Geschwindigkeitsrichtung in dem Bereich von 5—10 m/s. Ähnlich begrenzt das Blatt Dampfturbinen die obere Grenze von Feld I auf 5 kg/cm² bei Geschwindigkeiten von etwa 25 m/s. Nicht ganz so stark nach oben begrenzt als weiteres Beispiel in vorstehender Zahlentafel 6 der Hartzerkleinerungsbau das Feld I nach oben, gebraucht aber gleichzeitig kleine Geschwindigkeiten.

Bemerkt sei schließlich noch, daß auch die Wellendurchmesser bei dieser Bewertung Berücksichtigung finden müssen. Man wird also auf jedem Fall auch in der Gruppe 1 zweckmäßig die Belastung nach oben hin schon auf etwa 30 bis 50 kg/cm² begrenzen, wenn man gezwungen ist, wenig erprobte Heimstoffe ohne Vorversuche im Betrieb im größeren Ausmaß zu verwenden[1]. Sind dagegen kleine Geschwindigkeiten vorhanden, wie sie beispielsweise für den Kranbau oder Baggerbau und Fettschmierung in nachstehender Zahlentafel 7 angegebenen sind, so kann man selbst bei Kunstharzlagern die Belastungsgrenze der Gruppe 1 nach oben beträchtlich erhöhen. Welche Form die Begrenzungslinie des Schaubildes aus Belastung und Geschwindigkeit für zwei verschiedene Schmierungsfette dann annimmt, zeigt die Abb. 130, S. 158, Kunstharzpreßstofflager, die wie die vorhergehende Zahlentafel dem Aufsatz „Erfahrungen mit Kunstharzlagern" von Dr.-Ing. G. BARNER den Demag-Nachrichten 1938, Februar-Heft, entnommen sind (s. auch „Kunststoffe", 27. Jahrg., Heft 12) und die aus Prüfstandsversuchen entwickelt ist.

Zahlentafel 7. Beanspruchung von Kunstharzbüchsen im Laufkran 20 t, Spannweite 23,6 m.

	Flächenpressung p in kg/cm²	Gleitgeschwindigkeit v in m/s
Laufradbüchse	80	0,31
Vorgelegewelle zum Kranfahrwerk: Büchse am Ritzel .	16,8	0,45
Laufkatze: Laufradbüchse. .	58,5	0,155
	2	0,51
	47	0,024
Sonstige Büchsen	0,21	2
	44,3	0,18
	7,1	0,437

Man ersieht daraus, daß die Begrenzungslinie der Gruppe 1 in einem Falle sich wesentlich steiler stellen kann, d. h., daß sie wie beim Kunstharz bei kleiner Geschwindigkeit zu ziemlich hohen Drucken aufsteigt, oder aber, daß sie im anderen Falle wie bei Elektromaschinen wesentlich flacher liegt, so daß sie bei kleinen Drucken abschneidet, sich aber nach höheren Geschwindigkeiten hin erstreckt. Das würde bedeuten, daß man die Kurve der Gruppe 1 nicht schon bei 80 kg oder bei 5 m/s

[1] Siehe auch S. 19.

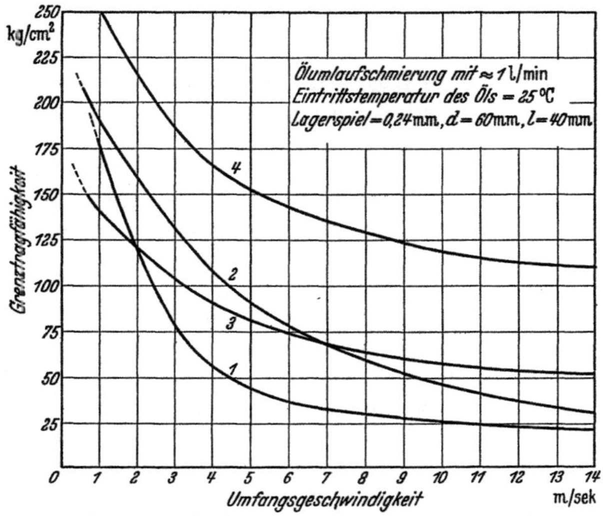

a) Grenztragfähigkeit der schlechteren Lagersorten 1 bis 4.

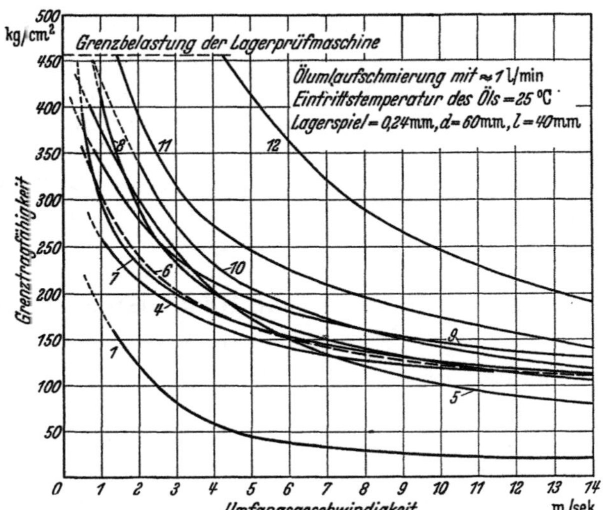

b) Grenztragfähigkeit der besseren Lagersorten 5 bis 12. Zum Vergleich sind hier die Kurven der Werkstoffe 1 und 4 eingetragen.

Abb. 30 a und b. Grenztragfähigkeit verschiedener Preßstofflagersorten. (Nach Prof. E. LEHR.)

abschneiden lassen müßte, sondern daß man sie parallel zur Begrenzungslinie der Gruppe 2 verlängern könnte.

So findet LEHR[1] wesentlich günstiger liegende Kurven unter besonders günstigen Vorbedingungen von

1. Verwendung einer einsatzgehärteten polierten Welle,
2. Fassung der Lagerschale in einer starken Stahlstütze,
3. Ausdrehen der Lagerbahnung mit dem Diamanten auf genau zylindrische Form,
4. Vermeidung von Kantenpressungen,
5. im wesentlichen drehende Belastung,
6. Verwendung von Ölumlaufschmierung mit einer den Versuchen entsprechenden Ölmenge und Rückkühlung auf 25°,
7. Verwendung eines Lagerspiels von 3 bis 4‰ des Wellendurchmessers.

Die obenstehend (30 a und b) abgebildeten p/v-Kurven.

Diese Bedingungen werden, wie er selbst bemerkt, nur bei ortsfesten Maschinen gegeben sein.

---

[1] Dr.-Ing. E. LEHR: Versuche mit Preßstofflagern. Kunststoffe 1938 Heft 7 S. 161.

Oberflächenzustand. Schließlich darf man bei der Bewertung eines Lagerwerkstoffes den Oberflächenzustand nicht vergessen, und zwar sowohl den des Lagers als den der Welle. Manche Lagerwerkstoffe setzen geradezu Feinstbearbeitung voraus, während andere ziemlich unempfindlich sind und auch bei rauher Oberfläche von selbst im Betriebe einen guten Einlauf, d. h. ein Einpassen — Einschleifen — der Oberfläche von Welle und Lager vollziehen. Getrennte Angaben über das Verhalten beim Lauf und Einlauf vermißt man aber leider bei Bewertungen und sonstigen Angaben über Lagermetalle sehr oft.

Fassen wir noch einmal zusammen. Form des Lagers, Art der Schmierung, ruhende oder schlagartige Belastung in ihrer verschiedenen Höhe, Größe der tragenden Lagerfläche, Oberflächenzustand und Geschwindigkeit sind also die Einflüsse, die das Verhalten des Lagerwerkstoffes und damit die Lagerwärme bestimmen und somit maßgebend für die Auswahl des Werkstoffes werden, wobei die wichtige Frage der Kantenpressung nicht übersehen werden darf[1]. Wenn das Lager starr gelagert ist und die Welle infolgedessen in ihm aus irgendwelchen Gründen eckt, so sind wir in der Auswahl des Lagerwerkstoffes noch weiter erheblich beschränkt, weil dann der Lagerwerkstoff noch Beanspruchungen aufnehmen muß, die ihm eigentlich nicht zugemutet werden sollten. Hier liegt eine der Ursachen, weshalb man sich so schwer von der Verwendung des unempfindlichen und geduldigen WM 80, das Kantenpressungen gut aufnimmt, trennen kann.

Mit diesen Ausführungen wäre das Gesamtbild der konstruktiven Einflüsse, die wir für die Bewertung von Lagerwerkstoffen annähernd kennen müssen, abgeschlossen und wir wenden uns nun den werkstofftechnischen Bewertungsgrundlagen zu.

2. Werkstofftechnische Gesichtspunkte für die Auswahl.

a) Chemische Zusammensetzung.

Es ist merkwürdig und bedauerlich, daß die Scheu vor der Angabe der chemischen Zusammensetzung eines Lagermetalls auch heute noch nicht ganz ausgerottet ist. Jedermann kann sich ein Lagermetall beschaffen und jedermann kann davon eine chemische Untersuchung durchführen lassen. Die Kenntnisnahme eines chemischen Bestandteiles in einer solchen Legierung durch einen Wettbewerber unter den Erzeugern läßt sich also doch nicht verhindern. Was aber verhindert wird, ist, daß der Verbraucher, der nicht immer sachverständiger Metallurge ist, sich mit der chemischen Seite unserer Lagermetalle genügend vertraut macht. Das erhöht naturgemäß seine Scheu, Versuche mit einem neuen

[1] R.R. Dr.-Ing. Holtmeyer: Lager- und Schmierungsfragen bei Reichsbahnlokomotiven. Org. Fortschr. Eisenbahnw. 1939 Heft 19 S. 349. — R.R. Dr.-Ing. Garbers: Die Fahrzeuglager der Deutschen Reichsbahn. Org. Fortschr. Eisenbahnw. 1936 Heft 14 S. 293. — R.R. Kunze: Lagermetalle und ihr Verhalten im Betrieb. Masch.-Bau Betrieb Bd. 2 (1931) Heft 21.

Lagermetall aufzunehmen und hindert ihn, praktische Heimstoffwirtschaft auf diesem Gebiete zu treiben und das war der große und recht unerwünschte Nachteil der Entwicklung der Technik auf diesem Gebiet in der noch nicht lange zurückliegenden Zeit. Aus diesem Grunde haben die zuständigen Verbände mit allem Nachdruck daran gearbeitet, daß in den neuen Normblättern wenigstens nach Legierungsgruppen unterschieden wurde, damit die metallurgische Grundlage eines Lagermetalles Gemeingut der Erkenntnis wird[1]. Das Übersichtsblatt, das der Fachausschuß für Werkstoffkunde, Unterausschuß Lagermetalle im VDI Berlin herausgibt, ist daher nach zinnarmen, zinnfreien Bleilagerwerkstoffen und zinnhaltigen und zinnfreien Zink-Lagerwerkstoffen geordnet. Aluminiumlagermetalle sollen später noch aufgenommen werden. Weitere Spalten ergaben die ungefähre Zusammensetzung in Prozent der einzelnen Legierungsbestandteile. Ähnlich ist das DIN-Blatt 1703 U zusammengesetzt, das auszugsweise aus den Richtlinien für konstruktive Lagerfragen nachstehend abgedruckt ist.

Tafeln der zinnarmen und zinnfreien Lagermetalle.

Die in nachstehenden Zahlentafeln aufgeführten Lagermetalle sind geeignete Austauschstoffe. Sie sind den Entwürfen des Deutschen Normenausschusses, „Fachnormenausschuß für Nichteisenmetalle“ im Auszug entnommen, der sie nach Angaben der Erzeuger zusammengestellt hat. Die Zahlen für die Härte in der Wärme können für die Mehrzahl der Lagermetalle mit der Abb. 49 auf S. 69 verglichen werden. Die Hersteller und Namen der zur Zeit im Handel befindlichen und in den nachstehenden Tafeln aufgeführten Lagerwerkstoffe gibt der „Fachausschuß für Werkstoffkunde beim Verein deutscher Ingenieure“ an.

Im einzelnen ist hierzu noch zu bemerken:

Die Tafel enthält zinnarme Lagermetalle als erste Gruppe, während wie in den nun folgenden zinnfreien Gruppen unterschieden ist zwischen zinnfreien Blei- und zinnfreien Zinklagermetallen. Bei ersteren findet sich dann noch die Unterscheidung in solche mit Antimon und solche mit Alkalizusatz. Unter den zinnfreien Lagermetallen waren natürlich auch die Leichtmetalle nicht zu vergessen. Zu ihrer Normung ist es noch nicht gekommen. Es sei aber in diesem Zusammenhang auf den besonderen Abschnitt dieses Buches über Leichtmetalle verwiesen, der alles Wissenswerte darüber bringt. Jede der Legierungsgruppen hat noch ein Kurzzeichen erhalten, z. B. Lg Pb Sn 10-Legierungsgruppe Blei-Zinn mit einem Sn-Gehalt von 10%. Im Blatt ist in einer weiteren Spalte auch angegeben, welche hochzinnhaltigen Lagermetalle der Werkstoff bei richtiger konstruktiver Verwertung ersetzen kann.

Die Zusammensetzung dieser zinnhaltigen Lagerausgüsse auf der Grundlage Zinn-Blei entnehmen wir aus dem DIN 1703. Sie ist außerdem

[1] Siehe auch Dr. W. CLAUS: Die austauschweise Verwendung von Nichteisenmetallen und legierten Stählen. N.E.M. Verlag Berlin W 35, 1938, Heft 3.

Zahlentafel 8. Zinnarme und zinnfreie Weißmetalle für Gleitlager

Benennung	Kurzzeichen	Austausch-legierungen für	Brinellhärte H 10/250/180 kg/mm² 20° C	50° C	100° C
Zinnarme Blei-lagermetalle	Lg Pb-Sn 10	WM 80	25 bis 32	18 bis 25	10 bis 17
	Lg Pb-Sn 5	WM 80	24 „ 32	16 „ 21	9 „ 16
	Lg Pb-Sn <5	(WM 42) WM 20	22 „ 32	14 „ 21	8 „ 16
Zinnfreie Blei-lagermetalle mit Antimonzusatz	Lg Pb-Sb	(WM 42) WM 20	17 „ 21	12 „ 15	7 „ 8
Zinnfreie Blei-lagermetalle mit Alkalizusatz	Lg Pb	WM 80	24 „ 36	29	20
Zinnfreie Zink-lagermetalle	Lg Zn	WM 5	74 „ 118	—	50 bis 95

Nach dem Stande der Gießtechnik muß man zwischen Metallen, die vom gemäß bearbeitet werden können, unterscheiden. Zu den ersteren gehören die und, im Zusammenhang damit, die Maßnahmen zur Erzeugung einer guten Haftung gußdicken wird man so dünn wie möglich halten.

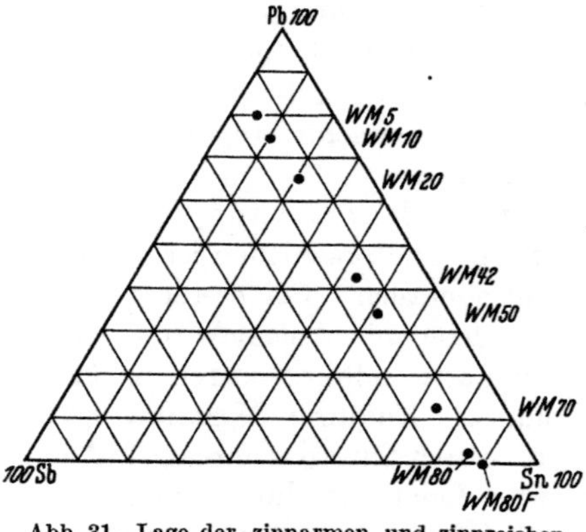

Abb. 31. Lage der zinnarmen und zinnreichen Bleilagermetalle im Dreiecksschaubild Blei—Zinn—Antimon.

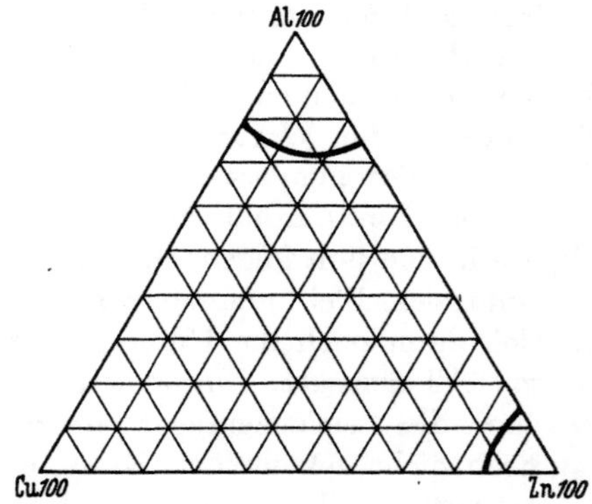

Abb. 32. Lage der Leichtmetall- und Zinklegierungen (soweit sie aluminiumhaltig sind) im Dreiecksschaubild Aluminium—Zink—Kupfer.

in der bekannten Dreiecksanordnung Blei—Zinn—Antimon in Abb. 31 aufgezeichnet, jedoch ohne Berücksichtigung der übrigen Bestandteile. Fast alle verwendeten Legierungen haben nur geringe Unterschiede im Antimongehalt, so daß sie im Schaubild fast auf einer Linie liegen. Je höher der Bleigehalt liegt, desto mehr werden noch diese oder und Gleitflächen (Auszug aus Umstellnorm DIN E 1703 U).

Stat. Druckversuch 20°C $h = d = 20$ mm		Schmelzbereich [1]		Gießbereich [2]		Längenschwindmaß	Spez. Gewicht
Druckfestigkeit kg/mm²	Stauchung %	°C von	°C bis	°C von	°C bis	%	kg/dm³
8 bis 18	22 bis 32	240	440	380	550	0,4 bis 0,6	9,4 bis 9,7
5 „ 19	24 „ 38	240	440	380	550	0,5 „ 0,6	9,4 „ 9,8
10 „ 15	25 „ 45	240	450	380	700	0,5 „ 0,6	9,8 „ 10,4
11 „ 13	22 „ 25	240	500	380 bis 450	550	0,4 „ 0,6	9,8 „ 10,4
17 „ 20	25 „ 30	320	450	470	600	0,7 „ 0,8	10,5 „ 10,6
95 „ 97	31 „ 37	308 bis 376	480 bis 500	550	700	—	6 „ 7

Verbraucher vergossen werden können, und solchen, die nur vom Hersteller sachmeisten Bleilagermetalle. Es ist aus diesem Grunde wichtig, die Gießvorschriften der Lagermetalle in der Stützschale auf das genaueste zu beachten. Die Aus-

jene weiteren Bestandteile zugesetzt, die in gewissem Sinne die Eigenschaften des Zinns ersetzen sollen, die sog. vergütenden Bestandteile. Es ist nicht notwendig, daß der Verbraucher sie *alle* kennt, um das Metall zu bewerten. Es genügt, wenn er nur über die Grundzusammensetzung seines Lagermetalles unterrichtet ist. Im Zuge unserer Heimstoffwirtschaft wird man nun die Entwicklung der Leichtmetalle [3] und der zinkhaltigen Lagermetalle aufmerksam verfolgen müssen, die noch stark im Fluß ist. Wir können sie in dem vorstehenden Schaubild Aluminium-Zink-Kupfer vereinigen (Abb. 32). Die ungefähre Lage der Aluminium- und der zinkhaltigen Legierungen ist vermerkt, von Einzelangaben kann man an dieser Stelle noch absehen, ebenso von einer besonderen Darstellung der kadmiumhaltigen Legierungen. Bleibronzen werden ebenfalls eine beträchtliche Rolle als Lagermetalle weiterhin spielen, ihre Bedeutung nimmt mit der zunehmenden metallurgischen Erkenntnis ihrer Gießbehandlung voraussichtlich noch zu. Auch sie sind neuerdings

[1] In handwarmer Gußform (rd. 40° C) umgegossener Probestab von 35 mm × 35 mm × 150 mm.

[2] Genaue Schmelz- und Gießbedingungen geben die Lieferwerke an.

[3] Siehe Vaders: Neuere Aluminiumlagermetalle. Z. Metallkde. Bd. 37 Heft 5.— Hinzmann, R.: Leichtmetall-Lager. Z. Metallkde. Bd. 37 Heft 5 S. 158. — Wiechell, H.: Entwicklung und Betrieb von Leichtmetall-Lagern. Z. VDI 1937 Heft 24 S. 698.

genormt. Das Normblatt 1716 — noch im Entwurf! — ist im Absatz „Bleibronzen" wiedergegeben.

In Lagerschalen und für Spindeln, Schnecken und Gleitstücke haben die Rotgußlegierungen des Normblattes 1705 immer vorgeherrscht. Sie drängen sich alle in der Kupferecke des nachstehenden Schaubildes Kupfer, Zinn, Zink zusammen (Abb. 33). Man möchte vielleicht bei der Zusammengedrängtheit in der Ecke des Schaubildes annehmen, daß sie sich schon jetzt nicht allzusehr voneinander unterscheiden. Das ist aber nicht der Fall. Es ist nicht leicht, eine GBz 20 oder 14 ohne weiteres durch Rg 9 oder Rg 5 zu ersetzen, hier muß man meist zu Legierungen auf anderer Grundlage greifen[1]. Bei der Menge von Werkstoff, die für diese meist ziemlich schweren Teile gebraucht wird, spielt — mehr noch als beim Ausguß — jedes ersparte Prozent Zinn eine beträchtliche Rolle.

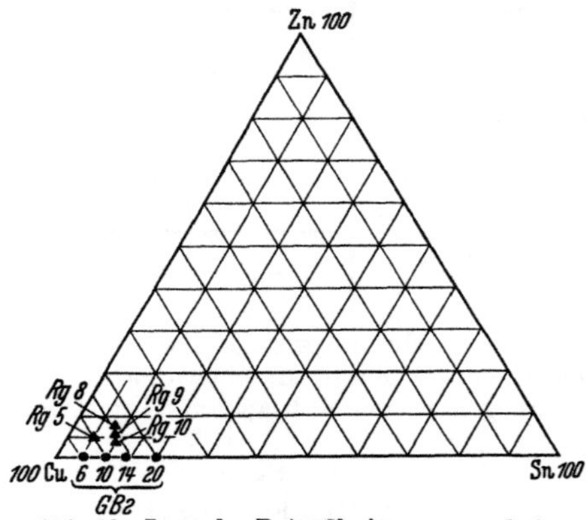

Abb. 33. Lage der Rotgußlegierungen und der Bronzen im Dreiecksschaubild.

Vielleicht hätten sich die Al-Bronzen hier schon stärker als Ersatz durchgesetzt, die ebenfalls bereits genormt sind, wenn nicht ihr Al-Gehalt im Altstoff für daraus hergestellte Neurotgußlegierungen oder Bronzen so gefährlich wäre. Das Normblatt ist auf S. 62 wiedergegeben; vornehmlich werden die Gußlegierungen zur Anwendung kommen: Messing und Sondermessing haben als Ausguß- oder Schalenwerkstoffe einstweilen nicht so erhebliche Bedeutung erlangt, dagegen wird Gußeisen, besonders die weichen graphitreicheren Sorten Ge 12 und Ge 14, in vielen Fällen für Tragschalen und teilweise auch für Vollschalen oder Buchsen verwendet[2]. Die metallurgische Bindung mit dem Ausguß ist allerdings nicht immer leicht herzustellen. Neben den Metallen haben sich die organischen nichtmetallischen Preßstoffe in letzter Zeit als Lagerschalen und Vollschalenwerkstoffe ein beträchtliches Feld erobert.

Im Sinne einer geordneten nationalen Rohstoffwirtschaft dürfen wir bei der Bewertung der Lagermetalle nach der chemischen Zusammensetzung ihre Eignung als Altstoff nicht übersehen. Wir wissen, daß für die Wiedergewinnung der Lagermetalle der Altstoff eine überragende Bedeutung hat, und so müssen wir mit allen Mitteln dafür sorgen, daß

[1] Siehe auch: Eigenschaften und Aufbau der Rotgußlegierungen. Z. Metallkde. 1926 Heft 9/10.

[2] Siehe Dipl.-Ing. W. Meboldt: Lagerlaufversuche mit Gußeisen als Lagermetall. Z. VDI 1935 Heft 21 S. 629.

jedes Lagermetall wieder in den Kreislauf seiner Legierungsgruppe zurückkehrt, und zwar so, daß es möglichst verlustlos wieder umgeschmolzen werden kann. Ein Durcheinander dieser in der Farbe oft sehr ähnlichen Altstoffe kann für die Wiederverhüttung beträchtlichen Schaden bringen, wenn Bestandteile in ihnen enthalten sind, die der erstrebten Legierung schädlich sind, wie z. B. das Aluminium aus Al-Bronzen dem Rotguß, oder das Zinn für zinnfreie Bleilagermetalle. Der Kreislauf der Stoffe, wie ihn die Reichsbahn bereits vorbildlich beherrscht[1] (s. Abb. 34), muß auch für die nationale Gesamtwirtschaft noch wesentlich weiter entwickelt werden, gleichgültig ob es sich um Lagermetalle auf Zinn, Kupfer, Blei, Zink oder Aluminiumgrundlage handelt. Es ist hier nicht allein Sache der großen Behörden und Verbände bei der Bewertung der zu verwendenden Lagerwerkstoffe diesen Gesichtspunkt nicht zu vernachlässigen. Von besonderer Bedeutung wird im Zusammenhang hiermit allgemein noch die Höhe der schädlichen Bestandteile, z. B. Blei oder Eisen im WM 80 oder Wismut im Blei. Wird die zulässige Streugrenze hier zu eng gefaßt, so scheiden unter Umständen brauchbare Altstoffe für die Wiederverwendung aus und unnötig muß Auslandsware hereingenommen werden. Faßt man sie zu weit, so versagt das Lagermetall oder aber es findet bei mehrfachem Umschmelzen eine zu starke Anreicherung des Lagermetalls an solchen schädlichen Stoffen statt.

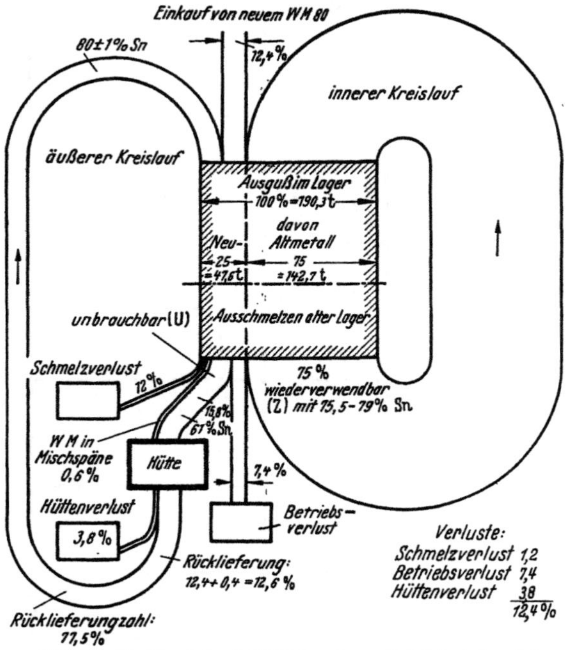

Abb. 34. Kreislauf des WM 80 in einem Reichsbahnbereich.

So sieht man, daß die Bewertung des Werkstoffes der Lagermetalle nach der chemischen Zusammensetzung nicht nur für ihre Eignung und ihren Preis, sondern für unsere nationale Wirtschaft von so weitgehender

[1] O.R.R. PH. HAAS: Die Altstoffe in der Metallwirtschaft der Reichsbahn. Glasers Ann. Bd. 116 (1935) Nr. 1385/86, 1390/91.

Aluminiumbronze

Werkstoffe — DIN 1714

I. Gußlegierungen

Bezeichnung von Aluminium-Gußbronze 9 mit 9% Aluminium:

GAl-Bz 9 DIN 1714

Gruppe	Benennung	Kurzzeichen	Zusammensetzung ungefähr % Cu	Zusätze	Al	Mindestgehalt % Cu + Al	Zulässige Abweichungen % Cu	Al	Gewicht kg/dm³	Zugfestigkeit σ_B kg/mm² mindestens	Bruchdehnung δ_5 % mindestens	Brinellhärte[1, 2] (P = 5 D²) kg/mm² mindestens	Richtlinien für die Verwendung
Zweistofflegierungen	Aluminium-Gußbronze 9	G Al-Bz 9	91	—	9	99	± 2	± 2	7,6	35	12	80	Gußstücke für die chemische Industrie, Armaturen, Lagerschalen und Lagerbuchsen für geringe Beanspruchung
Mehrstofflegierungen	Aluminium-Mehrstoff-Gußbronze A[3]	G Al-M-Bz A	76 bis 94	Fe + Ni + Mn + Si + Sn bis zu 15% nach Wahl des Herstellers	9 bis 5	85	—	—	7,6	40	20	100	Schnecken-, Schrauben-, Kegel-, Zahnräder, Heißdampf-Armaturen, Lagerschalen und Buchsen
	Aluminium-Mehrstoff-Gußbronze B[3]	G Al-M-Bz B	73 bis 91		12 bis 8	85	—	—	7,6	45	8	130	Verschleißfeste Gußstücke, Gleitbacken, Schneckenräder

II. Knetlegierungen

Bezeichnung eines Bleches von 0,5 mm Dicke, 500 mm Breite und 1000 mm Länge aus Aluminiumbronze 4 mit 4% Aluminium, Zugfestigkeit 36 bis 46 kg/mm² (halbhart):

Blech 0,5 × 500 × 1000 Al-Bz 4 F 36

Gruppe	Benennung	Kurzzeichen	Zusammensetzung ungefähr % Cu	Zusätze	Al	Mindestgehalt % Cu + Al[4]	Zulässige Abweichungen % Cu	Al[4]	Gewicht kg/dm³	Zustand	Verhältniszahl	Zugfestigkeit σ_B kg/mm²	Bruchdehnung δ_{10} % mindestens	Brinellhärte[1] (P = 10D²) kg/mm² mindestens	Richtlinien für die Verwendung
Zweistofflegierungen	Aluminiumbronze 4	Al-Bz 4	96	—	4	99,7	+ 1 − 0,5	+ 0,5 − 1	8,4	weich halbhart hart	1 1,2 1,4	30 bis 38 36 ,, 46 42 ,, 56	50 15 8	60 100 130	Stangen, Drähte, Bleche und Rohre, besonders für die chemische Industrie

Zweistofflegierungen	Aluminiumbronze 5	Al-Bz 5	95	—	5	99,5	+0,5 −1	+1 −0,5	8,2	weich halbhart hart	1 1,2 1,4	35 bis 45 42 bis 54 50 bis 63	30 15 8	70 110 150	Stangen, Drähte, Bleche, Bänder, Rohre (in Federgüte), besonders stromführende Federbleche und Bänder für die Elektrotechnik
	Aluminiumbronze 9	Al-Bz 9	91	—	9	99,5	+2 −1	−2 +1	7,6	weich halbhart hart	1 1,2 1,4	40 bis 50 50 bis 60 56 bis 70	30 12 5	90 130 160	Stangen, Drähte, Bleche, Bänder, Rohre Schmiedestücke, Ventilsitze für Verbrennungsmotoren, Drehteile
Mehrstofflegierungen	Aluminium-Mehrstoffbronzen[3]	Al-M-Bz[5]	72 bis 94	Fe + Ni + Mn + Si + Sn bis zu 15% nach Wahl des Herstellers	13 bis 5	85	—	—	7,6	warmverformt		mindestens 45[5] mindestens 55 mindestens 65	30 10 8	80 100 160	Stangen (gepreßt und warm geschmiedet), Profile, Rohre, Schmiedestücke, Warmpreßteile, Ventilkörper für Verbrennungsmotoren, Ventilsitze, Dichtungsringe, Druckwassersteuerungen, Druckplatten, Kolbenstangen, Schraubenwellen, Zahnkränze, Schneckenräder

[1] Vorläufige Annäherungswerte. Änderung binnen Jahresfrist vorbehalten.

[2] Die Brinellhärte ist nach DIN 1605 als Durchschnittswert aus 6 Prüfungen an möglichst verschieden gelegenen Stellen des Gußstückes festzustellen.

[3] Für einige Legierungen innerhalb des Bereiches dieser Legierungsreihen oder für ihre Anwendung bestehen im In- und Auslande gewerbliche Schutzrechte oder Anmeldungen hierfür.

[4] Wird für elektrotechnische Zwecke eine bestimmte elektrische Leitfähigkeit vorgeschrieben, so darf die Abweichung vom Al-Gehalt nur ±0,25% sein, bei einem Mindestgehalt für Cu + Al von 99,8%.

[5] Als Beispiele sind die Werte für den warmverformten Zustand von 3 Aluminium-Mehrstoffbronzen aufgeführt. Zur Bestellung dieser Aluminium-Mehrstoffbronzen ist neben der gewünschten Mindestzugfestigkeit, die zwischen 45 und 65 kg/mm² gewählt werden kann, auch die zugehörige Bruchdehnung anzugeben. Die 3 Aluminium-Mehrstoffbronzen werden auch in kalt verfestigtem Zustand je nach ihren Abmessungen mit entsprechenden Festigkeitswerten geliefert.

Die für die Abnahme von Gußstücken verbindliche chemische und mechanische Prüfung soll an angegossenen oder, wenn das Angießen Schwierigkeiten macht, nach vorheriger Vereinbarung mit dem Besteller an getrennt gegossenen Stäben vorgenommen werden. Für Probestäbe soll der kurze Normalstab oder der kurze Proportionalstab nach DIN 1605, und zwar beide rund oder flach, gewählt werden. Die Dicke der Probestücke, aus denen die Probestäbe herausgearbeitet werden, soll sich der Wanddicke der Gußstücke anpassen. Die angegebenen Leistungszahlen gelten für Gußstücke mit Wanddicken bis zu 25 mm.

Es darf nicht vorausgesetzt werden, daß das Gußstück an allen Stellen die an den Probekörpern ermittelten Eigenschaften aufweist.

Fachnormenausschuß für Nichteisen-Metalle

Wiedergegeben mit Genehmigung des Deutschen Normenausschusses. Verbindlich ist die jeweils neueste Ausgabe des Normblattes im Normformat A 4, das beim Beuth-Vertrieb, G. m. b. H., Berlin SW 19, erhältlich ist.

Bedeutung ist, daß Erzeuger und Verbraucher auch dort, wo die verwendete Menge an Werkstoff vielleicht nicht allzu bedeutend ist, sich weitgehend damit beschäftigen sollten.

b) Mechanische Eigenschaften.

Wesentlich weniger ablehnend wie der Veröffentlichung der chemischen Zusammensetzung steht der Erzeuger Angaben über die mechanischen Eigenschaften gegenüber, wobei allerdings die Bewertung der Einzelergebnisse, wie sie nach den üblichen Verfahren der Werkstoffprüfung ermittelt werden, recht verschieden ist. Insbesondere weist man meist mit Recht darauf hin, daß gewisse Mindestwandstärken bzw. Querschnitte nötig sind, um die Prüfung der Zugfestigkeit, Biegefestigkeit und Härte normgemäß durchzuführen und daß diese Dicke oder dieser Querschnitt in den meist sehr dünnen Ausgüssen doch nicht vorhanden sei. Hierbei wird zweierlei übersehen: Der Vergleich der Werkstoffe untereinander ist ja immer nur beziehungsmäßig, so daß man also auch in abweichenden Dicken prozentuale Unterschiede der einzelnen Eigenschaften mit einer für die Bewertung genügenden Genauigkeit ermitteln kann. Das andere aber ist, daß ja durch die Nachprüfung der mechanischen Eigenschaften auch die Gleichmäßigkeit einer Lieferung gewährleistet bleiben muß, und dabei wird man um die Nachprüfung mindestens einer der Eigenschaften nicht herumkommen. Es ist erfreulich, daß man gerade die Bedeutung dieser Seite der mechanischen Prüfung der Lagerwerkstoffe von behördlicher Seite klar erkannt hat. Die Einschaltung des MPA. Berlin-Dahlem in die Güteüberwachung der Lagermetalle, die auf Anregung des Amtes für Rohstoffe und des VDI begonnen hat, und sich natürlich auch auf chemische Prüfung erstreckt, sei in diesem Zusammenhang besonders erwähnt. Bejaht man also die Notwendigkeit einer solchen Prüfung der mechanischen Eigenschaften, so hat man sich gleichzeitig zu fragen, welche von ihnen man anwenden kann, und welchen Wert ihre Einzelergebnisse für die Auswahl des Lagerwerkstoffes haben werden. Notwendig ist dabei, daß die Herstellung der Probegußstücke für die Entnahme der Proben einheitlich erfolgt, hierüber wird am Schluß des Absatzes metallurgische Eigenschaften berichtet.

Es ist zunächst zu unterscheiden zwischen dem Normalprüfverfahren, wie sie für alle Werkstoffe in Frage kommen und solchen, die nur für Lagerwerkstoffe für nötig erachtet werden als Sonderprüfverfahren.

Normalprüfverfahren. Zugfestigkeit. Zu ihrer Ermittlung braucht man Proben von einer Länge und einem Querschnitt, wie sie im Ausguß kaum und auch in der Lagerschale selten vorkommen. Die Normen enthalten daher keine Angaben über die Zugfestigkeit [1]. Man kann hier

[1] Angaben über Dauerstandfestigkeit von Blei-Antimonlegierungen: H. HANEMANN, K. v. HANFSTENGEL u. W. HOFMANN: Z. Metallkde. Bd. 37 Heft 38 S. 951.

als Ersatzwerte Druckfestigkeit oder Härte benutzen. Als Anhalt seien für Lagermetalle folgende Zugfestigkeitswerte[1] genannt:

WM 80	7—8 kg/mm²
WM 10	6 kg/mm²
Bnmetall	8 kg/mm²
Rotguß und Bronzen . .	15—20 kg/mm²

Druckfestigkeit. Das Schrifttum enthält häufig Angaben über Druckfestigkeit der Lagerwerkstoffe. Leider ist oft nichts darüber vermerkt, unter welchen Versuchsbedingungen sie ermittelt wurde. Da die Druckfestigkeit immer auf den

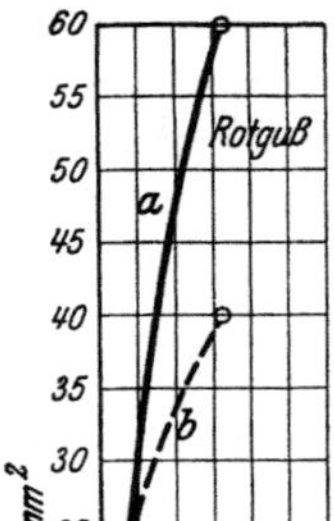
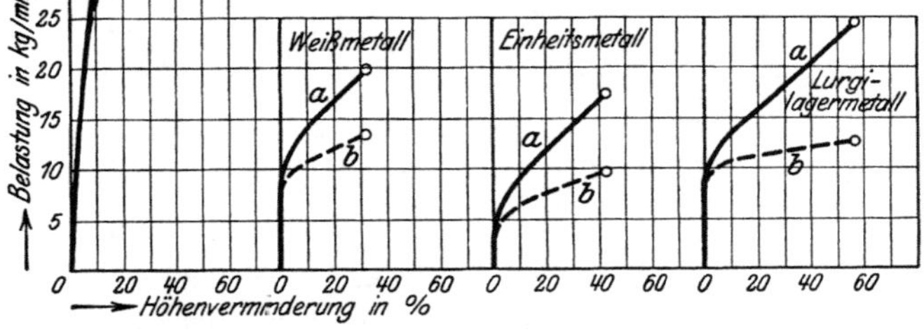

Abb. 35. Druckfestigkeitsschaubild von Lagermetallen, bezogen, wie üblich, auf den Ausgangsquerschnitt der Probe. Rotguß Rg 9, Weißmetall = WM 80, Einheitsmetall = WM 10, Lurgi hochbleihaltig, ähnlich dem Bahnmetall. Die punktierte Linie *b* ist die Umrechnung der Last auf dem Endquerschnitt. Sie ist in Abb. 36 im vollen Verlauf dargestellt. (Nach CZOCHRALSKI-WELTER.)

Ausgangsquerschnitt bezogen wird, der im Augenblick des ersten Anrisses oder Bruches sich verdoppelt oder verdreifacht haben kann, so haben solche Ergebnisse für weniger spröde Werkstoffe nur einen beschränkten Wert, weil ja eine derartige Verformung des Werkstoffes in der Lagerschale oder im Einguß nicht vorkommen darf. Da die meisten Lagermetalle aber Gußmetalle sind und nur eine beschränkte

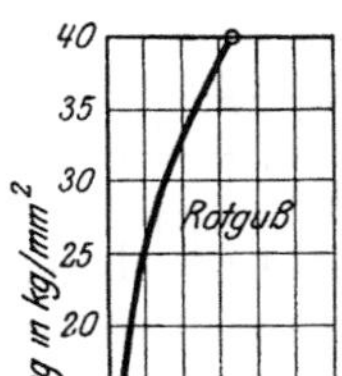
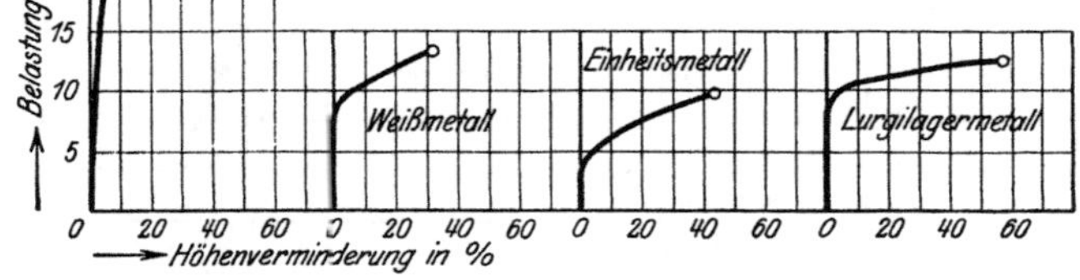

Abb. 36. Druckfestigkeitsschaubild der Abb. 35, aber bezogen auf den Endquerschnitt der Probe. (Nach CZOCHRALSKI-WELTER.)

Zähigkeit und Verformung aufweisen, so kann man trotzdem bei entsprechenden Versuchsangaben auch die Druckfestigkeit für einen Vergleich heranziehen, wie die vorstehenden Druckverformungs-Schaubilder (Abb. 35 u. 36) zeigen, die CZOCHRALSKI und WELTER in ihrem Buch „Lagermetalle und ihre technologische Bewertung“ für

[1] Weitere Angaben finden sich in den Einzelabsätzen des speziellen Teils.

Anfangs- und Endquerschnitt von Lagerwerkstoffen ermittelt haben. Aus diesem Grunde haben auch die neuen Vorschriften eine Berechnung der Druckfestigkeit auf den Anfangsquerschnitt beibehalten. Bisher

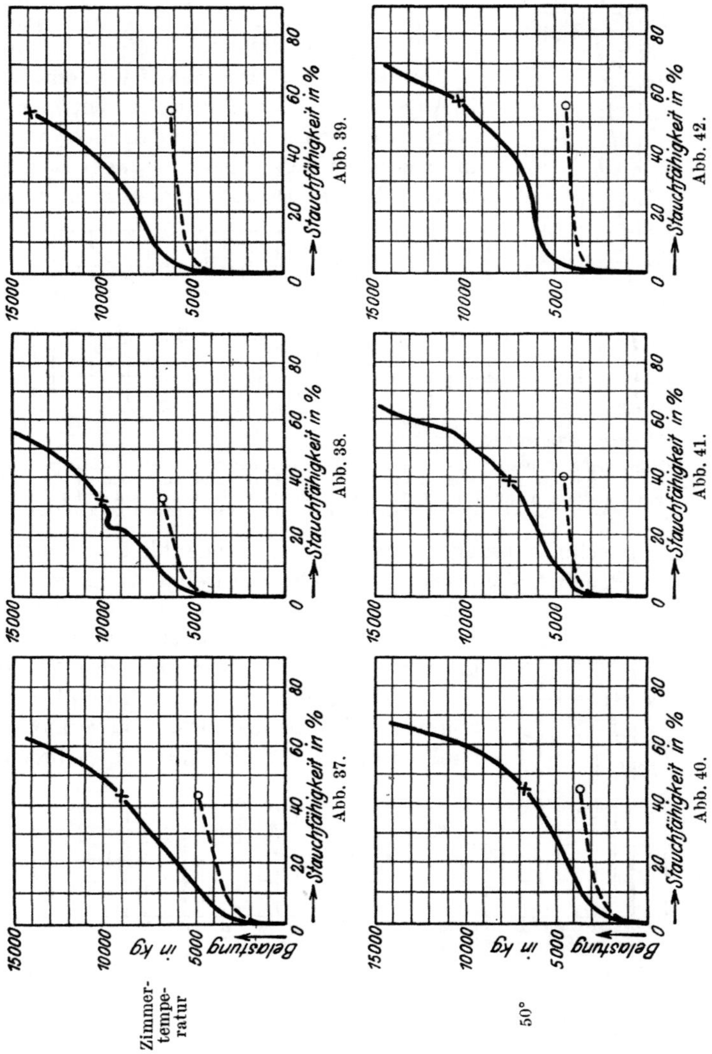

wurden für diese Versuche überwiegend Stauchkörper von 20 mm Höhe und Durchmesser [1] verwendet und bis zum ersten Anriß, sonst bis zu 50% Stauchung durchgeführt. Außerdem soll die Quetschgrenze bestimmt werden. Auch Warmdruckversuche bei 50° und 100° werden

[1] Neuere Versuche auch mit 15 mm Höhe im Durchmesser.

mitunter durchgeführt. Hierüber haben CZOCHRALSKI und WELTER in dem eben genannten Buch Versuchsergebnisse veröffentlicht, die in der Abb. 37 bis 48 enthalten sind. Die Verkürzung des Stauchkörpers in Prozent der

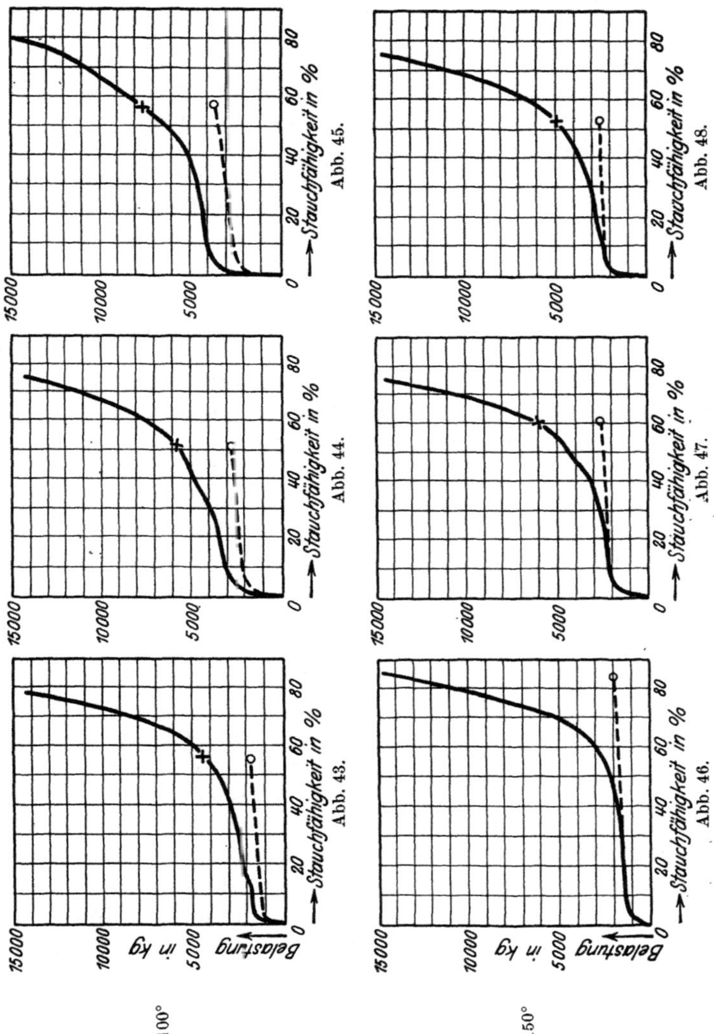

Abb. 37 bis 48. Druckfestigkeit von Lagermetallen in Abhängigkeit von der Wärme; links WM 10, Mitte WM 80, rechts: hochbleihaltig, ähnlich Bahnmetall. Die punktierte Linie ist die Umrechnung der Belastung auf dem Endquerschnitt. (Nach CZOCHRALSKI-WELTER.)

Höhe gibt naturgemäß ein sehr gutes Maß für die Verformbarkeit des Werkstoffes. Auch für die Bewertung der Haftfähigkeit der Lötverbindungen kann man solche Stauchkörper benutzen. Die Entnahme der Probekörper muß dann aus dem Gußstück so erfolgen, daß die Lotnaht in der Mitte liegt.

Neben ruhendem Druck muß man die Stauchkörper auch schlagartig verformen, denn diese Art der Beanspruchung wird im Lager häufig vorliegen. Für die Versuchsdurchführung statischer und dynamischer Stauchversuche werden vom MPA. Berlin-Dahlem folgende Vorschläge gemacht: Ruhende Belastung: Die Last wird in 5 s aufgebracht, die Probe 15 s unter Last gelassen, herausgenommen und gemessen. Die Belastungsstufen sollen dem Werkstoff angepaßt werden. Sie liegen zwischen 100 und 500 kg Schlagbelastung: 2,5 mkg/cm^2 je Schlag durch 30 kg Bär bei 0,5 m Höhe bis zum ersten Anriß, sonst bis zu 50% Stauchung. Auch Schlagversuche auf dem Pendelschlagwerk können durchgeführt werden. Schließlich kommen auch Dauerschlagversuche mit dem Kruppschen Dauerschlagwerk mit dem Fallgewicht von etwa 4,1 kg in Frage.

Härte. Die Härte der Lagerwerkstoffe ist als Bewertungsgrundlage auch heute noch, wenn auch schon weniger als früher, umstritten. Es ist ganz sicher, daß sie keinen unmittelbaren Vergleich zu einer betrieblichen Beanspruchung des Lagers darstellt. Sie ist aber der einfachste Versuch, den wir durchführen können und bedingt gegebenenfalls nicht einmal einen besonderen Probekörper. Man kann die fertige Schale noch mit ihr untersuchen, wenn auch mehr betriebsmäßig und nicht gerade prüftechnisch ideal. Es ist ferner möglich, von ihren Ergebnissen auf die Druckfestigkeit, auf die Zugfestigkeit und auf die Abnutzungsfestigkeit zu schließen. Gerade dort, wo gute Schmierung nicht gegeben ist und halbflüssige Reibung, besonders beim Einlauf in Frage kommt, wird die Frage der Härte des Lagermetalls für sein Verhalten bei der Abnutzung und für die Abnutzungsbeständigkeit der Welle von Bedeutung sein. Es ist kein Zufall, daß die normalen Ausgußwerkstoffe für Lager in Härten zwischen 20 und 35 Brinell liegen. Gebraucht man Werkstoffe höherer Härten wie Mehrstoffbleibronzen, Aluminium- und Zinklegierungen, so muß man Bearbeitung und Wellenwerkstoff diesen höheren Härten erst besonders anpassen, es sei denn, daß besonders einfache Betriebsbedingungen und besonders gute Schmierung vorliegen. Besteht die Möglichkeit, die Härte auf dem Querschnitt des Probestücks zu prüfen, so wird sie meist mit 10/250/180 durchgeführt, d. h. mit einer Kugel von 10 mm Durchmesser, bei 250 kg Druck, 180 s. Für betriebsmäßige Prüfungen am fertigen Lager wird man bei nicht zu dünnem Einguß mit diesen Versuchsbedingungen vielleicht eben auch noch auskommen. Es bleibt dann außerdem noch die Möglichkeit, mit der Vickershärte nach DVM.-Prüfverfahren A 133 Härteprüfungen durchzuführen, die bis zu einer Härte von 300 mit der Brinellhärte übereinstimmt, jedoch mit einer Diamantenpyramide als Eindruckkörper durchgeführt wird. In allen Fällen wird man die Prüfung möglichst 24, gegebenenfalls 48 Stunden nach dem Guß durchführen, um etwaige Aufhärtung mit zu erfassen.

Sehr wichtig ist das Verhalten der Lagerwerkstoffe in der Wärme; denn mit Lagertemperaturen bis etwa 100° und darüber muß beim Einlauf- und bei besonderen Betriebsbedingungen immer gerechnet werden. Bei den niedrigen Schmelzpunkten der Blei- und Zinnlegierungen

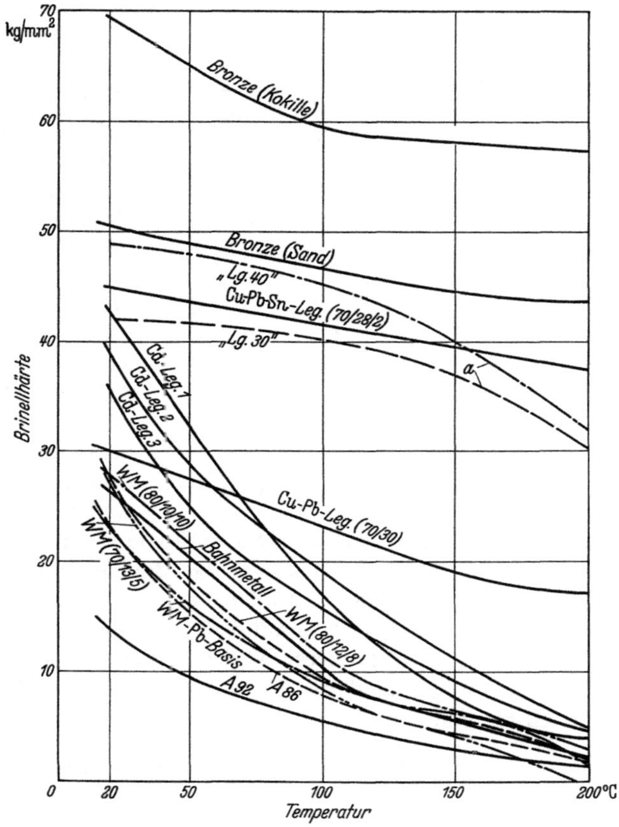

Abb. 49. Warmhärte von Lagermetallen. Die mit *A* bezeichneten sind Leichtmetallagerwerkstoffe. (Nach F. BOLLENRATH, W. BUNGARDT, F. SCHMIDT.)

reicht das Erstarrungsgebiet schon fast an die Temperaturen heran, die im Lager gelegentlich erreicht werden können, abgesehen davon, daß auch unterhalb des Erstarrungspunktes, fast herab bis Zimmertemperatur, noch Umwandlungen des Aufbaues bei manchen Legierungen möglich sind. Veränderungen des Aufbaues und damit Enthärtung sind also bei längerem angestrengten Betrieb hochbeanspruchter Lager zu erwarten. Die Bestimmung der Warmhärte ist daher eine wichtige Bewertungsgrundlage für die Lagerwerkstoffe, sei es, daß man sie kurzfristig oder auch für die Dauer ausführt. Der DVM. hat daher für die Bestimmung der Warmhärte eine Richtlinie herausgegeben, DVM.-Prüfverfahren DIN-Vornorm A 132, so daß die Prüfungsbedingungen für diese wichtige Prüfung nunmehr einheitlich gestaltet werden können.

Als Anhalt für die verschiedene Lage der Warmhärte von Lagerausgußlegierungen diene die vorstehende Abb. 49 [1].

Falt-, Biege- und Dauerbiegeversuche. Sie hätten für die Bewertung der Lagermetalle erhebliche Bedeutung. Meist bedingen sie aber eine Probelänge, die im Ausguß nicht vorhanden ist. Faltversuche eignen sich zur Prüfung dünner Ausgüsse und ihrer Haftbarkeit. Statische Biegeversuche sind mit trapezförmigem Stab der Lagerversuchsanstalt Göttingen durchgeführt worden [2]. Die Abb. 50 gibt schematisch die Versuchsbedingungen wieder. Dauerbiegeversuche sind auf der SCHENCKschen Biegemaschine gelegentlich mit dem Stab von 10 mm Dicke durchgeführt worden. Veröffentlichungen hierüber finden sich aber wenig. Man wird die Dauerbiegefestigkeit zu 2 bis 3 kg/mm² anzusetzen haben [3]. Es ist unvermeidlich, daß bei Durchführung von mehreren der vordem beschriebenen Versuche ein größerer Versuchskörper gegossen werden muß. Seine Abmessungen und die Entnahmestellen der Probekörper müssen dann einheitlich geregelt sein. Näheres hierüber findet sich in

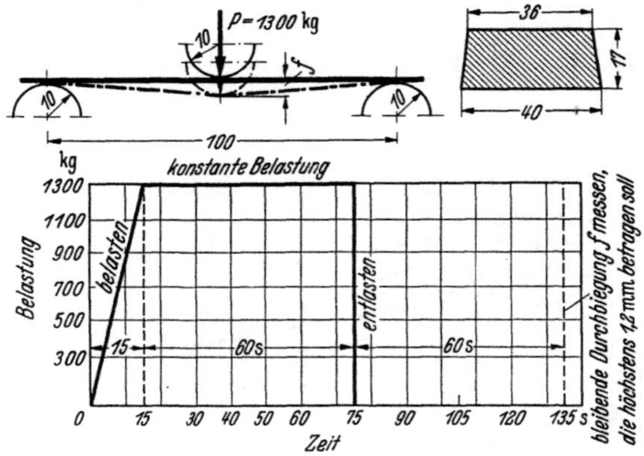

Abb. 50. Angaben für die Durchführung der Biegeversuchsmaße der Biegeprobe, auch für die Dauerbiegeprobe s. Abb. 66.

[1] Beitrag zur Technologie und Metallurgie von Lagermetallen von F. BOLLENRATH, W. BUNGARDT u. F. SCHMIDT: Luftf.-Forsch. 1937 Lief. 8 S. 417.

[2] Siehe Gießerei 1928 Heft 19 S. 441.

[3] Schwingungsfestigkeit von Pb nach Z. Metallkde. Bd. 38, Heft 2. S. 51 von HANFSTENGEL und H. HANNEMANN.

Werkstoff	Dauerbiegefestigkeit $w\,b$ kg/mm²	Härte H_B kg/mm²
Reinblei	0,32	2
Pb + 0,07 % Ca	0,70	5
Pb + 1,2 % Sn + 0,2 % Cd + 0,1 % Sb	1,00	8,4
Hartblei A	1,25	10,8

Weitere Angaben über Dauerbiegefestigkeit finden sich in den Einzelabschnitten des speziellen Teils.

den Abb. 65/66 unter metallurgische Eigenschaften. Die Ergebnisse von Dauerschlagversuchen zeigt Abb. 86, Absatz III, S. 98, Lagerprüfung.

Sonderprüfverfahren. Hierunter zählt die Ermittlung der Gleiteigenschaften und der Abnutzung. Bei beiden finden wir zwei Wege der Entwicklung; erstens den, die Gleit- oder Abnutzungseigenschaften eines Probestückes in einfacheren Maschinen und verhältnismäßig rohen Laufbedingungen zu ermitteln, und zweitens den, die Versuche auf richtigen Prüfständen durchzuführen. Der Abschnitt III „Lagerprüfung" enthält hierüber ausführliche Angaben.

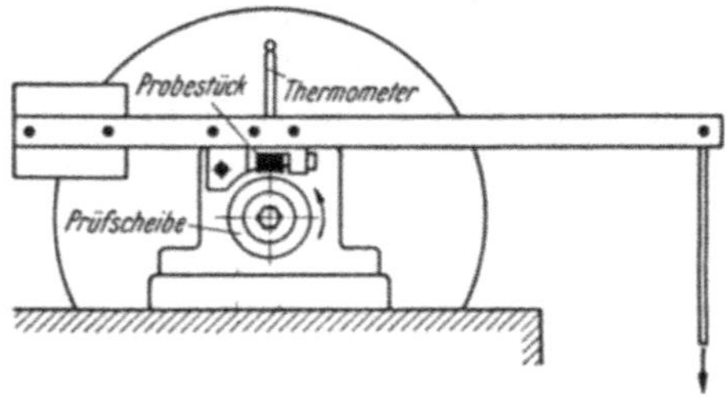

Abb. 51. Einfache Prüfmaschine zur Ermittlung der Gleiteigenschaften eines Lagerwerkstoffes. (Ahmt die Betriebsverhältnisse eines Lagers nur sehr unvollkommen nach.)

Gleiteigenschaften. In einfachster Art finden wir für Gleiteigenschaften eine solche Prüfmaschine in Abb. 51 abgebildet. Solange die Probe aber nur die Form eines Klötzchens hat, sind natürlich die Verhältnisse eines Lagers in Ölzuführung und Wärmeableitung nur wenig nach-

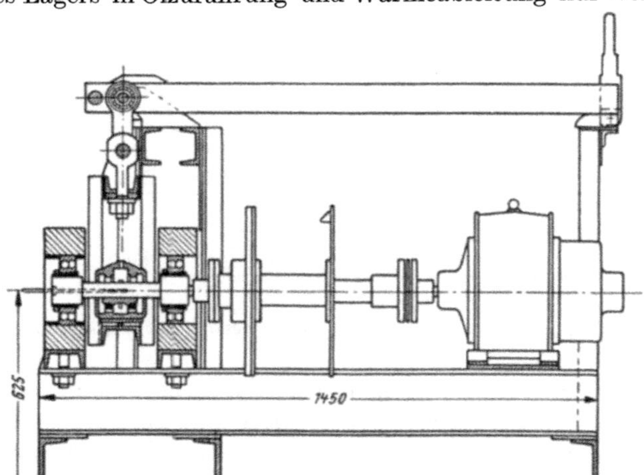

Abb. 52. Prüfstand zur Ermittlung der Gleiteigenschaften eines Lagerwerkstoffes.

geahmt[1] und man bemüht sich daher, die Ermittlung der genannten Eigenschaften des Lagerwerkstoffes neben anderen auf Prüfständen durchzuführen, die den Betriebsbedingungen des Lagers mehr entsprechen, wie sie für ruhende Belastung Abb. 52 wiedergibt. Ausführliches hierüber enthält der Abschnitt Lagerprüfung.

[1] Siehe auch S. 197.

Von großer Bedeutung ist natürlich auch die Ermittlung der Eigenschaften des Werkstoffes unter stoßweiser Lastaufbringung[1].

Abnutzungsfestigkeit. Zu ihrer Bestimmung gibt es eine ganze Anzahl von Werkstoffprüfmaschinen, die überwiegend allerdings mit trockener Reibung arbeiten, so die Maschinen von Mohr & Federhaff, MAN-Spindel, Amsler u. a. Für näheres Studium sei auf das Blatt Abnutzungsprüfung im Handbuch Nichteisenmetalle (VDI-Verlag) verwiesen. Versuchsergebnisse, die sich auf den praktischen Betrieb von

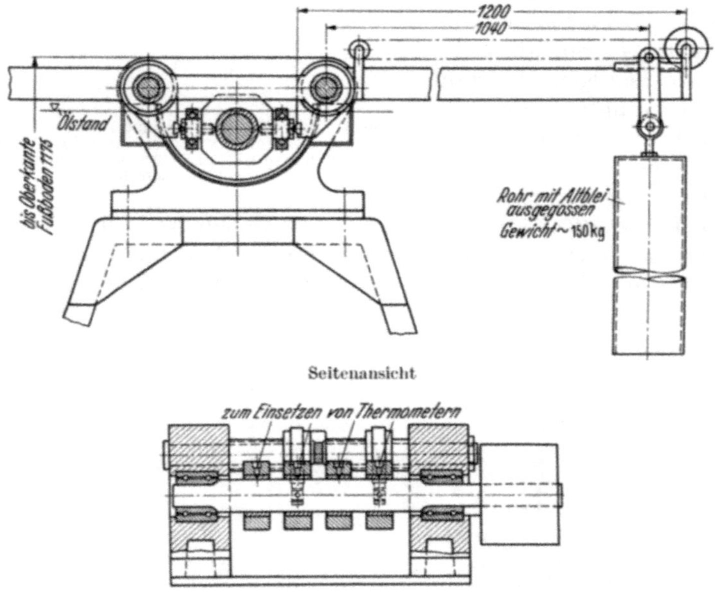

Abb. 53. Abnützungsprüfmaschine des Reichsbahnversuchsamts für Lagermetalle in Göttingen.

Lagern unmittelbar übertragen ließen, sind bisher allerdings nur wenig veröffentlicht worden. Meist wird man vorziehen, die Abnutzung auf den vordem beschriebenen Prüfständen neben den Reibungswerten mit zu ermitteln, oder — wie die Lagerversuchsabteilung Göttingen der DR — hierfür einen einfachen Versuchsstand Abb. 53 zu betreiben, der die Lagerausgüsse in annähernd betriebsmäßiger Größe enthält[2].

[1] Hier sei hingewiesen auf die Veröffentlichungen von H. O. HEYER: Lagermetallprüfmaschine mit dynamischer Belastung. Luftf.-Forschg. 1937 Lief. 1 S. 14 und A. THUM u. R. STROHAUER: Die Prüfung von Lagermetallen und Lagern. Z. VDI 1937 Heft 43 S. 1245.

[2] R.R. H. MÜLLER: Versuche mit Lagern und ihre Rückwirkung auf die Konstruktion der Lager der Reichsbahnfahrzeuge. Glasers Ann. 1927 Juliheft S. 279.

Zur mechanischen Abnutzung kommt noch die Abnutzung durch Rostangriff. Sie ist, da das Lagermetall durch die Ölbenetzung ziemlich weitgehend abgedeckt ist, fast ausnahmslos zu vernachlässigen.

Die mechanische Prüfung gibt uns also eine ganze Anzahl von Prüfverfahren an die Hand, die wir zur Ermittlung der Eigenschaften eines Lagerwerkstoffes für seine Bewertung heranziehen können. In erster Linie wird man sich ihrer bedienen zur Erforschung und zur Neuentwicklung von Lagerwerkstoffen beim Großerzeuger und in wissenschaftlichen Forschungsstellen. Zum Nachweis der Gleichmäßigkeit der Lieferung wird man sich nur den einfach und schnell anzuwendenden Prüfverfahren zuwenden, und hier bleibt die Ermittlung der Härte und Warmhärte bevorzugt, weil sie so einfach ist und Rückschlüsse auf Druckfestigkeit, Zugfestigkeit und, für rauhen Betrieb und halbflüssige Reibung, auch auf die Abnutzungsbeständigkeit zuläßt. Es liegt nahe, auch die Ermittlung der Gleiteigenschaften auf einfachen Maschinen kurzfristig zu erreichen. So sehr der Gedanke bestechen mag, man muß sich immer vor Augen halten, daß hierbei die richtige Lagerschmierung und die Wärmeableitungsverhältnisse des Lagers nicht erfaßt werden kann, und so wird man hier den kleineren oder größeren Prüfstand nicht entbehren können, auch wenn die Arbeiten mit ihm zeitraubender sind.

Die Auswahl des richtigen Lagerwerkstoffes für *hochbeanspruchte* Lager setzt eine große Erfahrung, zahlreiche Versuchsunterlagen, möglichst auch eine praktische Erprobung unter den Betriebsbedingungen der Maschine voraus, wenn man vor schweren Rückschlägen sicher sein will. Man sollte — gerade im Interesse einer gedeihlichen nationalen Wirtschaft — von *den* Sachverständigen deutlich und energisch abrücken, die aus Reklamegründen diesen oder jenen noch unerprobten Werkstoff schleunigst an der hochbeanspruchtesten Stelle in Massen eingeführt sehen wollen und die jeden zum Verräter stempeln möchten, der aus besser begründeter Erfahrung heraus zur Vorsicht und zur sachgemäßen Erprobung zunächst an Lagern niedriger Beanspruchung rät.

c) Metallurgische Eigenschaften.

Die mechanischen Eigenschaften eines Lagermetalls werden weitgehend beeinflußt durch seine Erschmelzung, seine Gießbehandlung und seinen Aufbau[1]. Der Erzeuger wird sich ohne weiteres für die Bewertung seines Lagerwerkstoffes mit diesem Gebiet eingehend beschäftigen. Sehr oft ist aber der Verbraucher genötigt, das Herstellen von Lagern in seinen Betrieben vornehmen zu lassen, sei es für Neufertigung oder Instandsetzung. Die ortsfesten Maschinen, die gut zu warten sind, werden seltener zu Instandsetzungsarbeiten des Lagers Veranlassung geben, anders ist das schon bei Fahrzeugen. Schiffe und Eisenbahnfahrzeuge, auch Flugzeuge, müssen unter Umständen an dazu wenig

---

[1] Ausführliches hierüber siehe die Einzelabsätze im speziellen Teil.

geeigneten Stellen — im fremden Land — bei eintretenden Schäden wenigstens notdürftig betriebsfähig gemacht werden können. Das Lagermetall darf also gießtechnisch keine besonderen Schwierigkeiten bereiten[1]. Auf das Richtlinienblatt III „Richtlinien für die Gestaltung von Gleitlagern in allen Fällen notwendig werdender Erneuerung" des Heftes: Konstruktive Lagerfragen (VDI-Verlag) sei in diesem Zusammenhang hingewiesen. Die Frage der Wiederverwendung alten Lagermetalls stellt uns die Forderung, zu wissen, wie oft ein solches Lagermetall unbedenklich umgeschmolzen werden kann. Ohne Kenntnis des Schrumpfmaßes werden wir bei Ausgüssen die schwersten Rückschläge zu erwarten haben. Es gibt also Grund genug, auch diesem dritten Teil der Bewertungsgrundlagen von Lagerwerkstoffen die vollste Aufmerksamkeit zuzuwenden. Die einzelnen Absätze dieses Buches, die die betreffenden Werkstoffe behandeln, enthalten hierüber, wie auch über die mechanischen Eigenschaften, die gewünschten Einzelangaben.

Spezifisches Gewicht[2]. Für ortsfeste Maschinen mag diese Frage von untergeordneter Bedeutung sein, für Fahr- und Flugzeuge nicht mehr, vor allem für solche mit umlaufenden Lagern. Vornehmlich aber hat man sich für den Schmelzvorgang mit etwaigen Unterschieden des Gewichtes der einzelnen Bestandteile zu befassen. Hier sowohl wie bei langsamer Abkühlung nach dem Gießen, beim Umschmelzen und auch noch beim Schleuderguß besteht die Gefahr der Entmischung. Je dicker der Lagerausguß oder das Vollager ist, desto größer wird sie.

Schrumpfmaß[2]. Es gehört zu denjenigen Eigenschaften, deren Erforschung leider etwas vernachlässigt wurde, und gerade hier kann man schon bei Ungleichmäßigkeit der Versuchsbedingungen zu den merkwürdigsten Unterschieden in den Ergebnissen kommen. Es ist erfreulich, daß man sich in neuester Zeit dieser Frage wieder mehr angenommen hat. Schon die Gießtemperatur beeinflußt das Ergebnis. Ein heiß vergossenes Probestück bringt andere Ergebnisse als ein kalt vergossenes. Gießform und Länge der Probe müssen natürlich auch gleich gewählt sein. Es sei daher hier auf den Aufsatz von O. BAUER und H. SIEGLERSCHMIDT[3] hingewiesen, in dessen Erweiterung ein besonderes Richtlinienblatt des DVM. A 131 Schwindmaßbestimmung entwickelt wurde, das künftig allen Schwindmaßbestimmungen zugrunde gelegt werden sollte. Etwa 20 cm³ der Legierung wird im Schmelzofen auf dem für sie vorgesehenen Schmelzpunkt erhitzt, die Gießform auf Vorwärmetemperatur, falls dies vorgesehen ist. Dann wird von der Mitte her in die Gießform, deren Abmessungen nachstehend in Abb. 54 wiedergegeben sind,

---

[1] Siehe Technologie der Lagermetalle: Schmelzen und Vergießen von R.R. H. MÜLLER. Z. VDI 1928 Heft 25 S. 879.

[2] Zahlenangaben siehe Zahlentafel 8, S. 59 und in den Einzelabschnitten des speziellen Teils.

[3] BAUER, O. u. H. SIEGLERSCHMIDT: Metallwirtsch. 1936 Heft 24 S. 535.

eingegossen. Von oben her ist sie durch ein Blech abzudecken. Die Längenverkürzung wird auf 0,01 mm bestimmt und in Prozent angegeben. Weiteres ist dem genannten DIN-Prüfverfahrenblatt zu entnehmen.

Zum mindesten darf die Angabe von Gießtemperatur, Probenform und Erstarrungsbedingungen nicht unterlassen werden, wenn Veröffentlichungen über Schwindmaßbestimmungen erfolgen, die nicht nach dem Richtlinienblatt durchgeführt sind. Passen Ausguß und Tragschale nicht im Schwindmaß, so löst sich der Ausguß ab oder er reißt, und der sonst vielleicht geeignete Lagerwerkstoff versagt aus diesem Grunde im Lager.

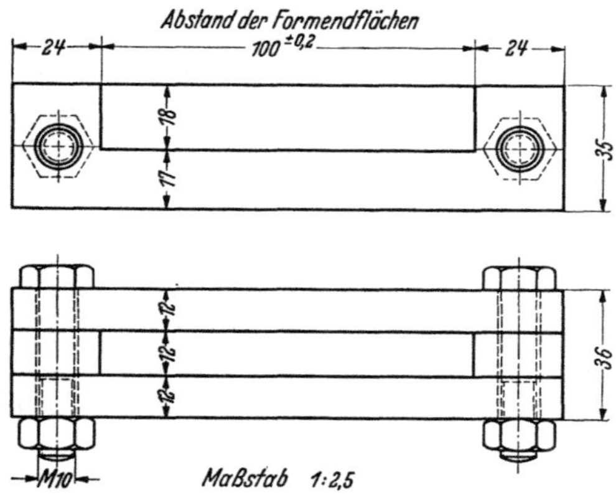

Abb. 54. Gießform für Schwindmaßbestimmungen nach DIN-Prüfverfahren A 131.

Schmelzen und Gießen. Für das Einschmelzen und Vergießen der Lagerwerkstoffe kommen drei Verfahren in Frage, die nebeneinander selbst für große Abmessungen verwendet werden. Das Erschmelzen im Tiegel und Vergießen von Hand ist das älteste. Schleuderguß und Druckguß gewinnen aber als neuere, Werkstoff sparende Verfahren an Bedeutung, setzen aber entsprechende kostspielige Einrichtungen voraus[1]. Auf das Richtlinienblatt E des VDI „Behandlung der Lagerausgüsse" sei hier in diesem Zusammenhang besonders hingewiesen. Es ist teilweise nachstehend mit einigen redaktionellen Änderungen abgedruckt.

Behandlung der Lagerausgüsse.

„*Außgießen der Lager von Hand.* Lager werden fast stets bei Gießtemperaturen von 420 bis 450° C ausgegossen. Es werden in Sonderfällen die Gießtemperaturen ohne Rücksicht auf die Abkühlungskurve auch niedriger gehalten. Da es aber Lagermetalle gibt, die bei noch höheren Temperaturen vergossen werden müssen, so sollten nur die Angaben der Lieferfirmen oder die besonderen Vorschriften befolgt werden.

Die *Bearbeitungszugabe* ist so gering wie nur möglich zu halten und, wo angängig, auf Fertigmaß zu gießen. Die Bearbeitungszugaben sollen bei Lagern:

bis 100 mm Dmr. 0,75 mm,
bis 200 mm Dmr. 1 mm,
über 200 mm Dmr. nicht über 2 mm betragen.

[1] Rb.-Bauass. S. Beilfuss: Druckgießverfahren für die Herstellung dünner Ausgüsse von Eisenbahnfahrzeugen. Z. VDI 1936 Heft 49 S. 1475.

Um diese verhältnismäßig geringen Bearbeitungszugaben einhalten zu können, ist es immer Vorbedingung, daß die Zentrierung bei den Ausgießvorrichtungen einfach, aber gut durchgebildet ist. Die geringe Bearbeitungszugabe hat zur Folge, daß eine gleichmäßige Verteilung der Kristallite über die ganze Lagerfläche erreicht wird und Seigerungserscheinungen oder Lunkerbildungen nicht auftreten können. Auch eine beachtliche Metallersparnis wird hierdurch erreicht. Um das Ausgießen einwandfrei durchzuführen, sollen nur Hohldorne Verwendung finden. Abb. 55a und b zeigen schematisch einige Formen für fallenden Guß.

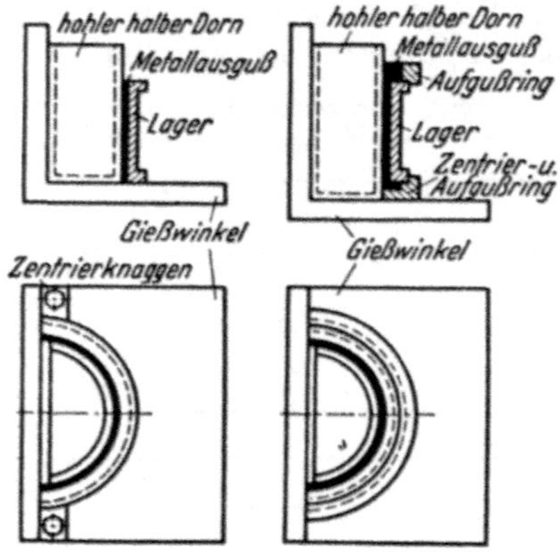

a b

Abb. 55. Handguß (fallender Guß); a einfache Form, b mit Zentrier- und Aufgußring.

Lager in der Ausführung der Abb. 56 sollen stets liegend gegossen werden, damit das Gefüge des Metalls und somit die Härte in der tragenden Zone des Lagers gleichmäßig wird.

Abb. 57 stellt den Aufbau der Form zum Ausgießen von zwei Hälften dar. Dieses Ausgießverfahren wird vornehmlich bei größeren Lagern, fallend, angewandt.

Für den fallenden Guß gelten folgende Richtlinien. Das Vorbereiten, Verzinnen und Anwärmen wird, wie vorstehend beschrieben, durchgeführt. Man soll nach Möglichkeit nicht an einer Stelle gießen, sondern die Gießkelle über den ganzen Einguß herumführen. Die Gießschnauze ist dicht über dem Lager bzw. dem Ausgußring herumzuführen und der

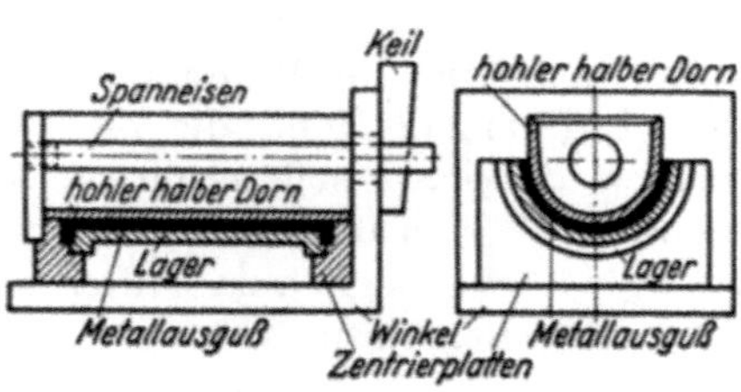

Abb. 56. Handguß (liegender Guß).

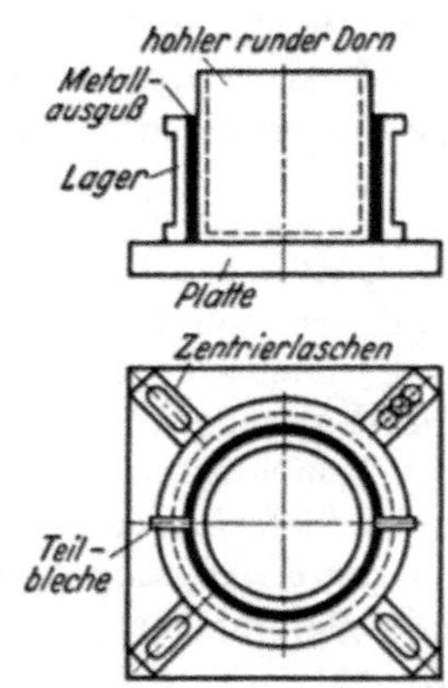

Abb. 57. Fallender Guß zum Ausgießen von zwei Hälften gleichzeitig (nur bei größeren Lagern).

Gießstrahl im ununterbrochenem Fluß so zu lenken, daß er am Gießdorn herunterlaufend die Form füllt. Schaum- und Porenbildung werden hierdurch vermieden. Die Formtemperatur soll 150° C betragen, bei dünnen Ausgüssen höher liegen, aber nicht über 200° C. Sämtliche angegebenen Temperaturen müssen gemessen und tatsächlich beim Ausgießen des Lagers vorhanden sein.

Der steigende Guß wird in umgekehrter Richtung nach Abb. 58 durchgeführt. Hierfür gilt das gleiche wie vorher. Das Gießen geschieht ohne Zwischenschalten der Gießkelle. Das Metall steigt schaum- und oxydfrei ohne Ansätze über den ganzen Lagerumfang in die Höhe. Vorteilhaft anwendbar für große und schwere Lager.

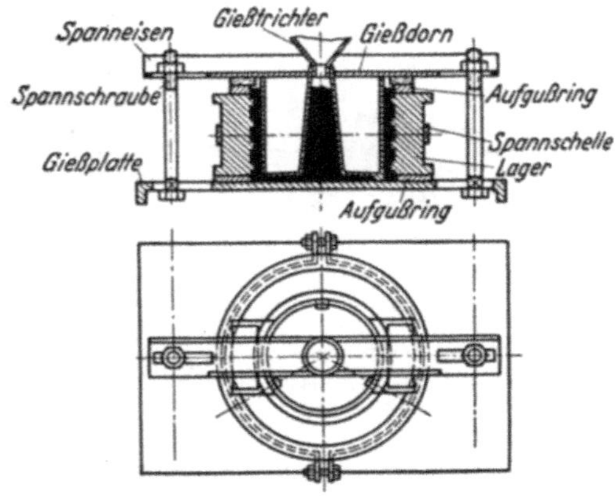

Abb. 58. Handguß: Steigender Guß für große Lager.

Maschinenguß: Schleuderguß (Abb. 59). Das Vorbereiten, Verzinnen und Anwärmen wird, wie oben beschrieben, durchgeführt.

Kleine Lager. Die Lagerschalen müssen möglichst schnell in die Schleudergußmaschine eingespannt und in Umlauf gebracht werden, damit das flüssige Metall eingegossen werden kann, ehe die umlaufenden Lager unter 250° C abkühlen. Die Menge des Eingußmetalls muß möglichst genau bemessen werden, um schnell eingießen zu können. Man muß mit gleichmäßigem Strahl ohne Unterbrechung gießen, da sonst Schichtenbildung im Lagerausguß auftritt. Die Lager müssen so lange umlaufen, bis der Ausguß erstarrt ist.

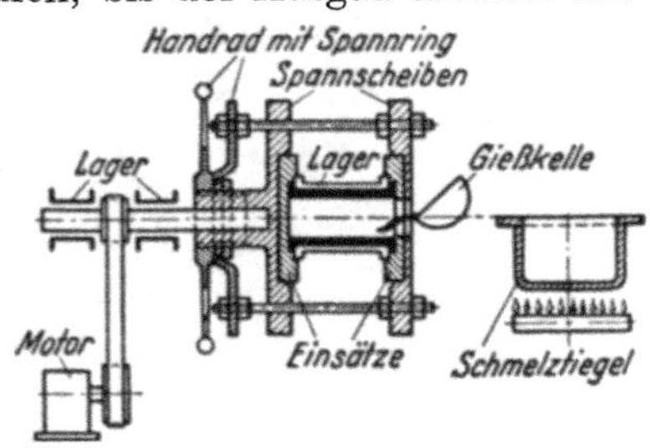

Abb. 59. Maschinenguß: Schleuderguß für kleine und große Lager.

Große, schwere Lager. Das Verfahren ist das gleiche wie bei kleinen Lagern, nur muß unter stetigem Hin- und Herwandern der Gießtülle eingegossen werden. Nach Vollschleudern des Lagers tritt das Metall durch die Öffnung der vorderen Zentrierscheibe heraus. Bei umlaufenden Lagern kühlt man zweckmäßig bis zur Erstarrung des Metalls zusätzlich von außen durch Wasser ab. Die Bearbeitungszugabe soll höchstens 30% der fertigbearbeiteten Ausgußdicke betragen.

Die Drehzahl richtet sich nach dem Durchmesser und der Ausgußdicke des Lagers. Die Faustformel lautet:

$$n = \frac{1700 \text{ bis } 2100}{\sqrt{d}},$$

wobei d = innerer Lagerdurchmesser (cm) ist. n ist bei kleineren Lagern höher, z. B. für $d = 4$ cm rd. 1000 U/min, bei größeren Lagern geringer, z. B. für $d = 50$ cm ungefähr 300 U/min.

Maschinenguß: Druckguß[1]. Vorbereiten, Verzinnen und Anwärmen wie bei steigendem Guß. Das Metall wird an der tiefsten Stelle des Lagers langsam eingedrückt, um jede Wirbelung zu verhindern. Man füllt das Lager gleichmäßig über den ganzen Querschnitt. Ist das Lager voll ausgegossen, dann wird der Ausguß bis zur Erstarrung unter Druck gehalten. Die Luftabführung wird stets an der höchsten Stelle vorgenommen. Für schwierige Lagerausgüsse oder für größere Stückzahlen werden Sonderformen ausgeführt, um die Ausgüsse auf Fertigmaß herzustellen, z. B. Ringschmierlager mit den Aussparungen für Schmierringe, Kammlager usw.

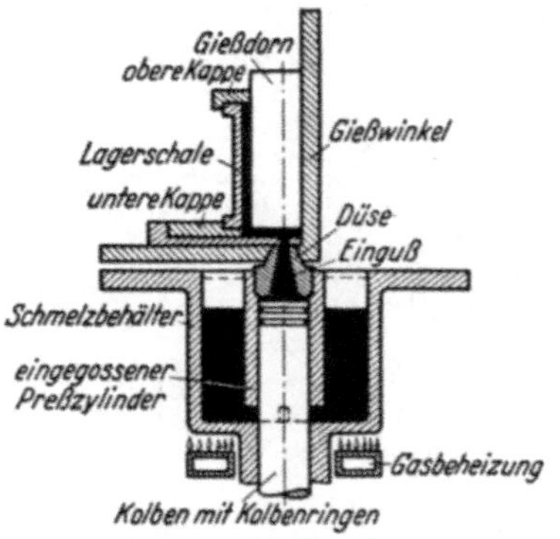

Abb. 60. Maschinenguß: Druckguß, einfaches Lager.

Die Formen für kleinere Stückzahlen oder Einzellager ähneln, wie aus Abb. 60 zu ersehen ist, den Handgußformen.

Die Einrichtung zum Ausgießen großer Lager unter Druck arbeitet nach dem Gesetz der kommunizierenden Röhren (Abb. 61). D*ie Gießtemperaturen können um 50° C niedriger liegen als beim Hand- bzw. Schleuderguß.*"

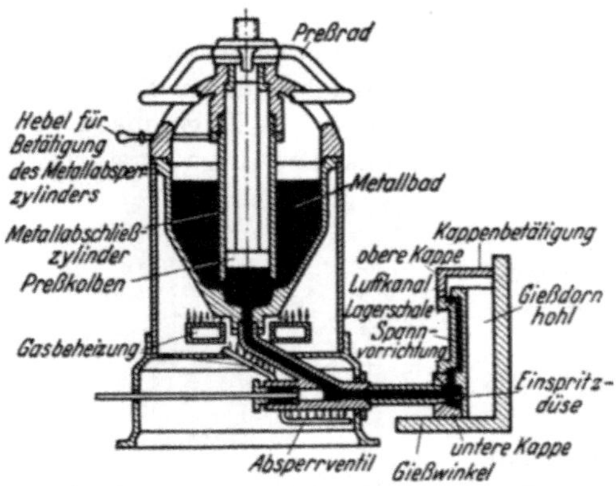

Abb. 61. Maschinenguß: Druckguß, größeres Lager.

Tiegel und Ofen müssen in allen Fällen so gebaut sein, daß das Lagermetall die richtige Gießtemperatur gerade erhält, ohne daß eine zu erhebliche Überhitzung eintritt oder Bestandteile der Legierung herausbrennen und in die Krätze gehen. Der letztere Gesichtspunkt gewinnt besonders dann Bedeutung, wenn man alte Ausgüsse wieder und vielleicht nochmals umschmelzen muß. Für das Vergießen ist die Kenntnis der Erstarrungsbedingungen, wie wir sie aus dem Erstarrungsschaubild der Legierung entnehmen können, sehr wichtig. Ein zu hoch liegender Schmelzpunkt ist unerwünscht. Er bedingt besonders leistungsfähige

[1] Die Bezeichnung Spritzguß wird hier nicht angewendet, weil es sich bei dieser Art des Eindringens der Lagermetalle um ein Gießen unter geringem Druck handelt.

Öfen, die man bei Instandsetzungen nicht immer zur Verfügung hat. Die längere Einschmelzzeit führt zu Verlusten an Metall durch Abbrand. Die Gießformen verziehen sich leichter, es entwickeln sich mehr Gase.

Abb. 62. Lockerstellen im Rotguß.

Auch ein zu breites Erstarrungsgebiet zwischen Beginn der Ausscheidung und ihrer Erstarrung ist bedenklich. Die zuerst erstarrenden Kristallarten vermindern die Dünnflüssigkeit der Schmelze und stören an Stellen

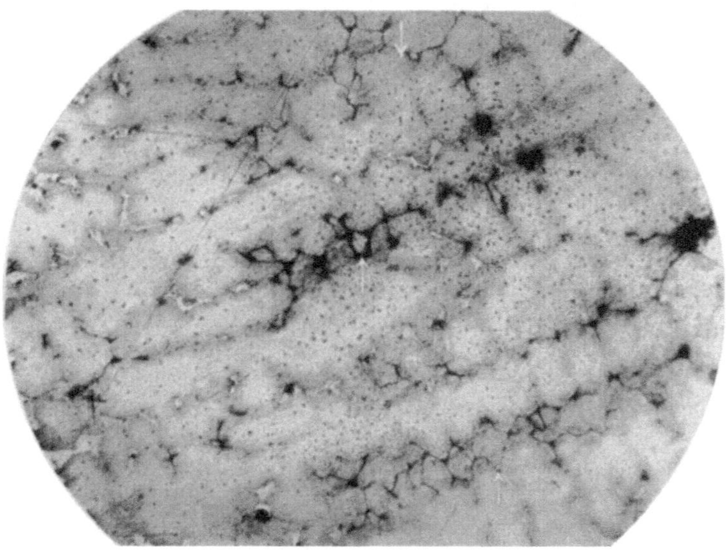

Abb. 63. Kornrisse im Rotguß.

engeren Querschnitts. Je länger die Erstarrungszeit, desto größer ist auch die Gefahr unerwünschter Bewegungen des Schmelzrestes zwischen den bereits erstarrten Kristallskeletten, die unter Umständen die Schmelzreste nach außen pressen, wie ein Schwamm unter Druck das eingeschlossene Wasser. Kornrisse (Abb. 63) und Lockerstellen (Abb. 62) sind die

Folge. Für dünne Lagerausgüsse tritt der Einfluß dieser Erscheinung zurück, für Schalen und dickere Ausgüsse macht er sich bemerkbar. Auch die Lage des unteren Erstarrungspunktes ist wichtig. Er darf sich nicht zu sehr der Lagerhöchsttemperatur nähern, damit bei etwaigem Heißlauf der Ausguß nicht zu früh und zu schnell ausläuft, ehe der Öldampf und sein Geruch den Maschinisten auf das gefährdete Lager aufmerksam machen.

Dünnflüssigkeit. Eine der wichtigsten Eigenschaften des Lagerwerkstoffs ist seine Dünnflüssigkeit. Dünnguß und Genauguß sind die Kernpunkte der Forderungen, die vom Standpunkt zweckmäßiger nationaler Wirtschaft an den Lagerkonstrukteur und Lagermetallerzeuger gestellt werden. Jedes Verspanen von Ausgußmetall ist unerwünscht. Besonders durch den Preß- oder Druckguß, aber auch bei den anderen Gießverfahren ist heute eine Verringerung der Ausgußdicke ermöglicht, die früher nicht vorstellbar war. Dazu kommt noch, daß das Druckgießen in manchen Fällen die Bindung mit der Lagerschale erleichtert und ein besonderes Anlöten bei geeigneter Verklammerung erspart. Je dünner der Ausguß, desto leichter wird zudem auch ein weicheres Lagermetall der Verquetschung widerstehen, weil die Schale mit zum Tragen herangezogen wird. Die Abb. 64 zeigt einen Keilprobeguß von Lagermetallen verschiedener Dünnflüssigkeit. Man nimmt hierfür eine Eisenform, denn der Lagerausguß erstarrt ja ebenfalls fast ausnahmslos schnell an einer Metallschale. Im Zusammenhang hiermit sei die Frage einer Einheitsgießform erörtert, die man braucht, um all die verschiedenen Proben zu entnehmen, die zur mechanischen und Aufbauprüfung eines Lagermetalls notwendig sind. Es ist kein Zweifel, daß ein Vergleich der einzelnen Lagermetalle überhaupt erst dann möglich wird, wenn die Gießbedingungen in erster Linie also die Gießform einheitlich sind. Die Abb. 65 zeigt die Gießform, die in Besprechungen zwischen Erzeugern und Verbrauchern von Lagermetall in Anlehnung an die Reichsbahnerfahrungen künftig für solche Versuche ausnahmslos in Frage kommen soll und die auch bei den Untersuchungen des MPA. Berlin-Dahlem verwendet wurde. Aus Abb. 66 sind die Entnahmestellen der Probestücke aus dem senkrechten Teil des Probegußstückes ersichtlich.

Abb. 64. Keilprobeguß für Lagermetalle verschiedener Dünnflüssigkeit.

Der Aufbau der Lagermetalle. Es gilt fast als ein Gesetz, daß im Aufbau des Lagermetalls härtere Bestandteile — chemische Verbindungen oder ihre

Mischkristalle — vorhanden sein müssen, die in einer weicheren Grundlage eingebettet sind. Für halbflüssige Reibung wird das wahrscheinlich ziemlich ausnahmslos zutreffen. Das Wesen des Ölfilms ist aber nicht

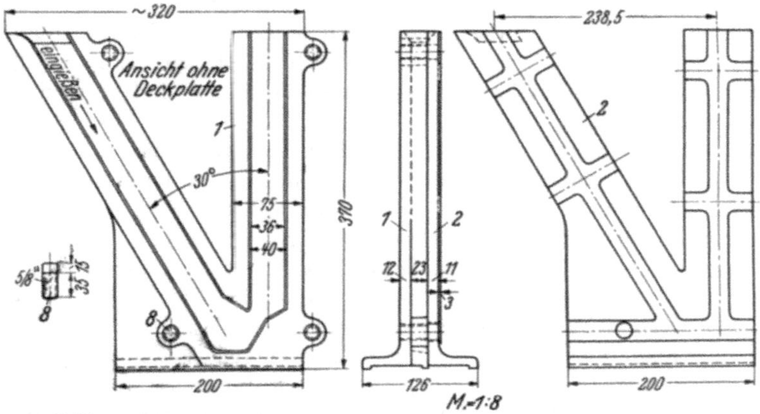

Abb. 65. Gießform für Probegußstücke: Aus dem senkrechten Ast werden die Probestücke für mechanische Prüfungen entnommen.

so einfach, daß man etwa solchen Aufbau ausnahmslos als Voraussetzung für gute Gleiteigenschaften fordern müßte. Schon eingangs wurde darauf

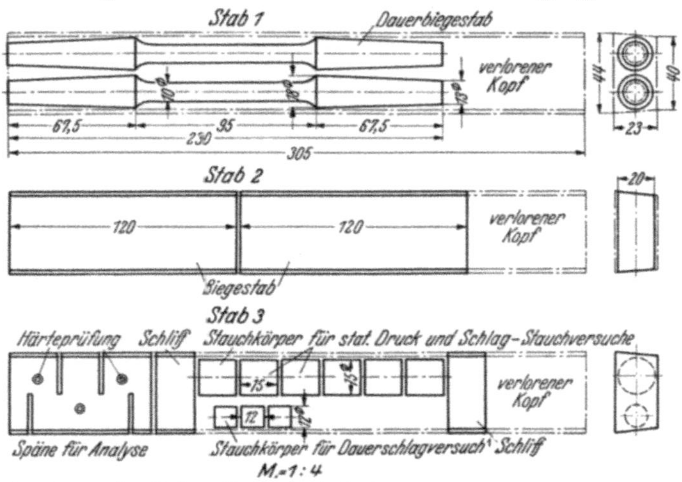

Abb. 66. Anordnung der Proben für mechanische Prüfungen im senkrecht stehenden Teil der Probegüsse nach Abb. 65.

hingewiesen, daß man auch mit Bronzen einer Mischkristallart in Buchsenlagern gute Erfahrung gemacht hat. Auch mit Legierungen, die als

[1] Dauerschlagversuche werden neuerdings meist auch mit Stauchkörpern von 20 mm Dmr. ausgeführt.

Hauptbestandteil nur einen bleireichen Mischkristall enthielten, hat man gelegentlich ausreichende Laufeigenschaften erzielt. Vermutlich waren das aber Fälle, in denen Konstruktion und Laufbedingungen des Lagers die Ausbildung eines besonders guten Schmierfilms ermöglichten. So wird auf jeden Fall der Verbraucher gut tun, bei der Bewertung seines Lagermetalls den Aufbau nicht außer acht zu lassen. Letzten Endes bestimmt er ja schließlich die mechanischen Eigenschaften und damit das Verhalten des Lagers.

Es sei an dieser Stelle noch die Röntgendurchleuchtung erwähnt, die neuerdings besonders bei Bleibronzen Eingang in die Lagerwerkstoffprüfung gefunden hat. Sie dient zum Nachweis von Poren und Löchern und von zu ungleichmäßiger Bleiverteilung.

Fassen wir noch einmal zusammen, so kann eine Bewertung eines Lagermetalls nicht erschöpfend erfolgen, wenn man seine metallurgischen Eigenschaften nicht berücksichtigt. Spezifisches Gewicht, Schrumpfmaß, Dünnflüssigkeit und Erstarrungspunkte müssen neben dem eben besonders erwähnten Aufbau bekannt sein und in ihrer Rückwirkung auf Herstellung und Verhalten des Lagermetalls in der Konstruktion gründlich überprüft werden.

III. Lagerprüfung.

Von Professor Dr.-Ing. E. vom Ende, VDI, München.

Mit 46 Abbildungen.

1. Die Aufgaben der Lagerprüfung.

Bei einer strengen Betrachtung sind die Lagerforschung und die Lagerprüfung zu unterscheiden.

Während die Lagerforschung dazu dient, die Erkenntnis der physikalischen und chemischen Vorgänge im Lager zu fördern, ist es die Aufgabe der Lagerprüfung, festzustellen, ob die Lagergestaltung, die Werkstoffe und die werkstattmäßige Ausführung den durch die äußeren und inneren Vorgänge gegebenen Bedingungen entsprechen. So steht denn die Lagerforschung an der Grenze der reinen Forschung, indem sie einzelne Erscheinungen herausgreift und gesondert untersucht. Man kann z. B. die Versuche, die zur Erweiterung der Kenntnisse von der Theorie der Lagerschmierung, wie z. B. die Bestimmung des wahren Verlaufs der Drücke und Temperaturen in der Schmierschicht, die Verfolgung der genauen Bewegung des Zapfens im Lager sowie die Erforschung der molekularphysikalischen Eigenschaften der Schmierschicht in das Gebiet der Lagerforschung verweisen. Dagegen ist der Lagerprüfung als wesentlichste Aufgabe die Prüfung der Lagermetalle und der Schmiermittel möglichst unter betriebsmäßigen Bedingungen zugefallen.

Es sind also die Betriebsbedingungen einzeln zu ermitteln, damit sie bei der Prüfung im Laboratorium angewendet und eingehalten werden können, und das Verhalten der Metalle, ihre Festigkeitseigenschaften und die Reibungsverhältnisse festzustellen.

Nach der Wirkung der äußeren Kräfte unterscheiden wir Querlager und Längslager, wobei wie z. B. bei Elektromotoren und Eisenbahnwagen die Querlager unter Umständen auch Längskräfte aufnehmen müssen. Da die Schmierverhältnisse hierbei jeweils verschieden sind, ist auch die Beanspruchung der Lagermetalle verschieden. Bei den Querlagern kann die Kraft ruhend (z. B. Elektromotoren und Turbinen), schwellend (z. B. Fahrzeugachslager bei guter Federung) bzw. stoßweise (z. B. Eisenbahnachslager, Walzwerkslager) und wechselnd (z. B. Dampfmaschinen und Verbrennungsmotoren) wirken. Ferner kann die Kraft dauernd in einer Richtung so wie bei Turbinen senkrecht nach unten, bei

Eisenbahnachslagern senkrecht nach oben, bei Triebwerkslagern in beliebiger Richtung oder wie bei Verbrennungsmaschinen nach Größe und Richtung ständig wechselnd auftreten (Abb. 67 u. 68). Starke Wechselbeanspruchung hat ein Ausbröckeln

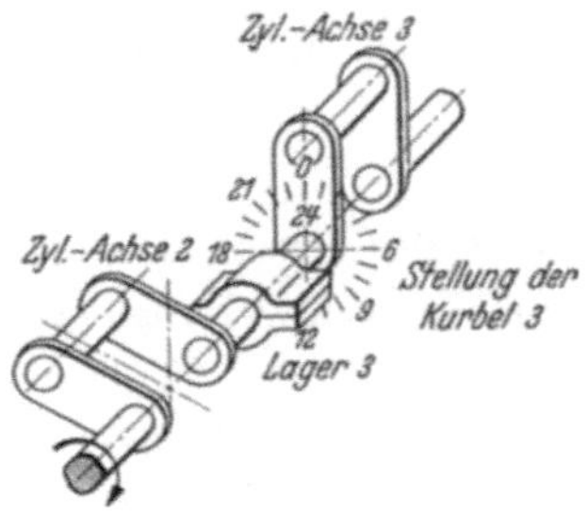

Abb. 67. Anordnung des Grundlagers 3 bei einem Sechszylinder-Flugmotor.

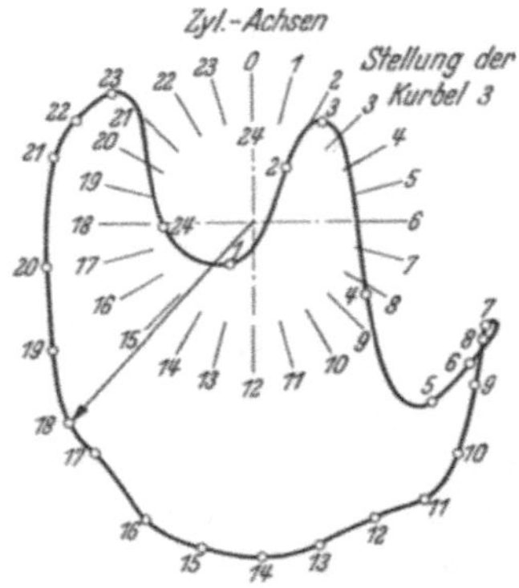

Abb. 68. Lagerdrücke nach Größe und Richtung für eine Umdrehung der Kurbel 3.

der Lagermetallschicht zur Folge (Abb. 69). Bei Hebezeugen sind die Lager hauptsächlich mit Fett geschmiert und arbeiten im aussetzenden Betrieb. Bei Landmaschinen liegen ähnliche Verhältnisse bei weniger starrer

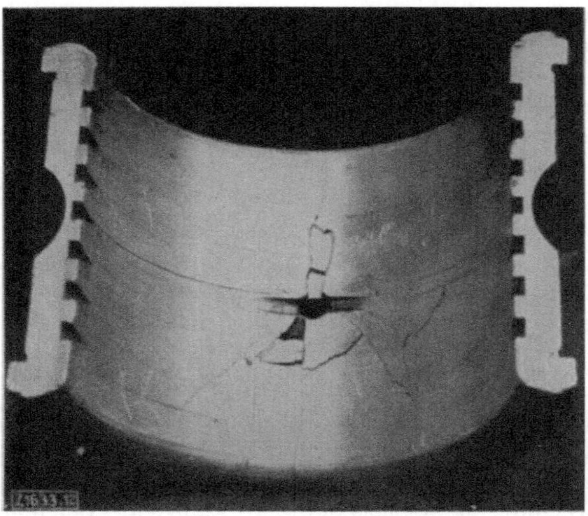

Abb. 69. Dauerbruch in einem wechselnd beanspruchten Lager (Aufnahme von Armbruster).

Ausführung und nicht sehr sorgfältiger Behandlung der Maschinen vor. Werkzeugmaschinenlager wieder müssen bei engstem Spiel und größter Genauigkeit eine zentrale Lage der Wellen bei geringster radialer Beweglichkeit derselben gewährleisten.

Alle diese Verhältnisse können laboratoriumsmäßig nachgeahmt werden. Es würde jedoch zu verwickelten Bauarten der Prüfstände führen, wenn sie alle miteinander vereinigt würden. Infolgedessen sind eine Reihe von Prüfständen entwickelt worden, die möglichst den jeweiligen Bedingungen der Maschinen, für die die zu prüfenden Metalle bestimmt sind, angepaßt wurden. Dabei ist zu bedenken, daß immer einige Bedingungen konstant gehalten werden müssen. Insbesondere muß der Werkstoff des Versuchszapfens sowie dessen Härtung und Bearbeitung stets gleich bleiben. Bezüglich der Reibungsverhältnisse haben schon die grundlegenden Versuche von WELTER und WEBER[1] einige Klärung gebracht. Zum Beispiel werden Stöße bei entsprechend gewähltem Schmiermittel durch die Schmierschicht gedämpft und beeinflussen die Reibungsverhältnisse nur unwesentlich. Bei Kraftrichtungswechsel wird das Schmiermittel durch die Bewegung des Zapfens in den Spalt gesaugt, so daß günstige Schmierung vorliegt. Die Laufeigenschaften des Lagermetalls werden deshalb kaum berührt; dagegen sind in solchen Fällen die Festigkeitseigenschaften von Bedeutung.

Ein anderer durch diese Versuche ermittelter Umstand, der auch durch die Theorie bestätigt wird, ist der, daß das halbumschlossene Lager schmiertechnisch günstiger ist als das ganz umschlossene[2]. In letzterem ist lediglich die Reibung etwas größer durch die zusätzliche Flüssigkeitsreibung im nichttragenden Teil. Damit wird die Lagertemperatur etwas höher. Die Laufeigenschaften des Lagermetalls bleiben wiederum unberührt. Ebenso ist es gleichgültig, ob die Kraft senkrecht nach unten oder nach oben wirkt. Auch im letzteren Fall ist eine gute Schmierung möglich. Die Kraft verteilt sich auf die Lagerfläche nach einem bestimmten Gesetz, das sich mit dem Lagerbreitenverhältnis L/D und der Zapfenumfangsgeschwindigkeit ändert. Man pflegt mit dem mittleren spezifischen Lagerdruck, bezogen auf die Projektion der Lagerfläche,

$$p_m = \frac{P}{L \cdot D} \text{ kg/cm}^2$$

zu rechnen, wobei vorausgesetzt wird, daß der Zapfen so starr ist, daß er auf der ganzen Breite gleichmäßig aufliegt.

Auf dem Prüfstand sind bei ruhender Belastung bereits Drücke von über 500 kg/cm² (BRADFORD und VANDEGRIFT 1685 kg/cm²) erreicht worden. Nun ist erkannt worden, daß die günstigsten Lagerbreitenverhältnisse zwischen $l : d = 0{,}25$ bis 1,5 liegen; für Versuchsstände ist üblich $l : d = 1$. Das ergäbe für einen Zapfendurchmesser $d = 4$ cm und

[1] KAMMERER, WELTER u. WEBER: Versuchsergebnisse des Versuchsfeldes für Masch.-El. der T. H. Berlin, Heft 2.

[2] DENNISON: A.S.M.E. Trans. Bd. 58 (1936) S. 25. Auszug in Z. VDI Bd. 82 (1938) Nr. 17.

einen spezifischen Lagerdruck $p_m = 500$ kg/cm^2 schon eine Lagerkraft $P = 8000$ kg, eine Belastung, die schon eine zu große Durchbiegung des Versuchszapfens zur Folge haben würde. Diese muß aber, um Kantenpressung zu vermeiden, die das Versuchsergebnis verschleiern würde, möglichst klein gehalten werden. Da der Zapfen sich immer durchbiegt, tritt letzten Endes bei der Grenzbelastung stets Kantenpressung auf. Je höher der spezifische Druck ist, um so dünner muß der Schmierfilm werden. Da dieser nun wieder dünner werden kann, wenn das Lager schmäler ist (Abb. 70), ergibt sich eine Abhängigkeit der Versuchsergebnisse von der Lagerbreite. Das Bild läßt zugleich erkennen, daß die Grenze des Anpreßdrucks durch die Kantenpressung gegeben ist. Weiche Metalle werden sich an den Kanten wegquetschen und sich so der Verformung der Welle anpassen, sofern sie nicht schmieren, während harte Metalle eher der Gefahr des Fressens an den Kanten ausgesetzt sind. Hat nun aber wieder das Schmiermittel genügend aktive Moleküle, die stark an Oberflächen adsorbiert werden, so wird der Gefahrenpunkt weiter hinausgeschoben. Die Versuchsergebnisse werden somit auch durch das Schmiermittel stark beeinflußt.

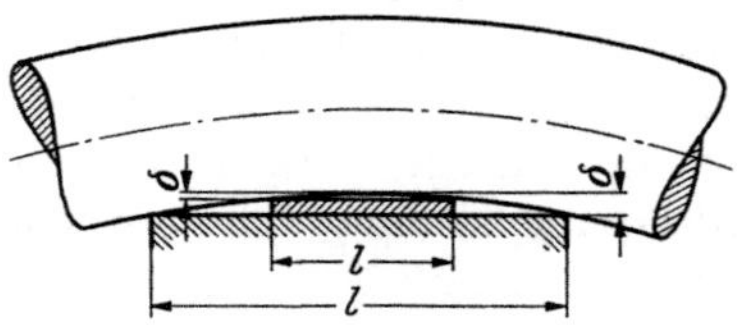

Abb. 70.
Beziehungen zwischen Grenzschichtdicke und Lagerbreite (δ = Grenzschichtdicke).

Die Abmessungen des Lagerkörpers ergeben sich aus dem Zapfendurchmesser, der Größe und Richtung der Kraft und der möglichen oder erforderlichen Lagerbreite. Je größer der Lagerkörper ist, um so größer ist seine Wärmeaufnahme- und Wärmeabgabefähigkeit, also seine Kühlwirkung, die noch durch weitere Maßnahmen verstärkt werden kann. Die Messungen, die zur Prüfung der dadurch gegebenen Einflüsse dienen, sind die gleichen wie bei der Prüfung des Lagermetalls unter Betriebsbedingungen.

Von besonderer Bedeutung ist die Wellendrehzahl. Von ihr hängt die Zapfenumfangsgeschwindigkeit ab. Einerseits ändert sich mit dieser nach den Gesetzen der Strömungslehre der Druck in der Schmierschicht und damit die Belastungsmöglichkeit, während andererseits die Wärmeentwicklung mit der Geschwindigkeit zunimmt. Die entstehende Reibungswärme ist mit gewissen Annahmen nach Falz

$$\varrho = 45{,}5 \cdot l \sqrt{p_m \cdot v^3 \cdot z \cdot d} \text{ WE/h},$$

wobei

l = Lagerbreite,
p_m = mittlerer spezifischer Druck,
v = Zapfenumfangsgeschwindigkeit,
z = Ölzähigkeit,
d = Zapfendurchmesser.

Sie ist also von dem Produkt $p \cdot v^3$ abhängig; das bedeutet, daß die Geschwindigkeit ein wichtiger Faktor beim Entwurf von Lagerprüfständen ist, der große Schwierigkeiten bereitet. Die im Betrieb vorkommenden Geschwindigkeiten gehen bis zu 60 m/s (bei Probeläufen von Turbinen) und die Drehzahlen bei Turbinen schon bis zu 15000 U/min, bei Schleifspindeln bis 20000 U/min und in Sonderfällen bis 80000 U/min und betragen bei Aufladegebläsen für Flugzeugmotoren 30000 U/min. Da Drehzahlen über 5000 für Messungen nicht angenehm sind, würde man bei $v = 60$ m/s schon auf einen Durchmesser von 250 mm kommen, wodurch wiederum die ganze Maschine zu groß werden würde. Als weitere Schwierigkeit tritt dabei die Frage der Stützlager auf. Sind zwei Stützlager vorhanden wie z. B. bei der Kammerer-Maschine, so haben sie zwar nur die halbe Last zu tragen. Da sie aber als Wälzlager ausgeführt werden müssen, sind sie sehr stark von der Drehzahl abhängig. Auch wenn starker Verschleiß zugelassen wird, sind Drehzahlen über 5000 U/min nur mit kleinen Lagern zu erreichen.

Im Lager arbeiten der Zapfen, das Schmiermittel und das Lagermetall zusammen. Es sind also die Beziehungen dieser drei Werkstoffe zueinander zu prüfen.

Ein richtig gestaltetes und sorgfältig ausgeführtes Lager soll sich im Lauf grundsätzlich im Gebiet der reinen Flüssigkeitsreibung befinden, bei der die Teile durch das Schmiermittel so vollkommen getrennt sind, daß keine metallische Berührung stattfindet.

In diesem Fall handelt es sich nur um die Beziehungen zwischen dem Schmiermittel und den Metallen. Jedoch ist dieser Zustand nur möglich, wenn die Welle läuft. Im Stillstand wird der Schmierfilm allmählich hinausgedrückt und beim nächsten Anlauf tritt trockene Reibung oder Mischreibung auf, bis sich wieder ein voller Schmierfilm gebildet hat. Dies ist wiederum von den Molekulareigenschaften des Schmiermittels abhängig, deren Untersuchung demnach ein besonderes Kapitel der Lagerforschung darstellt[1]. Gleichzeitig muß das Lagermetall seine Notlaufeigenschaften zeigen. Die charakteristischen Eigenschaften der Metalle und ihre Beziehungen zum Wellenwerkstoff treten also erst im Zustand der Grenzschmierung in die Erscheinung. Da dieser Zustand nicht stabil ist, stößt seine Untersuchung auf besondere Schwierigkeiten. Insbesondere ist es schwer, den Übergang genau festzustellen. Abb. 71 zeigt Temperaturkurven, die auf der Kammerer-Maschine ermittelt wurden, sowie die mit Hilfe von Stromdurchgangsmessungen festgestellte ungefähre Grenze der reinen Flüssigkeitsreibung. Die Feststellungen werden weiter erschwert durch die Wirkung des Einlaufvorgangs. Nach

[1] Ende, E. v.: Die Molekulareigenschaften der Schmierschicht. Handbuch der physikalischen und technischen Mechanik von Auerbach und Hort, Bd. V, S. 941. Donandt: Über den Stand unserer Kenntnisse in der Frage der Grenzschmierung. Z. VDI Bd. 80 (1936) Nr. 27.

Ansicht von PYE[1] bewirkt dieser durch örtliche Überhitzung die Bildung einer ziemlich dicken, harten, amorphen Schicht, der sog. BEILBY-Schicht, die dann das Fressen verhindert. Es darf demnach eine Umwandlung der Oberflächenschicht, aber keine Abnutzung eintreten.

Die Temperaturänderung bewirkt nicht nur eine Änderung der Ölzähigkeit, sondern auch eine Änderung der Abmessungen von Zapfen und Lagerschale, während der Lagerkörper nahezu unbeeinflußt bleibt.

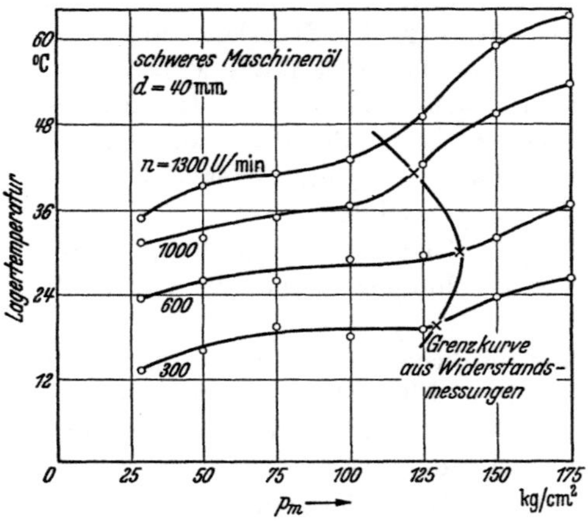

Abb. 71.

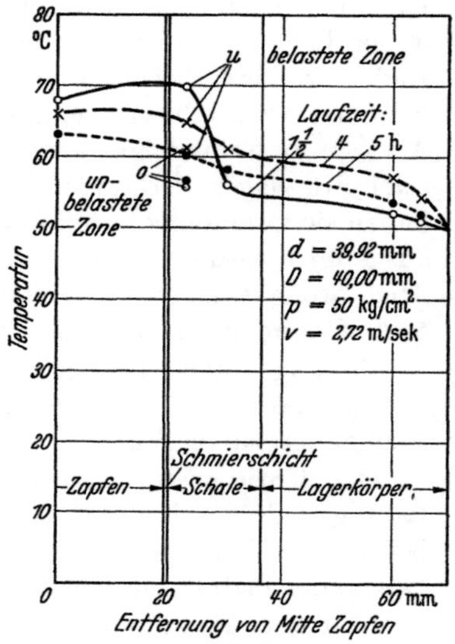

Abb. 72.

Abb. 71. Grenze zwischen Vollschmierung und Teilschmierung im Temperaturdiagramm und nach Widerstandsmessungen.

Abb. 72. Temperaturverteilung in einem Triebwerkslager von 40 mm Bohrung, gemessen an einem ganz umschlossenen Versuchslager auf der KAMMERER-Maschine bei einer Belastung von 50 kg/cm² und einer Drehzahl von 1320 U/min bzw. einer Umfangsgeschwindigkeit von von 2,72 m/s.

Abb. 72 zeigt Temperaturmessungen an einem Triebwerkslager von 40 mm Bohrung. Erst nach 5 h war ein stationärer Zustand erreicht, demzufolge man mit einem Temperaturunterschied von 8 bis 10° zwischen Zapfen und Lagerkörper und einer entsprechenden Verringerung des Lagerspiels rechnen muß.

Lager, die nur mäßig beansprucht werden und sich stets im Bereich der Vollschmierung befinden, zeigen keine Veränderung der Oberfläche und erleiden auch keine Verformung oder Abnutzung. Stoßweise Belastung bewirkt oft eine Verformung der Metallschicht und wenn sich das Lager viel im Bereich der Teilschmierung befindet, tritt Abnutzung auf. In solchen Fällen müssen Lagermetalle verwendet werden, die ver-

[1] PYE: Vortrag auf der Tagung der Lilienthalgesellschaft, 1937. — PHILIPPOWICH, A. v.: Forschung auf dem Gebiet der Schmierung und der Schmiermittel. Z. VDI Bd. 81 (1937) Nr. 51.

schleißfest sind. Eine Prüfung der Verschleißfestigkeit ist deshalb ebenfalls erforderlich.

Zusammenfassend kann folgendes festgestellt werden:

1. Zu prüfen sind:

a) Die Beziehungen des Lagermetalls zum Schmiermittel, bezüglich der Adsorptionsfähigkeit desselben, und zum Wellenwerkstoff, bezüglich der Abnutzung und des Fressens.

b) Die Festigkeit des Lagermetalls bei stoßweiser Beanspruchung.

c) Die Verschleißfestigkeit des Metalls.

2. Zu beachten sind:

a) Die geometrische Form des Zapfens und der Schale sowie deren Oberflächengüte.

b) Die betriebsmäßigen Bedingungen, und zwar Drehzahl und Umfangsgeschwindigkeit des Zapfens, gegebenenfalls bei schwellender oder stoßweiser Belastung.

3. Absolute Werte für die Beurteilung der Lagermetalle gibt es nicht. Die Prüfung der Lagermetalle wird demnach im wesentlichen immer eine Vergleichsprüfung sein.

2. Die meßtechnischen Grundlagen der Lagerprüfung und die Lagerprüfstände.

Da es sich um Vergleichsprüfungen handelt, liegt der Gedanke nahe, zunächst nur die Reibungsverhältnisse der Lagerwerkstoffe unter stets gleichbleibenden Bedingungen zu prüfen. Dazu dient der Apparat von v. HANFFSTENGEL (Abb. 51, S. 71).

Auf diesem werden jedoch nur kleine Klötzchen des Metalls geprüft, während andererseits die Prüfung im Lager möglichst unter betriebsmäßigen Bedingungen erwünscht ist.

Dieser Forderung wird bis zu einem gewissen Grade die KAMMERER-Maschine (Abb. 52, S. 71) gerecht, die als erste für diesen Zweck gebaut wurde. Sie besteht aus einem in Kugellagern gelagerten Zapfen von 40 mm Dmr., gegen den das selbsteinstellende Versuchslager zentrisch von unten gedrückt wird. Der Antrieb erfolgt durch einen mittels Leonardschaltung in weiten Grenzen regelbaren Motor.

Meßtechnisch kommen wir dann zu folgenden Überlegungen:

a) Die Lagertemperatur.

Durch die in der Schmierschicht wirkende Reibung wird Wärme erzeugt, die bei einer Energiebilanz gleich dem Energieverlust sein muß, den das Lager bewirkt. Je geringer die Reibung, also je besser das Lager ist, um so geringer ist auch die Wärmeerzeugung. Diese Wärme wird von dem Lager und der Welle aufgenommen und einerseits durch die letztere und die darauf sitzenden Teile abgeführt[1] und andererseits vom Lagerkörper an die umgebende Luft abgegeben bzw. an den Maschinenrahmen weitergeleitet. Es stellt sich jeweils, solange das Lager noch nicht überlastet ist, ein Gleichgewichtszustand ein, dem dann eine bestimmte Erwärmung des Lagers entspricht. Werden die Verhältnisse in der Schmierschicht geändert, so ändert sich damit auch die Erwärmung; es stellt sich ein anderer Gleichgewichtszustand ein, dem dann eine andere Temperatur entspricht. Die Gleichung für die Temperatur der Schmierschicht lautet

$$T = \frac{T_1}{2} + \sqrt{\left(\frac{T_1}{2}\right)^2 + \sqrt[2.6]{\frac{P \cdot n^3 \cdot z}{24 \cdot a^2 (l:d)}}},$$

darin ist

T_1 = Raumtemperatur,
P = Lagerkraft $(P = p_m \cdot l \cdot d)$,
n = Wellendrehzahl,
$l:d$ = Lagerbreitenverhältnis,
z = Ölzähigkeit,
a = Ausstrahlfaktor des Lagers.

Solange flüssige Reibung besteht, wird sich die Temperatur bei konstanter Drehzahl etwa entsprechend dem Wert $\sqrt[6,8]{P}$ ändern. Mit Beginn der Mischreibung kommt jedoch eine Störung in das System und die Kurve muß plötzlich ansteigen, wobei jedoch durchaus noch ein Beharrungszustand erreichbar ist. Es treten die bekannten Erscheinungen des Einlaufs auf, bei denen unter Umständen eine Temperatursenkung möglich ist. Wird jedoch der Schmierfilm in größerem Maße zerstört, so tritt eine Temperaturerhöhung mit Fressen oder Ausfließen des Lagermetalls auf. Bei einem guten Lagermetall tritt diese Erscheinung später auf als bei einem schlechten.

Die Temperaturkurve ist demnach ein Maß für die Güte des Metalls.

Es ist also die Temperatur im Beharrungszustand zu messen, die zweckmäßig auf 20° Raumtemperatur zu reduzieren ist, um von der Lufttemperatur unabhängig zu sein. Versuche haben ergeben, daß die Lagertemperatur mit einer verschwindend kleinen Phasenverschiebung der Lufttemperatur folgt. Nun wird die Temperatur in der Schmierschicht berechnet. Diese ist auch schon mit Rücksicht auf die Zähigkeit des Schmiermittels maßgebend. Ihre Messung stößt aber auf Schwierigkeiten, denn den höchsten Wert erreicht sie an der Stelle des höchsten Drucks, der mit der Drehzahl und der Belastung wandert. Zudem ist die Einführung einer Meßvorrichtung an dieser Stelle schwierig. Es ist deshalb bequemer, in der Welle oder in der Lagerschale zu messen. Abb. 72 zeigt, daß nach einer Laufzeit von 5 h eine weitgehende Angleichung der Temperatur im Zapfen und in der Schale erfolgt ist. Die

[1] Ernst: Mitt. Forsch.-Anst. Gutehoffn., Nürnberg Bd. 5 (1937) S. 135, 243. — Siehe auch Z. VDI Bd. 82 (1938) 25, S. 755.

Temperatur in der Schmierschicht liegt, wie andere Versuche ergeben haben[1], je nach der Lage des Meßpunktes etwa 2° C unter oder über der Lagerschalentemperatur (Abb. 73). Auch über die Breite des Lagers ist die Abweichung der Temperatur, wie die gleichen Versuche gezeigt haben, bedeutungslos.

Nun ist die grundsätzliche Anordnung des Versuchsstandes zunächst so, daß das Versuchslager zwischen zwei Stützlagern liegt, die zweckmäßig Wälzlager sind. Da diese auch belastet werden, wird in ihnen auch Wärme erzeugt, wodurch auf dem Wege über die Welle eine zusätzliche Erwärmung des Versuchslagers bewirkt wird. Diese läßt sich zwar eliminieren[2], es ist aber zu bedenken, daß es nicht auf die absoluten Werte der Messungen ankommt. Sie spielen bei der Lagerforschung, die den physikalischen Vorgängen im Lager nachgeht, eine gewisse Rolle. Bei der Prüfung der Lagerwerkstoffe ist man jedoch auf Vergleichsmessungen angewiesen, bei denen lediglich die äußeren Umstände wie Abmessungen, Belastungsart, Schmiermittel, Schmierart usw. gleichzuhalten sind. Die entstehenden Fehler können deshalb, da sie stets in gleicher Höhe auftreten, unberücksichtigt bleiben. Bei einem Prüfstand der Reichsbahnversuchsanstalt Göttingen (Abb. 79) werden die Stützlager gekühlt, um einen Wärmefluß von diesen Lagern durch die Welle zum Versuchslager zu verhüten.

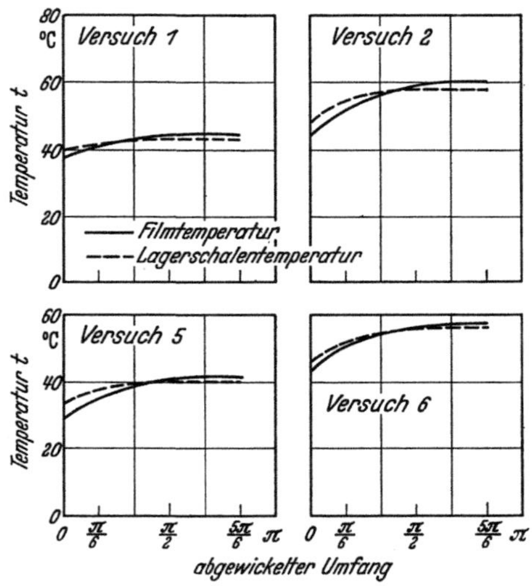

Abb. 73. Temperatur in der Schmierschicht nach Messungen von E. SCHNEIDER.

Die Temperaturmessung kann nun in der Welle oder in der Schale dicht unter der Lagerfläche erfolgen. In der Welle wird sie in der Achse unter der Mitte des Lagers vorgenommen werden, jedoch nur bei nicht zu dicken Wellen. Bei Eisenbahnachslagern mißt man z. B. zweckmäßiger in der Schale.

Nimmt man zur Messung in der Welle ein Stabthermometer, was sehr bequem ist, so muß dieses zum Ablesen herausgezogen werden. Dabei wird die Ablesung nur auf etwa $^1/_2$° genau. Auch dieser Fehler spielt erfahrungsgemäß keine Rolle; dagegen sind die Temperaturkurven

[1] SCHNEIDER, E.: Versuche über die Reibung in Gleit- und Rollenlagern. Diss. Karlsruhe 1929; Wien 1930.

[2] VIEWEG, V. u. R. VIEWEG: Über Lagerversuche. Masch.-Bau Betrieb Bd. 6 (1926) Nr. 5.

selbst genau zu verfolgen, um aus ihnen möglichst den Beginn der Grenzschmierung erkennen zu können (Abb. 71). Genauere Messungen können auch mit Widerstandsthermometern oder Thermoelementen ausgeführt werden[1].

b) Der Energieverbrauch.

Der Verlauf der Temperatur gibt bereits einen klaren Überblick über das Verhalten des Lagers. Es ist jedoch unter Umständen erwünscht,

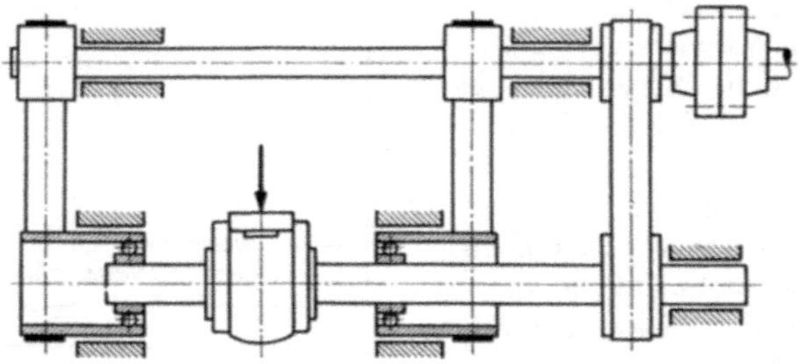

Abb. 74. Schema einer Lagerprüfmaschine mit reibungsloser Druckbelastung, Bauart Bamag.

auch den Energieverbrauch zu messen. Ein Maß dafür ist zunächst der Stromverbrauch des Antriebsmotors. Hat dieser die Tendenz, zu steigen, so ist das Lager nicht in Ordnung. Es ist demnach gut, die Stromstärke der Überwachung wegen zu verfolgen. Genauere Messungen erfordern jedoch die Berücksichtigung der elektrischen Verluste, deren Ermittlung recht umständlich ist.

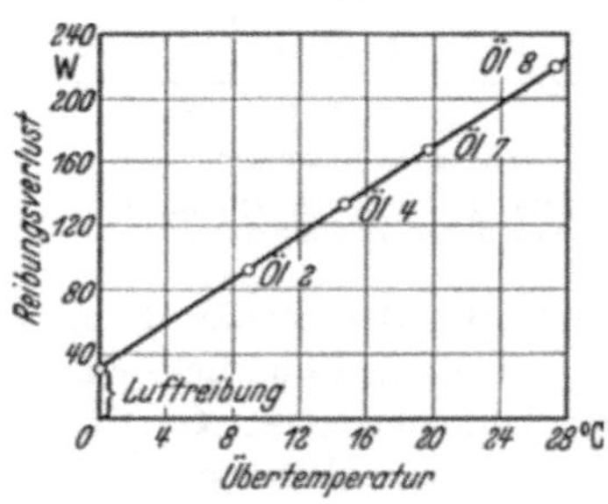

Abb. 75. Trennung von Luft- und Lagerreibung.

Da Drehmoment und Drehzahl die Energie ergeben, besteht mit deren Hilfe die Möglichkeit einer genauen Messung. Dabei ist jedoch zu bedenken, daß der Energieverbrauch der Stützlager in der Regel mitgemessen wird und erforderlichenfalls eliminiert werden muß. Ein Versuchsstand, Bauart Bamag-Vieweg, und eine Abwandlung derselben, Bauart Bamag (Abb. 74), ist so eingerichtet, daß die Reibung der Stützlager nicht mitgemessen wird[2]. Andernfalls kann man entsprechend folgender Überlegung verfahren[3].

[1] KEINATH, G.: Elektrische Temperaturmeßgeräte. Berlin: Oldenbourg 1923. — KNOBLAUCH-HENKY: Technische Temperaturmessungen. München: Oldenbourg 1925.

[2] HERTTRICH: Versuchsanlagen für Maschinen und Maschinenteile. Masch.-Bau Betrieb Bd. 8 (1929) 4, S. 120.

[3] VIEWEG, V. u. R. VIEWEG: Über die Trennung von Luft- und Lagerreibung. Masch.-Bau Betrieb Bd. 3 (1923) Nr. 6.

Wird die Übertemperatur im Versuchslager bei verschiedenen Schmiermitteln gemessen und in Abhängigkeit von der unter sonst gleichen Umständen zugeführten Energie aufgetragen, so ergibt sich eine Gerade (Abb. 75), die die Abszisse schneidet und auf ihr den Anteil der Stützlager am Energieverbrauch angibt.

Bei reinen Vergleichsmessungen, bei denen der Anteil der Stützlager stets der gleiche bleibt, kann hiervon abgesehen werden. Bei den im allgemeinen idealen Verhältnissen im Versuchsstand ist der Einfluß sowieso unbedeutend. Wichtig sind die Messungen natürlich

Abb. 76. Lagermetallprüfmaschine von Prof. M. v. SCHWARZ.

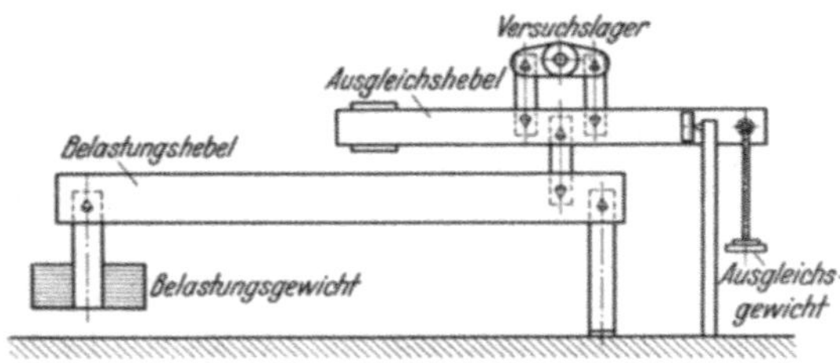

Abb. 77. Schema der Reibungswaage des National Physical Laboratory, Teddington.

für die Eichung und die Kontrolle des Versuchsstandes. Eine weitere Kontrolle, die gerne angewendet wird, ist die Ermittlung der mit dem Schmieröl abgeführten Wärmemenge. Dazu ist ein Zwangsdurchlauf des Öls bei gleichzeitiger Messung der Menge sowie der Ein- und Austrittstemperatur erforderlich.

Die Messung der Drehzahl ist einfach und kann hier übergangen werden.

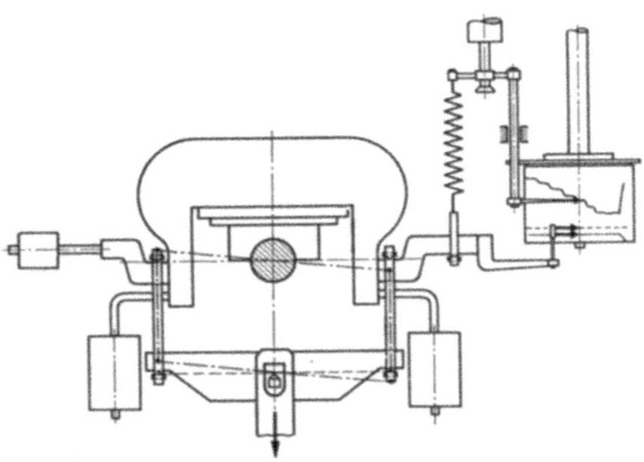

Abb. 78. Schema der Reibungswaage der Rhenania-Ossag (DUFFING).

c) Reibungsmoment.

Die Reibungsenergie ergibt sich aus der Formel $P \cdot \mu \cdot v$ und ist somit durch die Reibungsziffer μ gekennzeichnet, die ihrerseits vom Schmierzustand und dem Druck und der Geschwindigkeit abhängig ist. Sie wird aus dem Reibungsmoment errechnet, das demnach festgestellt werden muß. Für die Messung desselben bestehen zwei grundsätzliche Möglichkeiten[1]:

1. Die Reibungswaage.
2. Die Dynamometermessung.

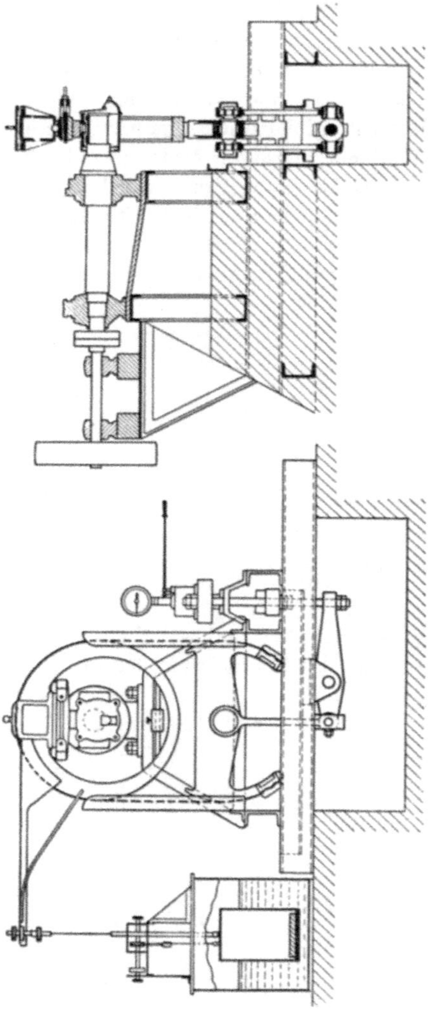

Abb. 79. Reibungswaage des Reichsbahnversuchsamtes Göttingen.

Die ersten systematischen Versuche von Tower und Thurston wurden mit Reibungswaagen ausgeführt, desgleichen war die Ölprüfmaschine von Martens eine Reibungswaage, deren System auch bei der Lagermetallprüfmaschine von v. Schwarz (Abb. 76) angewendet wird (s. auch S. 197). Abb. 77 zeigt dem gegenüber das Schema der Maschine des National Physical Laboratory in Teddington.

Bei allen diesen Maschinen erfolgt die Belastung von oben und es wird durchweg eine volle Lagerbüchse eingesetzt bis auf die Maschine von v. Schwarz, bei der wie bei ihrem Vorläufer, dem Versuchsapparat von v. Hanffstengel, ein kleines Klötzchen radial gegen eine Scheibe gedrückt wird. Hier werden also nur leicht angenähert die Betriebsbedingungen eines Lagers erfaßt. In der Praxis drückt jedoch in den meisten Fällen die Last auf die Unterschale, so daß es zweckmäßiger ist, von dieser Belastungsart auszugehen. Außerdem ist bei ihr eine leichte Zugänglichkeit des Versuchslagers gegeben.

Einen Fortschritt in dieser Hinsicht zeigt die Reibungswaage, die Duffing bei der Rhenania-Ossag in Hamburg benutzt hat[2] (Abb. 78). Die Reibungswaage der Reichsbahnversuchsanstalt Göttingen (Abb. 79) ist für Eisenbahnachslager bestimmt. Da diese von oben an die Welle gedrückt werden, ist die Belastung entgegen der vorstehend beschriebenen

[1] Ende, E. v.: Meßtechn. Bd. 6 (1930) Nr. 9.
[2] Duffing: Reibungsversuche an Gleitlagern. Z. VDI Bd. 72 (1928) Nr. 15.

Anordnung nach unten gerichtet. Der Meßbereich für das Reibungsmoment liegt in weiten Grenzen. Für den Anfahrzustand erhält man Werte von etwa 2000 bis 15000 cmkg, während im Beharrungszustand die Grenzen zwischen 40 und 120 cmkg liegen[1]. Die neueste derartige Maschine des Materialprüfungsamtes in Dahlem, Bauart Lehr (Abb. 80 und 81) ist wieder mit einer vollen Büchse versehen[2]. Reibungswaagen sind sehr genau, müssen aber gegen Schwankungen des Reibungsmoments durch Ausgleichsmassen unempfindlich gemacht werden. Sie ermöglichen die direkte Messung des Reibungsmoments des Versuchslagers allein. Die Maschinen fallen durch ihre massige Bauart auf, die dadurch bedingt ist, daß die Waage gleichzeitig zur Kraftübertragung dient.

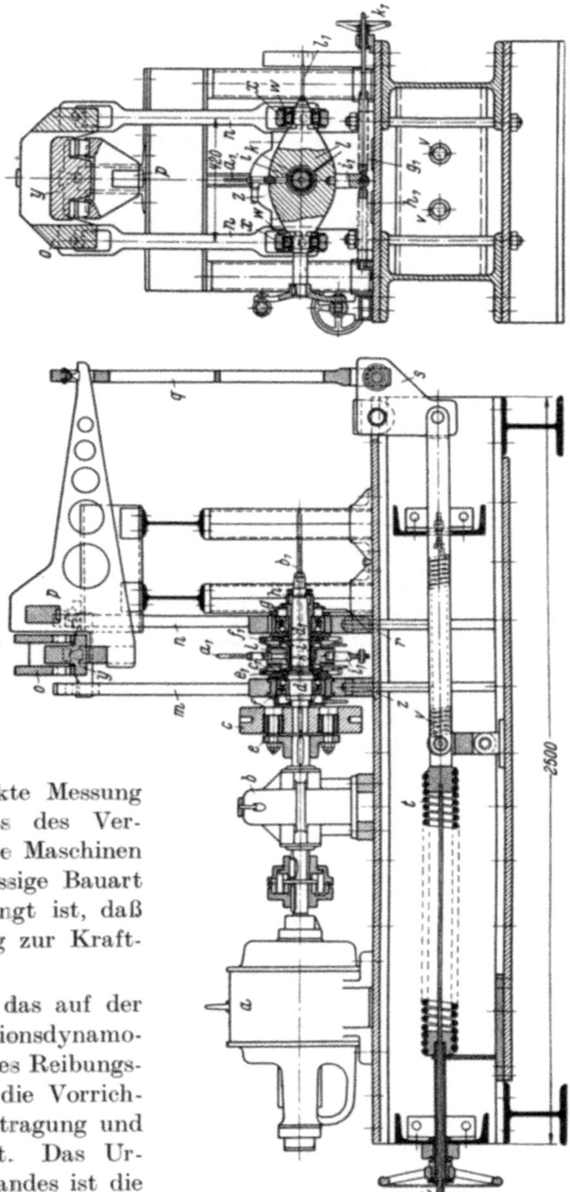

Abb. 80 u. 81. Lagerprüfmaschine des MPA. Dahlem, Bauart Lehr.

Bei dem System, das auf der Verwendung des Torsionsdynamometers zur Messung des Reibungsmoments dient, sind die Vorrichtungen zur Kraftübertragung und zur Messung getrennt. Das Urbild dieses Versuchsstandes ist die

[1] Garbers: Die Fahrzeuglager der Deutschen Reichsbahn. Org. Fortschr. Eisenbahnw. Bd. 91 (1936) Nr. 14.

[2] Lehr, E.: Lagerprüfmaschine für Gleitlager aus Preßstoffen. VDI-Sonderh. 1. Kunst- und Preßstoffe. Berlin 1937.

Kammerer-Maschine aus dem Versuchsfeld für Maschinenelemente der Technischen Hochschule Berlin. Die Belastungseinrichtung kann auch nach unten verlegt werden, und zwar wie bei obiger Maschine mit Schiebegewichten auf dem Belastungshebel oder mit veränderlichem Gewicht an festem Hebelarm entsprechend dem Prüfstand der Fa. Carobronze in Wien[1], sie kann aber auch mit Federdruck ähnlich Abb. 80 oder Öldruck wie bei dem Versuchsstand der Technischen Hochschule Kalsruhe ausgerüstet sein. Gleichfalls mit Torsionsdynamometer ist die Maschine von Heidebroek versehen (Abb. 82), bei der die Belastung von oben auf die Welle drückt, also gegen die Oberschale wirkt[2]. In dem angeführten Bild ist übrigens die Versuchsbüchse auf die Welle aufgepreßt und läuft mit dieser in einer Lagerbüchse aus Gußeisen um, in der die gesamten Meßstellen, Thermoelemente usw. untergebracht sind. Auch die Torsionsdynamometer sind gegen Drehmomentschwankungen sehr empfindlich und werden zweckmäßig mit einer Dämpfvorrichtung versehen.

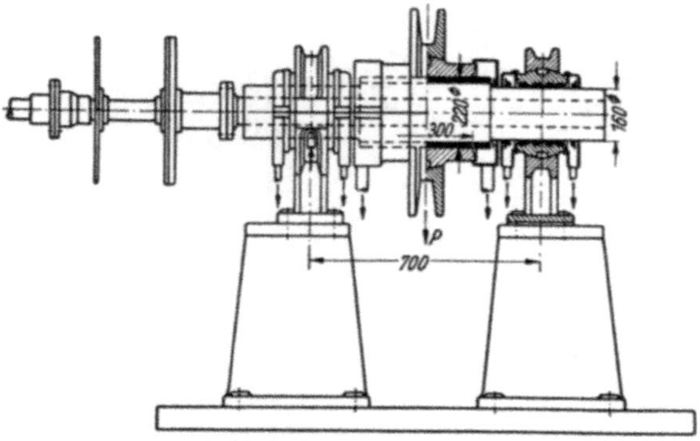

Abb. 82. Lagerprüfmaschine von Heidebroek.

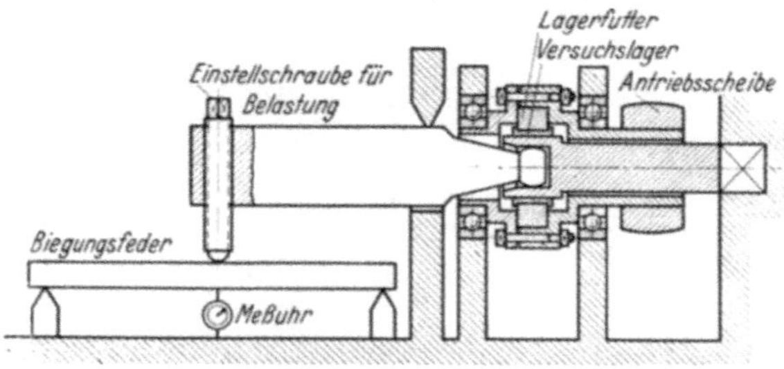

Abb. 83. Lagerprüfstand der Fa. Junkers für Grund- und Pleuellager von Flugmotoren.

Schließlich sei noch erwähnt, daß auch ein Pendelmotor verwendet werden kann, wie dies bei dem Karlsruher Versuchsstand geschehen ist. Dann ist man allerdings an die Grenzdrehzahl des Motors gebunden und wird z. B. kaum über 3000 U/min kommen. Bei höheren Drehzahlen wird man Sondervorrichtungen wie z. B. solche, die nach dem piezoelektrischen Verfahren arbeiten, verwenden müssen.

[1] Ende, E. v.: Die Belastbarkeit der Gleitlager. Dinglers polytechn. J. Bd. 345 (1930) Nr. 2.

[2] Heidebroek, E.: Laufeigenschaften von Kunstharzpreßstofflagern. VDI-Sonderh. 2. Kunst- und Preßstoffe. Berlin 1937.

Entgegen der üblichen Anordnung, daß die Welle umläuft und das Lager feststeht, kann auch die umgekehrte Anordnung getroffen werden wie z. B. beim Versuchsstand der Firma Junkers (Abb. 83)[1]. Die Welle steht fest und das geteilte Lager, das in einem elastischen Futter liegt (Abb. 84), damit es sich elastisch verbiegen kann, läuft um. Auch bei der später noch zu besprechenden Maschine der DVL (Abb. 88) ist diese Anordnung gewählt worden.

Abb. 84. Nachgiebiges Lagerfutter der Lagerprüfmaschine Abb. 85. (Nach STEUDEL.)

Nun ist anzunehmen, daß die Reibungsverhältnisse, soweit sie das Metall betreffen, sich bei sehr hohen Geschwindigkeiten und Drehzahlen nicht wesentlich ändern werden. Sie werden hauptsächlich durch das Öl bestimmt. Dagegen ist die Gefahr der Zerstörung der Maschine durch Blockierung des Lagers infolge Fressens des Metalls hier besonders

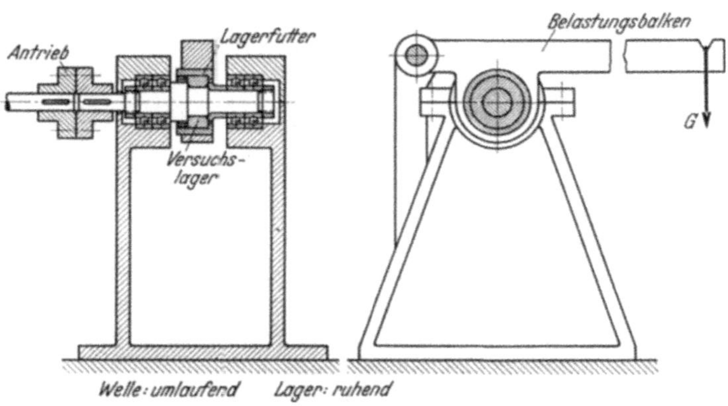

Abb. 85. Lagerprüfstand der Fa. Junkers für Geschwindigkeiten bis 40 m/s.

groß. Die Notlaufeigenschaften des letzteren treten somit in den Vordergrund und die Prüfung muß sich besonders auf diese beziehen. Dem entspricht dann auch die Ausführung derartiger Versuchsstände (Abb. 85).

[1] STEUDEL: Entwicklung von Leichtmetallagern. Luftf.-Forschg. Bd. 13 (1936) Nr. 2. — WIECHEL: Einiges von der Entwicklung, der Konstruktion und dem Betrieb von Leichtmetallagern. Autom.-techn. Z. Bd. 40 (1937) Nr. 9.

Auf genauere Messungen kann verzichtet werden. Wird zudem noch entsprechend den Verhältnissen bei der Heißkühlung geheiztes Schmieröl zugeführt, so kann die Temperaturkurve nicht mehr verfolgt werden und das Hauptkriterium fällt fort. Es bleibt die Beobachtung der Beschädigung des Zapfens und der Schale übrig.

d) Die Prüfung der Festigkeit des Lagermetalls im stoßweise belasteten Lager.

Die bisher erwähnten Maschinen sind sämtlich für ruhende Belastung eingerichtet. Wie die Abb. 67 und 68 schon zeigten, trifft dies in der

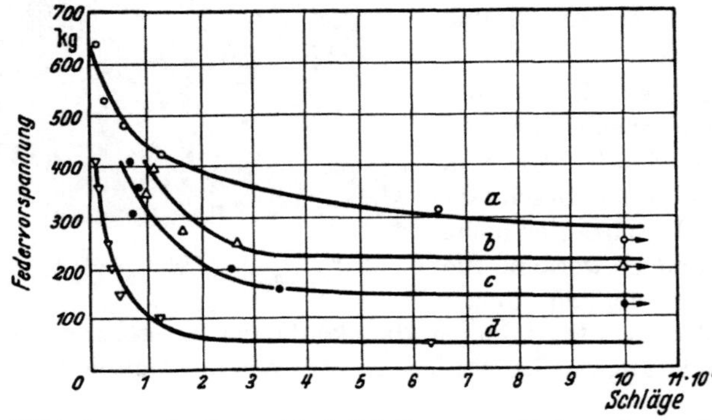

Abb. 86. Wöhlerkurven der Dauerschlagfestigkeit von verschiedenen Lagerweißmetallen. a) 86,5% Sn, 7,5% Sb, 6% Cu; b) 80% Sn, 10% Sb, 10% Cu; c) 73,5% Pb, 15% Sb, 10% Sn, 1,5% Cu d) 50% Sn, 33% Pb, 14% Sb, 3% Cu.

Praxis nicht durchweg zu. Gerade in vielen wichtigen Fällen wechselt die Lagerkraft nach Größe und Richtung. Für die Schmierung ist dies nicht ungünstig und schon Welter und Weber haben bei Versuchen mit stoßweiser Belastung festgestellt, daß die Lagertemperatur sich nur unwesentlich änderte gegenüber derjenigen bei ruhender Last. Dagegen ist das Lagermetall durch die Stöße einer erhöhten Beanspruchung ausgesetzt. Zwar bewirkt die Schmierschicht eine gewisse Dämpfung der Stöße. Es gibt jedoch Weißmetalle, die schon bei höherer ruhender also erst recht bei stoßweiser Belastung weggequetscht werden und andere, die zerbröckeln also zermürbt werden. Insbesondere bei Dieselmotoren treten diese Erscheinungen häufig auf.

Daraus ergibt sich für die Lagermetallprüfung die Forderung, die Metalle auch auf diese Beanspruchung hin zu prüfen. Solche Versuche sind in der DVL und im Materialprüfungsamt der Technischen Hochschule Darmstadt durchgeführt worden.

Zunächst liegt der Gedanke nahe, die Metalle auf ihre Dauerschlagfestigkeit zu untersuchen, da diese ja für die Haltbarkeit maßgebend ist. Man erhält auf diese Weise Wöhlerkurven entsprechend Abb. 86.

Die durch die Federvorspannung gegebene Schlagkraft wirkt auf eine Fläche von 1,8 cm². Treten im Lager also Stöße von 100 bis 120 kg/cm² auf, entsprechend rd. 200 kg Federvorspannung, so zeigen diese Versuche schon, daß die Metalle *c* und *d* auf jeden Fall ausscheiden. Allerdings fällt bei dieser Prüfung die dämpfende Wirkung der Schmierschicht aus, so daß der Stoß härter wirkt als im wirklichen Lager. Dazu kommt noch der Umstand, ob der Schmierfilm zwischen den Stößen die Möglichkeit hat, sich voll neuzubilden. Ist dies der Fall, so tritt eine stärkere Dämpfung des Stoßes ein[1]. Außerdem wird bei den Schlagversuchen ein zentraler Stoß auf eine ruhende Fläche ausgeübt, während im Lager diese Fläche noch eine Querbewegung ausführt. Es bleibt darum die

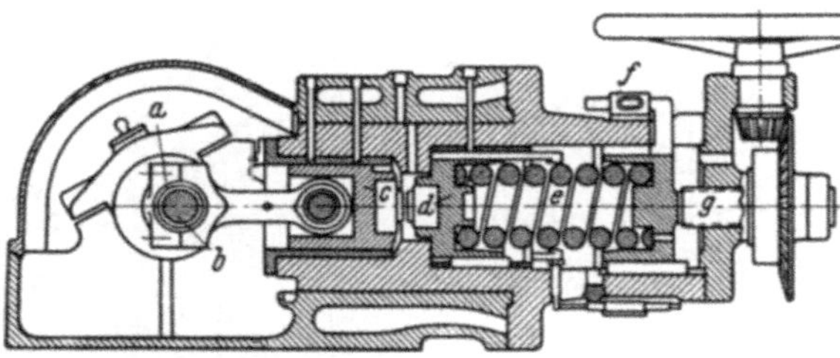

Abb. 87. Maschine von THUM und STROHAUER.

Forderung auf Prüfung der Metalle unter Stoßbeanspruchung im Lager selbst bestehen.

Der Hauptstoß im Verbrennungsmotor erfolgt jeweils im oberen Totpunkt. Dementsprechend ist die Pleuellager-Prüfmaschine von THUM und STROHAUER[2] (Abb. 87) mit einem Kurbeltrieb versehen, der im oberen Totpunkt durch eine Feder stoßartig belastet wird. Das Prüflager hat eine Flächenprojektion von $d \cdot l = 4 \cdot 2{,}5 = 10$ cm², der Federhub beträgt 1 mm bei einem Kurbelradius von 14 mm und die größte Federkraft beträgt 3000 kg. Die Temperaturen in der Schale und im Zapfen werden mitbeobachtet.

Bei dieser Maschine wird das Lager nur während eines kleinen Kurbelwegs belastet und ist im übrigen, abgesehen von der Massenwirkung der bewegten Teile, vollkommen entlastet. Es kommt aber, wie schon gezeigt wurde, vor, daß das Lager während des größten Teiles des Kurbelweges belastet bleibt. Diesen Verhältnissen wird die Maschine der DVL gerecht (Abb. 88 uud 89). Der Versuchszapfen steht still und das Versuchslager läuft um und wird durch den Kniehebel periodisch angepreßt, wobei der Anpreßdruck und die Anpreßdauer geregelt werden können. Der Belastungsverlauf kann dann so geändert werden, daß vollkommene Entlastung erfolgt, und zwar mit und ohne Pausen zwischen den

[1] HEYER: Luftf.-Forschg. Bd. 14 (1937) Nr. 25.

[2] THUM u. STROHAUER: Prüfung von Lagermetallen und Lagern. Z. VDI Bd. 81 (1937) Nr. 43.

Belastungsstößen und daß weiterhin diese mit mehr oder weniger raschem Druckanstieg erfolgen. Der Antrieb erfolgt mit regelbarem Motor über ein Leonard-Aggregat mit Drehzahlen bis zu 2200 U/min, was bei einer Lagerbohrung von 60 mm einer Höchstgeschwindigkeit von rd. 7 m/s entspricht. Die Grenzen für Belastung und Geschwindigkeit sind durch das Rollenlager gegeben, in dem das Versuchslager liegt. Dieses Lager entspricht den Stützlagern bei der Ausführung mit umlaufendem Zapfen. Im letzteren Falle sind die Stützlager kleiner und gestatten infolgedessen höhere Drehzahlen.

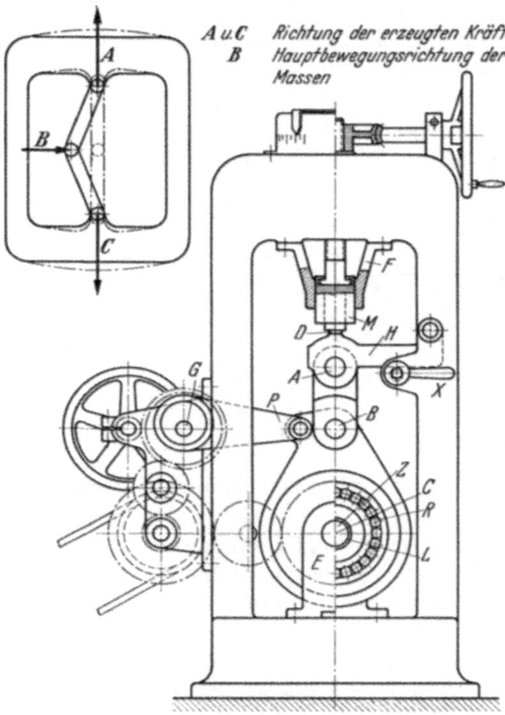

Abb. 88.

Abb. 89.

Abb. 88 u. 89. Lagerprüfmaschine der DVL.

Den wirklichen Verhältnissen am nächsten kommt das Rollwerk der Reichsbahnversuchsanstalt Göttingen (Abb. 90). Ein Radsatz mit aufgesetzten Lagern, die von oben durch eine Druckvorrichtung betriebsmäßig belastet werden, läuft auf einer Trommel, die angetrieben wird und auf der die Schienenstöße angebracht sind. Der Radsatz wird also ganz betriebsmäßig durch die Stöße beansprucht. Nur fehlt der Fahrwind. Gemessen wird nur die Temperatur in den Lagern. Vergleichende Betriebsversuche haben ergeben, daß die Fahrwindkühlung eine Temperaturverbesserung von 50% bewirkt[1].

[1] Siehe Fußnote 1 S. 95.

Auch für schwingende Beanspruchung sind Versuchsstände gebaut worden wie der von THUM (Abb. 91) und ein ähnlicher von MOUGEY[1]. Die Schwingungen werden durch exzentrisch auf der Welle angebrachte Gewichte erzeugt.

Abb. 90. Rollwerk des Reichsbahnversuchsamtes Göttingen.

e) Die Verschleißfestigkeit.

Die Verschleißfestigkeit wird entweder durch Hin- und Herbewegung einer bewegten Probe auf einer ruhenden Probe (DVL) oder durch Andrücken der Probe an eine rotierende Scheibe (Verschleißmaschine nach E. KOCH) oder an eine umlaufende Welle (Reichsbahnversuchsamt Göttingen) geprüft. Bei letzterer Vorrichtung werden ganze Ringe an die Welle angepreßt (Abb. 92[2]). Schließlich sind dazu auch noch die Apparate von v. HANFFSTENGEL und v. SCHWARZ verwendbar. Als Ergebnis erhält man Vergleichszahlen.

Abb. 91. Versuchsstand für schwingende Beanspruchung.

f) Die Messung der Schmierfilmdicke.

Ist $h_{\min}$ die Schmierschichtdicke (Abb. 93) an der engsten Stelle und χ

[1] MOUGEY: Industr. Engng. Chem. Bd. 14 (1936) Nr. 21.

[2] LINICUS: Über die Ermittlung der Laufeigenschaften von Lagerwerkstoffen. Schriften der Hessischen Hochschulen, T. H. Darmstadt 1933, Nr. 2, S. 13—19 und Abb. 53, S. 72.

die verhältnismäßige Exzentrizität, so ist nach der hydrodynamischen Theorie der mittlere Schmierschichtdruck

$$p_m = \frac{\text{const}}{h_{\min}^2} \cdot \frac{(1-\chi)^2}{(d-l)/l} \,.$$

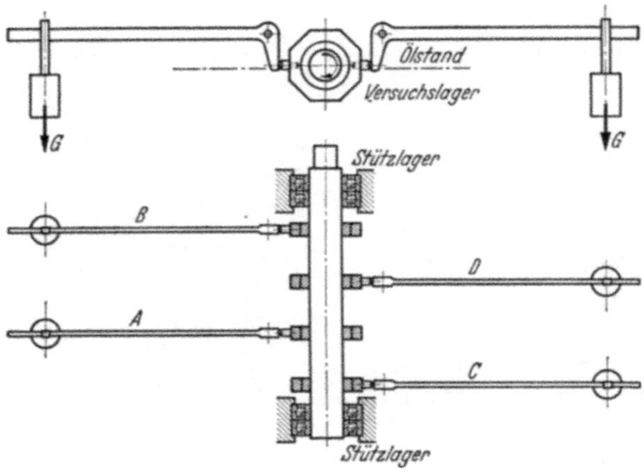

Abb. 92. Verschleißprüfmaschine für Lagermetalle, Bauart Göttingen.

Je dünner die Schmierschicht werden darf, um so höher kann das Lager belastet werden. Wir sind also sehr daran interessiert, eine möglichst dünne Schmierschicht erreichen zu können.

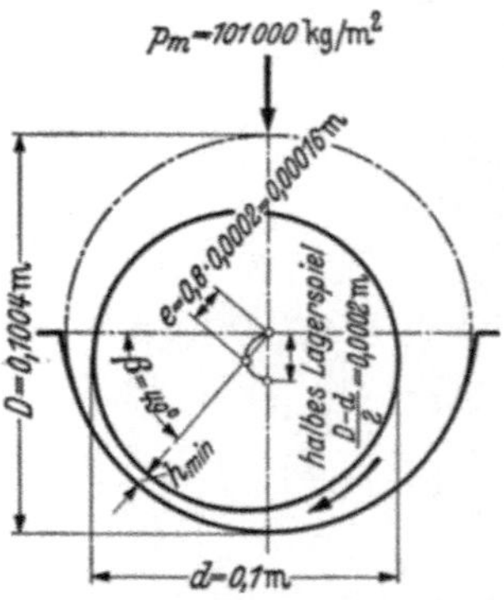

Abb. 93. Schmierschichtdicke.

Nun ist das in die Rechnung eingesetzte $h_{\min}$ das ideelle und nicht das wirkliche Lagerspiel. $h_{\min}$ wird zwischen den Vertiefungen der Oberfläche gemessen (Abb. 3, S. 4)[1]. Beim praktischen Messen wird jedoch das wirkliche Lagerspiel gemessen. Die Differenz ist gegeben durch die Unebenheiten des Gefüges und der Bearbeitung der Oberfläche (Abb. 94). Wie die Abb. 94 zeigt, sind die möglichen Unterschiede verhältnismäßig groß. Dazu kommt noch die bereits erwähnte Durchbiegung des Zapfens (Abb. 70), die praktisch kaum meßbar ist. Auch auf die Messung der Unebenheiten der Oberfläche müssen wir verzichten, was um so eher möglich ist, als ja praktisch nur das wirkliche Spiel interessiert.

Die Meßmethoden werden sich zunächst danach richten müssen, welcher Teil sich bewegt und welcher stillsteht, und zwar unter Berücksichtigung des Umstandes, daß der Punkt der engsten Schmierschicht auf

[1] Falz: Grundzüge der Schmiertechnik, S. 53.

dem Umfang wandert. Läuft die Welle, so kann deren Verschiebung gemessen werden. Die Messung derselben mit mechanischen Mitteln war bisher nicht erfolgreich, doch ist sie mit Hilfe der mechanisch-optischen Methode von STODOLA und HUMMEL oder der optischen mit

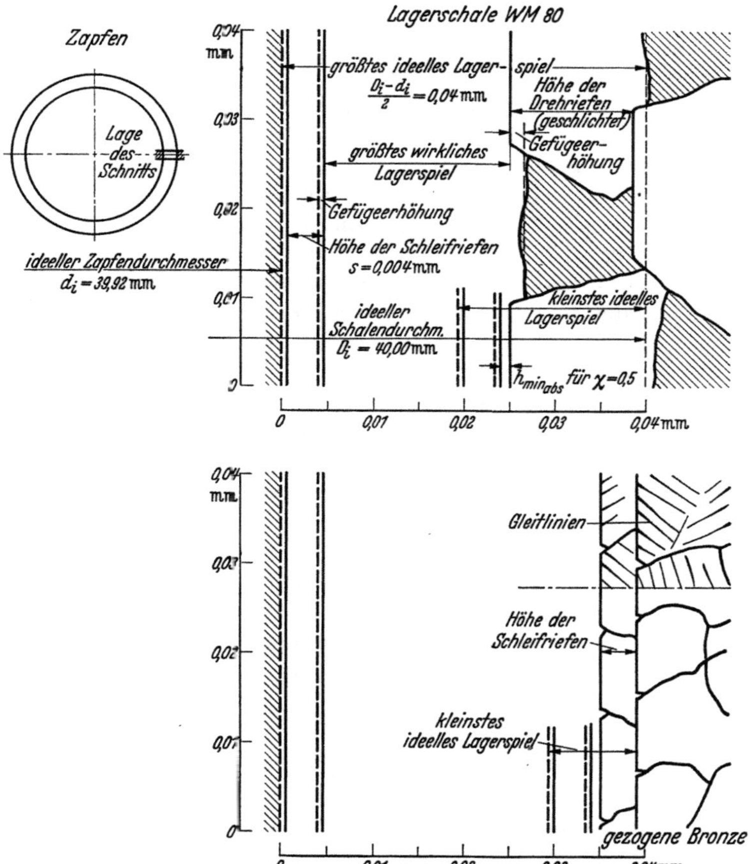

Abb. 94. Schnitt durch ein Lager. Vergleich des ideellen mit dem wirklichen Lagerspiel.

Raster oder mittels Interferenzstreifens von VIEWEG möglich[1]. Die Verfahren sind für physikalische Messungen gut geeignet, jedoch für die praktischen Messungen bei der Lagermetallprüfung zu umständlich und berücksichtigen nicht die unvermeidlichen Verschiebungen des Lagers. Eine entsprechend abgewandelte Methode von WOLFF hat zu keinem einwandfreien Ergebnis geführt[2].

[1] KIESSKALT: Handbuch der Experimentalphysik von SCHILLER, 2. Teil, S. 409.
[2] Siehe KIESSKALT, a. a. O.

An welcher Stelle die Schmierschicht ihren kleinsten Wert erreicht, ist unwesentlich. Wichtig ist dagegen, zu wissen, wann metallische Berührung erfolgt. Dies wird zweckmäßiger durch elektrische Messungen ermittelt. Drei derartige Methoden sind bisher bekannt:

1. Elektrische Widerstandsmessung[1].
2. Kapazitätsmessung[1].
3. Elektromagnetische Messung[2].

Die erstere Methode liegt nahe, da die Schmieröle durchweg hochgradig isolierend sind. Sie wurde erstmalig von Schenfer und unter anderem von v. Freudenreich und Rabinowitch (Ranow) angewendet. Der Mangel der Methode liegt für die Messung der Schichtdicke darin, daß im Augenblick des Übergangs zur Vollschmierung eine plötzliche starke Erhöhung des Widerstands auftritt. Dieser Umstand macht sie aber andererseits wieder sehr feinfühlig bei der Feststellung des Beginns der Mischreibung, wie die Versuche von Raninowitch bewiesen haben[3]. Allerdings ist die Leitfähigkeit des Öls von Verunreinigungen abhängig, die somit Störungen verursachen können.

Hiervon unabhängig ist die Methode der Kapazitätsmessungen von Vieweg und Schering, bei der das Lager als Kondensator mit dem Schmiermittel als Dielektrikum betrachtet wird. Mit der Verlagerung der Welle wird die Kapazität verändert und diese Änderung wird mittels einer Meßbrücke gemessen.

Lehr setzt auf die Welle einen Kranz aus geblättertem Eisen, dessen Mantel mit der Welle genau rund läuft und befestigt vier um diesen Kranz angeordnete Elektromagnete am Lagerkörper. Die Meßwicklungen der einander gegenüberliegenden Magnete sind jeweils gegeneinandergeschaltet, so daß bei zentrischer Lage der Welle in den Meßgeräten keine Ausschläge auftreten. Verschiebungen der Welle bewirken entsprechende Ausschläge. Die Anordnungen von zwei Meßvorrichtungen an den beiden Lagerseiten ermöglicht die Feststellung von Schiefstellungen.

Zur Beurteilung der Verfahren ist noch zu bemerken, daß das Widerstandsverfahren wohl gut anzeigt, ob Vollschmierung oder Mischreibung besteht, die Dicke des Schmierfilms aber nur ungenau feststellbar ist. Letzteres ist beim Kapazitätsverfahren besser, das aber mehr für physikalische Messungen geeignet ist. Beide Verfahren sind bei Preßstofflagern nicht anwendbar. Das elektromagnetische Verfahren gibt den Beginn der Mischreibung nicht genau an, ist aber vom Lagerwerkstoff unabhängig, also auch bei Preßstofflagern anwendbar und erfordert keine Isolierung des Versuchslagers.

---

[1] Siehe Fußnote 1 S. 103. [2] Siehe Fußnote 2 S. 95.

[3] Rabinowitch, Ranow: Über die Wechselwirkung zwischen Lagerwerkstoff und Schmiermittel. Diss. T. H. Berlin 1936.

3. Die Beurteilung der Lagermetalle nach den Versuchsergebnissen.

Bei der Beurteilung muß man die reinen Reibungsversuche mit Klötzchen, die Versuche mit ruhender Belastung einer ganzen Lagerschale und diejenigen, bei denen die stoßweisen Beanspruchungen nachgeahmt sind, unterscheiden.

Die erste Art, bei der die Temperatur in Abhängigkeit von der Zeit gemessen, also eine Art Einlaufversuch gemacht wird (Abb. 95), der allerdings bis zum vollkommenen Beharrungszustand durchgeführt wird[1], gibt in kurzer Zeit einen allgemeinen Überblick, der nach den bisherigen Erfahrungen aber nur in den Fällen auf den praktischen Betrieb übertragen werden kann, in denen ähnliche Schmier- und Druckbedingungen vorliegen. Bei der zweiten Art kommt man den wahren Verhältnissen für eine ganze Reihe von Anwendungsfällen (z. B. Triebwerkslagern) schon näher.

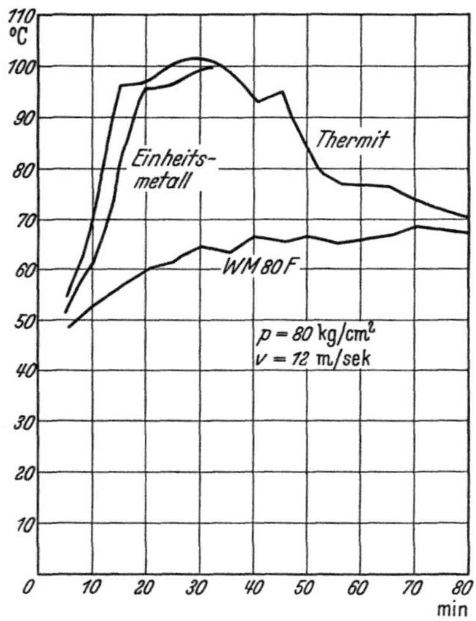

Abb. 95. Prüfung von Lagermetallen auf der Maschine von M. v. SCHWARZ. (Versuche von FLEISCHMANN.)

Die Versuche werden so durchgeführt, daß zuerst ein Einlaufversuch gemacht wird, an den sich dann die eigentliche Prüfung anschließt. Welche Rolle schon dabei die Oberflächengüte spielt, ersieht man aus den Abb. 96 und 97. Die erstere stammt aus dem Versuchsfeld für Maschinenelemente an der Technischen Hochschule Berlin und wurde aufgenommen, um das Verhalten verschiedener Werkstoffe und den Einfluß der Bearbeitung vergleichen zu können. Die geschliffene Stahlschale war schon nach ganz kurzer Zeit eingelaufen. Die nur ausgedrehte Gußeisenschale brauchte über die doppelte Zeit der geschliffenen Schale. Abb. 97 zeigt das Verhalten von Weißmetall nach Versuchen der Metallgesellschaft[2]. Bessere Oberflächenbeschaffenheit von Ausguß und Welle läßt den Einlaufberg verschwinden. Welche Rolle die Härte der Welle spielt, ist noch nicht klar. Verfasser hat festgestellt, daß nitrierte Wellen besser sind als alle anderen. Am nächsten dürfte dem die Azetylenhärtung kommen. Bei einer Versuchsreihe war eine Härte von 500° Brinell

[1] FLEISCHMANN: Lagerweißmetalle und ihre Prüfung. München und Leipzig: Voglrieder 1932.

[2] GÖLER, Frhr. v. u. R. WEBER: Erfahrungen bei der Lagerwerkstoffprüfung. Jb. dtsch. Luftf.-Forschg. 1937, S. 217.

besser als 700°. Ob dies immer zutrifft, müßte noch ermittelt werden. Die Frage, ob nicht die Härte an sich, sondern das Härtegefüge die Hauptrolle spielt, ist ja auch noch ungeklärt. Bei Besprechung der Versuchsergebnisse mit Lagerbronzen wird auf diesen Punkt noch einzugehen sein.

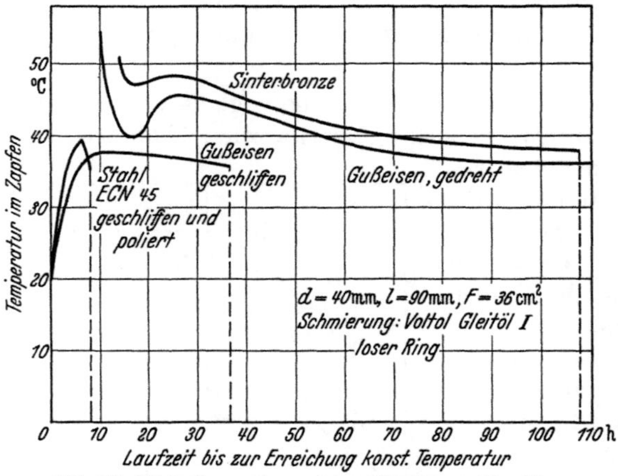

Abb. 96. Einlaufversuche auf der Kammerer-Maschine.

Weiterhin wirkt bei Weißmetallen noch der Umstand störend, daß sie bis zu einem gewissen Grade hochtrainiert werden können, also sozusagen dauernd im Einlaufzustand bleiben. Versuche mit ihnen sind deshalb nur sehr schwer reproduzierbar, wie Frhr. v. Göler auch bereits festgestellt hat (Abb. 98). Bei Phosphorbronze decken sich die Kurven für Hin- und Rückgang, während bei WM 80 F die Kurve für Rückgang sogar höher liegt. Die Oberfläche muß sich also dauernd verändert haben.

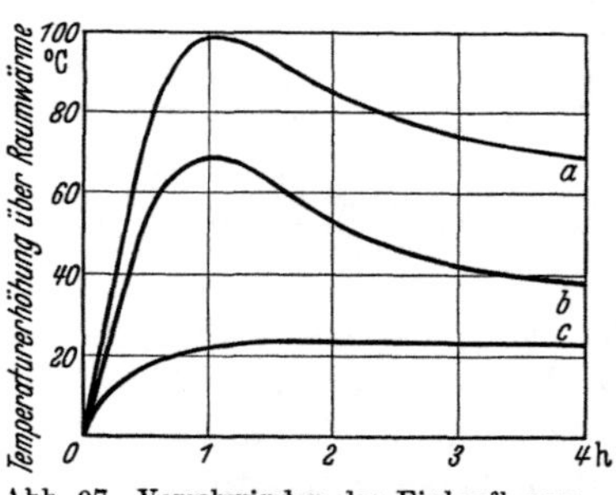

Abb. 97. Verschwinden des Einlaufberges bei besserer Oberflächenbeschaffenheit von Ausguß und Welle.

Diese Versuchsergebnisse auf der Kammerer-Maschine, für die Abb. 99 ein Beispiel gibt, wurden bisher, insbesondere, da sie in größerem Umfang vergleichbar zur Verfügung standen, hauptsächlich zur Beurteilung herangezogen.

Dabei ging man zunächst davon aus, daß die durch die Reibung im Lager verbrauchte Energie durch den Wert $p \cdot v$ in kg/cm² · m/s ausgedrückt wird und legte danach diesen der Beurteilung zugrunde.

Dementsprechend sind von Armbruster für ruhende Druckbelastung entsprechend den bisher vorliegenden Versuchsergebnissen die in Abb. 100 wiedergegebenen Grenzkurven als Grundlage für eine Klassifizierung der Lagermetalle vorgeschlagen worden[1]. In dieses Schema hat er die Zinnweißmetalle etwa folgendermaßen eingereiht:

Gruppe I. Weißmetalle mit einem Zinngehalt bis zu 15% für Lager von Transmissionen, Abraum-, Feldbahn- und Grubenwagen, Getrieben, Ventilatoren, Werkzeugmaschinen (wie Drehbänke, Schleifmaschinen,

[1] Siehe auch Seite 15 und 52.

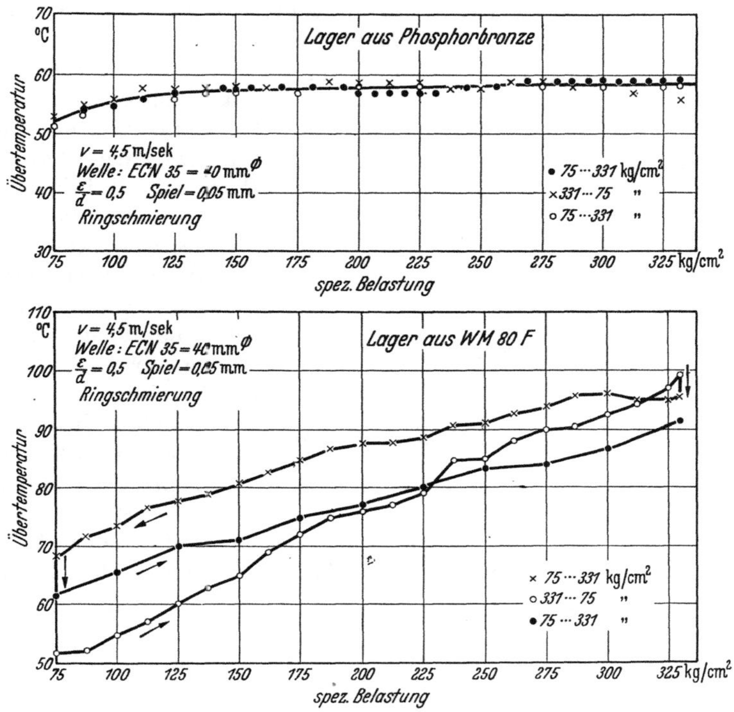

Abb. 98. Wiederholte Laufversuche mit dem gleichen Metall. (v. Göler, Metallgesellschaft.)

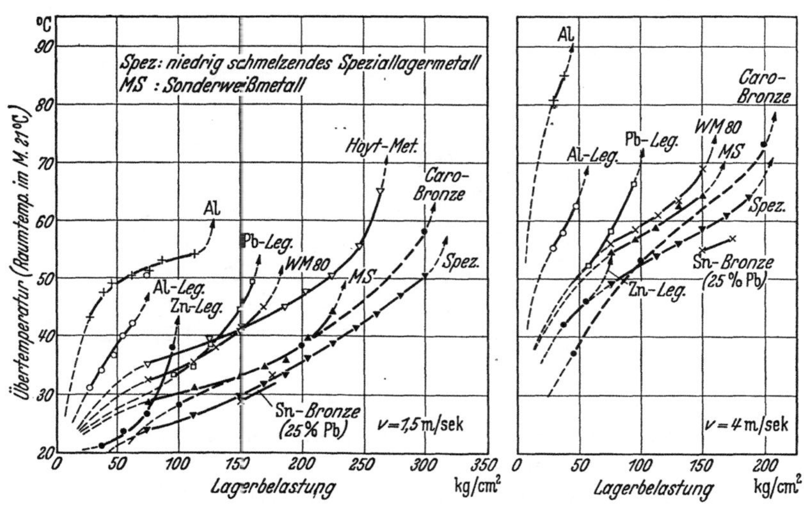

Abb. 99. Laufversuche mit verschiedenen Lagerwerkstoffen nach Linicus (Metallgesellschaft).

Sägemaschinen), Walzwerken, Elektromotoren, Baggern, Siebwellen, Kalandern, Holzschleifern, Glättewerken u. dgl.

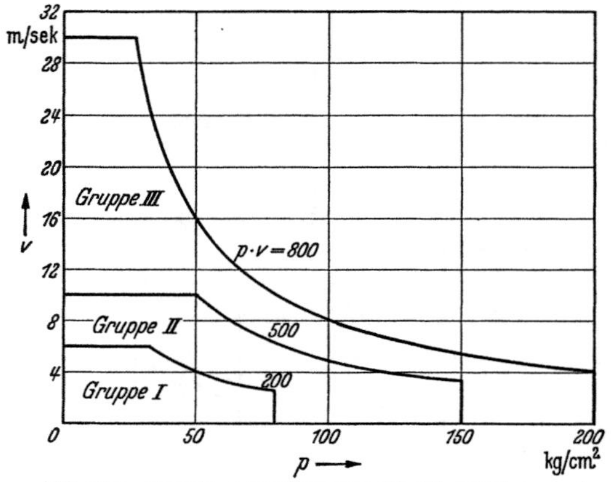

Abb. 100. Vorschlag Armbruster für Klassifizierung der Lagermetalle.

Gruppe II. Weißmetalle mit 70 bis 80% Zinngehalt für schnellaufende Werkzeugmaschinen, Lager von Pumpen, Achslager für schwere Straßenbahnwagen, hochbeanspruchte Walzwerkslager, Lager von Großgasmaschinen, Kurbelwellen- und Pleuellager von Kompressoren, Lokomotiv-Gestängelager u. dgl. (letztere erhalten bereits stoßweise Beanspruchungen).

Gruppe III. Weißmetalle mit über 80% Zinngehalt und WM 80 F für hochtourige Maschinen, Dampfturbinen, Wangenlager von Verbrennungsmotoren, Kurbelwellen- und Kurbelzapfenlager

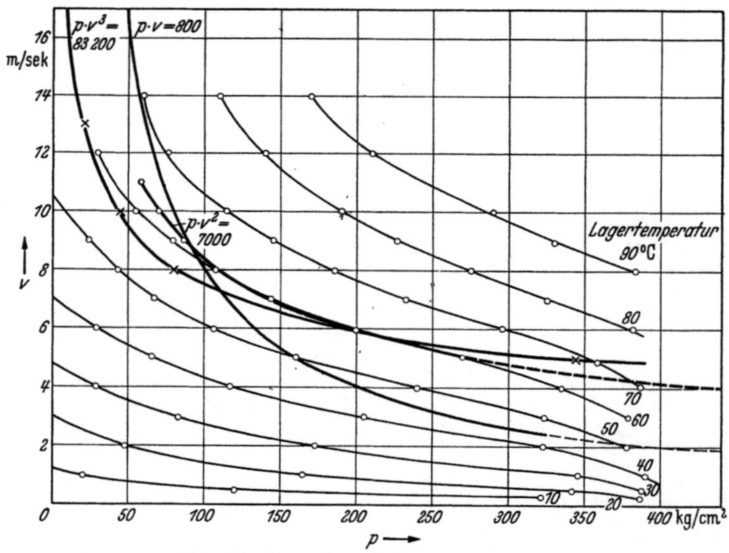

Abb. 101. Versuchsergebnisse mit Carobronze.

von Automobil-, Flugzeug- und Dieselmotoren, die allerdings auch bereits stoßartig belastet werden.

Für höhere Beanspruchungen kommen Weißmetalle nicht mehr in Frage.

Damit ist ein Anfang zur Klassifizierung gemacht, wenn auch die $p \cdot v$-Kurve einige Mängel hat, wie sich aus folgender Betrachtung ergibt.

Die in der Schmierschicht erzeugte Wärme wird dargestellt durch die Formel (nach FALZ)

$$\varrho = 45{,}5 \cdot l \sqrt{p_m \cdot v^3 \cdot z \cdot d}\,.$$

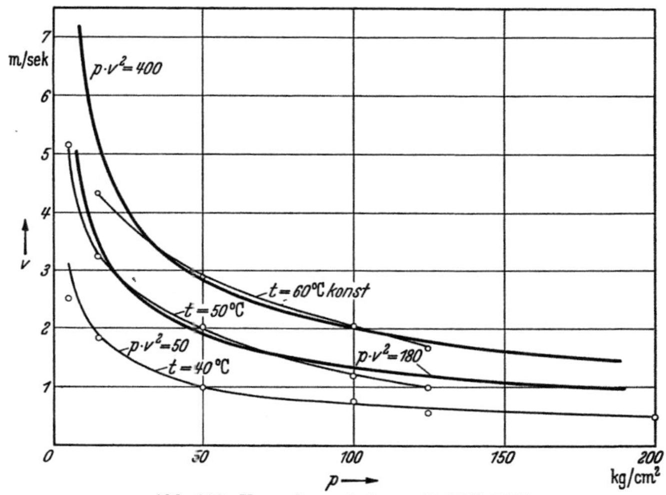

Abb. 102. Versuchsergebnisse mit WM 80 F.

Dementsprechend ist die Temperatur

$$T = \frac{T_1}{2} + \sqrt{\left(\frac{T_1}{2}\right)^2 + \sqrt[2.6]{\frac{P \cdot n^3 \cdot i}{24 \cdot a^2 (l:d)}}}$$

bzw. mit

$$P = p_m \cdot d \cdot l \quad \text{und} \quad n = \frac{60 \cdot v}{\pi \cdot d}\,.$$

$$T = \frac{T_1}{2} + \sqrt{\left(\frac{T_1}{2}\right)^2 + \sqrt[2.6]{p_m \cdot v^3 \cdot \frac{i}{a^2 \cdot d} \cdot 292}}$$

$i =$ Ölkennziffer.

Hierin sind alle Werte bis auf p_m und v konstant, so daß also das Produkt $p_m \cdot v^3$ für die Beurteilung maßgebend sein müßte, da bei Übereinstimmung der Versuchsergebnisse mit der Theorie die Kurven gleicher Temperatur mit den entsprechenden Kurven für gleiches $p_m \cdot v^3$ zusammenfallen müssen. In Abb. 101 sind Versuchsergebnisse mit Carobronze dargestellt und je eine Kurve für $p \cdot v = \text{const}$ und $p \cdot v^3 = \text{const}$ eingetragen. Der Wert $p \cdot v$ ist demnach gänzlich ungeeignet und auch $p \cdot v^3$ zeigt noch erhebliche Abweichungen.

Daß sich die Kurve für den Wert $p \cdot v^2$, der in der Theorie nicht vorkommt, in weiten Grenzen der Linie für gleiche Temperatur anpaßt, ist vielleicht nur ein Zufall, wenngleich dieser Zufall auch für WM 80 F zutrifft, wie Abb. 102 zeigt.

Das Verhalten der Metalle scheint überhaupt nicht einer bestimmten, theoretisch definierten Kurve zu folgen. So bringt z. B. Abb. 103 die auf der Kammerer-Maschine ermittelten Grenzkurven von vier Metallen, die alle vier verschieden liegen. Für Carobronze ist eine Grenze überhaupt nicht gefunden worden. Die Kurven geben aber zu erkennen, daß manche Metalle besser für hohe Geschwindigkeiten und andere besser für hohe

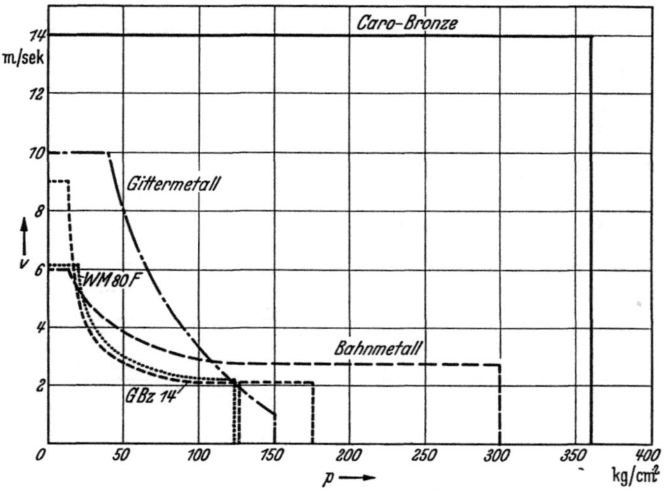

Abb. 103. Grenzbelastungskurven von 5 Metallen.

Drücke geeignet sind. Aus einem Vergleich mit Abb. 71 ergibt sich, daß die Grenzbelastung einiger Metalle bei niedrigen Geschwindigkeiten mit dem Beginn der Mischreibung zusammenfällt. Bahnmetall scheint in dieser Hinsicht unempfindlicher zu sein.

Die hier verglichenen Versuche sind alle mit dem gleichen Öl, dem gleichen Zapfen und bei gleicher Bearbeitung durchgeführt worden. Eine Verwendung anderer Öle und ein anderer Belastungszustand wird die Grenze etwas verschieben können. Um beurteilen zu können, ob bei der Belastung die Grenze der Mischreibung nur erreicht oder aber überschritten wird, ist daher die Feststellung der Ölfilmdicke erwünscht, sofern es möglich ist, mit ihrer Hilfe diese Grenze zu ermitteln. Da die einzig zuverlässige Methode in dieser Hinsicht die Stromdurchgangsmessung ist, wird man für Preßstofflager eine neue Methode ausarbeiten müssen.

Bezüglich der Gefügeausbildung der Weißmetalle herrscht allgemein die Ansicht, daß harte Tragkristalle in einer weichen Grundmasse eingebettet sein müssen. Diese Ansicht findet Steudel bei seinen

Versuchen mit Leichtmetallen bestätigt. Frhr. v. GÖLER äußert dazu als Einschränkung, daß diese Theorie bestenfalls nachträglich erklären kann, daß es aber sicherlich nicht möglich ist, an Hand von Gefügebildern die Laufeigenschaften vorauszusagen. Immerhin ist festzustellen, daß Kadmiummetalle mit einem dem Gefüge von WM 80 bzw. WM 80 F ähnlichen Gefüge ebenfalls sehr günstige Laufeigenschaften zeigten. In diesem Falle wäre eine solche Voraussage wohl möglich gewesen. Andererseits muß zugegeben werden, daß auch Metalle mit sehr abweichendem z. B. feinerem Gefüge ebenfalls sehr gute Gleiteigenschaften haben.

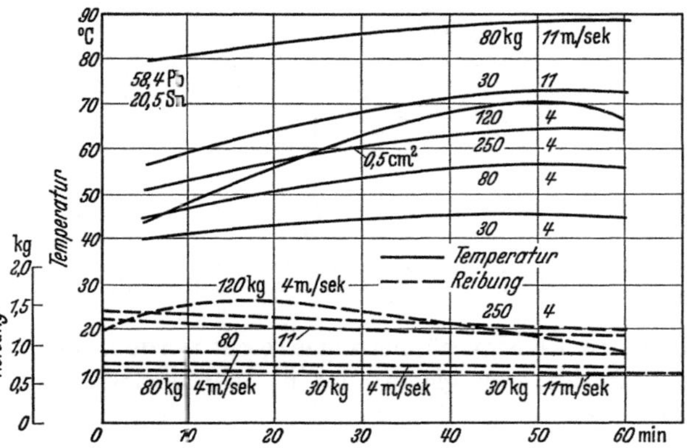

Abb. 104. Laufversuche mit einem Weißmetall mit 20% Zinngehalt auf der Maschine von M. v. SCHWARZ.

Die Leichtmetalle machen noch Schwierigkeiten. Bewährt haben sich anscheinend bis jetzt nur die Legierungen Lg 40 (geschmiedet) und L 67 (gegossen) von Junkers[1] und Quarzal[2] vom Aluminiumwalzwerk Wutöschingen. Im Vergleich mit einem Weißmetall mit 20% Zinngehalt (Abb. 104) steht Quarzahl (Abb. 105 und 106) nach Versuchen von M. v. SCHWARZ mit einer Grenzbelastung von 60 bis 70 kg/cm² bei höheren Geschwindigkeiten noch weit zurück. Bei richtiger Ölauswahl werden, wie die Abbildungen zeigen, die Gleiteigenschaften besser. Bei niedrigen Gleitgeschwindigkeiten sind 90 kg/cm² erreichbar. v. GÖLER hat bei einigen Aluminiumlegierungen in Verbindung mit weichen Wellen nach anfänglichem starken Verschleiß ein gutes Einlaufen erzielt. Bei diesen Metallen dürfte es wichtig sein, den Beginn der Mischreibung zu messen, denn in diesem Gebiet sind sie wahrscheinlich unbrauchbar, da sie keine Notlaufeigenschaften haben. Vielleicht ist es aber möglich, ihr Gefüge so auszubilden, daß sie bei Feinstbearbeitung dem

[1] STEUDEL: Luftf.-Forschg. Bd. 13 (1936) Nr. 2.

[2] SCHWARZ, M. v.: Über die Gleiteigenschaften von Leichtmetall-Lagermetallen mit besonderer Berücksichtigung von Quarzal. Metallwirtsch. Bd. 16 (1937) Nr. 31.

Schmierfilm gute Haftmöglichkeit geben, so daß die geringste Schmierschichtdicke sehr klein und der Beginn der Mischreibung weiter hinaus gerückt werden kann.

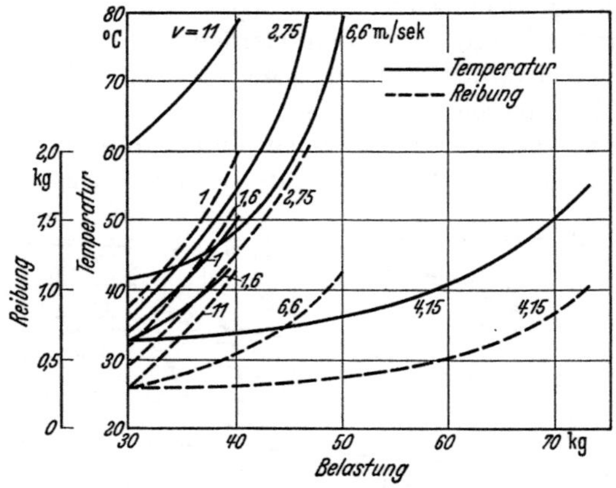

Abb. 105. Laufversuche mit Quarzal auf der Maschine von M. v. Schwarz auf gehärteter Stahlwelle mit Voltol II (Shell).

Dies kann durch Kornverfeinerung erreicht werden. Frühere Versuche haben dies bestätigt, wenngleich auch nicht allgemeingültig. Auffallend ist, daß dieser Zustand bei harten Metallen leichter zu erreichen ist.

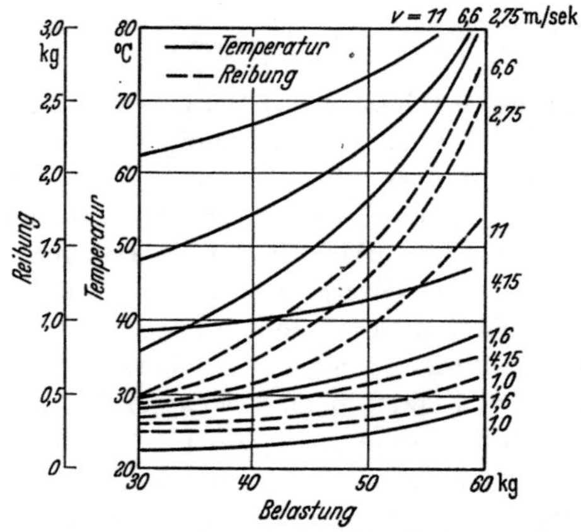

Abb. 106. Laufversuche wie Abb. 105 mit einem anderen Öl.

Der auf Abb. 94 dargestellte Vergleich macht dies verständlich. Auf diesem Bild ist unten eine gezogene Bronze mit einem Gefüge aufgezeichnet, das einheitlich aus α-Mischkristallen besteht. Wegen der guten Bearbeitbarkeit ist es möglich, einen sehr dünnen Schmierfilm zu erhalten. Versuche haben aber, in Übereinstimmung mit der Theorie von den Adsorptionserscheinungen[1], gezeigt, daß das allein noch nicht genügt. Es handelt sich hier um eine Adsorption durch VAN DER WAALSsche Kräfte. Unter VAN DER WAALSschen Kräften versteht man Anziehungspotentiale, die zwischen Molekülen, also valenzmäßig abgesättigten Systemen, wirksam sind. An diesen Vorgängen ist aber nicht die gesamte Oberfläche gleichmäßig beteiligt, sondern bestimmte Bezirke, die sog. „aktiven Zentren" spielen dabei eine hervorragende Rolle. Nach SCHWAB und PIETSCH ist in Erweiterung dieser Theorie den sog. „aktiven Linien", so z. B. den Kristallkanten, Korngrenzen und im Kristall vorhandenen Störstellen eine erhöhte Wirksamkeit zuzuschreiben.

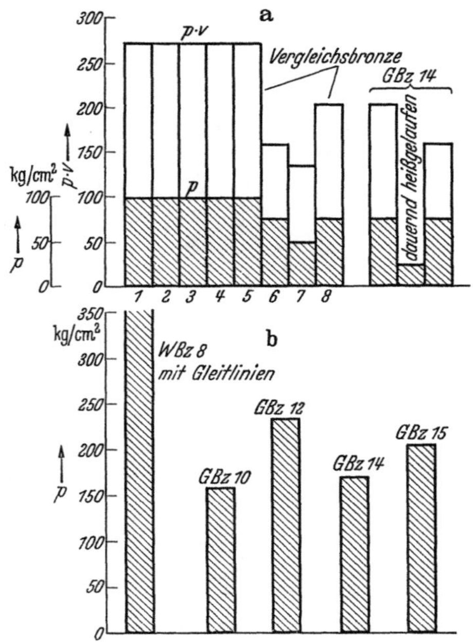

Abb. 107 a und b. Ergebnisse von Laufversuchen mit Lagerbronzen.

Wird der Werkstoff also durch Walzen oder Ziehen so verformt, daß sich ein Netz von Gleitlinien über das Gefüge ausbreitet, so tritt ein verbessertes Haften der Ölmoleküle an den Gleitlinien auf. In Übereinstimmung mit dieser Erklärung hat sich eine gezogene Bronze WBz 8 mit ausgeprägter Gleitlinienbildung günstiger verhalten als eine solche ohne die Gleitlinienbildung. Zur gleichen Anschauung kommt STEUDEL bei seinen Versuchen mit Leichtmetallagern.

Daß überhaupt geschmiedete Bronzen für manche Verwendungszwecke besser sind als gegossene, hat schon ROHN[2] festgestellt. Spätere Versuche (Abb. 107) bestätigen dies, wobei die Tatsache bemerkenswert ist, daß sich die allgemein gebräuchliche Gußbronze Gbz 14 sehr ungünstig verhalten hat. Andererseits behauptet aber wieder KRETZLER[3], daß das dendritische Gefüge der Saarbronze wesentlich zu ihrer Güte beiträgt. Dieses Gefüge hat eine gewisse Ähnlichkeit mit der Gleitlinienbildung. Wendet man den Vergleich auf Stahlzapfen an (Abb. 108),

---

[1] SCHWAB und PIETSCH: Z. phys. Chem. Abt. B Bd. 1 (1928) S. 385. — HAUL: Z. VDI Bd. 82 (1938) Nr. 35 S. 1023.

[2] ROHN: Gleitlager an Walzwerken. Z. Metallkde. Bd. 23 (1931) Nr. 3.

[3] KRETZLER: Abmessungen, Werkstoff und Schmierung von Walzenlagern. Rev. Met. mem. Bd. 29 (1932) Nr. 12.

so kommt man zu der Erkenntnis, daß bei gehärtetem Zapfen das martensitische bzw. troostitische Gefüge von wesentlicher Bedeutung

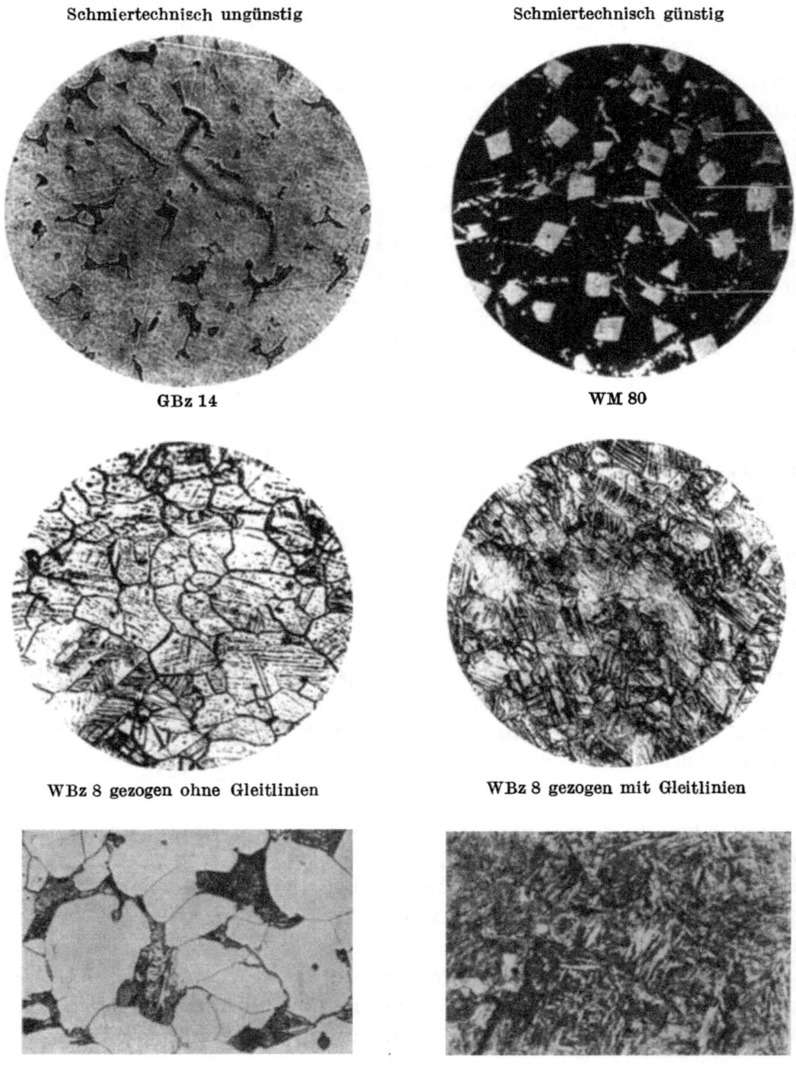

Abb. 108. Gefügebilder von schmiertechnisch günstigen und ungünstigen Lagermetallen.

sein muß. Zum mindesten dürfte nicht die Härte allein für die guten Gleiteigenschaften maßgebend sein.

Das bisher nur für untergeordnete Zwecke verwendete Gußeisen ist inzwischen auch aufgerückt, worauf schon Mann und Heyer[1] hingewiesen haben, wohl auf Grund der Versuche von Meboldt mit Lanzperlit (Abb. 109)[2]. Perlitisches Gußeisen mit fein verteiltem Graphit, geschliffen und poliert ist der GBz 14 überlegen, kann also an vielen Stellen statt Bronze verwendet werden.

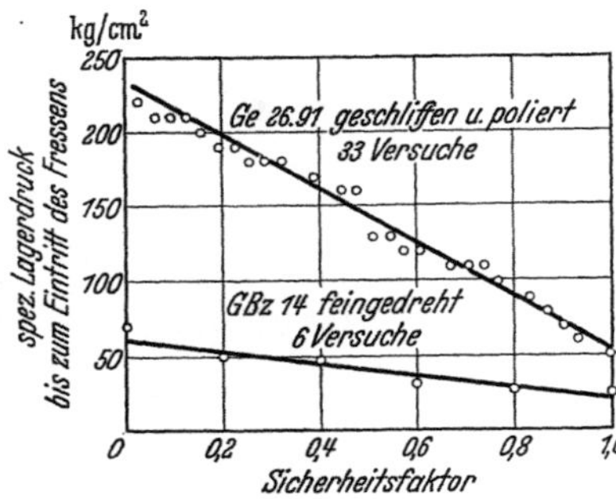

Aus den Versuchen mit stoßweiser Belastung seien drei Beispiele herausgegriffen. Abb. 110 zeigt die Zermürbung eines ungeeigneten Metalls, Abb. 111 die Riefenbildung durch Ausbröckeln kleiner Teilchen des Ausgusses nach Versuchen von Heyer und Abb. 112 die Rißbildung bei ungeeigneter Unterlage nach Versuchen von Thum und Strohauer.

Diese Versuche liefern ein direkt verwendbares Ergebnis.

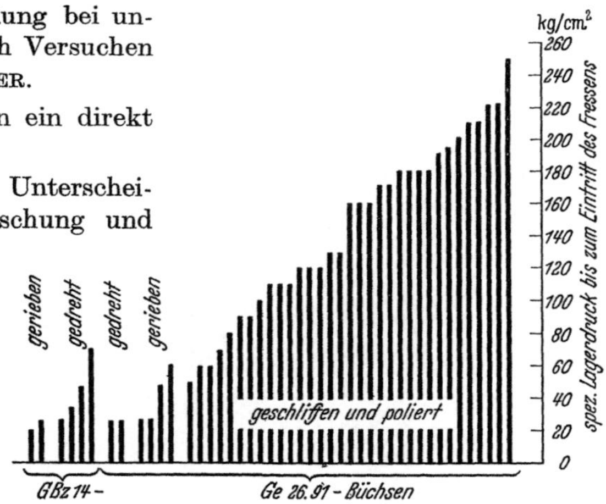

Abb. 109. Vergleich von Versuchen mit GBz 14 und Ge 26.91.

Eingangs wurde die Unterscheidung zwischen Lagerforschung und Lagerprüfung getroffen. Die Entwicklung bringt es aber mit sich, daß Aufgaben und Methoden aus der einen Gruppe in die andere eindringen. So ist z. B. die Feststellung des Beginns der Mischreibung bisher eine Aufgabe der Lagerforschung gewesen. Bei entsprechender Ausbildung der Meßmethoden, wozu die Ansätze bereits vorhanden sind, wird sie bald eine normale Aufgabe der Lagerprüfung sein. Damit wird dann bis zu einem gewissen Grade der Einfluß des Schmiermittels aus den Versuchsergebnissen ausgeschaltet und ein Vergleich der bisher vorliegenden Versuchsergebnisse erleichtert werden, soweit die sonstigen Versuchsbedingungen gleichartig sind. Der Vergleich der einzelnen Metalle miteinander wird dadurch erleichtert, denn ihr Verhalten im Gebiet der

[1] Mann u. Heyer: Über die Gleitlagerfrage im Flugmotorenbau unter Berücksichtigung der werkstofftechnischen Entwicklung. Luftf.-Forsch. Bd. 12 (1935) Nr. 5.

[2] Meboldt: RKPL.-Schr. Heft 61, S. 58. Z. VDI Bd. 79 (1935) Nr. 21.

Grenzschmierung tritt klar hervor. Weiterhin wird die Ermittlung des jeweils geeignetsten Öls gut möglich sein, dessen Eignung ja nicht allein

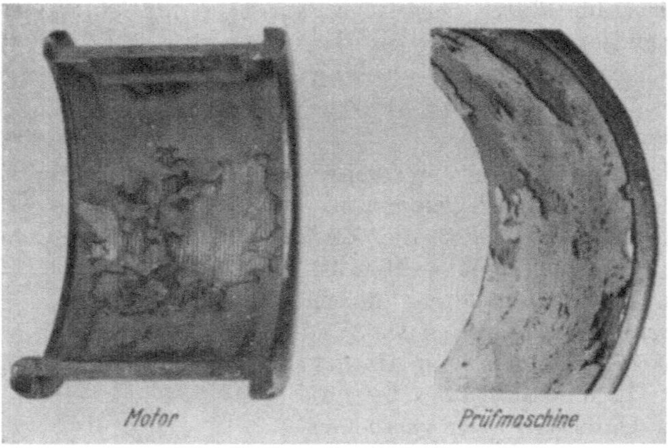

Abb. 110. Lagerzermürbung bei Weißmetallausgüssen.

von seiner Zähigkeit, sondern auch von seinen molekularphysikalischen Beziehungen zum Gefüge des Metalls abhängig ist. Die Kenntnisse von

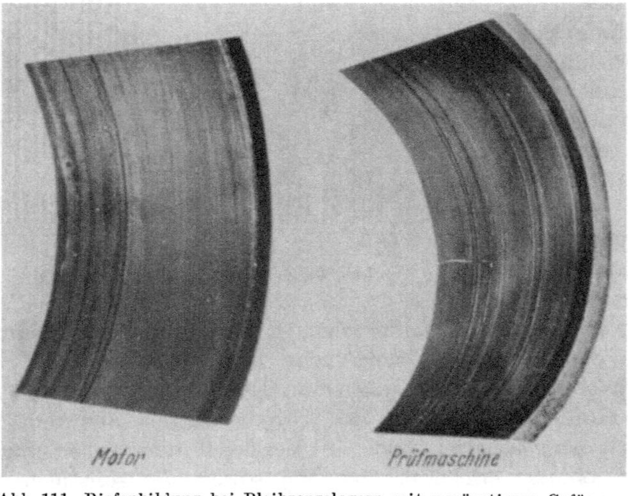

Abb. 111. Riefenbildung bei Bleibronzelagern mit ungünstigem Gefüge.

diesen Beziehungen zu vertiefen, ist noch eine Aufgabe der Lagerforschung. Aber auch ohne sie ist es schon möglich, mit Hilfe der vorhandenen Versuchseinrichtungen Metall und Schmiermittel aufeinander abzustimmen.

Es ist ja aber auch bekannt, daß nicht nur die technologischen Eigenschaften der Werkstoffe, sondern auch die Gestaltung und Ausführung der Lager und Maschinen die Sicherheit des Betriebs weitgehend beeinflussen. Das gleiche gilt natürlich auch für die Prüfstände, auf denen mehr oder weniger ideale Zustände hergestellt werden können. Im allgemeinen sind sie noch günstiger als in der Praxis, müssen dies auch sein, da sie sonst nicht zeigen könnten, was zu erreichen ist. Sie sind in ihrer Ausführung aber auch daraufhin zu prüfen, ob sie konstruktiv dem neuesten Stand der Technik entsprechen.

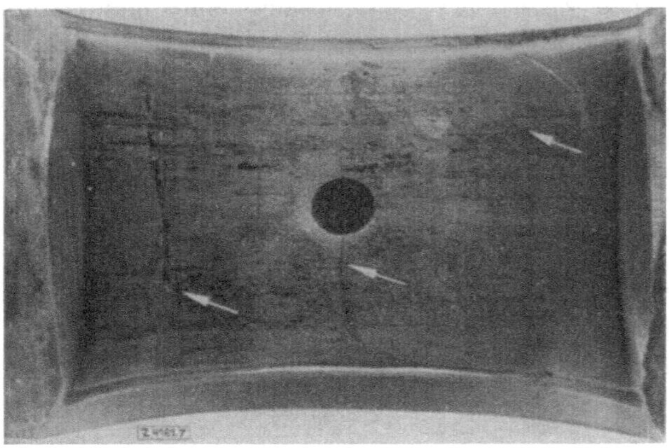

Abb. 112. Rißbildung im Lagerausguß durch Biegebeanspruchung infolge hohler Auflage.

Die ständigen Bemühungen, neue Prüfstände zu entwickeln, zeigen, daß die bisherigen noch nicht voll befriedigend arbeiten. Man soll dabei aber auch bedenken, daß ja keine absoluten, direkt auf jeden praktischen Fall übertragbaren Ergebnisse erwartet werden können. Vereinzelte Ergebnisse aus sorgfältig durchgeführten Versuchen sind daher nur von Wert, wenn sie auf besondere Verhältnisse zugeschnitten sind. Dagegen werden umfangreiche Versuchsreihen mit vielen Metallen unter immer den gleichen Bedingungen eine Klassifizierung der Metalle leichter ermöglichen. Je idealer außerdem die Ausführung einer Maschine und ihrer Lager ist, um so eher werden auch die Absolutwerte der Lagerversuche auf die Maschine übertragen werden können.

Wir können aus der Fülle der möglichen Betriebsfälle folgende charakteristischen Zustände herausgreifen:

1. Ruhende Belastung; wechselnde bzw. stoßweise Belastung.
2. Hohe Drücke; niedrige Drücke.
3. Einwandfreie Gestaltung, z. B. großer Wellendurchmesser, geringe Lagerbreite, steifer Maschinenrahmen; günstige Wärmeabfuhr in die

Masse von Lager, Welle und Rahmen sowie mit dem Öl und gegebenenfalls noch durch Luftkühlung; guter Rundlauf und Feinstbearbeitung der Oberflächen; weniger gute Gestaltung.

4. Gute Wartung; mangelhafte Wartung.

5. Betrieb im Beharrungszustand bei Vollschmierung; häufiger Lauf im Bereich der Grenzschmierung.

Die Anwendung der Versuchsergebnisse unter Berücksichtigung dieser Gesichtspunkte wird immer eine gewisse Erfahrung erfordern, zumal auch noch das Schmiermittel zu beachten ist. Andererseits sind auch die Prüfstände schon recht vielseitig ausgebildet und dürften den Ansprüchen schon weitgehend gerecht werden.

Sofern nun noch die Möglichkeit bestände, alle Versuchsergebnisse an einer Zentralstelle zur Auswertung zusammenzufassen, würde die Entwicklung der Lagermetalle in günstigster Weise gefördert werden können.

Spezieller Teil.

A. Nichtmetallische Stoffe (Kunststoffe).

Kunstharzpreßstoff-Lager.

Von Prof. Dr. A. Thum, VDI, und Dipl.-Ing. R. Strohauer, VDI, Darmstadt.

Mit 28 Abbildungen.

Einleitung.

Zu den verschiedenen für Gleitlager verwendeten metallischen Werkstoffen gesellt sich in jüngster Zeit ein nichtmetallischer Stoff, der berufen zu sein scheint, in viele bisher nur altbewährten Lagermetallen vorbehaltene Verwendungsgebiete einzudringen. Es handelt sich um Kunstharzpreßstoff, einen aus Kunstharz, Füllstoff und geringen anderen Beimengungen bestehenden, heiß- oder kaltverpreßten Werkstoff.

Die Verwendung von Kunstharzpreßstoffen für Lager ist nicht mehr ganz neu. Schon seit einigen Jahren werden Kunstharzlager in Walzwerken mit zum Teil beachtlichem Erfolg verwendet. Wenn nun gerade in jüngster Zeit auch auf vielen anderen Gebieten des allgemeinen Maschinenbaues Preßstofflager zur Anwendung kommen, so ist dies hauptsächlich darauf zurückzuführen, daß Kunstharze restlos heimischen Ursprungs sind und in dem Bestreben, devisenbelastete Rohstoffe durch heimische zu ersetzen, stark in den Vordergrund des Interesses rücken. Dabei handelt es sich um einen in jeder Beziehung vollwertigen Werkstoff und nicht um einen Ersatzstoff. Zu dieser falschen Beurteilung haben Fehlschläge Veranlassung gegeben, die in vielen Fällen bei genügender Kenntnis der dem Kunststoff eigenen bekannten Sonderheiten hätten vermieden werden können, oder auf Eigenschaften des Preßstoffes zurückzuführen sind, die noch eingehender Klärung bedürfen. Die Entwicklung der Preßstofflager steht nämlich noch in den ersten Anfängen, geht aber, wie die sich geradezu überstürzenden Veröffentlichungen auf diesem Gebiet zeigen, mit rüstigen Schritten vorwärts. Sowohl von der Industrie als auch von einigen Forschungsanstalten wurden umfangreiche Arbeiten in Angriff genommen, um Herstellern und Verbrauchern die notwendigen Unterlagen zu verschaffen. Großes Verdienst gebührt dem Fachausschuß für Kunst- und Preßstoffe des VDI, der mit der Arbeitsgruppe ,,Lager und Zahnräder“ eine Einrichtung schuf, die den Austausch der an verschiedenen Stellen gesammelten Erfahrungen ermöglicht und außerordentlich viel dazu beiträgt, diese Gemeingut aller werden zu lassen.

Wenn nun im folgenden versucht wird, das Gebiet der Kunstharzpreßstoff-Lager im Rahmen dieses Buches umfassend zu behandeln, so muß im Hinblick auf das oben Gesagte gleich zu Anfang betont werden, daß diese Abhandlung selbstverständlich nur den bei der Niederschrift herrschenden Stand der Technik wiederzugeben vermag[1]. Viele Zusammenhänge und manche Widersprüche sind auf diesem Gebiet noch teilweise ungeklärt, so daß sich im Laufe der Weiterentwicklung noch durchaus neue Gesichtspunkte ergeben können.

1. Herstellung[2].

a) Ausgangsstoffe und deren Eigenschaften.

Phenol- und Kresolharze. Für die Herstellung von Preßstofflagern wurden bisher fast ausschließlich Phenol- und Kresolharze benutzt. Nur diesen Kunstharzen soll deshalb in der Folge Beachtung geschenkt werden[3]. Beide Harze führen, wie Abb. 113 zeigt, ihren Ursprung auf Steinkohle, Wasser, Luft und Holz zurück; somit auf Grundstoffe, deren Beschaffung auch bei gesteigertem Verbrauch weitgehend sichergestellt ist. Aus der Steinkohle werden Steinkohlenteer und aus diesem durch Destillation Phenol und Kresol gewonnen. Aus Holz erhält man durch trockene Destillation Methanol, ebenso auf synthetischem Wege aus Kohle und Wasser. Bei unvollkommener Verbrennung des Methanols entsteht Formaldehyd. Phenol und Formaldehyd werden in Gegenwart von basischen Katalysatoren zu den ohne weiteres härtbaren Harzen, den Resolen, oder mit Säuren zu Novolaken kondensiert, welche erst durch Zusatz von Formaldehyd abgebenden Stoffen, z. B. Hexamethylentetramin, in den härtbaren Zustand übergeführt werden können. In gleicher Weise entstehen die entsprechenden Harze aus Kresol. Da auch deren Weiterverarbeitung dieselbe wie die der Phenolharze ist, wird nachfolgend nur noch von Phenolharzen gesprochen.

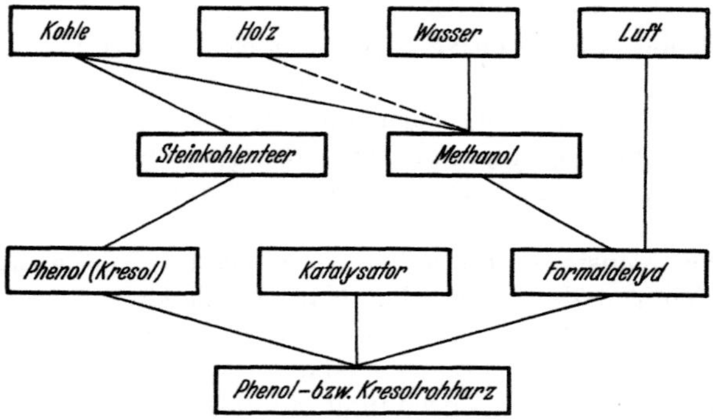

Abb. 113. Gewinnung von Phenol- (Kresol-) Rohharz.

[1] Der vorliegende Bericht wurde im Mai 1938 abgeschlossen.

[2] W. MEHDORN: Kunstharzpreßstoffe, Berlin 1934. Eine neue verbesserte Auflage wird vorbereitet. — F. PABST: Kunststoff-Taschenbuch, 3. Aufl. Berlin-Dahlem 1938. — K. BRANDENBURGER: Herstellung und Verarbeitung von Kunstharzpreßmassen, 2. Aufl. München 1938.

[3] Die Herstellung und Verarbeitung der Kunstharze wird nur soweit behandelt, als es zum Verständnis des Nachfolgenden notwendig ist. Im übrigen wird auf die einschlägige Fachliteratur verwiesen.

Im Resol- und Novolakzustand sind die Phenolharze löslich und in der Hitze schmelzbar. Durch weitere Wärmebehandlung können sie ohne bzw. mit Hexamethylentetramin gehärtet werden. Die Härtung erfolgt praktisch in einem Temperaturbereich von etwa 100 bis 180°, wobei die Harze in den unlöslichen und unschmelzbaren Endzustand übergehen. Durch das Anwenden von Druck ist es hierbei möglich, jede gewünschte Verformung zu erzielen bzw. zu beschleunigen. Nach Eintritt der mit dem Härten vollzogenen chemischen Reaktion besitzen die ausgehärteten Harze gegenüber den Ausgangsprodukten hohe mechanische und chemische Eigenschaften, die auch bei Wiedererhitzung bis zu etwa 150° und mehr nicht mehr verloren gehen. Eine Erweichung tritt jetzt nicht mehr auf; gehärtete Phenolharze besitzen keinen Schmelzpunkt.

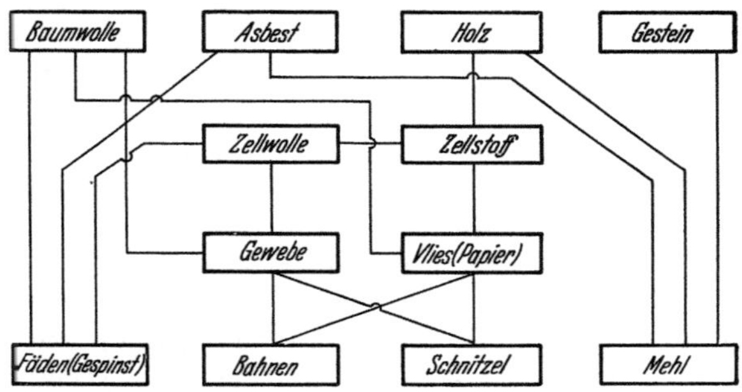

Abb. 114. Aufbau von Füllstoff.

Füllmittel. Als Lagerwerkstoff kommen reine Phenolharze wegen ihrer großen Sprödigkeit und der hierdurch bedingten geringen Widerstandsfähigkeit gegen Schlagbeanspruchung kaum in Betracht. Durch Zusatz von Füllmitteln zum Rohharz erhält man jedoch nach erfolgtem Warmpressen — die durch Kaltpressen gewonnenen Erzeugnisse haben als Lagerbaustoffe nur eine untergeordnete Bedeutung — ein Produkt, das wesentlich geringere Schlagempfindlichkeit und weitere erwünschte Eigenschaften, insbesondere ein Höchstmaß an thermischer und mechanischer Festigkeit aufweist, den Kunstharzpreßstoff.

Als Füllmittel werden die verschiedenartigsten organischen und anorganischen Materialien in pulvriger und fasriger Form verwendet. Für Lagerzwecke haben sich in erster Linie Faserstoffe und von diesen wiederum vor allem langfasrige bewährt, weil diese dem Preßstoff am besten seine Sprödigkeit nehmen. Von den organischen Faserstoffen sind Baumwolle, Zellwolle und Zellstoff und von den anorganischen Stoffen Asbest gebräuchlich. An pulvrigen Füllmitteln sind Holz- und Gesteinsmehl zu nennen, vgl. Abb. 114. Die Art und die Struktur des Füllstoffes werden entsprechend den Betriebsanforderungen der zu fertigenden Lager gewählt. So benutzt man heute für ganz gering beanspruchte Preßstofflager Holz- oder Gesteinsmehl. Für Lager mit hoher und schlagartiger Beanspruchung werden Baumwollgewebe-Bahnen und -Schnitzel und für thermisch hochbeanspruchte Lagerwerkstoffe (über 100° Betriebstemperatur) anorganische Gespinste, hauptsächlich versponnener Asbest, als Füllmittel bevorzugt. Auch das Mengenverhältnis von Füllstoff zu Kunstharz spielt eine bedeutende Rolle.

Im Gegensatz zu den Kunstharzen, die restlos aus heimischen Rohstoffen herzustellen sind, müssen die für Preßstofflager hauptsächlich verwendete Baumwolle ganz und der Asbest zum größten Teil aus dem Ausland eingeführt werden. Es wird deshalb angestrebt, an Stelle der Baumwolle immer mehr den heimischen Zellstoff zu verarbeiten, mit dem zum Teil auch schon recht gute Erfolge erzielt werden konnten. Vor allem aus Baum- und Zellwolle hergestellte Mischgewebe erwiesen sich in vielen Fällen als äußerst brauchbar. Weiter wird versucht, den im Inland nur wenig vorkommenden Asbest durch andere mineralische Stoffe zu ersetzen. Alles in allem berechtigen die bis heute mit Heimstoffen gesammelten Erfahrungen zu dem Schluß, daß es in absehbarer Zeit gelingen wird, uns auch in der Füllstoffbeschaffung vom Ausland unabhängig zu machen.

Sonstige Beimengungen. Außer dem Füllstoff wird dem Rohharz noch eine Reihe anderer Bestandteile wie Härtungsbeschleuniger, Fließ- und Gleitmittel und Farbstoffe in geringen Mengen beigemischt.

Durch Zusatz von Härtungsbeschleunigern wird der Härtungsvorgang beschleunigt und dadurch die Preßzeit verkürzt. Verwendet werden in der Hauptsache: Hexamethylentetramin und Metalloxyde.

Die Fließ- und Gleitmittel haben den Zweck, den Fluß des Harz-Füllstoffgemisches beim Pressen zu erleichtern. Gebräuchlich sind Stearin, Stearate und sonstige wachsartige Stoffe.

An Farbstoffen werden organische und anorganische Farben benutzt, auf die bei zu Lagerzwecken hergestellten Preßstoffen meistenteils verzichtet wird.

b) Aufbereitung der Ausgangsstoffe zu Preßmassen.

Je nach Anordnung des Füllmittels im fertigen Kunstharzpreßstoff, ob regellos verteilt oder geschichtet angeordnet, unterscheidet man „nichtgeschichtete und geschichtete Preßstoffe“. Beide Preßstoffarten werden zur Anfertigung von Lagern verwendet. Die zur Herstellung der Preßstoffe aufbereiteten Kunstharz-Füllstoffgemische, wie sie die Kunstharzfabriken liefern, bezeichnet man als „Preßmassen“. Sie werden auch, soweit sie aus Phenol- oder Kresolharzen gewonnen werden, gemeinhin „Phenoplaste“ genannt.

Bei der Aufbereitung der Ausgangsprodukte zur Herstellung nichtgeschichteter Kunstharzpreßstoffe unterscheidet man 2 Verfahren, das Trocken- und das Naßverfahren. Während das Trockenverfahren fast ausschließlich zur Vermischung und Verknetung pulvriger Füllstoffe, wie Holzmehl, angewendet wird, werden mit Fäden oder Schnitzeln gefüllte Phenoplaste nach dem Naßverfahren aufbereitet. Bei dem für die Gewinnung von Lagerpreßstoffen besonders wichtigen Naßverfahren werden heute hauptsächlich Novolake in Spiritus oder anderen Lösungsmitteln aufgelöst und in geeigneten Knet- oder Mischmaschinen mit Härtungs- und Fließmitteln und etwa 40 bis 60 Gewichtsteilen Faserstoffen vermengt. Nach genügender Durchtränkung des Füllmittels mit der Phenolharzlösung wird die gewonnene Masse durch Entziehen des Lösungsmittels getrocknet. Als Preßmasse verbleibt ein flocken- oder schnitzelförmiges Material. Bei der Anwendung des Trockenverfahrens mit pulvrigem Füllstoff fällt die Preßmasse in Pulverform an.

Zur Herstellung geschichteter Preßstoffe geht man im allgemeinen von den Resolen aus. Es werden Bahnen aus fein- oder grobmaschigem Gewebe oder aus Zellstoff- und Baumwollvliesen (z. B. Fließpapier) über Rollen langsam durch gelöstes Resol geleitet und mit diesem getränkt. Anschließend werden die Bahnen durch Verdunsten des Lösungsmittels getrocknet und schon bis zu einem gewissen Grad vorgehärtet. Die 500 bis 1500 mm breiten Bahnen werden zu Bögen auf etwa 1000 bis 2000 mm Länge zugeschnitten. Der gebräuchlichste Bogen ist der quadratische mit 1 m Seitenlänge. Die beim Zerschneiden entstehenden Abfälle werden bei der Aufbereitung von Schnitzelpreßmassen mitverwendet.

Mit der Erzeugung härtbarer Phenolharze befassen sich seit dem Ablauf der der Bakelite-Gesellschaft bis zum Jahre 1931 gehörenden Patente, 8 deutsche Unternehmen. Diese liefern die wetterfest verpackten Preßmassen in Form von Pulvern, Flocken, Schnitzeln oder Bögen an etwa 800 mit dem Pressen von Fertigfabrikaten beschäftigte Pressereien, von denen heute schon ein großer Teil Preßstofflager herstellt.

c) Das Verpressen der Preßmassen (nichtgeschichtete und geschichtete Preßstofflager).

Nach entsprechender Aufbereitung werden die von den Kunstharzfabriken angelieferten Preßmassen von den Preßwerken zu nichtgeschichteten und geschichteten Kunstharzpreßstoffen verarbeitet. Durch Anwendung von Druck und Hitze werden die Preßmischungen verdichtet und deren Harz in den gehärteten unschmelzbaren Zustand übergeführt. Der Härtungsvorgang und die mit dem Härten erzielten Eigenschaftsänderungen sind dieselben wie die bei den reinen Phenolharzen; insbesonders wird die thermische und mechanische Festigkeit beträchtlich gesteigert. Eine Verformung unter der Einwirkung von Wärme ist im gehärteten Zustand nicht mehr möglich.

Nichtgeschichtete Preßstofflager. Nichtgeschichtete Preßstoffschalen oder -büchsen werden durch Heißverdichten von Pulver-, Flocken- oder Schnitzelpreßmassen in überwiegendem Maße unmittelbar in Preßformen hergestellt. Daneben ist es auch möglich, die Lager mittelbar aus formgepreßten Platten oder Blöcken mechanisch herauszuarbeiten. Das Verpressen der Preßmischungen ist in beiden Fällen gleichartig, weshalb in der Folge nur das erste wichtigere Verfahren behandelt wird.

Aufbereitung der Preßmassen. Die angelieferten Preßmischungen werden häufig ohne weitere Aufbereitung, kalt oder vorgewärmt in die geöffnete Preßform eingefüllt. In vielen Fällen geht man jedoch heute dazu über, die pulvrigen Preßmassen vor dem Einfüllen in die Form auf Tablettiermaschinen zu Tabletten von bestimmter Größe und bestimmtem Gewicht vorzuverdichten. Neuerdings ist dieses Verfahren auch bei Schnitzelmassen möglich, die bisher mangels geeigneter Maschinen nicht tablettiert werden konnten (s. Abb. 115). Das Einbringen der Preßmasse in Form von Tabletten bringt nämlich große Vorteile, u. a. ermöglicht es ein sauberes und schnelles Arbeiten und die Menge der einzufüllenden Mischung je nach der Größe des Preßteils zu dosieren, wodurch Material eingespart wird. Durch das Vorverdichten der Preßmischungen können ferner die Füllräume der Preßwerkzeuge kleiner gehalten werden, was diese verbilligt.

Abb. 115. Tablettiermaschine für die Verarbeitung von pulverförmigen und fasergefüllten Kunstharz-Preßmassen (Mod. TXZ-Universal der Firma Hans Blache, Berlin-Neukölln). Zum Tablettieren von fasergefüllten Preßmassen wird die Maschine mit einer Sondervorrichtung ausgerüstet.

Die Pressen. Zum Heißpressen der Preßmassen werden mechanische und hydraulische Pressen (s. Abb. 116) verwendet, die letzten neuerdings für große Preßteile bis zu einem Höchstdruck von 5000 t. Die mechanischen Pressen werden mittels Motor oder von Hand angetrieben, die hydraulischen Pressen meist mit Druckwasser, seltener mit Öl.

Die Preßformen[1]. Die Preßwerkzeuge sind aus Stahl und meist im Einsatz gehärtet. Sie haben eine hohe Lebensdauer und ertragen Fabrikationsstückzahlen bis zu einigen 100000. Man unterscheidet zwei- und mehrteilige Preßformen. Je nach Gestalt der zu fertigenden Lagerbüchsen oder -schalen werden die einen oder anderen angewendet. Meist genügen bei den einfachen Lagerbauformen zweiteilige, aus Ober- und Unterstempel bestehende Preßwerkzeuge. Sind die zu pressenden Lager klein und die Stückzahlen groß genug, lohnen sich unter Umständen sog. Mehrfachformen. Diese sind in einen gemeinsamen Block eingelassen, sodaß in einem Arbeitsgang gleichzeitig mehrere Lager gepreßt werden können. Die Preßformen werden meist elektrisch aber auch mit Dampf, Heißwasser oder Gas beheizt. Sie sind unter Berücksichtigung des Schwindmaßes der Preßstoffe so gebaut, daß die Maßhaltigkeit des Preßlings auf 0,1 bis 0,2 mm genau gewährleistet werden kann. Durch entsprechende Gestaltung der Preßformen ist es möglich und auch zweckmäßig, Schmiernuten und Öltaschen oder Metallteile, wie Verdrehstifte oder Schraubenbolzen zum Befestigen von Lagerdeckeln usw. gleich miteinzupressen.

Abb. 116. 100 t-Schnellpresse mit hydraulischem Einzelantrieb (Mod. HPK der Firma Hahn & Kolb, Stuttgart).

Abb. 117 zeigt schematisch den Aufbau einer aus Ober- und Unterstempel bestehenden, im geschlossenen Zustand sich befindlichen Preßform für bundlose Lagerbüchsen. Die Ober- und Unterstempel a und b werden mit dem Ober- bzw. Untertisch der Presse verschraubt. Das Preßwerkzeug wird durch die Heizbänder c elektrisch beheizt. Der Innendorn d ist als Auswerfer ausgebildet und in seinem oberen Teil konisch gehalten, um die in den Unterstempel zuviel eingebrachte

[1] Vgl. H. Turnwald: Das Normensystem im Preßformenbau. Frankfurt a. M. 17. 1938. Verlag Reinhardt.

Preßmasse beim Schließen der Form durch die Öffnung e im Oberstempel entweichen zu lassen. Durch Auswechseln der Distanzstücke f können, soweit es der vorgesehene Mindestfüllraum zuläßt, verschieden lange Büchsen gepreßt werden. Die ausgehärtete Kunststoffbüchse g wird bei hochgezogenem Oberstempel durch Heben des Innendorns aus der Form gedrückt und anschließend, nachdem zwischen Büchse und Unterstempel ein Gabelstück geschoben wurde, durch Senken des Dorns von diesem gelöst.

Der Preßvorgang. Nach dem Einfüllen der Preßmassen in die aufgeheizte Preßform wird diese langsam zusammengefahren, wobei unter der Einwirkung des Preßdrucks die Masse fließt und die Form ausfüllt. Die Preßtemperatur beträgt bei Phenolharz-Preßmassen etwa 160°. Die Preßzeit ist weitgehend abhängig von der Art und dem größten Querschnitt des Preßteils (vgl. Abb. 118)[1]. Überschläglich rechnet man pro Millimeter Wandstärke etwa 30 Sek. Auch die Höhe des Preßdrucks richtet sich nach der Werkstoffart, der Gestalt und der Größe des Formstücks. So erfordern z. B. flocken- und schnitzelförmige Preßmischungen größere Pressungen als solche von pulvriger Form. Die spezifischen Preßdrücke schwanken im allgemeinen zwischen 150 und 1000 kg/cm^2.

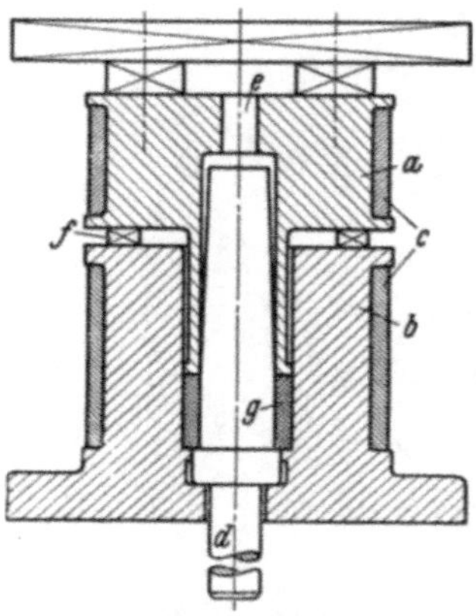

Abb. 117. Preßform für Lagerbüchsen. *a* Oberstempel, *b* Unterstempel, *c* Heizbänder, *d* Als Auswerfer ausgebildeter Innendorn, *e* Öffnung im Oberstempel zum Entweichen überschüssiger Preßmasse, *f* Distanzstücke, *g* Kunststoffbüchse.

Die formgepreßte und ausgehärtete Lagerbüchse oder -schale wird entgratet und ist dann ohne weitere Nachbearbeitung für rohe Verwendungszwecke einbaufähig. Werden besondere Anforderungen an Maßhaltigkeit, Oberflächenbeschaffenheit der Lauffläche usw. gestellt so kann diesen durch geringe spanabhebende Bearbeitung leicht entsprochen werden.

Geschichtete Preßstofflager. Geschichtete Preßstofflager werden durch spanabhebende Formung aus Hartgewebe- oder Hartpapierplatten und -blöcken herausgearbeitet, ferner formgepreßt oder von gewickelten Hartgewebe- oder Hartpapierrohren abgetrennt.

Hartgewebe und Hartpapiere (Platten und Blöcke). Zur Herstellung von Hartgeweben oder Hartpapieren werden die von den Preßmasseerzeugern angelieferten, mit Kunstharz getränkten, vorgehärteten Gewebe- oder Papierbögen, je nach der gewünschten Plattenstärke, aufeinandergeschichtet. Bei Verwendung von Gewebebahnen wird hierbei oft die Webrichtung in den einzelnen Lagen gekreuzt, um wegen der verschieden großen Festigkeit der Bahnen in Richtung des Gewebeschusses und der Gewebekette eine gleichmäßigere Festigkeit des

[1] J. Geller: Plast. Massen Bd. 2 (1932) S. 108.

geschichteten Stoffes zu bewirken. Mit dem Aufeinanderschichten der einzelnen Tafeln ist die Vorarbeit zum Pressen beendet.

Zum Verpressen der Schichtstoffe werden meist hydraulisch betriebene Stufenpressen mit beheizten Preßplatten benutzt. Während des Preßvorganges erweicht unter der Einwirkung der Hitze das Harz und verschweißt die gleichzeitig verdichteten Bahnen miteinander. Die Preßdauer beträgt, je nach Plattenstärke, 10 Minuten bis zu 30 Stunden. Der Druck wird zweckmäßig die ganze Preßzeit über gleichmäßig in seiner vollen Höhe aufgebracht. Er ist von der Schichthöhe und dem Schichtstoff abhängig und beträgt meistens bei Gewebebahnen 80 bis 140 und bei Papierbahnen 60 bis 100 kg/cm².

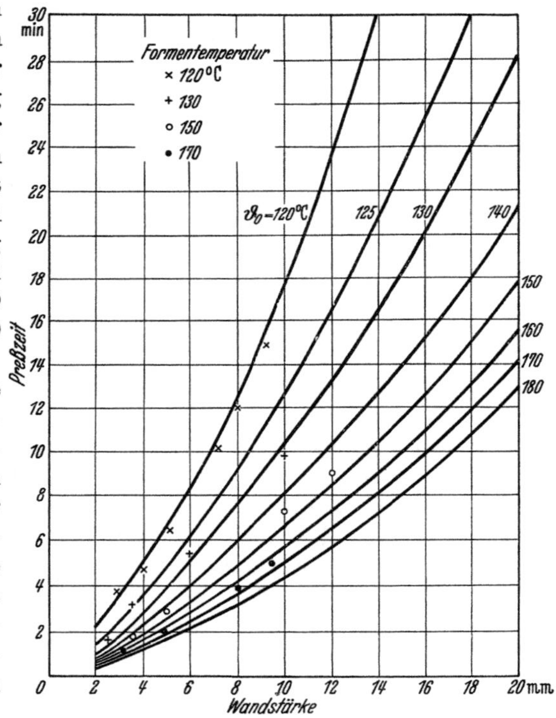

Abb. 118. Preßzeit bei verschiedenen Formtemperaturen in Abhängigkeit von der Wandstärke.

F o r m s t ü c k e. Die Verarbeitung von tafelförmigen Preßmassen zu geschichteten Formstücken unterscheidet sich von der zu Schichtplatten lediglich dadurch, daß die Bögen schon auf die Form des Preßlings zugeschnitten, aufeinandergeschichtet und anschließend in Formen verpreßt werden. Dieses Verfahren eignet sich besonders zur Herstellung einfacher Preßteile, wie glatten Büchsen und Schalen ohne Bund. Beim unmittelbaren Verpressen von Lagern komplizierterer Form besteht die große Gefahr, daß an Stellen schroffer Übergänge, z. B. vom Lagerkörper zum Bund, die Bahnen zerreißen, wodurch die Festigkeit derartiger Preßteile beträchtlich herabgesetzt wird. Man umgeht diesen Nachteil bei schwierigen Formstücken neuerdings durch eine gestufte Aufbereitung, indem man sie aus einfachen, in entsprechenden Formen vorverdichteten Einzelteilen, z. B. Lagerkörper und Bund, zusammenfügt und anschließend in der endgültigen Preßform zu einem Stück verpreßt.

Im Gegensatz zu den aus Platten oder Blöcken herausgearbeiteten Preßstofflagern, deren Schichtrichtung beliebig variiert werden kann, ist bei formgepreßten Schichtstücken die Schichtrichtung im wesentlichen durch die praktisch mögliche Aufbereitungsart, d. h. durch die Gestalt des Preßlings bzw. die Preßform bestimmt. So werden Büchsen vorwiegend senkrecht zur Lagerachse geschichtet, weil sie sich durch Aufeinanderschichten von ringförmigen Preßmassescheiben leicht aufbereiten lassen. Schalen werden dagegen wegen einfacher Aufbereitung mehr konzentrisch zur Achse geschichtet.

Hartgewebe- und Hartpapierrohre. Zur Herstellung geschichteter Rohre werden mit Harzlösung getränkte Gewebe- oder Papierbahnen auf Wickelmaschinen unter Spannung auf eiserne Dorne gewickelt. Der Durchmesser der Dorne entspricht dem Innendurchmesser der zu fertigenden Lagerbüchsen. Während des Zulaufs werden die Bahnen aufgewärmt und mittels Druckrollen auf den Dorn gepreßt. Dabei erweicht das Harz, wird vorgehärtet und klebt die einzelnen Bahnen fest zusammen. Die aufgewickelten Bahnen werden dann bei Temperaturen von etwa 100 bis 140° ausgehärtet und nach dem Erkalten als fertige Rohre vom Dorn abgezogen.

Derartige „nur gewickelte“ Rohre haben sich bisher für Lagerbüchsen bei ganz geringen Beanspruchungen bewährt. Bei höheren Flächenpressungen lösten sich dagegen infolge der mangelnden Festigkeitseigenschaften die Bahnen an der Lauffläche. Man preßt deshalb die gewickelten Rohre in Formen nach, wodurch deren Festigkeit gesteigert und ein vorzüglicher Lagerpreßstoff gewonnen wird.

Wickelrohre werden in allen Durchmessern und Dicken und in Längen von meist 1 m, aber auch länger hergestellt. Von den Rohren werden Lagerbüchsen auf die gewünschte Länge abgestochen und ohne oder mit geringer Nachbearbeitung verwendet [1].

Nichtgeschichtete oder geschichtete Preßstofflager? Nach der Art ihrer Füllstoffanordnung unterscheidet man: Nichtgeschichtete und geschichtete Kunstharzpreßstoff-Lager. Welchen von diesen der Vorzug zu geben ist, muß von Fall zu Fall entschieden werden. Es seien deshalb nachfolgend noch einmal die Fertigungsmöglichkeiten für Lager und Büchsen in einer Reihenfolge angeführt, wie sie nach wirtschaftlichen Gesichtspunkten betrachtet, zweckmäßig anzuwenden sind:

Herstellung von Lagern und Büchsen aus Kunstharzpreßstoff.

1. Formgepreßt (Füllstoff: Gewebe- und Papierschnitzel, Gespinst und Asbest-, Holz- und Gesteinsmehl).

2. Gewickelt, in Formen nachgepreßt (Füllstoff: Gewebe- und Papierbahnen).

3. Formgepreßt (Füllstoff wie unter 2.).

---

[1] Vom Fachausschuß für Kunst- und Preßstoffe des VDI werden zur Zeit technische Lieferbedingungen für Lager und Lagerbuchsen aus Kunstharzpreßstoff ausgearbeitet. [Während der Drucklegung dieser Arbeit wurde bereits ein 1. Entwurf der Lieferbedingungen als DIN-Vornorm E 7703 veröffentlicht. Vgl.: Kunststoffe, Bd. 28 (1928) S. 328].

4. Aus nichtgeschichtetem, zu Platten oder Blöcken verpreßtem Preßstoff, mechanisch herausgearbeitet (Füllstoff: wie unter 1.).

5. Aus geschichteten Preßstoffplatten oder -blöcken durch spanabhebende Formung hergestellt (Füllstoff: wie unter 2.).

Zu 1. In Formen regellos verpreßte Lager und Büchsen sind, wenn irgend möglich anzustreben; vorausgesetzt, daß sie in genügender Stückzahl benötigt werden. Erst dann lohnt sich die Anschaffung einer Preßform, deren Gestehungskosten sich, je nach Form und Größe der Lager, auf 200 RM. bis 1000 RM. belaufen. Oft ist es auch angebracht, Lager mit geringen Unterschieden im Durchmesser und der Gestalt in einer Form zu pressen und anschließend durch spanabhebende Bearbeitung auf Fertigmaß zu bringen. In allen Fällen empfiehlt es sich jedoch, zuvor den Rat eines mit der Herstellung von Kunststofflagern vertrauten Preßwerkes einzuholen. Meist verfügen derartige Pressereien heute schon über eine genügend große Zahl von verschiedensten Preßformen, so daß sich oft auch bei wenigen Lagern ein Formpressen lohnt.

Zu 2. Einfache Büchsen ohne Bund werden zweckmäßig nach dem Wickelverfahren hergestellt und zur Erhöhung der Festigkeit in Formen nachgepreßt. Auch geteilte Lager lassen sich auf diese Weise anfertigen, wenn man den Dorndurchmesser kleiner als die gewünschte Bohrung wählt, die Rohre dicker aufwickelt, dann auf Lagerlänge absticht, teilt und nachbearbeitet.

Zu 3. Geschichtete, formgepreßte Büchsen und Schalen sind den regellos verpreßten Lagern in bezug auf Festigkeit überlegen. Die reinen Herstellungskosten sind bei einfachen Lagerbauformen nicht wesentlich größer als die von regellos verpreßten oder gewickelten Lagern. Gegenüber letzteren und schwierigen, zusammengesetzten Formstücken besteht dagegen ein erheblicher Preisunterschied.

Zu 4. Lager aus nichtgeschichteten Preßstoffplatten oder -blöcken herauszuarbeiten ist höchst unwirtschaftlich, weil die bei der mechanischen Bearbeitung entstehenden Abfälle nicht mehr zu verwenden sind. Dies gilt im übrigen auch bei allen anderen Verfahren für die bei der Bearbeitung von ausgehärteten Preßstoffen anfallenden Späne. Im Interesse einer intensiven Rohstoffausnutzung sollte deshalb diese Art der Herstellung nur bei Einzelanfertigung von Lagern oder Büchsen angewendet werden, wenn keine Preßform vorhanden ist und sich auch die Anfertigung einer solchen nicht lohnt; z. B. in dem häufig vorkommenden Fall, daß die Lager erst versuchsweise an Stelle von Metalllagern eingebaut werden sollen.

Zu 5. Die Herstellungsmöglichkeit ist nur in Ausnahmefällen anzuwenden. Wohl haben geschichtete Preßstoffe infolge der durchgehenden Bahnen senkrecht zu diesen eine größere Druckfestigkeit als nichtgeschichtete Stoffe, doch neigen sie leicht dazu, längs den Bahnen aufzuspalten, wenn sie in deren Richtung beansprucht werden. Hinzu kommen noch die bei dem letzterwähnten Verfahren beschriebenen Nachteile.

2. Physikalische, mechanische und technologische Eigenschaften der Kunstharzpreßstoffe.

Nur wenn der Konstrukteur den Werdegang und die durch die Herstellung bewirkten Eigenschaften eines Werkstoffes kennt, vermag er ihn stoffgerecht zu gestalten und erfolgreich anzuwenden. Dieses Vertrautsein mit Kunstharzpreßstoff ist für den, meist nur in Metallen denkenden Maschinenbauer um so mehr erforderlich, als die Eigenschaften der Kunststoffe von denen der Metalle stark abweichen. Im nachfolgenden Abschnitt werden deshalb die stofflichen Eigenschaften von Kunstharzpreßstoffen im Vergleich zu metallischen Lagerwerkstoffen soweit gestreift, als zu ihrer Verwendung für Lagerzwecke zu wissen notwendig ist.

a) Typenbezeichnung.

Die von den Preßwerken zu Fertigprodukten verarbeiteten Preßmassen werden unter jeweils anderen Werkstoff-Markennamen in den Handel gebracht. Bei der großen Anzahl von Pressereien gibt es auf diese Weise für Preßstoffe, oft gleicher Zusammensetzung und gleichen Aufbaues, eine Unmenge von Phantasienamen, die über die Eigenart des betreffenden Stoffes überhaupt nichts aussagen. Selbst dem Fachmann ist es oft unmöglich, sich in diesem Namenswirrwarr zurechtzufinden. Wie ratlos stünde nun erst der Verbraucher diesen Wortspielen gegenüber, wenn nicht von seiten der Hersteller selbst schon vor Jahren eine Regelung getroffen worden wäre, die diesem Umstand durch eine sog. Typeneinteilung der Kunstharzpreßstoffe Rechnung trägt.

In Zahlentafel 9 ist ein Teil der nach der neuesten Typisierung vom 27. Oktober 1937 erfaßten Preßstoffe, soweit sie für die Herstellung von Lagern und Büchsen hauptsächlich verwendet werden, wiedergegeben[1]. Hiernach unterscheiden sich die Preßstoffe nach der Art ihrer Zusammensetzung. Sie sind in Gruppen zusammengefaßt und durch Buchstaben oder Zahlen, mit oder ohne Indizes, gekennzeichnet. Die angeführten Festigkeiten sind Mindestfestigkeiten, an die sich alle Hersteller, die der „Technischen Vereinigung von Fabrikanten gummifreier Isolierpreßstoffe" (TV)[2] angeschlossen sind — die meisten Pressereien und neuerdings auch die Preßmassenhersteller gehören heute der Vereinigung an —, zu halten haben. In der Regel werden die angegebenen Festigkeitswerte jedoch erheblich überboten.

[1] Wegen ihrer hervorragenden Isolationsfähigkeit wurden Preßstoffe noch vor einigen Jahren fast ausschließlich in der Elektroindustrie verwendet. Hieraus erklärt sich die vom Verband Deutscher Elektrotechniker (VDE) seinerzeit für Kunstharzpreßstoff gewählte Bezeichnung: „Gummifreier, nichtkeramischer Isolierpreßstoff".

[2] Im Hinblick darauf, daß heute der Verwendungsbereich von Kunstharzpreßstoffen weit über den ursprünglichen, der elektrischen Isolation, hinausgeht, nennt sich die „Technische Vereinigung von Fabrikanten gummifreier Isolierpreßstoffe" in Zukunft: „Technische Vereinigung der Hersteller typisierter Preßmassen und Preßstoffe".

Zahlentafel 9. Auszug aus der „Typisierung der gummifreien nichtkeramischen Isolierpreßstoffe“[1].

Typ	Zusammensetzung[3]	Eigenschaften: mechanische: Biegefestigkeit[4,5] mind. kg/cm²	Schlagbiegefestigkeit[4,5] mind. cmkg/cm²	Kerbzähigkeit[2,5] mind. cmkg/cm²	thermische: Wärmefestigkeit[4,5] nach MARTENS mind. °C	Verarbeitungsart
l_1	Phenolharz mit anorganischem Füllstoff	500	3,5	1	150	Warmpressung
l_2		500	3,5	2		
M		700	15	15		
0	Phenolharz mit Holzmehl als Füllstoff	600	5	2	100	Desgl.
S		700	6	1,5	125	
T_1	Phenolharz mit Textilfaser als Füllstoff	600	6	6	125	Desgl.
T_2		600	12	12		
T_3[6]		800	25	—		
Z_1	Phenolharz mit Zellstoff als Füllstoff	600	5	3,5	125	Desgl.
Z_2		800	8	5,5		
Z_3[6]		1200	15	10		

[1] Die vollständige Typisierungstafel wurde in der ETZ Bd. 58 (1937) S. 1245 u. a. O. veröffentlicht. Über die frühere Einteilung der gummifreien nichtkeramischen Isolierpreßstoffe vgl. ETZ Bd. 44 (1923) S. 137; Bd. 45 (1924) S. 730; Bd. 46 (1925) S. 979 (Klassifizierung); Bd. 49 (1928) S. 1094; Bd. 53 (1932) S. 708; Bd. 56 (1935) S. 1311 (Typisierung).
Die Bezeichnung „Isolierpreßstoffe“ umfaßt auch die im Wege des Preßspritzverfahrens zu verarbeitenden Stoffe.

[2] In den Normalstab nach VDE 0302/1924 wird durch Sägen, Fräsen od. dgl. ein ungefähr 2 mm breiter ⊔ Kerb in der Mitte einer der 15 mm breiten Flächen quer, d. h. senkrecht zur Stabachse eingearbeitet. Die Kerbtiefe wird so gewählt, daß der Restquerschnitt 1 cm² beträgt, d. h. die Kerbtiefe rund 3,3 mm ist. Der Kerbgrund soll möglichst keine Abrundungen aufweisen; der höchstzulässige Abrundungsradius muß unter 0,2 mm bleiben. Der Stab wird mittels des 40 cmkg-Normalpendelschlagwerkes bei 20° C ± 2 geschlagen, wobei der Kerb der Schlagfinne abgewandt ist. Zu beachten ist hierbei, daß die Kerbmitte genau in der Mittelebene des schlagenden Pendels liegen muß.
Für Typ T_3 konnte die Kerbzähigkeit noch nicht angegeben werden, da nicht genügend Ergebnisse vorlagen. Für diesen Typ wird der Mindestwert der Kerbzähigkeit später veröffentlicht.

[3] Unter Phenolharz sind alle härtbaren Kunstharze auf der Basis von Phenolen, d. h. Phenol, Kresol usw. zu verstehen. Nach dem jetzigen Stande der Technik werden die Werte mit folgenden Füllstoffarten und -strukturen erreicht:
für Typ l_1 mit körnigem, anorganischem Füllstoff (z. B. Gesteinsmehl),
„ „ l_2 „ faserigem, anorganischem Füllstoff (z. B. Asbestfaser),
„ „ M „ anorganischen Gespinsten (z. B. Asbestschnur),
„ „ T_1 „ kurzer Textilfaser,
„ „ T_2 „ geschnitzeltem Textilgewebe,
„ „ T_3 „ Textilgewebebahnen,
„ „ Z_1 „ kurzfaserigem Zellstoff (Flocken, z. B. Papierflocken),
„ „ Z_2 „ mit Zellstoffschnitzeln (z. B. Papierschnitzel),
„ „ Z_3 „ mit geschichtetem Zellstoff (z. B. Papierbahnen).

[4] Nach den „Vorschriften für die Prüfung elektrischer Isolierstoffe“ des VDE (Sonderdruck VDE 0302). Die Prüfung erfolgt an Proben, die nach den in den Prüfvorschriften angegebenen Abmessungen gepreßt sind. Zur Herstellung der Probestäbe ist die Preßmasse sinngemäß in gleicher Weise wie zur Herstellung der fertigen Preßstücke zu behandeln.

[5] Die Probestäbe dürfen im Durchschnitt keine geringeren Zahlen als die oben angegebenen Mindestwerte aufweisen. Unterschreitungen der unteren Grenzen durch Einzelwerte sind für die Wärmefestigkeit bis höchstens 5%, für die Biegefestigkeit, Schlagbiegefestigkeit und Kerbzähigkeit bis höchstens 10% zulässig.
Für die Typen sind lediglich die Mindestwerte, also die unteren Grenzen der maßgebenden Eigenschaften festgelegt. Daher sind Überschreitungen der unteren Grenzen nach oben die Regel und in Anbetracht ausreichender Sicherheit auch erwünscht. Überschreitet jedoch ein Preßstoff regelmäßig ganz erheblich die unteren Grenzen eines Typs nach oben, so widerspricht es dem Sinn der Typisierung, ihn mit diesem Typ zu bezeichnen. In diesem Fall ist der Preßstoff in einen höheren Typ einzuordnen, sofern auch die vorgeschriebene Zusammensetzung zutrifft, oder, falls dies nicht möglich ist, in einen neuen Typ.

[6] Die Typzeichen T_3 und Z_3 dürfen nur bei solchen Teilen angewandt werden, bei denen beim Preßvorgang der Faserverband in seiner ursprünglichen Anordnung weitgehend erhalten bleibt, also vorzugsweise bei flachen Preßteilen.

Um die Erzeugnisse der der TV angehörenden Preßmassenverbraucher auch nach außen hin zu kennzeichnen, schlossen diese im Jahre 1924 mit dem Staatlichen Materialprüfungsamt Berlin-Dahlem (MPA. Berlin-Dahlem) einen Überwachungsvertrag ab, nach dem das MPA. Berlin-Dahlem jederzeit das Recht hat, Proben zur Prüfung anzufordern und in den Kunstharzfabriken und Pressereien Stichproben vorzunehmen. Äußerlich sind derart laufend geprüfte Preßstoffteile an dem amtlichen Überwachungsstempel zu erkennen, der ihnen von dem jeweiligen Preßwerk aufgepreßt wird. Er enthält, wie Abb. 119 veranschaulicht, die Kennziffer des Herstellerwerkes und meistens liegend angeordnet, die Typenbezeichnung des Werkstoffes. (Im gewählten Beispiel: Kennziffer 40 und Typ S.)

Abb. 119. Überwachungszeichen des Staatlichen Materialprüfungsamtes Berlin-Dahlem.

Mit dieser klaren Unterscheidung der verschiedenartigsten Kunstharzpreßstoffe und der Angabe von Festigkeitseigenschaften wird dem Verbraucher die Auswahl eines Lagerpreßstoffes für einen bestimmten Verwendungszweck außerordentlich erleichtert. Durch den aufgedrückten Überwachungsstempel hat er die Gewähr, auch tatsächlich den verlangten Preßstoff zu erhalten.

b) Physikalische Eigenschaften.

Obwohl die Entwicklung der Kunstharzpreßstoffe in ihrem Ende noch nicht abzusehen ist, hat sie bei einer ganzen Reihe, insbesondere bei den warmzuverpressenden Phenolharzen schon einen gewissen Abschluß erreicht, so daß der Normenausschuß Ende 1936 daran gehen konnte, eine Normung der Phenolpreßstoffe vorzunehmen. Im DIN-Blatt 7701 sind die wichtigsten Stoffeigenschaften und Prüfverfahren festgelegt. Durch die zum Teil den „Vorschriften für die Prüfung elektrischer Isolierstoffe" des VDE entsprechenden Prüfverfahren, kommt u. a. deutlich die Förderung zum Ausdruck, die die Kunstharzpreßstoffe durch die Elektroindustrie erfahren haben. Auszugsweise sind in Zahlentafel 10 und 11 die im Normblatt angeführten Eigenschaften, soweit sie zur Kennzeichnung von Lagerpreßstoffen dienen, wiedergegeben[1].

Das *spezifische Gewicht* ist abhängig von der Art des Füllstoffes. Es beträgt bei organischem Füllmittel rund 1,4 kg/dm³ und bei anorganischem Füllstoff rund 1,8 kg/dm³. Der für Preßstofflager meist verwendete Typ T_2 ist etwa nur ein Sechstel so schwer wie Rotguß (spezifisches Gewicht 8,6) und etwa halb so schwer wie Aluminium

[1] Die Typenbezeichnung im DIN-Blatt 7701 ist durch die neue, im Oktober 1937 herausgebrachte Typeneinteilung (s. Zahlentafel 9) zum Teil als überholt anzusehen. Ein Neuentwurf des Normblattes wird vorbereitet. (Die 2. Ausgabe des Normblattes DIN 7701 erschien im Dezember 1938 während der Drucklegung dieses Berichtes.)

Zahlentafel 10. Eigenschaften nichtgeschichteter Preßstoffe nach DIN 7701.

Zusammensetzung	Bezeichnung Typ	Eigenschaften: mechanische: Biegefestigkeit σ_{bB} kg/cm² mindestens	Schlagbiegefestigkeit a cmkg/cm² mindestens	Druckfestigkeit σ_{dB} kg/cm² mindestens	Zugfestigkeit σ_{zB} kg/cm² mindestens	Härte kg/cm² mindestens	Elastizitätsmodul E kg/cm² Richtwerte	thermische: Wärmefestigkeit nach MARTENS °C mindestens	Lineare Wärmedehnzahl je °C zwischen 0° und 50° $a_t \cdot 10^6$	Gewicht kg/dm³ ≈
Phenoplast a) mit organischem Füllstoff (Holzmehl)	S	700	6	2000	250	1300	55 000 ÷ 80 000	125	40 ÷ 50	1,4
b) mit organischen Gespinsten	T	600	12	1500	250	1300	70 000 ÷ 100 000	125	20 ÷ 30	1,4
c) mit anorganischem Füllstoff	1	500	3,5	1200	250	1500	90 000 ÷ 150 000	150	20 ÷ 30	1,8
d) mit anorganischen Gespinsten	M	700	15	1200	250	1500	90 000 ÷ 160 000	150	15 ÷ 30	1,8

Zahlentafel 11.
Eigenschaften geschichteter Preßstoffe nach DIN 7701[1].

Art	Klasse	Eigenschaften: mechanische: Biegefestigkeit σ_{bB} kg/cm² mindestens: roh	Biegefestigkeit: abgearbeitet	Schlagbiegefestigkeit a cmkg/cm² mindestens	Druckfestigkeit σ_{dB} kg/cm² mindestens	Zugfestigkeit σ_{zB} kg/cm² mindestens	Härte kg/cm² mindestens	Elastizitätsmodul E kg/cm² Richtwerte	thermische: Lineare Wärmedehnzahl je °C zwischen 0° und 50° $a_t \cdot 10^6$	Gewicht kg/dm³ ≈	Bearbeitbarkeit
Hartpapier (Platten)	II	1500	1300	25	1500	1200	1300	80 000 ÷ 110 000	10 ÷ 25	1,4	leicht für jede spanabhebende Formung mit geeigneten Werkzeugen
Hartgewebe (Platten)	G	1000	800	25	2000	500	1300	60 000 ÷ 80 000	10 ÷ 25	1,4	
	F	1300	1000	30	2000	800	1300	70 000 ÷ 90 000	10 ÷ 25	1,4	

(spezifisches Gewicht 2,7). Gegenüber Metallagern bedeutet somit die Verwendung von Preßstoff bei gleicher Wandstärke eine erhebliche Gewichtsersparnis.

Die *lineare Wärmedehnzahl* ist stark abhängig von der Zusammensetzung und der Verarbeitung der verwendeten Rohstoffe. Sie ist mit $40—50 \cdot 10^{-6}$ je ° C am größten bei Typ S. Bei geschichteten Preßstoffen beträgt sie nur $10—25 \cdot 10^{-6}$ je ° C. Typ T mit $20—30 \cdot 10^{-6}$ je ° C hat etwa die gleiche Wärmedehnzahl wie Aluminium.

Die *Wärmeleitfähigkeit* von Kunstharzpreßstoffen ist äußerst gering. Phenolpreßstoffe mit organischem Füllstoff besitzen eine Wärmeleitzahl von i. M. 0,26 kcal/m h ° C. Sie entspricht etwa der von hartem Eichenholz. Bei anorganischem Füllmittel ist die Leitzahl ungefähr 2 bis 3mal so groß. Sie erreicht ihren größten Wert mit 0,771 kcal/m h ° C bei Asbestfaserstoffen[1]. Die Eigenschaft der Kunstharzpreßstoffe, wärmeisolierend zu wirken, ist von großem Nachteil bei ihrer Verwendung als Lagerwerkstoff. Während bei Metallagern ein großer Teil der entstehenden Reibungswärme durch das Lager nach außen abgeleitet wird — die Wärmeleitzahl von Bronze beträgt etwa 40—60 kcal/m h ° C —, ist dies bei Preßstofflagern nur beschränkt der Fall. Diesem Umstand muß bei Gestaltung der Lager, ihrer Kühlung und Schmierung weitgehend Rechnung getragen werden.

Die *Quellbarkeit* ist gegenüber Lagermetallen ebenfalls eine sehr beachtenswerte Eigenschaft der Preßstoffe. Sie saugen bis zu einem gewissen Grad das Schmier- oder Kühlmittel auf und quellen, was sich bei Preßstofflagern in einer Verringerung des Spieles nachteilig auswirkt. Andererseits wird aber durch das Aufsaugen von Schmieröl die Notlaufeigenschaft — d. i. die Fähigkeit eines Lagerwerkstoffes, bei versagender Schmierung eine mehr oder weniger lange Zeit die Betriebsbeanspruchung ohne Zerstörung zu ertragen — der Preßstoffe verbessert. Für das Aufnahmevermögen sind die Art der Flüssigkeit sowie die Art und die Menge des Füllstoffes maßgebend. Die stärkste Quellung verursachen Wasser und Emulsionen. Den geringsten Einfluß auf Preßstoff üben geschwefelte Öle aus (s. S. 151). Kunstharze mit anorganischem Füllstoff quellen weniger als solche mit organischem Füllmittel und von letzteren wiederum der Typ T_2 mehr als der Typ S. Am stärksten quellen die Z-Typen.

Die chemischen Eigenschaften der Preßstoffe spielen bei deren Auswahl zu Lagerzwecken meist nur eine untergeordnete Rolle. Nach DIN 7701 hängt die chemische Beständigkeit von der Konzentration, der Temperatur und der Art der einwirkenden Chemikalien ab.

c) Mechanische Eigenschaften.

In bezug auf die *statische Festigkeit* (vgl. DIN 7701) sind die geschichteten Preßstoffe den nichtgeschichteten überlegen. Bei geschichteten

[1] Vgl. S. Erk: Kunst- und Preßstoffe 1, S. 37—38. Berlin 1937.

Preßstoffen ist jedoch die Festigkeit senkrecht zur Schichtrichtung verschieden von der in Schichtrichtung — die im DIN-Blatt angeführten Werte für Biegefestigkeit, Schlagbiegefestigkeit, Druckfestigkeit und Härte gelten senkrecht zur Schichtrichtung und die für Zugfestigkeit in Schichtrichtung —, während regellos verpreßte Stoffe eine in allen Richtungen gleichmäßigere Festigkeit aufweisen. Bei Preßstoffen mit Gewebeschnitzelfüllung liegt die Festigkeit zwischen der von Bronze und Weißmetall.

Mit *Wärmefestigkeit* wird nach Martens die Temperatur bezeichnet, bei der sich ein Probekörper bestimmter Abmessung unter einer Biegebeanspruchung von 50 kg/cm² um einen bestimmten Grad verformt. Die in Zahlentafel 10 angegebenen Werte der Wärmefestigkeit von nichtgeschichteten Preßstoffen zeigen die Überlegenheit der mit anorganischem Füllstoff versehenen Phenolpreßstoffe gegenüber solchen mit organischem Füllmittel.

Auch die *Dauerfestigkeit* ist, wie Dauerversuche an der Staatlichen Materialprüfungs-Anstalt an der Technischen Hochschule Darmstadt (MPA. Darmstadt) gezeigt haben, in starkem Maße von der Art des Füllmittels abhängig[1]. So wiesen z. B. Faserpreßstoffe eine größere Dauerfestigkeit auf als mit Holzmehl gefüllte Stoffe. Vielversprechend in bezug auf die Möglichkeit, Baumwolle durch heimischen Holzzellstoff zu ersetzen, ist ferner das Ergebnis, daß sich mit Baumwollfasern gefüllte Preßstoffe in ihrer statischen Festigkeit und Dauerfestigkeit von zellstoffgefüllten Stoffen nicht nennenswert unterschieden. Die Biegewechselfestigkeit der Preßstoffe beträgt im Mittel etwa das 0,3 fache der statischen Biegefestigkeit ($\sigma_{Wb} \approx 0{,}3\,\sigma_b$). Oberflächenbeschaffenheit und Harzgehalt beeinflussen wesentlich die Dauerfestigkeit eines Preßteiles. Durch Entfernen der Preßhaut und durch geringeren Harzgehalt wird die Dauerfestigkeit erhöht.

Die *Elastizität* von Kunstharzpreßstoffen ist wesentlich größer als die der metallischen Lagerbaustoffe. Während z. B. Rotguß einen Elastizitätsmodul von 900000 kg/cm² besitzt, beträgt der des am meisten zu Lagerzwecken verwendeten Types T_2 nur 70000 bis 100000 kg/cm². Die guten elastischen Eigenschaften befähigen Preßstoff leicht Stöße und Schwingungen aufzunehmen. Beim Einpressen von Lagerbüchsen ist dem geringen Elastizitätsmodul durch größeres Übermaß Rechnung zu tragen (s. S. 145—147).

Die *Härte* der Phenolpreßstoffe beträgt nach VDE 0302 „Vorschriften für die Prüfung elektrischer Isolierstoffe“ bestimmt, 1300—1500 kg/cm². Da sich die VDE-Härte aus der Eindrucktiefe unter Last errechnet, läßt sie sich mit den Brinellhärtezahlen nicht vergleichen.

---

[1] Vgl. A. Thum, A. Greth u. H. R. Jacobi: Kunst- und Preßstoffe 2, S. 16—24. Berlin 1937.

d) Bearbeitbarkeit.

Kunstharzpreßstoffe lassen sich mechanisch gut bearbeiten. Die Bearbeitbarkeit ähnelt der von Hartholz, Messing und Leichtmetall.

Werkzeuge. Da bei der Bearbeitung von Preßstoffen die Schneiden besonders durch das harte Harz und oft auch durch den eingelagerten Füllstoff stark abgenutzt werden, sind Schnelldrehstähle, besser noch Hartmetallwerkzeuge zu verwenden. Empfehlenswert sind Hartmetallschneiden aus Widia, Titanit usw. Neuerdings werden auch keramische Werkzeuge benutzt[1]. Diese werden in Matrizen gepreßt und anschließend gebrannt. Sie haben den Vorteil, bei hohen Temperaturen nicht abzustumpfen sondern abzuschiefern, wodurch neue scharfe Schnittflächen entstehen. Außerdem sind sie äußerst billig. Sie werden als Messer in Fräser eingesetzt, in Drehstahlhalter eingespannt und als Bohrer verwendet. Um glatte, saubere Schnittflächen zu erhalten, müssen die Schneidwerkzeuge immer scharf gehalten werden. Stumpfe Schneiden rauhen die Oberfläche auf.

Schnittgeschwindigkeiten und Vorschübe. Kunstharzpreßstoffe sind zweckmäßig mit hohen Schnittgeschwindigkeiten und kleinen Vorschüben zu bearbeiten (s. Zahlentafel 12)[2]. Besonders gut eignen sich schnelllaufende Werkzeugmaschinen, wie sie in Sonderausführungen heute zur Bearbeitung von Leichtmetallen viel benutzt werden.

Kühlung und Maßhaltigkeit. Infolge der schlechten Wärmeleitfähigkeit ist bei der Bearbeitung von Preßstoffen Vorsicht geboten; vor allem bei Werkzeugen mit hoher Schnittgeschwindigkeit, die mit dem Werkstoff längere Zeit unter Schnitt stehen (z. B. Bohrer). Die entstehende Wärme vermag nicht so schnell wie bei Metallen abgeführt zu werden, das Werkzeug wird übermäßig heiß und der Preßstoff verkohlt. Von einer Kühlung mit Wasser wird wegen der Wasseraufnahme der Kunststoffe in den meisten Fällen abgesehen. Zweckmäßig werden die bei der Zerspanung anfallenden Späne wie bei der Holzbearbeitung abgesaugt oder durch Druckluft weggeblasen, wodurch die Schneidwerkzeuge etwas gekühlt werden und gleichzeitig einem Verschleiß der Werkzeugmaschinen-Laufbahnen durch den Kunstharz- und Füllstoffstaub vorgebeugt wird.

Die Maßhaltigkeit der Bearbeitung kann, durch die Werkstoffeigenschaften des Preßstoffes bedingt, naturgemäß nicht die gleiche wie bei Metallen sein. Die Passungstoleranzen müssen deshalb weiter als bei Eisen- und Nichteisenmetallen gewählt werden. Bei gewöhnlichen Anforderungen sind den Abmessungen der bearbeiteten Preßstücke etwa die doppelten Werte der Grobpassung zugrunde zu legen. Werden größere

---

[1] Techn. Bl. Düsseld. Bd. 27 (1937) S. 589.

[2] Vgl. Betriebstechnische Sammelmappe, Berlin 1937 und A. Krüger: Masch.-Bau Betrieb Bd. 14 (1935) S. 609; ferner Betriebsblatt: Bearbeitung von Preßstoffen und Kunstharzen. Masch.-Bau Betrieb Bd. 13 (1934) Nr. 11/12.

Zahlentafel 12. Werte für Schnittgeschwindigkeiten und Vorschübe zur Bearbeitung von Lagerpreßstoffen.

Bearbeitung		Schnittgeschwindigkeit m/min		Vorschub mm/Umdrehung		Werkzeuge
		Geschichtete Preßstoffe (Hartgewebe)	Nichtgeschichtete Preßstoffe	Geschichtete Preßstoffe (Hartgewebe)	Regellose Preßstoffe	
Drehen	Schruppen	50 ÷ 80	50 ÷ 250	0,3 ÷ 0,6	0,3 ÷ 0,5	Aus Hartmetall; Freiwinkel 5÷8°; Keilwinkel 65÷70°; Spanwinkel 10÷15°. Abrundungsradius der Schneidstahlspitze 1,5 bis 2 mm.
	Schlichten	50 ÷ 80	50 ÷ 300	0,1 ÷ 0,3	0,08 ÷ 0,25	
Bohren		30 ÷ 40	15 ÷ 25	0,2 ÷ 0,4	0,2 ÷ 0,4	Spiralbohrer; Spitzenwinkel 90 bis 116°, weite, steilgängige Spiralnuten
Gewindeschneiden		60 ÷ 100	50 ÷ 80	—	—	Möglichst Fräser (Schnellstahl)
Fräsen		40 ÷ 90	40 ÷ 90	0,5 ÷ 0,7	0,5 ÷ 0,7	Hartmetallwerkzeuge
Sägen mit	Bandsäge	1800 ÷ 2000	1800 ÷ 2400	von Hand	von Hand	Freiwinkel 30°, Keil ∢ 55°, Zahnteilung 6 mm; Zähne nur wenig geschränkt
	Kreissäge	2200 ÷ 3000	2500 ÷ 3000	Desgl.	Desgl.	200÷350 mm ⌀, 2÷5 mm dick, Zahnteilung 6÷8 mm; Zähne ungeschränkt und hinterschliffen
	Trennschleifscheibe	3000	3000	Desgl.	Desgl.	200 mm ⌀, 1,5 mm dick
Schleifen mit Scheibe		1500 ÷ 2000	1500 ÷ 2000	—	—	Weich gebundene Siliziumkarbidscheiben; Körnung 30÷60

Ansprüche an die Genauigkeit gestellt, so sind die einfachen Werte der Grobpassung oder gar die der Feinpassung zu wählen[1].

Drehen. Wie aus Zahlentafel 12 ersichtlich, wird das Drehen bei hohen Schnittgeschwindigkeiten und kleinen Vorschüben vorgenommen. Eine Kühlung ist nicht erforderlich. Auf leichten Spanabfluß muß geachtet werden.

[1] A. Krüger: Kunst- und Preßstoffe 1, S. 12. Berlin 1937.

Bohren. Zur Verwendung kommen normale Spiralbohrer, wie sie bei der Metallbearbeitung üblich sind. Geeigneter sind Hartgummibohrer oder Bohrer mit eingelöteten Hartmetallplättchen. Bei Bohrungen von mehr als 15 mm Durchmesser empfiehlt es sich, Zapfenbohrer zu benutzen. Da nach dem Bohren sich die Bohrungen meist um rund 0,05 bis 0,1 mm verengen, wählt man den Durchmesser des Bohrers entsprechend größer. Bei engerer Toleranz reibt man die Bohrungen am besten nach. Um das Ausbröckeln oder Fasern der Preßstoffe beim Austreten des Bohrers zu vermeiden, ist ein großer Spitzenwinkel des Bohrers erforderlich. Außerdem muß man, um glatte Bohrungsränder zu bekommen, das Werkstück fest gegen seine Unterlage pressen. Der Vorschub geschieht zweckmäßig von Hand. Zwecks besserer Spanabfuhr ist der Bohrer öfters zurückzuziehen. Bei langen Bohrungen von kleinem Durchmesser weicht der Bohrer, wegen der wechselnden Festigkeit von Kunstharz und Füllstoff, leicht von der Vorschubrichtung ab. Auch ist bei Schichtstoffeu in Schichtrichtung ein Spalten möglich. Zur Kühlung des Bohrers und zum besseren Entfernen des Bohrmehls eignet sich am besten Druckluft.

Gewindeschneiden. Innengewinde werden mit Gewindebohrern breiter Fase und großer Spannute (tunlichst 2 Nuten) geschnitten. Beim Schneiden von Außengewinden wird möglichst die Preßhaut vorher entfernt, weil diese leicht zum Splittern neigt. Vor jedem Schnitt werden die Schneidwerkzeuge zweckmäßig mit Talg oder Staufferfett eingeschmiert. Die beim Schneiden sich bildende teigige Kunststoffmasse läßt sich mit Preßluft abblasen. Geeigneter zum Gewindeschneiden sind Fräser, denn diese ergeben ein saubereres Gewinde als Bohrer.

Fräsen. Zum Fräsen von Kunstharzpreßstoffen sind die zur Bearbeitung von Leichtmetall verwendeten Fräser gut geeignet. Sie müssen wegen des leichten Stumpfwerdens glashart gehärtet sein. Das Ausbrechen des Preßstoffes auf der Auslaufseite des Fräsers wird durch Beispannen von Stahl- oder Kunststoffplatten verhütet. Geschichtete Preßstoffe müssen in Schichtrichtung gefräßt werden.

Sägen. Formgepreßte Rohre, Blöcke oder geschichtete Platten werden auf normalen Band- oder Kreissägen, wie sie bei der Holzbearbeitung verwendet werden, oder mit Trennschleifscheiben zersägt. Da beim Sägen die Preßhaut absplittert, ist eine Bearbeitungszugabe vorzusehen. Durch nachträgliches Schleifen wird das Preßstück auf Fertigmaß gebracht.

Schleifen. Mit Schmirgelleinen und Glaspapier lassen sich glatte Flächen erzielen. Stärkere Schleifwirkungen werden mit Schmirgelscheiben aus Karborundum bewirkt. Um ein Schmieren und Zusetzen der Scheiben zu vermeiden, arbeitet man mit grobem Korn.

Stanzen kommt für die Herstellung von Preßstofflagern kaum in Betracht. Es eignet sich vornehmlich zum Herausarbeiten von Formstücken aus dünnen Platten.

3. Gestaltung.

Die hochentwickelte Preßtechnik gestattet, Lager und Büchsen in den verschiedensten Abmessungen und Bauformen herzustellen. Auch aus Blöcken und Platten lassen sich auf Grund der guten mechanischen Bearbeitbarkeit der Preßstoffe schwierige Formstücke leicht herausarbeiten. Der gut beratene Konstrukteur wird von dieser Möglichkeit der freien Gestaltung weitgehend Gebrauch machen. Er wird sich jedoch den Preßvorgang und die Betriebsbedingungen der zu fertigenden Lager stets vor Augen halten. In dem Bestreben, die Schwächen seiner Konstruktion und Mittel zu deren Beseitigung zu erkennen, wird er sich in die Preßmassen einfühlen, das Fließen des Werkstoffes unter der Einwirkung von Druck und Hitze und den Kampf des fertigen Preßstofflagers mit den auftretenden Betriebsbeanspruchungen geistig miterleben. Der mit dem Entwerfen von Preßteilen und in der stoffgerechten Anwendung von Kunstharzpreßstoffen unerfahrene Konstrukteur wird beim Gestalten zunächst auf Schwierigkeiten stoßen. Nachfolgende Richtlinien mögen ihm deshalb einige Fingerzeige zum Entwurf von Lagerschalen und -büchsen aus Kunststoff geben.

a) Preßtechnische Gesichtspunkte.

Allgemeine Forderungen. Der Preis eines formgepreßten Lagers wird mehr durch die Formkosten und die Stückzahl als durch den verwendeten Rohstoff bestimmt. Es sind deshalb, wenn irgend möglich, einfache Lagerformen anzustreben. Einfache Preßwerkzeuge haben eine längere Lebensdauer als solche komplizierterer Form. Außerdem weisen die mit ihnen gepreßten Teile günstigere mechanische Eigenschaften auf. Bei den T- und Z-Typen sind wegen deren geringem Fließvermögen einfache Preßformen häufig sogar unerläßlich.

Um die Preßstücke leicht aus der Form nehmen zu können, sind sämtliche Flächen in Richtung des Preßdruckes etwas konisch zu halten. Lagerschalen lassen sich, wenn sie, wie üblich, senkrecht zur Teilfugenebene gepreßt werden, ohnehin schon der Preßform leicht entnehmen. Dagegen muß beim Pressen von Büchsen das Kernstück schwach kegelig gehalten werden. Die Folge hiervon ist eine leicht konische Form der Büchsen, die sich bei deren Einbau auf die Lagerung der Welle nachteilig auswirkt. In vielen Fällen ist eine Nachbearbeitung der Bohrungen und Außenflächen nicht zu umgehen. Auch das Einpressen von Ölnuten und Öltaschen bereitet im Gegensatz zum Schalenpressen Schwierigkeiten. Sie werden bei Büchsen zweckmäßig mechanisch herausgearbeitet.

Wandstärke. Anzustreben sind unter allen Umständen dünne Wandungen. Sie bringen eine Reihe von Vorteilen mit sich. Dünne Wandstärken erfordern weniger Rohstoff und verringern die Preßzeit. Hierdurch werden Löhne eingespart und die Preßformen und die Presse besser ausgenutzt. Mit der Verringerung der Wandstärken darf jedoch wiederum nicht zu weit gegangen werden. Bei Wandungen unter 2 mm besteht, vor allem bei Typ T_2, die Gefahr, daß die Preßmasse nicht richtig fließt und die Form nicht ausfüllt. Dicke Querschnitte härten meist nicht vollkommen durch, während die Außenflächen überhärten. Hierdurch entstehen innere Spannungen, die sich im Betrieb auslösen und zum Aufreißen führen können. Größere Dicken als 8 mm sind möglichst zu vermeiden.

Preßlinge ungleichen Querschnitts neigen leicht zu Verwerfungen. Beim Entwurf von Kunststofflagern ist deshalb darauf zu achten, daß die Wandstärken annähernd gleich dick gehalten und Werkstoffanhäufungen vermieden werden. Im übrigen richtet sich die Preßzeit nach dem größten Querschnitt, sodaß durch dünnere Teile, außer der Ersparnis an Werkstoff, keinerlei Vorteile erzielt werden.

Querschnittsübergänge, Kanten, Schlitze und Durchbrüche. Sie sind sorgfältig abzurunden, wobei der Abrundungsradius mindestens 2 mm betragen soll. Durch gut ausgerundete Übergänge und abgerundete Kanten wird die Preßform verbilligt und das Fließen der Preßmassen begünstigt. Außerdem werden die Kraftlinien im Werkstück sanfter umgelenkt, was sich in einer Festigkeitserhöhung auswirkt und weniger häufig zu Kantenrissen führt.

Ebene Flächen. Sie neigen besonders bei dünnen Wänden dazu, sich zu verwerfen. Große ebene Flächen sind möglichst zu vermeiden oder durch Rippen zu versteifen.

Gewinde und Bohrungen. Es empfiehlt sich, in Büchsen und Schalen aus Kunstharzpreßstoff Gewinde und Bohrungen gleich mit einzupressen, wenn sie in Preßrichtung angeordnet sind. Ist dies nicht der Fall, so wird die Preßform komplizierter und teurer und der Preis des Preßlings erhöht. Man bohrt und schneidet das Gewinde dann zweckmäßig in das gepreßte Werkstück. Die Gewindesteigung ist größer als bei Metallen zu wählen. Die Länge der gepreßten Gewinde soll etwa 2 d, die von geschnittenen Gewinden etwa 3 d betragen. Um ein Aufplatzen der Gewinde zu vermeiden, ist darauf zu achten, daß sie nicht zu nahe an den Außenkanten des Preßlings angeordnet werden.

Schwinden. Für die beim Formpressen von Kunststofflagern auftretende Schwindung interessiert sich vor allem der Konstrukteur der Preßformen, denn durch entsprechende Berücksichtigung der Formschwindung vermag dieser die Maßhaltigkeit der Fertigstücke weitgehend zu beeinflussen. Die Größe des Schwindmaßes ist abhängig von der verwendeten Preßmasse, der Bauform und der preßtechnischen Herstellung. Bei Phenoplasten mit organischem Füllmittel beträgt die Formschwindung 0,3 bis 1% (Typ T: 0,3 bis 0,35%, Typ S und 0: 0,8 bis 1%) und bei solchen mit mineralischem Füllstoff etwa 0,3 bis 0,4% (Typ 1 und M)[1].

---

[1] H. TURNWALD: Vortrag auf der Fachtagung der Arbeitsgemeinschaft deutscher Betriebsingenieure in Stuttgart am 10. Dezember 1937.

b) Gestaltende Maßnahmen hinsichtlich der auftretenden Betriebsbeanspruchungen.

Weit mehr noch als den Forderungen, die die Preßtechnik stellt, ist bei der Formgebung von Kunststofflagern deren Betriebsbedingungen, gemäß den besonderen Eigenschaften der Kunstharzpreßstoffe, Rechnung zu tragen. Von den gestaltenden Maßnahmen hängt es in erster Linie ab, ob sich ein Preßstofflager bewährt oder nicht, denn die mechanischen Festigkeitseigenschaften des verwendeten Werkstoffes lassen allein keine eindeutige Beurteilung in dieser Hinsicht zu. Das haben die zahlreichen Versuche gezeigt, die mit Kunststofflagern auf den verschiedensten Gebieten des allgemeinen Maschinenbaues im Laufe des letzten Jahres durchgeführt wurden. Im Gegensatz zu den mit Metalllagern gemachten Erfahrungen waren Heißläufer und andere Versager mehr auf die nicht werkstoffgerechte Ausbildung der Lager, als auf die benutzten Werkstoffe zurückzuführen. Dies ist nicht verwunderlich, wenn man bedenkt, daß in den meisten Fällen die von den Metallen überlieferte Lagerform einfach übernommen und der Preßstoff in eine Form gezwängt wurde, die in keiner Weise seiner Eigenart entsprach.

Soll die Verwendung von Kunstharzpreßstoffen zu Lagerzwecken von Erfolg gekrönt sein, so müssen vor allem die Werkstoffeigenschaften des Preßstoffes, die von denen der Metalle erheblich abweichen, beobachtet werden und bei der Gestaltung ihren Ausdruck finden. Die konstruktiv einschneidensten Maßnahmen erfordert das geringe Wärmeleitvermögen der Preßstoffe. Ihm verdanken sie ihre überragende Bedeutung als Isolierstoff, ihrer Verwendung als Lagerwerkstoff ist es dagegen sehr hinderlich. Hinzu kommen weitere nachteilige Eigenschaften der Kunststoffe: die große Wärmeausdehnung, das Schrumpfen bei höherer Temperatur und das durch das Aufsaugen von Schmier- und Kühlmitteln verursachte Quellen.

In Verfolg der angeführten konstruktiven Gesichtspunkte brachte die Entwicklung der Kunstharzpreßstoff-Lager neben der bei Metallen üblichen Art der Lagerung: umlaufende oder feststehende Stahlwelle in feststehendem bzw. umlaufendem Lager, eine zweite sehr aussichtsreiche Anordnung, die darin besteht, den Lagerwerkstoff auf die Welle fest aufzubringen und mit dieser umlaufen zu lassen. Beide Bauformen werden, da sie grundsätzlich voneinander abweichen und besondere Maßnahmen der Gestaltung erfordern, anschließend getrennt behandelt.

Normale Ausführung: Lagerung der Welle in Kunststoff. Wie die metallischen Lagerbaustoffe kommen Kunstharzpreßstoffe als Schalen, Büchsen oder aus einzelnen Segmenten zusammengesetzte Lager zur Verwendung. Segmentlager werden nur bei größeren Abmessungen, hauptsächlich im Walzwerksbetrieb benutzt (s. S. 160—163). Die weitaus größte Anzahl der erzeugten Preßstofflager wird in Form von Schalen oder Büchsen massiv eingebaut oder als dünne Lauffläche in metallische Stützkörper eingebracht.

Wandstärke. Infolge der schlechten Wärmeleitfähigkeit der Preßstoffe wird nur ein geringer Teil der im Lager entstehenden Reibungswärme in das Lagergehäuse abgeführt. Für die Wärmeableitung kommt vor allem die Welle und das Schmiermittel in Betracht. Der Anteil der durch das Gehäuse abgeführten Wärmemenge läßt sich jedoch erhöhen, wenn die Preßstofflager sehr dünn gehalten werden. Dies wirkt sich besonders günstig bei Lagern mit Fettschmierung aus, wo dem Schmiermittel hinsichtlich der Wärmeableitung nur eine untergeordnete Bedeutung zukommt. Außerdem wird mit geringerer Wandstärke der Widerstand gegen Formänderung erhöht. Das Gehäuse wird mehr zum Tragen mit herangezogen, wodurch nach Untersuchungen der MPA. Darmstadt die Tragfähigkeit der Lager gesteigert wird. Diese Erkenntnis, Kunstharzpreßstoff-Lager möglichst dünn zu halten, deckt sich vortrefflich mit der von preßtechnischen Gesichtspunkten aus gestellten Forderung. Die Dicke der Preßstoffschalen oder -büchsen soll etwa 5 bis 10% des Zapfendurchmessers betragen. Es empfiehlt sich nicht, mit der Wandstärke zu weit herunterzugehen, weil zu dünne Lager, wenn sie nicht sehr sorgfältig in die Gehäuse eingepaßt werden, leicht zum Durchbrechen neigen. Dagegen haben sich dünne, in Metallschalen oder -büchsen eingebrachte Kunststoffschichten recht gut bewährt. Bei nur mechanischer Verbindung der Schicht mit dem Metall besteht bei Wechselbeanspruchung die Gefahr des Loslösens. Besser ist es, den Preßstoff mit dem metallischen Stützkörper zu verkitten oder zu verkleben. Die Dauerhaltbarkeit solcher Lager wird durch die kraftübertragende Bindung wesentlich erhöht. Als Bindemittel wird in Natronlauge oder Spiritus gelöstes Phenolharz, Kolophonium, Schellack u. a. benutzt. Neuerdings geht man dazu über, dünne Kunststoffschichten unmittelbar in die metallischen Stützkörper einzupressen (s. S. 143 u. 144). Die äußeren Abmessungen von Metallbüchsen oder -schalen mit einer Laufschicht aus Kunstharzpreßstoff können gleich denen von Metallagern gewählt werden, so daß sie mit diesen auszutauschen sind.

Lagerlänge. Bei Metallagern liegt hinsichtlich der größtmöglichen Flächenpressung, das günstigste Verhältnis von Lagerlänge zum Lagerdurchmesser bei etwa $l/d \approx 0{,}5$. Mit größerer Länge wirkt sich bei gleichem Bohrungsdurchmesser die Wellendurchbiegung immer ungünstiger aus, so daß bei einem Verhältnis von $l/d = 1$, die spezifische Tragfähigkeit nur noch etwa halb so groß ist wie bei $l/d = 0{,}5$. Ob sich diese Beziehungen auch auf Kunststofflager übertragen lassen, ist nach den bis heute vorliegenden Erfahrungen noch nicht eindeutig zu entscheiden. Jedenfalls ergaben von der MPA. Darmstadt mit geschichteten Preßstofflagern durchgeführte Versuche, daß mit größerem Verhältnis als $l/d = 0{,}5$, die zulässige Flächenpressung beträchtlich erhöht wird.

Schmale, senkrecht zur Achse geschichtete Lager spalten sich längs der Gewebebahnen auf und quetschen sich seitlich aus dem Lagerkörper heraus, vgl. Abb. 120a. Mit größerer Lagerlänge wird dagegen der Formänderungswiderstand des Preßstoffes in Achsrichtung erhöht. Der mittlere Teil des Lagers, in seiner Formänderung behindert, übernimmt

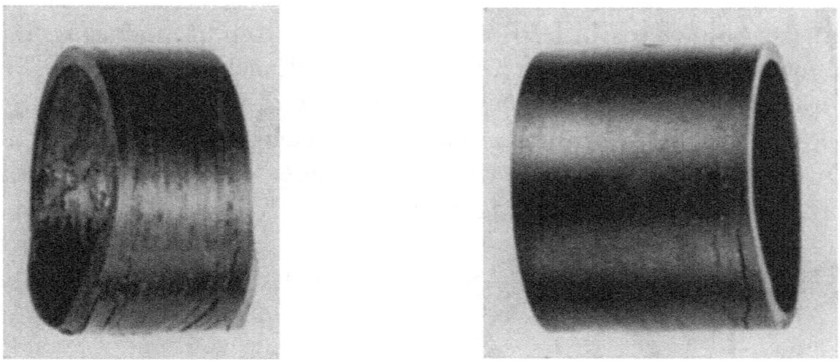

a b

Abb. 120a und b. Zerstörte Kunstharzpreßstoff-Büchsen. Infolge Überbeanspruchung in Schichtrichtung senkrecht zur Lagerachse aufgespalten.

den größten Teil der aufgebrachten Last, nur die Lagerenden werden seitlich um weniges weggedrückt, vgl. Abb. 120b. Die günstigste Länge von Preßstofflagern dürfte bei einem Verhältnis von etwa $l/d \approx 1$ liegen; wenigstens bei senkrecht zur Achse geschichteten Preßstoffen, die sich in Lagerlängsrichtung ungehindert verformen können. Dieses unterschiedliche Verhalten von Metall- und Kunststofflagern bezüglich der günstigsten Lagerlänge ist auf die verhältnismäßig schlechte Warmfestigkeit der Kunststoffe zurückzuführen. Preßstoffe vermögen gegenüber Metallagern bei höheren Temperaturen nur eine geringere Gesamtlast aufzunehmen. Deshalb ist auch in Nähe der Höchstbelastung die durch die Wellendurchbiegung hervorgerufene Kantenpressung nicht so groß.

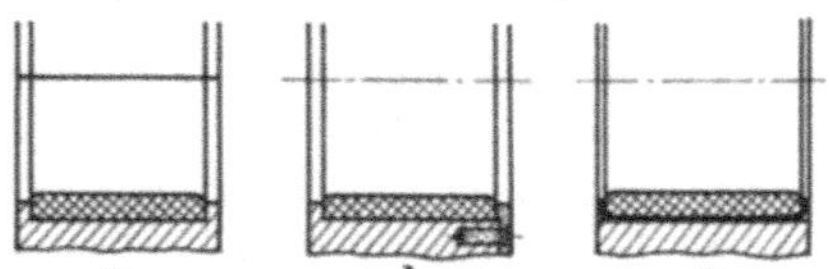

a b c

Abb. 121a bis c. Einbau von Schalen und Büchsen aus Kunstharzpreßstoff. Gestaltende Maßnahmen zur Behinderung axialer Verformung. a Schale in Gehäuse mit beidseitigem Bund, stramm eingepaßt. b Büchse im Gehäuse durch Bund und angeschraubten Stahlring gegen Verformung gesichert. c Büchse mit beidseitig umgebördeltem Blechmantel in Gehäuse eingepreßt.

Durch seitliche Armierung der Lager mittels eines Stahlbundes oder dergleichen kann das Wegdrücken des Preßstoffes unter Last vermieden und dadurch die Belastbarkeit erhöht werden (vgl. Abb. 121a bis c). Recht erfolgversprechend ist in dieser Hinsicht auch eine Bauform, die von der I. G. Farbenindustrie Aktiengesellschaft und der MPA. Darmstadt entwickelt wurde, s. Abb. 122. Bei dieser Konstruktion wird in mit Innengewinde versehene Leichtmetallbüchsen eine dünne Preßstoffschicht unmittelbar eingepreßt. Den seitlichen Schub des Preßstoffes nehmen bei

Belastung die einzelnen Gewindegänge auf, so daß ein seitliches Ausweichen des Kunststoffes nahezu vollständig verhindert wird. Gleichzeitig werden bei dieser Bauweise noch weitere Vorteile betreffs besserer Wärmeableitung erzielt. Nach sorgfältiger Feinstbearbeitung der Bohrung reicht das Spitzgewinde bis dicht unter die Lauffläche, so daß die Reibungswärme unmittelbar dort, wo sie entsteht, von dem gut wärmeleitenden Metall weggeführt wird. Dadurch, daß die Ölnuten im nichttragenden Teil der Büchsen und die seitlich angebrachten Öltaschen durch den Preßstoff hindurch tief in das Metall hineingearbeitet sind, wird ferner dem Schmiermittel durch seine Berührung mit dem Leichtmetall Wärme entzogen.

Es ist anzunehmen, daß durch derartige konstruktive Maßnahmen bei Preßstofflagern das günstigste Verhältnis von l/d zu dem von Metalllagern hin verschoben wird. Wie gesagt, können jedoch hierüber noch keine bindenden Angaben gemacht werden. Eine Klärung dieser Frage muß weiteren Untersuchungen, die auf den Einfluß der Gestaltung bei verschiedenen Werkstoffen auszudehnen sind, vorbehalten bleiben.

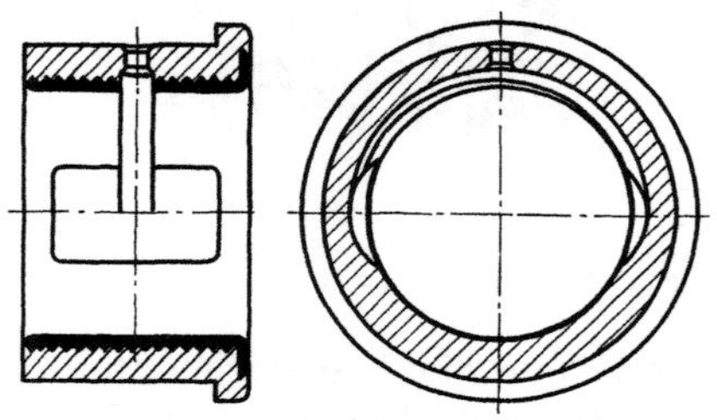

Abb. 122. Leichtmetallbüchse mit eingepreßter dünner Kunstharzpreßstoffschicht als Lauffläche.

Lagerspiel. Die Größe des Lagerspieles wird bestimmt durch die Umfangsgeschwindigkeit der Welle, die Lagerbelastung und die Schmier- und Kühlverhältnisse; ferner durch die Oberflächenbeschaffenheit von Welle und Lagerlauffläche, die Einbauverhältnisse und nicht zuletzt durch den Lagerwerkstoff selbst. Bei metallischen Lagerbaustoffen ist für die Bemessung des geringstmöglichen Einbauspieles in erster Linie die Wärmeausdehnung, die Oberflächenbearbeitung und die Wellendurchbiegung maßgebend. Bei Kunstharzpreßstoffen kommen zu diesen Faktoren zwei weitere, sehr einflußreiche Größen, das Quellen und Schwinden, hinzu. Nach den Messungen der MPA. Darmstadt erfahren Preßstofflager, einerseits durch die Ausdehnung und das Quellen und andererseits durch das Schwinden bei höherer Temperatur, eine Formänderung, die erheblich größer als die bei Metallagern ist. Während das Schwinden eine Verringerung der Wandstärke zu bewirken sucht, was einer Bohrungserweiterung gleichkäme, wirken die Ausdehnung und das Quellen im entgegengesetzten Sinne. Beide führen infolge ihrer größeren Gesamtwirkung, durch das Lagergehäuse in der Formänderung nach außen behindert, zu einer Bohrungsverengung. Da sich mit zunehmender Temperatur auch die Welle ausdehnt, würde bei metallgleichem Einbauspiel schließlich ein Verklemmen von Welle und Lager eintreten. Diese Gesichtspunkte, sowie die stoffbedingte, schlechte Maßhaltigkeit der Bearbeitung zwingen zu einem größeren Lagerspiel als bei Metallagern.

Das Lagerspiel soll erfahrungsgemäß etwa 0,25 bis 0,3% des Wellendurchmessers betragen[1]. Nach den „Richtlinien für die Gestaltung und Verwendung von Lagern und Buchsen aus Kunstharzpreßstoff"[2] legt man zweckmäßig etwa die obere Passungsgrenze des weiten Schlichtlaufsitzes (SWL) zugrunde. Dem betriebsmäßigen Quellen und Schwinden der Preßstofflager beugt man zweckmäßigerweise vor, indem man die Lager vor dem Einbau längere Zeit in etwa 100 bis 120° heißes Öl legt. Je nach Größe der durch diese Vorbehandlung erzielten Formänderung kann dann das Lagerspiel entsprechend kleiner gewählt werden. Durch das bei Kunststofflagern erforderliche große Lagerspiel wird die Reibungsarbeit beträchtlich erhöht und die Tragfähigkeit verringert. Diesem letzten Nachteil läßt sich nach BEUERLEIN und REINARTZ[3] begegnen, wenn man Schmieröle mit günstiger Temperaturfunktion der Zähigkeit, z. B. Voltolöle, benutzt.

Einbau. Bei der Verwendung von Kunstharzpreßstoff-Lagern sind die Lagerabstände kurz und die Wellen so steif zu halten, daß sie sich unter Last nur wenig durchbiegen. Es ist ferner darauf zu achten, daß die Gehäusebohrungen mit der Welle genau fluchten, weil Kunstharzlager gegen Kantenpressung sehr empfindlich sind. Während z. B. bei schlecht ausgerichteten Weißmetallagern das Metall von der Welle weggedrückt wird und sich dieser anpaßt, führt bei Kunststofflagern, infolge des geringen Formänderungswiderstandes der Kunstharze, Kantenpressung zu örtlich übergroßer Erwärmung. Der Preßstoff verkohlt. Das Lager wird unbrauchbar.

Die geringe Biegefestigkeit der Kunststoffe fordert eine satte Auflage der Lager. Sie dürfen, vor allem bei dünner Wandung und wechselnder oder stoßartiger Beanspruchung, nicht hohl liegen, damit keine Risse und Brüche auftreten. Die Lagersitzflächen sind deshalb wie bei schlagbeanspruchten Metallagern sauber auszudrehen[4].

Zweckmäßig werden Preßstoffbüchsen in das Gehäuse stramm eingepreßt. Eine Sicherung gegen Verdrehung ist dann nicht erforderlich. Um beim Einpressen ein Abschaben der Büchse zu vermeiden, empfiehlt es sich, die Kanten von Büchse und Gehäuse an der Eindrückseite etwas abzurunden. Das Übermaß ist wegen des geringeren Elastizitätsmoduls der Preßstoffe um ein Vielfaches größer als bei Metallen zu halten. Zugleich wird durch einen sehr strammen Sitz, einem Lockerwerden der

[1] Bei der Bemessung des Lagerspieles von unbearbeiteten, formgepreßten Büchsen müssen bei kleinen und mittleren Wellendurchmessern wesentlich größere Werte gewählt werden. Vgl. Abb. 124 und die Einbauvorschriften der Demag S. 146 bis 147.

[2] Veröffentlicht im VDI-Sonderheft „Kunst- und Preßstoffe 2", Berlin 1937. Auf Grund der in der Zwischenzeit mit Preßstofflagern gesammelten Erfahrungen wurde eine Überarbeitung der Richtlinien erforderlich. Mit der Veröffentlichung der 2. Ausgabe ist in Kürze zu rechnen. (Die Verfasser im Januar 1939.)

[3] P. BEUERLEIN u. A. REINARTZ: Kunststoffe, Bd. 27 (1937) S. 324.

[4] Vgl. A. THUM u. R. STROHAUER: Z. VDI Bd. 81 (1937) S. 1245—1248.

Lager durch Schrumpfen vorgebeugt. Bei Prüfstandversuchen der MPA. Darmstadt wurde nämlich beobachtet, daß mit DIN-Preßsitzpassung eingepreßte Preßstoffbüchsen, nach längerer Laufzeit bei höheren Temperaturen von Hand leicht aus dem Stützkörper herausgedrückt werden konnten, oder sogar von selbst herausfielen. Die Übermaße sind jedoch wiederum nicht zu groß zu wählen, damit die Büchsen beim Einpressen nicht aufreißen.

Auf Grund von Untersuchungen mit Büchsen aus Preßstoff Typ T_2 wurden nach G. BARNER[1] für die Bemessung von Kunstharzbüchsen bei der Demag folgende vorläufige Vorschriften ausgearbeitet:

„Es ist grundsätzlich zu unterscheiden zwischen Büchsen, welche vor dem Einpressen mit spanabhebenden Werkzeugen bearbeitet werden

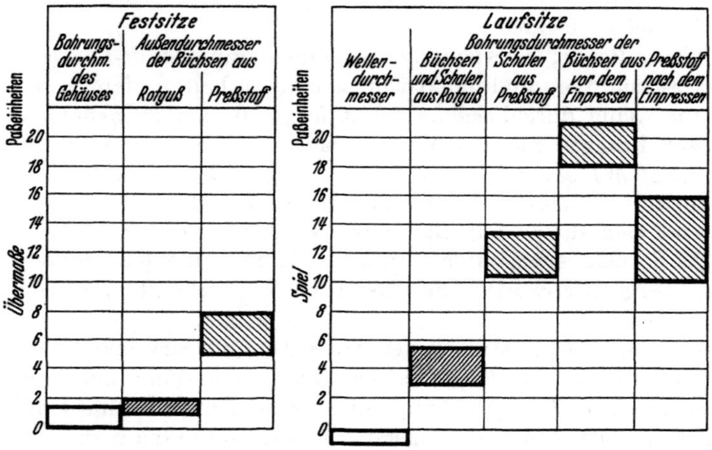

Abb. 123. Toleranzen für Preßstofflagerbüchsen (BARNER).

(darunter fallen auch Lagerschalen), und Büchsen, welche in formgepreßtem Zustand ohne weitere Bearbeitung verwendet werden sollen.

Die erstere Art kann mit genügender Genauigkeit hergestellt werden. Abb. 123 zeigt in Paßeinheiten aufgetragen links die Übermaße für Büchsen, welche in eine Feinbohrung eingepreßt werden sollen. Demnach ist für Preßstoff rund das vierfache Übermaß gegenüber Rotgußbüchsen vorzusehen. Rechts sind die Lagerspiele eingetragen. Im Gegensatz zu den Metallagern ist das Lagerspiel an sich größer zu nehmen, z. B. 12 PE im Mittel für Preßstoff gegen 4 PE bei Rotgußschalen mit leichtem Laufsitz. Ferner muß unterschieden werden zwischen Schalen, welche mit Gleitsitz in der Gehäusebohrung liegen, und Büchsen, welche durch das Einpressen auch in ihrem Innendurchmesser verändert werden.

[1] G. BARNER: Kunststoffe Bd. 27 (1937) S. 324—326 und Demag-Nachr. Bd. 12 (1938) S. 8—14.

Für letztere ist also bei der Herstellung ein größeres Spiel vorzusehen, das sich im eingebauten Zustand verringert unter Erweiterung der Toleranz, da diese noch durch die Abmaße der Gehäusebohrung und die Wandstärkenveränderung beim Einpressen beeinflußt wird.

Bei den formgepreßten Büchsen ohne Bearbeitung sind folgende Gesichtspunkte wichtig: Der Außendurchmesser der Büchse ist infolge verschiedenen Schwundes beim Aushärten erheblichen Streuungen unterworfen, dagegen kann die Wandstärke in erheblich engeren Toleranzen gehalten werden.

Auf Grund der Versuchsergebnisse wurden für derartige Büchsen ebenfalls vorläufig die angegebenen Abmaße festgelegt, Abb. 124. Ent-

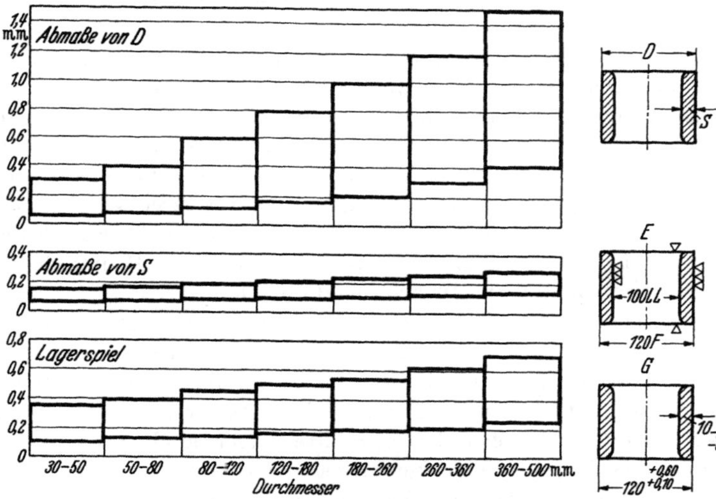

Abb. 124. Abmaße für formgepreßte Lagerbüchsen aus Preßstoff (BARNER). Beispiele: *E* Ausführung in Bronze, *G* Ausführung in Preßstoff, einbaufertig formgepreßt.

gegen der Bemaßung von bearbeiteten Büchsen wird hierbei der Außendurchmesser *D* und die Wandstärke *S* angegeben und toleriert, wobei die Abmaße für den Außendurchmesser wesentlich größer sind als die der Wandstärke. Die Büchsen dürfen innerhalb der Abmaße von *D* konisch und elliptisch, innerhalb der Abmaße von *S* exzentrisch sein.

Beim Einpressen der Büchse in eine genau hergestellte Bohrung ist das Lagerspiel von der Größe des Übermaßes und damit vom Außendurchmesser der Büchse unabhängig; es wird bestimmt nur durch das Abmaß der Bohrung und die sehr kleine Änderung der Wandstärke beim Einpressen. So entsteht im eingepreßten Zustand eine Bohrung, die bei einer Welle vom Nennmaß ohne Nacharbeit die angegebenen Lagerspiele aufweist.“

Schmierverfahren. Kunststofflager werden wie Metallager mit Öl oder Fett geschmiert. Wenn es die Betriebsverhältnisse zulassen, kommt auch eine Schmierung mit Wasser oder Emulsion in Betracht.

Ölschmierung. Bei der Verwendung von Schmieröl sind Preß-, Ring- und Tropfölschmierung gebräuchlich.

Preßölschmierung. Am zweckmäßigsten schmiert man mit Preßöl, vor allem Lager mit hoher Umfangsgeschwindigkeit. Die Preßölschmierung gestattet, den Lagern die größten Schmierstoffmengen zuzuführen und durch ausreichende Rückkühlung des umlaufenden Öls dafür zu sorgen, daß die Lagererwärmung nicht zu groß wird. Das Öl wird durch Kühler oder in großen Sammelbehältern aus gut wärmeleitendem Metall gekühlt. Es kann durch das Lager oder durch die Welle zugeführt werden. Die letzte Art ist vorteilhafter, weil hierbei das kühle Schmieröl die Welle länger berührt und ihr mehr Wärme entzieht, als wenn es unmittelbar in das Lager gepumpt wird. Die Eintrittstemperatur des Öles sollte nicht mehr als 30° C betragen.

Ring- und Tropfölschmierung. Über Lager mit Ring- und Tropfölschmierung sind bisher noch wenig Erfahrungen bekannt geworden. Ringgeschmierte Lager dürften aller Voraussicht nach, nur für mittlere und solche mit Tropfölschmierung nur für geringe Belastungen und Drehgeschwindigkeiten in Betracht kommen. Doch wird gerade bei weniger gut geschmierten Lagern zweckmäßige, werkstoffgerechte Formgebung viel dazu beitragen, die Betriebssicherheit auch bei größeren Beanspruchungen und Geschwindigkeiten zu gewährleisten. Planmäßige Forschungsarbeiten in dieser Hinsicht sind im Gange.

Fettschmierung. Fettgeschmierte Lager werden bei geringen Umfangsgeschwindigkeiten, wo wenig Reibungswärme entsteht, oder im aussetzenden Betrieb, in dem keine hohen Lagertemperaturen aufkommen können, verwendet. Das Schmierfett wird normalerweise mittels Staufferbüchsen zugeführt. Höher beanspruchte Lager sind mit Preßfett zu schmieren. Es können auch Fettbriketts verwendet werden, wenn sie gut an der Welle anliegen. Als Wärmeträger kommt bei fettgeschmierten Lagern dem Schmiermittel nur eine untergeordnete Bedeutung zu. Die entwickelte Reibungswärme hat in erster Linie die Welle abzuführen, was durch die Anordnung von Ritzeln, Kupplungsscheiben oder Zahnrädern in Lagernähe begünstigt wird[1].

Wasser- und Emulsionsschmierung. Die Schmierung bzw. Kühlung mit Wasser eignet sich besonders für Preßstofflager in Warmwalzgerüsten. Das Wasser wird den Lagerstellen fein verteilt zugeführt, s. S. 161. Auch als Stevenrohrlager bei Schiffen und überall dort, wo Lager unter Wasser laufen müssen, haben sich Kunstharzlager ausgezeichnet bewährt. Recht zweckmäßig ist es, die Lager bei Wasserschmierung zusätzlich mit einem wasserabweisenden, gut haftenden Fett zu schmieren. Durch die auf den Lagerlaufflächen sich bildende dünne Fettschicht wird die unmittelbare Einwirkung des Wassers auf den Preßstoff verhindert und

[1] H. Ernst: Mitt. Forsch.-Anst. Gutehoffnungshütte Bd. 5 (1937) S. 135 bis 143.

beim Anlaufen der Lager der Reibungswiderstand verringert. Außerdem wird vermieden, daß bei längerem Stillstand der Maschine die Welle Zapfen anrostet.

Vorteilhafter als die reine Wasserschmierung ist die Schmierung mit geeigneten Ölemulsionen. Selbst durch einen geringen Zusatz leicht emulgierbaren Öles zu Wasser wird die Filmbildung begünstigt und damit die Tragfähigkeit der Lager erhöht. Unangenehm ist die leichte Schaumbildung von Emulsionen. Sie kann bei Umlaufschmierung zum Verstopfen der Leitungen führen und Heißläufer verursachen.

Schmiermittelzuführung. Während bei Metallagern etwa 20 bis 60% der entwickelten Reibungswärme durch die Welle und das Lager abgeführt werden, ist bei Preßstofflagern infolge des schlechten Wärmeleitvermögens der Kunststoffe die Wärmeleitung in

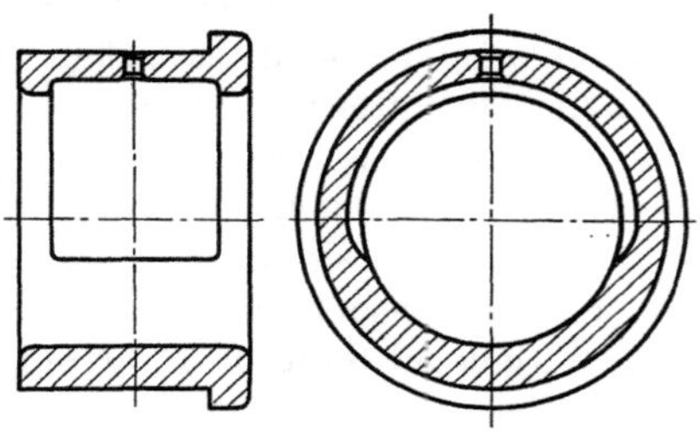

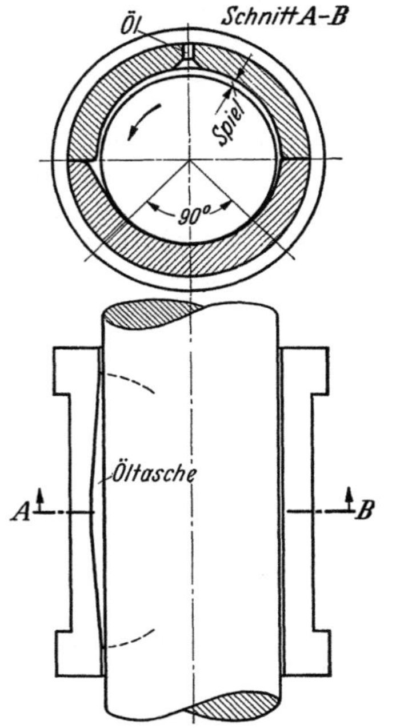

Abb. 125. Ausgesparte Preßstoffbüchse. Abb. 126. Lagerschale mit Schmiertaschen (AEG)[1].
Abb. 125 und 126. Schmiermittelzuführung bei Preßstofflagern.

den Lagerkörper nahezu vollkommen unterbunden. Die Fortführung der Wärme hat fast ausschließlich nur die Welle und vor allem das Schmiermittel zu übernehmen. Beider Anteil an der Wärmeableitung beträgt zusammen etwa 50 bis 90%. Kunststofflagern muß deshalb, besonders bei höheren Drehzahlen, zur Kühlung wesentlich mehr Schmierstoff zugeführt werden als Metallagern. Diese Forderung zwingt zu besonderen baulichen Maßnahmen.

Das größere Lagerspiel von Preßstofflagern gestattet, bei Druckölschmierung ohne Erhöhung des Öldrucks mithin schon größere Schmiermengen durch das Lager zu pumpen, wenn dafür gesorgt wird, daß sich beim Zu- und Abfließen das Öl nicht staut. Dies läßt sich z. B. bei in einer Richtung belasteten Lagern durch breite seitliche Öltaschen erreichen, denen das Schmieröl durch eine im unbelasteten Teil des Lagers,

[1] Spiel und Öltasche sind der Deutlichkeit wegen übertrieben dargestellt.

auf die Tiefe der Taschen eingearbeitete, breite Ölnut zugeführt wird. Die Schmiertaschen sind bis auf einen schmalen Rand an den beiden Lagerenden durchzuziehen. An diesen verengt sich die Bohrung auf das vorgesehene Lagerspiel, damit das Öl seitlich nicht wegströmen kann. Bei sehr großen Schmierölmengen ist es ratsam, die Quernut auf die Taschenlänge zu erweitern, s. Abb. 125.

Die AEG wählt bei Preßstoffschalen eine in Abb. 126 dargestellte Bauform[1]. Bei dieser sind die Unterschalen an der Öleinlaufseite nach innen stark keilförmig abgeschrägt. Zur Druckaufnahme stehen etwa 90° der Unterschale zur Verfügung.

Schmiernuten dürfen keinesfalls im tragenden Teil der Lager angeordnet werden, weil sonst der Schmierfilm unterbrochen würde. Damit das Schmiermittel nicht abgestreift wird, sind im unbelasteten Lagerteil angebrachte Schmiernuten, Schmiertaschen, Bohrungen und Teilfugen sorgfältig abzurunden. Im übrigen gelten bei Preßstofflagern für die Anordnung von Nuten usw. dieselben Regeln wie für Metallager[2].

Welle. Als Wellenwerkstoff eignet sich für gering belastete, gut geschmierte Lager hoher Drehgeschwindigkeit normaler Kohlenstoffstahl. Für mittlere und hohe Belastungen und Lager, die unter Last angefahren werden, sind, um starken Verschleiß zu vermeiden, oberflächengehärtete Stähle zu verwenden. Die Wellen sind zu schleifen und tunlichst präge zu polieren. Sie müssen genau zylindrisch, riß- und riefenfrei sein. Die Reibung wird sonst unnötig erhöht, und die Lager verschleißen in kurzer Zeit.

Sonderausführung: Kunststoff mit Welle umlaufend, Lagerung in Metall. Den nachteiligen Eigenschaften von Kunstharz als Lagerwerkstoff, der geringen Wärmeleitfähigkeit und großen Wärmeausdehnung, wird nach einem Vorschlag von Prof. HEIDEBROEK weitgehend dadurch Rechnung getragen, wenn man den Kunststoff auf der Welle befestigt und mit dieser in Stahl-, Gußeisen- oder Leichtmetallagern umlaufen läßt[3]. Unter Umständen kann sogar die Lagerung unmittelbar im Gehäuse erfolgen, da beim Fressen keine Zerstörung desselben zu befürchten ist. Bei dieser Bauart wird wie bei Metallagern die entwickelte Reibungswärme durch das Lager und das Schmieröl abgeführt, dagegen wird die Wärmeableitung zur Welle hin gedrosselt. Da der Anteil der durch den Lagerkörper abgeführten Wärmemenge wesentlich größer ist als der durch die Welle, stellen sich gegenüber der normalen Lagerausführung Lagertemperaturen ein, die denen von Metallagern gleichkommen. Man braucht derartige Lager deshalb weniger intensiv zu kühlen und kann Schmiermittel einsparen. Weiter vorteilhaft ist, daß sich die nahezu wärmeisolierte Welle weniger aufheizt und damit bei höheren Lagertemperaturen weniger ausdehnt. Das Einbauspiel kann deshalb wesentlich kleiner als bei der

[1] H. FRANK: Werkstattstechnik Bd. 31 (1937) S. 208.
[2] Vgl. E. FALZ: Zweckmäßige Schmiernuten, 3. Aufl. Berlin 1934.
[3] E. HEIDEBROEK: Kunst- und Preßstoffe 1, S. 33. Berlin 1937.

üblichen Lagerbauweise gewählt werden. Es kann etwa 0,09 bis 0,13% des Wellendurchmessers betragen[1].

Schwierigkeiten bereitet die Befestigung des Kunststoffes auf der Welle. Bei freien Wellenenden benutzt man Preßstoffbüchsen, die unter hoher Vorspannung auf die Welle aufgeschrumpft werden. Sie lösen sich auch bei höheren Temperaturen nicht und gewährleisten durch die beträchtliche Vorspannung einen guten Sitz. Dagegen entstehen bei Abkühlung im Preßstoff innere Spannungen, die leicht zum Aufreißen führen können. Aufgepreßte Büchsen haben sich bisher bei ruhender Beanspruchung bewährt, bei Wechsel- und Stoßlasten haben sie jedoch versagt.

Recht gute Erfahrungen sammelte die Deutsche Versuchsanstalt für Luftfahrt (DVL)[1] bei Wechselbeanspruchungen mit einer Bauweise, die es ermöglicht, den Kunststoff auch bei gekröpften Wellen mit umlaufen zu lassen. Bei diesem Verfahren werden kunstharzgetränkte Leinenstreifen oder Asbestfäden um die Welle gewickelt oder geteilte Kunstharzbüchsen unter Verwendung eines Klebstoffes oder Kittes auf die Welle aufgepreßt.

Mit Kunstharzfutter versehene Wellen lassen sich ebenso wie Kunststofflager mit Metallagern austauschen. Es sind entweder die Wellen abzudrehen und nach Befestigen der Kunststoffschicht auf den vorherigen Außendurchmesser zu bringen, oder es sind, wenn aus Festigkeitsgründen ein Abdrehen der Wellen nicht möglich ist, die Metallager bzw. die Gehäuse der aufgebrachten Preßstoffschicht entsprechend auszubohren.

Größere praktische Erfahrungen liegen mit umlaufenden Preßstofflagern noch nicht vor. Sie verdienen jedoch besondere Beachtung und weitere Erprobung, weil sie den Werkstoffeigenschaften des Kunstharzpreßstoffes am meisten entsprechen.

4. Betriebseigenschaften.

a) Schmiermittel.

Die im Laufe der Zeit mit Preßstofflagern gemachten Erfahrungen lassen hinsichtlich der Schmiermittel bestimmte Eigenschaften wünschenswert erscheinen. Diese sind bei einigen Schmierstoffen schon vorhanden, zum anderen geben sie Veranlassung, neue, den besonderen Werkstoffeigenschaften der Kunststoffe entsprechende Schmiermittel zu entwickeln.

Außer guter Schmierwirkung und unbedingter Säurefreiheit muß von den zur Schmierung von Kunstharzlagern benutzten Stoffen verlangt werden, daß sie einen möglichst geringen Einfluß auf das Quellen der Preßstoffe ausüben. Nach Untersuchungen von BEUERLEIN und REINARTZ[2] ist die Quellneigung bei geschwefelten Mineralölen geringer als

[1] Vgl. E. GILBERT: Masch.-Bau Betrieb Bd. 16 (1937) S. 363.

[2] P. BEUERLEIN, u. A. REINARTZ: Kunststoffe Bd. 27 (1937) S. 320—324.

bei Verwendung von leicht gefetteten und rein mineralischen Ölen. Ganz allgemein ergab sich, daß die Quellungen bei dünnflüssigen Ölen größer sind als bei zähflüssigeren Schmierölen. Um mit einem kleinen Lagerspiel auszukommen, erscheint es deshalb ratsam, zum Schmieren von Preßstofflagern nur zähflüssige Öle (mit einer Mindestzähigkeit von etwa 3 Englergraden bei 50° C) zu verwenden. Ferner sind Öle mit günstiger Temperaturfunktion der Zähigkeit geeignet, den durch das größere Lagerspiel von Kunststofflagern verursachten Verlust an Tragfähigkeit gegenüber Metallagern auszugleichen.

Der Quelleinfluß von Schmierfetten ist größer als der von Ölen. Er ist am größten bei Emulsionsfetten mit hohem Wassergehalt und am niedrigsten bei wasserabweisenden Fetten. Noch stärkere Quellneigung als Fette haben Wasser und Emulsionen, vor allem bei alkalischer und saurer Einstellung.

Die üblichen Staufferfette mit einem Tropfpunkt von 85 bis 90° sind nur bis zu Lagertemperaturen von etwa 65° betriebssicher. Sie sind zur Schmierung von Kunststofflagern, die nicht zusätzlich gekühlt werden und im Dauerbetrieb Temperaturen von mehr als 65° erreichen, ungeeignet. Zwecks ausreichender Betriebssicherheit muß der Tropfpunkt der Fette etwa 30 bis 40° oberhalb der maximal auftretenden Lagertemperatur liegen, sonst zerfließt das aufgespeicherte Fett und läuft aus dem Lager heraus. Zur Schmierung von Preßstofflagern sind deshalb Fettsorten mit größerer Wärmebeständigkeit zu verwenden. Bei Prüfstandversuchen, die dem aussetzenden Kranbetrieb angepaßt waren, erwies sich Wälzlagerfett mit einem Tropfpunkt von 145° C geeignet. Obwohl die Versuchstemperaturen zum Teil über 100° C stiegen, traten keine Heißläufer auf[1].

Besondere Bedeutung kommt, wie oben schon erwähnt wurde, den Schmiermitteln hinsichtlich ihres Einflusses auf die Lagerbelastbarkeit zu. Dieser Einfluß wird durch geeignete Vorversuche zweckmäßig auf dem Prüfstand ermittelt, s. S. 158 und 159.

b) Einlauf.

Die Betriebssicherheit von Kunstharzpreßstoff-Lagern wird durch einen sorgfältig vorgenommenen Einlauf wesentlich erhöht. Die Belastung darf bei reichlicher Schmiermittelzuführung nur ganz allmählich aufgebracht werden, denn Preßstofflager sind gegen Laststeigerung äußerst empfindlich. Wenn es die Betriebsverhältnisse zulassen, steigert man zweckmäßig die Beanspruchung zunächst bei niedriger Drehzahl in kleinen Stufen bis auf Vollast und geht dann erst zu höheren Drehzahlen über. Wird die Belastung zu schnell aufgebracht, so staut sich die Reibungswärme in den Laufflächen, und es besteht die große Gefahr,

[1] E. ERNST: Mitt. Forsch.-Anst. Gutehoffnungshütte Bd. 5 (1937) S. 243 bis 251.

daß sich die Lager infolge der plötzlich erhöhten Wärmeausdehnung des Preßstoffes mit der Welle verklemmen. Durch oftmaliges Be- und Entlasten bei verschiedenen Gleitgeschwindigkeiten werden die Kunstharzlager gegen Laststeigerung schließlich unempfindlicher und passen sich mehr und mehr der Welle an. Der Einlauf ist als beendet anzusehen, wenn die in der Lauffläche anfänglich erkennbaren hellglänzenden Stellen, sich zu einem hellen Laufspiegel vereinigt haben. Lagerreibung und -temperatur, die bei Beginn sehr hoch waren, weisen nach vollzogenem Einlauf wesentlich niedrigere Beharrungswerte auf. Die Einlaufzeit beträgt gewöhnlich mehrere Tage. Sie läßt sich durch eine gute Bearbeitung der Laufflächen stark verkürzen.

Recht anschaulich wird der Einlaufsvorgang durch die in Abb. 127 wiedergegebenen, von der MPA. Darmstadt auf genommenen Versuchswerte gekennzeichnet. Es handelt sich um ein senkrecht zur Lagerachse geschichtetes Kresolharzlager mit Baumwollgewebefüllung von 40 mm Bohrung und 35 mm Länge, das bei einer Drehzahl von 1000 U/min und Preßölschmierung auf einer Lagerprüfmaschine einem Einlauf von insgesamt 110 Stunden unterzogen wurde. Die Flächenpressung wurde in Stufen von 5 kg/cm² nach jeweils eingetretener Temperatur- und Reibungsbeharrung gesteigert. Das Reibungsmoment und die Lagertemperatur nahmen mit zunehmender Belastung zunächst geradlinig zu, um bei Erhöhung der Flächenpressung auf 25 kg/cm² plötzlich hochzuschnellen. Die Reibung stieg hierbei auf einen mit der Versuchseinrichtung nicht mehr meßbaren Betrag an, wobei die Welle stark abgebremst wurde. Nach wenigen Minuten sanken jedoch Reibung und Temperatur wieder ab und näherten sich langsam niedrigeren als zuvor gemessenen Beharrungswerten. Mit weiterer Laststeigerung erfolgte der

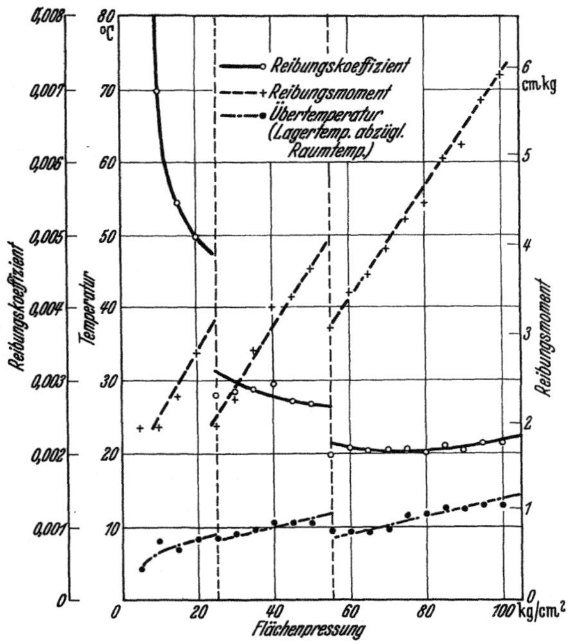

Abb. 127. Einlauf eines Kunstharzpreßstoff-Lagers. Bohrung 40 mm, Länge 35 mm, Drehzahl 1000 U/min, Ölmenge 13,5 l/h. Beharrungswerte der Lagerübertemperatur, des Reibungsmomentes und -koeffizienten abhängig von der Flächenpressung.

Anstieg von Reibung und Temperatur wiederum geradlinig, und zwar gegenüber dem ersten parallel nach unten verschoben. Dieselbe Erscheinung zeigte sich bei Erhöhung der Flächenpressung auf 55 kg/cm². Durch mehrmalige Wiederholung des Versuches konnten die Reibungs- und Temperaturwerte gesenkt und die Sprünge in dem Kurvenverlauf nahezu unterdrückt werden. Der Reibungskoeffizient fiel stetig ab und stieg erst oberhalb einer Beanspruchung von 75 kg/cm² wieder an.

c) Gleit- und Notlaufeigenschaften.

Gleiteigenschaften. Über die Gleiteigenschaften von Kunstharzpreßstoffen bei unvollkommener Schmierung können noch keine eindeutigen Angaben gemacht werden. Dies ist in erster Linie darauf zurückzuführen, daß mit Preßstofflagern im Gebiet der halbflüssigen Reibung, in welchem sich die Eigenschaften der Lagerwerkstoffe praktisch auswirken, bisher nur wenig Untersuchungsergebnisse vorliegen. Zum anderen werden gerade über die Gleiteigenschaften der Kunststoffe im Gebiet der Teilschmierung die widersprechendsten Angaben gemacht.

Bei Walzwerkslagern — der zum Teil nicht unerhebliche Verschleiß von Walzenlagern läßt darauf schließen, daß in deren Betrieb nicht mit reiner Flüssigkeitsreibung gerechnet werden kann — haben die Erfahrungen gezeigt, daß durch den Einbau von Preßstofflagern, vor allem bei Wasser- mit zusätzlicher Fettschmierung, bedeutende Stromersparnisse erzielt werden[1]. Der verringerte Kraftverbrauch wird auf den geringeren Gleitwiderstand der Kunstharzlager gegenüber den bisher verwendeten Gleitlagern zurückgeführt[2]. Ebenso ergab sich bei von H. ERNST[3] durchgeführten, vergleichenden Prüfstandversuchen mit fettgeschmierten Kunstharz- und Metallagern, daß Preßstoffschalen, besonders bei niedrigen Gleitgeschwindigkeiten und höheren Flächenpressungen, also im Gebiet halbflüssiger Reibung, sich wesentlich günstiger als Bronzeschalen verhalten. Die Reibbeiwerte aller geprüften Kunststofflager lagen unter denen von Bronzeschalen. Im Beharrungszustand wurde, z. B. bei regellos geschichteten, formgepreßten Lagern und solchen mit einer Schichtung konzentrisch zur Lauffläche, ein Reibungskoeffizient von 0,01 und bei Rotguß- und Gußeisenschalen Reibbeiwerte von 0,04 bzw. 0,055 gemessen, s. Abb. 128. Bei Vergleichsuntersuchungen mit druckölgeschmierten

---

[1] Vgl. O. ACHILLES: Stahl u. Eisen Bd. 56 (1936) S. 1301—1304. Ferner A. SCHIFFERS: Stahl u. Eisen Bd. 57 (1937) S. 500—509.

[2] Siehe F. KIEL: Stahl u. Eisen Bd. 55 (1935) S. 105. — Dieser eindeutigen Schlußfolgerung steht entgegen, daß in dem besonderen von F. KIEL angeführten Fall einer Dressierstraße, mit dem Einbau der Preßstofflager die Seitenlager der Oberwalze entfernt, und in diesem, wie auch in allen anderen Fällen, die Walzenzapfen überdreht, bzw. geschliffen und poliert wurden. Außerdem wurden stets besondere bauliche Maßnahmen getroffen, die unter Umständen an sich allein schon genügen können, die Lagerreibung und damit den Stromverbrauch zu verringern.

[3] H. ERNST: Mitt. Forsch.-Anst. Gutehoffnungshütte Bd. 5 (1937) S. 243—251.

Weißmetall-, Bronze-, Leichtmetall- und geschichteten Preßstofflagern konnte von der MPA. Darmstadt zwischen den Reibungswerten von Metallen und gut eingelaufenen Preßstoffen bei eintretender Grenzschmierung größenordnungsmäßig kein Unterschied festgestellt werden. Die Mindestwerte der Reibbeiwerte lagen zwischen 0,002 und 0,005, s. Abb. 127. Auf das besonders günstige Verhalten von Kunststofflagern im Gebiet unvollkommener Schmierung, z. B. beim Anlaufen und bei sehr kleinen Gleitgeschwindigkeiten, weisen außerdem die „Richtlinien für die Gestaltung und Verwendung von Lagern und Buchsen aus Kunstharzpreßstoff" hin.

Im Widerspruch zu den angeführten Feststellungen und Angaben gibt u. a. O. K. Graef[1] an, daß der Anlaufwiderstand von Preßstofflagern gegenüber metallischen Lagern etwa 20 bis 25% größer ist und bei der Bestimmung der Anlaufleistung unbedingt berücksichtigt werden muß. Im gleichen Sinne äußert sich W. Ostermann[2] auf Grund seiner im Walzwerksbetrieb bei der Umstellung auf Preßstofflager gemachten Erfahrungen.

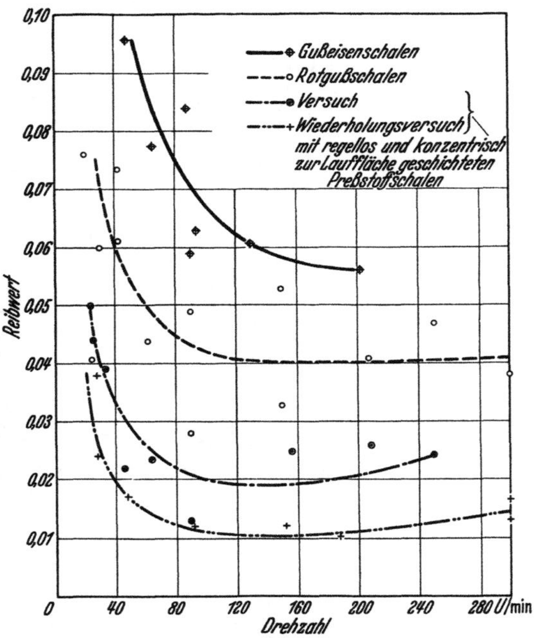

Abb. 128. Reibbeiwerte von Rotguß-, Gußeisen- und Preßstoffschalen im Beharrungszustand (Ernst). Schmiermittel: Wälzlagerfett Vaseline II der Firma Kugelfischer, Schweinfurt.

Gewisse Zweifel an den günstigen Laufeigenschaften der Preßstoffe im Gebiet halbflüssiger Reibung ließen auch die vergleichenden Untersuchungen der MPA. Darmstadt aufkommen. Wie oben schon angeführt wurde, sanken die Reibungswerte der Metalle und Kunststoffe mit steigender Belastung im Gebiet der reinen Flüssigkeitsreibung auf annähernd gleiche Mindestwerte. Diese Werte wurden bei einer bestimmten Grenzlast mit dem Eintreten unvollkommener Schmierung erreicht. Während nun bei Metallen, insbesondere bei Weißmetallen und Bronzen, die Belastung bei gleichbleibendem oder nur wenig ansteigendem Reibungskoeffizient noch erheblich gesteigert werden konnte, nahmen bei den untersuchten Preßstoffen nach verhältnismäßig geringer Lastzugabe

[1] Vgl. O. K. Graef: Machine Design Bd. 8 (1936) S. 34.
[2] W. Ostermann: Z. VDI Bd. 79 (1935) S. 1134.

die Reibung und die Lagertemperatur trotz reichlichen Schmierölzuflusses, so schnell zu — es wurden mitunter Reibungszahlen von mehr als dem 50fachen Betrag des Mindestwertes und Zapfentemperaturen von mehr als 400° C gemessen —, daß von einer weiteren Laststeigerung

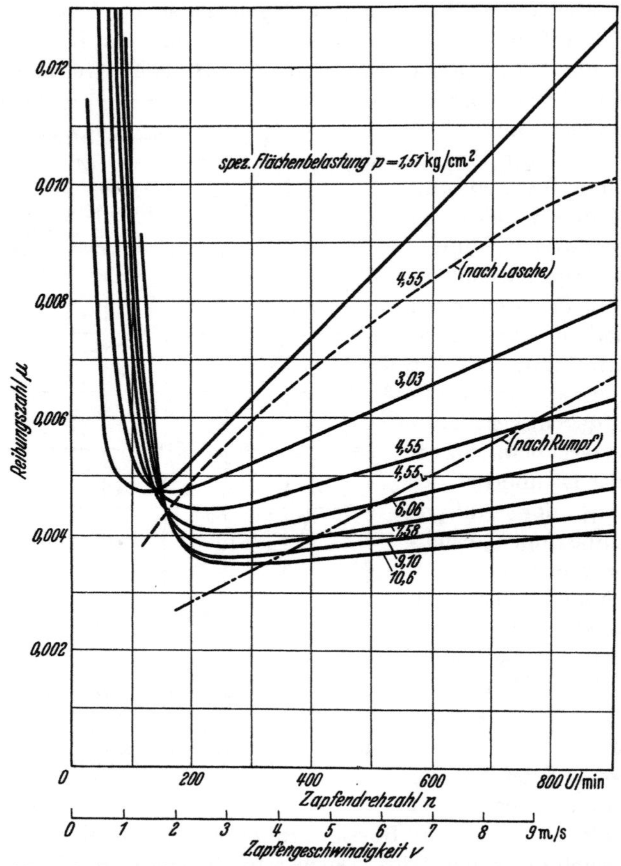

Abb. 129. Laufeigenschaften von Kunstharzpreßstoff-Lagern (Heidebroek). Reibungszahlen μ abhängig von der Zapfengeschwindigkeit v bzw. der Zapfendrehzahl n. Die gestrichelte und die strichpunktierte Kurve gilt für Metallschalen, letztere bei gleichen Lagerabmessungen.

abgesehen werden mußte. In diesem Zustand, ohne daß es jemals zu einem Fressen der Lager gekommen wäre, verhielt sich Kunstharzpreßstoff weniger als Lagerwerkstoff, denn als gut greifender Bremsbelag. Diese Beobachtungen, die bei einer Umfangsgeschwindigkeit von rd. 2 m/sec und Flächenpressungen von durchweg mehr als 100 kg/cm² gemacht wurden, lassen noch keine eindeutigen Schlüsse auf das Verhalten der Kunststoffe unter anderen Bedingungen zu. Sie geben aber Veranlassung, durch planmäßige Untersuchungen bei ganz geringen Gleitgeschwindigkeiten oder Anlaufversuchen unter Last eine Klärung dieser äußerst wichtigen Fragen herbeizuführen.

Während die Reibungsverhältnisse von Preßstofflagern im Zustand unvollkommener Schmierung noch ungeklärt sind, haben die Untersuchungen von E. HEIDEBROEK[1] und der MPA. Darmstadt eindeutig den Nachweis erbracht, daß im Gebiet der reinen Flüssigkeitsreibung größenordnungsmäßig keine anderen Reibungszahlen zu erwarten sind als bei metallischen Lagern (vgl. Abb. 129). Auch die Ölfilmbildung und die Druckverteilung in den Lagern ist, wenigstens bei Preßölschmierung, dieselbe.

Was den Betrieb mit Kunststofflagern betrifft, so ist darauf zu achten, daß die Lagertemperaturen im Dauerbetrieb höchstens 80 bis 90° C betragen[2]. Vorübergehende, kurzzeitige Temperatursteigerungen bis 150° fügen zwar den Lagern keinen Schaden zu, sind aber nach Möglichkeit zu vermeiden.

Notlaufeigenschaften. Mit aussetzender Schmierung nehmen die Lagerreibung und die -temperatur sehr schnell zu, wobei der mit Schmiermittel durchtränkte Preßstoff keinerlei Neigung zum Fressen zeigt. Vielmehr führt die starke Wärmeentwicklung zu einer langsamen Verkohlung der Lagerlauffläche, auf die ein heftig beißender Brandgeruch aufmerksam macht. Die fortschreitende Zerstörung des Lagers führt schließlich durch das Schmieren von verkohltem Abrieb zu einem Verklemmen mit der Welle. Ein nur wenig verkohltes Lager wird durch Nachdrehen oder Ausschaben schnell wieder gebrauchsfähig. Bei starker Verkohlung der Lauffläche ist das Lager zu erneuern. Die Welle läßt sich nach Entfernen des aufgeschmierten, veraschten Kunststoffes in der Regel wieder verwenden.

Gegen Verunreinigungen des Schmiermittels sind Kunstharzlager sehr unempfindlich. Staub, Späne und dergleichen drücken sich in den Preßstoff ein und führen, wenn gehärtete Wellen verwendet werden, zu keinerlei Beschädigungen, s. S. 169.

d) Verschleiß.

Im Gegensatz zu Metallagern wurde im Betrieb mit Preßstofflagern beobachtet, daß deren Abnutzung anfangs größer, dann aber, wenn die Lager gut eingelaufen sind, wesentlich geringer ist. Vorauszusetzen ist jedoch eine einwandfrei bearbeitete Lagerlauffläche und eine oberflächengehärtete, riefenfreie und sauber geschliffene Welle. So wiesen beispielsweise Preßstoffwalzenlager mit Wasserschmierung nach gleicher Laufzeit bedeutend geringeren Verschleiß auf als die im Walzwerksbetrieb bisher verwendeten metallischen Lager. Im allgemeinen zeigten

[1] E. HEIDEBROEK: Kunst- und Preßstoffe 2, S. 11—15. Berlin 1937 und Kunststoffe Bd. 27 (1937) S. 263—267.

[2] Vgl. R. NITSCHE u. E. SALEWSKI: Plast. Massen Bd. 6 (1936) S. 411—413; Bd. 7 (1937) S. 6—10 u. S. 37—44.

sich bezüglich der Verschleißfestigkeit formgepreßte Lager aus regellos verpreßten Baumwollschnitzeln solchen aus Hartgewebeplatten herausgearbeiteten überlegen.

Für den Verschleiß von geschichteten Lagern ist die Schichtrichtung zur Umlaufrichtung der Welle maßgebend. Die Schichtung kann in Richtung der Lagerachse, senkrecht und schräg zu ihr verlaufen. Nach dem DRP. 620792 ist es zweckmäßig, die Schichten unter einem spitzen Winkel zur Lagerstirnfläche geneigt, anzuordnen. Verlaufen die Schichten parallel zur Lagerachse, so verschleißen leicht die einzelnen Gewebebahnen, wobei sich die Welle in die Schichtung hineinarbeitet. Senkrecht zur Achse liegende Schichten führen zu starker Riefenbildung der Welle, außerdem werden unter hoher Last die einzelnen Gewebebahnen aufgespalten. Bei schräger Anordnung der Gewebebahnen sollen diese Nachteile vermieden werden.

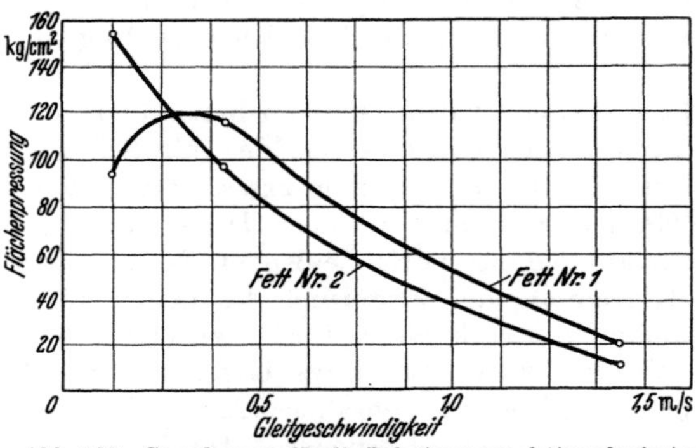

Abb. 130. Grenzkurven für die Belastung von fettgeschmierten Kunststofflagern (BARNER). *Büchse:* Kunstharzpreßstoff Typ T_2, 120/105 Durchmesser × 100 lang. *Welle:* St. 70.11, vergütet auf Festigkeit 100 kg/mm², geschliffene Oberfläche, Lagerspiel 0,3 mm, Fettverbrauch 60 g/h. *Fett Nr. 1:* Shell-Fett V 2745 der Rhenania-Ossag Mineralölwerke A. G., Hamburg. *Fett Nr. 2:* Getriebe-Calypsol D der Deutschen Calypsol-Gesellschaft, Düsseldorf.

e) Belastbarkeit.

Die Grenztragfähigkeit von Kunststofflagern ist weitgehend abhängig von dem verwendeten Werkstoff, den Schmierbedingungen, der Umfangsgeschwindigkeit der Welle, der Lagergestaltung und den Einbauverhältnissen. Am besten haben sich bisher bezüglich der Belastbarkeit gewickelte, nachgepreßte und nachbehandelte Kunstharzlager mit Baumwollgewebestreifen als Füllstoff bewährt. Dann folgen formgepreßte Lager mit regellos verpreßten Baumwollgewebeschnitzeln und solche aus Hartgewebe und Hartpapier. Mit Zellstoffschnitzeln gefüllte Kunstharzlager kommen bis heute nur für geringe Beanspruchungen und Preßstoffe mit Holz- oder Gesteinsmehl als Füllmittel nur für ganz geringe Flächenpressungen in Betracht.

Auch das Schmiermittel ist von ganz erheblichem Einfluß auf die Belastbarkeit. So zeigten von BARNER[1] durchgeführte Prüfstandversuche mit fettgeschmierten Preßstofflagern des Types T_2, daß von 9 untersuchten Fettsorten sich 2 Fette besonders gut bewährten. Die Grenztragfähigkeiten, die mit diesen beiden Fetten bei verschiedenen Gleitgeschwindigkeiten erreicht wurden, sind in Abb. 130 wiedergegeben.

[1] G. BARNER: Kunststoffe Bd. 27 (1937) S. 312.

Die Darstellung läßt erkennen, daß Fett Nr. 1 bei hoher Drehzahl eine höhere Grenzbelastung als Fett Nr. 2 zuläßt, dagegen bei geringer Gleitgeschwindigkeit dem Fett Nr. 2 in bezug auf Tragfähigkeit unterlegen ist. Der Unterschied in den Höchstwerten der ertragenen Flächenpressung wird darin vermutet, daß Fett Nr. 1 bei hohen Belastungen aus dem Lager herausgedrückt wird.

Weit mehr noch als durch die Art des verwendeten Schmiermittels wird die Tragfähigkeit von Kunststofflagern durch die Schmierstoffmenge und damit die Kühlung beeinflußt. Untersuchungen der MPA. Darmstadt ergaben bei preßölgeschmierten Lagern, daß die Belastbarkeit mit größerer Ölmenge zunächst beträchtlich erhöht wird, dann aber einem Grenzwert zustrebt, der auch durch vermehrte Schmierölförderung keine nennenswerte Änderung mehr erfährt. Für Umlaufschmierung mit Ölpumpe ergibt sich danach eine bestimmte, von den vorliegenden Betriebsbedingungen abhängige „optimale Schmierölmenge“. Diese betrug bei den untersuchten Preßstofflagern bei rund 2 m/s Gleitgeschwindigkeit 8,4 l/h [1].

Mit zunehmender Umfangsgeschwindigkeit nimmt wie bei Metallagern die Belastbarkeit erheblich ab, s. Abb. 130. Die Möglichkeiten zur Steigerung der Tragfähigkeit durch werkstoffgerechte Gestaltung und zweckmäßigen Einbau wurden bereits angeführt.

Die wenigen im Schrifttum angeführten und sonst bekannt gewordenen Höchstpressungen von Preßstofflagern lassen auf Grund der verschiedenen Betriebsbedingungen, mit denen sie erzielt wurden, keine Vergleiche untereinander zu. Bei Laufversuchen der DVL [2] konnten gewickelte, mit der Welle umlaufende Kunststofflager bei einer Gleitgeschwindigkeit von 10 m/s im Dauerbetrieb bis zu $p_{\max} = \pm\ 200$ kg/cm² wechselnd belastet werden. Von Walzwerken wird berichtet, daß bei guter Bauform und zweckmäßigem Einbau der Lager heute schon Drücke von 200 bis 300 kg/cm² aufgenommen werden können. Bei Versuchen von Lehr [3], die unter idealen Bedingungen mit reichlich Schmieröl (60 l/h), oberflächengehärteter und geläppter Welle und ruhender Last auf einem Lagerprüfstand durchgeführt wurden, ertrugen mit Baumwollgewebebahnen gewickelte, gepreßte und nachgehärtete Preßstofflager bei einer Umfangsgeschwindigkeit von 4 m/s Flächenpressungen bis zu 460 kg/cm² ohne Anstände. Nach Stodt [4] soll bei einem Edelstahlwalzwerk und 4,5 m/s Gleitgeschwindigkeit sogar schon ein Lagerdruck von 580 kg/cm²

[1] Vortrag des zweitgenannten Verfassers auf einer Sitzung der Arbeitsgruppe „Lager und Zahnräder“ des Fachausschusses für Kunst- und Preßstoffe des VDI am 30. September 1937 in Berlin. Ein ausführlicher Aufsatz über die angeführten Untersuchungen erscheint demnächst in der Z. VDI Bd. 82 (1938).

[2] Vgl. E. Gilbert: Masch.-Bau Betrieb Bd. 16 (1937) S. 363.

[3] Vorgetragen auf einer Sitzung der Arbeitsgruppe „Lager und Zahnräder“ des Fachausschusses für Kunst- und Preßstoffe des VDI am 25. April 1938 in Berlin.

[4] W. Stodt: Stahl u. Eisen Bd. 55 (1935) S. 183.

erzielt worden sein. Die oberste Grenze der Tragfähigkeit dürfte in den meisten Fällen bei einer Flächenpressung von etwa 200 kg/cm² liegen. Aus Gründen der Betriebssicherheit empfiehlt es sich jedoch, mit der Beanspruchung von Kunstharzpreßstoff-Lagern bei guten Schmierbedingungen im Dauerbetrieb nicht über 80, höchstens bis zu 100 kg/cm² zu gehen.

Zwecks Klärung der Belastungsfähigkeit von Kunstharzlagern wurden von verschiedenen Seiten zum Teil umfangreiche Forschungsarbeiten in Angriff genommen. Mit der Veröffentlichung von Teilergebnissen kann in Kürze gerechnet werden.

5. Erfahrungsbeispiele [1]

in der Anwendung von Kunstharzpreßstoff-Lagern für:

a) Walzwerke.

Schon seit Jahren werden Preßstofflager mit größtem Erfolg im Walzwerksbetrieb verwendet. Die besten Erfahrungen wurden bei Warmwalzgerüsten im Austausch mit Metall- und Pockholzlagern gesammelt.

Abb. 131. Regellos formgepreßtes Lager mit Kragen für eine 230er Doppelduo-Schnellstraße. Zapfendurchmesser des Lagers 140 mm, Lagerlänge 160 mm, Drehzahl 420 U/min, *a* regellos formgepreßtes Lager mit Kragen, *b* Kühlrohr zum Kühlen des Walzenzapfens mit Wasser, *c* Brausen rechts und links vom Zapfen, *d* Längsnuten an der Einlaufseite, die mit zweckentsprechendem Einlauffett ausgefüllt werden, um den Anlauf der Straße zu erleichtern. *B* Einbaustück.

Neben einfachen Lagerschalen werden Segmentlager und Lagerfütterungen aus Preßstoff eingebaut. Die Lagerschalen werden mit großer Sattelstärke meist zum Einbau fertig gepreßt und stramm und ohne Seitenspiel in Einbaustücke eingepaßt, vgl. Abb. 131. Die Segmentlager bestehen aus einzelnen formgepreßten oder aus Platten herausgearbeiteten Abschnitten, die gleichfalls in Einbaustücken unter Vorspannung zusammengefügt werden, s. Abb. 132. Die Anzahl der Segmente, im allgemeinen 3 bis 5, richtet sich nach dem Durchmesser des

[1] Die Betriebserfahrungen mit Kunstharzpreßstoff-Lagern sind, wo nicht anders vermerkt, Vorträgen entommen, die auf der Sitzung der Arbeitsgruppe „Lager und Zahnräder" des Fachausschusses für Kunst- und Preßstoffe des VDI am 30. September 1937 in Berlin gehalten wurden. Siehe auch zusammengefaßte Teilberichte: E. LEHR: Kunststoffe Bd. 27 (1937) H. 12 S. 313 und E. HEIDEBROEK: Kunststoffe Bd. 27 (1937) H. 12 S. 316. Ferner W. MEBOLDT: Kunststoffe Bd. 27 (1937) H. 12 S. 319.

Walzenzapfens. Sie werden so eingebaut, daß die Hauptbeanspruchung des Lagers nicht in Richtung eines Segmentstoßes wirkt. Der zur Aufnahme des Seitenschubes dienende Bund wird zweckmäßig von dem Lager getrennt ausgeführt. Bei starkem Verschleiß oder Beschädigung einzelner Segmente oder des Bundes besteht so die Möglichkeit, diese einzeln auszuwechseln, ohne daß das ganze Lager erneuert werden muß. Durch die getrennte Anordnung des Bundes erfährt außerdem die Schale

Abb. 132. Segment-Walzenlager für eine Trio-Walzenstraße von 850 mm Ballendurchmesser. Zapfendurchmesser des Lagers 400 mm Lagerlänge 400 mm, Drehzahl 100 U/min. *a* Segment-Lagerschale aus Kunstharzpreßstoff, *b* Kühlrohr zum Kühlen des Walzenzapfens mit Wasser, *c* Brausen rechts und links vom Zapfen, *d* Halteblech zur Aufnahme des Walzenfettbriketts.

keine Biegebeanspruchung und kann höher belastet werden. Mit dem Einbaustück verschraubte Laschen drücken das Lager fest in seine Auflage und sichern es gegen Verdrehung. Für besonders schwere Walzenbeanspruchungen werden in Metallrahmen eingelegte Preßstoffutter verwendet.

Die Lagerschmierung und gleichzeitige Kühlung erfolgt bei Warmwalzwerken mit Wasser. Es muß von jeglichen Fremdkörpern gereinigt, den Schalen in großen Mengen auf der Ein- und Auslaufseite zugeführt werden. Damit das Wasser gut zulaufen und von dem Zapfen angesaugt werden kann, empfiehlt es sich, die inneren Längskanten der Schalen abzuschrägen. Zugeleitet wird es zweckmäßig durch Brausen, die als durchlöcherte Rohre auf den beiden Längsseiten der Lager angeordnet, die Zapfenoberfläche in und gegen die Drehrichtung berieseln. Bei hohen Drücken muß, vor allem bei niedrigen Gleitgeschwindigkeiten bei welchen sich ein Schmierfilm nur unvollkommen ausbilden kann, zusätzlich mit Fett geschmiert werden. Geeignet sind Talg- oder Fettbriketts, die man längs des Zapfens über oder unter den Kühlrohren beilegt. Der Walzenzapfen überzieht sich so während des Laufens mit

Abb. 133. Walzenlager im Gerüst einer Trio-Walzenstraße von 850 mm Ballendurchmesser. Die beiden oberen Segment-Walzenlager liegen unmittelbar auf der gedrehten Unterlage von Einbaustücken gemäß Abb. 132. Die mit Gummischlauchstücken an die Brausen angeschlossenen Kühlsammelleitungen für die Wasserkühlung der Lager sind links und rechts von den Lagern zu sehen.

einer dünnen Fettschicht, welche bei längerem Stillstand des Gerüstes ein Rosten des Zapfens verhindert und den Widerstand beim Anfahren verringert.

Kunststofflager wurden bisher in Warmwalzwerken mit Erfolg verwendet für: Drahtstraßen, Profilstraßen, Radscheiben- und Radreifenwalzwerke, Platinenwalzwerke, Barren- und Knüppelwalzwerke, Blechwalzwerke, Messingwalzwerke u. a. Bei Kaltwalzwerken stößt die Verwendung von Preßstofflagern noch auf erhebliche Schwierigkeiten, weil bei ganz geringen Gleitgeschwindigkeiten spezifische Flächenpressungen von maximal 1000 kg/cm² bewältigt werden müssen und zur Lagerkühlung nur ausnahmsweise Wasser benutzt werden kann, das mit dem Walzgut nicht in Berührung kommen darf.

Die Wirtschaftlichkeit von Walzwerkslagern aus Preßstoff gegenüber Metall- und Pockholzlagern wurde von ACHILLES[1] und SCHIFFERS[2] eingehend untersucht. Die Vorteile der Kunstharzlager sind nachfolgend zusammengestellt:

1. Verminderter Stromverbrauch von durchschnittlich 18%.

2. Schmiermittelersparnis. In vielen Fällen wird nur mit reiner Wasserschmierung oder geringer zusätzlicher Fettschmierung gearbeitet, so daß gegenüber dem Betrieb mit fettgeschmierten Bronze- und Hartbleilagern beträchtliche Mengen an Walzenfett eingespart werden.

3. Längere Lebensdauer als Folge der höheren Verschleißfestigkeit von Preßstoff. Die vergleichenden Untersuchungen brachten eine 15fache bzw. 6fache Haltbarkeit von Kunstharzlagern gegenüber Bronze- und Pockholzlagern. Obwohl der Anschaffungspreis der Preßstofflager etwa doppelt so hoch wie der der Bronzelager und etwa 3mal so groß wie der von Pockholzlagern ist, stellte sich bei Berücksichtigung der Lebensdauer Bronze ungefähr 7,5 und Pockholz 1,5mal teurer als Kunststoff.

4. Geringere Instandhaltungskosten. Auf Grund dessen, daß die Schalen und Zapfen weniger verschleißen, müssen weniger oft die Lager ausgewechselt und die Zapfen nachbearbeitet werden. Hierdurch werden Arbeitsstunden eingespart.

5. Größere Maßhaltigkeit des Walzgutes als Folge des geringen Lagerverschleißes.

6. Gesteigerte Erzeugung. Mit dem Einbau von Preßstofflagern können die Drehzahlen erhöht werden. Außerdem wird durch den weniger häufig notwendigen Lagerein- und -ausbau der Erzeugungsausfall geringer.

b) Transportanlagen.

Kräne. Gleichfalls günstige Ergebnisse mit Kunstharzpreßstoff-Lagern werden aus dem Kranbau berichtet. So wurden beim Bochumer Verein im Laufe des letzten Jahres etwa 150 Kräne mit Lagern aus Sondergußeisen und Preßstoff versehen. Mit einem Lagerspiel von 0,2 bis 0,3 mm wurden Kunststoffbüchsen eingebaut zur Lagerung der Lang- und Katzfahrwerkswelle, der Schnecke der Katzfahrt, der Endausschalter, der Seilrollen, der Laufräder, der Ausgleich- und Flaschenrollen, der Schneckenradwelle im Lagerbock, der Lagerbockradsätze der Katzfahrt in Hammerwerkskränen und des Hubsperrades. Ferner wurden die Schnekken- und Radkastenoberlager, die Kurbelwellenlager am Hammer der Masselkräne und die Lagerstellen an den Zwischenrädern zum Antrieb der Langfahrt und die für Hubvorgelege mit Preßstoff ausgerüstet.

[1] O. ACHILLES: Z. VDI Bd. 80 (1936) S. 1317—1320; ferner Kunst- und Preßstoffe 1, S. 23. Berlin 1937.

[2] A. SCHIFFERS: Stahl u. Eisen Bd. 57 (1937) S. 500—509.

Sämtliche angeführten Lager werden mit Fett geschmiert. Für die Lagerstellen in den Schnecken- und Räderkasten erwiesen sich Preßstofflager mit Ringschmierung als geeignet. In der Mehrzahl aller Fälle haben sich die eingebauten Kunstharzlager bis heute gut bewährt. Ungeeignet zeigten sie sich bei Kränen, die größter Hitze ausgesetzt sind[1].

Abb. 134 veranschaulicht im Querschnitt das Laufrad eines 10 t-Krans, dessen Bronzebüchse erfolgreich gegen eine Büchse aus Kunststoff ausgewechselt wurde[2].

Bei einem Werkskran der Demag[3] von 20 t Höchstlast und 23,6 m Spannweite wurden sämtliche Bronzelager mit solchen aus Preßstoff ausgetauscht. Nach viermonatiger Betriebszeit waren bis auf die Lagerstellen der beiden Antriebslaufräder mit einer Lagerbeanspruchung von 80 kg/cm² bei 0,31 m/s Gleitgeschwindigkeit alle Preßstoffbüchsen noch in einwandfreiem Zustand. Nachteilig erwies sich ein größerer Verschleiß der Laufradachsen.

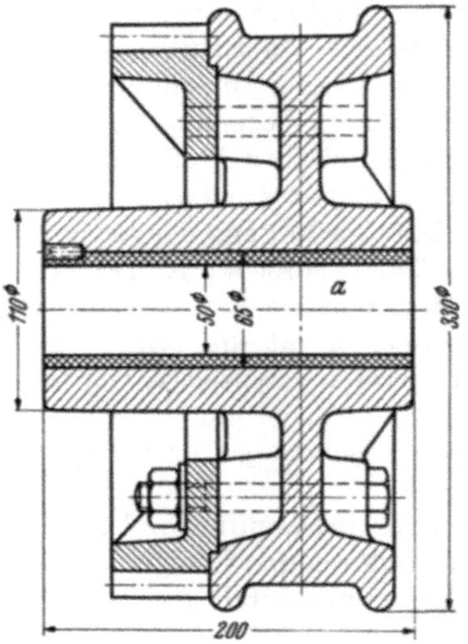

Abb. 134. Querschnitt eines Laufrades mit Preßstofflagerbüchse für einen 10 t-Kran.

Bagger. An Stelle von Rotgußlagern wurden von der Demag bei einem Bagger die Lagerstellen niedriger Zapfengeschwindigkeit mit Preßstoffbüchsen ausgerüstet, vgl. Abb. 135. Mit Ausnahme eines sehr hoch beanspruchten geschichteten Lagers, das nach längerer Arbeitszeit zerbrach, ergaben sich keinerlei Anstände. Der aufgetretene Schaden wurde durch den Einbau eines regellos verpreßten Lagers behoben[3].

Kohlenförderanlagen. In Dampfkraftwerken wurden die Laufrollen von Plattenbändern an Kohlenförderanlagen in Kunststoff gelagert. Während die Büchsen ohne Schmierung nach 350 Betriebsstunden völlig zerstört waren, war die Abnutzung von Lagern mit einmaliger Fettschmierung nach 1500 Stunden Laufzeit erheblich geringer als bei dem früher verwendeten Hänmetall. Die Lagerlaufflächen und die Wellen waren spiegelglatt. Das an den Stirnseiten der Lager austretende Fett schützte die Büchsen in dem rauhen Betrieb gegen eindringenden Staub und Schmutz. Die Vergrößerung des Lagerspiels betrug bei Metallagern 8,6 mm, bei Kunststoffbüchsen mit Papierfüllung nur

---

[1] Vortr.: W. BERTRAM, Bochum. Ihm sei an dieser Stelle für die freundliche Überlassung der Bilder 19, 20 und 21 gedankt.

[2] Vgl. O. ACHILLES: Z. VDI Bd. 80 (1936) S. 1317.

[3] Vortr.: G. BARNER, Duisburg.

0,08 bis 0,18 mm. Lager mit Gewebeschnitzeln als Füllstoff wiesen nach gleicher Laufzeit etwa doppelt so großen Verschleiß auf. Die Lagerbeanspruchung betrug bei 0,05 m/s Gleitgeschwindigkeit etwa 40 bis 50 kg/cm² *.

In Transportschnecken für Trockenkohle haben sich Preßstofflager in mehr als 18000stündigem Betrieb sogar ohne jegliche Schmiermittelzufuhr bewährt. Der Verschleiß war äußerst gering. Die Wellen wurden nicht angegriffen[1].

Bei Rostantrieben — es wurde versucht, die Antriebswelle von Kesselrosten und die Zugstangen der Rostwagen in Preßstoff zu lagern —

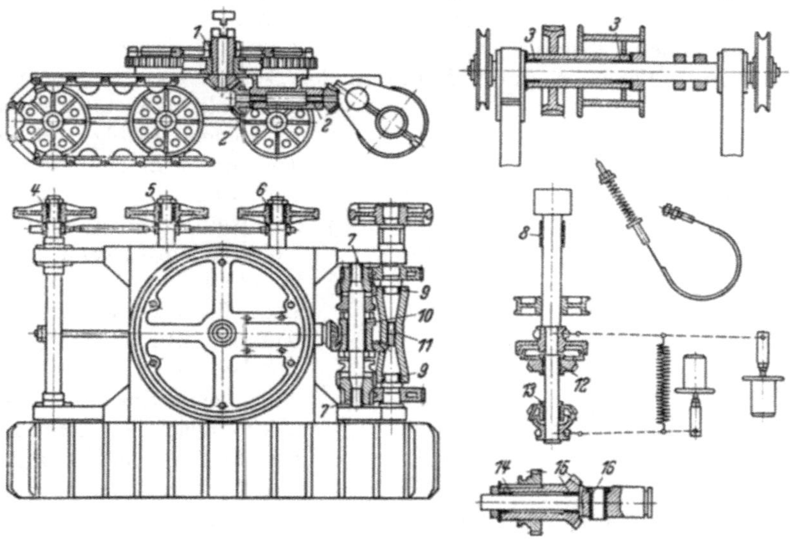

Abb. 135. Einbau von Kunstharzpreßstoff-Lagern in Bagger (Demag). Die einzelnen Einbaustellen sind durch Zahlen gekennzeichnet.

versagten Kunststofflager restlos. Bei den hohen Betriebstemperaturen von etwa 180° C verkohlten die Lager oder wurden infolge der starken Schlagbeanspruchung zerstört *.

Elektrohängebahnen. An Elektrohängebahnen wurden Preßstofflager in die Drehpunkte und Führungsrollen eingebaut. Während gegenüber den schnell ausgelaufenen Rotgußbüchsen, sich eine Kunstharzbüchse im Drehpunkt nach 4000 Betriebsstunden noch in einwandfreiem Zustand befand, verschlissen die Zapfen und Preßstofflager in den Führungsrollen ganz beträchtlich, obwohl sie gut geschmiert und gegen das Eindringen von Fremdkörpern abgedichtet waren. Die Versager werden auf die hohen Anpreßdrücke in den Kurven zurückgeführt[2].

* H. Goerke: Elektrizitätswirtsch. Bd. 36 (1937) S. 494.
[1] Vortr.: A. Graebing, Gertrudschacht, Rositz (Thür.).
[2] Vortr.: A. Niggemeyer, Wirtschaftsgruppe Elektrizitätsversorgung, Berlin.

c) Fahrzeuge.

Feldbahnwagen. Die Laufachsen von Feldbahnwagen wurden bisher fast ausschließlich in Weißmetall und Bronze gelagert. Zwecks Austausch dieser Sparmetalle wurden von einigen Firmen zahlreiche Versuche mit zum Teil recht beachtlichem Erfolg durchgeführt.

So baute die Friedr. Krupp A.G.[1] an Stelle des seither verwendeten Weißmetallausgusses zunächst dicke Preßstoff-Vollschalen in die unbearbeiteten Lagergehäuse. Infolge der schlechten Auflage gingen die Schalen unter den heftigen Stößen des rauhen Fahrbetriebes jedoch bald zu Bruch und verkohlten bei den schlechten Schmierbedingungen der verwendeten Schmierpolster auf Grund ihres geringen Wärmeleitvermögens. Versuche, durch Einkitten der Schalen eine satte Auflage zu erzielen, führten ebenfalls zu keinem Erfolg, weil sich der Kitt im Betrieb löste und zerbröckelte. Auch Gießharz, das wie Weißmetall in das Gehäuse eingegossen wurde, konnte nicht befriedigen. Die Lager liefen schnell heiß. Der Ausguß wurde rissig und bröckelte aus.

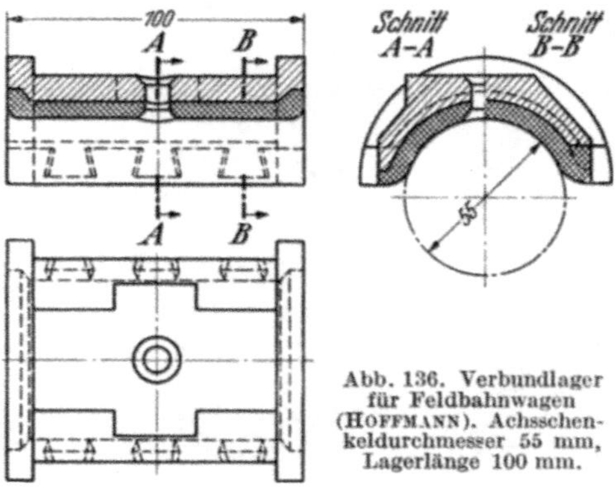

Abb. 136. Verbundlager für Feldbahnwagen (Hoffmann). Achsschenkeldurchmesser 55 mm, Lagerlänge 100 mm.

Ein neuer Entwurf, die sog. „Verbundschale“ (Abb. 136), besteht aus einer Stützschale aus Temperguß oder Schmiedestahl und einer dünnen Kunststofflauffläche. Letztere wird unmittelbar in die unbearbeitete Stützschale eingepreßt. Die mechanische Verbindung des Kunststoffes mit der Schale wird durch schwalbenschwanzförmige Ansätze bewirkt, die nach der Mitte zu konisch verjüngt, auf den beiden Längsseiten der Stützschale angeordnet sind. Mit der dünnen Preßstoffschicht wird bezweckt, mehr Reibungswärme als mit der Vollschale in den Stützkörper abzuführen. Die Firma Krupp hat einen großen Teil ihrer Feldbahnwagen mit Verbundschalen ausgerüstet und mit ihnen gute Erfahrungen gemacht.

Während sich im Betrieb der Firma Krupp Preßstoff-Vollschalen nicht bewährten, liegen von der Firma Stahlwerke Brüninghaus A.G.[2] nach mehr als $3^1/_2$jährigen Versuchen mit Lagerschalen aus regellos verpreßtem Kunststoff, aus dem Fahrbetrieb mit Muldenkippern äußerst günstige Ergebnisse vor. Der Schalensitz im Lagerdeckel ist gleichfalls unbearbeitet. Die Lager werden mit Öl geschmiert, das durch Dochte aus dem seitlich angeordneten Schmiertopf zugeführt wird, s. Abb. 137. Außerdem

[1] Vortr.: W. Hoffmann, Essen.

[2] Vortr.: F. Seelkopf, Westhofen (Westf.).

werden Schmierkissen durch Spiralfedern von unten gegen die Achsschenkel gedrückt. Durch die federnde Anordnung der Schmierpolster wird vermieden, daß sich diese beim Kippen der Wagen infolge des Abhebens und Zurückfallens der Achsen bleibend verformen. Stark abgeschrägte Einlaufkanten erleichtern den Zutritt des Schmiermittels.

Ein mit diesen Lagerschalen und solchen aus Weißmetall WM 5 bis 10 ausgerüsteter Bauzug von 2 m³ Stahlmuldenkippwagen lief 6 Monate in Doppelschicht mit einer mittleren Geschwindigkeit von 20 km/h. Nach dieser Zeit wiesen die Preßstofflager gegenüber den Weißmetallschalen kaum Verschleiß auf. Lediglich einige Lagerschalen waren

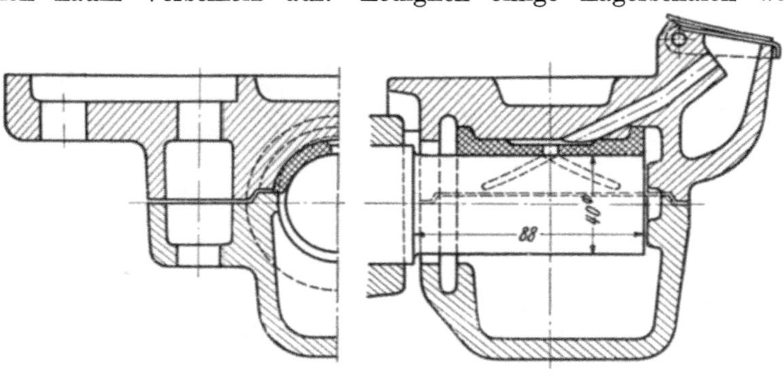

Abb. 137. Feldbahnlager mit Preßstoff-Vollschale an Stelle von Schalen mit Weißmetallausguß (Brüninghaus A.G.). Achsschenkeldurchmesser 40 mm, Lagerlänge 70 mm.

infolge des schlechten Sitzens in dem unbearbeiteten Lagerdeckel in der Mitte durchgebrochen. Auf einer anderen Baustelle wurde die Haltbarkeit der Kunststoffschalen mit 3000 Stunden, die der Weißmetallschalen mit 1200 Betriebsstunden ermittelt.

Neben diesen, im Austausch mit Weißmetallagern eingebauten Preßstoffschalen, verwendeten die Stahlwerke Brüninghaus A.G. auch Kunstharzpreßstoff zur Lagerung von 3 und 4 m³ Muldenwagen, die seither mit Bronzeschalen liefen. Die trapezförmige Bauform der Bronzeschalen wurde zunächst beibehalten, vgl. Abb. 138. Ein neuerer Entwurf trägt dagegen Kunstharz als Lagerwerkstoff mehr Rechnung. Die Einbaustücke werden in gleicher Größe und Form aus Stahl gefertigt und nur die Laufflächen mit einer etwa 5 mm dicken Preßstoffschicht versehen, vgl. Abb. 139. Hierdurch wird die Abführung der Reibungswärme in den Lagerkörper begünstigt. An der Schmiermittelzuführung wurde nichts geändert. Irgendwelche Beanstandungen traten bisher im Betrieb mit diesen Lagern nicht auf[1].

Von der Firma Dyckerhoff und Widmann[2] wurden im vergangenen Jahre in 90 Muldenkipper von 1,75 m³ Fassungsvermögen und 1,5 t

[1] Kunststoffe, Bd. 27 (1937) S. 170.

[2] Vortr.: W. WENHOLD, Berlin-Wilmersdorf.

Eigengewicht ebenfalls Vollschalen, aus formgepreßtem Kunstharz mit Papierschnitzelfüllung eingebaut. Um die Unebenheiten der Lagersitzflächen auszugleichen, wurden die Schalen zuvor mit flüssigem Holz bestrichen. Die Lagerbeanspruchung betrug bei einer Gleitgeschwindigkeit von 0,44 m/s maximal 23 kg/cm². Geschmiert wurde mit Schmierkissen und Fett. In einmonatiger Betriebszeit wurden von 40 Wagen rund 7700 und in 3 Monaten von 20 anderen Wagen 12600 Bruttotonnenkilometer pro Wagen ohne Anstände zurückgelegt. Die Lagerschalen der

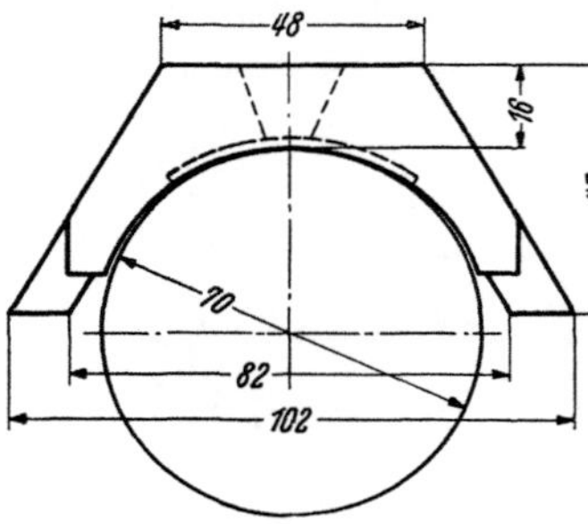

Abb. 138. *Alte Bauart.* Trapezförmige Preßstoffschale in derselben Bauform wie die seither benutzten Bronzeschalen.

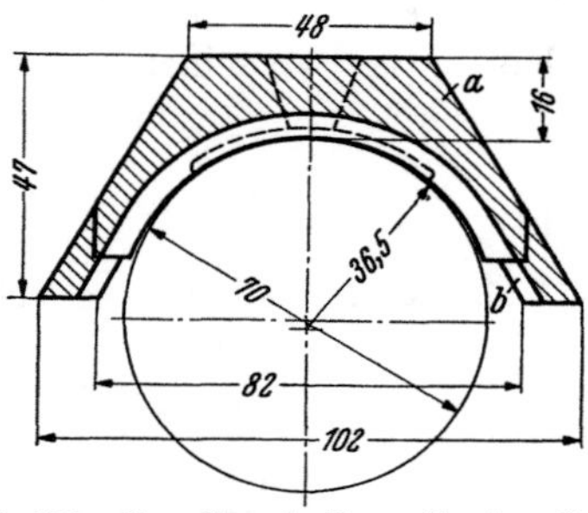

Abb. 139. *Neue Bauart.* Trapezförmiges Stahlstück *a* mit Preßstoffeinsatz *b*.

Abb. 138 und 139. Feldbahnwagenlager mit Preßstoff- statt Bronzeschalen (Brüninghaus A.G.).

letzten Wagengruppe waren nach der angegebenen Laufzeit etwa 0,2 mm abgenutzt.

Lokomotiven. Bei einer 75 PS Henschel-Lokomotive Typ Riesa mit 660 mm Spurweite und 11 t Dienstgewicht wurden die Achs- und Stangenlager aus Preßstoff gefertigt. Nach 40 Betriebstagen bei voller Ausnutzung der Lokomotivleistung und einer durchschnittlichen täglichen Förderleistung von rund 1000 t/km wurden die Lager wegen ungenügender Betriebssicherheit — sie waren bei längeren Wegstrecken zu heiß geworden — wieder gegen Bronzeschalen ausgewechselt. Beschädigungen wurden keine festgestellt[1].

Die bei einer Werklokomotive an der Mitnehmerstange zwischen Kreuzkopf und Schieber gegen Rotgußlager ausgetauschten Preßstoffbüchsen mit Papierfüllung haben sich nach Beseitigung anfänglicher Schwierigkeiten bis heute gut bewährt[2].

Eisenbahnwagen. Restlos versagt haben Wagenachslager mit Kunstharzfutter bei Eisenbahnwagen der Reichsbahn. Die Versuche wurden, allerdings schon vor mehr als 2 Jahren, von der Lagerversuchsanstalt Göttingen auf dem Rollstand durchgeführt. Bei einem Lagerdurchmesser von 119 mm, einer Lagerlänge von 192,5 mm und einem Spiel von 0,5 mm wurde mit einer Geschwindigkeit von 60 km/h, d. s. bei 1000 mm

[1] Vortr.: W. WENHOLD, Berlin-Wilmersdorf.
[2] Vortr.: A. NIGGEMEYER: Wirtschaftsgruppe Elektrizitätsversorgung, Berlin.

Raddurchmesser rd. 4 m/s Gleitgeschwindigkeit, gefahren. Schon bei ganz geringen Belastungen liefen die Lager bei gewöhnlicher Polsterschmierung sehr schnell heiß. Selbst bei Verwendung mechanischer Schmiervorrichtungen, welche die Lager mit Öl überfluteten, konnte die Lagerlast nur bis auf 2 t/Lager gesteigert werden, wobei sich nach einhalbstündigem Lauf Lagerendtemperaturen von 153° einstellten. Es gelang nicht, die im Betriebe vorkommende Höchstlast von 8 t/Lager zu erreichen[1].

Straßenbahnwagen. Schwierigkeiten traten gleichfalls bei Preßstofflagern auf, die in Tatzlagern bei Straßenbahnwagen eingebaut wurden. Der durch die Lager hindurchgehende Fahrstrom führte nach kurzer Zeit zu deren Zerstörung. Auch Versuche, den Strom durch einen besonderen Schleifring zur Schiene überzuleiten, blieben bisher erfolglos. Die Untersuchungen sind noch nicht abgeschlossen[1].

Kraftwagen. Gut bewährt haben sich mit Voltolöl getränkte Hartgewebebüchsen an Lagerstellen von Kraftwagen, wo bei geringen Gleitgeschwindigkeiten, pendelnde und schwingende Bewegungen und Flächenpressungen von höchstens 30 kg/cm² auftreten. Die Büchsen wurden beispielsweise verwendet zur Lagerung der Lenkspindeln, der Lenkrohrhalter, der Schaltstangenrohre, der Kupplungs- und Bremshebel und der Bremsausgleichswellen[2].

d) Landwirtschaftliche Maschinen.

Mit dem Ziel, devisenbelastete Lagerwerkstoffe durch Heimstoffe zu ersetzen, wurden von der Firma H. Lanz A.G., Mannheim[3], neben Perlitguß- und Aluminiumlagern auch Kunstharzpreßstoff-Lager in landwirtschaftliche Maschinen eingebaut. Zuvor wurde in Laufversuchen der Einfluß von Staub und Schmutz bestimmt, unter deren Einwirkung Gleitlager im Betrieb solcher Maschinen stark gefährdet sind. Verwendet wurden fettgeschmierte Preßstofflager mit Papier- und Gewebeschnitzelfüllung in gleicher Bauform und Größe wie die seither benutzten Metalllager. Die Versuche befriedigten insofern, als sich im Gegensatz zu Rotguß und Bronze die Schmutzteilchen in die Preßstofflager eindrückten und gehärtete Wellen nicht angriffen. Bei Verwendung nichtgehärteter Wellen war dagegen unter schlechten Schmierbedingungen der Wellenverschleiß bei Kunststofflagern größer. Nach diesen Vorversuchen wurden in mehrere Schlepperbinder je 20 Preßstofflager an Stellen bis zu 0,4 m/s Gleitgeschwindigkeit und bis zu 5 kg/cm² Pressung eingebaut. In eine dicht abgeschlossene Kammer eingebracht, in welche mit Straßenschmutz vermischter, quarzhaltiger Staub eingeblasen wurde und zeitweise Temperaturen bis zu 40° herrschten, wies ein Binder nach 600stündiger Laufzeit unter Last nur geringfügigen Wellen- und Lagerverschleiß auf, während

[1] Vortr.: KÖPKE: Reichsbahnzentralamt, Berlin.
[2] Automob.-techn. Z. 39 (1936) S. 159.
[3] Vortr.: W. MEBOLDT, Mannheim.

bei einer anderen unbelasteten Maschine Rotguß- und Bronzelager schon nach 120 Stunden erheblich mehr abgenutzt waren. Außer einigen Lagern, die infolge zu großer Lagerlänge (l/d = 2,8) Kantenpressung erfuhren, dadurch heiß liefen und leicht verkohlten, bewährten sich im allgemeinen die Kunstharzlager ausgezeichnet. Diese Erfolge ermutigten zum serienmäßigen Einbau von Preßstofflagern in Schlepperbinder und an mehreren Lagerstellen von Schleppern; an letzteren z. B., in die Vorderachse, die Tragfeder, den Kupplungsbacken und zur Lagerung der Lenkschenkel. Die bis jetzt vorliegenden Betriebsergebnisse sind günstig, zum mindesten nicht schlechter als die mit Bronze- und Rotgußlagern.

e) Werkzeugmaschinen.

Gleichfalls von erfolgreichen Versuchen mit Preßstofflagern wird aus dem Werkzeugmaschinenbau berichtet. So wurde die Leerlaufscheibe einer Langhobelmaschine anstatt der seither verwendeten Gußbronze GBZ 14 mit Preßstoff ausgebüchst. Während die Bronzebüchsen bei

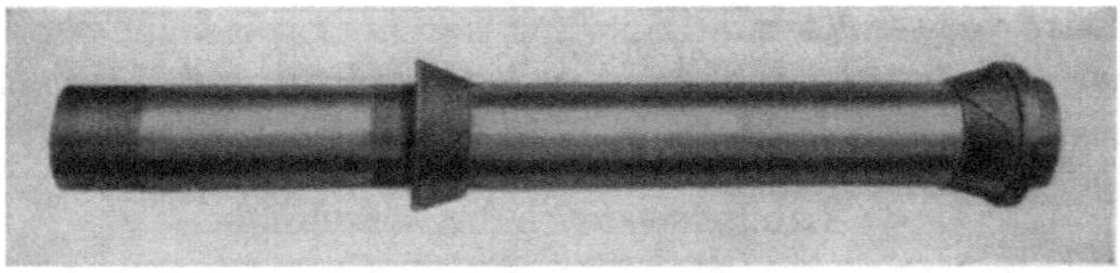

Abb. 140. Drehspindel eines Vierspindelautomaten mit aufgesetzten, in Guß laufenden Preßstoffbüchsen (FRANK).

einer Wellendrehzahl von 430 U/min und dreitäglicher Schmierung nach etwa 3 Monaten doppelschichtigem Betrieb starken Verschleiß aufwiesen und ausgewechselt werden mußten, befanden sich die Preßstoffbüchsen nach 14monatiger Laufzeit unter denselben Bedingungen noch in einwandfreiem Zustand.

Ferner wurde die Drehspindel eines Vierspindelautomaten, auf welche kegelige Preßstoffbüchsen fest aufgezogen waren, s. Abb. 140, unmittelbar in der gußeisernen Spindeltrommel gelagert. In gleicher Weise mit der Spindel umlaufende Bronzebüchsen waren nach 6- bis 8monatigem Betrieb zerstört und die Bohrungen im Gußzylinder erheblich angegriffen. Nach 7jähriger ungestörter Laufzeit (!) mit Kunststoffbüchsen blieben dagegen die gußeisernen Gegenlager gänzlich unbeschädigt[1].

Beim Bochumer Verein wurden gleich an einer ganzen Reihe von Werkzeugmaschinen Preßstofflager eingebaut; so an Drehbänken für die Vorschubhebel, die Vorlegewelle, die Stufenscheiben sowie die Haupt- und Arbeitsspindel, die Zahnrad- und Deckenvorgelege, die Kupplung und in den Räderkasten. An Fräsbänken wurden Schneckenkasten, Frässpindel und Schaftritzel mit Kunstharzlagern versehen. Ferner wurden

[1] H. FRANK: Werkstattstechnik Bd. 31 (1937) S. 208.

an Hohlbohrbänken die Lagerstellen im Räderkasten und die Stopfen für Lünetten und an Hobelmaschinen die Leerlaufscheibe für das Vorgelege mit Preßstoff ausgerüstet. Die Arbeitsspindeln wurden mit den warm aufgezogenen Kunststoffbüchsen in gut gehärteten Stahlbüchsen gelagert. Alle anderen Lager waren wie üblich gestaltet. Das Einbauspiel betrug bei sämtlichen Preßstofflagern 0,1 bis 0,2 mm [1].

f) Elektromotoren.

Ebenfalls bewährt haben sich mit der Welle umlaufende Kunstharzpreßstoff-Büchsen im Betrieb von Drehstrommotoren mit einer Drehzahl von 750, 1000 und 1500 U/min und einer Leistung von 5, 10 und 15 PS [2].

Schlußwort.

Die im letzten Kapitel aus den verschiedensten Gebieten des allgemeinen Maschinenbaues zusammengestellten Betriebserfahrungen erheben keinen Anspruch auf Vollständigkeit; aus ihnen und den verschiedenen auf Prüfständen gewonnenen Versuchsergebnissen kann man jedoch unschwer erkennen, unter welchen Betriebsbedingungen der Einbau von Preßstofflagern nach dem heutigen Stand der Technik lohnenswert erscheint. Hiernach eignen sich Kunstharzpreßstoffe, wenn man sie zweckmäßig auswählt und gestaltet, besonders für Lagerstellen, die bei niedrigen Gleitgeschwindigkeiten und üblichen Schmierverhältnissen im Dauerbetrieb Beanspruchungen bis zu etwa 50 kg/cm² und im aussetzenden Betrieb Flächenpressungen bis zu etwa 80 kg/cm² ausgesetzt sind. Unter diesen Bedingungen steht Preßstofflagern, besonders in rauhem, schmutzigem Betrieb, in welchem einer sorgfältigen Lagerung mit geringstmöglichem Lagerspiel keine große Bedeutung beigemessen wird, ein Anwendungsgebiet offen, in welchem zur Zeit noch erhebliche Mengen von Sparmetallen verbraucht werden. Bei mittleren und höheren Umfangsgeschwindigkeiten und großen Flächenpressungen wird man dagegen bei der Lagerung in Kunststoff unter gewöhnlichen Schmier- und Kühlverhältnissen noch mit Schwierigkeiten rechnen müssen. Unter allen Umständen empfiehlt es sich jedoch, insbesondere bei erhöhten Anforderungen, den Kunststoff auf der Welle zu befestigen und mit dieser umlaufen zu lassen. Leider begegnen viele Konstrukteure dieser kunststoffgerechten Lagerbauform noch mit merklicher Scheu.

An höchstbeanspruchten Lagerstellen haben unter normalen Verhältnissen Kunststofflager bisher völlig versagt. Diese Tatsache offen auszusprechen, ist den Verfassern ein dringendes Bedürfnis, denn wie auf jedem neuen Gebiet der Technik neigt man auch auf dem der Preßstofflager durch Teilerfolge kühn begeistert dazu, weit gesteckte Ziele schon als erreicht anzusehen. Hierzu tragen nicht wenig Berichte bei,

[1] Vortr.: W. Bertram, Bochum.

[2] A. Kuntze: Z. VDI Bd. 81 (1937) S. 338.

in denen man beispielsweise unter den besonderen Bedingungen des Walzwerksbetriebes gewonnene Ergebnisse — ohne auf Walzenlager auch nur mit einem Wort hinzuweisen — verallgemeinert, von dem vorbereiteten Einbau von Kunststofflagern in Rennwagen spricht oder sämtliche metallischen Lagerwerkstoffe bereits als Ersatz für Kunstharzpreßstoffe bezeichnet. Derartige Angaben sind im Hinblick darauf, daß sich Preßstofflager mit ungeahntem Erfolg in kürzester Zeit ein großes Anwendungsgebiet erobert haben und sich gegenwärtig noch mitten in der Entwicklung befinden, nicht geeignet, diese zu fördern. Im Gegenteil, wird hierdurch die Entwicklung nur gehemmt, indem der in der Anwendung von Kunstharzlagern unerfahrene Konstrukteur verleitet wird, Preßstoffe an Lagerstellen einzubauen, wo auf Grund der bisherigen Erfahrungen schon von vornherein mit Fehlschlägen zu rechnen ist. Solch nutzlose und meistens kostspielige Versuche untergraben dann das Vertrauen in den neuen Lagerwerkstoff, was dieser, wenn er richtig angewendet wird, nicht verdient.

Bezüglich der Weiterentwicklung der Kunstharzpreßstoff-Lager fallen dem Kunstharzhersteller und -verarbeiter, dem Konstrukteur und dem Forscher noch besondere Aufgaben zu. Durch geeignete Auswahl von Kunstharz und Füllmittel, besondere Aufbereitung hinsichtlich der Aushärtung usw., sind neue Werkstoffe zu schaffen, die den Anforderungen an Lagerwerkstoffe mehr entsprechen als die zur Zeit typisierten Preßstoffe. So muß von den neuen Stoffen größere Festigkeit bei höheren Temperaturen, größere Formbeständigkeit und nicht zuletzt bessere Wärmeleitfähigkeit gefordert werden. Ferner muß der Verarbeiter bestrebt sein, Kunststofflager mit größerer als der bisher üblichen Maßhaltigkeit zu verpressen. Die Aufgabe des Konstrukteurs ist, die Betriebsbedingungen der Lager genau zu erfassen und die Konstruktion werkstoffgerecht zu gestalten. Das verbindende Glied zwischen Hersteller und Verbraucher hat der Forscher zu übernehmen, der auf Grund der von ihm durchzuführenden Untersuchungen hinsichtlich der physikalischen, chemischen, mechanischen und technologischen Eigenschaften der Kunststoffe und ihrer Eignung zu Lagerzwecken beide im Erfahrungsaustausch zu beraten hat. Nur so wird es gelingen Kunstharzpreßstoff zu dem Erfolg im Lagerbau zu verhelfen, der ihm gebührt.

B. Legierungen.

I. Legierungen mit Aluminium oder Magnesium.

Von Dr.-Ing. WALTER BUNGARDT, Berlin-Adlershof.

Mit 36 Abbildungen.

1. Allgemeine Übersicht über die Entwicklung der Leichtmetall-Gleitlagerlegierungen.

Der Gedanke, *Leichtmetallegierungen* auf der Basis Aluminium als *Gleitlagerwerkstoffe* zu verwenden, gewann wohl zum erstenmal in Deutschland während des Weltkrieges größere praktische Bedeutung. Der mit zunehmender Kriegsdauer sich verschärfende Metallmangel an Kupfer, Zinn, Antimon und Blei, den wesentlichsten Grundstoffen der Lagerlegierungen, machte eine Umschau nach einem möglichst vollwertigen Ersatzstoff zu einer zwingenden Notwendigkeit. Die damals mit Aluminiumlegierungen als Lagerwerkstoff gesammelten Erfahrungen waren zunächst so wenig ermutigend, daß nach Beendigung des Krieges in der Entwicklung der leichten Gleitlagerlegierungen ein Stillstand eintrat. Die anfänglichen Rückschläge erscheinen heute durchaus verständlich; denn erstens fehlte beim Einsetzen der Entwicklung der Aluminiumlagerwerkstoffe die für den Erfolg notwendige tiefere Kenntnis der strukturellen und mechanischen Eigenschaften dieser Legierungen. Zweitens ist zu bedenken, daß bei der äußerst verwickelten Struktur des Lagerproblems mit seinen mannigfachen werkstofflichen, schmiertechnischen und konstruktiven Gesichtspunkten zwischen den Ergebnissen der gebräuchlichen Lager- und Lagerwerkstoffprüfmethoden[1] und der praktischen Bewährung kein einfacher Zusammenhang besteht. Daraus ergibt sich die bekannte Schwierigkeit, daß eine *schnelle* und *zuverlässige* versuchsmäßige Entscheidung darüber, ob eine neue Lagerlegierung für einen bestimmten Verwendungszweck geeignet ist, meist nicht gegeben werden kann. Es bleibt somit für die Entwicklung nur der mühselige und zeitraubende Weg der betrieblichen Erprobung, wobei allerdings gewisse Erfahrungen, z. B. über den günstigsten Gefügeaufbau der Lagerlegierung und notwendige physikalische und technologische Mindestwerte einen Anhalt für die Eignung geben können.

---

[1] Siehe Abschnitt III, S. 83.

Für die Notwendigkeit der Entwicklung von leichten Gleitlagerlegierungen sind jedoch *nicht nur* wirtschaftliche Gründe maßgebend gewesen. Unabhängig hiervon wurde andererseits auch durch die Aufgabe, Lagerwerkstoffe zu entwickeln, die *höhere mechanische und thermische Belastungen* als die bisher gebräuchlichen Lagerlegierungen auf Kupfer- und Zinnbasis ertragen, der Blick auf das Aluminium und seine Legierungen gelenkt. Es ergaben sich mit der Steigerung der spezifischen Motorleistung (z. B. im Grund- und Pleuellager des Flugmotors) höhere mechanische und thermische Anforderungen an die Triebwerkslagerung, denen die bekannten Weißmetalle, Kadmiumlagerlegierungen und auch die gebräuchlichen binären Bleibronzen nicht immer gewachsen waren. Es lag daher der Versuch nahe, die guten mechanischen und physikalischen Eigenschaften einiger Aluminiumlegierungen mit guter Warmfestigkeit, guten Gleiteigenschaften (geringe Reibungsziffer und hohe Verschleißfestigkeit), geringem spezifischen Gewicht und gutem Wärmeleitvermögen im hochbelasteten Gleitlager auszunützen.

An der Entwicklung der *hoch*belastbaren Leichtmetall-Gleitlagerlegierungen hat die deutsche Luftfahrtforschung, für welche dieses Problem besonders wichtig ist, einen wesentlichen Anteil. Die bisher mit Aluminiumlagermetallen gemachten Erfahrungen haben ergeben, daß infolge der meist beträchtlichen Wärmedehnung dieser Legierungen und ihrer Empfindlichkeit gegen Kantenpressung der *konstruktiven Gestaltung* des Lagers und auch den Schmierungsverhältnissen (Preßölschmierung) eine große und für den praktischen Erfolg oft durchschlagende Bedeutung zukommt.

Die derzeitige Lage der Entwicklung der leichten Gleitlagerwerkstoffe vornehmlich auf Al-Basis läßt sich folgendermaßen kennzeichnen. Weder im Bereich niedriger noch höherer mechanischer und thermischer Gleitlagerbeanspruchung hat sich eine bestimmte Legierungsgruppe durchsetzen können. Guten Erfahrungen mit einer Legierung an der einen Stelle stehen oft Versager mit derselben Legierung an anderen Stellen entgegen, wobei erwähnt sein soll, daß häufig beim *Anfahren* aus dem kalten Betriebszustand Schwierigkeiten entstehen[1]. Daraus folgt, daß die besonderen physikalischen und technologischen Eigenschaften der leichten Lagerlegierungen bei der baulichen Durchbildung der Lagerung oft nicht genügend beachtet werden. Für thermisch und mechanisch *niedrig beanspruchte Lager* bereitet die Verwendung von Leichtmetallen keine größeren Schwierigkeiten. So wird man z. B. Bronzebuchsen in vielen Fällen durch Leichtmetalle austauschen können. Die Einführung von Leichtmetallen in *stärker beanspruchte Lagerungen* hat jedoch eine Anzahl fertigungstechnischer und konstruktiver Schwierigkeiten ergeben, die bisher nicht gänzlich behoben werden konnten.

[1] Über die Gründe hierzu s. S. 203.

Es ist aber festzustellen, daß neuerdings im Rahmen der Bestrebungen, vom Bezug ausländischer Rohstoffe für Lagerwerkstoffe möglichst unabhängig zu werden, die Entwicklung der leichten Lagermetalle eine kräftige Förderung erfahren hat und auch bezüglich der schwierigen Entwicklung von leichten Lagerwerkstoffen für höhere und höchste Beanspruchungen wichtige Erfahrungen gesammelt werden konnten.

2. Übersicht über die wichtigsten Leichtmetall-Gleitlagerlegierungen.

a) Anforderungen an einen leichten Lagerwerkstoff.

Es wird zum Verständnis des folgenden nützlich sein, an dieser Stelle zunächst nochmals auf die außerordentlich vielseitigen Anforderungen hinzuweisen[1], denen jeder Lagerwerkstoff nach Möglichkeit weitgehendst genügen soll:

α) *Mechanische* Eigenschaften:

1. gute statische und dynamische Festigkeitseigenschaften bei erhöhten Temperaturen (hoher Verformungswiderstand und gute Zeit- und Dauerfestigkeitseigenschaften);
2. geringe Empfindlichkeit gegen Kantenpressung (gute Formänderungsfähigkeit);
3. gute Laufeigenschaften (Einlauf-, Dauerlauf- und Notlaufeigenschaften);
4. gute Ölbenetzbarkeit;
5. gute Bearbeitbarkeit.

β) *Physikalische* Eigenschaften:

1. gute Wärmeleitfähigkeit;
2. geringe thermische Ausdehnung;
3. gegebenenfalls geringes spezifisches Gewicht (Flugmotor).

γ) *Metallurgische* Eigenschaften:

Gute Gießbarkeit und Preß- bzw. Schmiedbarkeit.

Die praktisch wichtige Frage, *welche* Leichtmetallegierungen diesen vielseitigen Forderungen am besten gerecht werden, kann heute noch nicht beantwortet werden. Dabei sind die Anforderungen natürlich stets dem Verwendungszweck anzupassen, so daß je nach den mechanischen und thermischen Beanspruchungsverhältnissen verschiedene leichte *Lagerwerkstoffgruppen* unterschieden werden müssen. Die bisher vorliegenden Unterlagen reichen aber noch nicht aus, eine praktisch zutreffende Abgrenzung der bisher in Vorschlag gebrachten leichten Lagerlegierungen in verschiedene Beanspruchungsgruppen zu geben.

---

[1] Siehe hierzu Abschnitt II, S. 40.

Die Entwicklung der leichten Gleitlagerwerkstoffe hat gezeigt, daß es bei geeigneter Legierungszusammensetzung nicht schwierig ist, auch die größten heute üblichen Lagerbeanspruchungen *festigkeitsmäßig* aufzunehmen[1], wobei mit steigender Belastbarkeit meist ein höherer Verformungswiderstand und ein geringeres Formänderungsvermögen in Kauf genommen werden müssen. Die Schwierigkeiten, die namentlich bei höheren thermischen und mechanischen Anforderungen der betriebsmäßigen Verwendung entgegenstehen, rühren daher i. a. *nicht* von unzureichenden statischen oder dynamischen Festigkeitseigenschaften des Lagermetalles her, sondern sie ergeben sich vornehmlich aus der Forderung, den Legierungen mit einer guten Belastbarkeit *gleichzeitig* ein gutes Laufverhalten bei geringer Empfindlichkeit gegen Kantenpressung zu geben. Infolgedessen dreht es sich bei der Entwicklung von leichten Gleitlagerlegierungen hauptsächlich um folgende Fragen: Wie sind ausreichende *Notlaufeigenschaften* zu erzielen, d. h. wie erzielt man einen störungsfreien Lauf bei kurzzeitigem Versagen der Ölzufuhr und unzureichender Schmierung oder Unempfindlichkeit gegen Ölverunreinigungen usw.; ferner, wie ist die *Empfindlichkeit* der warmfestesten dieser Legierungen *gegen Kantenpressung* zu verringern; und endlich: durch welche konstruktive Maßnahmen kann das größere *Ausdehnungsvermögen* der leichten Gleitlagerwerkstoffe unschädlich gemacht werden.

Im folgenden sollen die verschiedenen Legierungsvorschläge zur Erreichung dieser Ziele dargestellt werden; und zwar sind — abweichend vom historischen Entwicklungsgang — die Legierungsgruppen an erster Stelle behandelt worden, über die im Schrifttum ausführlicher berichtet wurde.

b) Zusammensetzung und Gefügeaufbau der wichtigsten Leichtmetall-Lagerlegierungen. Allgemeine Erfahrungen.

α) Aluminiumlegierungen.

Die ersten Versuche, *eutektische und übereutektische Al-Si-Legierungen*, etwa von der Zusammensetzung der in Zahlentafel 13 in Spalte 1 und 2 aufgeführten Legierungen, als Gleitlagerwerkstoff zu benutzen, verdanken wir C. STEINER[2]. Im Vergleich zu den Blei- und Zinnbronzen weisen diese Legierungen bei wesentlich besseren Warmfestigkeiten eine viel geringere Abnutzung besonders bei vergüteten Wellen auf, so daß sie zunächst als Lagerwerkstoffe für höhere Beanspruchungen durchaus

[1] Hierfür spricht z. B. die Tatsache, daß verschiedene leichte Gleitlagerlegierungen in Lagerprüfmaschinen statische Belastung von mehr als 500 kg/cm² ohne Störungen ertragen haben.

[2] STEINER, C.: Lilienthal-Gesellschaft für Luftfahrtforschung, Jahrbuch 1936 S. 356—371.

geeignet erschienen. Dazu besitzen diese Werkstoffe einen weiteren wichtigen Vorteil in ihrem im Vergleich zu anderen Leichtmetallen geringen thermischen Ausdehnungskoeffizienten. Der Gefügeaufbau der übereutektischen Legierung „KS 280" ist in Abb. 141 wiedergegeben: in einer eutektischen Grundmasse sind primär ausgeschiedene, harte, plattenförmige Si-Kristalle eingelagert. Als Nachteil dieser sehr harten Werkstoffe, deren Brinellhärte z. B. für „KS 245" 115 bis 135 und für „KS 280" 120 bis 140 kg/mm² beträgt, muß hervorgehoben werden, daß sie keine Einlaufeigenschaften besitzen. Ein Einschaben darf nicht vorgenommen werden und nur Feinstbearbeitung der Lagerlauffläche mit Diamanten bietet die Gewähr dafür, daß kein Fressen erfolgt. Um die Einlaufeigenschaften dieser harten Werkstoffe zu verbessern, ist vorgeschlagen worden, die Laufoberfläche durch Vorbohren mit sehr feinen gewindeartigen Gängen zu versehen und dann schließlich durch eine weitere spanabhebende Bearbeitung die Spitzen der Gewindegänge zu entfernen[1].

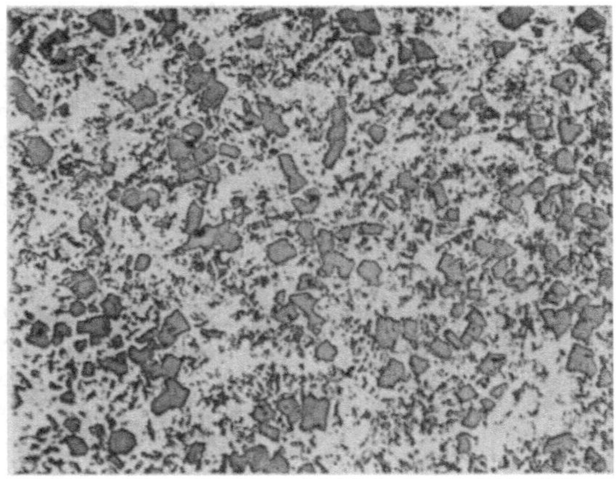

Abb. 141. Gefügeaufbau der Legierung „KS 280". 100×.

Diese Legierungen sind gegen örtliche Überbeanspruchungen (Kantenpressung) sehr empfindlich, weshalb z. B. nach STEINER[2] in all den Fällen, in welchen keine starre Zapfenlagerung erwartet werden kann, eine ballige Abrundung der Laufflächen empfehlenswert sein soll. Auch bezüglich ihres Notlaufverhaltens lassen sie zu wünschen übrigen. Bei Unterbrechung der Ölzufuhr zum Lager und allgemein bei Unterbrechung des Ölfilmes kommt es in kurzer Zeit zu „Fressern", da die herausbrechenden harten Siliziumkriställchen im Lagerspalt wie Schmirgelpulver wirken; meist wird auch die Welle stärker angegriffen. Eine wichtige Voraussetzung für einen störungsfreien Betrieb ist ein gut gereinigtes Schmieröl, da nämlich die harte Grundmasse nicht in der Lage ist, Verunreinigungen des Öles aufzunehmen. Auf Grund der bisher sowohl im Prüfstand als auch in praktischer Erprobung gesammelten

[1] DRP. 636486 (K. Schmidt G. m. b. H., Neckarsulm).

[2] STEINER, C.: Lilienthal-Gesellschaft für Luftfahrtforschung, Jahrbuch 1936 S. 356—371.

Erfahrungen kann zusammenfassend über diese Werkstoffgruppe gesagt werden, daß sie trotz ihrer guten mechanischen und physikalischen Eigenschaften wegen des Fehlens ausreichender Notlaufeigenschaften und ihrer Empfindlichkeit gegen Kantenpressung nicht an allen Stellen verwendbar ist. Voraussetzung für störungsfreies Verhalten sind nach bisherigen Erfahrungen nicht zu große Lagerkräfte, gleichmäßige Beanspruchung, starre Zapfenlagerung und gute Schmierung.

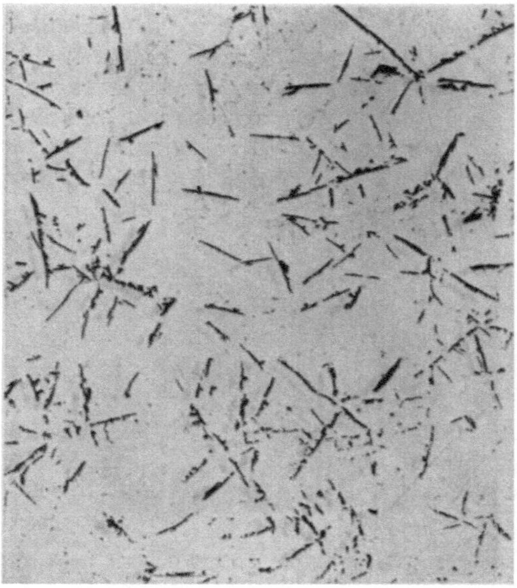

Abb. 142. Gefügeaufbau der Legierung „KS 13" (6 bis 8% Sb; Rest-Al). 100×. (Nach R. Sterner-Rainer.)

Es ist beachtenswert, in welcher Weise R. Sterner-Rainer[1] und Steiner[2] diese Legierungen zu verbessern versuchen. Ausgehend von der Überlegung, daß günstige Einlauf- und Notlaufeigenschaften dann erwartet werden dürfen, wenn im Gefüge des Lagerwerkstoffes harte Tragkristalle in weicher Grundmasse eingebettet sind, versuchen sie die Lauffläche

Zahlentafel 13. Zusammensetzung von Gleitlagerlegierungen auf Aluminiumbasis.

Nr.	Hersteller	Bezeichnung des Herstellers	Chemische Zusammensetzung	Verwendungsform und Zustand
1	K. Schmidt G. m. b. H. Neckarsulm	KS 245	4,5% Cu; 14,0% Si; 0,8% Mn; 0,7% Mg; 1,5% Ni; Rest Al	gegossene Vollschale
2	K. Schmidt G. m. b. H. Neckarsulm	KS 280	1,5% Cu; 21—22% Si; 0,7% Mn; 0,5% Mg; 1,5% Ni; 1,2% Co; Rest Al	gegossene Vollschale
3	K. Schmidt G. m. b. H. Neckarsulm	KS 13	6—8% Sb; Rest Al	in Verbindung mit KS 280 als Stützschale. Verbundguß; oder auch in Verbindung mit Duralumin als Stützschale verpreßt

[1] Sterner-Rainer: Jb. Dtsch. Luftf.-Forschg. 1937, S. 221—225.
[2] Siehe Fußnote 2, S. 177.

Zahlentafel 13. (Fortsetzung.)

Nr.	Hersteller	Bezeichnung des Herstellers	Chemische Zusammensetzung	Verwendungsform und Zustand
4	Junkers Flugzeug- und Motorenwerke, Dessau	Lg 40	6% Fe; 0,5% Mg; Rest Al	Vollschale, grobe Ausscheidung der Primärkristalle muß auf *metallurgischem Wege* vermieden werden; bzw. an den Gießprozeß ist durch *mechanische Bearbeitung* ein *Kornverfeinerungsprozeß* anzuschließen
5		—	6,5% Ni; 0,5% Ti; Rest Al	
6		—	8% Cu; 6% Fe; 8% Zn; Rest Al	
7		Lg 67	15% Cu; 5—6% Fe; Rest Al	gegossene Vollschale
8	H. Borofski, Metallhütte, Frankfurt a.M.	Borotal Z 7	3—4% Cu; 2% Fe; < 3% Zn; < 3% Pb; 0,1% C (Graphit); Rest Al	Vollschale
9		Borotal D 4 u. D 5	3—4% Cu; 2% Fe; < 3% Pb; 0,1% C (Graphit); Rest Al	Vollschale
10		Borotal FZ 17a	2% Fe; < 3% Pb; 0,1% C (Graphit); Rest Al	Vollschale gegossen und gepreßt
11	Aluminium-walzwerk Wutöschingen G. m. b. H.	Quarzal	2—15% Cu; Kleinzusätze an Schwermetallen und kleine Zusätze zur Vergütung; Rest Al	Vollschale, Kokillenguß und Sandguß (auch verpreßt)
12	Vereinigte Deutsche Metallwerke AG., Frankfurt a. M.	Alva	Al—Pb—Sb-Legierungen mit Zusätzen; folgende Zusammensetzungen[1] werden genannt: 1. 3% Sb, 3% Pb, 2% Cu, 0,5% Si, Rest Al 2. 5% Sb, 5% Pb, 2% Mg, 2% Mn, Rest Al 3. 3% Pb, 0,5% Sb, 3% Ca, Rest Al 4. 3% Pb, 3% Ca, 3% Mn, Rest Al 5. 5% Pb, 3% Ca, 3% Mn, Rest Al 6. 3% Pb, 3% Ca, 3% Fe, Rest Al 7. 3% Pb, 3% Ca, 4% Zn, Rest Al 8. 5% Pb, 8% Ca, 3% Fe, Rest Al 9. 3% Pb, 5% Ca, 2% Sn, Rest Al	Vollschale und Ausgußmetall
13	Glyco-Metall-Werke Wiesbaden-Schierstein	Almadur MZ 3 und MP 5	Al-Basis	Vollschale

[1] Laut Patent 357889; s. a. Aluminium Bd. 20 (1938) Nr. 9 S. 623.

der leichten Lagerschale dieser Forderung entsprechend umzugestalten. Die von R. STERNER-RAINER und C. STEINER entwickelte Antimon-Aluminiumlegierung mit 6 bis 8% Sb (bezeichnet mit „KS 13", s. Zahlentafel 13), die aus der primär ausgeschiedenen nadelförmigen Verbindung AlSb und einem Eutektikum mit den Bestandteilen Al und AlSb besteht und nur eine Härte von etwa 40 Brinelleinheiten im Gußzustand besitzt (im gepreßten Zustand beträgt die Härte etwa 30 kg/mm²), entspricht dieser Forderung, wie Abb. 142 zeigt. Nach Beobachtungen von G. FISCHER[1] scheinen jedoch die nadeligen Primärkristalle in der Grundmasse nicht besonders fest eingebettet zu sein. Es ist selbstverständlich, daß diese weiche Gleitlagerlegierung stärkere mechanische Beanspruchungen nicht ohne Deformation erträgt und daher nicht als Vollschale verwendet werden kann. Es ist daher als ein wichtiger Fortschritt anzusehen, daß es den genannten Forschern durch ein geeignetes Gießverfahren gelang, die guten Festigkeitseigenschaften der Legierung „KS 280" und die guten Lauf- und Notlaufeigenschaften der Legierung „KS 13" in einer Verbundlagerschale zu vereinen. Abb. 143 stellt einen derartigen Verbundguß in der Übergangszone dar; aus ihr ist ersichtlich, daß die Herstellung einer guten „kohäsiven" Verbindung zwischen Ausguß und Stützschale keine fertigungstechnischen Schwierigkeiten bereitet. Der Vorteil dieser Schale ist augenscheinlich: In eine Stützschale *hoher Festigkeit* und *geringer Wärmedehnung* ist eine Lauffläche eingegossen, die ein *gutes Einlaufen* ermöglicht, über *verhältnismäßig gute Notlaufeigenschaften* verfügt und endlich gegen *Ölverunreinigungen unempfindlich* ist. Es ist nach STERNER-RAINER[2] ebenso gut möglich, durch ein geeignetes

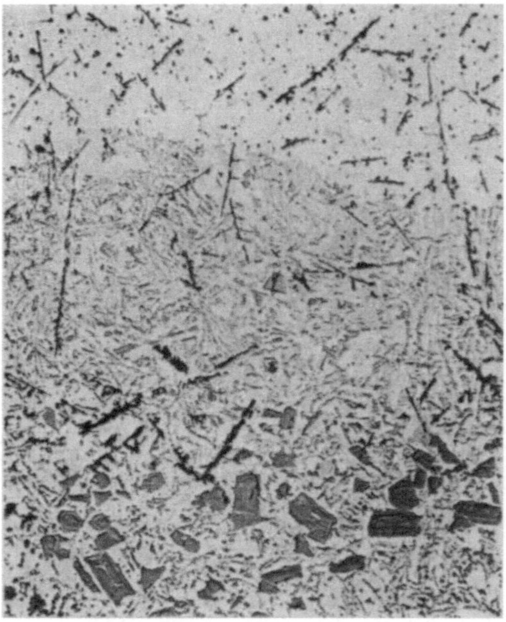

Abb. 143. Gefügeaufbau der Verbundlagerlegierung „KS 13"/„KS 280" in der Übergangszone. 150×. (Nach R. STERNER-RAINER.)

[1] FISCHER, G.: Luftf.-Forschg. Bd. 16 (1939) Lfg. 1, S. 1.
[2] Siehe Fußnote 1, S. 178.

Zahlentafel 14. Übersicht über einige Zustandsdiagramme auf Al-Basis.

Nr.	System	Eutektische Zusammensetzung	Eutektische Temperatur	Größte Löslichkeit bei der eutektischen Temperatur	Primär ausgeschiedene Kristallarten
1	Al—Cr	0,6% Cr	654°	0,25% Cr	Al_6Cr (?)
2	Al—Mn	1,95% Mn	659°	0,65% Mn	Al_7Mn
3	Al—Fe	1,9% Fe	654°	< 0,06% Fe	Al_3Fe
4	Al—Co	1,0% Co	657°	0,01 – 0,02% Co	Al_4Co (?)
5	Al—Ni	5,7% Ni	640°	0,05% Ni	Al_3Ni
6	Al—Sb	1,1% Sb	657°	< 0,10% Sb	AlSb
7	Al—Ti	0,03% Ti	660°	—	Al_3Ti
8	Al—Cu	33% Cu	548°	5,7% Cu	$CuAl_2$
9	Al—Si	11,7% S	577°	1,5% Si	Si
10	Al—Sn	99,5% Sn	232°	—	Al

Preßverfahren die leichte Gleitlagerlegierung „KS 13" als Innenplattierung z. B. auf ein Rohr aus einer Al—Cu—Mg-Knetlegierung (DIN 1713, Gattung 1) aufzubringen, wodurch ebenfalls ein leichtes Verbundlager entsteht. Die Härtewerte einer derartigen Verbundschale betragen z. B. für den preßharten Zustand in der Stützschale 68 kg/mm² und in der Lauffläche 27,8 kg/mm². Nach der Aushärtung hat die Stützschale eine Härte von 123 kg/mm², während sich die Härte der Lauffläche mit 28 kg/mm² nicht geändert hat.

Die Laufschwierigkeiten, die sich bei Verwendung der hochsiliziumhaltigen Al-Legierungen ergaben und die R. Sterner-Rainer und C. Steiner zu der geschilderten Entwicklung einer Verbundschale veranlaßten, haben H. Steudel[1] zur Verwendung anderer Legierungsgruppen geführt, die bisher praktisch bedeutungslos waren. Steudel stellt als maßgebliche Gesichtspunkte für die Entwicklung leichter Gleitlagermetalle folgende Forderungen auf: Die Legierung muß den von den Weißmetallen her bekannten günstigsten Gefügeaufbau besitzen, d. h. auch bei den leichten Lagermetallen müssen in einer *weichen* Grundmasse Tragkristalle von nicht zu großer Härte und geringer Sprödigkeit fest eingebettet sein; die Legierung muß einschabbar sein, d. h. sie muß erträgliche Einlaufeigenschaften besitzen; die Grundmasse soll ferner weich sein, da nur hierdurch die Gefahr der Empfindlichkeit gegen lokale Überbeanspruchungen und gegen Ölverunreinigungen vermieden und gewisse Notlaufeigenschaften erwartet werden dürfen. Auf Grund dieser Forderungen kommen als Legierungszusätze zum Aluminium nur solche Stoffe in Frage, die erstens in Al wenig löslich sind (um eine Härtung der Grundmasse durch Mischkristallbildung auszuschalten) und zweitens mit Aluminium ein Eutektikum bilden, das möglichst nahe an der Aluminiumseite des entsprechenden Zustandsschaubildes liegt. Unter diesen

[1] Steudel, H.: Luftf.-Forschg. Bd. 13 (1936) Nr. 2 S. 61—66.

Voraussetzungen entstehen bei verhältnismäßig geringen Legierungszusätzen übereutektische Primärkristalle, die ihrerseits eine hohe Druckfestigkeit und genügende Zähigkeit besitzen und im Gefüge fein und gleichmäßig verteilt sein müssen. Steudel wandte sein Interesse zunächst den Elementen mit der Ordnungszahl 24 bis 28, d. h. den Elementen Cr, Mn, Fe, Co und Ni zu, die dieser Voraussetzung — wie Zahlentafel 14 erkennen läßt — weitgehend genügen. Es wurden Legierungen entwickelt, die gemäß Zahlentafel 13 (Spalte 4 bis 7) zusammengesetzt waren; insbesondere die Legierungen „Lg 40" und „Lg 67", die für verschiedene Belastungsforderungen geschaffen wurden, haben auf dem Prüfstand befriedigende Ergebnisse gezeigt. Bei der Herstellung dieser Lagerlegierungen ergaben sich infolge von Seigerungsvorgängen (wesentlich bedingt durch das große Erstarrungsintervall und die unterschiedlichen spezifischen Gewichte zwischen Schmelze und Primärkristallart) insofern Schwierigkeiten, als Primärkristalle von verschiedenster Größe in ungleichmäßiger Verteilung entstanden. Es gelang jedoch, durch Entwicklung besonderer Gießmethoden und unter Verwendung verfeinernder Zusätze diese Nachteile zu vermeiden, so daß ein feinkörniger, eutektischer Gefügeaufbau mit gleichmäßig verteilten Primärkristallen anfiel. Dies ist für die Eignung dieses Werkstoffes als Gleitlagerlegierung sehr wichtig; denn H. Wiechell[1] zeigt, daß große nadelige Primärkristalle wie sie z. B. Abb. 144 für die gegossene Legierung „Lg 40" erkennen läßt, für die Bearbeitung und die Laufeigenschaften der Legierung nachteilig sind. Wird diese Legierung jedoch verschmiedet, wobei ein Gefügeaufbau nach Abb. 145 erzielt wird, so verbessern sich die Lauf-, Notlauf- und Bearbeitungseigenschaften beträchtlich. Der Form, Größe und Anordnung der ausgeschiedenen Primärkristalle kommt nach diesen Erfahrungen somit eine beträchtliche Bedeutung für die Bewährung der leichten Gleitlagerlegierungen zu.

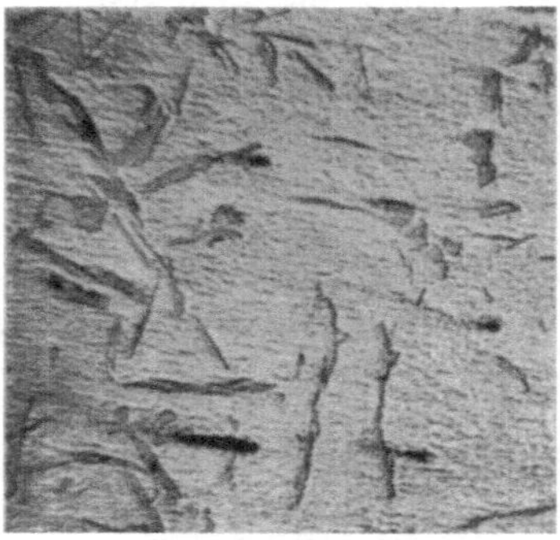

Abb. 144. Gußgefüge der Gleitlagerlegierung „Lg 40". 48×. (Nach H. Wiechell.)

Nach Erfahrungen von R. Sterner-Rainer[2] ist es zur Erzielung einer feinkörnigen und gleichmäßigen Verteilung der Schwermetallaluminide vorteilhafter, gleichzeitig mehrere Schwermetalle in geeigneten kleinen (1 bis 2%) Mengen zuzugeben. Die beiden in Zeile 6 und 7 (Zahlentafel 13) aufgeführten gleichfalls von Steudel entwickelten Legierungen ähneln

[1] Wiechell, H.: Autom.-techn. Z. Bd. 40 (1937) Nr. 9 S. 235—240.

[2] Sterner-Rainer: Siehe Fußnote 1, S. 178.

in ihrem Laufverhalten der „Lg 40"; letztere hat den Vorteil eines geringeren Gehaltes an Sparmetallen.

Mit Rücksicht auf höhere thermische und mechanische Belastung wurde von STEUDEL die Legierung „Lg 67" entwickelt, da sich zeigte, daß bei Gleitgeschwindigkeiten von mehr als 40 m/sec Vollschalen aus der Legierung „Lg 40" eine praktisch unzulässig hohe Abnutzung aufwiesen. Der Lagerwerkstoff „Lg 67", der in seiner Härte den übereutektischen Aluminium-Siliziumlegierungen nahe kommt, jedoch ein größeres Formänderungsvermögen als diese Legierung besitzt, ist nicht mehr schmiedbar; es ist daher wichtig, die als günstig erkannte Ausbildungsform der Primärkristalle und der Grundmasse durch geeignete Leitung des Erstarrungsablaufes zu erzwingen. Durch Beschleunigung der Erstarrung der Legierung soll die Bildung des sekundären Peritektikums zurückgedrängt, die des ternären Eutektikums, welches aus der Verbindung $CuAl_2$, der ternären Verbindung zwischen $CuAl_2$ und $FeAl_3$ und einer festen Lösung von Cu und Fe in Al besteht, begünstigt werden. Den Gefügeaufbau der Legierung „Lg 67" zeigt Abb. 146; auch hier sind in einer (ternär-)eutektischen Grundmasse feine Primärkristalle eingelagert, entsprechend dem von STEUDEL für die Entwicklung gewählten Leitsatz, daß nur Legierungen mit harten „Tragkristallen" in einer weichen Grundmasse den vielseitigen Anforderungen praktisch befriedigend zu entsprechen vermögen.

Abb. 145. Gleitlagerlegierung „Lg 40" geschmiedet. 48×. (Nach H. WIECHELL.)

Die Erkenntnis, daß die Verwendungsmöglichkeit und die praktische Bewährung leichter Gleitlagerlegierungen weniger von ihren technologischen Werkstoffeigenschaften als von dem Erfolg der legierungstechnischen oder konstruktiven Bestrebungen zur Verbesserung der Notlaufeigenschaften (und der Beseitigung der Empfindlichkeit gegen Kantenpressung) abhängen, hat auch zur Entwicklung *graphitierter Leichtmetall-Legierungen* geführt, die Zahlentafel 13 in Zeile 8 bis 10 enthält. Der leitende Gedanke für die Graphit- (und auch gelegentlich Blei-) Zugabe war, der Legierung durch diesen Zusatz ein gutes Notlaufverhalten zu geben. Wird der Ölfilm bei Ölmangel oder zu starkem Druck zerstört, so sollen die in der Legierung verstreuten Graphitnester die Schmierung einige Zeit übernehmen, wobei sich möglicherweise der Ölfilm aus den schwammartig mit Öl vollgesaugten Graphitinseln regenerieren kann. Den Gefügeaufbau eines derartigen „Borotals" zeigt Abb. 147. Die Borotal-Legierungen bestehen im wesentlichen aus Al-reichen Mischkristallen neben intermetallischen Verbindungen, eutektischen Nestern und eingelagerten Graphitinseln und -zeilen. Die Erreichung einer gleichmäßig feinen Graphitverteilung ist natürlich die wichtige Voraussetzung für die Güte eines derartigen Werkstoffes; eine befriedigende Erfüllung dieser Forderung ist gießtechnisch allein kaum möglich; sie kann nur in Verbindung mit einem Knetvorgang in Spindelpressen zufriedenstellend erfüllt werden. Außerdem möge darauf hingewiesen werden, daß ein Umschmelzen zerstörter Borotallager wegen der leichten Abscheidung des Graphits gewisse Schwierigkeiten bietet.

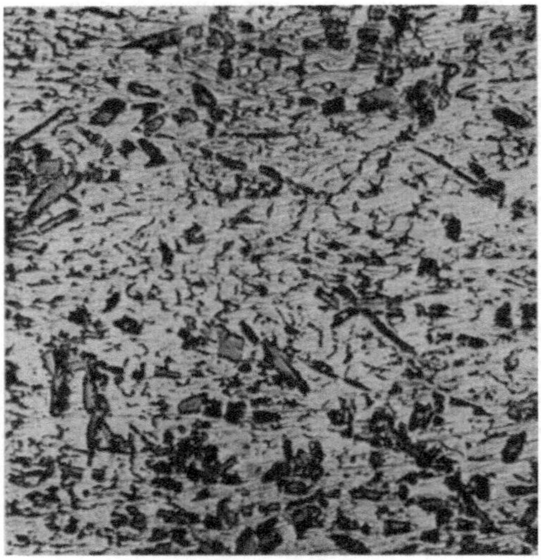

Abb. 146. Gleitlagerlegierung „Lg 57" (Guß). 110×. (Nach H. WIECHELL.)

Von den in Zahlentafel 13 aufgeführten „Borotal"-Legierungen ist die Legierung „Z 7" am hochwertigsten; „Borotal D_5 und D_4" eignen sich für geringere Beanspruchungen, während „Borotal FZ 17a" im gegossenen und gepreßten Zustande für kleinere und kleinste Lager gut geeignet sein soll.

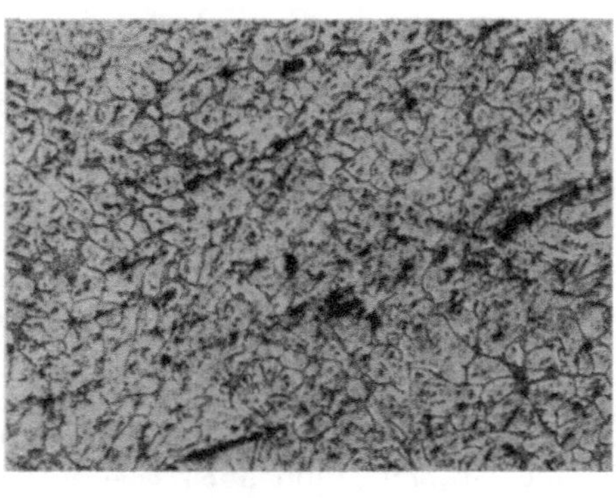

Abb. 147. Gleitlagerlegierung „Borotal". 60×. (Nach H. BOROFSKI.)

Eine weitere Werkstoffgruppe, über die im Schrifttum Einzelheiten mitgeteilt wurden, ist von M. Frh. v. SCHWARZ[1] entwickelt worden; es sind die sog. „*Quarzale*", die Zahlentafel 13 in Zeile 9 enthält. Es handelt sich bei diesen Gleitlagerwerkstoffen um binäre Al-Cu-Legierungen, die kleinere Zusätze an Schwermetallen (Fe, Mn) und weitere kleinere Zusätze zur Erzielung einer Vergütbarkeit

[1] SCHWARZ, v. M. Frh.: Z. Metallkde. Bd. 28 (1936) Nr. 9 S. 272—275. — Z. Metallkde. Bd. 28 (1936) Nr. 5 S. 128—132. — Metallwirtsch. Bd. 16 (1937) Nr. 31 S. 771—776.

(Si) enthalten. Die technisch bedeutsamste dieser Lagerlegierungen ist der Werkstoff „Quarzal 5", der in seiner Zusammensetzung etwa der Gattung Al—Cu (DIN 1713) (mit einem Si- und Mn-Gehalt an der unteren Grenze) entspricht. Den Aufbau derartiger Legierungen zeigen Abb. 148a und b. M. v. SCHWARZ nimmt an, daß die beobachteten guten Gleiteigenschaften dieser Legierungen durch den Al-reichen Mischkristall der Grundmasse bedingt sind; er stellt fest, daß unabhängig vom Gefügeaufbau sowohl die praktisch homogenen „Quarzale 2", wie auch die Legierungen „Q 4" und „Q 5" mit nur geringfügigen Einlagerungen und schließlich auch die heterogenen Legierungen „Q 8" bis „Q 15" gleich gute Gleiteigenschaften besitzen. Ein Nachteil besteht jedoch darin, daß sie alle gegen Kantenpressung sehr empfindlich sind. Es ist daher ein konstruktiver Ausgleich dieses Mangels namentlich bei leicht gebauten Lagerungen unbedingt notwendig. Auch die Notlaufeigenschaften dieser Werkstoffgruppe sind — wie bei allen härteren Leichtmetallen — stärkeren Anforderungen nicht gewachsen.

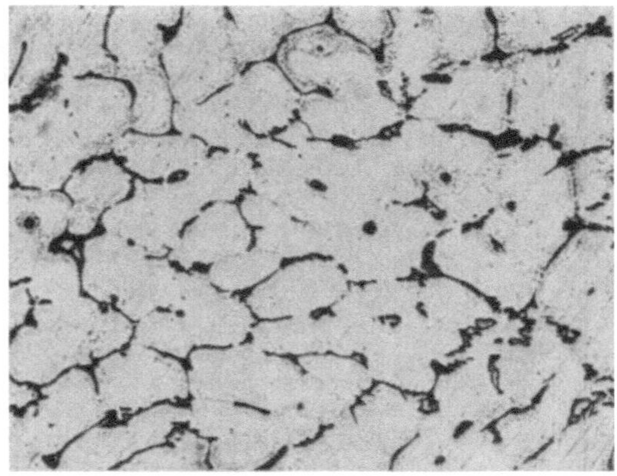

Abb. 148a. Gefügeaufbau der Gleitlagerlegierung „Q 5". 200×. (Nach M. VON SCHWARZ.)

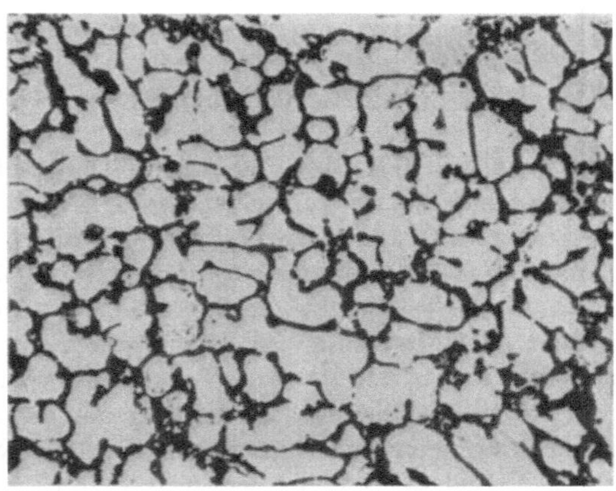

Abb. 148b. Gefügeaufbau der Gleitlagerlegierung „Q 15". 200×. (Nach M. VON SCHWARZ.)

Eine weitere Legierungsgruppe, die ein leichtes Einlaufvermögen, gute Tragfähigkeit, Temperaturbeständigkeit und geringe Abnutzung haben soll, ist von E. VADERS[1] beschrieben worden. Es handelt sich um leichte Gleitlagerlegierungen auf Aluminium-Blei-Antimonbasis, die

[1] VADERS, E.: Z. Metallkde. Bd. 29 (1937) Nr. 5 S. 155—158.

Zahlentafel 15. Weitere Legierungsvorschläge für leichte Gleitlagerlegierungen auf Al-Basis (vgl. hierzu: R. STERNER-RAINER).

Nr.	Patent Nr.	Chemische Zusammensetzung
1	DRP. 518256	1—20% Cu; 3—25% Si oder 0,6—20% $MgSi_2$; Rest Al. Cu kann ganz oder teilweise ersetzt werden durch Metalle der Eisengruppe, und zwar durch Fe bis 8%; Ni bis 12%; Co bis 8%; Mn bis 8%; Cr bis 4%
2	DRP. 257868	40—90% Al; 5—50% Sn; bis 20% eines in Sn löslichen Metalles (z. B. Blei) und 5—30% eines solchen Metalles, welches mit der Grundmasse keine feste Lösung bildet, sondern sich als chemische Verbindung mit dem Aluminium ausscheidet und härter ist als die Grundmasse (z. B. Sb oder Ni)
3	—	0—20% Pb; Rest Al[1]
4	Franz. Pat. 796317 und 796422	19—26% Al-Sn-Eutektikum; Zusätze an Ni und Mn getrennt und kombiniert. Sn kann teilweise durch Sb ersetzt werden. Härtesteigerung kann auch durch Mg erzielt werden. Al—Sn—Sb-Eutektikum; bei dem Σ Sn + Sb = 8—19%
5	—[2]	2,1% Cu; 5,3% Zn; 2,0% Mg; 1,0% Mn; 1,2% Pb; 3,3% Cd; 0,1% Si; 0,6% Fe; Rest Al
6	—[2]	9,0% Mg; 0,2% Mn; Rest Al
7	—[2]	8,4% Mg; 3,8% Si; Rest Al
8	Alugir	3% Cu; 0,8% Zn; 1—1,5% Ni; Rest Al
9	Chromet	10% Si; Rest Al[3]
10	RR 56	2% Cu; 0,6% Si; 0,8% Mg; 1,4% Fe; 1,2% Ni; 0,1 % Ti; Rest Al

insgesamt bis 10% Blei und Antimon enthalten sollen. Statt Antimon kann auch Kalzium zugegeben werden[4].

Als letzte Gruppe sind endlich noch die mit „Almadur“ bezeichneten Aluminium-Gleitlagerlegierungen zu erwähnen, deren Zusammensetzung leider nicht festgestellt werden konnte. Auch mit dieser Werkstoffgruppe, über die bislang im Schrifttum nicht berichtet wurde, sollen bis zu Belastungen von 250 kg/cm² gute Erfahrungen gemacht worden sein.

Es bleibt schließlich noch übrig, auf eine weitere Reihe von Legierungsvorschlägen auf Aluminiumbasis hinzuweisen, (ohne daß hierbei Wert auf Vollständigkeit gelegt werden soll), über deren Bewährung nur in den seltensten Fällen Einzelheiten bekannt geworden sind. Es handelt sich um die in Zahlentafel 15 aufgeführten Legierungen. Die Tatsache, daß die meisten Al-Legierungen erst bei höheren Temperaturen schmelzen, bringt den Nachteil mit sich, daß ein durch Ölverunreinigungen, Ölmangel od. dgl. eingeleiteter „Fresser“ meist zur vollständigen Zerstörung des

[1] W. CLAUS: Al—Pb. Aluminium. Bd. 18 (1936) Nr. 11 S. 544.

[2] FISCHER, G.: Fußnote 1, S. 180.

[3] Etwa Silumin.

[4] Es sind außerdem auf Al—Zn—Pb-Legierungen mit geringen Zusätzen an sonstigen Metallen (ohne Angabe der genauen Zusammensetzung) vorgeschlagen worden; s. V. BIROLI: Alluminio Bd. 5 (1936) Nr. 4 S. 144—145.

Lagers führt und häufig auch die Welle stärker in Mitleidenschaft zieht. Man war daher bemüht, die Notlaufeigenschaften der Legierungen dadurch zu verbessern, daß in das Gefüge ein bei tieferer Temperatur schmelzender Bestandteil eingelagert wurde. Zu diesem Zwecke ist ein Zinnzusatz empfohlen worden. Zwar bildet Zinn mit Aluminium ein bei 232° C schmelzendes Eutektikum (s. Zahlentafel 14); jedoch ist dessen Zinnkonzentration so groß (99,5%), daß größere Zinnmengen zugesetzt werden müßten. Größere Erfolge sind mit diesen Gleitlagerlegierungen nicht erzielt worden.

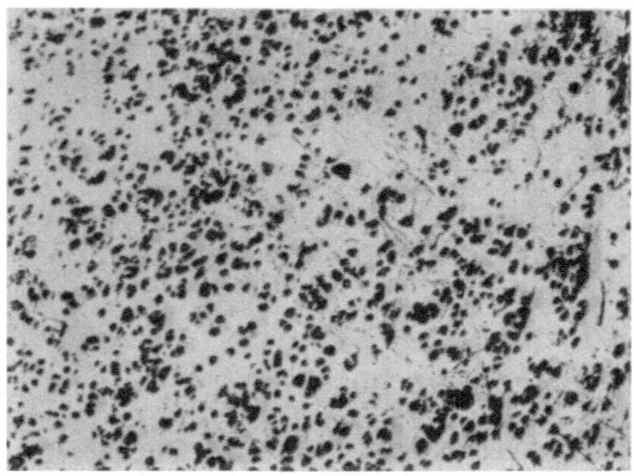

Abb. 149. Gefügeaufbau einer Al-Pb-Legierung nach einer Behandlung mit Ultraschallwellen. 40×. (Nach G. SCHMIDT und L. EHRET.)

Ein weiterer Vorschlag geht dahin, Blei (auch Kadmium dürfte geeignet sein), das in Al vollständig unlöslich ist, in feiner Verteilung dem Aluminium oder seinen Legierungen zuzusetzen, ähnlich wie es bei den Zweistoff-Bleibronzen geschieht. Hier ergeben sich größere metallurgische Schwierigkeiten, da wegen der großen Unterschiede der spezifischen Gewichte zwischen Blei und Aluminium eine gleichmäßige und feine Bleiverteilung sehr schwer zu erzielen ist. Es gelingt jedoch, nach Versuchen von G. SCHMID und L. EHRET[1] auch bei höheren Bleigehalten durch Behandlung der Schmelzen mit Ultraschallwellen die in Abb. 149 gezeigte feine Bleiverteilung zu erzielen. Läßt sich im technischen Fertigungsprozeß dieselbe Dispergierung erzielen, so dürften auch reine Al-Pb- bzw. Al-Cu-Mg-Pb-Legierungen als Gleitlagerwerkstoffe für kleinere Beanspruchungen geeignet sein[2].

Die unter 5 bis 7 genannten Legierungen sind neuerdings von G. FISCHER einer eingehenderen Prüfung unterzogen worden.

---

[1] SCHMID, G. u. L. EHRET: Z. Elektrochem. Bd. 43 (1937) S. 869—874; vgl. hierzu auch MASING, G. u. G. RITZAU: Z. Metallkde. Bd. 28 (1936) S. 293 u. BERGMANN, L.: Der Ultraschall und seine Anwendung in Wissenschaft und Technik. Berlin: VDI-Verlag 1937.

[2] Hier ergibt sich eine interessante Parallele zu den Automatenlegierungen auf Al-Cu-Mg-Grundlage, die als spanbrechendes Mittel Bleizusätze enthalten [vgl. E. HERRMANN: Techn. Z. prakt. Metallbearb. Bd. 47 (1937) Nr. 21/22 S. 797 bis 804]. Dieselben Legierungen sind vermutlich auch als Gleitlagerwerkstoff geeignet; namentlich dann, wenn es gelingt, den Bleigehalt etwas zu steigern.

Die in Zeile 8 bis 10 (Zahlentafel 15) genannten Werkstoffe sind nach R. HINZMANN[1] im Ausland als leichte Gleitlagerlegierungen gelegentlich mit Erfolg verwendet worden.

β) Magnesiumlegierungen.

Auch *Magnesiumlegierungen* werden seit einigen Jahren als Gleitlagerwerkstoffe an vielen weniger hochbelasteten Stellen mit Erfolg

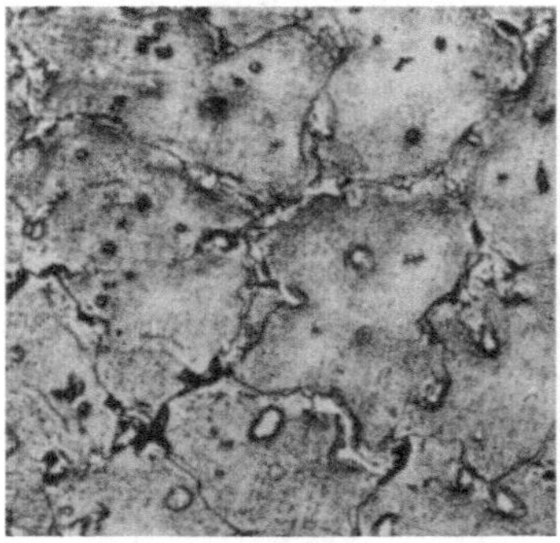

Abb. 150. Gefügeaufbau der Mg-Legierung „Elektron AZG" (Sandguß). 100×.

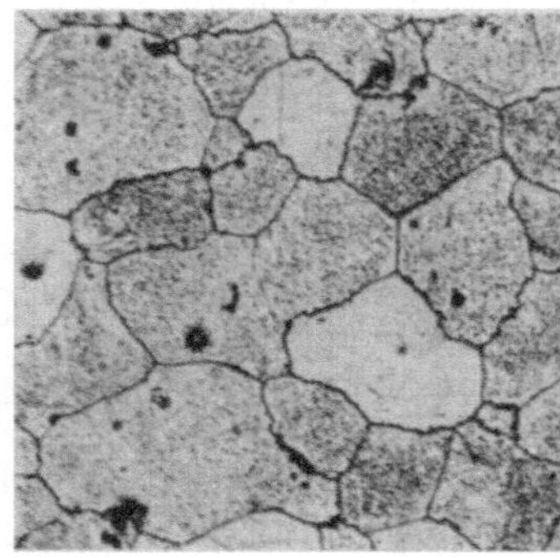

Abb. 151. Gefügeaufbau der Mg-Legierung „Elektron AgV" (Sandguß). 100×.

Zahlentafel 16. Gleitlagerlegierungen auf Magnesiumbasis (vgl. R. HINZMANN und G. FISCHER).

Nr.	Hersteller	Bezeichnung des Herstellers	Chemische Zusammensetzung in %				Brinellhärte (5/250/30)
			Zn	Al	Mn	Mg	
1	I.G. Farbenindustrie	Elektron AZG Sandguß	3	6	0,3	Rest	50—58
2	I.G. Farbenindustrie	Elektron A9V Sandguß	0,5	8,5	0,3	Rest	56—63
3	I.G. Farbenindustrie	Elektron AZ 91 Spritz- und Kokillenguß	0,5	9,5	0,3	Rest	60—70
4	I.G. Farbenindustrie	Elektron AZM Knetlegierung	1	6	0,3	Rest	60—65
5	I.G. Farbenindustrie	Elektron V 1	—	10	0,3	Rest	70—78
6	[2]	Preßlegierung	0,5	7,7	—	Rest	77
7	[2]	Preßlegierung	—	0,8	1,3 Si	Rest	54
8	[2]	Preßlegierung	5 Ce	—	2,0	Rest	65
9	[2]	Preßlegierung	—	19 Pb	—	Rest	51

Schmelzpunkte: 400—465°; Wärmeleitzahl $\lambda = 0{,}32$ cal/cm^{-1} · sec^{-1} · Grad^{-1}; Wärmeausdehnungskoeffizient: $\beta = 24 - 25{,}5 \cdot 10^{-6}$ mm/mm · Grad für 20 — 100°; Zulässige Flächenpressung: für Gußlegierungen: 150—200 kg/mm², für Knetlegierungen: 300—400 kg/mm².

Lagertemperatur: nicht über 100° C.

[1] HINZMANN, R.: Metallwirtsch. Bd. 16 (1937) Nr. 20 S. 477—480; s. auch Z. Metallkde. Bd. 29 (1937) Nr. 5 S. 158—162.

[2] Die Legierungen 6 bis 9 sind von G. FISCHER (Fußnote 1, S. 180) eingehend geprüft worden.

verwendet. Die Entwicklung von hochwertigen Lagermetallen auf Magnesiumbasis hat erst in neuerer Zeit eingesetzt; die bisher durchgeführten Versuche reichen zu einem abschließenden Urteil nicht aus.

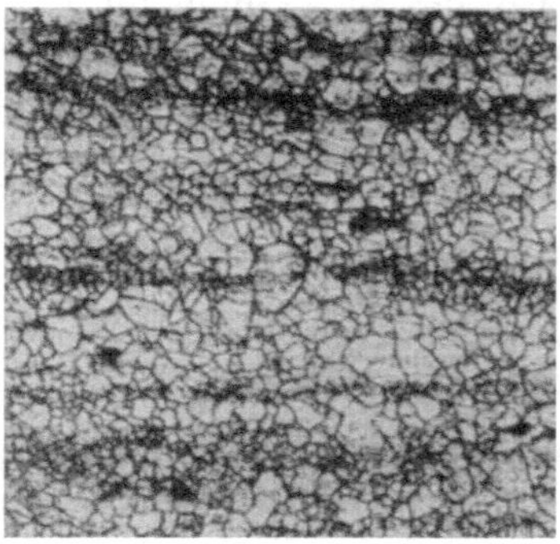

Abb. 152. Gefügeaufbau der Mg-Legierung „Elektron AZM" (Knetlegierung). 100×.

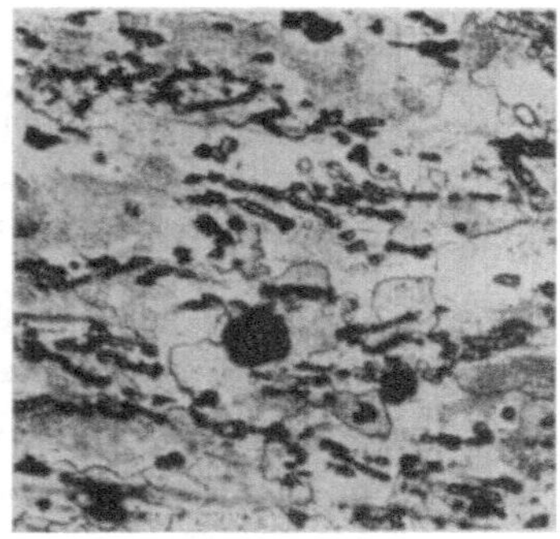

Abb. 153. Gefügeaufbau der Magnesium-Preßlegierung Nr. 7 (Zahlentafel 16). 100×. (Nach G. FISCHER.)

Es verdient hervorgehoben zu werden, daß die Entwicklung von Lagerwerkstoffen auf Magnesiumbasis wegen der größeren Eigenhärte des

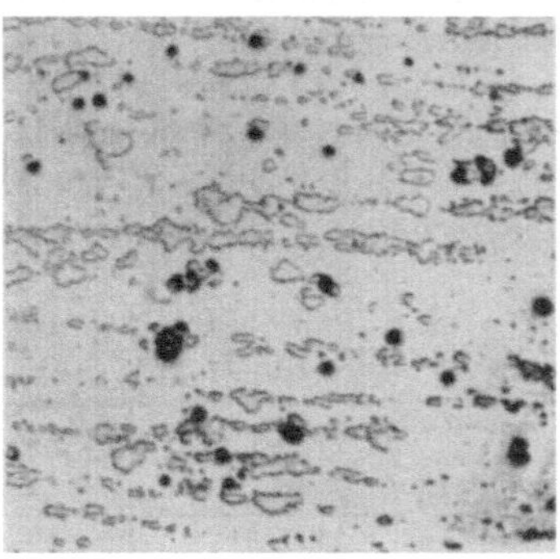

Abb. 154. Gefügeaufbau der Magnesium-Preßlegierung Nr. 8 (Zahlentafel 16). 100×. (Nach G. FISCHER.)

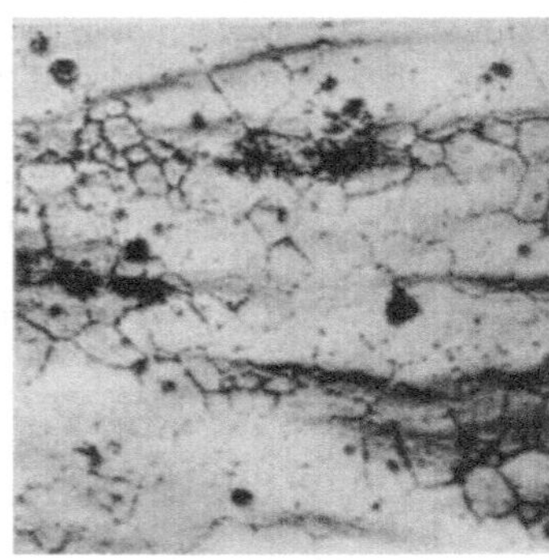

Abb. 155. Gefügeaufbau der Magnesium-Preßlegierung Nr. 9 (Zahlentafel 16). 200×. (Nach G. FISCHER.)

Magnesiums (33 kg/mm²) im Vergleich zum Aluminium (20 kg/mm²) größere Schwierigkeiten bereiten wird[1].

Magnesiumlegierungen, mit denen verschiedentlich in niedrig belasteten Lagern gute Erfolge erzielt wurden, enthält Zahlentafel 16 mit einigen kennzeichnenden technologischen und physikalischen Angaben. Einen Einblick in den Gefügeaufbau dieser Legierungen geben die Abb. 150 bis 155 für Guß- (Nr. 1 und 2), Walz- (Nr. 4) und Preßlegierungen (Nr. 6 bis 9). Es zeigt sich danach, daß sowohl ein fast homogener

[1] Siehe Fußnote 1, S. 178.

(z. B. Abb. 151) als auch ein stark heterogener Gefügezustand (z. B. Abb. 153) für Magnesium-Gleitlagerlegierungen vorgeschlagen worden ist. Bemerkenswert ist der Gefügeaufbau der stark bleihaltigen Legierung Nr. 9[1], in der das große Lösungsvermögen des Magnesiums für Blei zur Erzielung einer weichen Grundmasse ausgenutzt wird. Über die Korrosionsbeständigkeit dieser Legierungen gegen verschiedene Öle liegen Erfahrungen bisher nicht vor. Es hat sich bei all diesen Werkstoffen gezeigt, daß eine sauberst bearbeitete Lauf- und Wellenoberfläche und gute Schmierung für das Laufverhalten von entscheidender Bedeutung sind.

c) Physikalische und mechanische Eigenschaften von Leichtmetall-Gleitlagerwerkstoffen.

α) Physikalische Eigenschaften.

Wenn vom spezifischen Gewicht abgesehen wird, das nur in besonderen Fällen von Bedeutung ist, so sind lediglich zwei physikalische Eigenschaften für die Beurteilung von Gleitlagerwerkstoffen von größerer Wichtigkeit: die *Wärmeleitzahl* und der *thermische Ausdehnungskoeffizient*.

Je besser die Wärmeleitzahl des Lagermetalles, um so leichter wird die Reibungswärme abgeleitet und um so geringer ist die Gefahr einer schädlichen Temperatursteigerung. Es ist jedoch zu beachten, daß bei Verbundschalen trotz eines guten Wärmeleitvermögens des Ausgußmetalles, die Gesamtwärmeabfuhr bei schlecht leitender Stützschale gering ist, da im Gesamtwärmewiderstand: Ausguß—Stützschale die dickere Stützschale den Ausschlag gibt. Bezüglich ihres Wärmeleitvermögens stellen die leichten Gleitlagerlegierungen auf Aluminiumbasis

Zahlentafel 17. Wärmeleitzahlen einiger Leichtmetallegierungen. (Nach W. MANNCHEN und *F. Bollenrath u. W. Bungardt.*)

Nr.	Legierungsart	Wärmeleitzahl λ in cal · cm^{-1} · sec^{-1} · Grad^{-1} bei							Bemerkungen
		0°	50°	100°	150°	200°	250°	300°	
1	Y-Legierung	0,388	—	0,409	—	0,425	—	—	gegossen
	(G Al—Cu—Ni)	—	*0,35*	*0,36*	*0,37*	*0,38*	*0,39*	*0,39*	*gegossen*
		—	*0,38*	*0,41*	*0,42*	*0,43*	*0,43*	*0,44*	*gepreßt*
2	Duralumin	0,383	—	0,432	—	0,465	—	—	gepreßt, vergütet
3	Al + 8% Cu	0,316	—	0,346	—	0,364	—	—	gegossen
4	Al + 15% Cu	0,354	—	0,399	—	0,432	—	—	gegossen
5	KS 245	0,255	—	0,267	—	0,283	—	—	gegossen
6	KS 280	0,238	—	0,253	—	0,264	—	—	gegossen
		—	*0,28*	*0,290*	*0,30*	*0,30*	*0,31*	*0,32*	*gegossen*
7	Al + 20% Si	0,379	—	0,403	—	0,417	—	—	gegossen

[1] Magnesium-Gleitlagerlegierungen dieser Art mit weiteren härtenden Zusätzen werden z. B. von den Glyco-Metall-Werken, Wiesbaden-Schierstein, unter der Bezeichnung „Madral" geliefert.

Zahlentafel 18. Thermische Ausdehnungskoeffizienten einiger Leichtmetallegierungen.

Nr.	Legierungsarten	Gehalt an Al und Mg in %	Linearer Ausdehnungskoeffizient β mm/mm⁻¹ · Grad⁻¹, 10⁻⁶ bei		
			20—100° C	20—200° C	20—300° C
1	Duralumin [1]	94—95% Al	21,9—23,8	22,9—26,0	24,7—26,9
2	Al—Cu [1]	87—95% Al	22,2—24,6	23,6—26,8	26,4—29,2
3	Al—Si [1]	87—95% Al	19,2—22,2	20,2—23,2	22,2—24,8
4	Mg—Al [2]	90—95% Mg	25,4—26,4	—	27,7—28,1
5	Mg—Al—Mn [2]	96—99% Mg	25,6—26,6	—	27,2—28,1

günstige Werkstoffe dar; sie überragen die Weißmetalle und die Kadmiumlegierungen beträchlich und haben nach Messungen von F. Bollenrath, W. Bungardt und E. Schmidt[3] die gleiche Wärmeleitzahl wie die Zweistoff-Bleibronzen. Nur für einige wenige der bisher in Vorschlag gebrachten leichten Lagermetalle stehen Messungen über die Größe der Wärmeleitzahl zur Verfügung. Zahlentafel 17 gibt nach Untersuchungen von W. Mannchen[4] und F. Bollenrath und W. Bungardt[5] einen Überblick über die Wirkung von Kupfer- und Siliziumzusätzen in solchen Mengen, wie sie auch in leichten Gleitlagerlegierungen enthalten sind.

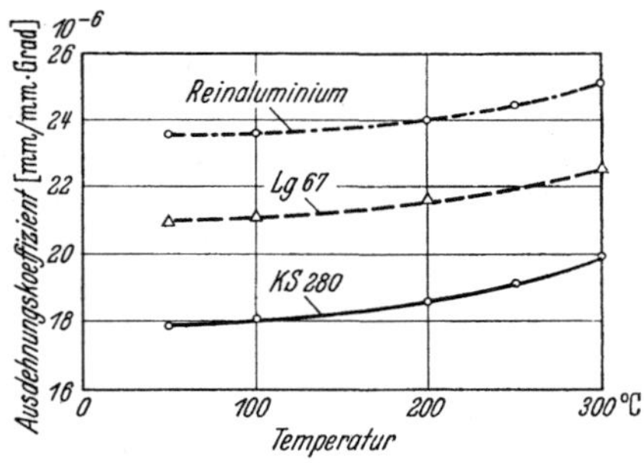

Abb. 156. Ausdehnungsbeiwerte von Al-Legierungen. (Nach H. Steudel.)

Stärkere praktische Bedeutung als die Wärmeleitzahl hat das thermische Ausdehnungsverhalten, wobei schon hier darauf hingewiesen werden soll, daß die im allgemeinen *beträchtlichen* Wärmeausdehnungen der Leichtmetalle bei der Lagerkonstruktion große Beachtung verdienen. Aus Zahlentafel 18, die für einige auch als Gleitlagerwerkstoffe verwendete Legierungen die mittleren thermischen Ausdehnungskoeffizienten angibt, geht hervor, daß nur bei höheren Si-Gehalten — also bei Werkstoffen der Zusammensetzung von „KS 280" (Zahlentafel 13) — mit verhältnismäßig kleinen Ausdehnungskoeffizienten zu rechnen ist. Die

[1] Landolt-Börnstein: Phys.-Chem.-Tabellen, 2. Ergänzungsband, 2. Teil, S. 1153.

[2] Landolt-Börnstein: Phys.-Chem.-Tabellen, 1. Ergänzungsband S. 683.

[3] Bollenrath, F., W. Bungardt u. E. Schmidt: Luftf.-Forschg. Bd. 14 (1937) Nr. 8 S. 417—428.

[4] Mannchen, E.: Z. Metallkde. Bd. 25 (1931) Nr. 7 S. 193—196.

[5] Bollenrath F. u. W. Bungardt: Metallwirtsch. Bd. 15 (1936) Nr. 16 S. 368—370.

Ausdehnungskoeffizienten der Mg-Legierungen sind etwas größer als die der Al-Legierungen. Als Ergänzung zu Zahlentafel 18 wird schließlich in Abb. 156 das Ausdehnungsverhalten der von Steudel entwickelten Legierung „Lg 67" im Vergleich zu anderen Stoffen mitgeteilt. Für den Gleitlagerwerkstoff „Alva 36" kann nach Vaders mit einem Ausdehnungsbeiwert von $21{,}8 \cdot 10^{-6}$ (mm/mm · Grad) zwischen 20 bis 100° gerechnet werden.

β) Technologische Eigenschaften.

Im allgemeinen kommt bei den leichten Gleitlagerlegierungen auf Aluminium- und Magnesiumbasis den technologischen Festigkeitseigenschaften keine größere Bedeutung zu, da diese für die Beurteilung des Gleitverhaltens *allein* nicht ausschlaggebend sind. Infolgedessen sind bisher nur wenige Festigkeitsuntersuchungen an diesen Lagermetallen durchgeführt worden. Zahlentafel 19 enthält einige Anhaltszahlen, die durch Abb. 157 ergänzt werden. Das ausgezeichnete Verhalten der leichten Gleitlagerlegierungen gegen mechanische Beanspruchungen bei höheren Temperaturen zeigt auch Abb. 158, die einen Vergleich zu anderen Lagerwerkstoffen ermöglicht. Die technologischen Eigenschaften der Legierungsgruppe „Alva 36", deren Brinellhärte je nach Verwendungszweck zwischen 30 und 80 kg/mm² im Gußzustand liegt, werden durch Abb. 159 im Vergleich zu Blei- und Zinnlagermetallen gekennzeichnet. Diese Legierungen haben ein gutes Formänderungsvermögen; sie besitzen nach Vaders eine Stauchfähigkeit von 68%. Ihre Festigkeit dagegen ist nicht besonders hoch; sie beträgt im Gußzustand 10 bis

Zahlentafel 19. Festigkeitseigenschaften einiger Leichtmetall-Gleitlagerlegierungen.

Nr.	Werkstoff		Streckgrenze kg/mm²	Zugfestigkeit kg/mm²	Dehnung %	Druckfestigkeit kg/mm²	Brinellhärte kg/mm²	Biegewechselfestigkeit kg/mm²	Bemerkungen
1	KS	245	~17,5	19—21	0,2—0,3	—	115—135	7,5	gegossen
2	KS	280	~17,0	17—19	0,2	—	120—140	9,0	gegossen
3	KS	13	—	—	—	—	30— 40	—	gepreßt und gegossen
4	Borotal	D 4	—	~15	—	~57,0	~ 77	—	gegossen und verpreßt
5	Borotal	Z 7	—	~17	—	~62,0	~100	—	dgl.
6	Borotal	Fz 17 a	—	~14,5	—	~35	~ 30	—	„
7	Quarzal	Q 2	—	—	—	—	40—55	—	Kokillenguß
	Quarzal	Q 2	—	—	—	—	35—40	—	Sandguß
8	Quarzal	Q 5	—	18—22	1—2	—	65—75	—	Kokillenguß
	Quarzal	Q 5	—	—	—	—	55—65	—	Sandguß
	Quarzal	Q 5	—	12—15	1	—	100	—	Sandguß
9	Alva 36		—	10—15	5—10	—	30—80	—	gegossen

15 kg/mm² bei 10 bis 5% Dehnung und nach Kaltverformung etwa 25 bis 40 kg/mm² bei 30 bis 20% Dehnung.

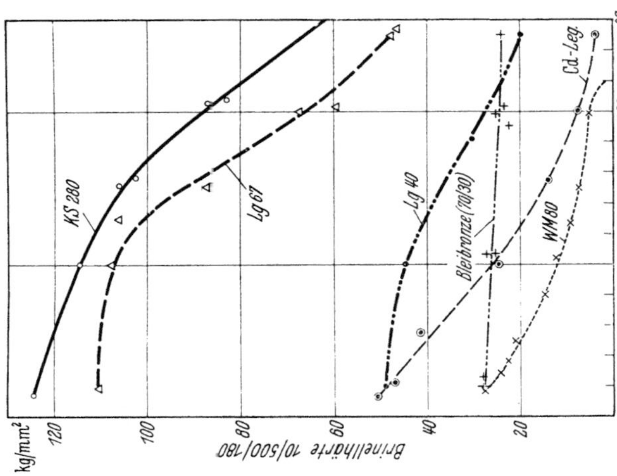

Abb. 158. Warmhärtekurven einiger Leichtmetall-Lagerlegierungen im Vergleich zu anderen Lagermetallen. (Nach H. STEUDEL.)

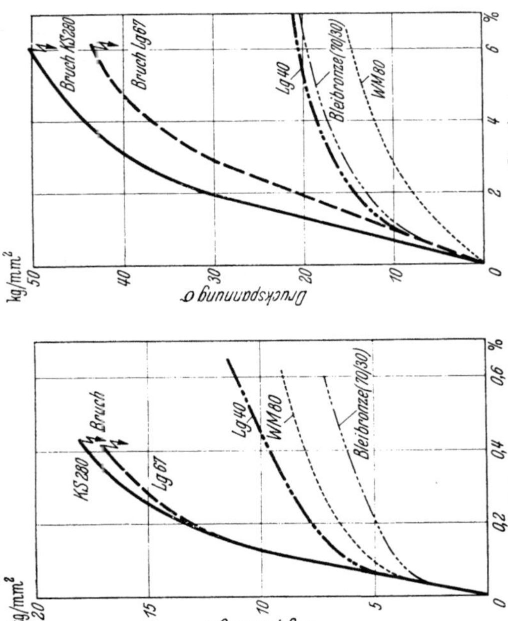

Abb. 157. Statische Festigkeitsuntersuchungen (bis 0,6% Dehnung und 7% Stauchung) an einigen leichten Lagerlegierungen im Vergleich zu anderen Lagerlegierungen. (Nach H. STEUDEL.)

Wichtiger als die Festigkeitseigenschaften, von denen wahrscheinlich nur die *Zeit-* und *Dauerfestigkeit* gegen *Biege-* und *Schlagbeanspruchung* größere Beachtung verdienen, sind zur Beurteilung der leichten Gleitlagerlegierungen die Ergebnisse der *Laufeigenschaftsprüfung*. Es erschwert jedoch die einheitliche Beurteilung der vorgeschlagenen Gleitlagerlegierungen, daß die wenigen bekannt gewordenen Ergebnisse mit verschiedenen untereinander nicht vergleichbaren Prüfverfahren gewonnen wurden. Außerdem werden die meisten leichten Gleitlagerlegierungen in Fachkreisen auf Grund unterschiedlicher praktischer Erfahrungen auch nicht einheitlich beurteilt.

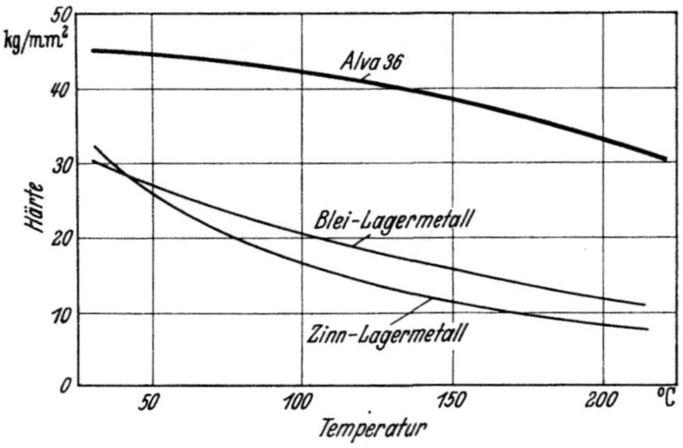

Abb. 159. Warmhärte für „Alva 36" und andere Lagerwertstoffe. (Nach VADERS).

Da die Entwicklung hier noch nicht zur vollen Klärung geführt hat, soll im folgenden Abschnitt nur ein großer Überblick über die bisher vorliegenden spezielleren Erfahrungen über das Laufverhalten leichter Gleitlagerlegierungen gegeben werden. Es sei aber nochmals betont, daß die Unterlagen zur Zeit zu einer abschließenden Urteilsbildung in vielen Fällen nicht ausreichen.

Zahlentafel 20. Belastbarkeit der Al-Si-Gleitlagerlegierungen in Abhängigkeit von der Gleitgeschwindigkeit. (Nach STEINER.)

Bezeichnung	Gleitgeschwindigkeit (m/s)	Belastung (kg/cm²)
KS 280	28	200
mit Cu-Zusatz	20 und weniger	300
KS 245	20	100
geglüht	20 und weniger	150
Kolben-legierung Y	20 und weniger	150

d) Speziellere Erfahrungen mit Leichtmetall-Gleitlagerlegierungen.

Es ist von STEINER in einer besonderen Prüfeinrichtung nachgewiesen worden, daß die *Al-Si-Legierungen* „KS 280" und „KS 245" sich bezüglich ihres Reibungskoeffizienten bei hohen Flächenpressungen und Gleitgeschwindigkeiten günstig verhalten (Abb. 160). STEINER gibt in Zahlentafel 20 die in Abhängigkeit von der Gleitgeschwindigkeit ertragenen Höchstbelastungen an, die aufgenommen werden können, ohne daß ein „Fresser" entsteht. Auch bei Laufversuchen auf dem KAMMERER-WELTER-Prüfstand erwiesen sich diese Legierungen einigen anderen Gleitlagerwerkstoffen als gleichwertig; so wurde z. B. bei einer Belastung von 200 kg/cm² und einer Gleitgeschwindigkeit von 4 m/s mit „KS 280" keine höheren Übertemperaturen als mit einer Caro-Bronze erzielt. Die eutektische Legierung „KS 245" verhielt sich wie

Weißmetall (Abb. 161). Der Verschleiß dieser Legierungen ist sehr gering; STEINER stellte z. B. mit einer Verschleißprüfmaschine (Bauart:

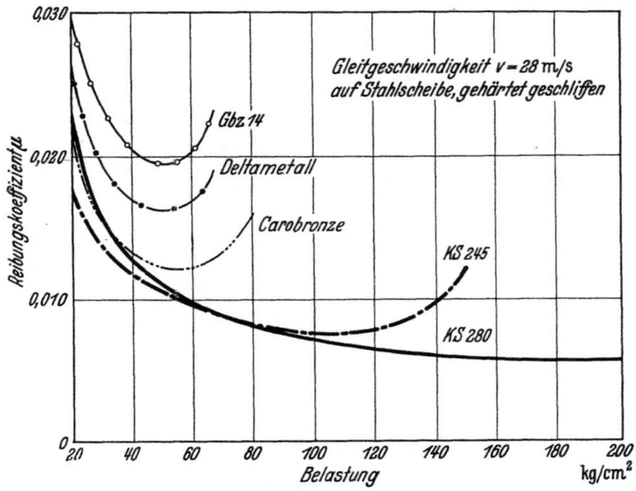

Abb. 160. Reibungskoeffizienten von „KS 280" und „KS 245" bei verschiedener Belastung im Vergleich zu anderen Lagermetallen. (Nach STEINER, JUNG-KÖNIG und W. LINICUS.)

Eisenbahnversuchsamt, Göttingen) für „KS 280" fest, daß bei guter Schmierung eine Belastung von 62,5 kg/cm² bei einer Gleitgeschwindigkeit

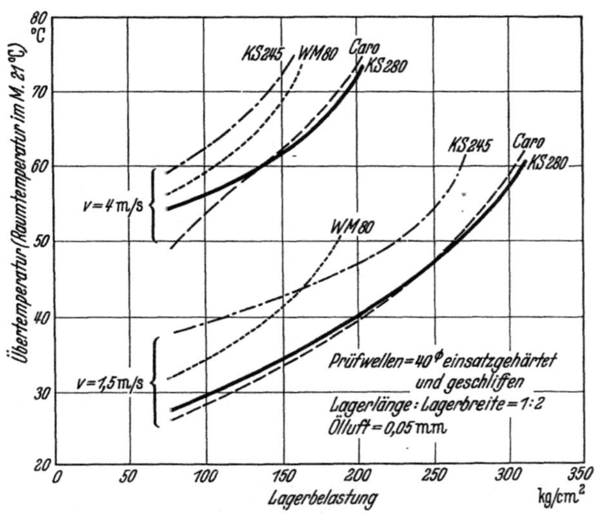

Abb. 161. Laufversuche mit „KS 280" und „KS 245" auf dem KAMMERER-WELTER-Prüfstand. (Nach STEINER, JUNG-KÖNIG und W. LINICUS.)

von 2,1 m/s nach 144 Stunden einen Verschleiß von nur $2{,}7 \cdot 10^{-3}$ mm verursacht; mit Weißmetall WM 80 wurden unter denselben Prüfverhältnissen Werte um $20 \cdot 10^{-3}$ mm gemessen. Auch Versuche in der Lagerprüfmaschine der Deutschen Versuchsanstalt für Luftfahrt haben das gute Laufverhalten dieser Lagerlegierungen bestätigt. So konnte

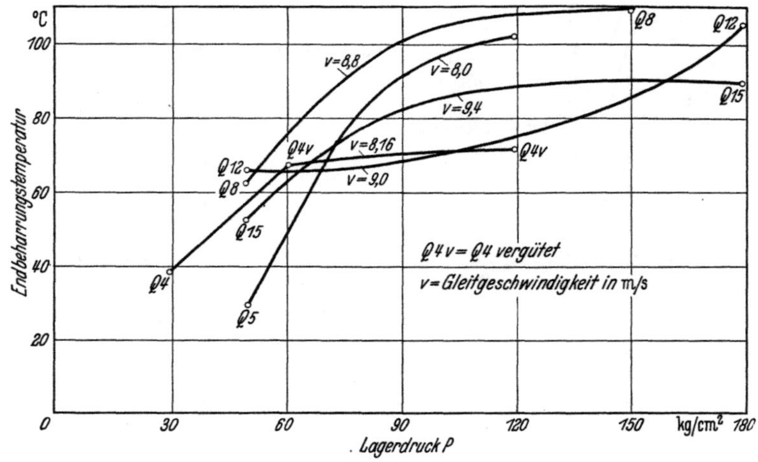

Abb. 162. Endbeharrungstemperaturen verschiedener „Quarzale" in Abhängigkeit vom Lagerdruck. (Nach M. v. SCHWARZ.)

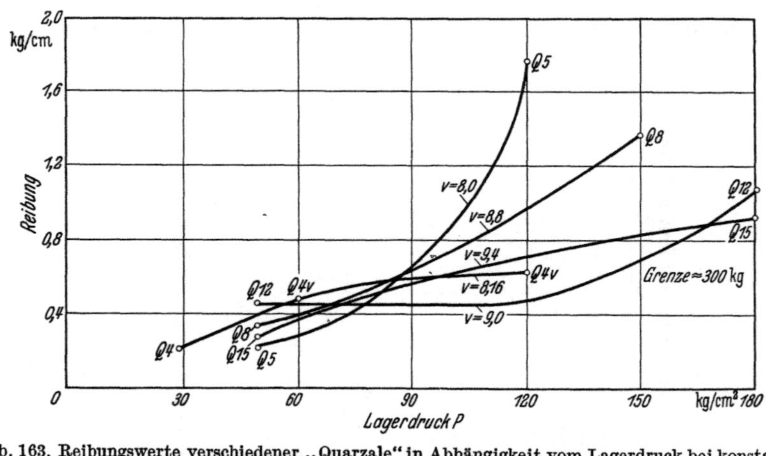

Abb. 163. Reibungswerte verschiedener „Quarzale" in Abhängigkeit vom Lagerdruck bei konstanter Gleitgeschwindigkeit. (Nach M. v. SCHWARZ.)

z. B. für „KS 280" nach 100stündigem Lauf bei einer Belastung von 440 kg/cm² und einer Gleitgeschwindigkeit von 5 m/s kein meßbarer Verschleiß festgestellt werden. Die Lagertemperatur betrug bei diesen Versuchen 120° C. Trotz dieser sehr günstigen Prüfstandsergebnisse ist jedoch festzuhalten, daß diese harten Al-Si-Legierungen im Betrieb aus den früher aufgezeigten Gründen verschiedentlich versagt haben.

Das Verbundlager „KS 13“ — „KS 280“ hat neben günstigen Prüfstandserfahrungen auch im *praktischen Betrieb* gute Ergebnisse gezeigt. So hat z. B. nach STERNER-RAINER im Mercedes-Benz-Wagen (Typ 290, 68 PS) ein derartiges Leichtmetallager sich vorzüglich bewährt. Dieselben guten Erfahrungen wurden auch mit einem 45-PS-Wanderer-Wagen gemacht, dessen Leichtmetall-Lagerung trotz absichtlich schlechter Schmierverhältnisse nach 10000 km Fahrleistung nur eine geringe Abnutzung aufwies. Nach STEINER sind ebenfalls im Lastwagendiesel mit diesen Verbundlegierungen befriedigende Versuche gemacht worden.

Versuche über das Laufverhalten von *Al-Cu-Gleitlagerlegierungen* sind von M. v. SCHWARZ in der von ihm entwickelten Lagerprüfmaschine[1] durchgeführt worden. Über die Wirkungsweise dieser Prüfmaschine[2] braucht an dieser Stelle nur gesagt zu werden, daß kleine zylindrische Prüfkörper mit bestimmtem, veränderlichem Druck gegen eine umlaufende Welle angepreßt werden; aus dem Verlauf des Temperaturanstieges und des Reibungswiderstandes wird auf das Laufverhalten der Legierung geschlossen. Die derart gewonnenen Ergebnisse sollen nach von v. SCHWARZ ein praktisch brauchbares Maß für die Beurteilung der Laufeigenschaften liefern. Einschränkend hierzu ist jedoch zu bemerken, daß bei diesem Prüfverfahren im Gegensatz zu den Verhältnissen der praktisch ausgeführten Lagerung Vereinfachungen getroffen sind, die nicht immer zulässig und daher unter Umständen zu Fehlschlüssen Veranlassung geben können. So fehlt beispielsweise die Möglichkeit der Berücksichtigungen unterschiedlicher Lagerbauarten, Schmiermittel u. ä.

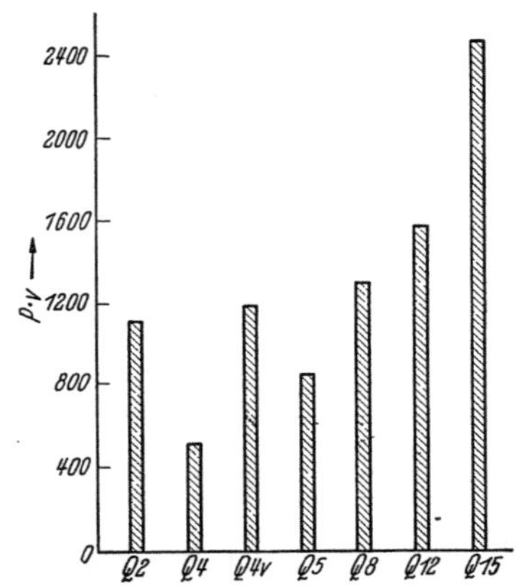

Abb. 164. Höchstbelastungen für verschiedene Quarzal-Legierungen. Q 4 v = Q 4 vergütet. (Nach M. v. SCHWARZ.)

Die Endbeharrungstemperaturen und die Reibungswerte für einige Aluminium-Kupferlegierungen in Abhängigkeit vom Lagerdruck zeigen Abb. 162 und 163, die leider mit unterschiedlichen Gleitgeschwindigkeiten ausgeführt wurden. Die Versuche wurden unter Verwendung eines geschliffenen Stahlringes (Rockwell-C-Härte: 64 kg/mm²) durchgeführt. Abb. 164 vereinigt schließlich für verschiedene Quarzal-Legierungen die ertragenen Höchstbelastungen, wobei zur Kennzeichnung der Laufeigenschaften das — nicht eindeutige — Produkt $(p \cdot v)$ benutzt wurde. Auf Grund von Prüfstands- und Betriebserfahrungen sollen

[1] SCHWARZ, M. v.: Z. VDI Bd. 72 (1928) S. 1098; s. auch Z. Metallkde. Bd. 22 (1930) S. 419.

[2] Siehe auch S. 93.

diese Legierungen über genügende Notlaufeigenschaften verfügen; ein „Fresser“ läßt sich zwar im Notlauf nach einiger Zeit nicht vermeiden, jedoch wird die Welle nicht stärker in Mitleidenschaft gezogen. Um den Nachteil der Empfindlichkeit gegen Kantenpressung auszuschalten, darf nach v. SCHWARZ die Länge des Gleitlagers nur etwa $^3/_4$ des Durchmessers betragen. Empfehlenswert ist ferner ein balliges Abdrehen der Laufzapfen und gute Kantenabrundung. Wegen der großen thermischen Ausdehnungsbeiwerte dieser Legierungsgattung ist die Einhaltung eines ausreichenden Lagerspieles besonders wichtig. Als Beispiel

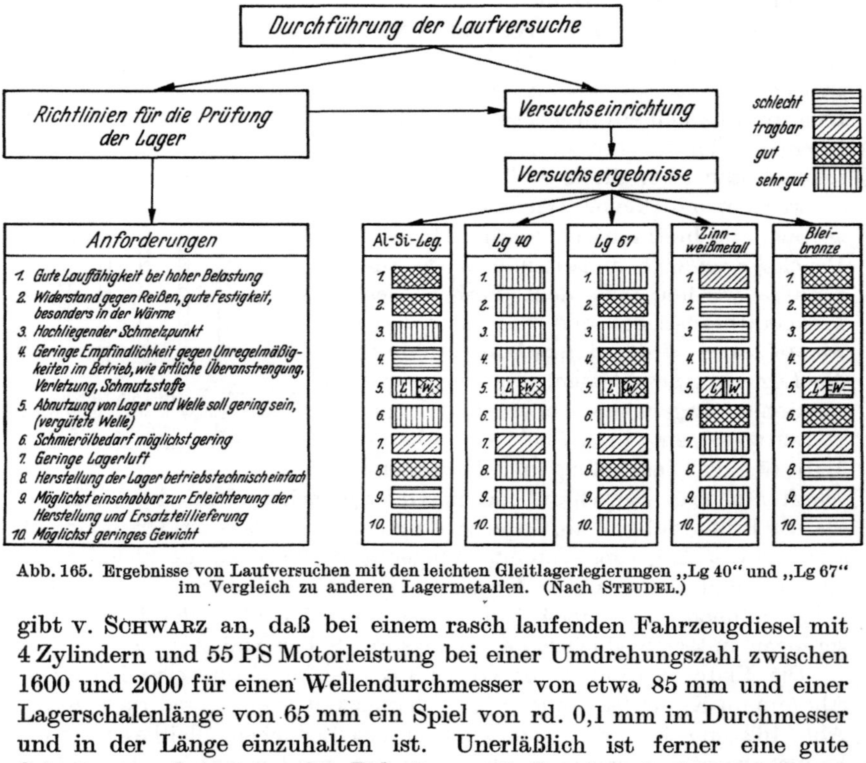

Abb. 165. Ergebnisse von Laufversuchen mit den leichten Gleitlagerlegierungen „Lg 40“ und „Lg 67“ im Vergleich zu anderen Lagermetallen. (Nach STEUDEL.)

gibt v. SCHWARZ an, daß bei einem rasch laufenden Fahrzeugdiesel mit 4 Zylindern und 55 PS Motorleistung bei einer Umdrehungszahl zwischen 1600 und 2000 für einen Wellendurchmesser von etwa 85 mm und einer Lagerschalenlänge von 65 mm ein Spiel von rd. 0,1 mm im Durchmesser und in der Länge einzuhalten ist. Unerläßlich ist ferner eine gute Schmierung; bei steigender Belastung soll Druckölschmierung Anwendung finden. Der Verschleiß dieser Lagermetalle ist praktisch bedeutungslos. Mit Quarzal-Lagerlegierungen — vornehmlich von der Zusammensetzung der Legierung „Q 5“ — sind nach Angabe des Schrifttums bisher unter anderem an folgenden Stellen günstige Erfahrungen gemacht worden: im Pleuellager von Zugmaschinenmotoren, im schnellaufenden Lastwagendiesel, in Lagern von Elektromotoren, in Schleifspindellagern und Nockenwellenlagerungen in Verbrennungskraftmaschinen.

Legierungen der *Basis Al—Fe* haben in der Lagerprüfmaschine ein befriedigendes Ergebnis gezeigt, wie Abb. 165 im Vergleich zu anderen

Lagermetallen nach STEUDEL anschaulich erkennen läßt. Entsprechend diesen Erfahrungen haben sie sich auch im Motor bei niedriger und mittlerer Belastung gut bewährt. Größere Schwierigkeiten traten erst bei höheren thermischen und mechanischen Anforderungen auf. Die weichere Legierung „Lg 40" (s. Zahlentafel 13) kann nach WIECHELL ohne Schwierigkeiten bis 150 kg/cm² bei einer Lagertemperatur von 100° belastet werden. Bei höheren Drücken, etwa 200 kg/cm², sind plastische Verformungen nicht mehr zu vermeiden. Für diese Fälle eignet sich die härtere Legierung „Lg 67" (s. Zahlentafel 13), die auch für höhere Gleitgeschwindigkeiten gut brauchbar ist. Beide Legierungen haben sowohl gegen vergütete wie auch gehärtete Wellenzapfen gute Laufeigenschaften.

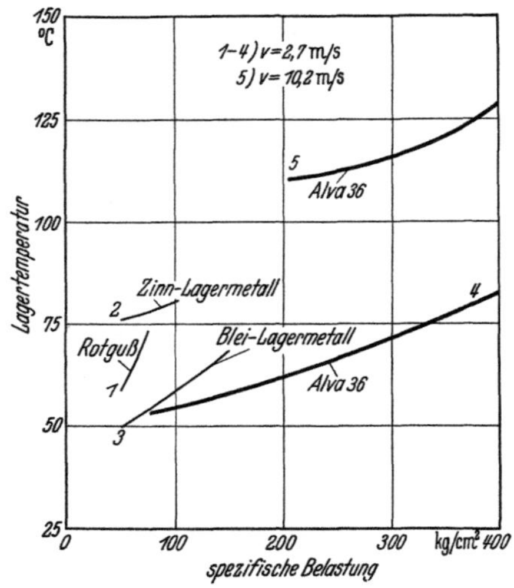

Abb. 166. Abhängigkeit der Lagertemperatur von der spezifischen Belastung für „Alva 36" und andere Lagermetalle. (Nach VADERS.)

Wichtig ist die Einhaltung eines richtigen Laufspieles, das nach Versuchen von H. WIECHELL bei einer Welle von 65 mm Durchmesser und einer Gleitgeschwindigkeit von 7 bis 8 m/s wenigstens $^1/_{10}$ mm im Durchmesser betragen soll. Sowohl als Buchsen wie auch als geteilte Lager haben sich diese Legierungen bei Lagertemperaturen weniger als 100° C unter Benutzung von Druckölschmierung im praktischen Betrieb bei niedriger Belastung einwandfrei verhalten. Ihre Verwendung ist daher zur Lagerung von Nockenwellen und Nebenantrieben im Flugmotor und entsprechend auch an vielen Stellen des Maschinenbaues durchaus möglich.

Als Anhalt für das Laufverhalten an „Borotal"-Legierungen diene folgende Angabe[1]: In einer Lagerprüfmaschine wurde bei einer Belastung von 100 kg/cm² und einer Gleitgeschwindigkeit eine von 5 m/s Lagertemperatur von 70° gemessen, während eine Lagerbronze unter gleichen Bedingungen 100° ergab. Praktisch befriedigende Ergebnisse sollen mit der Legierung Z 7 (Härte: 70 kg/mm²) in einem Dieselmotor (Wellendurchmesser: 170 mm) erzielt worden sein[1].

Über das Laufverhalten der gut bearbeitbaren Legierungsgruppe Al—Sb—Pb gibt Abb. 166, die die Abhängigkeit der Lagertemperatur von der spezifischen Belastung und der Gleitgeschwindigkeit zeigt, Aufschluß. Lagerwerkstoffe dieser Art, über die bisher nur wenige

[1] Techn. Z. prakt. Metallbearb. Bd. 47 (1937) Nr. 19/20 S. 737—740.

Erfahrungen vorliegen, sollen im Kurbelwellenlager von Dieselmotoren und in verschiedenen Arbeitsmaschinen zufriedenstellende Ergebnisse geliefert haben.

Einen ausgezeichneten Überblick über das Laufverhalten verschiedener wichtiger Gleitlagerlegierungen gibt neuerdings eine vergleichende

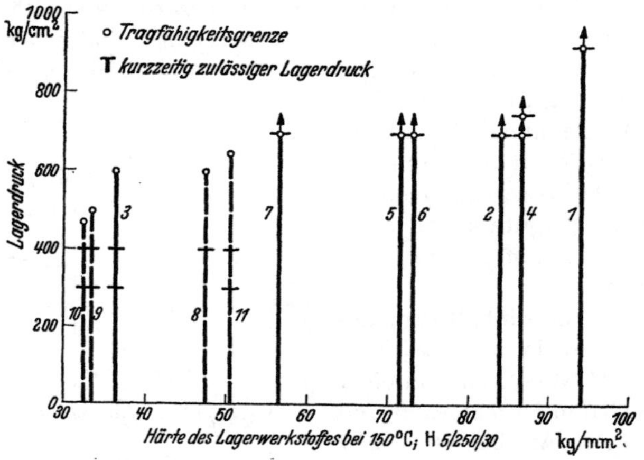

Nr.	Chemische Zusammensetzung in %										Härte bei 20° 5/250/30
	Cu	Zn	Si	Mg	Mn	Fe	Ni	Pb	sonstige	Al	
1	4,5	—	14,0	0,7	0,8	—	1,5	—	—	Rest	121
2	1,5	—	21,0	0,5	0,7	—	1,5	—	1,2 Co	,,	103
3	—	—	—	—	—	—	—	—	6,5 Sb	,,	48
4	2,1	5,3	0,1	2,0	1,0	0,6	—	1,2	3,3 Cd	,,	113
5	4,7	0,1	0,2	0,1	0,6	0,4	0,1	—	0,2 Ti	,,	81
6	—	—	—	9,0	0,2	—	—	—	—	,,	96
7	—	—	3,8	8,4	—	—	—	—	—	,,	64
8	—	0,5	—	Rest	—	—	—	—	—	7,7	77
9	—	—	1,3	,,	—	—	—	—	—	0,8	54
10	—	—	—	,,	—	—	—	19,0	—	—	51
11	—	—	—	,,	2,0	—	—	—	5,0 Ce	—	65

Abb. 167. Tragfähigkeitsgrenze und kurzzeitig zulässiger Lagerdruck in Abhängigkeit von der Warmhärte verschiedener Leichtmetall-Lagerlegierungen. (Nach G. FISCHER.) ——— Al-Legierungen; – – – Mg-Legierungen.

Untersuchung von G. FISCHER[1], in der die mechanischen und physikalischen Besonderheiten dieser neuen Lagerwerkstoffe übersichtlich hervorgehoben werden. Die wichtigsten Ergebnisse dieser Arbeit sollen daher abschließend genannt sein.

G. FISCHER wählt zu seinen Versuchen die bereits früher in den Zahlentafeln 15 und 16 aufgeführten Legierungen aus und untersucht in der Lagerprüfmaschine der Deutschen Versuchsanstalt für Luftfahrt (s. S. 100). die *Tragfähigkeitsgrenze*, das Verhalten bei *Dauerbeanspruchung* und das *Notlaufverhalten* bei abgestellter oder gedrosselter Ölzufuhr. Entsprechend Abb. 167 — in der die Abhängigkeit der Tragfähigkeitsgrenze und des

[1] FISCHER, G.: Luftf.-Forschg. Bd. 16 (1939) Lfg. 1, S. 1.

kurzzeitig (d. h. für 2 Stunden) zulässigen Lagerdruckes von der Warmhärte eingezeichnet ist — kann festgestellt werden, daß alle Aluminiumlagermetalle [abgesehen von Legierung 3 (Zahlentafel in Abb. 167), die als Ausgußlegierung in einer Stützschale aus Legierung 1 (Zahlentafel in Abb. 167) geprüft wurde], Lagerdrücke von mehr als 700 kg/cm^2 einwandfrei ertragen. Für die Legierungen 1, 2, 4, 5, 6 und 7 (s. Abb. 167) konnte wegen mangelnder Leistungsfähigkeit der Prüfmaschine die oberste Grenze, die weit über 700 kg/cm^2 liegt, nicht mehr ermittelt

Abb. 168. Lauffläche eines Leichtmetall-Lagers „Nr. 1" (Zahlentafel in Abb. 167) nach 100-stündigem Prüflauf unter ruhender Last von 400 kg/cm^2. Schwache und einzelne mittlere Riefen (in der Mitte Meßspuren). 2×. (Nach G. FISCHER.)

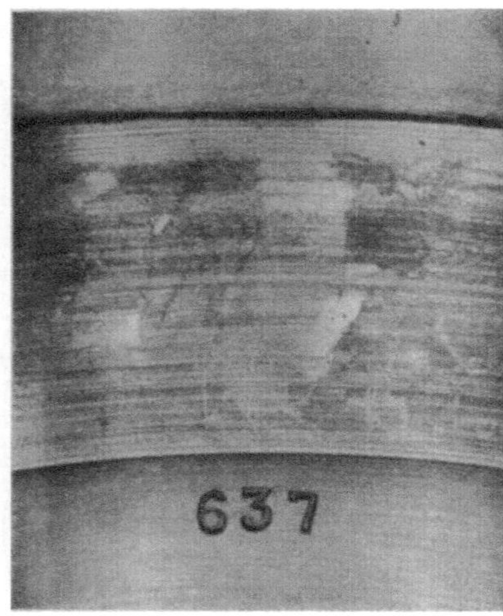

Abb. 169. Lauffläche eines Leichtmetall-Lagers „Nr. 4" (Zahlentafel in Abb. 167) nach 107-stündigem Prüflauf unter ruhender Last von 400 kg/cm^2. Seitlich zahlreiche flache Narben und schwache Ausbruchstellen; im übrigen schwache und einige mittlere Riefen. 2×. (Nach G. FISCHER.)

werden. Auch die kurzzeitig ertragenen Belastungen, durch welche keine ernstliche Beschädigungen der Lauffläche erfolgen, übersteigen weit die heute auftretenden Höchstbelastungen. Die geprüften Magnesium-Lagerlegierungen, deren Belastungsgrenze mit der Warmhärte ansteigt, ertragen dagegen kurzzeitig nur Lagerdrücke zwischen 300 und 400 kg/cm^2.

Die Ergebnisse der Dauerprüfung (d. h. des Verhaltens der Lagerlegierung bei einem 100-Stunden-Lauf mit 400 kg/cm^2 Belastung bei einer Umfangsgeschwindigkeit von 5 m/s und einer Lagertemperatur von 120°) lassen sich dahin zusammenfassen, daß die Legierungen Nr. 1, 2 und 4 (vgl. Abb. 167) bei vernachlässigbarem Verschleiß vollständig betriebsfähig bleiben (Abb. 168). Die Legierungen Nr. 5, 6 und 7 (vgl. Abb. 167) neigen dagegen stärker zu Narben- und Riefenbildung (Abb. 169); Legierung Nr. 3 wird unter den gewählten Prüfbedingungen schnell durch

Ermüdungsbrüche zerstört (Abb. 170). Ebenso versagen auch die härteren Magnesiumlegierungen Nr. 8 und 11 (vgl. Abb. 167) schon nach wenigen Stunden vollkommen; die Lauffläche ist dabei entsprechend Abb. 171 durch „Fresser" vollständig zerstört. Wichtig ist ferner die Feststellung, daß das Laufverhalten von der Zapfenbeschaffenheit (vergütet, doppelduro- oder einsatzgehärtet) ziemlich unabhängig ist.

Im Notlauf, d. h. bei unterbrochener bzw. gedrosselter Ölzufuhr, tritt bei allen Legierungen nach wenigen Sekunden bis einigen Minuten

Abb. 170. Lauffläche eines durch Risse zerstörten Verbundlagers Nr. 3 (Zahlentafel in Abb. 167) nach 48stündigem Prüflauf unter ruhender Belastung von 400 kg/cm². 2×. (Nach G. FISCHER.)

Abb. 171. Zerstörte Lauffläche eines Magnesium-Gleitlagers Nr. 11 (Zahlentafel in Abb. 167). Starke Freßspuren nach dem 1. Trockenlaufversuch unter ruhender Belastung von 400 kg/cm². Unten rechts Meßspuren. 2×. (Nach G. FISCHER.)

durch Trockenreibung eine deutliche Temperatursteigerung und starke Zunahme des Reibungswiderstandes ein, wodurch die Laufflächen unter den gewählten Prüfbedingungen mehr oder weniger zerstört werden.

3. Gesichtspunkte für die bauliche Gestaltung von Leichtmetall-Gleitlagern.

Die erfolgreiche Verwendung von Leichtmetall-Gleitlagern ist, worauf bereits einleitend hingewiesen wurde, nicht zuletzt davon abhängig, ob die *bauliche Gestaltung* des Lagers den besonderen Eigenschaften dieser Lagermetalle angepaßt ist.

Zunächst ist zu beachten, daß die meisten besprochenen Leichtmetalle — abgesehen von Legierung Nr. 3 (Zahlentafel 13) — nur als Massivschale verwendet werden, da es aus bekannten Gründen nicht möglich ist, Aluminiumlegierungen durch einen einfachen *Gieß*prozeß mit der Stahlstützschale zur „Bindung“ zu bringen. Es gelingt dies jedoch durch *Plattierung*; jedenfalls sind die ersten in dieser Richtung durchgeführten Versuche befriedigend[1]. Die Bedeutung dieser Möglichkeit ist nicht zu verkennen; denn sie schaltet viele Betriebsschwierigkeiten aus; namentlich solche, die auf der größeren *Wärmedehnung* der Leichtmetalle beruhen.

Es hat sich gezeigt, daß trotz guter Ergebnisse in der Lagerprüfmaschine bei praktischer Erprobung oft nach vielstündigem einwandfreien Lauf besonders bei geteilten Schalen (auch bei Druckölschmierung) „Fresser“ auftreten, die nicht immer durch Ölverunreinigungen usw. erklärt werden konnten. Nach den Untersuchungen von WIECHELL und G. FISCHER darf in vielen dieser Fälle als Ursache eine ungenügende konstruktive Berücksichtigung des im Vergleich zu Stahl wesentlich *größeren Ausdehnungskoeffizienten* der Leichtmetalle angesehen werden. In welcher Weise hierdurch „Fressen“ entstehen kann, zeigt folgende Überlegung. Wird eine geteilte Leichtmetall-Lagerschale oder auch eine Buchse aus einer leichten Gleitlagerlegierung mit guter Passung in den Lagerkörper (z. B. aus Stahlguß) eingebaut und auf Betriebstemperatur erhitzt, so treten in der Lagerschale infolge ihres größeren Ausdehnungsvermögens Verformungen auf. Diese können nach Abkühlung auf Raumtemperatur, womit notwendigerweise eine Schrumpfung des Leichtmetall-Lagers verbunden ist, eine örtliche (bei geteilten Schalen) oder gleichmäßige (bei Vollschalen) Durchmesserverkleinerung der Lagerbohrung verursachen. Es ist leicht einzusehen, daß durch einen derartigen Vorgang zwischen Lauffläche und Welle örtliche metallische Berührung erfolgen kann, wodurch der Ölfilm zerstört und „Fressen“ verursacht wird. Bei *Vollschalen* ist wegen des besseren Wärmeausgleichs und der größeren Steifigkeit die Gefahr für eine derartige Störung geringer.

Abb. 172. Leichtes Gleitlager mit drei Bunden. (Nach WIECHELL.)

[1] Siehe hierzu: Werkstoff-Handbuch Stahl und Eisen; 2. Aufl., S 0100—1/3. 1937; ebenso E. LAY: Metallwirtsch. Bd. 19 (1938) Nr. 9 S. 258—259.

Die Darlegungen zeigen, daß es also für den störungsfreien Betrieb eines geteilten Leichtmetallagers notwendig ist, die unvermeidliche größere thermische Ausdehnung durch konstruktive Maßnahmen so zu leiten, daß Störungen der beschriebenen Art unmöglich sind. Hierzu bringen WIECHELL und FISCHER einige Vorschläge.

So zeigt z. B. Abb. 172 ein Dreibundlager; der dritte Bund in Lagermitte soll die Steifigkeit

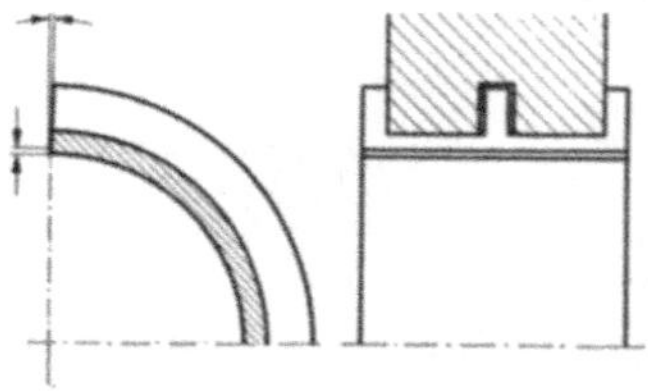

Abb. 173.

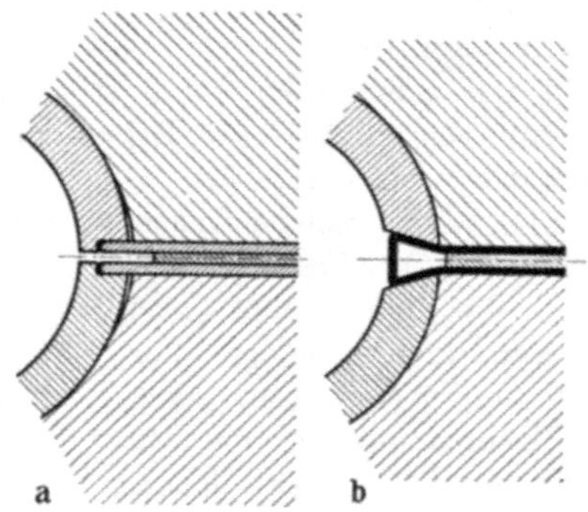

Abb. 174.

Abb. 173. Lager mit abgeschrägter Teilfuge. (Nach WIECHELL.)

Abb. 174. Elastische Teilfugen für leichte Gleitlager. (Nach WIECHELL.) a Federnde Stahlbleche in der Teilfuge. b Federnder Stahlkörper zwischen der Teilfuge.

der Schale vergrößern und verformungshindernd wirken. Oder durch Abschrägung der Teilfugen entsprechend Abb. 173 und auch durch Zwischenlagen von ölbeständigem Gummi sollen die unvermeidlichen Ausdehnungen praktisch erträglich gemacht werden. Von WIECHELL stammt ferner der Vorschlag, in die Teilfugen federnde Stahlbleche gemäß Abb. 174 anzubringen. Ein anderer Vorschlag geht dahin, in die Leichtmetallagerbuchse radiale oder auch schräge Schlitze entsprechend Abb. 175 anzubringen[1].

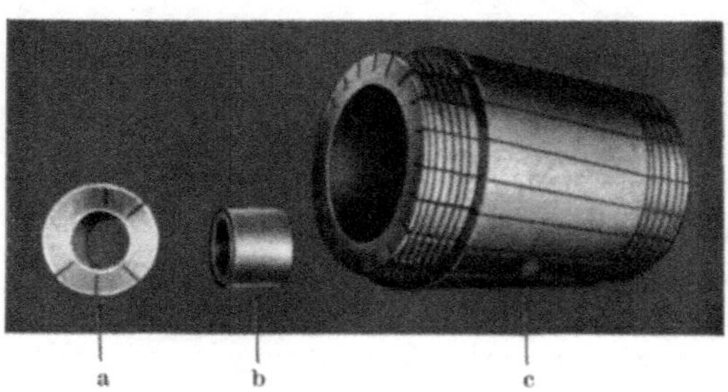

Abb. 175. Leichtmetallager mit Schlitzen. a Lager mit Bund; b bundlose Lagerbuchse; c Frässpindellager mit schrägen Schlitzen.

Der Sinn dieser Maßnahme besteht darin, auf dem Buchsenumfang eine künstliche Ausdehnungsmöglichkeit zu schaffen. Es scheint jedoch, daß auch dieser Vorschlag nur bei geringer mechanischer Beanspruchung brauchbar ist.

Ein weiterer bemerkenswerter konstruktiver Vorschlag, der die Einführung von Leichtmetall-Lagerbuchsen wesentlich erleichtern kann, ist

[1] Techn. Zbl. prakt. Metallbearb. Bd. 47 (1937) Nr. 19/20 S. 737—740.

in Abb. 176 nach G. FISCHER[1] dargestellt. Der große Vorteil dieser Lagerausbildung besteht darin, daß der Leichtmetall-Lagerring mit Laufflächen auf dem äußeren und inneren Umfang sich in dem Spalt zwischen Pleuel und Zapfen frei ausdehnen kann. Beim Anfahren gleitet der Lagerring, der auf dem Laufzapfen mit elastischer Vorspannung aufsitzt, in der äußeren Lauffläche. Die Ölzufuhr erfolgt dabei in der gezeichneten Weise durch Nut und Radialbohrung. Im Bereich mittlerer Temperaturen erfolgt wegen der größeren thermischen Ausdehnung des Ringes Gleiten in beiden Laufflächen, während bei sehr hohen Lagertemperaturen Gleiten nur in der inneren Lauffläche erfolgt.

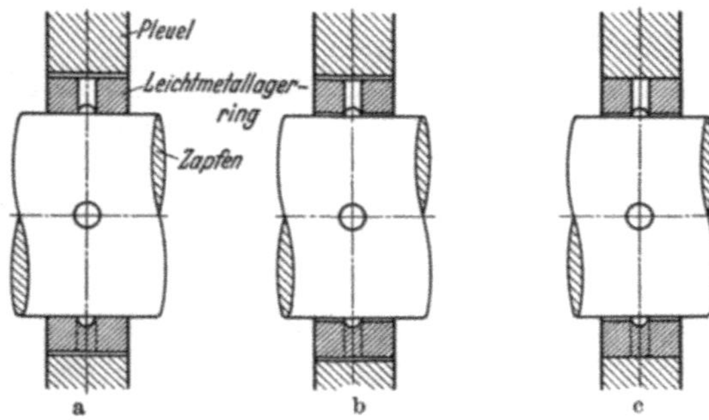

Abb. 176. Ermöglichung der Wärmeausdehnung an einem Leichtmetall-Lager zwecks Vermeidung von Verformungen (schematische Darstellung). (Nach G. FISCHER.) a Bei Raumtemperatur (Anfahren) Gleiten in der äußeren Lauffläche, b bei mittleren Temperaturen Gleiten in beiden Laufflächen, c bei hohen Temperaturen Gleiten in der inneren Lauffläche.

Die konstruktive Entwicklung des leichten Gleitlagers steht erst in den Anfängen und es ist zu erwarten, daß mit besseren konstruktiven Lösungen die Verbreitung der leichten Gleitlagerwerkstoffe auch an schwierigeren Stellen steigen wird.

4. Fehlerursachen.

Es ist nach den bisherigen Darlegungen verständlich, daß die meisten Ursachen für das Versagen der leichten Lagermetalle nicht in Werkstofffehlern, sondern in einer ungenügend baulichen Berücksichtigung der physikalischen und technologischen Eigenschaften zu suchen sind. So sind z. B. die bekannten Schwierigkeiten beim Anfahren zur Hauptsache wie erwähnt darauf zurückzuführen, daß die Spielbemessung mit dem thermischen Ausdehnungsverhalten des Leichtmetall-Lagers nicht im Einklang steht und die meist stärkere Wärmedehnung des Leichtmetall-Lagers im Vergleich zum Lagerkörper konstruktiv nicht genügend beachtet wird. Fertigungstechnische Mängel sind im allgemeinen selten, da selbst in schwierigsten Fällen, z. B. bei der Herstellung von Aluminium-Eisenlegierungen oder bei der Herstellung von Verbundlagern, der angestrebte günstigste Gefügeaufbau bzw. eine gute Bindung gießtechnisch oder in Verbindung mit einem Knetvorgang sicher erreichbar ist. Wegen

[1] Diese Ausbildungsform des Gleitlagers bei Verwendung von Leichtmetallen ist von F. BOLLENRATH und G. FISCHER zum Patent angemeldet worden.

der geringen Einlaufeigenschaften der härteren Leichtmetallegierungen ist eine sauberste Vorbereitung der Lauffläche unerläßlich.

5. Zusammenfassung.

Auf Grund der gemachten Darlegungen ergibt sich also für den derzeitigen Stand der leichten Gleitlagerlegierungen und ihre voraussichtliche Weiterentwicklung folgendes Bild:

Die Entwicklung der leichten Gleitlagerlegierungen wurde durch folgende Faktoren veranlaßt: 1. Vermeidung von Sparmetallen und 2. Schaffung von Lagermetallen für höhere Beanspruchungen. Sie wurde im einzelnen durch folgende gute Eigenschaften einiger bekannter Aluminiumlegierungen ermöglicht: hohe Festigkeitseigenschaften und Belastbarkeit, gute Gleiteigenschaften und geringer Verschleiß, gutes Wärmeleitvermögen und endlich verhältnismäßig einfache Herstellung und Bearbeitung. Schwierigkeiten ergaben sich dagegen aus dem geringen Einlauf- und Notlaufverhalten, der Empfindlichkeit gegen Kantenpressung und dem großen thermischen Ausdehnungskoeffizienten. Trotz dieser Mängel sind eine Anzahl praktisch brauchbarer Gleitlagerlegierungen auf Aluminiumbasis entwickelt worden, die als hauptsächlichste Legierungszusätze Kupfer, Silizium und Eisen enthalten. Die Nachteile, insbesondere der große Ausdehnungsbeiwert, können durch werkstoffgerechte Konstruktion zum Teil ausgeglichen werden. Zur Erzielung eines guten Einlauf- und Notlaufverhaltens sind ferner niedriger schmelzende Stoffe oder auch Graphit als Zusatz in Vorschlag gebracht worden.

Es ist für den augenblicklichen Stand der Entwicklung kennzeichnend, daß sich keine der genannten Legierungsgruppen für irgendeinen Verwendungszweck hat durchsetzen können. Auf Grund der bisherigen Erfahrungen ist ferner eine Abgrenzung der verschiedenen vorgeschlagenen Legierungen in Gruppen unterschiedlicher Leistungsfähigkeit und Eignung noch nicht möglich. Die bisher gewonnenen Ergebnisse reichen jedoch zu der Feststellung aus, daß bei niedrigen und mittleren Beanspruchungen (z. B. spezifische Belastung bis höchstens 100 kg/cm^2; Gleitgeschwindigkeit bis zu 5 m/s und Lagertemperatur unter 90° C) Aluminiumlagermetalle bei guter Schmierung und starrer Lagerung mit Vorteil verwendbar sind. Die Wellen können vergütet oder oberflächengehärtet (einsatz- oder doppeldurogehärtet und nitriert) sein. Schwieriger liegen die Verhältnisse bei höheren Anforderungen; hier kann Endgültiges noch nicht gesagt werden und es muß der Entwicklung — *nicht zuletzt der konstruktive Entwicklung* — überlassen bleiben, praktisch brauchbare Lösungen aufzufinden. Diese schwierige Aufgabe ist jedoch nur durch planmäßige Forschung und enge Zusammenarbeit aller interessierten Stellen zu lösen.

II. Legierungen mit Kadmium.

Von Dr.-Ing. Frhr. F. K. v. Göler und Dipl.-Ing. R. Weber,
Frankfurt a. M.

Mit 17 Abbildungen.

1. Einleitung.

Vorschläge, Kadmiumlegierungen für Lagerzwecke zu verwenden, sind schon vor mehr als 30 Jahren in Deutschland und in den Vereinigten Staaten gemacht worden[1, 2]. Diese ersten Hinweise scheinen aber keine Beachtung gefunden zu haben. 1924 begann dann die Electrolytic Zinc Co. of Australasia Ltd., damals die größte Kadmiumerzeugerin der Welt, nach neuen Anwendungsgebieten für dieses Metall zu suchen, das bei der Zinkelektrolyse in unerwünscht großen Mengen anfiel[3]. Sie brachte zunächst eine Legierung mit 3% Kupfer und 0,2% Magnesium[4] und später[3] eine solche mit 1,5% Kupfer und 1% Magnesium heraus[5]. Im Anschluß daran setzten sowohl in den Vereinigten Staaten als auch in Deutschland eingehende Untersuchungen ein, die zur Entwicklung von verschiedenen Legierungstypen führten. In Zahlentafel 21 sind die wichtigsten vorgeschlagenen Legierungen und ihre Erfinder bzw. Hersteller zusammengestellt. Nach dem heutigen Stand dürfen als bewährt gelten die Legierungen mit 1,3% Ni oder mit Kupfer und Silberzusatz. Bei den letzteren ist zu unterscheiden zwischen Legierungen mit untereutektischem Kupferzusatz ($<1,2\%$) und entsprechend höherem Silbergehalt, oder mit übereutektischem Kupferzusatz und Silbergehalten um 0,5%.

Derartige Legierungen haben insbesondere in den Vereinigten Staaten in verschiedenen Automobil- und Flugzeugmotoren erfolgreiche An-

---

[1] Siehe Patentübersicht Nr. 1, S. 235. Auf Gebieten, die sich wie das vorliegende noch in der Entwicklung befinden, bilden die in den Patenten enthaltenen Angaben eine wertvolle, wenn auch nicht immer zuverlässige Ergänzung des oft sehr lückenhaften Schrifttums.

[2] Siehe Patentübersicht Nr. 2, S. 235.

[3] Gill, A. S.: Proc. Austral. I. M. M., N. S. Bd. 95 (1934) S. 201—227. Auszüge siehe Commonwealth Engineer Bd. 22 (1934) S. 81—84; Metal Ind., London Bd. 46 (1935) S. 650—652.

[4] Occleshaw, A. J.: Commonwealth Engineer Bd. 18 (1930) S. 177—179.

[5] Siehe Patentübersicht Nr. 3, S. 235.

Zahlentafel 21. Zusammenstellung der wichtigsten Kadmiumlagermetalle.

Zusammensetzung	Erfinder bzw. Hersteller
47% Cd + 47% Zn + 5% Sb	Siemens & Halske AG.[1]
Cd + 3,5% Mg	E. A. TOUCEDA[2]
Cd + 0,2% Mg + 3,1% Cu . .	Electrolytic Zinc Co. of Australasia[3, 4, 5]
Cd + 1,0% Mg + 1,5% Cu . .	
Cd + Zn (15% ?) + Sb (5% ?) .	Federal Mogul Corporation[6]
Cd + 1,3% Ni	C. E. SWARTZ und A. J. PHILLIPS, American Smelting and Refining Co. und Imperial Smelting Co.[7, 8, 9]
Cd + 2,25% Ag + 0,25% Cu .	C. F. SMART, General Motors Corp. und Federal Mogul Corp.[10, 11]
Cd + 0,5% Cu + 0,25% Mg . .	Bohn Aluminium and Brass Co.[12]
Cd + 2,0% Cu + 0,5% Ag . .	Metallgesellschaft AG.[13]

wendung gefunden[14, 15, 16, 17]. Über den tatsächlichen Umfang der praktischen Bewährung und Anwendung von Kadmiumlegierungen ist aber kein klares Bild zu gewinnen. Anscheinend haben wirtschaftliche Umstände die Einführung nicht nur verzögert, sondern teilweise gehemmt. Reicht doch die heutige Weltproduktion dieses Metalls (3665 t in 1936[18, 14]), für

[1] Siehe Patentübersicht Nr. 1, S. 235. [2] Siehe Patentübersicht Nr. 2, S. 235.

[3] GILL, A. S.: Proc. Austral. I. M. M., N. S. Bd. 95 (1934) S. 201—227. Auszüge siehe Commonwealth Engineer Bd. 22 (1934) S. 81—84; Metal Ind., London Bd. 46 (1935) S. 650—652.

[4] OCCLESHAW, A. J.: Commonwealth Engineer Bd. 18 (1930) S. 177—179.

[5] Siehe Patentübersicht Nr. 3, S. 235 und Nr. 11, S. 236.

[6] BLOMSTROM, L. C. u. E. R. DARBY: Proc. ASTM Bd. 33 (1933 II) S. 427—428.

[7] Imperial Smelting Corp. Ltd.: Technical Bull. Mai 1937. Auszug Nickel Bull. Bd. 9 (1936) S. 233—236.

[8] SWARTZ, C. E. and A. J. PHILLIPS: Proc. Amer. Soc. Test. Mater. Bd. 33 (1933 II) S. 416—429. Ref. Metallwirtsch. Bd. 13 (1934) S. 469. Auszüge: SWARTZ, C. E., J. N. C. O. Bd. 12 (1935) Nr. 4, S. 13. PHILLIPS, A. J.: Machinist, Lond. Bd. 79 (1935/36) S. 709—710 E. Ref. Techn. Zbl. prakt. Metallbearb. Bd. 46 (1936) S. 530.

[9] Siehe Patentübersicht Nr. 5, S. 235.

[10] SMART, C. F.: Trans. Amer. Soc. Met. Bd. 25 (1937) S. 571—608. Auszug: Metal Ind., Lond. Bd. 51 (1937) S. 61—64.

[11] Siehe Patentübersicht Nr. 7, S. 236.

[12] Siehe Patentübersicht Nr. 6, S. 236.

[13] Siehe Patentübersicht Nr. 10, S. 236.

[14] Bureau of Mines: Minerals yearbook, Washington 1936, S. 528—530; 1937, S. 741—745.

[15] ANON: Iron Age Bd. 138 (1936) S. 67.

[16] ANON: Parkerizer, Detroit Bd. 14 (1936) Nr. 1, S. 1, 3.

[17] ANON: Automot. Ind. Bd. 75 (1936) S. 726; Bd. 76 (1937) S. 293; Bd. 7 (1938) S. 596.

[18] BAUM, H.: Metallwirtsch. Bd. 17 (1938) S. 719—720.

das man noch vor 5 Jahren nach neuen Anwendungen suchte, nicht aus, um neben dem sonstigen Verbrauch für Überzüge, als Legierungsbestandteil (Lote, Bronzen guter Leitfähigkeit usw.) und für Verbindungen (vor allem Anstrichfarben) größere Mengen für die Lagerherstellung frei zu machen. Infolge der unsicheren Materialbeschaffung haben einzelne Automobilerzeuger die Verwendung von Kadmium für Lagerlegierungen wieder aufgegeben[1, 2]. Auch für Deutschland, dessen Produktion 1936 303 t[2] betrug, liegen die Verhältnisse ähnlich. Da heute alles Kadmium ein Nebenprodukt der Zinkgewinnung ist, wird sich dieses nur ändern können, falls es gelingen sollte, größere kadmiumreichere Erzvorkommen zu finden.

Trotzdem ist den Kadmiumlegierungen in vorliegendem Bande eine ausführliche Behandlung zuteil geworden, weil sie dank ihrer Zwischenstellung zwischen Zinnweißmetallen und Bleibronzen für eine Reihe von Anwendungen besonders geeignet erscheinen und somit eine fühlbare Lücke überbrücken[3].

2. Gefüge.

Kadmiummetall ist verhältnismäßig rein zu erhalten[4]. In Zahlentafel 22 sind die Verunreinigungen von Kadmium verschiedener Herkunft

Zahlentafel 22. Kadmiumanalysen in Gewichtsprozent[5].

Hersteller[6]	Cd Rest	Zn	Pb	Cu	Fe	Sn	Tl	Sb	Bi	Zeitpunkt
A. Deutschland (h)	99,956		0,026	0,013	0,003			0,0017		1938
B. „ (e)	99,967	0,0013	0,0275	0,001	0,0025	0,0007	+	—	—	1936
C. Norwegen (e)	99,95	—	0,0153	0,0022	0,0001					1936
D. Belgien (h)	99,95	0,005	0,02	0,0001		0,0001	0,001	0,0001	0,0001	1936
E. Polen (h)	99,99	0,0011	0,0063	0,0004	0,0015	0,0004	+	—	—	1936
F. Belgien (e)	99,9	0,0024	0,046	0,0004	0,0016		0,036			1936
G. Deutschland (e)	99,985	0,0005	0,011	0,0018	0,0002	—	0,002	—	—	1938

eingetragen. Die Angaben stammen zum Teil von den Herstellern selbst, zum Teil sind es eigene Analysenwerte.

[1] Baum, H.: Metallwirtsch. Bd. 17 (1938) S. 719—720.

[2] Bureau of Mines: Minerals yearbook, Washington 1936, S. 528—530; 1937 S. 741—745.

[3] Die Verfasser konnten für den vorliegenden Bericht eine Reihe unveröffentlichter Versuchsergebnisse aus dem Metall-Laboratorium der Metallgesellschaft benutzen. Sie sind den Damen G. Prüfer und E. Schulz und den Herren W. Endres, W. Jung-König und E. Koch für ihre Mitwirkung bei diesen Versuchen zu Dank verpflichtet.

[4] Lamb, F. W.: Proc. Amer. Soc. Test. Mater. Bd. 35 (1935 II) S. 71—78.

[5] + nicht mit Sicherheit nachweisbar, — nicht nachweisbar.

[6] h = hüttenmännisch, e = elektrolytisch gewonnen.

Auf die Wiedergabe und Besprechung der Zustandsdiagramme der Kadmiumlegierungen im einzelnen sei hier verzichtet und statt dessen

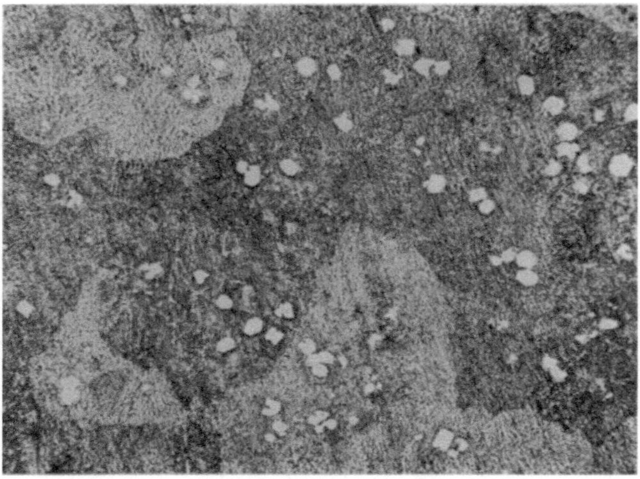

Abb. 177. 1,5% Cu + 1% Mg.

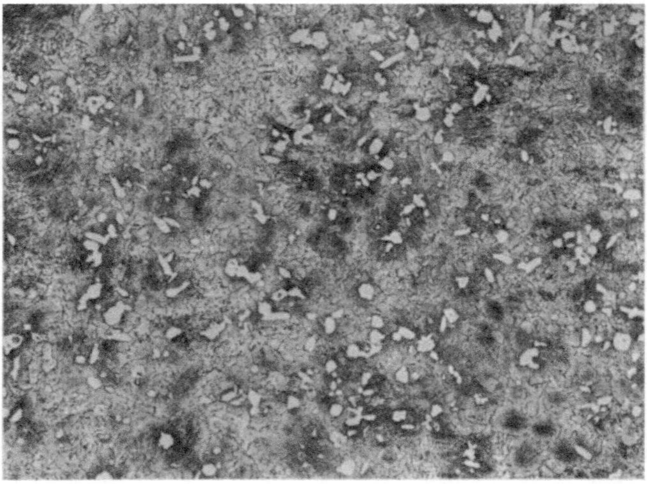

Abb. 178. 2% Cu + 0,5% Ag.

auf Hansen[1] und die kurze Übersicht der wichtigsten Zusätze in Zahlentafel 23 hingewiesen. Die meisten der vorgeschlagenen (vgl. Zahlentafel 21) Lagermetalle sind entsprechend der bekannten Theorie

[1] Hansen, M.: Der Aufbau der Zweistofflegierungen. Berlin 1936.

über den Aufbau von Lagermetallen aus harten Tragkristallen in einer weichen Grundmasse aufgebaut; und zwar finden wir Cd_3Cu-Kristalle

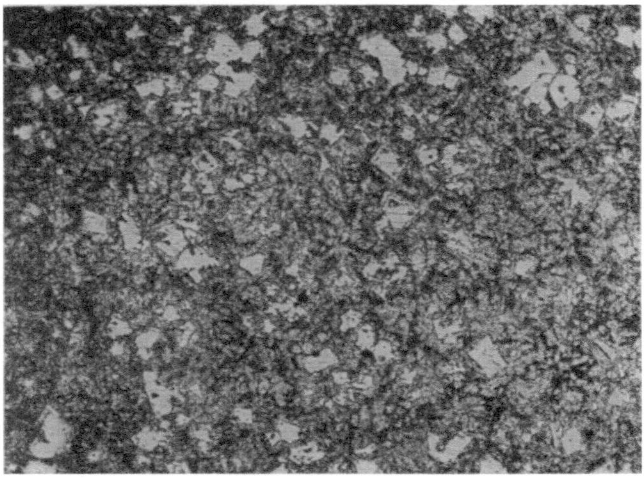

Abb. 179. 1,5% Ni.

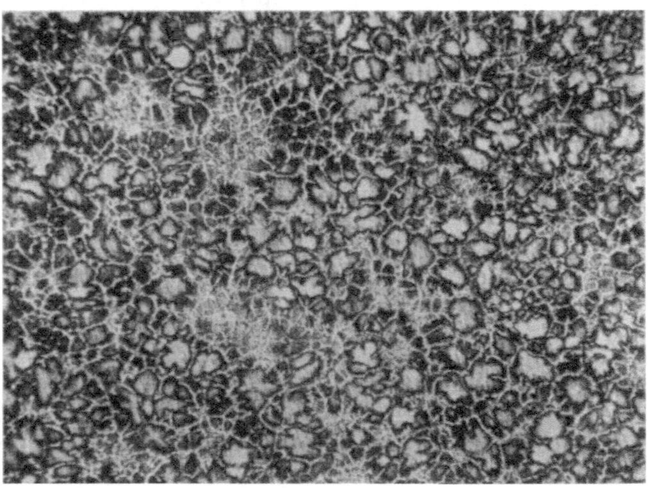

Abb. 180. 0,25% Cu + 2,5% Ag.

Abb. 177—180. Gefügebilder typischer Kadmiumlagermetalle geätzt mit 3%iger alkoholischer Salpetersäure. 100×.

(Abb. 177 u. 178) in einer Grundmasse, die aus einem durch Magnesium (Abb. 177) bzw. Silber (Abb. 178) gehärteten Kadmium-Kupfer-Eutektikum besteht. Dabei gehen sowohl Silber als auch Magnesium im Kadmium in feste Lösung. Bei den Kadmium-Nickel-Legierungen (Abb. 179) dagegen sind Cd_7Ni-Kristalle in das Kadmium-Nickel-Eutektikum eingelagert. Einen ganz anderen Aufbau, der dem von Bleibronzen oder Zinnbronzen ähnelt, zeigt dagegen ein kupferarmes und silberreicheres Kadmiumlagermetall (Abb. 180). Nach dem Zustandsdiagramm[1] bestehen diese Legierungen aus primären Kadmiumkristallen in einem Kadmium-Kupfer-Eutektikum, wobei alles Silber im Kadmium in fester Lösung sein sollte. Auffallend ist nach Abb. 180 die starke Kornseigerung der Kadmium-Silber-Mischkristalle, und zwar sind sie innen silberreicher als außen.

Zahlentafel 23. Gefügeverhältnisse in den kadmiumreichen binären Legierungen.

Zusatz	Löslichkeit %	Eutektikum bei %	Eutektikum bei °C	Nächstliegende Kristallart
Cu	0,05—0,1	1,2	314	Cd_3Cu
Ni	sehr klein	0,25	318	Cd_7Ni
Sb	sehr klein	7,5	290	CdSb
Zn	0,5—2,8	17,4	266	Zn
Ag	4—6	peritektisch, Schmelztemperatur ansteigend		
Mg	7			

Erwähnt sei noch, daß nach GILL[2] bei den übereutektischen Kadmium-Kupfer-Legierungen, sobald sie mehr als 0,1% Magnesium enthalten, sich das Eutektikum bei Betriebstemperaturen, ja sogar schon bei Raumtemperatur aufspaltet, und daß mit dieser Gefügeänderung die Legierungen brüchig werden[2, 3]. Da die Erscheinung nur bei dünnen Ausgüssen und Drehspänen beobachtet wurde, liegt die Vermutung nahe, daß interkristalline Korrosion mitwirkt, zu der ja magnesiumhaltige Legierungen besonders neigen (vgl. S. 224—226).

Zahlentafel 24.

Legierung	Erstarrungsintervall °C
2,2 Ag + 0,5 Cu	314—327
0,2 Mg + 3,1 Cu	314—378
1,0 Mg + 1,5 Cu	314—338
1,35 Ni	319—395
0,5 Ag + 2,0 Cu	314—350

Die Erstarrungsintervalle der Lagerlegierungen sind nach Zahlentafel 24 nicht sehr verschieden.

Die Gefüge der Kadmium-Zink-Legierungen werden hier nicht besprochen, weil sie in erster Linie zum Einlöten der Ausgüsse in die Stützschale verwendet werden, wobei andere Verhältnisse vorliegen. Die sonst gelegentlich erwähnten Zusätze wie Antimon, Arsen, Kalzium

[1] LOSANA, L. u. C. GORIA: Chimica e Ind. Bd. 17 (1935) S. 159—163. Ref. Chem. Zbl. Bd. 108 II (1937) S. 2425.

[2] GILL, A. S.: Proc. Austral. I. M. M., N. S. Bd. 95 (1934) S. 201—227. Auszüge siehe Commonwealth Engineer Bd. 22 (1934) S. 81—84; Metal Ind., Lond. Bd. 46 (1935) S. 650—652.

[3] SMART, C. F.: Trans. Amer. Soc. Met. Bd. 25 (1937) S. 571—608. Auszug: Metal Ind., Lond. Bd. 51 (1937) S. 61—64.

und Kobalt[1] haben keine praktische Bedeutung erlangt, so daß ihre Gefüge nicht behandelt werden sollen. Von dem als Korrosionsschutz zugesetzten Indium (vgl. S. 225) kommen nur geringe Gehalte in Frage, die das Gefüge kaum beeinflussen dürften.

3. Schmelzen und Gießen.

a) Oxydbildung.

Oberhalb 400° treten auf der Oberfläche geschmolzener Kadmiumlegierungen schwarze, schwammige Oxyde auf[2]. Zu beachten ist, daß die nach Überhitzung einsetzende Oxydbildung bei Verringerung der Schmelztemperatur weitergeht.

Sehr stark gefördert wird die Oxydation durch kleine Mengen Zinn. Einer Schmelze einer Kadmium-Kupfer-Silber-Legierung wurde bei 390° 0,2% Sn zugesetzt. Nach 2 Minuten trat starke und andauernde Oxydbildung ein. Auch im Schrifttum wird über einen Fall berichtet, wo ein Hersteller von Kadmiumlagern durch Verunreinigung seiner Schmelze mit 0,8% Zinn 50% Metall durch Schlackenbildung verlor[2].

Bei unsorgfältigem Arbeiten können auch Oxydeinschlüsse in den Lagerausguß gelangen. Kadmiumoxyd greift aber die Welle nicht an im Gegensatz zu den Oxydeinschlüssen in Zinnlagermetallen[2].

Es hat sich gezeigt, daß selbst bei starker Überhitzung der Schmelze nach Zugabe von 0,03% Zink eine dicke, schwarze Oxydkruste nicht mehr auftrat. Die Oberfläche lief nur noch bräunlich an. Bei normalen Schmelztemperaturen verleiht die Zugabe von Zink in kleinen Mengen der Schmelzoberfläche ein silberblankes Aussehen. Auch die Wirkung von Zinn kann durch Zusatz von etwa der gleichen Menge Zink aufgehoben werden.

Außer Zinkzusätzen[5,9] werden Zugaben von kleinen Prozentsätzen (0,05%) an Magnesium[2], Lithium[4] sowie an Aluminium[5,9] und Antimon[5] als desoxydierend erwähnt.

Statt Zinkzusatz hat sich Zinkchlorid als Abdeckmittel gut bewährt[4,3,5]. Gegenüber Abdeckung mit Holzkohle und Paraffin scheint es nachhaltiger in der Wirkung zu sein. Das Flußmittel Kadmiumchlorid und/oder -bromid können durch Ammoniumchlorid- bzw. bromid aufgefrischt werden[6]. Auch Kaliumzyanid[7] und Natriumhydroxyd[8]

[1] Siehe die Patentübersicht S. 235—237.

[2] Gill, A. S.: Proc. Austral. I. M. M., N. S. Bd. 95 (1934) S. 201—227. Auszüge siehe Commonwealth Engineer Bd. 22 (1934) S. 81—84; Metal Ind., Lond. Bd. 46 (1935) S. 650—652.

[3] Siehe Patentübersicht Nr. 16, S. 237.

[4] Smart, C. F.: Trans. Amer. Soc. Met. Bd. 25 (1937) S. 571—608. Auszug: Metal Ind., Lond. Bd. 51 (1937) S. 61—64.

[5] Siehe Patentübersicht Nr. 5, S. 235. [6] Siehe Patentübersicht Nr. 15, S. 237.

[7] Siehe Patentübersicht Nr. 2, S. 235.

[8] Norman, T. E. u. O. W. Ellis: Metals Techn. Bd. 4 (1937) Nr. 7, S. 4.

[9] Siehe Patentübersicht Nr. 17, S. 237.

werden als Flußmittel empfohlen; ebenso eine Mischung aus 896 Teilen $MgCl_2$, 320 Teilen KCl, 40 Teilen CaF_2 und 60 Teilen NaCl [6].

b) Bindung und Lötung.

Es machte anfangs große Schwierigkeiten, eine einwandfreie Bindung zwischen Stützschale und dem Kadmiumausguß zu erhalten[1, 2, 3]. Ferner bedingte der große Unterschied zwischen der Wärmedehnung der Kadmiumlegierungen ($28 \cdot 10^{-6}$) und der Stützschalenwerkstoffe sowie

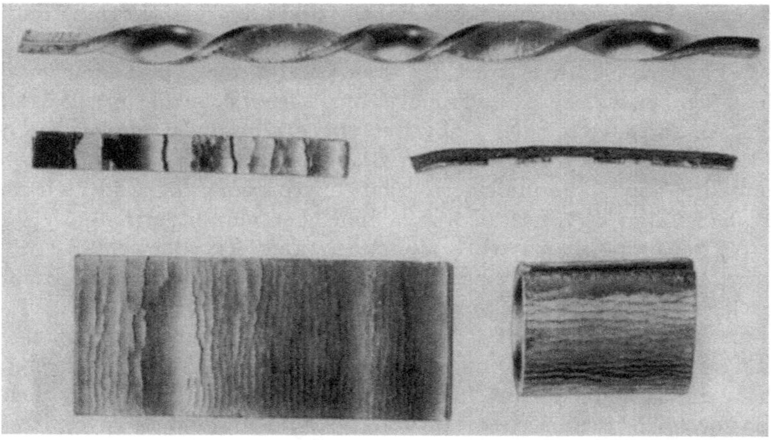

Abb. 181. Bindung von Kadmiumlagermetallen auf Stahl. 2/5 nat. Größe.

die hohe Streckgrenze der Kadmiumlegierungen das Auftreten von Eigenspannungen und von Rissen im Ausguß[1, 2]. Durch Entwicklung besonderer Löt- und Gießverfahren ist es jedoch gelungen, diese Schwierigkeiten zu überwinden[4, 1, 2, 5, 3, 6]. Heute zeichnen sich Kadmiumlager durch besonders gute Bindung aus, wie Abb. 181 zeigt. Messungen des zum Abscheeren von der Stahlschale nötigen Druckes haben bis doppelt so hohe Werte ergeben wie bei Zinnweißmetallen[1, 5, 3].

[1] GILL, A. S.: Proc. Austral. I. M. M., N. S. Bd. 95 (1934) S. 201—227. Auszüge siehe Commonwealth Engineer Bd. 22 (1934) S. 81—84; Metal Ind., Lond. Bd. 46 (1935) S. 650—652.

[2] GÖLER, Frhr. v. u. G. SACHS: Mitt. Arbeitsber. M. G. Heft 10 (1935) S. 3—10; Gieß.-Praxis Bd. 57 (1936) S. 76—79, 121—124.

[3] MACNAUGHTAN, D. J.: J. Inst. Met. Bd. 55 (1934) S. 33—47 u. Diskussion dazu S. 98—99 und 107—108.

[4] BASSETT, H. N.: Metal Ind. London 52 (1938) S. 25—32.

[5] Imperial Smelting Corp. Ltd.: Technical Bull., Mai 1937. Auszug: Nickel Bull. Bd. 9 (1936) S. 233—236.

[6] SMART, C. F.: Trans. Amer. Soc. Met. Bd. 25 (1937) S. 571—608. Auszug: Metal Ind., Lond. Bd. 51 (1937) S. 61—64.

Versuche, eine gute Bindung durch Eintauchen der Stützschale in das Lagermetall selbst zu erhalten, zeigten, daß mit außerordentlich großer Sorgfalt und Schnelligkeit gearbeitet werden muß. Trotzdem konnten gute Bindungen nicht immer erhalten werden. Die Benutzung eines niedriger schmelzenden Lotes erwies sich als zweckmäßig. Diese Erfahrung stimmt auch mit dem Bilde überein, das man aus der Literatur gewinnt. Danach sollen zwar Kadmium-Nickel-Legierungen ohne Lot gut binden[1] und als Lot für andere Legierungen geeignet sein[2]. Bei

Abb. 182. Gefüge an der Bindung von Kadmiumlagermetall auf Stahl. 100×.

anderen Legierungen sollen Spuren von Zink (0,1 bis 0,2%) genügen, um ohne Lötmetall eine gute Bindung hervorzurufen[3]. Im allgemeinen werden jedoch Lote verwendet und zwar meistens Kadmium-Zink-Legierungen[2, 4]. Gill[5] hat mit Kadmium-Zink-Loten zwischen 7 und 50% Zn gleich hohe Bindefestigkeit erreicht. Ferner wurde als Lötmetall Kadmium mit 5% Zn + 1% Ni[2] oder mit 7 bis 8% Sb empfohlen[6].

Die Vorbehandlung der Stützschale, die bei eigenen Versuchen immer zu sehr guter Haftfestigkeit führte, war folgende: 1. Entfetten der Schale in Trichloräthylendampf; 2. Überstreichen der Bindefläche mit

[1] Imperial Smelting Corp. Ltd.: Technical Bull., Mai 1937. Auszug: Nickel Bull. Bd. 9 (1936) S. 233—236.

[2] Smart, C. F.: Trans. Amer. Soc. Met. Bd. 25 (1937) S. 571—608. Auszug: Metal Ind., Lond. Bd. 51 (1937) S. 61—64.

[3] Siehe Patentübersicht Nr. 17, S. 237.

[4] Siehe Patentübersicht Nr. 7 und 8, S. 236 und Nr. 14, S. 236.

[5] Gill, A. S.: Proc. Austral. I. M. M., N. S. Bd. 95 (1934) S. 201—227. Auszüge siehe Commonwealth Engineer Bd. 22 (1934) S. 81—84; Metal Ind., Lond. Bd. 46 (1935) S. 650—652.

[6] Siehe Patentübersicht Nr. 7, S. 236.

einer gesättigten Lösung von einem Teil Zinkchlorid und einem Teil Salmiak; 3. Eintauchen der Schale in das Lotbad; 4. Einsetzen der vorher durch Schleudern und Auswischen der Fläche mit einem feuchten Lappen vom zu dick aufgetragenen Lötmetall befreiten Schale in die Kokille oder Schleudergußmaschine.

Bei Kokillenguß, nicht dagegen bei Schleuderguß, wurde in den einigen Fällen an der Bindung eine schmale Kristallkette längs der Bindefläche festgestellt (Abb. 182). Es wurden daraufhin mit gutem Ergebnis Bindefestigkeitsversuche ähnlich Abb. 181 durchgeführt. Auch haben sich solche Lager in Motoren gut bewährt. Nachteile durch Vorhandensein einer Kristallkette wurden also im Gegensatz zu Beobachtungen an Zinnlegierungen[1] nicht festgestellt.

c) Ausgießen der Lager.

Die Schwierigkeit beim Ausgießen von Lagern besteht darin, daß sowohl eine einwandfreie Bindung zwischen Stützschale und Lagermetall, als auch ein gutes Gefüge des Ausgusses angestrebt werden

Abb. 183. Kokille zum Ausgießen von Lagerschalen. $^1/_5$ nat. Größe.

müssen, beide aber die Leitung der Gießbedingungen nach entgegengesetzter Richtung bedingen. Die Herstellung einer guten Bindung erfordert, daß Schale und Kern über den Schmelzpunkt der Legierung erhitzt werden, damit Ausguß und Lot sich gut verbinden können. Das Erstarrungsintervall muß dann aber schnell durchlaufen werden, damit das Gefüge nicht grob wird und keine Seigerungen erfolgen. Daher ist

[1] Macnaughtan, D. J.: J. Inst. Met. Bd. 55 (1934) S. 33—47 u. Diskussion dazu S. 98—99 und 107—108.

zusätzliche Kühlung zweckmäßig. Die Abkühlung nach dem Erstarren bis auf Raumtemperatur soll wieder langsamer erfolgen der inneren Spannungen wegen. Im einzelnen lassen sich diese Bedingungen auf verschiedenen Wegen erfüllen, so daß es nicht schwer sein dürfte, durch wenige Versuche für jede Schale geeignete Gießbedingungen zu finden. Damit steht in Einklang, daß sowohl im Kokillenguß als auch in Sand- und Schleuderguß gute Schalen erhalten werden können. Bei Herstellung im Kokillenguß wird man, um Schlacken- und Oxydhauteinschlüsse und örtliche Überhitzungen zu vermeiden, zweckmäßig eine Kokille für steigenden Guß verwenden. Abb. 183 zeigt eine derartige im Metall-Laboratorium der Metallgesellschaft AG. entwickelte Kokille. Für die Frage, welches Verfahren bei der Herstellung im Betrieb anzuwenden ist, ist daher die Qualitätsfrage nicht entscheidend, sondern technische und wirtschaftliche Überlegungen. Es kommt dann nur darauf an, das gewählte Verfahren sorgfältig durchzuarbeiten und die Innehaltung der einmal festgelegten Vorschriften dauernd zu kontrollieren.

d) Schwindung und innere Spannungen.

Die Schwindung, die bekanntlich sehr von den Gießbedingungen abhängt, erreicht im Höchstfall den Wert der Wärmedehnung zwischen Raumtemperatur und Schmelzpunkt. Der Wärmedehnungskoeffizient, der von kleinen Zusätzen nur wenig beeinflußt wird, wird zu $28—30 \cdot 10^{-6}$ angegeben. Daraus errechnet sich eine Schwindung von höchstens 0,9%, die gut mit den Messungen von GILL[1] übereinstimmt.

Durch die großen Unterschiede in der Wärmedehnungszahl von Stahl und Kadmium treten bei zu schroffer Abkühlung der ausgegossenen Lagerschale recht erhebliche Spannungen auf. Wir haben ihre Größe gelegentlich zu über 5 kg/mm² bestimmt. Es ist dann auch Rißbildung im Ausguß möglich[1]. Bei einigermaßen sorgsamer Abkühlung der Schale nach Entnahme aus der Kokille jedoch ist Kadmium ohne Bedenken und Schwierigkeit zu vergießen. Es wird übrigens empfohlen[2] zwecks Beseitigung der inneren Spannungen den Ausguß nach dem Erstarren, aber vor der vollständigen Abkühlung mechanisch zu verformen, z. B. durch Oberflächendrücken oder bei Schleuderguß durch Füllen mit Stahlkugeln.

e) Kadmiumvergiftungen.

Es sei darauf hingewiesen, daß unter ungünstigen Umständen das Einatmen von Kadmiumdämpfen zu Vergiftungen führen kann. Hierüber sowie über geeignete Vorbeugungs- und Gegenmaßnahmen berichtet WAHLE[3].

---

[1] GILL, A. S.: Proc. Austral. I. M. M., N. S. Bd. 95 (1934) S. 201—227. Auszüge siehe Commonwealth Engineer Bd. 22 (1934) S. 81—84; Metal Ind., Lond. Bd. 46 (1935) S. 650—652.

[2] Siehe Patentübersicht Nr. 14, S. 236.

[3] WAHLE: Z. Gewerbehyg. Bd. 19 (1932) S. 223—226.

4. Eigenschaften der Kadmiumlegierungen mit Silber, Kupfer, Nickel und Magnesium.

Nachstehend wird ein Überblick über die mechanischen und korrosionschemischen Eigenschaften und das Laufverhalten der wichtigsten Legierungen im Gußzustand gegeben. Dabei liegen in erster Linie eigene

Zahlentafel 25.

Legierung	Härte H 10/250/60 kg/mm²	Zugfestigkeit σ_B kg/mm²	Dehnung σ_{10} %	Wechselbiegefestigkeit σ_w kg/mm²
Cd + 0,5% Cu + 0,25% Mg	40,0	11,6	12	4,2
Cd + 1,5% Cu + 1,0% Mg	45,5	15,8	7	4,4
Cd + 0,5% Ca + 1,0% Cu	40,0	12,2	5	3,0
Cd + 5,0% Sb + 16,2% Zn	50,0	15,2	2	3,2
Cd + 2,0% Cu + 0,5% Ag + 0,05% Mg	—	—	—	4,6
Cd + 2,0% Cu + 0,5% Ag + 0,1% Mg	—	—	—	4,2
Cd + 1,5% Cu + 3,0% Ni	—	—	—	2,9

Deutung der Zeichen in Abb. 184, 185, 186 und 188.

Legierung	Gruppe	Zeichen	Legierung	Gruppe	Zeichen
Cd + Ag	I	●	(Cd + 0,5 Ag) + Cu . .	IV	+
Cd + Cu	II	○	(Cd + 1,0 Ag) + Cu . .	V	×
Cd + Ni	III	△	(Cd + 2,0 Ag) + Cu . .	VI	□

Versuche zugrunde, da systematische Untersuchungen über größere Legierungsreihen im Schrifttum kaum veröffentlicht worden sind. Die mechanischen Eigenschaften der binären Legierungen mit Silber, Kupfer und Nickel sowie der ternären Legierungen mit Silber und Kupfer zeigen Abb. 184—188. Ferner sind in Zahlentafel 25 Werte für einige andere interessierende Legierungen wiedergegeben.

Zahlentafel 26. Fließgrenzen bei Zugversuchen.

Zusammensetzung	Bezogen auf Dehnung %	σ_f kg/mm²
1,35% Ni[1]	0,5	8,2
3% Ni[1]	0,5	11,8
1,5% Cu + 0,95% Mg[2]	0,02	5,5
	0,2	9,9
1,94% Cu + 0,48% Ag[2]	0,02	5,2
	0,2	9,5

a) Zugversuche
(vgl. Abb. 184 und 185).

Von den binären Legierungen haben die mit Silbergehalt die

[1] SWARTZ, C. E. and A. J. PHILLIPS: Proc. Amer. Soc. Test. Mater. Bd. 33 (1933 II) S. 416—429. Ref. Metallwirtsch. Bd. 13 (1934) S. 469. Auszüge: SWARTZ, C. E.: J. N. C. O. Bd. 12 (1935) Nr. 4, S. 13. PHILLIPS, A. J.: Maschinist, Lond. Bd. 79 (1935/36) S. 709—710 E. Ref. Techn. Zbl. prakt. Metallbearb. Bd. 46 (1936) S. 530.

[2] BOLLENRATH, F., W. BUNGARDT u. E. SCHMIDT: Luft.-Forschg. Bd. 14 (1937) S. 417—425.

niedrigsten Festigkeitswerte, entsprechend sind die Dehnungen hoch. Die Legierungen mit Nickel und auch die mit Kupfer erreichen zum größten Teil schon die Festigkeiten der ternären Legierungen. Im allgemeinen bringt die Erhöhung der Zusatzmenge von einem gewissen

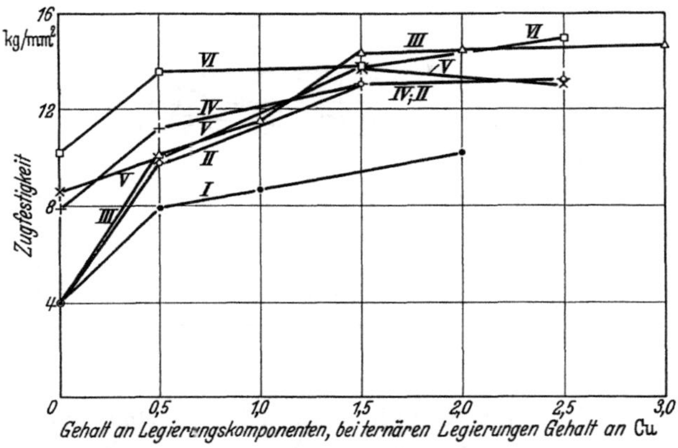

Abb. 184.

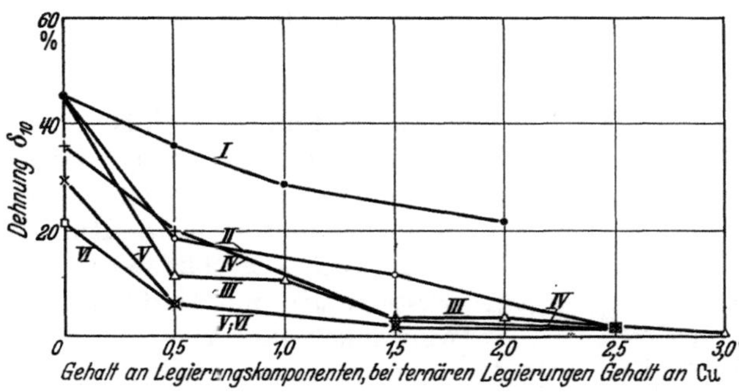

Abb. 185.

Abb. 184 und 185. Zugversuche an Kadmiumlegierungen.

Prozentgehalt ab keine weitere Steigerung der Festigkeit mehr. Stark scheint der Mg-Zusatz zu verfestigen (Zahlentafel 25).

Die Ergebnisse einiger Fließgrenzenmessungen zeigt die vorstehende Zahlentafel 26.

Der Elastizitätsmodul wurde für eine Legierung mit 1,5% Cu und 0,95% Mg zu 5600 kg/mm² und für eine Legierung mit 1,94% Cu und 0,48% Ag zu 6500 kg/mm² bestimmt[1].

---

[1] BOLLENRATH, F., W. BUNGARDT u. E. SCHMIDT: Luftf.-Forschg. Bd. 14 (1937) S. 417—425.

b) Brinellhärte (vgl. Abb. 186).

Für die binären und ternären Legierungen mit Kupfer und Silber liegen auch Messungen von Losana und Goria[1] sowie von Smart[2] vor, die einen grundsätzlich ähnlichen Verlauf zeigen, aber durchweg, und zwar

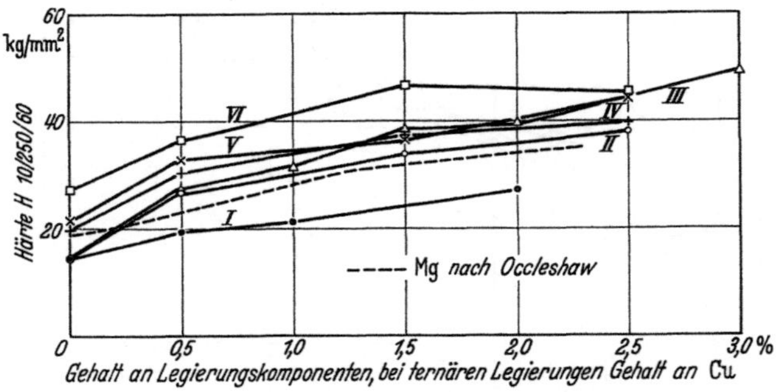

Abb. 186. Brinellhärte von Kadmiumlegierungen.

auch schon für das reine Kadmium um 5 bis 10 Härteeinheiten höher liegen als die Messungen der Abb. 186. Dies mag zum Teil an den anderen Prüfbedingungen liegen, zum Teil an den Gieß- und Abkühlungsverhältnissen. So zeigt die Abb. 187, die der Arbeit von Smart[2] entnommen ist, daß durch Ausglühen die Härtewerte um etwa 10 Einheiten sinken. Für die ternären Legierungen steigt der Abfall sogar bis auf 15 Härteeinheiten. Es ist anzunehmen, daß in etwa dem gleichen Betrage auch die Härtewerte je nach den Erstarrungs- und Abkühlungsbedingungen schwanken können.

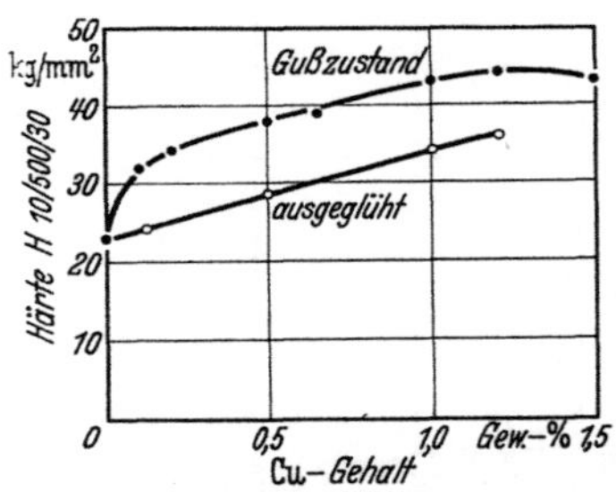

Abb. 187. Einfluß des Ausglühens (16 Tage bei 100° C für 0,1 % Cu; sonst 1—5 Tage bei 170° C) auf die Härte von Kadmium-Kupfer-Legierungen.

Interessieren dürften in diesem Zusammenhang auch Messungen mit einer Diamantspitze[3], nach denen in einer Kadmium-Nickel-Legierung die Härte der Tragkristalle 260, die der Grundmasse 55 Einheiten beträgt. Ähnliche Messungen an Kupfer-Kadmium-

[1] Losana, L. u. C. Goria: Chimica e Ind. Bd. 17 (1935) S. 159—163. Ref. Chem. Zbl. Bd. 108 II (1937) S. 2425.

[2] Smart, C. F.: Trans. Amer. Soc. Met. Bd. 25 (1937) S. 571—608. Auszug: Metal Ind., Lond. Bd. 51 (1937) S. 61—64.

[3] Swartz, C. E. and A. J. Phillips: Proc. Amer. Soc. Test. Mater. Bd. 33 (1933 II) S. 416—429. Ref. Metallwirtsch. Bd. 13 (1934) S. 469. Auszüge: Swartz, C. E.: J. N. C. O. Bd. 12 (1935) Nr. 4, S. 13. Phillips, A. J.: Machinist, Lond. Bd. 79 (1935/36) S. 709—710 E. Ref. Techn. Zbl. prakt. Metallbearb. Bd. 46 (1936) S. 530.

Legierungen[1] ergaben für die Cd_3Cu-Tragkristalle eine Härte von 230. Beide Messungen ergaben also für den Tragkristall etwas höhere Härten als für die Tragkristalle in Zinnlagermetallen, deren Härte die beiden Autoren zu 204 angeben.

Die Ritzhärte der Cd_7Ni-Kristalle in einer Legierung mit 1,25% Ni bestimmte SWIFT[2] zu 314, die der Grundmasse zu 18,6. In einer ausglühten Legierung mit 0,5% Cu und 0,72% Ag hatten dagegen Eutektikum und Primärkristalle mit 29 die gleiche Härte. Zum Vergleich führt er an, daß in einem Zinnlagermetall mit 3,25% Cu + 7,5% Sb die Ritzhärte der Grundmasse 16,7, die der Cu_3Sn-Nadeln 636 beträgt, während in einem Bleilagermetall mit 10% Sn, 15% Sb und 0,5% Cu die Grundmasse 8,9 und die SnSb-Würfel 246 ergaben.

c) Dauerbiegefestigkeit (vgl. Abb. 188).

Die Versuche wurden auf der SCHENCK-Maschine für umlaufende Biegung bei 4000 bis 6000 U/min durchgeführt. Die Werte beziehen sich auf $20 \cdot 10^6$ Lastperioden. Danach genügt schon ein kleiner Zusatz

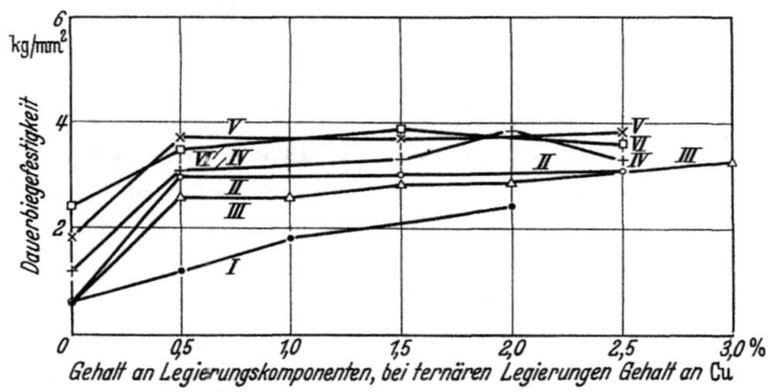

Abb. 188. Wechselbiegefestigkeit von Kadmiumlegierungen. Zeichenerklärung siehe S. 218.

eines zweiten oder dritten Metalls zur Grundlegierung, um den Größtwert der Dauerfestigkeit einer Gruppe wenigstens in den untersuchten Grenzen zu erzielen. Die meisten ternären Legierungen haben höhere Wechselfestigkeiten als die binären. Sehr hohe Werte werden mit den magnesiumhaltigen Legierungen auch schon bei kleinen Prozentsätzen an Magnesium erzielt (Zahlentafel 25). Der von PHILLIPS[3] angegebene Wert von 2,65 kg/mm² für eine Legierung mit 1,3% Ni liegt genau auf

[1] GILL, A. S.: Proc. Austral. I. M. M., N. S. 95 (1934) S. 201—227. Auszüge siehe Commonwealth Engineer Bd. 22 (1934) S. 81—84; Metal Ind., Lond. Bd. 46 (1935) S 650—652.

[2] SWIFT, L. L.: Metals Techn. Bd. 5 (1938) Nr. 6, 12 S. TP 966.

[3] PHILLIPS, A. J.: Machinist, Lond. Bd. 79 (1935/36) S. 709—710 E. Ref. Techn. Zbl. prakt. Metallbearb. Bd. 46 (1936) S. 530.

Kurve III der Abb. 188. Für eine Legierung mit 1,5% Cu und 0,95% Mg wird von BOLLENRATH[1] mit 3,8 kg/mm² ein etwas niedrigerer Wert als in Zahlentafel 25 angegeben.

Erwähnt sei in diesem Zusammenhang auch die Prüfung auf der STANTON-Maschine. Dabei wird eine mit Lagermetall ausgegossene Stahlschale zwischen drei Rollen gedreht, die gegen die Schale gedrückt werden. Jede Stelle der Schale macht also bei jeder Umdrehung drei Hin- und Herbiegungen mit. Es handelt sich danach um eine Prüfung des Lagermetalls und der Bindung. Über Versuche an Kadmiumlagermetall mit 1,5% Cu und 1% Mg auf dieser Maschine bei einer Biegespannung[2] von 8 kg/mm² berichtet GILL[3]. Danach zeigte nach 15 Millionen Umdrehungen das Kadmiumlagermetall ein Netzwerk von Rissen, die Bindung war aber noch einwandfrei. Bei Zinnlagermetallen traten nach der gleichen Zeit ebenfalls Risse auf, außerdem war die Bindung zerstört. Bleibronzen zeigten wenige Risse und hatten noch gut gebunden, waren also etwas besser als Kadmiumlager.

d) Sonstige mechanische Eigenschaften.

Fließversuche[4] ergaben, daß eine Kadmiumlegierung mit 1,3% Ni zur Erzielung der gleichen Fließgeschwindigkeit 3- bis 4mal so hoch belastet werden muß wie ein Zinnweißmetall mit 5,2% Cu und 6,2% Sb. Da aber diese Versuche an gewalztem Material durchgeführt wurden, können aus den Absolutwerten gar keine und aus dem Verhältnis der beiden Legierungen auch nur bedingte Schlüsse auf das Verhalten im Gußzustand gezogen werden.

Aus Kugeldruckversuchen mit verschiedener Belastungsdauer bis zu 600 s haben HARRISON und WOOD[5] den „Fließfaktor" bestimmt, d. h. die Neigung der Geraden, durch die sich der Zusammenhang zwischen Belastungsdauer und Eindruckdurchmesser bei Auftragen in logarithmischem Maßstab wiedergeben läßt. Sie haben diesen Fließfaktor zu 0,023 für eine Kadmiumlegierung mit 1,3% Ni bestimmt. Die Verfasser

[1] BOLLENRATH, F., W. BUNGARDT u. E. SCHMIDT: Luftf.-Forschg. Bd. 14 (1937) S. 417—425.

[2] Der Verfasser gibt eine Biegespannung von 30 kg/mm² für den Stahlring an. Daraus errechnet sich bei Annahme gleicher Formänderungen aus dem Verhältnis der E-Moduln von Stahl und Kadmium der obige Wert.

[3] GILL, A. S.: Proc. Austral. I. M. M., N. S. Bd. 95 (1934) S. 201—227. Auszüge siehe Commonwealth Engineer Bd. 22 (1934) S. 81—84; Metal Ind., Lond. Bd. 46 (1935) S. 650—652.

[4] SWARTZ, C. E. and A. J. PHILLIPS: Proc. Amer. Soc. Test. Mater. Bd. 33 (1933 II) S. 416—429. Ref. Metallwirtsch. Bd. 13 (1934) S. 469. Auszüge: SWARTZ, C. E.: J. N. C. O. Bd. 12 (1935) Nr. 4, S. 13. PHILLIPS, A. J.: Maschinist, Lond. Bd. 79 (1935/36) S. 709—710 E. Ref. Techn. Zbl. prakt. Metallbearb. Bd. 46 (1936) S. 530.

[5] HARRISON, S. T. and E. WOOD: Metal Ind., Lond. Bd. 51 (1937) S. 639—640.

vertreten unter Hinweis auf nicht veröffentlichte Erfahrungen den Standpunkt, daß ein Fließfaktor um 0,02, wie ihn auch Zinnlagermetalle mit etwa 90% Zinn haben, am günstigsten sei. Bei höheren Werten (0,04 bis 0,08 für Bleilagermetalle und Zinnlagermetalle mit 80% Sn und weniger) seien die Legierungen zu weich und würden im Betriebe weggedrückt. Bei niedrigen Werten (0,015 für eine härtere Bleibronze) sei der Ausguß zu wenig nachgiebig, um Kantenpressungen zu ertragen.

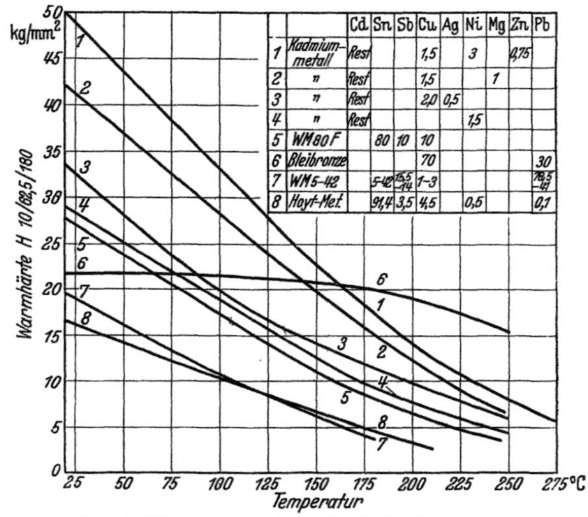

Abb. 189. Warmhärten einiger Kadmiumlegierungen im Vergleich zu anderen Lagermetallen.

e) Warmhärte (vgl. Abb. 189).

Die Warmhärtekurven einiger Kadmiumlagermetalle sind in der Abb. 189 in Vergleich zu denen von Weißmetallen und einer Bleibronze gesetzt. Sie verlaufen ähnlich steil wie die der Weißmetalle, liegen aber infolge der höheren Härte bei Raumtemperatur auch bei Betriebstemperaturen noch in der Gegend von Bleibronze. In der Literatur sind Warmhärtekurven mehrfach gebracht[1, 2, 3, 4, 5, 6, 7]. Infolge der verschiedenen Meßbedingungen sind die Werte nicht zahlenmäßig untereinander vergleichbar. Sie stimmen alle darin überein, daß die Warmhärte-Temperaturkurven bei ähnlicher Neigung wie die der Zinnweißmetalle hohe und entsprechend

[1] BOLLENRATH, F., W. BUNGARDT u. E. SCHMIDT: Luftf.-Forschg. Bd. 14 (1937) S. 417—425.
[2] DENHAM, A. F.: Automot. Ind. Bd. 71 (1934) S. 640—642.
[3] Imperial Smelting Corp. Ltd.: Technical Bull., Mai 1937. Auszug: Nickel Bull. Bd. 9 (1936) S. 233—236.
[4] LOSANA, L. u. C. GOFFIA: Chimica e Ind. Bd. 17 (1935) S. 159—163. Ref. Chem. Zbl. Bd. 108 II (1937) S. 2425.
[5] SMART, C. F.: Trans. Amer. Soc. Met. Bd. 25 (1937) S. 571—608. Auszug: Metal Ind., Lond. Bd. 51 (1937) S. 61—64.
[6] STEUDEL, H.: Luftf.-Forschg. Bd. 13 (1936) S. 61—66.
[7] SWARTZ, C. E. and A. J. PHILLIPS: Proc. Amer. Soc. Test. Mater. Bd. 33 (1933 II) S. 416—429. Ref. Metallwirtsch. Bd. 13 (1934) S. 469. Auszüge: SWARTZ, C. E.: J. N. C. O. Bd. 12 (1935) Nr. 4, S. 13. PHILLIPS, A. J.: Machinist, Lond. Bd. 79 (1935/36) S. 709—710 E. Ref. Techn. Zbl. prakt. Metallbearb. Bd. 46 (1936) S. 530.

dem höheren Schmelzpunkt bis zu höheren Temperaturen hin verlaufende Werte zeigen. Eine Abhängigkeit der Steilheit von der Zusammensetzung ist nicht festzustellen.

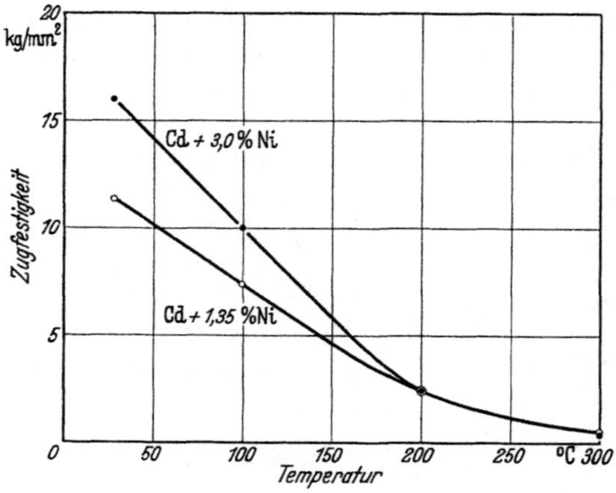

Abb. 190.

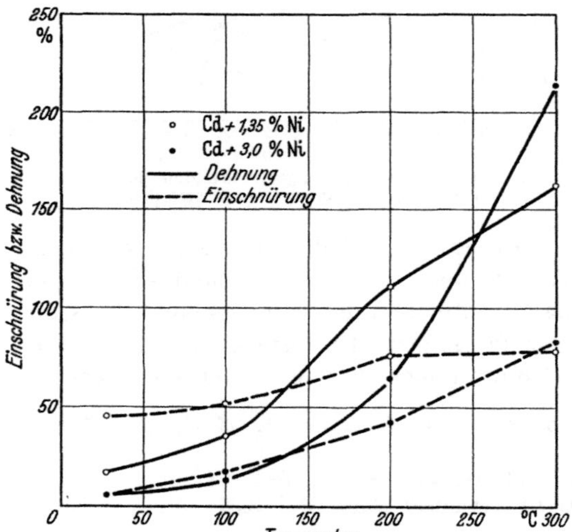

Abb. 191.

Abb. 190 und 191. Zugversuche bei erhöhten Temperaturen an Kadmium-Nickel-Legierungen nach SWARTZ und PHILLIPS.

f) Temperaturabhängigkeit sonstiger Eigenschaften.

Zugversuche liegen vor[1, 2], die zeigen, daß die Legierungen mit Nickel noch bei 200° eine verhältnismäßig hohe und bei 300° eine merkliche Festigkeit (Abb. 190) haben, und daß die Formänderungsfähigkeit (Abb. 191) bis fast zum Schmelzpunkt hin ansteigt.

Druckversuche[2] an Kadmium-Nickel-Legierungen ergeben gegenüber den Warmhärtemessungen bzw. Warmzugversuchen nichts Neues.

g) Korrosionsbeständigkeit.

Kadmiumlegierungen scheinen von heißen, insbesondere säurehaltigen Ölen stärker angegriffen zu werden als andere Lagermetalle. Es werden darauf auch gelegentliche Versager bei Laufversuchen zurück-

[1] Imperial Smelting Corp. Ltd.: Technical Bull., Mai 1937. Auszug: Nickel Bull. Bd. 9 (1936) S. 233—236.

[2] SWARTZ, C. E. and A. J. PHILLIPS: Proc. Amer. Soc. Test. Mater. Bd. 33 (1933 II) S. 416—429. Ref. Metallwirtsch. Bd. 13 (1934) S. 469. Auszüge: SWARTZ, C. E.: J. N. C. O. Bd. 12 (1935) Nr. 4, S. 13. PHILLIPS, A. J.: Machinist, Lond. Bd. 79 (1935/36) S. 709—710 E. Ref. Techn. Zbl. prakt. Metallbearb. Bd. 46 (1936) S. 530.

geführt[1, 2, 3]. Eingehendere Versuche hierüber liegen von SMART[4] vor, der an zahlreichen Legierungen im Durchschnitt einen 4mal so großen Gewichtsverlust, wie bei Bleibronze findet. Von den Legierungszusätzen wirkt sich besonders Magnesium schädlich aus, das Blasenbildung bewirkt. Die Legierungen mit den üblichen Zusätzen zeigen Oberflächenätzung und merklichen Gewichtsverlust. Durch Zusatz von 0,2% und mehr Indium läßt sich aber nach SMART[4, 5] bei Kadmium-Kupfer-Silber- und Kadmium-Nickel-Legierungen der Angriff durch heißes Öl vollkommen unterdrücken. Da aber Indium die Güte der Bindung an Stahl beeinträchtigt, bringt man eine dünne Indiumschicht galvanisch auf das fertige Lager auf und läßt sie durch etwa halbstündiges Glühen bei 170° eindiffundieren. Die Plattierschichtdicke soll dabei einem Indiumgehalt von 0,2% des Kadmiumausgusses bzw. bei stärkerem chemischen Angriff bis 0,5% entsprechen. SMART[4] und UNDERWOOD[6] beweisen auch an Laufversuchen unter recht schweren Bedingungen und an Motorenversuchen, daß die bei Schmierung mit ölsäurehaltigem Öl auftretende Korrosion durch Plattieren mit Indium um Größenordnungen verringert wird.

Gegen atmosphärischen und Feuchtigkeitsangriff scheinen die üblichen Kadmiumlegierungen beständig zu sein. Nach sehr langem Lagern von nicht eingefetteten Lagerschalen wurde allerdings gelegentlich eine Aufrauhung der Oberfläche beobachtet, die aber das Laufverhalten nicht

Zahlentafel 27. Korrosionsversuche im Dampfbad.

Zusätze	Korrosionsrinde in mm nach		
	21 Tagen	52 Tagen	75 Tagen
2% Cu + 0,5% Ag	0	0	0
2% Cu + 0,5% Ag + 0,05% Mg . .	0,1	0,2—0,5	0,4—0,5
2% Cu + 0,5% Ag + 0,1% Mg. . .	0,5	1,6	2
2% Cu + 0,5% Ag + 0,2% Mg. . .	1—2	1—3	1—2
1,5% Ni	0	0	0

beeinträchtigt[7]. Eine Ausnahme bildet auch hier das Magnesium. So zeigt die vorstehende Zahlentafel 27 den Fortschritt der Korrosionsrinde im Dampfbad.

[1] DAYTON, R. W.: Metals & Alloys Bd. 9 (1938) S. 211—218.
[2] HEYER, H. O.: Luftf.-Forschg. Bd. 14 (1937) S. 14—25; Autom.-techn. Z. Bd. 40 (1937) S. 551—559, 589—595.
[3] UNDERWOOD, A. F.: S.A.E. J. Bd. 43 (1938) S. 385—392.
[4] SMART, C. F.: Metals Techn. Bd. 5 (1938) Nr. 3, 13. S. T.P. 900. Auszug: Metal Ind., Lond. Bd. 52 (1938) S. 520.
[5] Siehe Patentübersicht Nr. 13, S. 236.
[6] UNDERWOOD, A. F., S. A. E. J. Bd. 43 (1938) S. 385—392.
[7] GILBERT, E.: Z. Metallkde. Bd. 30 (1938), Sonderheft Vorträge Hauptvers. 1938, S. 30—32.

Ähnlich ungünstig wirkt sich Magnesium von etwa 0,1% ab auch als Zusatz zu reinem Kadmium und in Kadmium-Nickel-Legierungen[1] aus.

Möglicherweise ist der ungünstige Einfluß des Magnesiums — wenigstens teilweise — auf die oben (S. 212) erwähnten Gefügeänderungen zurückzuführen.

h) Spezifisches Gewicht und spezifische Wärme.

Das spezifische Gewicht von reinem Kadmium beträgt 8,64 g/cm³, die spezifische Wärme 0,056 cal/g. Durch die kleinen in Frage kommenden Zusätze werden beide höchstens um wenige Prozente geändert.

i) Wärmeleitfähigkeit.

Die Wärmeleitfähigkeit wurde bei eigenen Versuchen zu $0{,}16 \frac{\text{cal}}{\text{cm grad s}}$ für eine Legierung mit 1,5% Cu und 1% Mg bestimmt. Die Wärmeleitfähigkeit ist also recht hoch. Dies steht mit der Schrifttumsangabe[2] von $0{,}20 \frac{\text{cal}}{\text{cm grad s}}$ für eine Legierung mit 3,1% Ni in Einklang.

k) Laufverhalten.

Angaben über das Laufverhalten liegen in größerer Zahl vor, und zwar sowohl von Prüfmaschinen als auch von Betriebsversuchen. Über die Bewährung bei längerer praktischer Anwendung scheint allerdings nur wenig veröffentlicht zu sein.

Reines Kadmium ist für hochbeanspruchte Lager nicht geeignet, wenn auch, wie durch eigene Versuche bestätigt werden konnte, eine gewisse Lauffähigkeit bei niedrigen Belastungen vorhanden ist[3].

OCCLESHAW[4] berichtet über Laufversuche des National Physical Laboratory (N.P.L.) an einer Legierung mit 3,1% Cu und 0,2% Mg auf vergüteter Welle bei konstanter Belastung und Schmierung mit Mobiloil B. Bei einer Gleitgeschwindigkeit von 3,2 bis 3,5 m/s sank der Reibungskoeffizient von 0,004 bei 35 kg/cm² Belastung auf den günstigen Wert von 0,0013 bei 176 kg/cm².

Unter etwa den gleichen Bedingungen hat das N.P.L. später[5] die Legierungen mit 1,5% Cu und 1% Mg geprüft. Dabei ergaben sich für 70 bis 176 kg/cm² Belastung und 60 bis 100° C Lauftemperatur genau

---

[1] GÖLER, Frhr. v. u. R. WEBER: Jb. 1937 dtsch. Luftf.-Forschg. Teil II, S. 217 bis 220.

[2] BOLLENRATH, F., W. BUNGARDT u. E. SCHMIDT: Luftf.-Forschg. Bd. 14 (1937) S. 417—425.

[3] PHILIPPOVICH, A. v.: Z. VDI. Bd. 82 (1938) S. 835—836.

[4] OCCLESHAW, A. J.: Commonwealth Engineer Bd. 18 (1930) S. 177—179.

[5] GILL, A. S.: Proc. Austral. I. M. M., N. S. Bd. 95 (1934) S. 201—227. Auszüge siehe Commonwealth Engineer Bd. 22 (1934) S. 81—84; Metal Ind., Lond. Bd. 46 (1935) S. 650—652.

die gleichen Reibungswerte zwischen 0,0026 und 0,0008 für das Kadmiumlagermetall, wie sie für ein zum Vergleich geprüftes Zinnweißmetall und eine Bleibronze erhalten wurden.

DENHAM[1] hat das C.S. 50-Lagermetall (etwa 0,5% Cu und 2% Ag) im Vergleich zu einem Zinnweißmetall auf einer sehr schnell laufenden, nicht näher beschriebenen Prüfmaschine laufen lassen. Das Spiel betrug dabei 1 bis 1,8‰. Die Lauftemperaturen stiegen für das Zinnweißmetall bis auf 148° C, für das Kadmiumlagermetall nicht über 138° C. Nach 20 h hatte die Zinnlegierung zahlreiche Risse, während das Kadmiumlager noch unversehrt war.

Dagegen schließt STEUDEL[2] aus nicht näher beschriebenen Versuchen auf den Verhältnissen im Flugmotor angepaßten Prüfmaschinen, daß Kadmiumlegierungen gegenüber Zinnlagermetallen kaum eine Verbesserung zeigen.

Auch HEYER[3] hat auf der Prüfmaschine der Deutschen Versuchsanstalt für Luftfahrt mit stoßweiser, umlaufender Belastung (0 bis 160 kg/cm²) bei Schmierung mit Stanavoöl 120 festgestellt, daß eine Kadmiumlegierung mit 1,5% Ni zwar besser ist als ein Weißmetall. Dagegen wird der Ausguß erheblich schneller zerstört als bei Bleibronzelagern, und zwar in einer Art und Weise, die Korrosion vermuten läßt. Die Betriebstemperatur betrug etwa 105° C.

UNDERWOOD[4] hat nicht näher beschriebene Versuche durchgeführt, bei denen ein Kadmium-Silber-Kupfer-Ausguß erst nach der dreifachen Prüfdauer auszubröckeln begann wie ein Zinnlagermetall.

E. GILBERT[5] hat bei Legierungen mit 2% Cu und 0,5% Ag sowie mit 1,5% Ni bei stoßweiser Belastung (±200 bis 245 kg/cm²) Lebensdauern erreicht, die vor allem für die erstere Legierung höher als bei Weißmetallagern, aber niedriger als bei Bleibronzelagern waren. Bei einer Schale zeigten sich nach 220 h zahlreiche Anrisse. Während eine Weißmetallschale und auch eine Bleibronzeschale mit derartigen Rissen nach kurzer Zeit durch Ausbröckeln ganz zugrunde gegangen wäre, lief diese Schale einwandfrei weiter. Der Versuch wurde aus Zeitmangel nach 440 h abgebrochen. Das Spiel betrug anfangs 0,092 mm, nach Beendigung 0,105 mm. Seine Zunahme durch Verschleiß ist also als sehr gering zu betrachten. Das Aussehen der Welle war einwandfrei. Bleibronzelagern sind die Kadmiumlager im Hinblick auf die ertragene Belastung unterlegen, sie bewirken aber einen geringeren Wellenverschleiß.

[1] DENHAM, A. F.: Automot. Ind. Bd. 71 (1934) S. 640—642.

[2] STEUDEL, H.: Luftf.-Forschg. Bd. 13 (1936) S. 61—66.

[3] HEYER, H. O.: Luftf.-Forschg. Bd. 14 (1937) S. 14—25; Autom.-techn. Z. Bd. 40 (1937) S. 551—559, 589—595.

[4] UNDERWOOD, A. F.: S. A. E. J. Bd. 43 (1938) S. 385—392.

[5] GILBERT, E.: Z. Metallkde. Bd. 30 (1938), Sonderheft Vorträge Hauptvers. 1938, S. 30—32.

Eigene Laufversuche wurden bei konstanter Drehzahl auf einsatzgehärteter Welle bei Schmierung mit Shellöl BF 3 an Legierungen mit folgenden Zusätzen ausgeführt: 1,5 Ni; 0,5 Ag + 2,0 Cu; 2,5 Ag + 0,25 Cu; 0,25 Mg + 0,5 Cu; 1,0 Mg + 1,5 Cu; 0,5 Ca + 1,0 Cu; 5,0 Sb + 16,2 Zn und 0,5 Ag + 2,0 Cu + 0,1 Mg. Das Spiel betrug 1,2‰. Die Belastungen wurden bei der ersten Serie nicht bis zum Versagen der Lager gesteigert.

Die Laufspiegel zeichneten sich als matte zum Teil farbig angelaufene Stellen gegenüber den nicht tragenden Stellen ab. Sowohl die 4 bis 5 für jede Legierung aufgenommenen Einzelkurven als auch die Mittelkurven der verschiedenen Legierungen lagen sehr dicht zusammen.

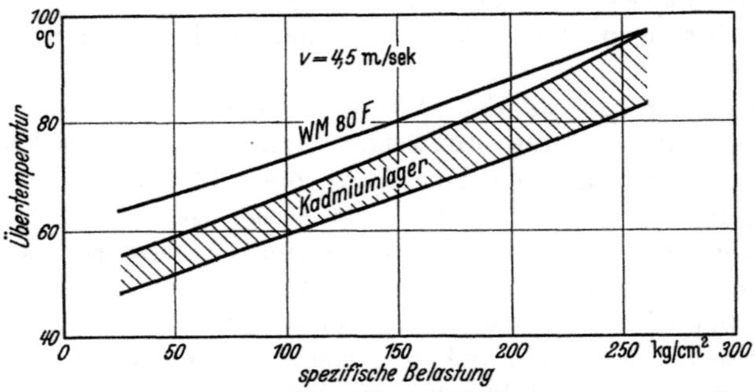

Abb. 192. Bereich, in dem bei Laufversuchen mit statischer Belastung die Laufkurven der geprüften Kadmiumlagermetalle lagen.

Ihre Reibungswerte sind also nicht wesentlich verschieden, daher wurde nur die obere und untere Grenzkurve der erhaltenen Kurvenschar in der Abb. 192 eingezeichnet. Im Vergleich zu den Kadmiumlagern ist die Temperaturkurve eines unter den gleichen Bedingungen geprüften Lagers mit WM 80 F-Ausguß eingezeichnet. Der Temperaturanstieg bei dem Weißmetallager ist flacher, die Temperaturen der Kadmiumlager liegen etwas tiefer.

Die hohe *Belastbarkeit* von Kadmiumlagern zeigen einige in Abb. 193 angeführte Prüfergebnisse an Lagern, die zum Teil unter anderen Bedingungen auf derselben Maschine geprüft wurden. Von den angeführten Lagern versagte das eine mit 0,5% Ag und 2,0% Cu erst bei ungefähr 600 kg/cm² bei 1,5 m/s Gleitgeschwindigkeit. Bei den beiden anderen Lagern konnten ebenfalls sehr hohe Lasten aufgebracht werden, ohne daß Versagen eintrat. Aus äußeren Gründen konnten die Versuche nicht bis zur Feststellung der Grenzbelastung, die noch höher liegen muß, durchgeführt werden. Es scheint, daß das silberreiche Lagermetall mit untereutektischem Kupfergehalt ein wenig früher versagen wird. Die Belastbarkeit der Kadmiumlager kann also bei ruhender Belastung und bei 4,5 m/s zu ungefähr 500 bis 600 kg/cm² und bei kleineren

Geschwindigkeiten mit ungefähr 600 kg/cm² angegeben werden. Bei Weißmetallagern wurden unter gleichen Verhältnissen Grenzbelastungen um ungefähr 300 kg/cm² erreicht.

Diese Befunde decken sich mit früheren auf der gleichen Prüfmaschine ausgeführten Messungen[1], die bereits die niedrige Reibung und hohe Belastbarkeit von Kadmiumlegierungen hatten erkennen lassen. Auch

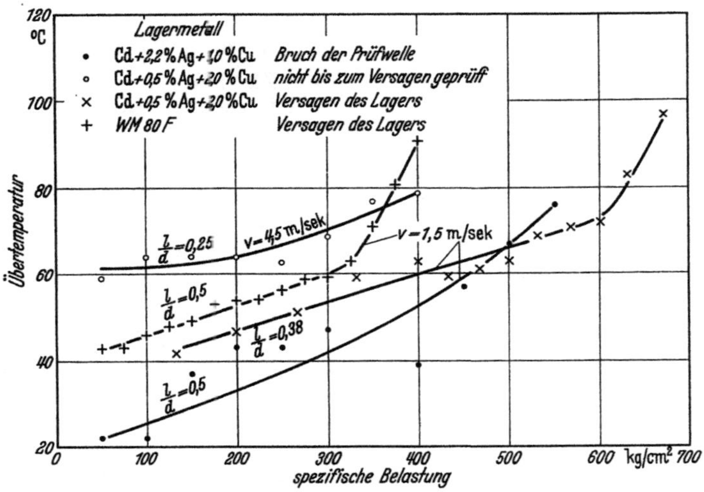

Abb. 193. Belastbarkeit von Kadmiumlagermetallen im Vergleich zu WM 80 F.

damals hatte die Legierung mit 2% Cu und 0,5% Ag die höchste Belastbarkeit gezeigt, wenn sich auch im ganzen ebenfalls nur geringe Unterschiede zwischen den Laufkurven verschiedener Legierungen ergeben hatten.

Zahlentafel 28.

Lfd. Nr.	Zusammensetzung	Verschleiß
1	Cd + 3,1% Cu + 0,2% Mg . .	0,40
2	Cd + 1,5% Cu + 1% Mg . . .	0,29
3	Cd + 1% Cu + 1% Mg	0,72
4	hochwertige Zinnlegierung . .	0,75

l) Verschleiß.

Die ersten Messungen liegen von OCCLESHAW[2] an der Legierung mit 3,2% Cu und 0,2% Mg im Vergleich mit einem nicht näher beschriebenen, offenbar hochzinnhaltigen Lagermetall vor. Sie wurden an Prüflagern durchgeführt und ergaben einen 2- bis 5mal so hohen Verschleiß für das Zinnlagermetall.

[1] Nach Versuchen von W. JUNG-KÖNIG, E. KOCH u. W. LINICUS; zum Teil veröffentlicht von W. LINICUS: Schr. Hess. Hochsch., T. H. Darmstadt 1933, Nr. 2, S. 13—19. Vgl. auch Patentübersicht Nr. 10, S. 236.

[2] OCCLESHAW, A. J.: Commonwealth Engineer Bd. 18 (1930) S. 177—179.

Gill[1] hat Verschleißversuche an Lagern mit einer Zugabe von 10 g/l Polierrot zum Schmieröl gemacht. Nach einigen Tagen Lauf ergaben sich vorstehende relative Werte (Zahlentafel 28). Bei seinen Versuchsergebnissen ist bemerkenswert, daß die Legierung 1 trotz größerer Härte, wohl infolge zu großer Sprödigkeit stärker verschleißt als 2. Daß die weiche Legierung 3 sich so schlecht verhält, wird vom Verfasser darauf zurückgeführt, daß sie untereutektisch ist, also keine Cd_3Cu-Tragkristalle im Gefüge hat.

Trockenverschleißversuche[2, 3], bei denen Lagermetallstäbchen in einer grammophonartigen Anordnung auf Schmirgelpapier ablaufen, ergaben für Legierungen mit 3% Ni sowie mit 1,5% Cu und 1% Mg eine etwa halb so große Abnutzung wie für hochzinnhaltige Weißmetalle.

Zahlentafel 29.

Legierung	Verschleiß in 10^{-3} mm
Cd + 3% Cu	12
Cd + 3% Ni.	6
Cd + 1% Cu + 2% Ni	9
Cd + 1,5% Cu + 3% Ni . . .	7
Verschiedene Zinnweißmetalle .	20—35
Verschiedene Bleilagermetalle .	40—55

Messungen[3] der Dickenabnahme an Lagerringen, die 24 h bei 80 kg/cm² spezifische Belastung und bei 2,1 m/s Gleitgeschwindigkeit, geschmiert mit Shell-Achsenöl H 2 gelaufen waren, ergaben nebenstehende Werte für Legierungen des Kadmiums im Vergleich zu anderen Lagerlegierungen.

m) Betriebsversuche an Lagern mit Kadmiumausguß.

Kadmiumlager mit 3,2% Cu und 0,2% Mg haben sich in allen Lagern in den verschiedensten Maschinen im Werk Risdon der Electrolytic Zinc Co. of Australasia, darunter auch in Steinbrechern bewährt[4]. Ferner konnte in Pleuellagern einer Schiffsmaschine der vorher sehr störende Verschleiß nach Ersatz eines Zinnweißmetallagers durch die Kadmiumlegierung fast zum Verschwinden gebracht und die Lebensdauer damit entsprechend erhöht werden.

Kadmiumlager mit 1,35% Ni[5] wurden ebenfalls in Maschinen verschiedener Art erfolgreich eingebaut. In Haupt- und Pleuellagern eines

[1] Gill, A. S.: Proc. Austral. I. M. M., N. S. Bd. 95 (1934) S. 201—227. Auszüge siehe Commonwealth Engineer Bd. 22 (1934) S. 81—84; Metal Ind., Lond. Bd. 46 (1935) S. 650—652.

[2] Göler, Frhr. v. u. G. Sachs: Mitt. Arbeitsber. M. G. 1935, Heft 10, S. 3—10; Gieß.-Praxis Bd. 57 (1936) S. 76—79, 121—124.

[3] Nach Versuchen von W. Jung-König, E. Koch u. W. Linicus; zum Teil veröffentlicht von W. Linicus: Schr. Hess. Hochsch., T. H. Darmstadt 1933, Nr. 2, S. 13—19.

[4] Occleshaw, A. J.: Commonwealth Engineer Bd. 18 (1930) S. 177—179.

[5] Swartz, C. E. and A. J. Phillips: Proc. Amer. Soc. Test. Mater. Bd. 33 (1933 II) S. 416—429. Ref. Metallwirtsch. Bd. 13 (1934) S. 469. Auszüge: Swartz, C. E.: J. N. C. O. Bd. 12 (1935) Nr. 4, S. 13. Phillips, A. J.: Machinist, Lond. Bd. 79 (1935/36) S. 709—710 E. Ref. Techn. Zbl. prakt. Metallbearb. Bd. 46 (1936) S. 530.

Automobilmotors waren die Kadmiumlager nach etwa 2000 h (entsprechend 130000 km) bei mittlerer Belastung noch einwandfrei, während die zum Vergleich eingebauten Zinnlager ganz oder teilweise zerstört waren.

Auch die Kadmiumlegierung mit Zink- und Antimonzusatz[1] hat in allen Lagern verschiedener Automobilmotoren bei hohen Belastungen eine höhere Lebensdauer gezeigt als Zinnweißmetalle[2].

Das gleiche wird von der Legierung mit 2,25% Ag und 0,5% Cu berichtet[3]. DENHAM[3] und SMART[4] weisen auch daraufhin, daß die Welle nicht angegriffen wird, so daß keine gehärtete Welle nötig ist. Dagegen wurde durch eine Legierung mit 1% Ag, 0,25% Cu und 20 bis 21% Zn im Pleuellager die Kurbelwelle schon nach kurzer Zeit riefig[4]. SMART gibt die Lebensdauer der Silber-(2,2%) Kupfer-(0,5%) Lager bei scharfer Beanspruchung im Automobil zu etwa dem dreifachen der von Zinnweißmetallen an.

Die vorstehenden Angaben beziehen sich im wesentlichen nur auf Versuche an einzelnen Maschinen oder Motoren. Über die sicherlich recht umfangreichen Großversuche, die in den Vereinigten Staaten und in England von den Herstellern von Automobil-[5] und Flugmotoren[6] durchgeführt worden sind, und die auch für einige Motorentypen zur serienmäßigen Anwendung von Kadmiumlagern geführt haben[7, 6, 8, 9, 10] sind ebenso wie über die betriebliche Bewährung in größerem Maßstabe weder Veröffentlichungen vorhanden, noch ist aus sonstigen Informationen Klarheit zu gewinnen.

5. Sonstige Legierungen und Einfluß kleiner Zusätze.

Im Anschluß an die ausführliche Behandlung der wichtigsten Legierungsgruppen seien noch einige Hinweise auf andere, für Lagerzwecke vorgeschlagene Legierungen sowie auf den Einfluß kleiner Zusätze oder Verunreinigungen gegeben.

---

[1] Siehe Zahlentafel 21, S. 208.

[2] BLOMSTROM, L. C. u. E. R. DARBY: Proc. Amer. Soc. Test. Mater. Bd. 33 (1933 II) S. 427—428.

[3] DENHAM, A. F.: Automot. Ind. Bd. 71 (1934) S. 640—642.

[4] SMART, C. F.: Trans. Amer. Soc. Met. Bd. 25 (1937) S. 571—608. Auszug: Metal Ind., Lond. Bd. 51 (1937) S. 61—64.

[5] MOUGEY, H. C.: Industr. Engng. Chem. Bd. 14 (1936) S. 425—428. Ref. Automot. Ind. Bd. 77 (1937) S. 121—123.

[6] DAYTON, R. W.: Metals & Alloys Bd. 9 (1938) S. 211—218.

[7] Bureau of Mines: Minerals yearbook, Washington 1936, S. 528—530; 1937, S. 741—745.

[8] ANON: Parkerizer, Detroit Bd. 14 (1936) S. 1, 3.

[9] ANON: Automot. Ind. Bd. 75 (1936) S. 726; 76 (1937) S. 293; 79 (1938) S. 596.

[10] HELDT, P. M.: Automot. Ind. Bd. 78 (1938) S. 412—422.

Eine eutektische Kadmium-Zink-Legierung mit 18% Zink hat nach HERSCHMAN und BASIL[1] gute mechanische Eigenschaften, aber einen hohen Verschleiß. Das gleiche findet SMART[2] für eine Legierung mit 1% Ag + 0,25% Cu + 20% Zn, die außerdem schon nach kurzer Zeit die Welle angreift.

Die in der Literatur[3, 4] erwähnte Legierung mit 5% Antimon und 16% Zink hat gute mechanische (vgl. Zahlentafel 25) und gute Laufeigenschaften (vgl. S. 228).

Kadmium-Nickellegierungen mit weiteren Zusätzen werden kaum erwähnt, obwohl es nahe liegen sollte, ihre Eigenschaften durch einen mischkristallbildenden Zusatz zu verbessern. SMART[2] bringt einige Härtemessungen an Kadmium-Silber-Nickel-Legierungen.

Arsenhaltige Legierungen werden in einer im Original nicht zugänglichen Arbeit erwähnt[5].

Weitere Metalle kommen als Verunreinigungen oder als kleine Zusätze in Frage. Zink kann vom Lot her in die Legierung gelangen. Bis zu 0,5% kann es ohne Schädigung in Kupfer-Silber-Legierungen enthalten sein. Darüber hinaus macht es brüchig[2]. Nickel oberhalb 0,25% setzt ebenfalls die Formänderungsfähigkeit der Kupfer-Silber-Legierungen in unerwünschtem Maße herab[2]. Aus dem gleichen Grunde sind Lithium schon in kleinsten Mengen, sowie Blei und Antimon unerwünscht[2]. Kleine Quecksilberzusätze sind auf die mechanischen Eigenschaften von kupfer-silberhaltigen[2] und nickelhaltigen[6] Legierungen ohne Einfluß. Zinn kann in Betrieben, die beide Metalle verarbeiten, als Verunreinigung vorhanden sein. Sein schädlicher Einfluß auf die Verkrätzung ist bereits behandelt (S. 213). Ferner soll es schon in Mengen von 0,05% silberkupferhaltige Legierungen brüchig machen[2].

Nach SMART[7] beeinträchtigen Zink-, Zinn-, Antimon- und Quecksilberzusätze die Korrosionsbeständigkeit in Öl nicht, während Zusätze von Lithium, Beryllium, Natrium, Silizium, Kalzium, Kobalt, Selen, Tellur, Cer und Gold sie herabsetzen. Für Kalzium konnte dies durch eigene Versuche im Dampfbad bestätigt werden. Sobald Korrosionsgefahr besteht, ist es daher als Legierungsbestandteil weniger geeignet.

---

[1] HERSCHMAN, H. K. u. J. L. BASIL: Proc. Amer. Soc. Test. Mater. Bd. 32 (1932 II) S. 536—557.

[2] SMART, C. F.: Trans. Amer. Soc. Met. Bd. 25 (1937) S. 571—608. Auszug: Metal Ind., Lond. Bd. 51 (1937) S. 61—64.

[3] BLOMSTRÖM, L. C. u. E. R. DARBY: Proc. Amer. Soc. Test. Mater. Bd. 33 (1933 II) S. 427—428.

[4] Siehe Patentübersicht Nr. 4, S. 235.

[5] DUHOTA, A. M.: Machinostroitel (russ.) 1937, S. 49—50. Ref. M. A. Inst. Met. Bd. 4 (1937) S. 563.

[6] NORMAN, T. E. u. O. W. ELLIS: Metals Techn. Bd. 4 (1937) Nr. 7, 4. S.

[7] SMART, C. F.: Metals Techn. Bd. 5 (1938) Nr. 3, 13. S. Auszug: Metal Ind., Lond. Bd. 52 (1938) S. 520.

Soweit kein chemischer Angriff erfolgt, dürfte es wegen seines günstigen Einflusses auf die mechanischen (vgl. Zahlentafel 25) und Laufeigenschaften (vgl. S. 228) als brauchbarer Zusatz erscheinen.

6. Kadmiumlegierungen als Lagerwerkstoffe.

Ähnlich wie reines Zinn und reines Blei besitzt auch Kadmiummetall eine gewisse Lauffähigkeit. Für höhere Beanspruchungen sind aber nur Legierungen brauchbar. Im Gegensatz zu den meisten anderen Lagerlegierungen genügen aber beim Kadmium schon verhältnismäßig kleine Zusätze (vgl. Zahlentafel 21). Dabei kommen verschiedene Legierungsgruppen in Frage, unter denen eine sichere Entscheidung zur Zeit noch nicht gefällt werden kann.

Jedoch kann heute schon gesagt werden, daß die ursprünglich mit Erfolg verwendeten magnesiumhaltigen Legierungen nicht mehr in Frage kommen, weil sich im Laufe der Zeit die Korrosionsanfälligkeit und vielleicht auch Alterungsvorgänge bei diesen Legierungen als verhängnisvoll erwiesen haben. Es scheint hierdurch eine Ausnützung des an sich sehr günstigen Einflusses auf die mechanischen und wohl auch die Laufeigenschaften unmöglich zu sein.

Kupfer und Nickel als die beiden Zusätze, die im Kadmium fast gar nicht löslich sind, sondern sofort ein Eutektikum und sehr bald primär zur Ausscheidung gelangende Tragkristalle bilden, unterscheiden sich auch in ihren Wirkungen nur wenig. Beide erhöhen in gleichem Maße den Formänderungswiderstand und die Dauerfestigkeit und setzen dementsprechend die Formänderungsfähigkeit herab. Von den Tragkristallarten sind die Cd_7Ni-Kristalle ein wenig härter als die Cd_3Cu-Kristalle.

Als Nachteil der Nickellegierung ist anzusprechen, daß sie infolge des hohen Schmelzpunktes des Nickels etwas schwieriger herzustellen ist, ferner zeigt sie wahrscheinlich wegen ihres größeren Schmelzintervalles eine etwas größere Neigung zur Seigerung; diese kommt aber nur beim Schleudern unter ungünstigen Bedingungen in einer geringfügigen Anreicherung der Cd_7Ni-Kristalle nach außen zum Ausdruck.

Beim Kupfer werden meistens dritte Zusätze verwendet — früher Magnesium, heute Silber —, die im Kadmium in feste Lösung gehen und somit die Grundmasse härten. Nickellegierungen mit mischkristallbildenden Zusätzen dagegen werden nur vereinzelt erwähnt. Dieser Unterschied beruht vielleicht auf der verschiedenen Lage des Eutektikums beim Kupfer-Kadmium und beim Nickel-Kadmium. Während bei Nickelzusatz das Eutektikum zu 98% aus Kadmium besteht und daher noch sehr zäh ist, enthält Kupfer-Kadmium-Eutektikum schon 7% Kupfer-Kadmium-Verbindung, die sich in einer stärkeren Versprödung auswirken. Daher kommt es vielleicht, daß beim Kupfer-Kadmium eine

Härtung durch einen dritten Bestandteil notwendig war, der wie das Silber den Formänderungswiderstand erhöht bei nur geringer Herabsetzung der Formänderungsfähigkeit. Vor allem treten bei den ternären Legierungen im Vergleich zu den binären Legierungen mit Nickel oder Kupfer besonders hohe Werte der Wechselbiegefestigkeit auf. Die Frage, ob nicht auch bei den Kadmium-Nickel-Legierungen eine weitere Verbesserung durch mischkristallbildende Zusätze erreicht werden kann, muß aber wohl noch als ungeklärt bezeichnet werden.

Bei den ternären kupfer- und silberhaltigen Legierungen fällt eine Entscheidung zwischen der übereutektischen und der untereutektischen Legierung schwer. Hinsichtlich der guten Gießbarkeit, der Korrosinsbeständigkeit und der mechanischen Werte überragen beide Typen alle anderen Legierungen. Wir glauben, auf Grund der deutlich größeren Grenzbelastbarkeit von Lagern mit einem Ausguß aus der silberarmen, im Kupfergehalt übereutektischen Legierung die Legierung mit 2% Kupfer und 0,5% Silber als die geeignetste unter den bekannten Kadmiumlegierungen ansprechen zu können.

Wenn also die Kadmiumlegierungen heute noch nicht genügend durchforscht sind, um mit Sicherheit die beste Zusammensetzung zu erkennen, und wenn auch weitere Verbesserungen noch durchaus zu erwarten sind, so dürften doch die bisherigen Unterlagen schon ausreichen, um ihre Stellung gegenüber den übrigen Lagermetallen klar abzugrenzen. Die Kadmiumlegierungen gehören danach gerade noch zu den sog. „weichen" Lagermetallen, und zwar lassen sie sich zwanglos der Gruppe der Zinnweißmetalle, die sie in allen wesentlichen Eigenschaften etwas übertreffen, zuordnen.

Sie haben mit ihnen gemeinsam die niedrigen Reibungswerte, die gute Einlauffähigkeit und Unempfindlichkeit gegen Störungen, die sich auch darin äußert, daß sie Kantenpressungen oder Störungen der Schmierung in verhältnismäßig weitgehendem Maße ertragen. Sie greifen ebenso wie diese weder beim normalen Lauf, noch beim Heißlaufen die Welle an. Sie übertreffen die Zinnlagermetalle hinsichtlich der Belastbarkeit bei konstanter und bei Stoßbelastung. Dies beruht einerseits auf dem höheren Schmelzpunkt, der guten Wärmeleitfähigkeit sowie der erheblich höheren Warmhärte, Zugfestigkeit und vor allem Wechselbiegefestigkeit, zum anderen darauf, daß sich eine viel festere Bindung mit Stahl herstellen läßt als bei Zinnlegierungen. Der Verschleiß beträgt sowohl bei flüssiger als auch bei halbflüssiger Reibung nur einen Bruchteil desjenigen von Zinnweißmetallen.

Den Bleibronzen sind die Kadmiumlagermetalle in bezug auf Belastbarkeit, vor allem bei Stoßbelastung und auf Verschleißfestigkeit unterlegen. Dafür greifen aber die Bleibronzen die Welle stärker an, so daß im allgemeinen gehärtete Wellen verlangt werden, während Kadmium- und Zinnlagermetalle ebenso gut auf vergüteten oder Gußwellen laufen.

Das Spiel soll bei Kadmiumlagern etwas größer sein als bei Weißmetallen, aber kleiner als bei Bleibronzen[1]. Letzteres ist sehr erwünscht, da ein großes Lagerspiel einen höheren Ölverbrauch mit sich bringt und das Auftreten von Schwingungen begünstigt.

Störend hat sich gelegentlich die etwas geringere Korrosionsbeständigkeit der Kadmiumlegierungen vor allem gegenüber säurehaltigen Ölen gezeigt.

Die Herstellung von Kadmiumlagerschalen erfordert etwas mehr Sorgfalt und Mühe als bei den Zinnlegierungen. Der nötige Aufwand ist aber in keiner Weise vergleichbar mit den Schwierigkeiten, die bei der Herstellung von Bleibronzeschalen zu überwinden sind.

Man wird daher zweckmäßig Kadmiumlegierungen überall dort einführen, wo Zinnweißmetalle den Betriebsbeanspruchungen nicht mehr genügen, man sich aber zu den wesentlichen Abänderungen nicht entschließen kann, die eine Bleibronzelegierung in bezug auf Herstellung der Lager, Konstruktion der Lagerung und unter Umständen hinsichtlich des Wellenwerkstoffs mit sich bringt.

7. Patentübersicht.

Kadmiumlegierungen.

	Patentnummer	Anmeldedatum	Firma und Erfinder	Zusammensetzung
1	DRP. 176886 Oe.P. 27943 E.P. 10513 F.P. 366060 USA.P. 831357	23. 9. 05 3. 5. 06 4. 5. 06 17. 7. 06 16. 5. 06	Siemens & Halske AG., Berlin H. KREUSLER	Cd und Zn zu gleichen Teilen, Sb < 10%
2	USA.P. 934637	6. 1. 09	E. A. TOUCEDA, New York	Cd mit 0,5—5% Mg als härtender Bestandteil
3	E.P. 295991	8. 8. 28	Electrolytic Zinc Co. of Australasia Ltd.	Cd 95—97%, Cu 3—5%, Mg bis 5%
4	USA.P. 1864240	26. 3. 32	H. W. GILLETT u. H. C. CROSS, Columbus, Ohio	Cd-Zn-Eutektikum als Grundmasse und Sb, Mg, Cu, As einzeln oder zusammen bis 20%
5	USA.P. 1904175	30. 6. 32	C. E. SWARTZ u. A. J. Phillips, American Smelting and Refin. Co., New York	0,25—7% Ni; Sb und/oder Cu nicht über 3%
	USA.P. 1904176	13. 12. 32		0,25—7% Ni; Mg und Zn einzeln oder zusammen, nicht über 3%
	E.P. 401229	15. 6. 33	C. E. SWARTZ und A. J. PHILLIPS	0,25—7% Ni; Al, Sb, Cu, Mg, nicht über 3%
	F.P. 757392	22. 6. 33	American Smelting and Refining Co.	0,25—7% Ni; Al, Sb, Cu, Mg, Zn, nicht über 3%
	DRP. 658567	24. 6. 33		0,25—7% Ni; Al, Sb, Cu, Mg bis 3%

[1] MATHEWSON, C. H.: Metals Techn. Bd. 3 (1936) Okt., 12. S.

Kadmiumlegierungen. (Fortsetzung.)

	Patentnummer	Anmelde-datum	Firma und Erfinder	Zusammensetzung
6	USA.P. 1988504 E.P. 439616	16. 5. 34 16. 5. 35	W. E. McCullough Bohn Aluminium and Brass Co., Detroit	0,2—1,5% Cu, 0,1—0,75% Mg
7	USA.P. 2101759 E.P. 436633 DRP. 661821 F.P. 788117	2. 7. 34 15. 3. 35 19. 3. 35 1. 4. 35	C. F. SMART, General Motors Co., USA. General Motors Co., USA.	0,25—1% Cu oder Ni; 0,5—5% Ag, Zn bis 0,25%
8	E.P. 448640	15. 12. 34	The National Smelting Co., Ltd. Electrolytic Zinc Co. of Australasia u. H. L. Evans	15—30% Zn, 1—2,5% Cu, 0—1% Ni, 0—1% Mg, Cd: Zn = 3,6 : 1
9	USA.P. 2043588	1. 4. 35	W. E. McCullough Bohn Aluminium and Brass Co., Detroit	1,5—10% Co
10	DRP. 667121	13. 7. 35	W. ENDRES und Frhr. v. GÖLER, Metallgesellschaft AG.	1,3—3% Cu, bis 3% Ag
11	E.P. 458324 USA.P. 2055740	10. 9. 35 12. 11. 35	Electrolytic Zinc Co. of Australasia Ltd. R. Th. D. WILLIAMS und A. ST. GILL, in Tasmania, Australia	1—2% Cu, 0,01 bis 0,15% Mg, 0,05—0,5% Ag
12	USA.P. 2096014	20. 5. 36	J. TAUSZ, Petrolia Pa.	0,5—4,9% Ag, 0,1—3% Sn, Cu oder Ni 0,25—1%
13	F.P. 831256	24. 12. 37	General Motors Co., USA.	1. 0,5—5% Ag, 0,25 bis 1% Cu oder Ni oder Sb, 0,1—1% In. 2. 0,2—1,5% Cu, 0,1 bis 0,75% Mg, 0,1—1% In. 3. 0,25—7 % Ni, 0—3 % Mg, Cu, Sb oder Al, 0,1—1% In. 4. 1,5—10% Co, 0,1 bis 1% In.

Schmelzen und Gießen.

	Patentnummer	Anmelde-datum	Firma und Erfinder	Bemerkungen
14	E.P. 398808 E.P. 398809	19. 3. 32 19. 3. 32	J. STONE and Comp. Ltd., A. J. MURPHY u. W. ROSENHAIN	Beseitigung der inneren Spannungen im Ausguß durch Verformung, z. B. Oberflächendrücken, vor vollständiger Abkühlung

Schmelzen und Gießen. (Fortsetzung.)

	Patentnummer	Anmelde-datum	Firma und Erfinder	Bemerkungen
15	USA.P. 2040283 F.P. 788493	14. 4. 34 6. 4. 35	C. E. SWARTZ u. A. J. PHILLIPS, American Smelting and Refining Co., New York	Kadmiumchlorid oder -bromid gemischt mit mehmehreren Alkalihalogeniden (Li, K oder Na). Auffrischung der Salzdecke durch Ammoniumchlorid oder -bromid
16	USA.P. 2040269	12. 6. 34	desgl.	Zn-Zusatz von 0,05 bis 0,1% verhindert Oxydbildung, auch in Form von Zn-Chlorid zugegeben
17	F.P. 798091	22. 11. 35	L. RENAULT	Zugabe von 0,1—5% Zn oder von Zn+0,1—0,2% Al schützen vor Oxydbildung auch bei höheren Temperaturen und bewirken gutes Haften auf der Stahlstützschale

III. Legierungen mit Kupfer.

1. Bronzen, Rotguß, Messinge.

Von Dr.-Ing. Helmut Mann, Düren (Rhld.).

Mit 18 Abbildungen und 4 Zahlentafeln.

a) Entwicklung.

Bronzen sind die ältesten Lagermetalle überhaupt, und Zinnbronzen und Rotguß waren bis zum Beginn des 19. Jahrhunderts die für Lagerzwecke bewährtesten Legierungen. Da Bronzen jedoch infolge ihrer verhältnismäßig hohen Festigkeit und Härte zwar hohe Belastbarkeit, aber gegenüber weicheren Gleitmetallen nur geringe Fähigkeiten zur Laufspiegelung bei örtlicher Überlastung, d. h. verhältnismäßig geringe Einlauf- und Notlaufeigenschaften besitzen, fällt die Suche nach weichen, einlauf- und notlauffähigen Lagermetallen in die Frühzeit des Maschinenbaues. Die damals vorhandene mangelhafte Herstellungsgenauigkeit und unvollkommene Schmiertechnik machte trotz der üblichen geringen Lagerbelastungen die Verwendung von im Verhältnis zu Bronzen weichen, einlauf- und notlauffähigen und gegen Schmiermittelmangel weniger empfindlichen Lagermetallen wünschenswert. Solche Lagermetalle wurden zu Beginn des 19. Jahrhunderts in den hochzinnhaltigen Weißmetallen gefunden. Schon damals wurde, wie ein amerikanisches Patent von Babbitt aus dem Jahre 1839 offenbart, die Notwendigkeit erkannt, die als Vollschalen zu stark der Verformung unterworfenen Weißmetalle in Stützschalen aus Metallen höherer Festigkeit einzugießen[1]. In der gleichen Zeit wurde anscheinend auch bereits die Erkenntnis gewonnen, daß ein großer Härtesprung zwischen Lager- und Wellenwerkstoff in Hinblick auf Einlauf und Notlauf anzustreben ist. Die Entwicklung führte daher zu einer Beschränkung der Anwendung der „harten" Bronzen auf solche Lagerstellen, bei denen gehärtete Zapfen vorhanden und die Lagerlänge und Wellenverformung gering waren. Die höhere Belastbarkeit der Bronzen spielte dabei infolge der damals üblichen geringen Lagerdrücke keine Rolle, für die Bronzen sprach vielmehr nur die einfachere und billigere Ausführung des Massivlagers gegenüber dem Weißmetall-Verbundgußlager.

Zunehmende Lagerbelastungen, gefördert durch Leichtbau und Schnellauf, führten in der Folgezeit zum Versagen von Lagerstellen durch

[1] United States Patent Nr. 1252 vom 17. Juli 1839.

unzulässige Verformung des Lagermetalls. Eine verbesserte Schmier- und Verbundgußtechnik hätte unter Berücksichtigung der relativ geringen Lagerbelastungen wohl meistens die Überwindung der Lagerschwierigkeiten bringen können, ihre Kenntnis war jedoch noch ungenügend entwickelt. So kehrte man in vielen Fällen wieder zu den höher belastbaren Bronzen zurück, wurde durch ihre Anwendung allerdings nachdrücklich auf die Notwendigkeit höherer Oberflächengüte und besserer Schmierfilmbildung hingewiesen. Diese Entwicklung führte in neuerer Zeit wieder zu einer Beschränkung in der Anwendung der Bronzen für Gleitlager und andere auf Gleitung beanspruchte Maschinenteile, insbesondere unter dem Einfluß der fortgeschrittenen Verbundgußtechnik, und zwar hauptsächlich auf folgende drei Gruppen von Lagerstellen.

1. Lagerstellen, bei denen infolge der Abmessungen oder der Steifigkeit der Bauteile die Anwendung eines *Verbundgußlagers*, d. h. eines Gleitlagers mit verbesserten Einlauf- und Notlaufeigenschaften, *unnötig teuer* oder *aus Fertigkeitsgründen unzweckmäßig* wäre. Beispiele dafür bietet der allgemeine Maschinenbau insbesondere bei Bronzebüchsen geringerer Abmessungen, die in die Maschinenkörper zur Lagerung von Wellen und Spindeln eingesetzt werden.

Diese Gruppe erfährt heute infolge planvoller Rohstoffausnutzung eine zunehmende Einschränkung, da gerade im allgemeinen Maschinenbau Bronzebüchsen bei niedrigen und mittleren Lagerbelastungen oft mit gutem Erfolg durch Sondergußeisen, Leichtmetalle oder Kunststoffe ausgetauscht werden können.

2. Lagerstellen, bei denen sehr *hohe Lagerdrücke* die Verwendung weicher Lagermetalle wie Weißmetalle aus Gründen der Festigkeit und Verformung verbieten. Beispiele dafür sind Spur- und Druckplatten von Schwermaschinen mit senkrechter Wellenanordnung und Triebwerkslagerungen von Lokomotiven. Weiterhin gehören hierher bestimmte hochbelastete Lagerstellen in Flugmotoren und anderen leichten Kolbentriebwerken, wie das kleine Pleuelauge von Hauptpleuelstangen, beide Pleuelaugen der Nebenpleuelstangen von Stern- und Mehrreihenmotoren sowie die Lagerungen von Nebenwellen und Getriebewellen solcher Maschinen. Ferner können Teile, die dem Trockenverschleiß unterworfen sind, z. B. Ventilführungsbüchsen, dazu gezählt werden. Der Austausch von Bronzen ist an solchen Lagerstellen im allgemeinen nicht möglich, es sei denn durch Bleibronze-Verbundgußlager, deren Anwendung sich jedoch bei den hier genannten Lagern meist, wie bei 1, aus Gründen der Herstellung oder Abmessungen (zu dünne Wandstärken, zu kleine Bohrungen) verbieten wird.

3. Zu den unter 1 und 2 genannten Lagerstellen kommt noch eine Anzahl auf Gleitung beanspruchter Maschinenteile hinzu, die ähnlicher Voraussetzungen wegen in unsere Betrachtungen miteinbezogen werden,

das sind *Zahnradkörper*, insbesondere solche, bei denen die gleitende Bewegung gegenüber der abwälzenden einen hohen Anteil ausmacht, z. B. Schneckenräder, ferner Maschinenteile, die bevorzugt schleichende und umkehrende Bewegungen ausführen und dabei ihren genauen Sitz möglichst lange beibehalten sollen, wie Ventile und Ventilsitze sowie die bewegten Teile von Meß- und Richtgeräten. Solche Teile werden meist aus Bronzeformguß, auch Schleuderguß, und bei höchsten Belastungen aus gepreßten oder geschmiedeten Bronzen hergestellt.

Diese Aufzählung läßt zwar eine gerade in der letzten Zeit stark fortgeschrittene *Beschränkung der Bronzen in ihrer Anwendung als Werkstoffe für gleitende Beanspruchung* erkennen, andererseits bieten Bronzen bei hohen und höchsten Belastungen oft die einzige technische Lösung des Gleitproblems. Es ist daher nicht nur gerechtfertigt, sondern sogar notwendig, daß diese Einsatzmöglichkeiten für Gleitzwecke im Rahmen des vorliegende Werkes eingehend behandelt werden.

b) Gebräuchliche Legierungen. Normen.

Bronzen sind — in Anlehnung an die in DIN 1705 gegebenen Definitionen von Zinnbronze, Rotguß und Sonderbronzen — Legierungen, die mindestens 78% Kupfer und ein oder mehrere Zusatzmetalle, worunter jedoch nicht überwiegend Zink, enthalten. Rotguß ist in der gleichen Norm definiert als Legierungen aus Kupfer, Zinn, Zink und gegebenenfalls Blei. Legierungen mit weniger als 78% Kupfer, die unter den zulegierten Elementen vorwiegend Zink aufweisen, werden den Sondermessingen zugerechnet. Unter ihnen gibt es eine Anzahl von Legierungen, die als Gleitmetalle erfolgreich verwendet werden. Sie werden in die vorliegenden Ausführungen über Bronzen miteinbezogen. Die als Gleitmetalle in Betracht kommenden Kupferlegierungen teilen wir demgemäß ein in:

a) Zinnbronzen,
b) Rotguß,
c) Aluminiumbronzen,
d) Sonderbronzen, insbesondere mit Ni, Al, Si,
e) Messinge, insbesondere Sondermessinge,
f) Bleibronzen.

Die *Bleibronzen* zeichnen sich innerhalb der Kupferlegierungen durch eine Zwischenstellung zwischen den „harten“ und „weichen“ Lagermetallen aus, da sie je nach Legierungszusammensetzung physikalische Werte und Gleiteigenschaften erhalten, die sie entweder der einen oder der anderen Gruppe zuordnen bzw. in eine Zwischenstellung bringen. Die Bedeutung der Bleibronzen als Lagermetalle nimmt gerade in der letzten Zeit ständig zu, und ihre physikalischen Eigenschaften lassen vermuten, daß ihre Sonderstellung für die kommende Entwicklung sicher begründet ist. Deshalb sind sie in der vorliegenden Abhandlung in einem besonderen Kapitel (S. 269ff.) eingehend besprochen.

Die unter a bis e aufgezählten Kupferlegierungen werden als Gleitmetalle in den nachfolgend beschriebenen Zuständen und Formen verwendet.

a) *Zinnbronzen* werden für Gleitzwecke als Gußlegierungen mit Zinngehalten von 10 bis 20% und als Knetlegierungen mit Zinngehalten von 7 bis 9% verwendet. Die bei uns bisher üblichen Gußbronzen mit 10, 14 und 20% Sn sind in DIN 1705 (Zahlentafel 30) festgelegt. Durch Sondermaßnahmen beim Schmelzen und Gießen (Raffination, besondere Formenbaustoffe, Schleudern) lassen sich nach Zahlentafel 31 betriebmäßig zum Teil wesentlich höhere Gütewerte erreichen.

GBz 10 ist — als Sandguß — ein Maschinenbauwerkstoff mit hohen physikalischen und chemischen Gütewerten, der als Gleitmetall mit seinem Zinngehalt an der äußersten unteren Grenze liegt und mehr für Pumpenventile, Druckmuttern und Armaturen Verwendung findet. Ausgesprochen gute Gleiteigenschaften weisen erst die Gußbronzen mit höheren Zinngehalten auf. Die untere Zinngrenze wird wohl am richtigsten mit 11% angegeben[1]. Sie ist von dem meist vorhandenen stark härtenden Phosphorüberschuß abhängig. Als günstigste Werte nennt ROWE[2]:

Gießart	Sn	P	Cu
Sandguß. . . .	12,5 bis 11,5	0,08 bis 0,25	Rest
Kokillenguß . .	12,0 bis 11,0	0,08 bis 0,25	Rest

Die bevorzugte Gleitbronze mit größtem Verwendungsbereich insbesondere im Werkzeugmaschinen- und Getriebebau war bei uns bisher *GBz 14*. Die oben genannten englischen und andere Angaben sehen nur 12% Sn vor. Die Herabsetzung des Zinngehaltes auf 12%[3] setzt insbesondere bei Sandguß einwandfreies Schmelzen und Gießen unter weitgehender Vermeidung von Seigerungen voraus.

Zinnbronzen ähnlicher Zusammensetzung werden auch im *Schleuderguß* verarbeitet, und zwar hauptsächlich für Radkränze, insbesondere von Schneckenrädern (Abb. 194)[4]. Die durch Schleudern erreichten Werte liegen gemäß Zahlentafel 31 infolge größerer Dichte und feineren Gefüges erheblich über den bei Sandguß üblicher Weise erreichten Werten. Für Schleuder-Zinnbronze gibt ROWE[5] aus den Erfahrungen von *David Brown Ltd.* folgende günstige Zusammensetzung an:

Sn	11,75 bis 12,0
Pb	0,25 max.
Zn	0,20 max.
P	0,07 bis 0,14
Cu	Rest.

[1] British Standard Specification Nr. 421 — 1931. Phosphorbronze für Zahnradkörper-Gußstücke.

[2] ROWE, F. W.: J. Inst. Met. Bd. 36 (1926) S. 191—209, speziell S. 195.

[3] Nichteisen-Schwermetallguß, S. 13. Berlin: NEM-Verlag 1937.

[4] ROWE, F. W.: J. Inst. Met. Bd. 36 (1926) S. 191—209. — Met. Jnd., Lond. Bd. 36 (1930) S. 669—672; Bd. 37 (1930) S. 11—12. — HURST, J. E.: Met. Jnd., Lond. Bd. 40 (1932) S. 88—92.

[5] ROWE, F. W.: J. Jnst. Met. Bd. 36 (1926) S. 196.

Zahlentafel 30. Deutsche Normen für Bronze

Gruppe	Benennung	Kurzzeichen	Zusammensetzung ungefähr %				Zulässige Abweichungen %		Mindestgehalt %
			Cu	Sn	Zn	Pb	Cu	Sn	Cu + Sn
Zinnbronzen (Phosphorbronzen)	Gußbronze 20	GBz 20	80	20	—	—	—2,0	+2,0	99,0
	Gußbronze 14	GBz 14	86	14	—	—	±1,0	±1,0	99,0
	Gußbronze 10	GBz 10	90	10	—	—	±1,0	±1,0	99,0
Rotguß	Rotguß 10 (Maschinenbronze)	Rg 10	86	10	4	—	±1,0	±1,0	95,0
	Rotguß 9	Rg 9	85	9	6	—	±0,5	±0,5	93,0
	Rotguß 8	Rg 8	82	8	7	3	±1,0	±1,0	88,0
	Rotguß 5	Rg 5	85	5	7	3	±1,0	+1,5	90,0
	Rotguß 4 (Flanschenbronze)	Rg 4	93	4	2	1	±1,0	±1,0	97,0

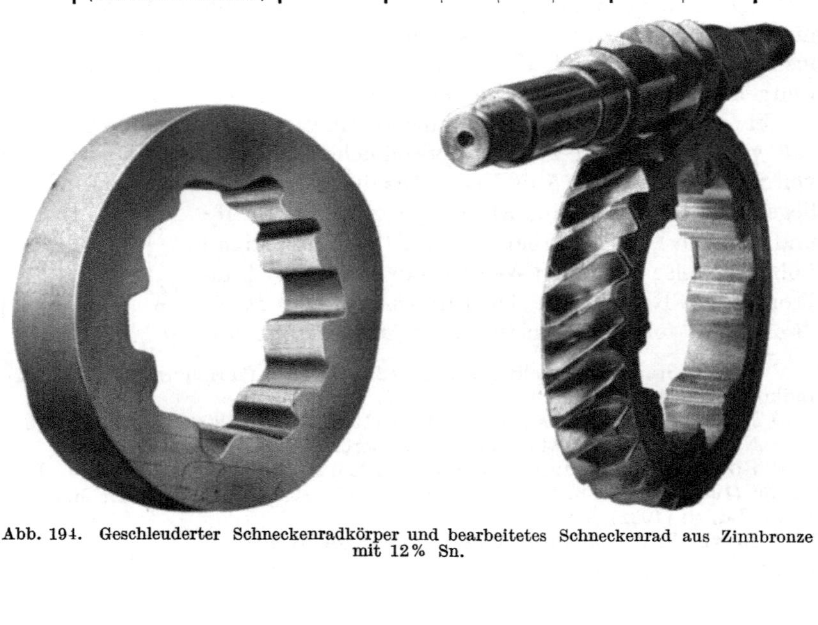

Abb. 194. Geschleuderter Schneckenradkörper und bearbeitetes Schneckenrad aus Zinnbronze mit 12% Sn.

und Rotguß nach DIN 1705, Blatt 1 und 2.

Zulässige Höchstmengen in % an Pb	Sb	Fe	Zn	Zugfestigkeit σ_B kg/mm² mindestens	Dehnung δ_5 % mindestens	Brinellhärte H 10/500/30 kg/mm² mindestens	Biegegröße Bg mindestens	Richtlinien für die Verwendung
1,0	0,2	0,3		15	—	180	—	Teile mit starkem Reibungsdruck (z. B. Spurlager, Verschleißplatten, Schieberspiegel) sowie Glocken
1,0	0,2	0,2	Rest	20	3	85	—	Teile mit starkem Verschleiß; hoch beanspruchte Lagerschalen, Räder, hydraulische Apparate für Hochdruck
1,0	0,1	0,2		20	15	60	20	Allgemeine Verwendung im Maschinen-, Armaturen- und Apparatebau
1,5	0,3	0,3		20	10	65	15	Allgemeine Verwendung im Maschinen-, Armaturen- und Apparatebau, für Rohrleitungsteile
2,0	0,3	0,2		20	12	60	15	Lager für Eisenbahnzwecke, Armaturen
4,0	0,5	0,5	Rest	15	6	70	—	Maschinenarmaturen } die blank bearbeitet werden
5,0	0,3	0,2		15	10	60	—	Eisenbahn- und Maschinenarmaturen } die blank bearbeitet werden
2,0	0,1	0,2		20	25	50	20	Rohrflansche und andere hart zu lötende Teile

Zahlentafel 31. Festigkeitswerte von Rotguß und Zinnbronzen.

Legierung	Mindestwerte nach DIN 1706			Festigkeitswerte bei Guß in ruhende Formen			Festigkeitswerte bei Schleuderguß		
	σ_B kg/mm²	δ_5 %	H kg/mm²	σ_B kg/mm²	δ_5 %	H kg/mm²	σ_B kg/mm²	δ_5 %	H kg/mm²
Rg 5	15	10	60	20—26	27—22	60— 70	24—28	15—12	75— 85
Rg 9	20	12	60	25—30	32—25	60— 75	25—30	11— 7	85— 95
Rg 10	20	10	65	28—35	22—15	65— 80	27—33	11— 8	90—100
GBz 10	20	15	60	28—35	25—15	60— 80	28—34	15— 8	80— 95
GBz 12[1]	—	—	—	25—30	15—10	80— 95	28—35	12— 6	90—110
GBz 14	20	3	85	25—30	10— 6	90—110	28—35	4— 2	165—125

Oft wird ein geringer Nickelzuschlag[2] zur Begünstigung der Zähigkeit als vorteilhaft angesehen. Als günstige Zusammensetzung einer Ni-haltigen Legierung nennt Rowe:

Sn 11,2
Ni 0,5
P 0,3
Cu Rest (88).

[1] In Deutschland nicht genormt.

[2] Comstock, G. F., W. M. Corse: J. Jnst. Met. Bd. 36 (1926) S. 206—208. — Bassett, H. N.: Bearing metals and alloys, p. 351. London 1937.

Im Schleuderguß ergab diese Legierung folgende physikalischen Werte:

Streckgrenze (yield point)	19 bis 25 kg/mm²
Zugfestigkeit	28 bis 35 kg/mm²
Dehnung	15 bis 5%
Brinellhärte	90 bis 105 kg/mm²
Dichte	8,7 bis 8,8 g/cm³.

GBz 20 ist ein sehr hartes und sprödes Lagermetall, das wegen Bruchgefahr nur bei rein statischer Belastung verwendet werden kann, hier jedoch sehr hohen Belastungen widersteht. Der Anwendungsbereich umfaßt Spurlager, Druckplatten, Steuerschieber und ähnliche auf starken Verschleiß beanspruchte Lager und Maschinenteile. Bei dieser Legierung ist oft eine Einsparung von 2 bis 3% Zinn ohne Nachteile für das Verwendungsgebiet möglich.

Knetbronzen mit 7 bis 9% Sn und Phosphorüberschüssen von 0,2 bis 0,4% werden meist durch Kaltziehen bzw. durch Warmpressen und Kaltziehen von gegossenen Rohrluppen (Hohlblöcken) zu dünnwandigen Rohren verarbeitet[1]. Die Rohre erhalten nach der Schlußglühung einen

Zahlentafel 32. Festigkeitswerte gezogener Rohre aus Zinnbronze der Zusammensetzung 8,3% Sn, 0,3% P, Rest Cu.

	Zustand		
	weich	halbhart	hart
Zugfestigkeit σ_B kg/mm²	35—40	45—60	60—90
Streckgrenze σ_S ,,	15—25	30—50	50—85
Dehnung δ_{10} %	75—55	35—15	15—3
Härte H kg/mm²	80—90	110—150	150—200

oder mehrere Züge, durch die sie Festigkeitszahlen gemäß Zahlentafel 32 erhalten. Die Wandstärken können gering, bis herab zu etwa 1,0 mm, gehalten werden. Meist werden Rohre aus diesen Knetbronzen in den Abmessungen nach DIN KrW 421 gehalten. Der Außendurchmesser kann auf Preßsitz fertig gezogen werden, so daß nur das Abstechen auf Länge, Einbringen von Bohrungen und Nuten und nach dem Einpressen das Fertigbohren der Lauffläche erforderlich ist. Derartige gezogene Zinnbronzerohre haben unter verschiedenen Markenbezeichnungen (z. B. Caro, Durana-Regula, Nida, Volvit) weite praktische Anwendung gefunden. Aus dem gleichen Werkstoff werden auch Stangen und Profile gezogen, aus denen Lagerbuchsen und ähnliche Teile gefertigt werden.

b) Die als *Rotguß*[2] zusammengefaßten Legierungen sind Zinnbronzen mit Zuschlägen von Zink und gegebenenfalls Blei. Diese Zuschläge begünstigen in gewissen Grenzen die Gießbarkeit und erleichtern durch Desoxydationswirkung ein fehlerfreies Gießen.

Über die in Deutschland genormten Rotgußlegierungen gibt DIN 1705 Aufschluß (vgl. Zahlentafel 30). In England und Amerika ist fast nur eine Legierung als „Einheitsrotguß" üblich, das *Admiralty Gunmetal*

[1] Bartosch, W.: Werkstattstechnik Bd. 28 (1934) S. 244. — Ungenannt: Metallwirtsch. Bd. 1 (1934) S. 175—176. — DRP. 537560. — Brit.Pat. 426111.

[2] Hoinkiss, R.: Rotguß. Werkstoff-Handbuch Nichteisenmetalle, F 11. Berlin 1930.

bzw. die *Government Bronze* mit der Zusammensetzung 88% Cu, 10% Sn, 2% Zn[1]. Einen Überblick über die in England und Amerika zulässigen Legierungsgrenzen geben die in Zahlentafel 33 zusammengestellten Normen, das *British Standard Specification No. 583—1930* und die entsprechende Norm B 60—36 der *American Society for Testing Materials.*

In Deutschland gingen die Bemühungen von jeher darauf aus, die Zinngehalte niedrig zu halten, zumal da man erkannte, daß zinkreiche Rotgußsorten dem Admiralitätsrotguß zum Teil kaum nachstehen, dabei jedoch leichter gießbar und infolge erhöhter Desoxydationswirkung reiner sind[2].

Die für Lagerzwecke in Betracht kommenden Legierungen sind Rg 5, Rg 8, Rg 9 und Rg 10. Dabei muß man die Verwendung dieser Legierungen unterscheiden einerseits für Lagerstützkörper, die im Verbundguß mit einem Gleitfutter, z. B. Weißmetall, versehen werden und andererseits als Gleitmetall selbst in Form sogen. Massivlager[3]. Die früher allgemein übliche Verwendung aller obengenannten Rotgußsorten als Stützschalen für Weißmetallfutter ist heute stark eingeschränkt und bis auf wenige Sonderfälle, wie Eisenbahnlager, als überholt zu betrachten. An die Stelle von Rotguß ist hier mit vollem Erfolg der in seinen Festigkeitseigenschaften überlegene weiche Flußstahl, ferner Blei-Mehrstoffbronzen und bei Schwermaschinenlagern Gußeisen und Stahlguß getreten[4].

Zahlentafel 33. Englische und amerikanische Normen für Admiralitäts-Rotguß (Admiralty Gun Metal).

Element	Englische Norm B.S.S. 583—1930		Amerikanische Norm A.S.T.M. B 60—36	
	Niedrigster Sollgehalt	Höchster Sollgehalt	Niedrigster Sollgehalt	Höchster Sollgehalt
Zinn . . .	9,75	10,25	7,5	11,0
Zink . . .	1,75	2,25	1,5	4,5
Blei	0	0,50	0	0,3
Nickel . . .	0	0,20	0	1,0
Sonstige . .	0	0,15	—	Fe 0,25 P 0,05
Kupfer . .	Rest	Rest	86,0	89,0

Für Massivlager wird teilweise — im Schwermaschinenbau und Eisenbahnbetrieb — noch Rg 9 und Rg 10 verwendet. Beide Legierungen können fast immer durch Bleimehrstoffbronzen oder Bleibronze-Verbundgußlager ausgetauscht werden, weiterhin durch Rg 5-Schleuderguß. Rg 5 erhält nämlich durch Anwendung des Schleudergußverfahrens überlegene Eigenschaften[5], und zwar auffälliger als jede andere Rotguß-

[1] Schimmel, A.: Metallographie der technischen Kupferlegierungen, S. 95—98. Berlin 1930. — Bassett, H. N.: Bearing metals and alloys, p. 266—289. London 1937.

[2] Kühnel, R.: Z. Metallkde. Bd. 18 (1926) S. 306—311. — Bronze und Rotguß. Bericht über die Tagung des Fachausschusses für Werkstoffe im VDI vom 27. 10. 30.

[3] Mann, H.: Techn. Zbl. prakt. Metallbearb. Bd. 46 (1936) S. 605—609, 689—693.

[4] Erkens, A.: Konstruktive Lagerfragen. Berlin 1936.

[5] Väth, A.: Der Schleuderguß, S. 83—86. Berlin 1934. — Nichteisen-Schwermetallguß, S. 14. Berlin: NEM-Verlag 1937.

sorte. Eine Zusammenstellung von Gütewerten, die bei Schleuderguß erzielt wurden, bringt Zahlentafel 31 (S. 243). Geschleuderter Rg 5 besitzt gute Gleiteigenschaften, die denen von Sandguß aus Rg 9 und Rg 10 ebenbürtig zu sein scheinen[1]. Seine Verwendung an Stelle dieser höher legierten Rotgußsorten, teilweise sogar an Stelle von GBz 10 und GBz 14, kann empfohlen werden, soweit die Form der Bauteile einer Herstellung im Schleudergußverfahren nicht im Wege steht.

c) *Aluminiumbronzen*[2] besitzen in dem für Gleitzwecke in Betracht kommenden Bereich 8 bis 11% Al und gegebenenfalls Zuschläge von Fe, Ni, Mn, Si in einer Gesamthöhe bis zu 15% (vgl. DIN 1714, S. 62). Sie werden meist als Austauschwerkstoffe für Zinnbronzen und Rotguß in Vorschlag gebracht und verwendet.

Die mäßigen Gleiteigenschaften der *Zweistofflegierungen* rechtfertigen ihren Einsatz nur bei gleichzeitig chemisch, z. B. durch Kalilauge, beanspruchten Stellen. Anderenfalls geben beispielsweise Bleibronzen wohl immer überlegene Lagerwerkstoffe ab.

Ein bewährtes Feld ist dagegen für *Aluminium-Mehrstoffbronzen* die Verwendung für Radkörper, insbesondere Schneckenradkränze, im Schleuder- und Kokillenguß. Hier stellen Aluminium-Mehrstoffbronzen hochwertige Austauschwerkstoffe für Zinnbronzen (vgl. S. 241) dar, die in größerem Umfang und bis zu hohen Beanspruchungen herauf erfolgreich verwendet werden[3]. Für höchstbeanspruchte Schneckenräder scheinen allerdings Aluminiumbronzen noch keinen ganz vollwertigen Austauschwerkstoff für Zinnbronzen zu bieten[4]. Aluminium-Mehrstoffbronzen werden ferner in geschmiedetem Zustand für Verschleißplatten, Druckscheiben und auch Radkörper verwendet. Die verhältnismäßig geringen Notlaufeigenschaften dieser Legierungen erfordern gute Schmierung und mäßige Gleitgeschwindigkeiten, da ein örtlicher Temperaturanstieg leicht zum Fressen führt.

Ein bewährtes Anwendungsgebiet der Aluminiumbronzen sind Ventilführungen und Ventilsitzringe hochbelasteter Verbrennungskraftmaschinen[5]. Hier haben sich sowohl Zweistoff- (90/10) als auch Mehrstoff-Aluminiumbronzen ausgezeichnet bewährt. Die Verarbeitung erfolgt für diese Zwecke durch Schmieden oder Pressen und Ziehen.

d) Außer Aluminiumbronzen werden einige andere *Sonderbronzen*, wenn auch in beschränktem Umfang, als Gleitwerkstoffe verwendet, und zwar einmal als Druck- und Verschleißplatten, ferner als Ventilteile,

[1] RÖDER, H.: Metallwirtsch. Bd. 16 (1937) S. 703—704. — Nichteisen-Schwermetallguß, S. 19. Berlin: NEM-Verlag 1937.

[2] Mit Rücksicht auf eine geordnete Altstoffwirtschaft erscheint ihre Kennzeichnung beim Fertigfabrikat zweckmäßig (s. S. 60—62, Teil II) und S. 254.

[3] LAY, E.: Z. Metallkde. Bd. 28 (1936) S. 64—67.

[4] ROWE, F. W.: J. Inst. Met. Bd. 36 (1926) S. 192. — CORSE, W. M.: J. Inst. Met. Bd. 36 (1926) S. 203—205.

[5] SCHMIDT, E. u. H. MANN: Luftf.-Forschg. Bd. 13 (1936) S. 82.

wie Schieber, Sitzplatten, Kegel, weiterhin als Druckmuttern und Wellen[1]. Man gibt den Schmiedebronzen höchster Festigkeit dann den Vorzug, wenn es nicht so sehr auf gute Einlauf- und Notlaufeigenschaften, als vielmehr auf höchste Belastbarkeit, also größten Verformungswiderstand, bei nicht allzu hohen Gleitgeschwindigkeiten ankommt. Aus der großen Zahl der für diesen Zweck verwendbaren Schmiedelegierungen nennen wir außer den Mehrstoff-Aluminiumbronzen als meist angewendet Al-haltige Nickelbronzen mit 5 bis 15% Ni, 2 bis 8% Al und gegebenenfalls bis zu 2% Si. Diese Legierungen nähern sich also in ihrer Zusammensetzung teilweise den Aluminium-Mehrstoffbronzen.

Die Nickelbronzen besitzen neben sehr hohen Festigkeitswerten den Vorzug großer chemischer Widerstandsfähigkeit, eine Eigenschaft, die beim Bau von Apparaten für die chemische Industrie oft ausschlaggebend ist. Eine Sonderstellung nehmen durch ihre Aushärtbarkeit und den hohen Kupfergehalt die durch Silizide der Eisengruppe aushärtenden Corson-Legierungen[2] ein. Eine Zusammensetzung ist beispielsweise: 2% Ni, 0,7% Si, 0,2% Fe, Rest Cu. Die Corson-Legierungen, z. B. Cuprodur, haben sich besonders für Schwinglager und Ventilführungsbüchsen[3] bewährt.

Abb. 195. Aus Blech gerollte Lagerbüchse mit offener Naht.

e) *Messinge* werden für mittelmäßig und niedrig belastete Lager und andere auf Gleitung beanspruchte Maschinenteile in den letzten Jahren zunehmend verwendet. Insbesondere macht der Fahrzeugbau größeren Gebrauch von Kupfer-Zinklegierungen für mäßig belastete Lagerbüchsen.

Für gezogene Rohre und Stangen kommen Sondermessinge mit Zusätzen von Fe, Ni, Mn, Sn, Al, Si in Betracht. Die Brinellhärten dieser Halbzeuge liegen zwischen 120 und 180 kg/mm². Die Sondermessinge liegen mit ihren physikalischen Werten bis auf die Streckgrenze nahe an den Werten der gezogenen Zinnbronze mit etwa 8% Sn und ersetzen sie nur im niedrigen und mittleren Belastungsbereich.

---

[1] Nickelbronzen, -messinge, -lagermetalle, Nickel-Informationsbüro. Frankfurt 1937. S. 17—18, 29—30.

[2] Corson, M. G.: Trans. Amer. Inst. min. metallurg. Engr., Inst. Met. Div. 1927, S. 435—450. Iron Age Bd. 119 (1927) S. 421—424. — Wilson, C. L., H. F. Silliman, E. C. Little: Trans. Amer. Inst. min. metallurg. Engr., Inst. Met. Div., Febr. 1933, Mitt. Nr. 11. — Jones, D. G., L. B. Pfeil, W. T. Griffiths: J. Inst. Met. Bd. 46 (1931) S. 423—442.

[3] Schmidt, E. u. H. Mann: Luftf.-Forschg. Bd. 13 (1936) S. 82.

Außer nahtlos gezogenen Rohren werden besonders im Automobilbau aus Preisgründen vielfach aus Blech gerollte Büchsen mit offener Naht (Abb. 195) verwendet[1]. Hierfür werden ähnlich legierte Sondermessinge gewählt wie für gezogene Rohre, weiterhin auch α-Messinge mit 10 bis 30% Zn und Zusätzen von Blei (bis 3%) und Zinn (bis 1%). Wünschenswert wäre eine weitere Erhöhung der Bleigehalte zur Verbesserung der Gleiteigenschaften. Sie ist jedoch bei diesen Walzlegierungen kaum möglich, da der hohe Bleigehalt die Verarbeitung in Frage stellen würde. Zur Verbesserung der Gleiteigenschaften werden oft kleine, etwa 1/2 mm tiefe Grübchen in die Laufmessingbleche geprägt und mit Graphit ausgefüllt.

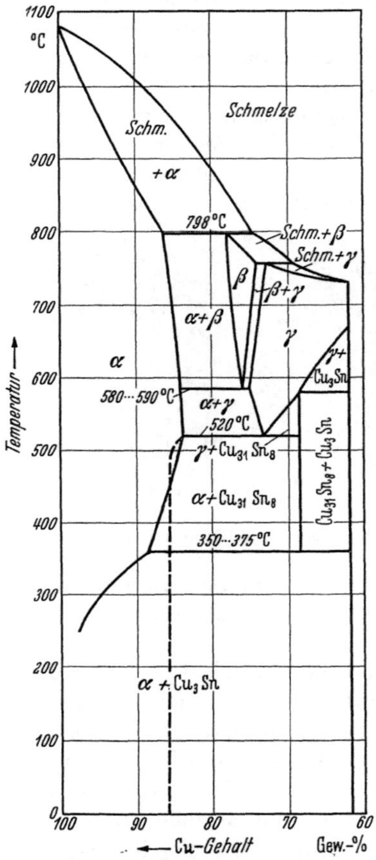

Abb. 196. Zustandsschaubild Kupfer—Zinn, kupferreiche Seite.

Für mittelmäßig belastete Zahn- und Schneckenräder und sonstige auf Gleitung beanspruchte Maschinenteile werden in einigen Fällen Sondermessinge auch in Form von Guß- und Gesenkschmiedestücken verwendet.

c) Metallographie.

Die Vielfältigkeit der für gleitende Beanspruchung verwendeten Kupferlegierungen verbietet eine umfassende Darstellung ihrer metallographischen Grundlagen. Wir beschränken uns daher auf eine kurze Zusammenfassung im Rahmen der bereits im vorigen Abschnitt verwendeten Gruppeneinteilung.

a) Zinnbronzen. Das Zustandsschaubild Kupfer-Zinn[2], dessen kupferreiche Seite Abb. 196 zeigt, besitzt, vom reinen Cu ausgehend, ein Feld von α-Mischkristallen. Die Grenze dieses Mischkristallgebietes schien bis vor kurzem durch eine Reihe gut übereinstimmender Arbeiten sehr genau bestimmt zu sein, und zwar entsprechend dem gestrichelt eingezeichneten Verlauf von 16% Sn bei 520° abnehmend bis 14% Sn bei

[1] BAY: Bronze u. Rotguß. Bericht über die Tagung des Fachausschusses für Werkstoffe im VDI vom 27. 10. 30., S. 91. Berlin 1931.

[2] BAUER, O., O. VOLLENBRUCK: Z. Metallkde. Bd. 15 (1923) S. 119—125, 191—195. — HANSEN, M.: Der Aufbau der Zweistofflegierungen, S. 630—647. Berlin 1936. — HAASE, C., F. PAWLEK: Z. Metallkde. Bd. 28 (1936) S. 73—80.

Zimmertemperatur. Neuere Arbeiten weisen jedoch einen abweichenden Verlauf entsprechend der ausgezogenen Kurve zu wesentlich geringeren Zinngehalten, bei Zimmertemperatur vermutlich unterhalb 1% Sn, nach. Dieser Verlauf war bei früheren Untersuchungen nicht ermittelt worden, weil für die Bestimmung der α-Grenze stets geglühte Legierungen verwendet worden waren, für die infolge der großen Reaktionsträgheit eine Einstellung des Gleichgewichts auch bei sehr langen Anlaßzeiten nicht zu erreichen ist. Erst ein Anlassen nach erheblicher Kaltverformung führte von etwa 5% Sn an zu Ausscheidungen, die sich als Cu_3Sn erwiesen.

Bei höheren Zinngehalten, z. B. bei 20% Sn, erstarren bei der Abkühlung der Schmelze zunächst vom Liquidus ab α-Mischkristalle. Bei Unterschreitung der peritektischen Geraden (798°) beginnt die Bildung von β-Kristallen, die nur bis herab zur Horizontalen bei 580 bis 590° beständig sind und dort in $\alpha + \gamma$ zerfallen. Die γ-Phase ist wiederum nur bis herab zu 520° beständig und zerfällt in das Eutektoid $\alpha + \delta$. Die δ-Phase zerfällt auch wieder, und zwar bei einer noch nicht genau ermittelten Temperatur im Gebiet 350 bis 375° in $\alpha + \varepsilon$, so daß bei niedrigen Temperaturen ein heterogener Aufbau aus diesen beiden Phasen, von denen ε die Zusammensetzung Cu_3Sn besitzt, dem Gleichgewichtszustand entsprechen würde. Über die verschiedenen Phasenumwandlungen besteht noch keine völlige Klarheit, jedoch sind β, δ und ε und ihre Existenzbereiche einigermaßen gesichert, während die γ-Phase noch umstritten ist.

Infolge der großen Diffusions- und Umwandlungsträgheit treten die Phasen im Verlauf technischer Wärmebehandlungen oft nicht dem Gleichgewicht entsprechend auf, vielmehr werden Endzustände gemäß dem Schaubild vielfach garnicht erreicht. Da mit zunehmender Erstarrungsdauer eine zunehmende Annäherung an das Gleichgewicht eintritt, bringt unter den technischen Gießverfahren der Guß in getrocknete Sandformen die relativ stärkste Annäherung, es folgt der Naßguß und schließlich der Kokillen- und Schleuderguß.

Bei den Zinnbronzen finden wir dementsprechend folgende Gefügeausbildungen an. Gußbronzen mit Zinngehalten unter 4 bis 6% weisen homogene α-Mischkristalle auf, wobei die obere Zinngrenze für Gießverfahren mit langsamer Erstarrung (getrocknete Sandformen) und die untere Grenze für Verfahren mit schnellerer Erstarrung (Kokillenguß) gilt[1]. Die Bildung von Cu_3Sn wird in allen Fällen vollkommen unterdrückt. Bei höheren Zinngehalten tritt neben dem α-Mischkristall das Eutektoid, bestehend aus den Phasen, die durch den β-Zerfall entstanden sind, auf, und zwar ist der bei normaler technischer Erstarrung neben α im Eutektoid vorhandene Bestandteil δ (Abb. 197). Das Eutektoid ist der für Zinngußbronzen typische Bestandteil hoher Härte und Sprödigkeit, der die guten Gleiteigenschaften dieser Legierungen

[1] BASSETT, H. N.: Bearing metals and alloys, p. 246. London 1937.

begründet. Seine Brinellhärte wurde von ROWE zu 200 bis 230 kg/mm² ermittelt gegenüber einer Härte des α-Mischkristalles von 50 bis 70 kg/mm².

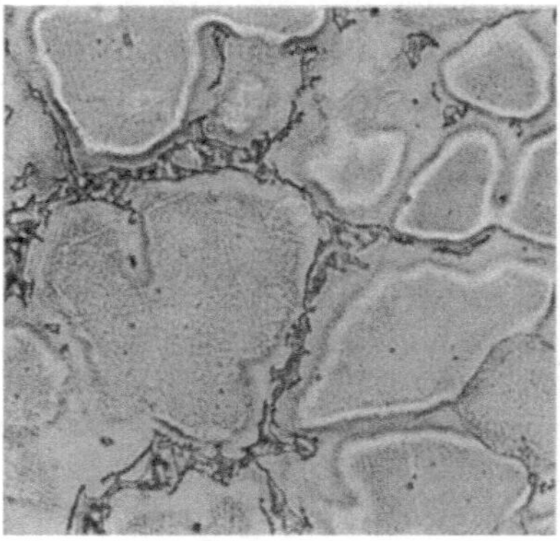

Abb. 197. In trockenem Sand vergossene Zinnbronze mit 10% Sn. α-Mischkristalle mit starker Kristallseigerung, α + δ-Eutektoid. 100×.

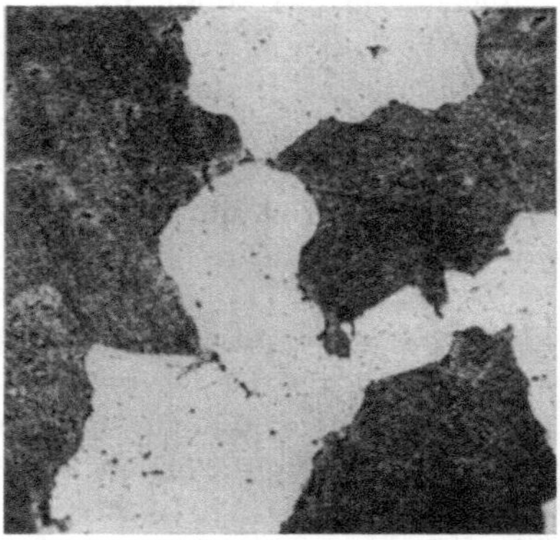

Abb. 198. Probe wie Abb. 201 nach 4stündiger Glühung bei 700°. Homogene α-Mischkristalle. 100×.

Die Gießart hat neben der Schmelzführung und -behandlung einen wesentlichen Einfluß auf die Gütewerte und in Zusammenhang damit auf die Gefügeausbildung. Beispielsweise lassen Abb. 199 und 200 die

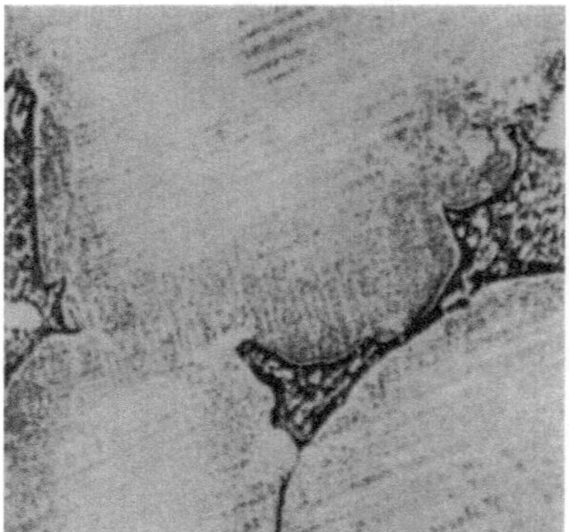

Abb. 199. Zinnbronze mit 12% Sn, in trockenem Sand vergossen.

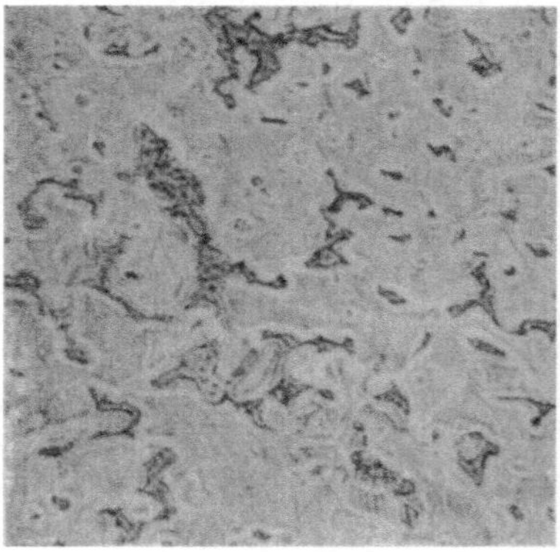

Abb. 200. Zinnbronze mit 12% Sn, in wassergekühlter Kupferkokille geschleudert.

durch Schleudern gegenüber normalem Sandguß erreichbare Gefügefeinung erkennen.

Bronzen mit Zinngehalten bis zu etwa 14% können durch eine mehrstündige Glühung im α-Gebiet, z. B. bei 700°, oder besser durch wiederholtes Glühen und Verformen vollkommen homogen gemacht werden (Abb. 198)[1]. Sie büßen dadurch jedoch ihre guten Laufeigenschaften

[1] ROWE, F. W.: J. Inst. Met. Bd. 31 (1924) S. 217—224. — BASSETT, H. N.: Bearing metals and alloys, p. 248—253. London 1937.

weitgehend ein und neigen in diesem Zustand stärker zum Anreiben (Fressen) mit der Welle, scheinen jedoch gute Laufeigenschaften zu behalten, ja sogar besser einlauffähig zu sein, wenn bei Auflösung des Eutektoids die Erhaltung der starken Kornseigerung der α-Kristalle gelingt[1]. Auch in anderer Form werden, wie oben erwähnt, homogene Zinnbronzen als Lagerwerkstoffe mit Erfolg verwendet, und zwar Legierungen mit 7 bis 9% Sn, die durch abwechselndes Ziehen und Weichglühen zu Rohren und Stangen verarbeitet werden. Man erreicht durch diese Knetbehandlung weit überlegene physikalische Eigenschaften gegenüber den Gußbronzen. Die Härte der gekneteten Zinnbronzen liegt zwischen 90 und 200 kg/mm², für Lagermetalle also außerordentlich hoch. Ihre Belastbarkeit ist dementsprechend ebenfalls sehr groß, während die Einlauf- und Notlaufeigenschaften naturgemäß gegenüber weicheren Lagermetallen geringer sind und günstige Bedingungen in bezug auf Oberflächengüte, Schmierung und Vermeidung von Kantenpressungen erforderlich machen.

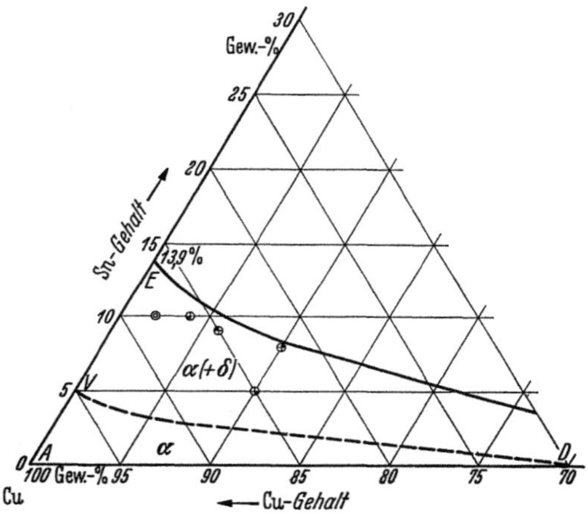

Zeichen	Legierung	Zusammensetzung [Gew.-%] Cu	Sn	Zn	Pb
⊙	Gun Metal	88	10	2	–
⊙	Rg 10	86	10	4	–
⊙	Rg 9	85	9	6	–
⊙	Rg 8	82	8	7	3
⊙	Rg 5	85	5	7	3

Pb zählt als Zn

Abb. 201.
Kupfer-Ecke des Kupfer-Zinn-Zink-Zustandsschaubildes.

Auch bei den gekneteten Zinnbronzen scheint ein heterogener Aufbau des Gefüges für die Laufeigenschaften von Vorteil zu sein. Er kann in geringem Maße bei reichlichem Zuschlag von Phosphor durch Kupferphosphideinlagerungen, vielleicht auch durch Cu_3Sn-Ausscheidungen sowie in ausgeprägter Form durch Zuschlag dritter, eine neue Kristallart bildender Elemente erhalten werden, z. B. durch Zuschlag von Cr und Fe oder Va und Fe[2]. In die Praxis wurde insbesondere eine „Chrombronze" mit 8 bis 10% Sn, 1,5% Cr, 1,5% Fe, Rest Cu an Stelle der homogenen Zinnbronze eingeführt. Derartige Legierungen sollen ebenso wie entsprechend legierte Gußbronzen überlegene Laufeigenschaften besitzen[3].

[1] DRP. 640730.
[2] Amer. Pat. Nr. 2059555 und 2059560 von M. G. Corson.
[3] Miller, H. I.: Met. Ind., Lond. Bd. 52 (1938) S. 523.

b) Rotguß. Den Einfluß von *Zinkzuschlägen zu Kupfer-Zinnlegierungen* läßt das ternäre Diagramm (Abb. 201) erkennen [1]. Die Grenze des α-Mischkristallgebietes müßte entsprechend den neueren Forschungsergebnissen am Diagramm Kupfer-Zinn eine gewisse Korrektur erfahren. Da die hier besprochenen Legierungen jedoch für Lagerzwecke im Gußzustand verwendet werden, kommt die Umwandlung $\alpha \rightarrow \alpha + \varepsilon$ praktisch nicht in Betracht. Die ausgezogen gezeichnete α-Grenzkurve wurde an Proben ermittelt, die 6 Stunden bei 760° geglüht und anschließend im Ofen erkalten gelassen wurden, während die gestrichelte Kurve *VD* die α-Grenzkurve für eine Abkühlgeschwindigkeit von 1° für 2,5 sec wiedergibt [2]. Unterhalb der Kurve *VD* tritt also bei normaler technischer Erstarrung reines α auf, während im Feld zwischen den Grenzkurven Gußstücke mehr oder weniger große Eutektoidanteile aufweisen. In diesem Feld liegen auch die praktisch verwendeten, also insbesondere die genormten und besonders eingezeichneten Rotgußsorten.

Eine Anzahl von Arbeiten befaßt sich mit dem Einfluß einer Wärmebehandlung auf die physikalischen Eigenschaften und das Gefüge von Rotguß [3]. Danach bringt eine Homogenisierungsglühung durchweg eine Erhöhung von Zugfestigkeit und Dehnung und läßt das Eutektoid mehr oder weniger in Lösung gehen. Eine völlig homogenisierende Glühung ist dementsprechend wegen der Auflösung des Eutektoids für Teile mit gleitender Beanspruchung von der gleichen Bedeutung wie bei den Zinnbronzen.

Da Rotguß üblicherweise mit einem hohen Schrottanteil gattiert wird, kommt eine größere Zahl von Elementen als Beimengungen in Betracht. Die wichtigsten werden nachfolgend in ihrer Bedeutung kurz umrissen.

Blei [4] ist im festen Zustand in Rotguß praktisch unlöslich und tritt demgemäß im Schliffbild als selbständige Kristallart auf. Es verbessert die Bearbeitbarkeit mit spanabhebenden Werkzeugen sowie die Einlauf- und Notlaufeigenschaften, in wesentlichem Maße allerdings erst bei Zusatz von mehreren Prozent. Zuschläge bis zu 1,5% Pb beeinflussen die Festigkeitszahlen unwesentlich, höchstens durch Begünstigung der Gießbarkeit im Sinne einer geringen Verbesserung von Zugfestigkeit und Dehnung, während die Härte einen leichten Abfall zeigt. Die Dichtigkeit des Gusses wird durch Blei entgegen früheren Annahmen nicht beeinträchtigt. Unter Berücksichtigung dieser Ergebnisse kann ein Bleigehalt bis mindestens 1,5% in Rotguß, der als Konstruktionswerkstoff verwendet wird, als völlig unbedenklich angesehen werden. Rotguß, der als Gleitmetall und für mäßig beanspruchte

[1] HANSEN, M.: Z. Metallkde. Bd. 18 (1926) S. 347—349.

[2] HANSEN, M.: Z. Metallkde. Bd. 18 (1926) S. 348—349.

[3] SCHIMMEL, A.: Metallographie der technischen Kupferlegierungen, S. 95—96. Berlin 1930. — BASSETT, H. N.: Bearing metals and alloys, p. 285—289. London 1937. In beiden Arbeiten umfassende Schrifttumshinweise. DRP. 640730.

[4] DEWRANCE, J.: J. Inst. Met. Bd. 11 (1914) S. 214—223. — ROLFE, R. T.: J. Inst. Met. Bd. 26 (1921) S. 85—106. — CZOCHRALSKI, J.: Z. Metallkde. Bd. 13 (1921) S. 171. — Gießereiztg. Bd. 20 (1923) S. 1.

Armaturen dient, kann darüber hinaus wesentlich höhere Bleizusätze erhalten. Die Bleitoleranzen von DIN 1705 entsprechen diesen Erkenntnisseen, während die englische und amerikanische Norm (vgl. Zahlentafel 33, S. 245) mit einer Begrenzung des Bleigehaltes auf 0,5 bzw. 0,3% als unnötig eng angesprochen werden müssen.

Antimon[1] wirkt auf Rotguß stark versprödend, und zwar setzt ein Abfall der Dehnung bei etwa 0,3 bis 0,5% Sb und der Zugfestigkeit und Streckgrenze bei etwa 1% Sb ein. Diese Festigkeitsverluste treten bei Sandguß früher in Erscheinung als bei Kokillenguß. Darüber hinaus neigt der Guß bei Anwesenheit von Antimon zu Porosität. Die Normen sehen demgemäß eine Begrenzung des Antimongehaltes in den Bereichen 0,1 bis 0,5% vor. Antimon wirkt, wie auch Arsen, auf das Gefüge ähnlich wie Zinn und begünstigt die Eutektoidbildung.

Arsen[2] fördert — wohl in Zusammenhang mit der Eutektoidbildung — die Porosität und verursacht Festigkeits- und Dehnungsabfall. Bei Gleitlagerwerkstoffen ist Arsen weniger bedenklich als bei druckdichten Armaturen. ROLFE nennt für Sandguß 0,3% als höchstzulässig. Die deutschen Normen sehen 0,1% als Höchstgehalt vor.

Phosphor[3] muß, falls es zum Desoxydieren zum Kupfer oder zu stark verunreinigtem Schrott zugeschlagen wird, so bemessen werden, daß der in der Legierung verbleibende Restgehalt 0,04% nicht übersteigt, da von 0,04 bis 0,07% ab ein starker Abfall von Zugfestigkeit und Dehnung eintritt. Diese Werte entsprechen ungefähr der Grenze der Löslichkeit, die z. B. in Admiralitätsrotguß (Sandguß) mit 0,05% ermittelt wurde. Bei 0,065% P wurde bereits Kupferphosphid, im Eutektoid eingebettet, im Schliffbild nachgewiesen. Das Bruchaussehen gibt bei einiger Übung einen recht guten Nachweis für Phosphorgehalte. Das Korn wird gefeint und ähnlich verfärbt, wie bei Porosität.

Eisen[4] tritt bei Gehalten über etwa 0,2% in freier Form auf und wirkt sich auf die Gleiteigenschaften nachteilig aus. Eisen oxydiert im Rotguß ziemlich leicht und verursacht im verschlackten Zustand eine zähe Haut auf der Schmelze. Aus diesen Gründen ist Eisen eine unerwünschte Beimengung und in der deutschen Norm auf 0,2 bis 0,3%, lediglich bei dem für untergeordnete Zwecke gedachten Rg 8 auf 0,5% begrenzt.

Nickel[5] verursacht eine Feinung des Gefüges und steigert die Festigkeitswerte, insbesondere die Dehnung, und zwar eindeutig mit steigenden

---

[1] ROLFE, R. T.: J. Inst. Met. Bd. 24 (1920) S. 233—264. — CZOCHRALSKI, J.: Z. Metallkde. Bd. 13 (1921) S. 276.

[2] HEYN, E., O. BAUER: Stahl u. Eisen Bd. 31 (1911) S. 1416. — ROLFE, R. T.: J. Inst. Met. Bd. 20 (1918) S. 263—273.

[3] DEWS, H. C.: J. Inst. Met. Bd. 44 (1930) S. 255—266. — BASSETT, H. N.: Bearing metals and alloys, p. 276—280. London 1937. (Hinweise auf Untersuchung von PHILIP.)

[4] BASSETT, H. N.: Bearing metals and alloys, p. 282. London 1937.

[5] JOHNSON, F.: J. Inst. Met. Bd. 20 (1918) S. 167—179. — CORSE, W. M.: Met. Ind., N.Y. Bd. 22 (1924) S. 234.

Ni-Gehalten bis etwa 1,5%. Eine weitere Erhöhung des Ni-Gehaltes im Bereich von 1,5 bis 5,5% bringt keine bemerkenswerte Besserung mehr. Da Ni aus preislichen Gründen nur selten absichtlich dem Rotguß zulegiert wird, sind in der deutschen Norm keine Mengen toleriert. Die englische Norm schreibt den überraschend kleinen Höchstgehalt von 0,2% vor, während die amerikanische Norm immerhin 1% zuläßt.

Andere Elemente werden im Rotguß kaum jemals angetroffen werden, wenn nicht gerade Schrottverwechslungen vorgekommen sind. Erwähnt

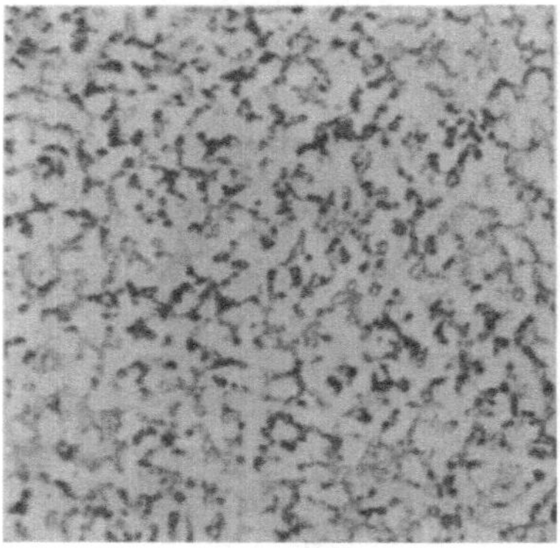

Abb. 202. Rotguß Rg 5, in trockenem Sand vergossen.

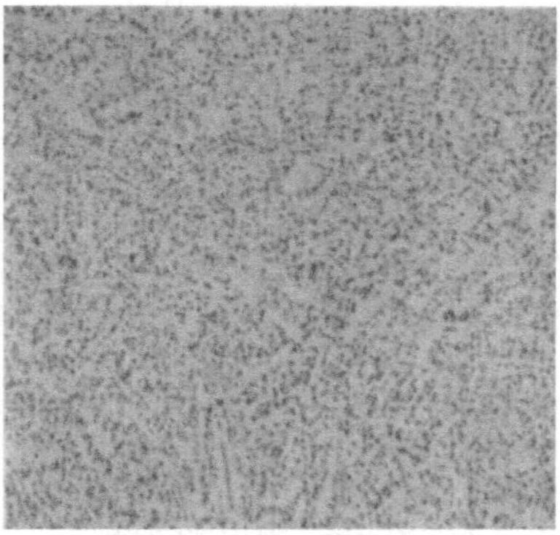

Abb. 203. Rotguß Rg 5, in wassergekühlter Kupferkokille geschleudert.

sei noch das *Aluminium*, dessen Einfluß umstritten ist. Nach GUILLET[1] soll es eine Verbesserung der Festigkeitseigenschaften und Begünstigung der Dichtigkeit bringen. Andererseits vergrößert es, wie Erfahrungen im praktischen Gießbetrieb gezeigt haben, die Schrumpfung, verursacht durch Aluminiumoxydbildung eine dichte Haut auf der Schmelze, die sehr leicht in die Form eingeschwemmt wird[2], und macht den Guß schwammig.

Abb. 202 und 203 zeigen das Gefüge von Rg 5, und zwar als Sandguß mit üblichen und als Schleuderguß mit wesentlich gesteigerten Gütezahlen. Der Unterschied der Gefügeausbildung entspricht dem der Zinnbronzen nach Abb. 199 und 200.

c) Aluminiumbronzen. Im Zustandsschaubild *Kupfer-Aluminium* (Abb. 204)[3] besteht auf der kupferreichen Seite ein Mischkristallgebiet, das bis zu 9,6% Al reicht. Die in den anschließenden Zustandsfeldern auftretende β-Phase ist, ähnlich wie bei Kupfer-Zinn, nur bei höheren

[1] GUILLET, L.: Hinweis in: F. JOHNSON: J. Inst. Met. Bd. 20 (1918) S. 168.
[2] BASSETT, H. N.: Bearing metals and alloys, p. 280. London 1937.
[3] HANSEN, M.: Der Aufbau der Zweistofflegierungen, S. 98—108. Berlin 1936.

Temperaturen beständig. Sie erleidet bei 570° einen eutektoiden Zerfall in $\alpha + \gamma'$. Diese Reaktion ist sehr träge, erfolgt daher nur bei langsamer Abkühlung und verläuft über metastabile Phasen, und zwar tritt bis 300° β_1 und unterhalb 300° β' auf. Die Zwischenphase β' ist bei Raumtemperatur beständig und tritt im Schliffbild in nadeliger Form ähnlich dem Martensit auf. Während der α-Mischkristall eine verhältnismäßig hohe Verformungsfähigkeit besitzt, ist der β'-Bestandteil sehr hart. Eine noch größere Härte und Sprödigkeit besitzt γ'. Diese beiden Phasen sind die in den technisch verwendeten Zweistoff-Aluminiumbronzen mit Gehalten bis zu etwa 12% Al neben dem α-Mischkristall auftretenden Bestandteile. Höhere Festigkeit und Härte wird im allgemeinen durch Erhöhung des β'-Anteiles erzielt, während das Auftreten von γ' meist eine für technische Verwendungszwecke zu starke Versprödung zur Folge hat. Im Gußzustand sind infolge unvollkommenen Gleichgewichtes auch Legierungen mit weniger als 9,6% Al heterogen (Abb. 205). Der heterogene Aufbau ist für Gleitbeanspruchung günstig.

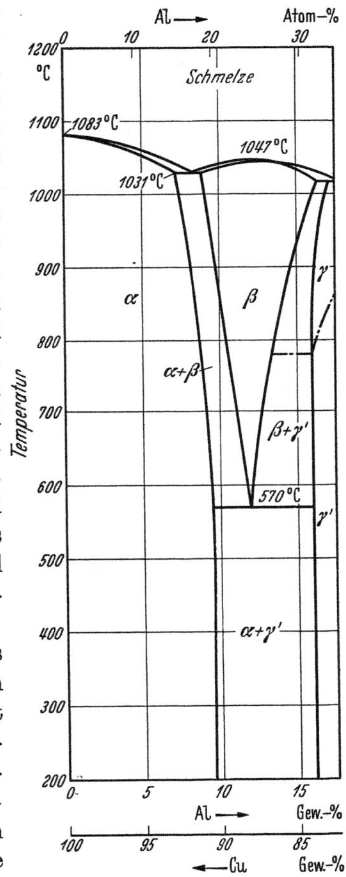

Abb. 204. Zustandsbild Kupfer—Aluminium, kupferreiche Seite.

Die verwickelten Umwandlungen des β-Mischkristalls können bei Werkstücken aus Aluminiumbronze infolge der oft nicht genügend beherrschbaren Erstarrungsgeschwindigkeit eine für den Verwendungszweck wenig geeignete Struktur, beispielsweise das Vorhandensein eines zu hohen Anteils an γ' und als Folge davon ungünstige physikalische Eigenschaften ergeben. In solchen Fällen kann der gewünschte Zustand durch eine Wärmebehandlung herbeigeführt werden (Abb. 206)[1]. Durch Abschrecken aus dem $\alpha + \beta$-Feld kann beispielsweise γ' völlig unterdrückt werden.

Als Legierungszusätze zu den Aluminiumbronzen kommen die Elemente der Eisengruppe, Fe, Ni, Mn, ferner noch Si in Betracht.

Eisen[2] wird in Mengen bis zu 6% zulegiert. Es geht nur bis zu etwa 4% in Lösung und tritt darüber hinaus in Form blaugrauer

[1] Hansen, M.: Metallwirtsch. Bd. 14 (1935) S. 693—695.

[2] Corse, W. M., G. F. Comstock: Proc. Amer. Inst. Met. Bd. 10 (1917) S. 119.

Eiseneinschlüsse auf. Eisen feint das Korn und steigert Festigkeit, Streckgrenze und Härte, allerdings etwas auf Kosten der Dehnung. Sein festigkeitssteigernder Einfluß ähnelt dem eines erhöhten Al-Zusatzes, dabei gibt Eisen jedoch die Möglichkeit, im $\alpha + \beta$-Bereich zu verformen und das schwerer zu verformende und zu grober Ausbildung neigende reine β zu vermeiden.

Nickel[1] wird in Mengen bis zu 6% und *Mangan*[2] bis zu 2,5% zugeschlagen. Beide Mengen gehen in den genannten Mengen offenbar

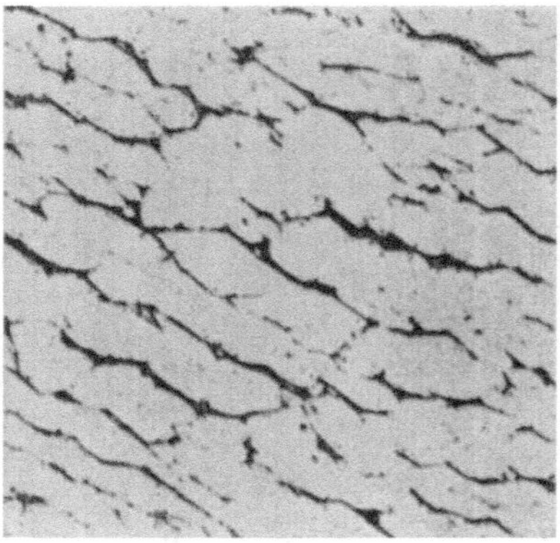

Abb. 205. Aluminiumbronze mit 9% Al, Rest Cu. Gußzustand: α (hell) mit Resten von β (als dunkle Korngrenzensäume). 200×.

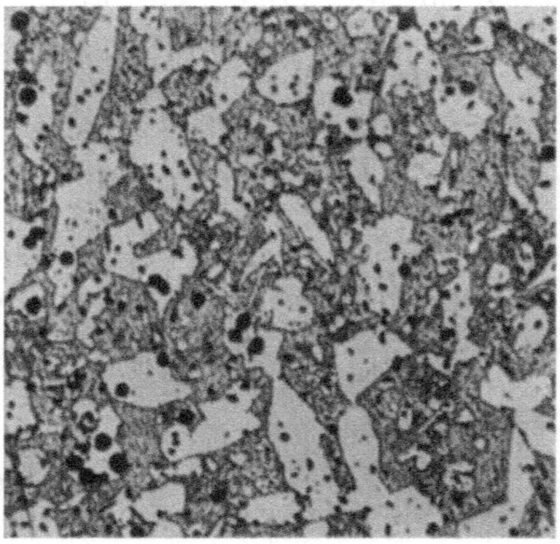

Abb. 206. Aluminium-Mehrstoffbronze mit 11% Al, 5% Fe, Rest Cu. Zustand: geschmiedet. Zwischenzustand, bei dem β (dunkle Flächen) in $\alpha + \gamma$ zu zerfallen beginnt. Schwarze Einschlüsse: Fe-Mischkristall. 400×.

vollständig in Lösung und bringen eine Erhöhung der Festigkeitszahlen ohne wesentliche Beeinträchtigung der Dehnung. Ihr Einfluß ist teilweise nicht so ausgeprägt wie der von Eisen.

Silizium wird in Mengen bis zu etwa 3%, meist unter 1%, zulegiert und bewirkt eine starke Lösungshärtung.

Die Zuschläge der genannten Metalle bringen neben den erhöhten physikalischen Werten noch eine Verbesserung der Gießbarkeit.

d) Auf die Metallographie einzelner für Gleitzwecke verwendeter *Sonderbronzen* gehen wir nur kurz ein.

Die Al-haltigen Nickelbronzen weisen bei niedrigen Al- (und Si-) Gehalten (z. B. 15% Ni, 3% Al, Rest Cu) homogene α-Mischkristalle auf, in denen bei langsamer Abkühlung oder nach Anlassen Ausscheidungen einer zweiten Phase mit Aushärtungseffekten beobachtet werden.

---

[1] READ, A. A., R. H. GREAVES: J. Inst. Met. Bd. 11 (1914) S. 169—213. — J. Inst. Met. Bd. 25 (1921) S. 57—80. — ALEXANDER, W. O.: J. Inst. Met., Paper Nr. 815, Sept. 1938, S. 425—445.

[2] ROSENHAIN, W., F. C. LANTSBERRY: 9. Bericht an das Alloys Research Committee. The National Physical Laboratory. London 1911.

Bei höheren Al-Gehalten tritt, unterstützt durch Zusätze wie Si, β als zweite Phase auf. Diese zwischen den Nickel- und den Aluminiumbronzen liegenden praktisch üblichen Legierungen sind demnach meist zweiphasig.

Die ziemlich verwickelten, von Ausscheidungen begleiteten Umwandlungsvorgänge bei den Legierungen dieser Gruppe sind zuletzt eingehend von ALEXANDER[1] bearbeitet worden.

e) *Zink-Kupferlegierungen, d. s. Messinge*, deren Zustandsschaubild Abb. 207 wiedergibt[2], werden als Gleitmetalle fast nur mit Sonderzusätzen verwendet. Aus dem Gebiet homogener α-Mischkristalle kommen Legierungen mit 10 bis 30% Zn als gewalzte und gerollte Bänder zur Anwendung, bei denen durch Zusatz von 2 bis 3% Blei eine gewisse Verbesserung der Laufeigenschaften oder durch Zusatz von Zinn (bis 1%) eine höhere Belastbarkeit durch Härtung angestrebt wird. Das Gefüge dieser Legierungen erscheint für Laufzwecke nicht besonders günstig, doch gibt man in einzelnen Fällen α-Messingen offenbar wegen ihrer höheren Warmfestigkeit gegenüber $\alpha + \beta$-Messingen den Vorzug. Die Verwendung bleibt jedoch auf Lagerstellen geringerer Belastung, insbesondere Schwinglager an Fahrgestellen, beschränkt.

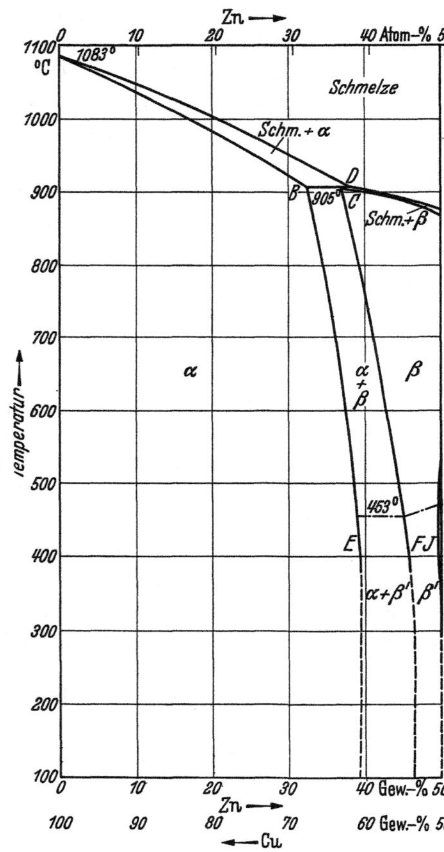

Abb. 207. Zustandsschaubild Kupfer—Zink, kupferreiche Seite.

Eine grundsätzlich bessere Eignung für Gleitzwecke zeigen die Messinge des $\alpha + \beta$-Bereiches wegen ihres heterogenen Aufbaues und ihrer höheren Härte. Die Belastbarkeit ist jedoch, wie die praktische Erfahrung gezeigt hat, nicht sehr hoch und die Neigung zum Anreiben mit dem Gegenwerkstoff so erheblich, daß rein binäre $\alpha + \beta$-Messinge keine praktische Bedeutung als Gleitwerkstoffe gewinnen konnten. Das Legieren dieser

[1] ALEXANDER, W. O.: J. Inst. Met., Paper Nr. 815, Sept. 1938, S. 425—445.

[2] BAUER, O., M. HANSEN: Der Aufbau der Kupfer-Zink-Legierungen. Mitt. dtsch. Mat.-Prüf.-Anst., Sonderheft IV, Berlin 1927.

$\alpha + \beta$-Messinge mit verschiedenen Zusatzmetallen, insbesondere Fe, Sn, Ni, Mn, Al, Si bringt dagegen durch Erhöhung der Festigkeitszahlen und Schaffung einer günstigen Struktur teilweise eine recht gute Eignung dieser Legierungen für Lagerzwecke unter mittleren Belastungen [1]. Eine kennzeichnende Zusammensetzung ist beispielsweise: 2% Fe, 2,2% Mn, 2,6% Al, 1% Ni, 57% Cu, Rest Zn. Gezogene Rohre aus dieser Legierung erreichen folgende Festigkeitswerte: $\sigma_B = 60$ bis 70 kg/mm², $\sigma_S = 28$ bis 35 kg/mm², $\delta_{10} = 25$ bis 15%, $H = 165$ bis 185 kg/mm².

Die oben genannten Zusätze werden niemals allein, sondern immer zu mehreren in einer Gesamthöhe von etwa 4 bis 7% verwendet. Die Legierungen dieses Bereichs sind nach DIN 1709 als *Sondermessinge* gekennzeichnet. Wir betrachten im folgenden die Wirkung der zulegierten Elemente einzeln. Dabei muß berücksichtigt werden, daß ihre Kombination wegen gegenseitiger Einflüsse auf Struktur und Verhalten noch zusätzliche Wirkungen bedingt.

Eisen [2] ist in Gehalten von 0,5 bis 4% ein wesentlicher Bestandteil von Sondermessingen, insbesondere, wenn gleitende Beanspruchung in Betracht kommt. Eisen ist sowohl im α- wie im β-Mischkristall in ähnlicher Menge löslich wie in Kupfer, d. h. die Löslichkeit liegt bei Temperaturen um 800° etwas unter 1% und nimmt mit fallender Temperatur ab. Bei Zimmertemperatur ist die Löslichkeit praktisch Null. Die Ausscheidung des Eisens erfolgt bei Abkühlung aus dem β-Mischkristall verhältnismäßig schnell, aus dem α-Mischkristall jedoch sehr träge. Der Gehalt an mikroskopisch nachweisbarem Eisen ist daher eine Frage der Kristallart und der Wärmebehandlung. Bei $\alpha + \beta$-Messing sind Eisenmengen unter 1% nur im β-Mischkristall, und zwar bei starker Auflösung nachweisbar, erst anschließendes Glühen bewirkt eine Sichtbarmachung durch Zusammenballung und Ausscheidung auch aus α. Bei Eisengehalten über 1% tritt neben dem sekundären auch primäres Eisen auf. Bei verformten Legierungen wird durch Anlaßglühungen, eventuell unterstützt durch Kaltverformung, eine Begünstigung der Ausscheidung erreicht.

Eisenzusatz bewirkt eine geringe scheinbare Erhöhung des Kupfergehaltes, d. h. die Sättigungsgrenze des $\alpha + \beta$-Mischkristalls verschiebt sich etwas nach kupferärmeren Konzentrationen hin. Eisen bewirkt insbesondere bei $\alpha + \beta$-Messing eine merkliche Gefügefeinung, die weniger bei Guß- als vielmehr bei Knetlegierungen in Erscheinung tritt. Der durch den Eisenzusatz gebildete hellgraue Gefügebestandteil ist der hocheisenhaltige an Kupfer und Zink gesättigte α-Fe-Mischkristall. Er scheint die Gleiteigenschaften durch Schaffung einer gewissen Heterogenität zu begünstigen (Abb. 208) und ist vor allem aus diesem Grunde für Laufmessinge von besonderer Bedeutung. In Laufmessingen liegt der Eisengehalt üblicherweise zwischen 1 und 2,5%.

---

[1] NEAVE, D. P. C.: Proc. Instn. Automobile Engr. Bd. 31 (1936/37) S. 624—657.
[2] BAUER, O., M. HANSEN: Z. Metallkde. Bd. 26 (1934) S. 121—128.

Zinn[1] ist in geringen Mengen in Messing löslich, und zwar bei 400° im α-Mischkristall bis zu 1,5% und im β-Mischkristall bis zu 0,4%. Über 0,4 bis 1,5% (je nach Cu-Gehalt) hinausgehende Zinngehalte führen zum Auftreten einer neuen, als γ bezeichneten Kristallart. Im Gußzustand wird das Gleichgewicht bei praktisch üblicher Abkühlung nicht erreicht. So wurden in einem Guß mit 65,8% Cu, 1,1% Sn, Rest Zn, der im Gleichgewichtszustand unterhalb etwa 675° nur α-Mischkristalle aufweisen sollte, alle drei Kristallarten α, β und γ nachgewiesen. Entspricht das Auftreten von γ bei Zimmertemperatur dem Gleichgewicht, so kommt es bei langsamer Erstarrung zur Ausbildung des (α + γ)-Eutektoids (Abb. 209 und 210). Das Gefüge ist dem der Zinngußbronzen ähnlich, auch die Festigkeitswerte liegen im gleichen Bereich. Legierungen dieser Art werden zum Austausch

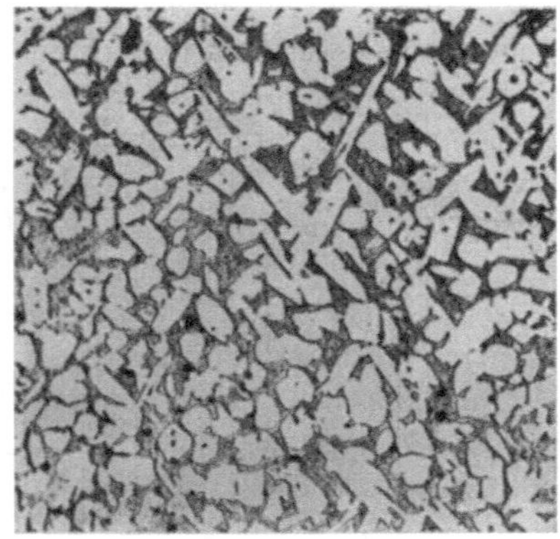

Abb. 208. Sonder-Gleitmessing, gepreßt. 57,9% Cu, 1,07% Fe, 0,96% Ni, 0,93% Mn, 0,45% Al. α (hell), β (dunkel) und Fe-Mischkristalle als dunkle Einschlüsse in β. 100×.

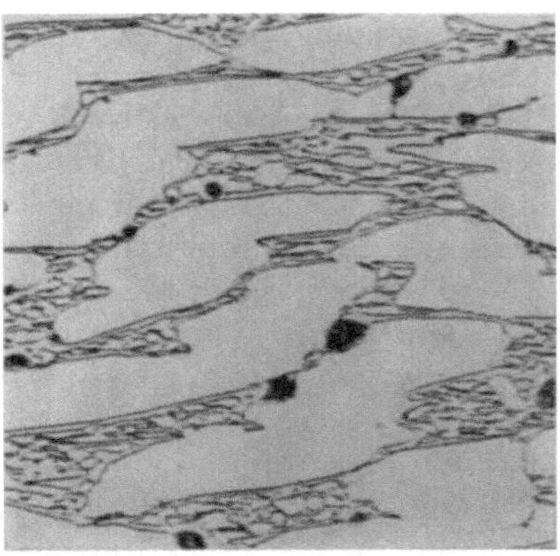

Abb. 209. Sonder-Gleitmessing, gegossen. 62,3% Cu, 4,1% Sn, 3,1% Pb, Rest Zn. α (hell), Eutektoid α + γ und (schwarze) Bleieinschlüsse im Eutektoid. 400×.

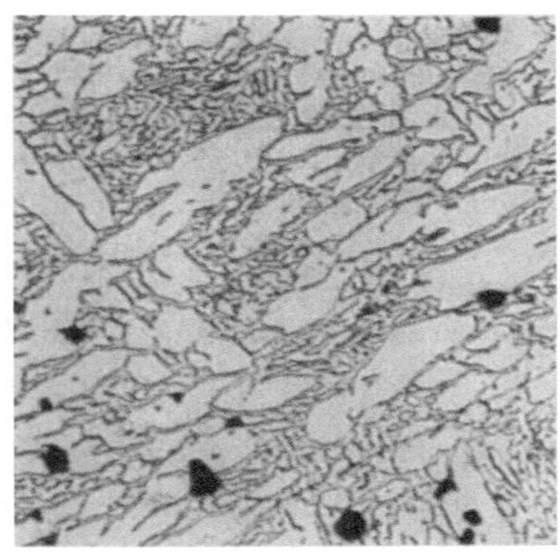

Abb. 210. Sonder-Gleitmessing, gegossen und 4 h bei 450° geglüht. 59% Cu, 4,1% Sn, 3,1% Pb, Rest Zn. Die im Gußzustand vorhandenen β-Reste sind durch die Glühung zerfallen. Gefügeaufbau wie Abb. 209. 400×.

der genormten Gußbronzen empfohlen und verwendet (z. B. unter der Bezeichnung ,,Eutektoid-Lagerbronze")[2]. Der Zuschlag von Blei bringt eine weitere Begünstigung der Laufeigenschaften.

[1] Bauer, O., M. Hansen: Z. Metallkde. Bd. 22 (1930) S. 405—411; Bd. 23 (1931) S. 19—22.

[2] Die Bezeichnung „Bronze" sollte für derartige den Sondermessingen zugehörige Legierungen vermieden werden.

Auch Legierungen, die bei Zimmertemperatur aus α, β und γ aufgebaut sind, werden — ebenfalls meist noch mit Bleizuschlägen versehen — für einige Anwendungsgebiete, z. B. für Hahnkegel und Stromabnehmerrollen, die starkem Verschleiß unterworfen sind, verwendet. Diese Legierungen lassen sich auch warm verarbeiten, z. B. durch Pressen.

Zinngehalte unterhalb der Löslichkeitsgrenze, d. h. unter etwa 1%, scheinen für die Gleiteigenschaften ohne Nutzen zu sein. Solche Zinnzuschläge dienen vielmehr der Erhöhung der Korrosionsbeständigkeit, insbesondere gegen Seewasser.

Nickel[1] führt nicht zur Bildung einer dritten Kristallart. Es verschiebt die Zustandsgebiete zu kupferärmeren Konzentrationen, d. h. der β-Kristall wird durch das Auftreten von Nickel zurückgedrängt.

Nickel begünstigt die Dehnung, Kerbzähigkeit und Dauerfestigkeit, ferner die Korrosionsbeständigkeit und Warmfestigkeit. Diese guten Einflüsse beziehen sich also hauptsächlich auf Messinge, die hohen Belastungen ausgesetzt sind und einem Korrosionsangriff unterliegen. Andererseits bringt ein Nickelzusatz eine für Gleitmessinge erwünschte Erhöhung der Warmfestigkeit. Wohl aus diesem Grunde finden wir es in solchen Legierungen meist in Mengen von 1 bis 2%.

Mangan[2] hat ähnliche Wirkungen wie Nickel und dient darüber hinaus als Desoxydationsmittel. Es verschiebt ebenfalls, wenn auch in wesentlich geringerem Grade als Nickel, die Sättigungsgrenze zu kupferärmeren Konzentrationen hin.

In Legierungen, die β enthalten, tritt durch Manganzusatz über 4 bis 4,7% unterhalb 375° eine neue Mn-reiche Phase (ζ) infolge der mit fallender Temperatur stark abnehmenden Löslichkeit von Mangan in β auf. Die praktisch verwendeten Mn-Gehalte liegen unterhalb dieser Grenze, meist bei 1 bis 2, höchstens 3%, da höhere Gehalte zu einer Erniedrigung der Dehnung und Schlagfestigkeit führen. Bei verformtem Material wirkt sich die verfestigende Wirkung von Mangan besonders günstig aus.

Aluminium[3] hat neben Silizium den stärksten Einfluß unter den hier besprochenen Zusatzelementen, da es die Streckgrenze, Festigkeit und Härte stark erhöht, ohne zunächst Dehnung und Einschnürung ungünstig zu beeinflussen. Die Sättigungsgrenze des α-Mischkristalls der Kupfer-Zinklegierungen wird durch 3,5% Al auf 72,5 Cu, die Sättigungsgrenze des β-Mischkristalls durch 4,5% Al auf 65,5% Cu verschoben. Darüber hinausgehende Aluminiumgehalte führen zum Auftreten der spröden β-Kristallart und machen durch starken Abfall der Dehnung und Schlagfestigkeit die Legierungen praktisch uninteressant. Die technisch verwendeten Al-Gehalte liegen daher in den Grenzen 0,5 bis 3%, meist

[1] BAUER, O., M. HANSEN: Z. Metallkde. Bd. 21 (1929) S. 357—367.
[2] BAUER, O., M. HANSEN: Z. Metallkde. Bd. 25 (1933) S. 17—22.
[3] BAUER, O., M. HANSEN: Z. Metallkde. Bd. 24 (1932) S. 73—78, 104—106.

zwischen 1 und 2%. Aluminium bringt eine so ausgesprochene Erhöhung der Festigkeitswerte, daß es in Sondermessingen auch für gleitende Beanspruchung heute wohl allgemein angewendet wird.

Silizium[1] geht bei Zimmertemperatur in Kupfer bis zu etwa 4% in Lösung. In Zink-Kupferlegierungen nimmt die Löslichkeit mit steigendem Zinkgehalt ab. Sie beträgt bei 70% Cu, Rest Zn, nur noch etwa 1%. Die außerordentlich stark härtende Wirkung von Si verlangt eine sehr genaue Gattierung, die durch die starke Reaktionsfähigkeit von Si erschwert wird. Vor allem aus diesem Grund wird Si zur Steigerung der physikalischen Werte von Sondermessingen noch nicht sehr häufig verwendet. Bei Legierungen mit dem Grundaufbau von Ms 58 finden sich Si-Zuschläge von etwa 0,5%. Legierungen mit hohem Kupfergehalt (über 70%) und Si-Zuschlägen von 2 bis 4% sowie mit Zinnzusätzen bis zu 2% besitzen infolge Auftretens einer zweiten, harten und spröden Kristallart einen den Zinngußbronzen und dem Rotguß ähnlichen Gefügeaufbau und werden für diese Legierungen ebenso wie die ternären Cu—Zn—Sn-Legierungen als Austauschwerkstoffe genannt[2].

d) Die Beziehungen zwischen Gefüge, physikalischen Eigenschaften und Gleitverhalten.

Die Beziehungen zwischen Gefügeausbildung, physikalischen Eigenschaften und Gleitverhalten der Lagerbronzen können naturgemäß grundsätzlich auf der gleichen Grundlage behandelt werden wie bei den anderen Lagerwerkstoffen.

Die Gefügeausbildung und ihre Bedeutung für die Laufsicherheit steht auch heute noch zur Diskussion. Es scheint festzustehen, daß für Gleitwerkstoffe verhältnismäßig geringer Festigkeit und Härte, also für Gleitwerkstoffe, die beim Einlauf und unter besonderen Betriebszuständen plastischer Verformung ausgesetzt zu sein pflegen, im allgemeinen der heterogene Aufbau vorteilhaft und wünschenswert ist. Dieser Grundsatz schließt nicht aus, daß in Einzelfällen *homogene* weiche Lagerwerkstoffe auch unter schwereren Betriebsbedingungen erfolgreich benutzt werden können, wenn ihre Neigung zum Anreiben mit dem Gegenwerkstoff ungewöhnlich gering ist[3]. Die Grenze für die Härte dieser „weichen" Lagerwerkstoffe muß in diesem Zusammenhang recht hoch angenommen

---

[1] Gould H. W., K. W. Ray: Metals & Alloys, Bd. 1 (1930) S. 455—507, 502—507; Metallurgist (Suppl. to Engineer) Bd. 6 (1930) S. 95—96; Metallurgia Bd. 2 (1930) S. 48. — Vaders, E.: J. Inst. Met. Bd. 44 (1930) S. 363—379.

[2] Als weitere Austauschwerkstoffe für Zinnbronzen und Rotguß kommen Kupferlegierungen in Betracht, bei denen Zinn durch Silizium gemeinsam mit Elementen der Eisengruppe, insbesondere Fe und Mn, ersetzt wird (Isima-Bronze, Isima-Rotguß, PMG-Legierungen).

[3] Underwood, A. F.: Symposium on lubricants. Amer. Soc. Test. Mat., p. 41—52. Philadelphia 1937. — Ungenannt: Met. Ind., Lond. Bd. 53 (1938) S. 10.

werden. Als grober Anhaltswert kann eine Brinellhärte von 100 kg/mm² genommen werden.

Wir finden demgemäß für alle wesentlichen Lagerbronzen mit geringerer Härte als 100 kg/mm² einen ausgesprochen heterogenen Aufbau, z. B. durch Eutektoidbildung oder — bei den Sondermessingen — durch Auftreten der α- und β-Phase neben einem hoch eisenhaltigen Bestandteil bzw. (bei Sn-Zuschlag) neben dem $\alpha + \gamma$-Eutektoid.

Bei höheren Härten der Lagerwerkstoffe, etwa im Bereich von 100 bis 180 kg/mm², wird der Härtesprung zwischen den beiden Werkstoffen von Lager und Welle schon geringer. Damit tritt die Bedeutung des Gefügeaufbaues in den Hintergrund, da Einlaufvorgänge kaum noch stattfinden können. In diesem Bereich können sowohl homogene wie auch heterogene Bronzen als bewährte Gleitmetalle genannt werden. Offenbar ist jedoch Heterogenität in diesem Bereich noch grundsätzlich vorteilhaft.

Bei Lagerwerkstoffen mit höherer Härte als etwa 180 kg/mm² bis zu den härtesten, z. B. nitrierten Laufflächen tritt die Bedeutung des Gefügeaufbaues offenbar vollends in den Hintergrund. Der Härtesprung nähert sich dem Wert 1, und man kann unter der Voraussetzung optimaler Oberflächen und Schmierverhältnisse zu einem praktisch verschleißlosen Betrieb solcher Lagerstellen gelangen, wie er in Sonderfällen auch verwirklicht wird.

In den vorliegenden Betrachtungen wurde die *Härte* als Kriterium herangezogen, weil sie einen einfachen und charakteristischen Kennwert für die abgeleiteten Beziehungen hergibt. Grundsätzlich reicht die Härte allein zur Beurteilung bei weitem nicht aus. Bei dem Versuch einer vollständigen Behandlung aller Einflüsse auf Gleitverhalten und Belastbarkeit treten jedoch so viele verschiedenartige Faktoren auf, daß eine einwandfreie Klärung heute noch nicht möglich ist. Dazu gehört der Einfluß der Kombination Welle—Schmierfilm—Lager und die spezifische als Werkstoffeigenschaft aufzufassende Neigung der Lagerwerkstoffe, einander „anzureiben" oder zu „fressen", die mit ihrer Benetzbarkeit in Zusammenhang steht.

So zeichnen sich beispielsweise die Zinnbronzen im Vergleich zu Aluminiumbronzen durch eine geringere Neigung zum Anreiben aus, etwa in Verwendung als Schneckenräder zusammen mit stählernen, im Einsatz gehärteten Schnecken. Beide Bronzen sind wiederum den Messingen überlegen. Die Erfahrungen an Kupfer-Zinn- und Kupfer-Zinklegierungen stimmen andererseits mit denen an Lagerlegierungen auf der *Basis* Zinn bzw. Zink grundsätzlich überein. Diese Beispiele lassen bereits das Gleitverhalten als ausgesprochen werkstoffabhängig erkennen.

Festigkeit und *Härte* der Lagerwerkstoffe sind mit entscheidend für ihre *Belastbarkeit*[1]. Grundsätzlich scheint die Grenze der Belastbarkeit

[1] MANN, H., H. HEYER: Luftf.-Forschg. Bd. 13 (1935) S. 168—175.

mit der *Fließgrenze* des belasteten Werkstoffes in erster Näherung übereinzustimmen[1], wenn auch dieser Belastungswert — anders als bei den im Verbundguß benutzten Weißmetallen und weichen Bleibronzen — infolge der Möglichkeit örtlicher Schmierfilmstörungen kaum jemals voll ausgenutzt werden kann. Demgemäß geben bei statischer Belastung der Druckversuch mit Feinmessung und bei dynamischer Belastung der Dauerschlagversuch Aufschluß über die Belastbarkeit, die praktischen Grenzen werden jedoch jeweils durch die Vielzahl der vorliegenden technischen Bedingungen niedriger gesetzt. Auch die Härtebestimmung gibt schon einen Hinweis auf die Belastbarkeit. Alle Bestimmungen physikalischer Werte müssen für die Gewinnung einwandfreier Unterlagen bei *Betriebstemperatur* durchgeführt werden.

Die Bedeutung der *Oberflächengüte* und die Herstellung einwandfreier Oberflächen wird im Kapitel „Bleibronzen" auf S. 299ff. eingehend behandelt. Die dort niedergelegten Grundsätze gelten für die Bronzen mit ihrer höheren Härte und Fließgrenze in erhöhtem Maße. Die Oberfläche des Gegenwerkstoffes, z. B. der Stahlwelle, soll bei Bronze als Gleitmetall so hart wie möglich, d. h. im Einsatz bzw. mit dem Schweißbrenner gehärtet oder nitriert sein. Hohe Oberflächengüte, erzielt durch Schleifen und, wenn möglich, nachfolgendes Läppen ist unbedingt anzustreben. Bronzebüchsen sollen in der Lauffläche mittels Diamant- oder Widiaschneide unter Benutzung einer Feindrehbank auf Fertigmaß gebracht werden. Wenn die Eigenart oder die Abmessungen der Lagerung eine derartige Feinbearbeitung nicht ermöglichen, ist der Austausch von Bronzen durch Weißmetall- oder Bleibronze-Verbundgußlager anzustreben, da solche Lager auch durch Schaben einwandfrei zum Tragen gebracht werden können.

e) Schmelz-, Gieß- und Knet-Technik.

Die hier behandelten Kupferlegierungen können in allen praktisch verwendeten Tiegelöfen und in beschränktem Umfang auch in Flammöfen geschmolzen werden[2]. Neben der Wirtschaftlichkeit ist dabei das Verhalten der Verbrennungsprodukte auf das Metall maßgebend.

Tiegelöfen werden für Kupferlegierungen feststehend und kippbar mit Beheizung durch Koks, Öl oder Gas verwendet. Ihr Tiegelinhalt liegt zwischen 50 und 500 kg, meist bei 200 bis 400 kg. Wenn solche verhältnismäßig kleinen Metallmengen in Betracht kommen, werden Tiegelöfen für die hier besprochenen Bronzen und Sondermessinge allgemein bevorzugt. Bei richtiger Kokswahl gibt der mit diesem Brennstoff

---

[1] ARMBRUSTER, M.: Werkstofftechn. Koll. T.H. Darmstadt 1934. Schr. Hess. Hochsch. 1934, Heft 3, S. 90—101.

[2] MANNIGEL, G.: Schmelzöfen für Nichteisenmetalle. Werkstoff-Handbuch für Nichteisenmetalle, P 11, S. 1—8. Berlin 1932.

beheizte Tiegelofen ausgezeichnete Ergebnisse, besonders, wenn schmelzempfindliche Metalle oder Legierungen, z. B. Reinkupfer oder nickelhaltige Legierungen, geschmolzen werden. Öl- und gasgefeuerte Öfen sind demgegenüber leichter zu bedienen und sauberer, erfordern jedoch eine sorgfältige Überwachung und Einstellung der Flamme.

Flammöfen arbeiten infolge des unmittelbaren Einflusses der Wärme, die hauptsächlich durch Strahlung vom Gewölbe übertragen wird, sehr wirtschaftlich. Auch bei den Flammöfen sind feststehende und kipp- bzw. drehbare Öfen zu unterscheiden. Für das Schmelzen von Kupferlegierungen werden heute, wenn nicht sehr große Einsätze in Betracht kommen, dreh- und kippbare Öfen vorgezogen, und zwar außer liegenden Drehtrommelöfen auch Ellipsoid-Drehtrommelöfen. Flammöfen verlangen wegen des unmittelbaren Einflusses der Brenngase auf den Einsatz eine sehr sorgfältige Flammenführung und -regelung sowie Abdeckung. Bei schmelzempfindlichen Metallen und Legierungen, besonders Reinkupfer und nickelhaltigen Legierungen, ist der öl- und gasgefeuerte Flammofen in Rücksicht auf die Gefahr der Gasaufnahme nicht zweckmäßig. Die tiegellosen Öfen werden hauptsächlich zum Schmelzen von Rotguß, ferner Zinn- und Aluminiumbronzen verwendet, insbesondere, wenn hohe Schrottanteile auch in Form von Spänen vorliegen. Ihr Fassungsvermögen liegt im allgemeinen über dem der Tiegelöfen, und zwar von 500 kg bis zu einigen 1000 kg. Sie kommen daher bevorzugt für größere Gießereien mit einheitlichem Schmelzprogramm in Betracht.

Unter den *elektrischen Schmelzöfen*[1] sind für Kupferlegierungen zu nennen der Ofen mit indirekter Lichtbogenbeheizung, der mittels Kohlestab beheizte Ofen sowie Induktionsöfen mit und ohne Eisenkreis.

Der *Ofen mit indirekter Lichtbogenbeheizung*, ausgeführt als liegender, drehbarer Trommelofen mit axial eingeführten Kohlen, hat sich bei uns unter dem Einfluß der Induktionsöfen nur in geringem Umfang einführen können. In Amerika ist er dagegen, besonders als DETROIT-Ofen, recht verbreitet.

Diese Ofenbauart erfuhr eine bemerkenswerte Abwandlung durch Anwendung eines zur Weißglut erhitzten Kohlestabes an Stelle der Lichtbogenelektroden. Man erhält so eine gleichmäßig über die ganze Ofenlänge wirkende Wärmequelle. Dieser Schmelzofen wurde in Deutschland von JUNKER vervollkommnet und dürfte für Kupferlegierungen in vielen Fällen vorteilhaft anwendbar sein, besonders, wenn kleinere Chargen, etwa 30 bis 400 kg, von Sonderlegierungen einzuschmelzen sind und auf Sauberkeit, einfache Bedienung und Regelung sowie nicht oxydierendes Schmelzen Wert gelegt wird.

---

[1] GROSS, R.: Elektrische Schmelzöfen. Werkstoff-Handbuch für Nichteisenmetalle, P 10, S. 1—10. Berlin 1931.

Der *Induktionsofen mit geschlossenem Eisenkreis* (Niederfrequenzofen) beherrscht heute insbesondere die Messinggießerei. Er ist der gegebene Ofen, um im kontinuierlichen Betrieb Kupferlegierungen besonders in großen Sätzen wirtschaftlich und sauber zu schmelzen, ist aber andererseits wegen der Notwendigkeit, in der Heizrinne stets Schmelze flüssig zu halten, auf ununterbrochenen Betrieb mit gleichen oder zumindest gleichartigen Legierungen beschränkt. Sonderlegierungen für Gleitzwecke kommen jedoch in diesem Umfang praktisch kaum in Betracht.

Der *eisenlose Induktionsofen* (Hochfrequenzofen) ist für das Schmelzen von Kupferlegierungen ausgezeichnet verwendbar. Bei der für kleinere und mittlere Öfen (30 bis 600 kg) üblichen, in rotierenden Umformern erzeugten hohen Frequenz wird infolge des starken Skineffektes der Einsatz sehr schnell heruntergeschmolzen. Die Schmelze wird infolge der auftretenden elektrodynamischen Kräfte gründlich durchgerührt. Einflüsse der Schmelzatmosphäre können leicht durch Abdeckmittel ferngehalten werden. Gegenüber nichtelektrischen Tiegelöfen besteht höchstens der Nachteil, daß Schlackenreaktionen, d. h. Reaktionen von Abdeck- und Raffinationsmitteln, auf der Badoberfläche träger zur Auslösung kommen, da die notwendige Erhitzung praktisch nur vom Bad und nicht von der Schmelzatmosphäre und vom aufgeheizten oberen Tiegelrand her geliefert wird.

Das größte Hindernis für die umfassendere Einführung des Hochfrequenzofens in die allgemeine Gießpraxis ist sein hoher Preis, zumal da beispielsweise beim Schmelzen von Bronzen und Sondermessingen in koksgefeuerten Tiegelöfen sehr hohe Qualitätsansprüche mit bescheidenem Kostenaufwand erfüllt werden können. Bei hochschmelzenden, insbesondere hoch nickelhaltigen Legierungen ist andererseits der Hochfrequenzofen so überlegen, daß er dort andere Ofenarten zunehmend verdrängt. Diese Legierungen fallen jedoch nicht in die hier behandelte Gruppe hinein.

Das Schmelzen der Kupferlegierungen[1] erfolgt bei wesentlichen Zuschlägen von Neumetall grundsätzlich in folgender Weise. Der Boden des Tiegels wird mit trockener Holzkohle bedeckt und der Tiegel mit Kupfer beschickt. Dieser Satz wird zunächst niedergeschmolzen, desoxydiert (normalerweise mit Phosphorkupfer), anschließend unter sorgfältigem Abdecken das restliche Kupfer zugeschlagen und erneut desoxydiert. Dann werden die Zuschläge in Form reiner Metalle (Zinn, Blei, Zink) oder in Form von Vorlegierungen (Aluminium-Kupfer, Mangan-Kupfer, Nickel-Kupfer, Eisen-Zink) zugeschlagen. Sondermessinge werden oft in zwei Schmelzgängen neu legiert. Wenn, wie üblich, ein wesentlicher Schrottanteil verwendet wird, wird ebenfalls zunächst das Neukupfer niedergeschmolzen und der Schrott ebenso wie die sonstigen

[1] Claus, W.: Über das Schmelzen der Metalle und Legierungen in den Metallgießereien, S. 72—100. Halle 1927.

Zuschläge anschließend in das Bad eingebracht. Beim Zuschlag ist auf sorgfältige Vorwärmung zu achten, damit das Einbringen von Feuchtigkeit in das Bad vermieden wird.

Wenig schmelzempfindlich sind insbesondere Legierungen mit wesentlichen Zinkgehalten, also alle Messinge und Rotguß mit mehr als etwa 2% Zn. Die Ursachen liegen in der guten Desoxydationwirkung des Zinks und seiner hohen Dampfspannung[1], die eine Vergasung der Schmelze auch bei mangelhafter Abdeckung verhindern. Zinnbronzen sind sehr empfindlich gegen Schmelzüberhitzung. Aluminiumbronzen[2] neigen infolge der starken Löslichkeit von Wasserstoff in Aluminium leicht zum Vergasen und müssen demgemäß besonders sorgfältig durch Abdeckmittel gegen Gasaufnahme geschützt bzw. durch Raffination von Gasen befreit werden.

Die *Desoxydation* wird bei den meisten hier in Betracht kommenden Kupferlegierungen durch Zuschlag von Phosphor in Form einer 10- oder 15%igen Phosphor-Kupferlegierung vorgenommen. In vielen Fällen, z. B. bei stark verunreinigten Legierungen, also insbesondere bei hohen Schrottzuschlägen, aber ebenso auch bei nur sehr geringen Sauerstoffgehalten der Schmelze, reicht die einfache Desoxydation zur Reinigung nicht aus. An ihre Stelle tritt zweckmäßigerweise ein vollständiger *Raffinationsvorgang*[3], der sich wie beim Frischen und Polen von Hüttenkupfer aus einer selektiven Oxydation und anschließender Desoxydation zusammensetzt. Zum Frischen dienen Oxyde, die bei höheren Temperaturen Sauerstoff abgeben oder durch Reduktion leicht zerlegt werden, z. B. Kupferoxyd und Mangandioxyd. Ihnen werden Zuschläge zur Regulierung ihres Schmelzpunktes und ihrer Zähigkeit zugemischt. Diese Gemenge werden als Abdeckmittel benutzt und zum Teil in die Schmelze eingerührt. Dabei oxydiert zunächst der Wasserstoff sowie andere leicht oxydierbare, in der Schmelze gelöste Gase, und dann erst metallische Beimengungen entsprechend ihrer Sauerstoffaffinität. Eine anschließende Desoxydation, z. B. mit Phosphorkupfer, entfernt den Restsauerstoff in der Schmelze.

Das Vergießen von *Zinnbronzen*[4] geschieht vorwiegend in trockenem Sand. Nasser Sand und Kokille bereiten durch Wandstärkeempfindlichkeit und Seigerungsneigung der Legierungen erhebliche Schwierigkeiten. In dieser Beziehung sind gerade die Zinnbronzen mit guten Gleiteigenschaften, also mit Zinngehalten von 11 bis 15%, besonders schwer zu beherrschen.

Für den *Schleuderguß* von Radkörpern aus Zinnbronzen mit etwa 12% Sn werden Schleudermaschinen mit senkrechter Welle und Gieß-

---

[1] CLAUS, W.: Metalltechnik Bd. 50 (1925) S. 618—619.

[2] MILLER, H. J.: Met. Ind., Lond. Bd. 53 (1938) S. 147—152, 175—180, 199—202.

[3] Nichteisen-Schwermetallguß, S. 43—46. Berlin 1937.

[4] LAING J., R. T. ROLFE: Met. Ind., Lond. Bd. 53 (1938), S. 443—446.

formen mit einer Auskleidung aus trockenem Sand oder Kokille nach Abb. 211 verwendet[1]. Bei Formen mit metallischer Gießwand wird eine einwandfreie Oberfläche unter Vermeidung des „Angießens" durch eine Kupferblechauskleidung[2] oder durch Verwendung einer wassergekühlten Kupferkokille[3] erzielt.

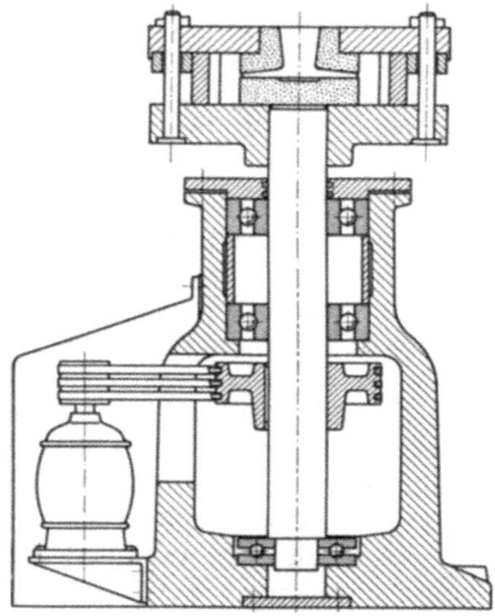

Abb. 211. Schleudergießmaschine mit senkrechter Welle, ausgerüstet mit Kokille zum Gießen von Radkränzen.

Rotguß wird in trockenem und nassem Sand vergossen, einfachere Teile auch in Kokille. Wie bei Messing, muß der Zinkabbrand beim Umschmelzen durch Neuzuschlag ausgeglichen werden. Für den besonders bei Rg 5 zweckmäßigen *Schleuderguß* gelten die gleichen Angaben wie für Zinnbronze.

Aluminiumbronzen werden in trockenem Sand und in Kokille vergossen, ferner, wie Zinnbronzen, für Radkörper auch im Schleuderguß. Beim Gießen und Füllen der Form muß jede Reaktion mit Feuchtigkeit aus Atmosphäre und Formenbaustoff besonders sorgfältig vermieden werden. Die starke Schwindung und die hohe, durch Wirbelbildung beim Gießen stark begünstigte Reaktionsfähigkeit der Aluminiumbronzen zwingen zu einer strömungstechnisch so vollkommen wie möglich durchgebildeten Form und zum Anbringen großer und zahlreicher Steiger und großer Eingüsse. Der Sandguß von Aluminiumbronzen setzt demnach besonders eingehende Erfahrungen und Maßnahmen voraus.

Im Kokillen- und Schleuderguß sind Aluminiumbronzen verhältnismäßig gut vergießbar. Bei diesen Gießarten können Festigkeitswerte in dem sonst für verschmiedetes Material üblichen Bereich erzielt werden.

Messinge und Sondermessinge sind in trockenen und nassen Formen sowie in Kokillen gut gießbar, lediglich Al-haltige Sondermessinge bereiten durch Tonerdehäute und starkes Schwinden Schwierigkeiten wie Aluminiumbronzen.

Eine Anzahl Kupferlegierungen wird, wie oben im einzelnen ausgeführt, auch im geschmiedeten oder gepreßten und gezogenen Zustand verwendet. Wir machen darüber im folgenden noch einige kurze Angaben.

[1] HURST, J. E.: Met. Ind., Lond. Bd. 40 (1932) S. 88—92.
[2] HANSER, K.: Mitt. Forsch.-Anst. Gutehoffn., Nürnberg Bd. 4 (1933) S. 90—95.
[3] JUNKER, O.: Metallwirtsch. Bd. 8 (1929) S. 1018—1019.

Zinnbronzen kommen als Schmiedebronzen kaum in Betracht, wenn sie auch unter besonderen Vorsichtsmaßnahmen bis herauf zu etwa 12% Sn warm und kalt unter Hammer und Presse verarbeitbar sind[1]. Über die Herstellung von Rohren und Stangen aus Zinnbronzen mit 7 bis 9% Sn durch Warmpressen und Kaltziehen wurden bereits auf S. 244 Angaben gemacht.

Zum Verschmieden unter Hammer und Presse eignen sich unter den besprochenen Kupferlegierungen vor allem die *Aluminiumbronzen*, insbesondere Mehrstoffbronzen mit 9,5 bis 11% Al, ferner *Nickelbronzen*, z. B. mit 14 bis 15% Ni und 2 bis 3% Al, weiterhin *Sondermessinge* des $\alpha + \beta$ und β-Bereichs, wobei die Legierungen des β-Bereichs wegen ihrer Neigung zur Grobkornbildung und Sprödigkeit schwieriger zu verarbeiten sind. Die Sondermessinge werden auch in größerem Umfang durch Warmpressen und Kaltziehen zu Rohren und Stangen verarbeitet.

Die Schmiedetemperaturen liegen für Aluminiumbronzen bei 850 bis 700°, für Nickelbronzen bei 980 bis 800° und für Sondermessinge bei 680 bis 500°. Besondere Aufmerksamkeit ist auf sorgfältiges Durchwärmen und auf zügige, weiche Schläge, und nicht allzu starke Verformungen je Schlag zu legen, da der Kristallverband erst nach gründlicher Durchschmiedung genügend innig ist, um schweren Schlägen und Verformungen zu widerstehen. Die hohen bei diesen Legierungen erreichbaren physikalischen Werte werden stets erst auf Grund sorgfältiger Durchschmiedung und hoher Verschmiedungsgrade erreicht. Das Schmieden der Kupferlegierungen, insbesondere größerer Freiformstücke, ist daher eine nur bei wenigen Metallwerken auf Grund alter handwerklicher Erfahrungen geübte Kunst.

---

[1] Dtsch. Patentanmeldung 40 d, 1/60. C 50451.

2. Bleibronzen.

Von Dr.-Ing. HELMUT MANN, Düren (Rhld.).

Mit 35 Abbildungen und 2 Zahlentafeln.

a) Entwicklung.

Die erste Verwendung von Bleibronzen, d. h. bleihaltiger Kupferlegierungen mit Pb-Gehalten über 4%, als Lagermetalle fällt in die 60er Jahre des vorigen Jahrhunderts. In England und Amerika wurden bereits 1870 Legierungen mit der Zusammensetzung 80% Cu, 10% Pb, 10% Sn im Eisenbahnwesen verwendet. In Deutschland fallen ähnliche Entwicklungsarbeiten in die gleiche Zeit. Bekannt sind die Untersuchungen von KÜNZEL[1] aus dem Jahre 1875 über Bronzelegierungen, in denen für Lagerzwecke Blei-Zinn-Bronzen mit Bleigehalten von 6 bis 18% vorgeschlagen werden, die offenbar damals auch praktisch Anwendung fanden. Der Ursprung dieser Entwicklung ist heute nicht mehr einwandfrei festzustellen. Nach dem Schrifttum scheinen die Untersuchungen an Bleibronzen, wie oft in der Technik, an mehreren Stellen entsprechend dem damaligen Stande der Entwicklung annähernd zu gleicher Zeit eingesetzt zu haben.

Bemerkenswert ist an dieser Entwicklung, daß sie vor allem in Amerika und auch in England stetig weitergeführt wurde, begünstigt durch das Interesse der dortigen Eisenbahnunternehmen an dem Werkstoff für Lagerzwecke an ihren Lokomotiven und Wagen. In Deutschland haben bis etwa zur Zeit des Weltkrieges Bleibronzen nicht diejenige Stellung erringen können, die ihnen auf Grund ihrer guten Gleiteigenschaften zweifellos zukommt. Bei uns ist die Entwicklung vielmehr bevorzugt auf die Weißmetalle einerseits und auf Zinngußbronzen und Rotguß andererseits gegangen. Nur in vereinzelten Fällen, so im Walzmaschinenbau, wurden Kupferlegierungen mit höherem Bleigehalt oft mit gutem Erfolg verwendet.

Im Verlauf des Weltkrieges wurde man nicht nur in Deutschland, sondern auch in den anderen kriegführenden Ländern zunehmend auf die günstigen Einsatzmöglichkeiten für Bleibronze als Gleitmetall aufmerksam. Diese Entwicklung wurde nach dem Kriege ohne Unterbrechung weitergeführt. Als vorläufiges Endergebnis besitzen wir heute das Verbundgußlager aus Bleibronze und weichem Flußstahl, bei dem bevorzugt binäre oder fast binäre Legierungen mit 20 bis 30% und

[1] KÜNZEL: Über Bronzelegierungen. Dresden 1875.

mehr Blei verwendet werden. Diese vorläufige Endstufe des Bleibronzelagers stellt gleichzeitig das beste zur Zeit verfügbare Gleitlager dar. Es beherrscht insbesondere den Flugmotoren- und Leichtdieselmotorenbau, da es neben voll ausreichenden Einlauf- und Notlaufeigenschaften den Vorzug einer weit überlegenen Belastbarkeit, vor allem unter Dauerschlagbeanspruchung, besitzt[1].

b) Gebräuchliche Legierungen. Normen.

Die gebräuchlichen Legierungen schwanken in ihrer Zusammensetzung je nach dem Verwendungszweck in sehr weiten Grenzen. Zahlentafel 1 gibt die Zusammensetzung und physikalischen Werte einiger von deutschen und ausländischen Herstellern erzeugten Legierungen

Zahlentafel 34. Gebräuchliche Bleibronzen deutscher (1 bis 6) und englischer (7 bis 10) Hersteller.

Leg. Nr.	Zusammensetzung					Brinellhärte			Statische Druckversuche		Ähnlich oder entsprechend DIN 2 E 1716
	Cu	Pb	Sn	Ni	Zn	20° C	50° C	100° C	Druckfestigkeit kg/mm²	Stauchung %	
1	80	8	12	—	—	64÷65	61÷63	58÷60	100÷105	35÷37	Pb-Sn-Bz 5
2	80÷81	11÷12	7÷8	—	—	57÷60	53÷55	50÷52	85÷90	38	Pb-Sn-Bz 13
3	75÷79	17÷20	4÷5	—	—	33÷35	29÷33	27÷28	50÷55	40	Pb-Sn-Bz 20
4	66÷69	27÷29	0,5÷1	—	—	32÷34	28÷29	26÷28	45÷48	40÷45	Pb-Bz 25 A
5	65	25	2	6	2	—	—	—	—	—	Pb-So-Bz 25
6	70	23	5	2	—	—	—	—	—	—	Pb-So-Bz 25
7	80	10	10	—	—	—	—	—	—	—	Pb-Sn-Bz 13
8	77	15	8	—	—	—	—	—	—	—	Pb-Sn-Bz 13
9	85	5	5	—	—	—	—	—	—	—	—
10	74	25	<1,2	—	—	—	—	—	—	—	Pb-Bz 25 bzw. Pb-Bz 25 A

an. Die Bleigehalte schwanken bei diesen Beispielen zwischen 8 und 29%, die Zinngehalte zwischen 0,5 und 12%. Diese Prozentsätze werden nach den Anforderungen gewählt, die an das Lager in bezug auf Belastbarkeit einerseits und Gleitverhalten andererseits gestellt werden. Im zweiten Teil der Zahlentafel 34 werden unter 7 bis 9 drei in England und Amerika viel gebräuchliche Legierungen genannt.

Erst vor kurzem wurde in Deutschland eine Normung der Bleibronzen vorgenommen, die ihren Niederschlag in dem DIN-Entwurf 2 E 1716 Bleibronze (Zahlentafel 35) gefunden hat. Das Normblatt stellt insofern

[1] Armbruster, M.: Koll. T. H. Darmstadt 1934, S. 90—101. — Schmidt, E.: Beitrag zur Technologie und Metallurgie von Lagermetallen. Dr.-Ing.-Diss. Berlin 1937. — Luftf.-Forschg. Lief. 8, Bd. 14 (1937). — Nallinger, F.: Luftwissen Bd. 3 (1936) S. 299—310. — Mann, H.: Techn. Zbl. prakt. Metallbearbtg. Bd. 46 (1936) S. 605—609, 689—693.

die Vorstufe einer endgültigen Normung dar, als es so ziemlich den gesamten heute verwendeten Bereich der Bleibronzelegierungen umfaßt, offenbar in dem Bestreben, zunächst die auf dem Markt befindlichen Legierungen überhaupt einmal zu erfassen und in eine Gruppeneinteilung hineinzubringen. Nach einiger Zeit wird diese Norm voraussichtlich eine Einengung und Beschränkung auf enger gefaßte Legierungsgruppen erfahren können, wobei naturgemäß alle Anforderungen der Industrie einwandfrei zufriedengestellt werden müssen.

Das Normblatt sieht zunächst drei Gruppen binärer Bleibronzen mit 10 bis 20, 20 bis 30 und über 30% Pb vor, ferner die gleichen Gruppen mit Zusätzen dritter Metalle im Höchstbetrag bis 2%. Diese Gruppen kommen fast ausschließlich für *Verbundgußlager* in Betracht, d. h. die Legierungen sind zu weich, um als Formgußstücke (Vollschalen) verwendet werden zu können. Sie werden daher in Stützkörper höherer Festigkeit, meistens aus weichem Flußstahl, teilweise auch aus Bronze. Rotguß usw. eingebracht.

Die *Blei-Zinnbronzen mit 4 bis 22% Blei und 5 bis 11% Zinn* dienen im Gegensatz zu den obigen Legierungen meist zur Herstellung von Vollagern, d. h. von Formgußstücken, die *zugleich als Stützlager und als Gleitwerkstoff* dienen.

Unter den *Blei-Sonderbronzen* mit (freigestellten) Zuschlägen von Zinn, Nickel, Zink u. a. befinden sich Legierungen, die ebenso wie die Blei-Zinnbronzen verwendet werden. Meistens sind ihre Einlauf- und Notlaufeigenschaften jedoch nicht mehr ganz befriedigend, so daß sie fast ausschließlich als Stützschalen oder als Austauschwerkstoffe für andere Gleitbronzen verwendet werden. Oft wird als Gleitmetallausguß auch Weißmetall insbesondere auf Bleibasis in möglichst dünner Schicht, bei Leichtmotorlagern beispielsweise nur 0,5 bis 0,8 mm stark. eingebracht.

c) Metallographie der Zweistoff-Bleibronzen.

Das Zustandsschaubild Kupfer-Blei[1] (Abb. 212) läßt erkennen, daß die beiden Legierungsbestandteile im festen Zustand nicht miteinander löslich sind. Im Bereich von 0 bis 36% Blei ist die Schmelze homogen, im Bereich von 36 bis 92,5% Blei besteht dagegen eine Mischungslücke. Von 92,5 bis 100% Pb ist die Schmelze wieder homogen.

Die Erstarrung einer Legierung innerhalb des Bereiches von 0 bis 36% Pb erfolgt — beispielsweise bei der Zusammensetzung 80% Cu und 20% Pb — folgendermaßen: Bei etwa 1007° beginnt primär Kupfer entsprechend der Liquiduskurve zu erstarren. Die Erstarrung setzt

[1] Briesemeister, S.: Z. Metallkde. Bd. 23 (1931) S. 225—230. — Claus, W.: Z. Metallkde. Bd. 23 (1931) S. 264—266. — Metallwirtsch. Bd. 13 (1934) S. 226 u. 227. — Hansen, M.: Der Aufbau der Zweistofflegierungen, S. 598—602. Berlin 1936.

Zahlentafel 35. Deutsches Normblatt DIN 2 E 1716. Bleibronze. Vgl. Z. Metallkde. September 1938, S. 354.

Anwendung des noch nicht endgültigen Entwurfs auf eigene Gefahr

Bleibronze

DK 669.354 — Werkstoffe — DIN ENTWURF 2 E 1716

Das Blatt gibt eine Einteilung in Legierungsgruppen, welche die jeweils zusammengehörigen marktgängigen Legierungen umfassen. Bei Bestellung der einzelnen Legierungen innerhalb dieser Gruppen ist Fühlung mit dem Lieferwerk zu nehmen. Lediglich die Legierungen der Gruppe „Blei-Zinnbronze" sind in dem Blatt so fest umrissen, daß sie unmittelbar danach bestellt werden können.

Bezeichnung von Bleibronze 25 mit 20 bis 30% Blei:

Pb-Bz 25 DIN 1716

Gruppe	Benennung	Kurzzeichen	Ungefähre Zusammensetzung %						Zugfestigkeit σ_B kg/mm²	Bruchdehnung δ_5 %	Brinellhärte H ($P = 2,5\,D^2$) kg/mm²	Richtlinien für die Verwendung
			Pb	Cu	Sn	Ni	Zn	Sonstige Beimengungen				
Blei-Zweistoffbronze	Bleibronze 15	**Pb-Bz 15**	10 bis 20	Rest	—	—	—	können vorkommen [1]	15 bis 20	40 bis 15	25 bis 50	Lager mit Stützschalen, z. B. Haupt- und Pleuellager für Verbrennungskraftmaschinen, Drucklager für Turbinen, Lokomotivlager, Pumpenlager
	Bleibronze 25	**Pb-Bz 25**	über 20 bis 30	Rest	—	—	—		[2]	[2]	[3]	
	Bleibronze 35	**Pb-Bz 35**	über 30	Rest	—	—	—					
Blei-Zweistoffbronze mit Zusätzen bis insgesamt 2%	Bleibronze 15 A	**Pb-Bz 15 A**	10 bis 20	Rest	freigestellt nach den Erfahrungen des Herstellers							
	Bleibronze 25 A	**Pb-Bz 25 A**	über 20 bis 30	Rest								
	Bleibronze 35 A	**Pb-Bz 35 A**	über 30	Rest								

Blei-Zinn-bronze	Blei-Zinn-bronze 5	**Pb-Sn-Bz 5**	4 bis 6	Rest	9 bis 11	—	—	—	min-destens 18	min-destens 15	min-destens 70	**Lager mit und ohne Stützschalen für höhere Drücke, insbesondere für Lager mit Schlagbeanspruchung** **Gußstücke für die chemische Industrie und den Gerätebau**
	Blei-Zinn-bronze 13	**Pb-Sn-Bz 13**	12 bis 14	Rest	7 bis 9	—	—	—	min-destens 15	min-destens 8	min-destens 60	**Lager mit und ohne Stützschalen für hohen Flächendruck** **Gußstücke für die chemische Industrie und den Gerätebau**
	Blei-Zinn-bronze 20	**Pb-Sn-Bz 20**	18 bis 22	Rest	5 bis 10	—	—	—	[2]	[2]	[3]	**Vollager, z. B. Buchsen für Kolbenbolzen im Dieselmaschinenbau, für Flugzeuglaufräder, Müllereimaschinen, Wasserpumpen u. ä.**
Blei-Sonder-bronze (mit mehr als 3 Bestand-teilen; Zu-sätze zu Cu + Pb über 2%)	Blei-Sonder-bronze	**Pb-So-Bz 15**	10 bis 20	Rest	0 bis 10	0 bis 4	—	Mn, Si, Sb, Mg, Al, P und andere nach den Erfahrungen des Herstellers	—	—	45 bis 85	**Vollager für hohe Beanspruchung**
		Pb-So-Bz 25	über 20 bis 35	Rest	0 bis 8	0 bis 4	0 bis 3		12 bis 20	10 bis 5	40 bis 60	**Gußstücke für die chemische Industrie und den Gerätebau**
									[2]	[2]	[3]	**Lager mit und ohne Stützschalen, z. B. für Lager von Fräsmaschinen, Revolverbänken, u. a. m.**

[1] Art und Menge nach besonderer Vereinbarung.

[2] Diese Werte werden nicht angegeben, weil sie zur Bewertung von Werkstoffen für den genannten Verwendungszweck allein nicht ausschlaggebend sind.

[3] Härtewerte und ihre Prüfung sind besonders zu vereinbaren.

Dezember 1938 — Fachnormenausschuß für Nichteisenmetalle

Wiedergegeben mit Genehmigung des Deutschen Normenausschusses. Verbindlich ist die jeweils neueste Ausgabe des Normblattes im Normformat A 4, das beim Beuth-Vertrieb G. m. b. H., Berlin SW 19, erhältlich ist.

sich zunächst bis zu der Zusammensetzung beim monotektischen Punkt, also 36% Cu, fort. Beim Haltpunkt 954° wird diese Erstarrung eutektisch entsprechend der monotektischen Geraden bis 92,5% Cu fortgesetzt.

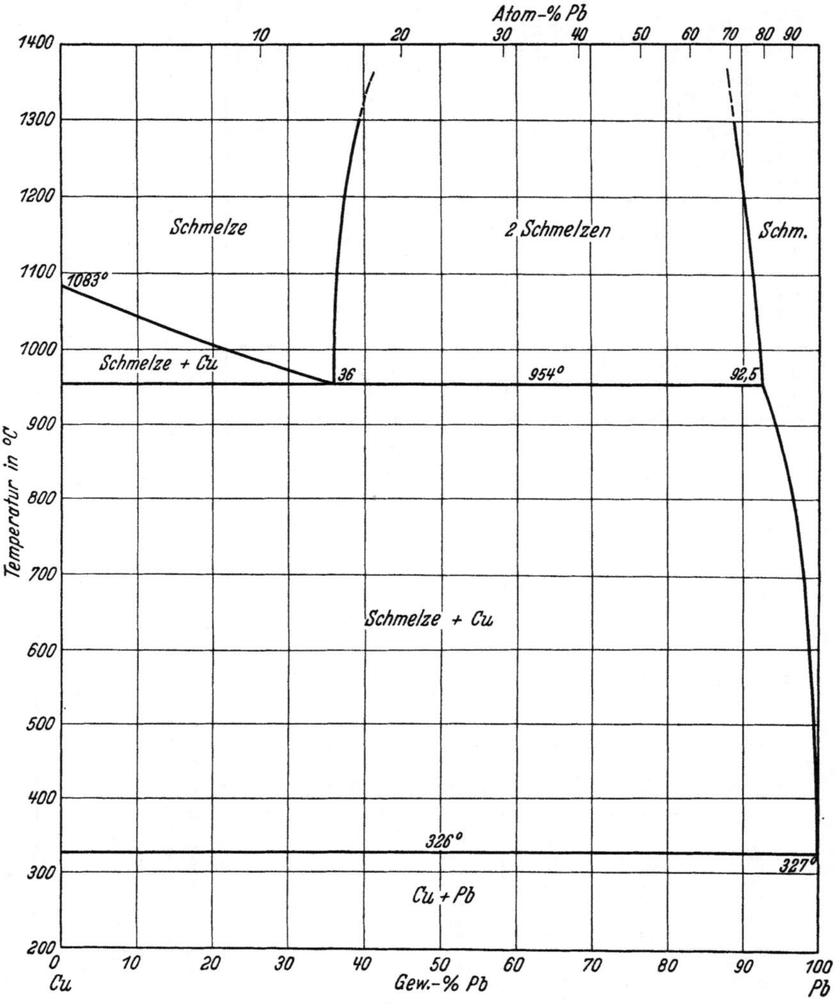

Abb. 212. Zustandsschaubild Kupfer—Blei.

Wir erhalten damit ein primär erstarrtes Kupfernetz, in das eine hochbleihaltige Schmelze mit 92,5% Pb eingebettet ist. Im Verlauf der weiteren Abkühlung scheiden sich die in der Schmelze gelösten 7,5% Cu entsprechend der Löslichkeitskurve aus. Diese Ausscheidung ist bei 326°, der Erstarrungstemperatur des Bleies, beendet. Unter dieser Temperatur liegen Kupfer und Blei getrennt nebeneinander im festen Zustand vor.

Die *Gefügeausbildung* dieses erstarrten Gemenges wird zum Teil durch die *Abkühlgeschwindigkeit* bestimmt. Beim Durchschreiten des relativ großen Erstarrungsbereichs hat die homogene hochbleihaltige Schmelze bei langsamer Abkühlung Zeit, in dem primär erstarrten Kupfer zu wandern und zu größeren Einheiten zu koagulieren. Bei beschleunigter Erstarrung wird das in der Restschmelze enthaltene Blei dagegen gezwungen, sich in das primär erstarrte Kupfernetz gemäß seiner ursprünglichen Feinheit einzuordnen. Die Form der Erstarrung wird, wie wir später sehen werden, in weit stärkerem Maße durch Zusätze und ihre Reaktionen mit der Schmelze, insbesondere durch Freiwerden von Gasen und dadurch verursachte umgekehrte Blockseigerung beeinflußt.

Im Gebiet der *Mischungslücke* herrschen etwas verwickeltere Verhältnisse. Sie erstreckt sich im Bereich von 36 bis 92,5% Pb oberhalb der monotektischen Geraden hinauf bis zu Temperaturen, die noch nicht festgelegt werden konnten. Ihr Verlauf steht lediglich einigermaßen fest für die Randgebiete von 36 bis etwa 40 und von 92,5 bis etwa 88% Pb. Es ist zweifelhaft, ob sie sich in ihrem mittleren Bereich — jedenfalls bei technisch in Betracht kommenden Temperaturen — nach oben hin überhaupt schließt.

Eine Legierung mit beispielsweise 40% Pb und 60% Cu wird erst bei Erhitzung über etwa 1325° zur homogenen Schmelze. Wenn die Schmelze bei der Abkühlung unter diese Temperatur gelangt, so entmischt sie sich zu einem flüssigen Gemenge zweier Phasen. Die Teilchen sind von so geringer Größenordnung, daß sie dem STOKESschen Gesetz folgend zunächst praktisch keine Entmischungsneigung aufweisen. Mit sinkender Temperatur schließen sich — durch Einformung oder Keimeffekte — die Teilchen der bleireichen Phase zunehmend zusammen. Bei einer bestimmten Temperatur werden oberhalb der Mischungslücke Teilchengrößen erreicht, die ein plötzlich zunehmendes Absetzen und damit Schichtenbildung verursachen. Diese für das Absetzen kritische Temperatur liegt[1] mit einiger Sicherheit bei 999°.

Legierungen mit etwa 50 bis 80% Pb werden dem Schaubild entsprechend — jedenfalls im technisch in Betracht kommenden Temperaturbereich — im flüssigen Zustand nicht homogen. Es gelingt also nicht, die feindisperse Mischung im Bereich der Mischungslücke durch Abkühlen vom homogenen Bereich herunter darzustellen. Es ist jedoch möglich, die Feindispersität durch kräftige Badbewegung auch bei einer grob entmischten Schmelze zu erhalten. Dieser Mischvorgang kann in einfacher Weise durch mechanisches Rühren oder durch induktive Wirbelung im Elektroofen erzielt werden. Wesentlich für die Erhaltung der Emulsion ist anschließend nur die Einhaltung von Bad-

[1] BRIESEMEISTER, S.: Z. Metallkde. Bd. 23 (1931) S. 227. — CLAUS, W.: Metallwirtsch. Bd. 13 (1934) S. 227.

temperaturen über 999°. Beim Erhitzen binärer Kupfer-Bleilegierungen, insbesondere auch beim Neulegieren, etwa durch Zusatz von Blei zu geschmolzenem Kupfer, tritt bei den Legierungen mit 36 bis 92,5% Pb demgemäß beim Fehlen einer äußeren Beeinflussung zunächst Schichtenbildung ein. Sie kann oberhalb 999° durch intensives Rühren der Schmelze beseitigt werden. Bei zunehmenden Temperaturen nimmt die zur Schaffung der Emulsion notwendige Rührarbeit ab, und bei Temperaturen um 1130° wird im Dispersionsprozeß eine Entmischungstemperatur-Grenze erreicht, d. h. oberhalb dieser Grenze ist der Prozeß mit einem Mindestbetrag an Mischarbeit durchführbar[1].

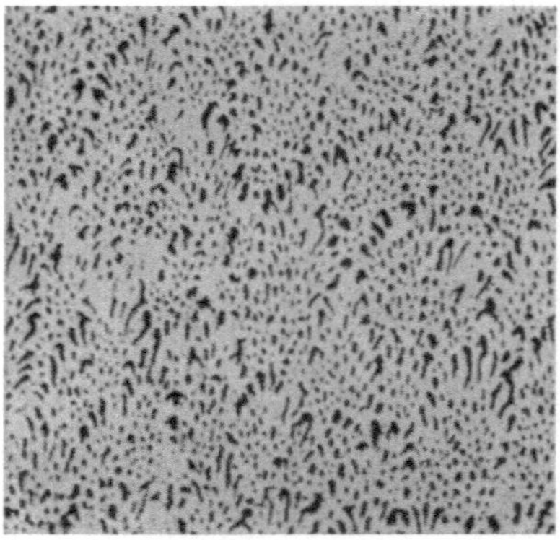

Abb. 213. Bleibronze-Stahl-Verbundguß. Etwa 25% Pb, Rest Cu. Feine gleichmäßige Bleiverteilung. V = 50.

Nach Herstellung dieser Emulsion ist die Herstellung eines Gusses

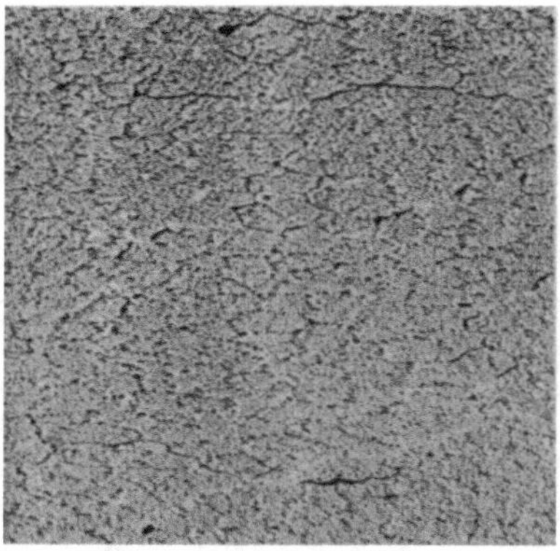

Abb. 214. Bleibronze mit annähernd der Zusammensetzung des Monotektikums. Etwa 35% Pb, Rest Cu. Äußerst feine, gleichmäßige Bleiverteilung. V = 50.

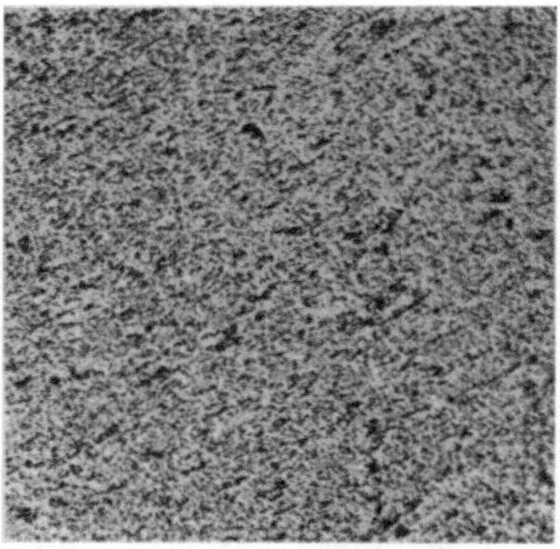

Abb. 215. Bleibronze mit einer oberhalb des Monotektikums liegenden Zusammensetzung. Etwa 40% Pb, Rest Cu. Äußerst feine, gleichmäßige Bleiverteilung. V = 50.

mit feinem, seigerungsfreiem Gefüge grundsätzlich möglich, da die für die Entmischung maßgebende kritische Abkühlgeschwindigkeit, gemessen an den zur Abkühlung dienenden technischen Hilfsmitteln, nicht allzu hoch ist[2].

[1] CLAUS, W.: Metallwirtsch. Bd. 13 (1934) S. 226 u. 227.

[2] BRIESEMEISTER, S.: Z. Metallkde. Bd. 23 (1931) S. 229 u. 230. — CLAUS, W.: Z. Metallkde. Bd. 23 (1931) S. 264—266.

Abb. 213 bis 215 zeigen[1] die Gefügeausbildung von Kupfer-Bleilegierungen, die die vorstehenden Ausführungen experimentell stützen. Abb. 213 zeigt das Gefüge einer außerhalb der Mischungslücke liegenden Legierung mit 25% Pb, deren verhältnismäßig feines Gefüge durch Abschrecken aus dem Gebiet der homogenen Schmelze erhalten wurde. Abb. 214 zeigt das Gefüge einer Legierung mit annähernd der Zusammensetzung des Monotektikums, die nach dem Emulgieren durch Rühren bei etwa 1100° in Kokille vergossen und nach kurzem Abstehen in Wasser abgeschreckt wurde. Abb. 215 zeigt das Gefüge einer innerhalb der Mischungslücke liegenden ebenso behandelten Legierung mit 39,6% Pb. Wie grundsätzlich zu erwarten ist, wurde das feinste Gefüge bei den aus der Mischungslücke heraus hinreichend schnell erstarrten Legierungen erhalten. Es entspricht in seiner Ausbildungsform einem Eutektikum.

d) Einfluß von Zusätzen, insbesondere in Form von kleinen Beimengungen.

Die bisher geschilderten Verhältnisse beziehen sich auf binäre Cu-Pb-Legierungen hoher Reinheit. Ihre Erstarrungs- und Kristallisationsbedingungen werden also nur in geringstem Maße durch dritte Elemente in Form von ungewollten Verunreinigungen beeinflußt. Die Verhältnisse werden durch die Anwesenheit dritter Stoffe verändert, und zwar schon durch kleinste Mengen außerordentlich stark. Da über diese Frage im Schrifttum zahlreiche widersprechende Angaben zu finden sind, erscheint eine grundsätzliche Betrachtung wertvoll.

Dritte Elemente beinflusssen die Cu-Pb-Legierungen durch folgende Wirkungen:

a) Legierungsbildung, insbesondere Lösungshärtung, in Zusammenhang damit Verschiebungen der Grenzkurven im Zustandsschaubild.

b) Keimwirkungen, und zwar bei solchen kleinen Beimengungen, die unlöslich sind bzw. mit sinkender Temperatur aus der Lösung gehen. Durch sie kann die Kristallisation zum Teil erheblich beeinflußt werden.

c) Raffinierende (z. B. desoxydierende) Wirkungen, die im Schmelzfluß für eine Entfernung der in der Schmelze gelösten Gase sorgen, und im Gegensatz dazu

d) Gasreaktionen im Verlauf der Erstarrung, die Vergasung und umgekehrte Blockseigerung verursachen.

In den älteren, insbesondere amerikanischen Arbeiten wird diesen vier Einflüssen, die oft sämtlich nebeneinander wirken, niemals *gemeinsam* Rechnung getragen. Die ersten Ansätze dazu finden sich in deutschen Arbeiten über die Konstitution[2] und ganz besonders

[1] Nach einer unveröffentlichten Untersuchung des Verfassers.

[2] Briesemeister, S.: Z. Metallkde. Bd. 23 (1931) S. 229, 230. — Claus, W.: Z. Metallkde. Bd. 23 (1931) S. 264 u. 265.

in einer neueren schmelztechnischen Untersuchung[1]. Die mangelnde Erkenntnis der wahren Bedeutung der Zusätze, insbesondere die mangelnde Beachtung des Einflusses der Schmelztechnik, des Reinheitsgrades der verwendeten Metalle und der verschiedenartigen Wirkungen der Raffinationsmittel und der Rückstände lassen z. B. die umfangreichen Studien des Bureau of Standards[2] im Sinne der vorliegenden Betrachtungen als nur bedingt verwertbar erscheinen. Aus dieser Ursache erklärt sich auch die — wiederum hauptsächlich im amerikanischen

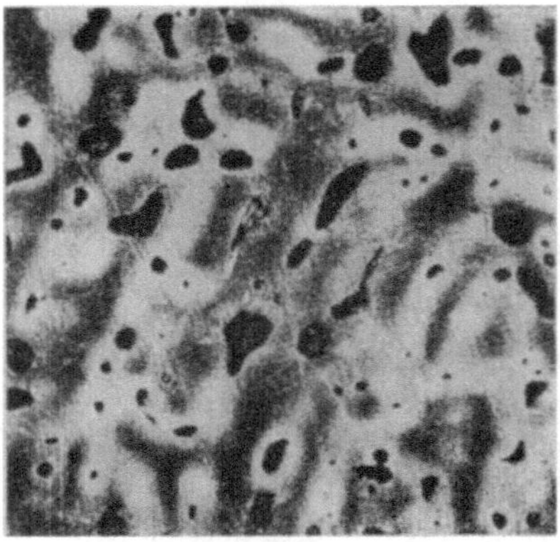

Abb. 216. Kupfer-Blei-Zinn-Bronze mit 20% Pb, 3,8% Sn, Rest Cu, in Kokille gegossen. α-Mischkristalle mit Bleieinschlüssen. Kein Eutektoid. Geätzt mit Eisenchlorid und Salzsäure. V = 200.

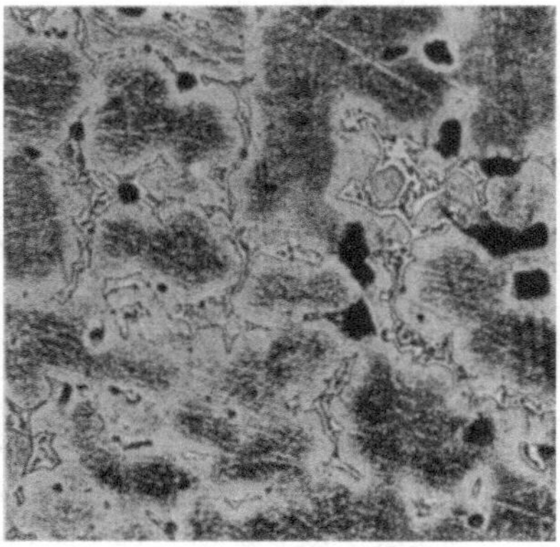

Abb. 217. Kupfer-Blei-Zinn-Bronze mit 10% Pb, 10% Sn, Rest Cu, in Kokille gegossen. α-Mischkristalle, α + δ-Eutektoid und Bleieinschlüsse. Geätzt mit Eisenchlorid und Salzsäure. V = 200.

Schrifttum vorhandene — große Zahl einander widersprechender Beobachtungen und Angaben über die Wirkung bestimmter Zusätze.

Unter Berücksichtigung der eben genannten möglichen Wirkungen werden nachfolgend die praktisch in Betracht kommenden Zusatzelemente einzeln besprochen. Abschließend wird versucht, einheitliche Schlußfolgerungen aus den bisher vorliegenden Ergebnissen zu ziehen.

Zinn bewirkt durch Lösungshärtung im Cu eine Erhöhung der Festigkeit und wird bei Formgußstücken bis zum Höchstbetrage von etwa 12%, bei Lagerausgüssen selten über 2% zugesetzt. Reine α-Mischkristalle entstehen bei Sn-Zusatz bis zu Höchstgehalten von etwa 4 bis 5% Sn bei Kokillenguß und 5 bis 6% Sn bei Sandguß (Abb. 216). Bei höheren Sn-Gehalten tritt bereits das α + δ-Eutektoid in Form kantiger Einschlüsse auf (Abb. 217). Es befördert, vermutlich infolge

[1] Schmidt, E.: Beitrag zur Technologie und Metallurgie von Lagermetallen. Dr.-Ing.-Diss. Berlin 1937, S. 6—9.

[2] French, H. F., S. J. Rosenberg, W. Le C. Harbaugh, H. C. Cross: Bur. Stand. J. Res., Wash. Bd. 1 (1928) S. 343—421. — Herschman, H. K. u. F. L. Basil: Bur. Stand. J. Res. Wash., Bd. 1 (1933) S. 591—608. — Metal Ind., Lond. Bd. 43 (1933) S. 219—226, 243—246, 325—326.

der erst bei 520° stattfindenden Umwandlung $\beta \rightarrow \alpha + \delta$, das Ausseigern des Bleies. Der Reihenfolge der Erstarrung entsprechend sind Eutektoid und Pb im Gefüge oft aneinander angeschlossen.

Die Mischungslücke wird durch Sn-Zusatz erweitert[1]. Der monotektische Punkt wandert bei Gehalten von 0 bis 10% Sn von etwa 36 nach 20% Pb[2]. Weiterhin wird die für das Absetzen kritische Temperatur von 999° auf 1130 bis 1140° erhöht[3].

Über den Einfluß kleiner Sn-Zusätze auf die Bleiverteilung und Korngröße von hochbleihaltigen binären Cu-Pb-Legierungen besteht keine Klarheit. Zusätze über 0,2% scheinen in geringem Maße das Ausseigern des Bleies aus Legierungen mit Zusammensetzungen nahe dem Monotektikum (29 bis 40% Pb) zu begünstigen[4]. Sn wird also in binären Legierungen mit höheren Pb-Gehalten am besten vermieden. Bei Legierungen mit niedrigeren Pb-Gehalten wird Sn bevorzugt zur Härtung zugeschlagen, da es trotz Festigkeitssteigerung noch gute Gleiteigenschaften erhalten hilft.

Nickel wird zu Cu-Pb- und insbesondere Cu-Pb-Sn-Legierungen in Mengen bis zu 6% zugesetzt. Es geht im Cu in Lösung, steigert die Festigkeitseigenschaften, die Härte jedoch nur zusammen mit Sn oder Mn[5]. Verformungswiderstand und Warmhärte werden erhöht, Einlauf- und Notlauffähigkeit gehen zurück[6].

Bei binären Legierungen (35% Pb) scheinen geringe Mengen Ni (0,15 bis 0,30%) die Seigerung von Blei zu begünstigen[4]. Bei Cu-Pb-Sn-Legierungen außerhalb der Mischungslücke mit Sn-Gehalten über 6% bewirkt Ni — wahrscheinlich durch Beeinflussung der Primärkristallisation — eine Gefügefeinung. Das Eutektoid wird durch Ni-Zusatz unterdrückt[7].

Die Auffassung, daß die durch den Ni-Zusatz eintretende Schmelzpunkterhöhung oder eine Einengung des Erstarrungsbereiches diese Feinung herbeiführt, hat keine Wahrscheinlichkeit für sich[8].

Nickel sollte auch bei Mehrstoff-Bleibronzen wegen Benachteiligung der Laufeigenschaften nur bei Stützkörpern und nicht bei Gleitmetallen zulegiert werden.

---

[1] Briesemeister, S.: Z. Metallkde. Bd. 23 (1931) S. 228—230.

[2] Geschätzt auf Grund der Ergebnisse von Briesemeister unter Zugrundelegung der Lage des monotektischen Punktes nach Claus.

[3] Briesemeister, S.: Z. Metallkde. Bd. 23 (1931) S. 229.

[4] Schmidt, E.: Beitrag zur Technologie und Metallurgie von Lagermetallen. Dr.-Ing.-Diss. Berlin 1937, S. 7 u. 8.

[5] Pilling, N. B. u. T. E. Kihlgren: Trans. Amer. Foundrym. Ass. Bd. 2 (1931) (7) S. 93. — Wecker, J.: Gießerei Bd. 20 (1933) S. 112.

[6] Brinn: Metals & Alloys Bd. 2 (1931) S. 180.

[7] Staples, E. M., R. L. Dowdell u. C. E. Eggenschweiler: Bur. Stand. J. Res., Wash. Bd. 5 (1930) S. 349.

[8] Bassett, H. N.: Bearing metals and alloys, S. 333. London 1937.

Mangan wird als Austauschwerkstoff für Sn empfohlen[1]. Es bildet sowohl mit Cu als auch mit Ni eine ununterbrochene Mischkristallreihe und härtet etwa ebenso stark wie Sn. Mn scheint dem Sn überlegen, insbesondere auch durch Desoxydationswirkung.

Bei binären Legierungen (34 bis 36% Pb) wirkt Mn bei Zuschlägen von 0,1 bis 0,3% desoxydierend. Restgehalte von 0,02 bis 0,05% bleiben ohne Einfluß; ein Restgehalt von 0,16% veranlaßt bereits Bleiseigerung und Steigen des Gusses[2]. Als Desoxydationsmittel ist Mn dem P eventuell vorzuziehen, da die Empfindlichkeit von Cu-Pb-Schmelzen gegen P-Reste noch etwas größer zu sein scheint, als gegenüber Mn-Überschüssen. Andererseits ist Mn als Raffinationsmittel verhältnismäßig träge.

Eisen und *Kobalt,* die beiden weiteren Metalle der Eisengruppe, scheinen in Mengen von etwa 0,05 bis 0,2% die Ausbildung einer feinen Primärkristallisation zu unterstützen[3]. Beide sind bei Zimmertemperatur zwar im Cu theoretisch unlöslich, sind aber in der genannten Menge bei der meist beschleunigt durchgeführten Abkühlung der Legierungen metastabil in Lösung. Darüber hinaus tritt oft freies Eisen auf, das wegen seines schlechten Gleitverhaltens (Anreiben der Welle) unbedingt vermieden werden sollte[4]. Gehalte über 0,3% sollten auf keinen Fall zugelassen werden.

Antimon fördert in allen bleihaltigen Cu-Legierungen, auch im Rotguß, das Ausseigern des Bleies. Sb geht sowohl mit Cu als auch mit Pb in Lösung und härtet dadurch erheblich, führt auch bei höheren Gehalten (2%) bald zur Versprödung[5].

Bei hochbleihaltigen binären Legierungen ist die Begünstigung von Pb-Seigerungen bei 0,1% Sb sehr ausgeprägt[6]. Sb ist also möglichst zu vermeiden. Das bedeutet insbesondere eine sorgfältige Überwachung des verwendeten Bleies.

Arsen wirkt ähnlich wie Antimon, befördert also Bleiseigerungen und führt bei steigenden Gehalten zur Versprödung, ist also generell schädlich[7].

---

[1] WECKER, J. u. H. NIPPER: Z. Metallkde. Bd. 27 (1935) S. 149—154 (Auszug aus der gleichnamigen Dr.-Ing.-Diss. Aachen). — WECKER, J.: Gießerei Bd. 20 (1933) S. 112.

[2] SCHMIDT, E.: Beitrag zur Technologie und Metallurgie von Lagermetallen. Dr.-Ing.-Diss. Berlin 1937, S. 7 u. 8.

[3] EGGENSCHWEILER, C. E.: Bur. Stand. J. Res., Wash. Bd. 8 (1932) S. 67. — Metal. Ind., Lond. Bd. 40 (1932) S. 471. — SCHMIDT, E.: Beitrag zur Technologie und Metallurgie von Lagermetallen. Dr.-Ing. Diss. Berlin 1937, S. 7 u. 8.

[4] THEWS, R.: Chem.-metallurg. Z. Bd. 25 (1935) S. 658.

[5] CLAMER: Trans. Amer. Inst. min. metallurg. Engrs. Bd. 60 (1919) S. 163. — STAPLES, E. M., R. L. DOWDELL u. C. E. EGGENSCHWEILER: Bur. Stand. J. Res., Wash. Bd. 5 (1930) S. 349. — ARCHBUTT: J. Inst. Met. Bd. 24 (1920) S. 269.

[6] SCHMIDT, E.: Beitrag zur Technologie und Metallurgie von Lagermetallen. Dr.-Ing.-Diss. Berlin 1937, S. 8.

[7] BASSET, H. N.: Bearing metals u. alloys, S. 306. London 1937. — SCHMIDT, E.: Beitrag zur Technologie und Metallurgie von Lagermetallen. Dr.-Ing.-Diss. Berlin 1937, S. 8.

Zink wurde als Zusatz zu Cu-Pb-Sn-Legierungen versucht, zum Teil im Austausch für Sn[1]. Durch Lösungshärtung wird zwar die Härte zunächst erhöht, die Warmhärte jedoch verschlechtert. Zinkgehalte von einigen (1 bis 5) Prozent verschlechtern offenbar das Gleitverhalten. Ein Zn-Zusatz ist also allgemein zu vermeiden. Bei binären, hochbleihaltigen Legierungen verursachen kleine Zn-Zusätze (0,36%) starke Bleiseigerungen[2]. Auch hier sind Zn-Zuschläge schädlich.

Phosphor wird in den meisten Fällen in Form von 10%igem Phosphorkupfer zur Desoxydation zugegeben. Dabei muß auf die Vermeidung von P-Überschüssen geachtet werden, da sie Bleiseigerungen sehr stark fördern und zu interkristalliner Versprödung führen. Der Einfluß von P ist um so größer, je höher der Bleigehalt[3]. Diese Feststellung gilt für alle Gruppen bleihaltiger Cu-Legierungen. Bei Legierungen mit 70 Cu, 6 Sn, 21 Pb, 3 Zn wurde der P-Restgehalt auf 0,02%, allerhöchstens auf 0,05%, begrenzt, da bei 0,08% bereits interkristalline Versprödung einsetzte[4].

Bei binären Legierungen mit 33 bis 34% Pb erwiesen sich Gehalte von 0,015% P als praktisch einflußlos, während 0,07 bis 0,08% P Seigerungen verursachten, die bei einem Restgehalt von 0,14% P außerordentlich stark zunahmen[5].

Bei hochbleihaltigen Legierungen sollte Phosphor zum Desoxydieren möglichst vermieden oder so dosiert werden, daß er zur Desoxydation praktisch restlos, bis auf höchstens 0,05%, verbraucht wird.

Schwefel ist das am meisten diskutierte Element bei legierungstechnischen Maßnahmen zur Verhinderung von Pb-Seigerungen. Zu diesem Zweck wurde S schon 1879 von ALLAN[6] empfohlen. Eine feinende Wirkung steht zwar unter bestimmten Bedingungen fest, wird aber je nach der Menge des S-Zusatzes von wesentlichen Nebenerscheinungen begleitet. Die Verhältnisse liegen etwa folgendermaßen. Der Schwefel bildet mit dem Kupfer Cuprosulfid (Cu_2S), eine sehr spröde intermediäre Kristallart. Sie scheint in geringen Mengen von 0,02 bis 0,1% das Gefüge dadurch zu feinen, daß sie bei der Primärkristallisation in die Korngrenzen geht und das Kornwachstum hindert. Dieser Effekt tritt in der Schmelze — offenbar infolge mangelhaften Diffusionsvermögens des S —

[1] STAPLES, E. M., R. L. DOWDELL u. C. E. EGGENSCHWEILER: Bur. Stand. J. Res., Wash. Bd. 5 (1930) S. 349.

[2] SCHMIDT, E.: Beitrag zur Technologie und Metallurgie von Lagermetallen. Dr.-Ing.-Diss. Berlin 1937, S. 8.

[3] STAPLES, E. M., R. L. DOWDELL u. C. E. EGGENSCHWEILER: Bur. Stand. J. Res., Wash. Bd. 5 (1930) S. 349. — THEWS, E.: Metal Ind., Lond. Bd. 36 (1930) S. 401. — BASSET, H. N.: Bearing metals and alloys, S. 337. London 1937.

[4] ROAST, H. J.: Metal Ind., Lond. Bd. 43 (1933) S. 443.

[5] SCHMIDT, E.: Beitrag zur Technologie und Metallurgie von Lagermetallen. Dr.-Ing.-Diss. Berlin 1937, S. 7 u. 8.

[6] BASSETT, H. N.: Bearing metals and alloys, S. 339. London 1937.

ziemlich unregelmäßig ein. Bei zunehmendem S-Gehalt (über 0,1%) tritt bereits zunehmende Korngrenzenversprödung der Legierungen ein. Die rein binären hochbleihaltigen Legierungen zeigen diese Erscheinungen am ausgesprochensten. Der günstige Einfluß des Schwefels ist jedenfalls wesentlich geringer, als nach zahlreichen Empfehlungen im Schrifttum angenommen werden könnte[1]. Insbesondere die mit zunehmenden Gehalten rasch einsetzende Versprödung sowie die ungleichmäßige Wirkung bei schlechter Dosierungsmöglichkeit lassen seine Verwendung nicht ratsam erscheinen.

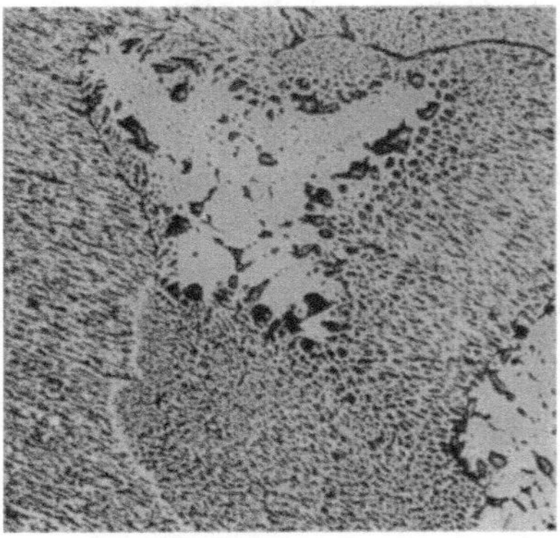

Abb. 218. Bleibronze mit annähernd der Zusammensetzung des Monotektikums. 34,2% Pb, 0,08% Si, Rest Cu. Äußerst feine Bleiverteilung neben Feldern mit unregelmäßiger Verteilung (E. SCHMIDT). V = 50.

Silizium begünstigt zwar eine feine Bleiverteilung, jedoch noch wesentlich unregelmäßiger als S (Abb. 218), führt dabei jedoch gleichzeitig zum Austreiben von Blei durch umgekehrte Blockseigerung, wenn mehr als etwa 0,03% in der Legierung verbleiben[2].

Ein großer Teil von Si-Zusätzen scheint — neben der Oxydation — zu Bleisilikat zu verschlacken, das nur schlecht in die Schlackendecke abschwemmt. Diese Erscheinung tritt bei Überhitzung der Schmelze besonders stark auf. Der Guß schäumt dadurch und wird porig. Aus diesem Grunde kann auch Siliziumkupfer nicht zum Desoxydieren verwendet werden.

Aluminium hat in seiner Wirkung Ähnlichkeit mit Si, da es eine kräftige desoxydierende Wirkung mit außerordentlich nachteiligen Wirkungen der Desoxydationsprodukte verbindet. Insbesondere wird der Guß schon bei kleinsten Zusätzen undicht und verliert — offenbar durch die eingelagerten Tonerdehäute — jeden Zusammenhang seines Festigkeitsverbandes. Eine Folge ist die große Neigung zu Schrumpfrissen[2]. Al ist also schon bei kleinsten Gehalten ein ausgesprochen schädlicher Zusatz und unbedingt zu vermeiden.

[1] SCHMIDT, E.: Beitrag zur Technologie und Metallurgie von Lagermetallen. Dr.-Ing.-Diss. Berlin 1937, S. 8 u. 9. — HISHIMURA u. ANDO: Chem. Abstr. Bd. 23 (1929) S. 3428. — HERSCHMAN, H. K. u. F. L. BASIL: Bur. Stand. J. Res., Wash. Bd. 1 (1933) S. 591—608. — Metal Ind., Lond. Bd. 43 (1933) S. 219—226, 243—246, 325 u. 326.

[2] BOLTON u. WEIGAND: Amer. Inst. min. metallurg. Engr. Techn. Publ. 281. ROSAT, H. J.: Metal Ind., Lond. Bd. 43 (1933) S. 443. — SCHMIDT, E.: Beitrag zur Technologie und Metallurgie von Lagermetallen. Dr.-Ing.-Diss. Berlin 1937, S. 8 u. 9.

Zirkon stellt allein oder zusammen mit S und Si nach einer amerikanischen Untersuchung[1] das beste Zusatzelement zur Erzielung einer feinen Pb-Verteilung dar. Offenbar handelt es sich auch hier zunächst um eine kräftige Desoxydationswirkung, bei der keine Nebenerscheinungen auftreten, solange Zr zu dieser Aufgabe vollkommen verbraucht wird. Bei Überschüssen von Zr über 0,01% hinaus treten jedoch, jedenfalls bei hochbleihaltigen binären Legierungen, kräftige Seigerungen und Steigen des Gusses ein[2].

Den *Alkalimetallen,* insbesondere Na, Ca und Ba wird eine Begünstigung der Bleiverteilung, wahrscheinlich durch Einfluß auf die Primärkristallisation, zugesprochen[3]. Fast in allen Fällen wird versucht, sie in Form ihrer Salze entweder als Zuschläge zum Abdeckmittel oder durch Einrühren mit der Schmelze zur Reaktion zu bringen. Meistens dienen dazu ihre Sulfate, wobei gleichzeitig Spuren von Schwefel reduziert werden (durch Beobachtungen des Verfassers bestätigt), oder ihre Chloride. Auch Natriumborat, Natriumkarbonat und Kalziumkarbid werden empfohlen. Ein günstiger Einfluß aller dieser Mittel kann nach den bisherigen Betrachtungen bezweifelt werden. Über die oben genannte Schwefelreduktion hinaus wurden andere günstige Reaktionen, etwa der Alkalien, nicht einwandfrei nachgewiesen.

Eine *zusammenfassende kritische Betrachtung der Wirkung von Zusätzen* zu Kupfer-Blei-Legierungen führt zu folgendem Ergebnis:

Zusätze, die — meist in Mengen unter 1% — mit der Absicht einer Gefügefeinung und Unterdrückung von Bleiseigerungen zugeschlagen werden, haben — wenn überhaupt — *günstigen Einfluß höchstens durch Raffinationswirkung.* Sie reagieren dann mit nachteiligen Beimengungen der Schmelze, insbesondere mit gelösten Gasen, und begünstigen damit eine Erstarrung ohne Freiwerden solcher Gase, verhüten also die für grobe und unregelmäßige Bleiverteilung in erster Linie verantwortlich zu machende *umgekehrte Blockseigerung.* Diesen günstigen Einfluß besitzen, wie bei Desoxydationsmitteln allgemein, am ausgeprägtesten Elemente mit hoher Sauerstoffaffinität, weiterhin Elemente, deren Reaktionsprodukte nicht in der Schmelze verbleiben, sondern flüchtig sind oder leicht in die Schlacke aufsteigen. In der Legierung über einige Hundertstel Prozent hinaus verbleibende Überschüsse dieser Elemente wirken sich durchweg sehr nachteilig aus, da sie mit der dann auftretenden umgekehrten Blockseigerung ursächlich zusammenhängen.

---

[1] Herschman, H. K. u. F. L. Basil: Bur. Stand. J. Res., Wash., Bd. 1 (1933) S. 591—608. — Met. Ind., Lond. Bd. 43 (1933) S. 219—226, 243—246, 325 u. 326.

[2] Schmidt, E.: Beitrag zur Technologie und Metallurgie von Lagermetallen. Dr.-Ing.-Diss. Berlin 1937, S. 8.

[3] Herschman, H. K. u. F. L. Basil: Bur. Stand. J. Res., Wash. Bd. 1 (1933) S. 591—608. — Metal. Ind., Lond. Bd. 43 (1933) S. 219—226, 243—246, 325 u. 326. Basett, H. N.: Bearing metals and alloys, S. 338—343. London 1937.

Am deutlichsten treten diese Zusammenhänge bei binären Legierungen mit höheren Bleigehalten in Erscheinung, besonders deutlich bei Legierungen in der Nähe des monotektischen Punktes. Bei Legierungen mit härtenden Zusätzen in Höhe von einigen Prozent, z. B. Zinn und Nickel, sind die Beobachtungen nicht mehr eindeutig. Das hängt neben der Wirkung dieser verhältnismäßig großen Zusätze auf Gaslöslichkeit und Erstarrungsverlauf wahrscheinlich auch mit dem bei den Mehrstoff-Bleibronzen üblichen verhältnismäßig geringen Bleigehalten zusammen. Bei solchen Mehrstoff-Bleibronzen tritt auch der eben behandelte Einfluß der Zusatzelemente, die zur Steigerung der Festigkeitseigenschaften in Höhe einiger Prozente zugeschlagen werden, gegenüber den Einflüssen der Schmelzführung, insbesondere gegenüber einer mehr oder weniger sachgemäß durchgeführten Raffinationsbehandlung der Schmelze, in den Hintergrund.

Auch Keimwirkungen dritter Elemente scheinen gegenüber den die Erstarrung in erster Linie beherrschenden Gleichgewichtsbedingungen von untergeordneter Bedeutung zu sein, es sei denn, daß die nachteiligen Wirkungen der Reste kleiner Beimengungen teilweise mit Keimeffekten in Zusammenhang zu bringen sind. Bemerkenswert ist übrigens, daß Schwefel, das einzige Element, bei dem eine feinende Wirkung bei der Primärkristallisation einigermaßen sicher angenommen werden kann, als einziges der hier untersuchten Elemente eine geringere Sauerstoffaffinität als Kupfer besitzt.

Die vorstehende Übersicht läßt den Schluß zu, daß kleine *Zusätze zu binären Cu-Pb-Legierungen* praktisch in allen Fällen *unzweckmäßig oder sogar nachteilig* sind. Das gilt um so mehr, je höher der Pb-Gehalt ist. Zuschläge zum Zwecke einer Desoxydation müssen so sorgfältig dosiert sein, daß sie möglichst vollständig verbraucht werden. Die Restgehalte, insbesondere von P und Mn, sollen die früher genannten Höchstwerte zur Vermeidung von Entmischungen nicht überschreiten. Cu-Pb-Sn-Legierungen ohne und mit Ni- oder Mn-Zusatz, d. h. allgemein Blei-Mehrstoffbronzen, sind gegenüber den genannten Einflüssen, vor allem bei geringeren Bleigehalten, wesentlich unempfindlicher.

e) Die physikalischen Eigenschaften und ihre Beziehungen zum Gefüge und Gleitverhalten.

Verformungsfähigkeit und *Verformungswiderstand,* die wesentlichen statischen Größen bei Lagermetallen, werden am einfachsten durch einen *Druckversuch*[1] ermittelt, und zwar durch den normalen statischen

[1] CZOCHRALSKI, J. u. G. WELTER: Lagermetalle und ihre technologische Bewertung, S. 55—75. Berlin 1924. — ARMBRUSTER, M.: Zur Frage hochbeanspruchter Gleitlager bei schnellaufenden Maschinen. Werkstofftechn. Koll. T. H. Darmstadt 1934. Schr. Hess. Hochsch. 1934, Heft 3, S. 90—101. — MANN, H. u. H. O. HEYER: Luftf-Forschg. Bd. 13 (1935) S. 168—175.

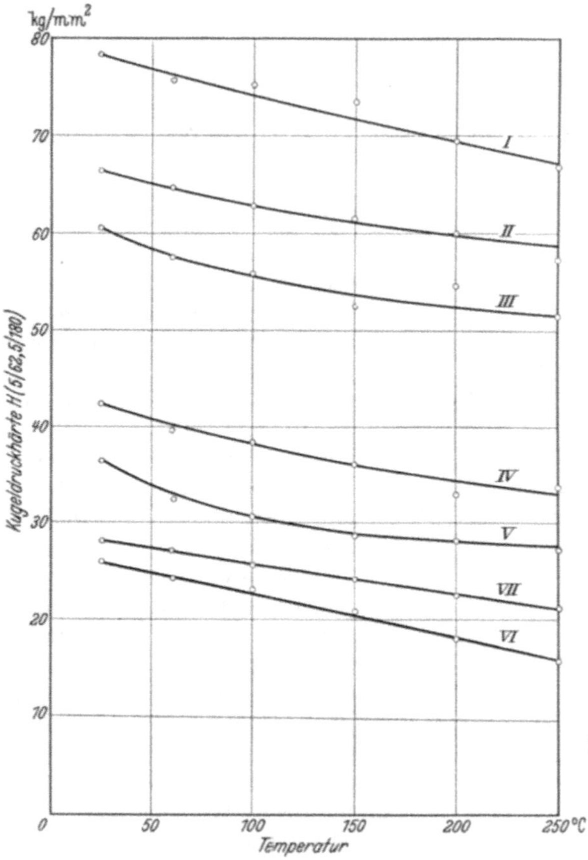

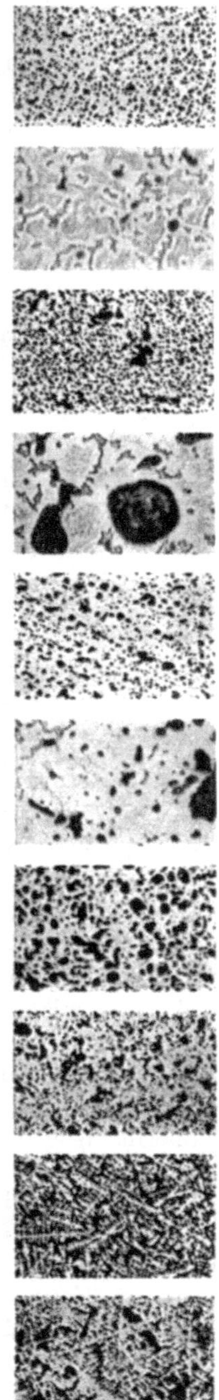

Leg. Nr.	Norm-Kurzzeichen	Zusammensetzung			
		Pb	Sn	Ni	Cu
I	Pb-Sn-Bz 5	4,98	9,76	—	85,26
II	Pb-Sn-Bz 13	13,03	7,55	—	79,42
III	Pb-Sn-Bz 20	19,64	6,18	—	74,18
IV	Pb-Bz 25 A	24,97	2,03	—	73,00
V	Pb-Bz 25 A	25,07	1,12	—	73,81
VI	Bb-Bz 25 A	24,91	—	1,06	74,03
VII	Pb-Bz 25	25,52	—	—	74,48

Die mit I, II, III usw. bezeichneten Gefügebilder sind ungeätzt bei 50facher Vergrößerung.

Die mit Ia, IIa, IIIa bezeichneten Gefügebilder sind zum Nachweis des Eutektoids mit Eisenchlorid und Salzsäure geätzt. Ihre Vergrößerung ist 200fach.

Die römischen Ziffern der Schliffbilder entsprechen den Bezeichnungen der Härtekurven.

Abb. 219. Warmhärte einiger normgerechter Bleibronzen.

Druckversuch, zweckmäßigerweise mit Feinmessung, wenn genauere Unterlagen gewonnen werden sollen, und durch den Eindruck-Härteversuch, üblicherweise nach Brinell, wenn insbesondere Vergleichszahlen innerhalb gleicher Legierungen oder Legierungsgruppen verlangt werden. Abb. 219 zeigt nach Untersuchungen des Verfassers Warmhärtekurven normgerechter Bleibronzen neben der Darstellung des Gefüges und der Analyse der Proben.

Soweit die Bleibronzen als *Stützkörper*-Werkstoffe verwendet werden, sind auch ihre statischen Zerreißwerte aufschlußreich. Sie werden beispielsweise in der DIN E 1716 bei den Mehrstoff-Legierungen aufgeführt.

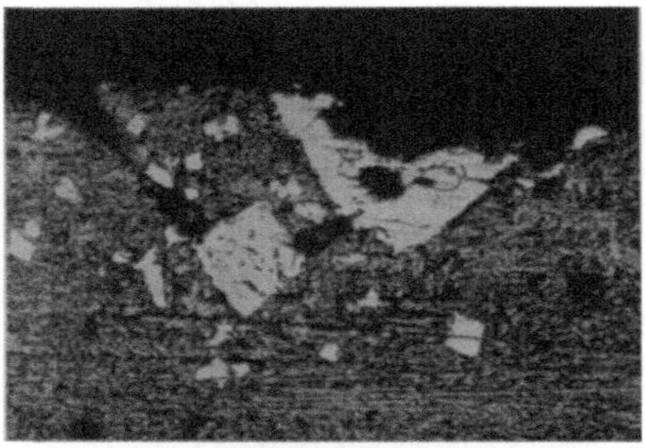

Abb. 220. Lagermetall (auf Pb-Basis). Kerbbrüche, verursacht durch große kantige Sn-Sb-Mischkristalle unter Wechselstoßbelastung. (HEYER.)

Die Härte ist, abgesehen von dem fundamentalen Einfluß des Pb-Gehaltes, stark von der wechselnden Gefügeausbildung abhängig. Mit zunehmender Gefügefeinung tritt bei gleichbleibender Zusammensetzung eine merkliche Zunahme der Härte ein.

Die bewährten Legierungen liegen — bei Zimmertemperatur — etwa folgendermaßen: Binäre oder fast binäre Bleibronzen mit Bleigehalten über 20%, die in Stützschalen höherer Festigkeit eingebracht werden, liegen zwischen 18 und 35 kg/mm², bei steigendem Zusatz an härtenden Bestandteilen auch höher, bis zu etwa 50 kg/mm². Wenn diese Legierungen zum Austausch von hochzinnhaltigen Weißmetallen herangezogen werden, soll ihre Härte 32 kg/mm² auf keinen Fall überschreiten. Dieser Wert ist mit praktisch binären Bleibronzen bei einem Pb-Gehalt von 24 bis 30% sicher zu erreichen. Bei einer Härte des Bleibronzeausgusses unter etwa 28 kg/mm² ist die Verwendung von vergüteten, nicht oberflächengehärteten Wellen oft noch möglich. Besser ist allgemein die Verwendung oberflächengehärteter Zapfen, die mittels örtlicher Oberflächenhärtung mit dem Azetylen-Sauerstoffbrenner, durch Einsatz- oder durch Nitrierhärtung erfolgen kann. Unerläßlich sind oberflächengehärtete Zapfen bei den binären Bleibronzen mit Härten über 34 kg/mm² und den Blei-Mehrstoffbronzen mit Härten bis zu 70 kg/mm² und darüber. Diese Legierungen gehören teilweise bereits zu den *einlauf*- und *notlaufschwachen* Lagermetallen ähnlich anderen Gußbronzen, wenn auch mit verbesserten Gleiteigenschaften.

Ein Hauptvorteil der weichen, praktisch binären Bleibronzen mit mehr als 20% Pb liegt gegenüber den Weißmetallen, wie Abb. 219 (vgl. auch Abb. 49, S. 69) erkennen läßt, in dem geringen Abfall ihrer Warmhärtekurven im praktisch in Betracht kommenden Temperaturbereich. Das bedeutet annähernd gleiche Widerstandsfähigkeit gegenüber der Lagerbelastung beim Anfahren wie beim Betrieb unter Höchstlast. Der praktisch überhaupt nur erweichende Teil ist in dem hier vorliegenden Temperaturbereich das Blei, so daß bei steigenden Temperaturen der typische heterogene Aufbau eines Lagermetalls mit Gefügebestandteilen verschiedener Härte noch offenkundiger wird. Gegenüber den Weißmetallen, bei denen harte und spröde Kristallite in eine weiche Grundmasse eingebettet sind, ist bei den Bleibronzen das feingliedrige Kupfernetz, also ein zähes, nicht sprödes Gebilde, der tragende Bestandteil,

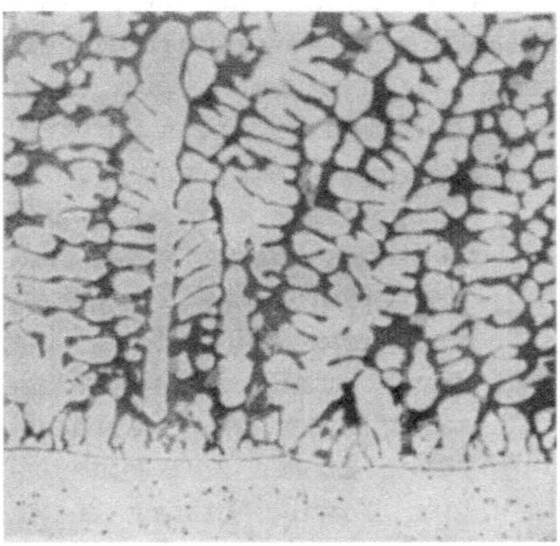

Abb. 221. Bleibronze-Stahl-Verbundguß. Etwa 26% Pb, 0,5% Ni, Rest Cu. Blei und Kupfer in grober dendritischer Struktur. V = 50.

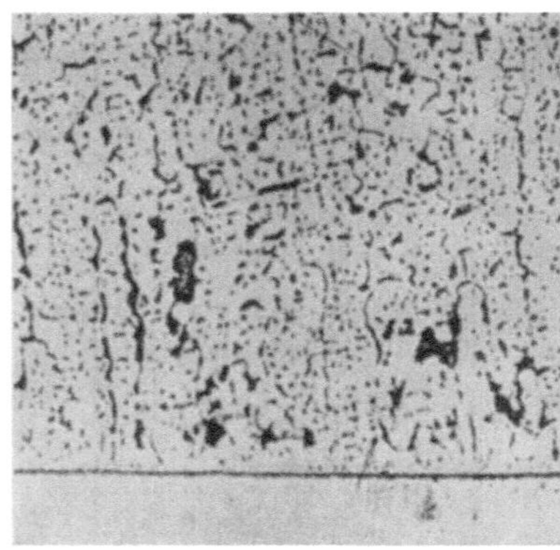

Abb. 222. Bleibronze-Stahl-Verbundguß. Etwa 25% Pb, 0,3% Sn, Rest Cu. Feine Bleiverteilung mit Resten dendritischer Struktur. V = 50.

während das Blei die Gleiteigenschaften verbessernd in dies Netz gleichmäßig eingebettet ist. Der Unterschied liegt also erstens in dem — gewissermaßen umgekehrten — Aufbau und in der wesentlich geringen Differenz der physikalischen Eigenschaften der Kristallite. Dieser Befund bildet auch — abgesehen von der höheren Festigkeit an sich — eine Hauptursache für die überlegene *Dauerfestigkeit* der Bleibronzen. Die spröden kantigen Tragkristalle in Weißmetallen führen bei ungenügender Gefügefeinung leicht unter hohen Dauerschlagbeanspruchungen durch Kerbwirkung zu einer vorzeitigen Materialtrennung und Zerstörung (Abb. 220), während Werkstoffe mit dem Gefügeaufbau der Bleibronze infolge der hohen Plastizität aller Gefügebestandteile diesem Einfluß sehr viel weniger ausgesetzt sind.

Die Gefügefeinung führt zu einer Steigerung auch der dynamischen Festigkeit[1], so daß es bei dynamisch hochbelasteten Maschinen, wie Fahrzeugdiesel- und Flugmotoren, auf eine genügend feine Gefügeausbildung außerordentlich ankommt[2]. Abb. 221 zeigt einen Lagerausguß,

[1] STEUDEL, A.: Luftf.-Forschg. Bd. 13 (1936) S. 61.

[2] HEYER, H. O.: Autom.-techn. Z. Bd. 40 (1937) S. 551—559, 589—595 (insbes. S. 593—595).

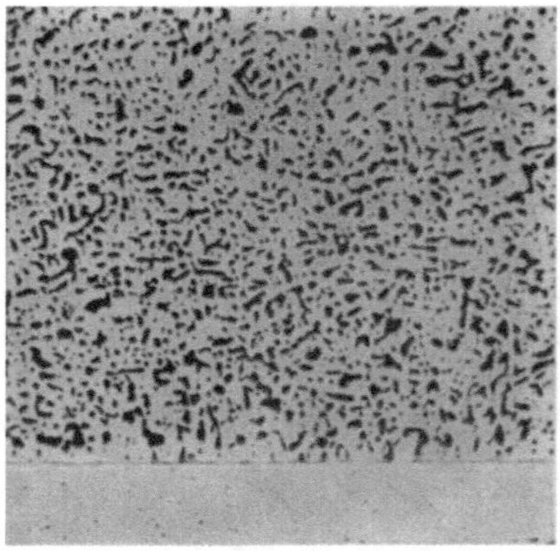

Abb. 223. Bleibronze-Stahl-Verbundguß. Etwa 25% Pb, Rest Cu. Feine, aufgelöste Bleiverteilung. V = 50.

der infolge relativ langsamer Abkühlung zu gröberen Dendriten erstarrt ist. Bei günstigeren Erstarrungsverhältnissen bilden sich die Dendriten feiner aus und beginnen, sich aufzulösen (Abb. 222), und bei sehr günstiger Erstarrung tritt das Blei in aufgelöster Form als rundliche (globulare) Einschlüsse auf (Abb. 223). Noch feinere Bleiverteilung zeigten die Abb. 214 und 215. Über die praktische Bewährung von derart extrem gefeinten Legierungen liegen noch keine eindeutigen Erfahrungen vor. Es ist naheliegend, daß eine Ausbildungsform nach Abb. 221 besonders dann, wenn sich der Stamm des Dendriten von dem Stützkörper bis zur Lauffläche hindurchzieht, unter hohen dynamischen Lasten zum vorzeitigen Einriß entlang dieser Ader geringer Festigkeit führen kann. Eine durch dritte Zusätze zu stark gehärtete Kupfergrundmasse führt infolge ihrer zu sehr herabgesetzten Verformungsfähigkeit zum Anreiben mit der Welle. Dieser Lagerschaden kann zum Ausglühen des Wellenzapfens oder zum Fressen von Lager und Welle führen.

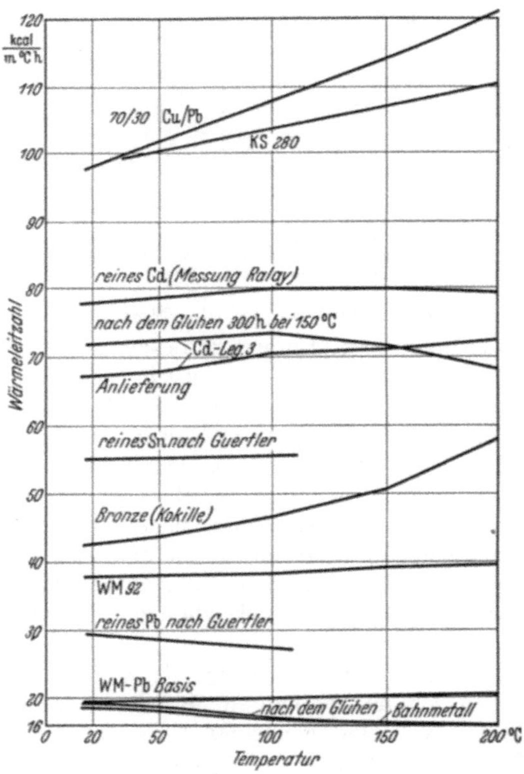

Abb. 224. Wärmeleitfähigkeit einiger Lagermetalle (DVL, RAISCH).

Die *Wärmeleitfähigkeit* der Gleitmetalle (Abb. 224) ist bei neueren Bauarten ziemlich uninteressant, da bei hochwertigen Lagerstellen ohnehin fast ausschließlich Verbundgußlager mit sehr dünnen Gleitmetallschichten verwendet werden. Wesentlicher ist schon die Wärmeleitfähigkeit des Stützkörpers, doch ist zu bedenken, daß die Ableitung der Wärme zum großen Teil vom Schmieröl übernommen wird, das demnach bei hydrodynamisch einwandfreier Schmierung stets auch „Kühlöl" ist. Es ist ferner zu bedenken, daß schon kleine Maßabweichungen von Lageraußendurchmesser und Lagerbrücke, unterstützt durch Oxydation des Schmieröls in diesen Spaltflächen, eine Störung des Wärmeflusses bedeuten können, die in der Größenordnung vermutlich fast immer höher liegt als die Wärmeleitung der beteiligten metallischen Werkstoffe. Nur bei unvollkommener Schmierung in Schwermaschinen kann gute Wärmeleitfähigkeit von Massivlagern besondere Bedeutung haben, indem sie gewissermaßen die Notlaufeigenschaften verbessert.

f) Schmelz- und Gießtechnik.

α) Allgemeines.

Beim Neulegieren wird mit dem Niederschmelzen von Kupfer begonnen. Dafür werden meist Kathoden oder wire bars verwendet. Das Niederschmelzen von Kupfer erfordert bekanntlich besondere Sorgfalt zur Vermeidung der Gasaufnahme. Im allgemeinen wird der Tiegelofen zunächst mit trockener Holzkohle bedeckt, dann bis dicht unter den Rand mit handlich zurechtgeschnittenen Kupferstücken gefüllt und oben wieder sorgfältig mit Holzkohle abgedeckt. Wenn dieser Satz niedergeschmolzen ist, wobei stets auf sorgfältige Abdeckung geachtet werden muß, wird desoxydiert, das restliche Kupfer schnell unter die Schutzdecke gebracht, damit es im Bad unbeeinflußt von den Heizgasen niederschmelzen kann, und erneut desoxydiert. Das größte Augenmerk ist auf die Trocknung der Holzkohle zu legen. Anschließend wird das Blei zugesetzt und die Vorlegierung in Masseln vergossen.

Diese Masseln werden neu eingesetzt, mit den gegebenenfalls noch nötigen Zuschlägen versehen und in der üblichen Weise vergossen. Zinn wird zusammen mit Blei zugeschlagen und kann schon in die Vorlegierung mit eingebracht werden, wird jedoch meist erst im zweiten Schmelzfluß zulegiert.

Die Wahl des Schmelzofens hängt von den örtlichen Bedingungen und von der speziellen Aufgabe ab. Insbesondere erfordert der Verbundguß meist eine dem Verfahren angepaßte Ofenart. Günstige Ergebnisse bringt der Hochfrequenzofen, da er bei sehr sauberem Arbeiten und einwandfreier Schmelzatmosphäre die Legierungen außerordentlich schnell hochzufahren und sauber zu vergießen gestattet. Die Induktionsströme erzeugen außerdem im Schmelzfluß eine Wirbelbildung, welche die Durchmischung der Legierung erheblich fördert. Leider ist diese Ofenart im allgemeinen zu teuer, insbesondere dann, wenn man gezwungen ist, mit mehreren kleinen Einheiten zu arbeiten. In Amerika scheint man Bleibronze, insbesondere für Formgußstücke (Achsbüchsen usw. für Eisenbahnzwecke), sehr viel in horizontalen lichtbogenbeheizten Trommelöfen (Detroit-Öfen) einwandfrei zu schmelzen.

Meistens wird für das Schmelzen von Bleibronze der *öl- oder gasgefeuerte Tiegelofen* benutzt. Dabei werden vor allem aus Gründen der Handhabung des Tiegels meist Einheiten von etwa 100 bis 150 kg Einsatzgewicht bevorzugt. Der Ofen erfordert eine besonders sorgfältige Flammeneinstellung, da bei nachlässigem Fahren, sowohl bei oxydierender wie bei reduzierender Flamme, leicht Gasaufnahme der Schmelze eintritt. Gute Ergebnisse liefert auch der koksgefeuerte Tiegelofen. Gegenüber dem ölgefeuerten Ofen hat er den Nachteil der längeren Schmelzdauer, jedoch den Vorteil der größeren Unempfindlichkeit, da bei der Verwendung von trockenem und schwefelarmem Koks kaum störende Einflüsse auf die Schmelze auftreten. Flammöfen kommen nur für große Einsätze, also insbesondere für Formguß aus Blei-Mehrstoff-Bronzen, in Betracht.

Die Neigung zur Entmischung ist bei den Bleibronzen, was ja allgemein in der Schmelztechnik für Neumaterial gilt, bei Einsatz von reinen Hüttenmetallen besonders groß. Der Grund liegt wohl hauptsächlich in der überaus starken Neigung reiner Metalle zur Gasaufnahme. Daher ist auch ein Zuschlag von Umschmelzlegierungen zum Neueinsatz vorteilhaft. Beim Neulegieren geht man, wie oben erwähnt, zweckmäßigerweise über eine Vorlegierung.

In bezug auf die Ausbildung der Formen, insbesondere den Bau der Kokillen, gelten die gleichen Grundsätze wie bei ähnlichen Gußlegierungen allgemein. Der Sandguß bietet in bezug auf Anschnitte und Steiger keine besonderen Schwierigkeiten. Das Schrumpfmaß liegt wie bei den Zinnbronzen bei etwa 1,4%. Beim Kokillenguß kommt es wesentlich auf die Vorwärmtemperatur und die Verteilung der Massen an, um die Abkühlung nicht zu schnell, sondern einheitlich und in Rücksicht auf Lunkervermeidung zu führen[1].

Ein besonders schwieriges Gebiet stellt der Verbundguß dar, auf den wir in den folgenden Ausführungen im einzelnen eingehen.

β) Verbundgußtechnik.

Der Verbundguß stellt die Aufgabe, ein schmelzflüssiges Metall an ein festes Metall so anzugießen, daß

a) eine einwandfreie Bindung durch Diffusion beider Metalle miteinander erzielt wird und daß

b) das angegossene Metall im erstarrten Zustand die gewünschte und erforderliche Gefügeausbildung besitzt.

Für niedrig schmelzende Lagermetalle kennt man einfache Lösungen dieser Aufgabe seit langem. Bei dem Ausgießen von Stützschalen mit Weißmetall wird der Stützkörper auf die für eine einwandfreie Bindung

[1] MARIUS, H.: Foundry, Cleveland, Bd. 57 (1929) S. 682—687; Bd. 58 (1930) S. 104—107.

notwendige Temperatur vorgewärmt und anschließend mit dem schmelzflüssigen Gleitmetall angegossen. Beim Angießen wird dafür gesorgt, daß zwischen den Stützkörper und das Angußmetall keine Stoffe, insbesondere Oxydationsprodukte, treten, die die Bindung hindern oder in Frage stellen. Zu diesem Zweck wird der Stützkörper auf etwa 230° vorgewärmt, mit Zinn bzw. mit einer Legierung von 80% Zinn und 20% Blei oder einem anderen geeigneten Lot überzogen und angegossen. Abschließend wird zur Erzielung eines für die Laufeigenschaften günstigen feinen Gefüges das Verbundlager von der Stahlschale her zweckmäßigerweise beschleunigt abgekühlt. Der Anguß kann auch durch mechanische Förderung des Gleitmetalls in Gießmaschinen oder auch im Schleuderguß erfolgen[1].

Die gleiche Aufgabe ist bei der Herstellung von Verbundgußlagern aus Bleibronze mit Stahl, allgemein aus Kupferlegierungen mit Stahl, sehr schwer zu lösen, da u. a. folgende Schwierigkeiten auftreten:

1. Die Vorwärmung des Stahlringes erfordert wegen der hohen für eine einwandfreie Diffusionsbindung erforderlichen Temperatur besondere Maßnahmen, um *Oxydbildung* zu vermeiden und die metallische Berührung von Stahlschale und Anguß sicherzustellen.

2. Die Erstarrung muß so geleitet werden, daß an allen Stellen ein gleichmäßig *feines und dichtes Bleibronzegefüge* gewährleistet ist.

3. Die durch die Verbindung der beiden Metalle sowie durch schroffe Temperaturunterschiede (Aufheizen, Abschrecken) entstehenden inneren Spannungen dürfen nicht zur Entstehung von *Spannungsrissen* im Anguß oder in der Stützschale führen.

4. Die bei der Einwirkung von flüssiger Bronze auf glühenden Stahl unter bestimmten Bedingungen auftretende *Lötbrüchigkeit*[2] muß vermieden werden.

Die wegen der großen technischen Bedeutung der Bleibronze reizvolle Aufgabe wurde von zahlreichen Stellen in Angriff genommen. Die einzelnen Entwicklungen gehen dabei zum Teil grundverschiedene Wege. Nachfolgend sind die wesentlichen bekannt gewordenen Verfahren zusammengestellt:

1. Bei dem Verfahren nach Abb. 225 bedient man sich des Sandgusses[3]. Der Stützkörper *a* wird in die Sandform *b* eingesetzt. Der Kern *c* bildet mit dem Stützkörper zusammen den Gießkanal *d*, der sich (als wesentliches Merkmal der betreffenden Patentanmeldung) von unten nach oben entlang dem Stützkörper erweitert. Über dem Stützkörper ist

[1] Meier, E.: Z. VDI Bd. 80 (1936) S. 652—654. Vgl. Konstruktive Lagerfragen S. 11 u. 12. Berlin 1936. — Garbers, E.: Org. Fortschr. Eisenbahnw. Bd. 91 (1936) S. 293—312 (insbes. S. 307—310).

[2] Schottky, H., K. Schichtel u. R. Stolle: Arch. Eisenhüttenw. Bd. 4 (1930/31) S. 541—547. — Stahl u. Eisen Bd. 51 (1931) S. 769—770. — Krupp. Mh. Bd. 12 (1931) S. 100—105.

[3] DRP. 653363, Brit. Pat. 413932 u. 416371. — Nischk, K.: Gießerei Bd. 23 (1936) S. 5.

ein hoher verlorener Kopf *e* aufgebaut. Der Einguß ist bei *f*; der Guß ist also steigend.

Die gut überhitzte Schmelze tritt unten an den Stützkörper heran, steigt entlang dem engen Gießquerschnitt *d*, wird oberhalb des Stützkörpers umgelenkt und steigt in den verlorenen Kopf *e*.

Es wird so lange gegossen, bis der erste größere Anteil der Schmelze den Stützkörper *a* auf die für eine einwandfreie Bindung nötige Temperatur vorgewärmt hat. Dieser ausschließlich zur Vorwärmung dienende Schmelzanteil sammelt sich im verlorenen Kopf. Damit bei dem ersten Herantreten von Schmelze an den Stützkörper eine Oxydation von vornherein vermieden wird, wird der Stützkörper vorher verkupfert. Der *nach oben erweiterte Gießkanal* soll offenbar in allen Höhenschnitten des Stützkörpers während des Gießens annähernd gleichen Wärmeinhalt zu gewährleisten. Die Schmelze würde offenbar nach Auffassung des Erfinders bei *zylindrischer* Ausbildung des relativ engen Querschnittes durch den Stützkörper so stark abgeschreckt, daß sie vor dem Verlassen des Stützkörpers eventuell schon erstarrt wäre und den Gießstrom von vornherein abdrosseln könnte.

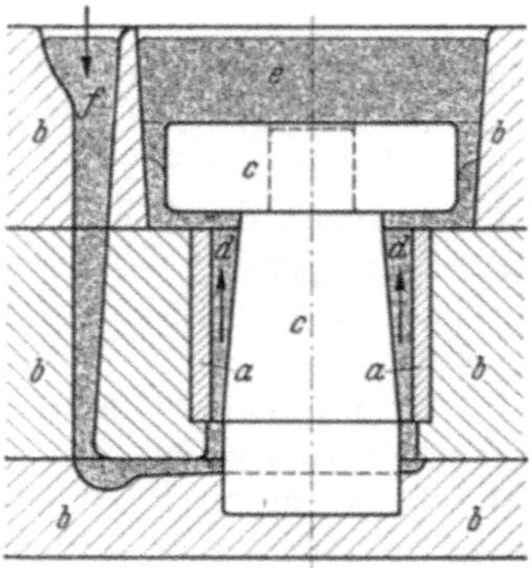

Abb. 225. Verbundgießverfahren nach Gruppe 1.

Die Bindung wird durch die Abstimmung der Gießquerschnitte offenbar maßgebend beeinflußt. Insbesondere wird die Gießgeschwindigkeit durch die engen Querschnitte im Stützkörper so sehr erhöht, daß zwischen der Oberfläche der Schmelze und dem Stützkörper bei Hochsteigen des Flüssigkeitsspiegels keine Oxydation in der Schale eintritt.

Eine Variation dieses Gießverfahrens[1] sieht eine umgekehrte Ausbildung des Gießquerschnittes, d. h. eine Verjüngung nach oben vor. Damit sollen nach dem Wortlaut der Patentschrift Ausseigerungen im oberen Teil der Gießform vermieden werden, da sich die Durchflußgeschwindigkeit in der Gießform von der Eintritts- nach der Austrittsseite infolge des sich verengenden Querschnittes vergrößert und Lunkerbildung vermieden werden.

Die Abkühlung nach dem Guß ist bei diesen Verfahren offenbar nicht willkürlich beeinflußbar und wird durch den Wärmeentzug diktiert, den der Stützkörper und die Formbaustoffe auf den Einguß ausüben. Der Stützkörper als hauptsächlicher Wärmeleiter muß also so ausgebildet sein, daß er unter Berücksichtigung des Gießquerschnittes eine gleichmäßige und ausreichend schnelle Abkühlung an allen angegossenen Stellen gewährleistet.

[1] Dtsch. Pat.-Anm. 31, 25/04. M 131927.

2. Bei einem Verfahren, für das Abb. 226 eine Gießvorrichtung darstellt[1], wird der Stützkörper weniger durch die Schmelze als vielmehr in erster Linie durch Borax vorgewärmt, und zwar in der Weise, daß er vor dem Gießen in einem etwa 1100° heißen Boraxbad 2 bis 3 min lang geschwenkt wird. Dabei nimmt er die Temperatur des Bades an und überzieht sich beim Herausziehen aus dem Bad mit einer feinen Boraxschicht, die eine Oxydation des Stahles verhindert. Der mit der Boraxhaut überzogene Stützkörper *a* wird schnell in die gußeiserne Kokille *b* eingesetzt und mit Hilfe der am Stützkörper sitzenden Lappen *c* und des Bügels *d* festgesetzt. Anschließend wird überhitzte Bleibronze in die Mitte des Körpers eingegossen; sie strömt im Graphitboden *e* durch die sternförmigen Läufe *f* nach außen zwischen der Außenwand des Stützkörpers und der Innenwand der Kokille, steigt hier hoch und tritt beim Überlauf *g* aus.

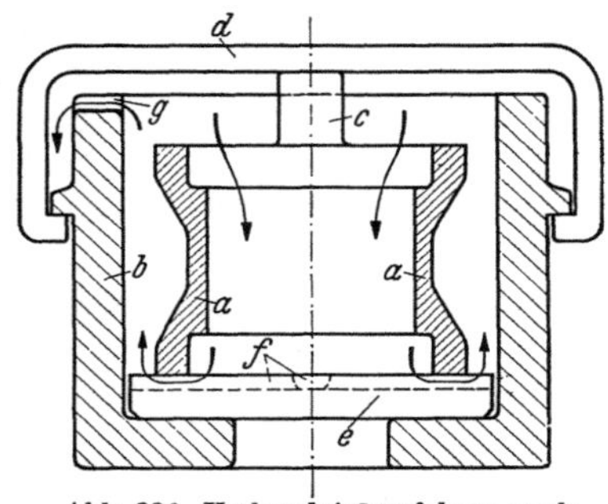

Abb. 226. Verbundgießverfahren nach Gruppe 2.

Bei diesem Verfahren muß offenbar so lange gegossen werden, bis der Borax an allen Punkten des Stützkörpers mit Sicherheit weggeschwemmt und die Bindung sichergestellt ist. Anschließend kann die Erstarrung durch Eintauchen eines Kühldornes in die Mitte und durch Abschrecken von außen beschleunigt werden. Gegenüber den unter 1. genannten Verfahren bestehen also die Abweichungen, daß die Vorwärmung zum größten Teile vom flüssigen Borax und nicht von der Schmelze übernommen wird und daß nach dem Guß in gewissen Grenzen eine beschleunigte Abkühlung durch äußere Mittel möglich ist.

3. Anstatt die Schmelze zum Stützkörper zu bringen, kann man auch den umgekehrten Weg in der Weise gehen, daß man den Stützkörper in das Bad eintaucht[2]. Man muß bei diesem Verfahren in erster Linie dafür sorgen, daß beim Eintauchen des Stützkörpers an der Badoberfläche keine Oxydation eintritt, und zweitens darauf Bedacht nehmen, daß beim Herausheben des Stützkörpers aus dem Bad eine entsprechende Menge Schmelze an den für den Anguß vorgesehenen Stellen verbleibt.

Nach Abb. 227 kann man beispielsweise so vorgehen, daß man dem (im Beispiel innen anzugießenden) Lagerring die gezeichnete Ausbildungsform gibt und seinen Boden — etwa durch Aufschweißen einer Blechplatte — schließt. Außerdem kann durch entsprechende Einsatzstücke dafür gesorgt werden, daß der Anguß nur so stark wie nötig in dem Lagerring verbleibt.

[1] DRP. 651234, Brit. Pat. 488003.

[2] HENSEL, F. R. u. L. M. TICHVINSKY: Trans. Amer. Soc. mech. Engr. Bd. 54 (1932) S. 20—21.

Das gezeichnete Bauteil wird — zur Vermeidung der Oxydation beispielsweise durch eine Boraxschutzschicht hindurch — in die Schmelze getaucht, verbleibt dort, bis es genügend aufgeheizt ist, wird wieder herausgezogen und anschließend in geeigneter Weise abgekühlt.

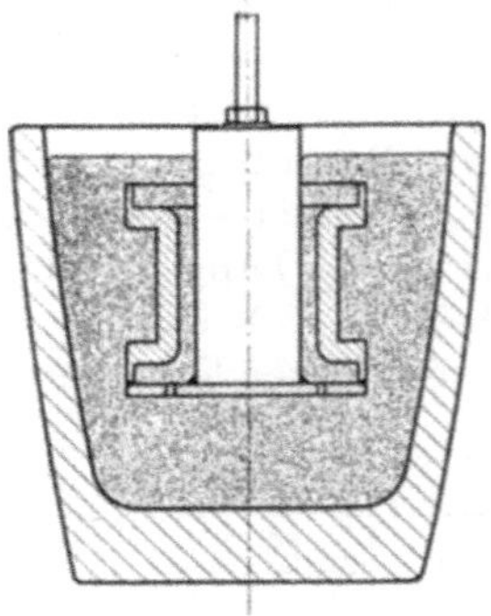

Abb. 227. Verbundgießverfahren nach Gruppe 3.

Für dieses Verfahren gilt die gleiche Betrachtung wie für alle Maßnahmen, bei denen die Erwärmung des Stützkörpers durch Eintauchen in das Bleibronzebad erfolgt. Hierbei ist infolge Diffusion eine *Eisenaufnahme des Bades* von den eingetauchten Körpern her praktisch unvermeidlich. Das Bad reichert sich nach einiger Betriebszeit mit Eisen an. Eisen besitzt in Kupfer mit steigender Temperatur zunehmende Löslichkeit. Sie ist bei Raumtemperatur gleich Null, bei 800° etwa 96% und bei 1083° 4%. In der Schmelze sind die hier in Betracht kommenden Mengen unter 2% also gelöst, während sie im erstarrten Anguß zum größten Teil in freier Form auftreten. Diese Fe-reichen Kristallite bringen eine wesentliche Verschlechterung der Laufeigenschaften, da sie Neigung dazu haben, die Welle anzureiben[1]. Weiterhin soll eine Reaktion des freien Eisens mit der Kohle aus dem normalerweise verwendeten Graphittiegel zu Eisenkarbid, Fe_3C, möglich sein. Die überaus spröden und harten Fe_3C-Kristalle sind vollends für die Laufeigenschaften durch Wellenangriff schädlich. Man ist demnach gezwungen, das Bad in angemessenen Zeitabständen auszuwechseln. Das Eisen kann dann nur durch einen Verhüttungsprozeß entfernt werden.

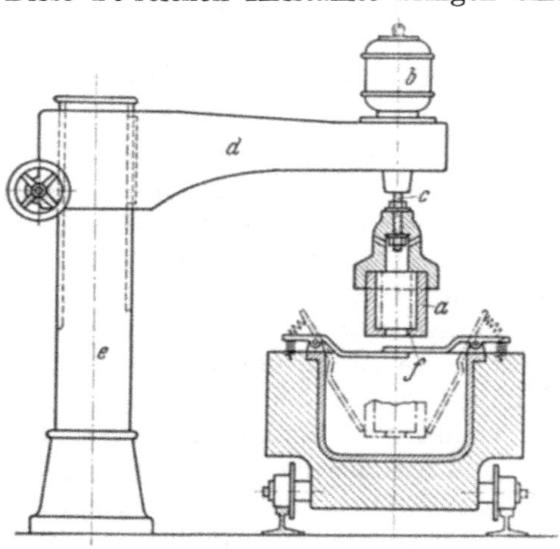

Abb. 228. Verbundgießverfahren nach Gruppe 4.

4. Eine starke Beschleunigung des Wärmeüberganges zwischen Schmelze und Stützkörper, die eine wesentliche Abkürzung der Tauchzeit und damit auch eine Bekämpfung der Eisenaufnahme des Bades darstellt, kann durch schnelle Bewegung des einen oder anderen Teiles,

[1] THEWS, R.: Chem.-metallurg. Z. Bd. 25 (1935) S. 658.

beispielsweise durch Rotation des drehrunden Stützkörpers, erzielt werden[1].

Ein Beispiel dafür gibt nach DRP. 619528 Abb. 228. Der Stützkörper *a* sitzt vertikal und mittig auf der von dem Elektromotor *b* angetriebenen Drehachse *c*. Alle genannten Teile sind an dem Joch *d* angebaut, das auf der Säule *e* nach oben und unten verfahrbar angesetzt ist. Der Stützkörper wird durch ein die Oxydation verhinderndes Medium in das Bad eingeführt und in Rotation gebracht; nachdem er eine genügend hohe Temperatur angenommen hat, wird er rotierend herausgezogen. Dabei bleibt eine ausreichende Menge Schmelze an ihm haften. Das Abfließen der Schmelze wird durch die an dem Stützring angedrehten Kragen *f* verhindert. Außerhalb des Bades rotiert der Stützkörper

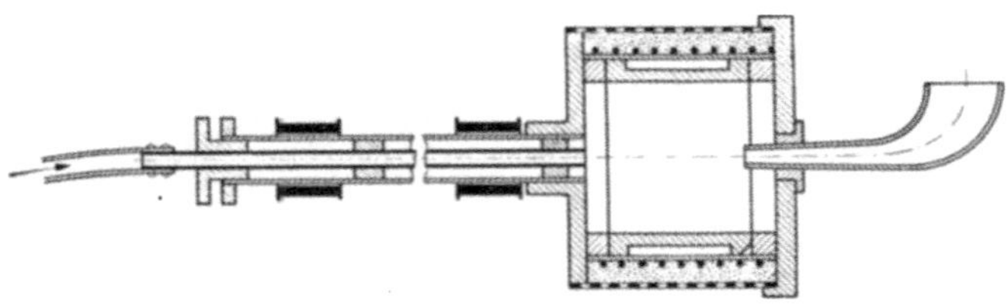

Abb. 229. Verbundgießverfahren nach Gruppe 5.

weiter, bis der Ausguß erstarrt ist. Infolge der Fliehkraft wird der noch schmelzflüssige Anguß dabei hinreichend gleichmäßig an die Stützschale angepreßt. Die Abkühlung kann bei diesem Verfahren wunschgemäß durch äußere Mittel beschleunigt werden.

Im Patentschrifttum[2] ist noch eine neuere Variante des Verfahrens bekanntgemacht worden, bei der der Stützkörper nicht mehr in die Schmelze eingetaucht wird, sondern zunächst mit fester Bleibronze in Form von Pulver oder Spänen oder eines vorgegossenen Formkörpers beschickt wird. Dieses Gebilde wird dann von einem Ofen umschlossen und rotierend erwärmt, bis die Bleibronze flüssig ist. Die Abkühlung erfolgt wie im ersten Falle. Bei diesem Verfahren bemüht man sich offenbar darum, die Eisenaufnahme der Schmelze zu vermeiden. Es hat aber wohl den Nachteil, daß die gesamte Aufheizperiode infolge der Verwendung von fester Bleibronze wesentlich verlängert wird. Vermutlich wird also auch bei diesem Verfahren besonders auf eine Eisenaufnahme des Ausgusses zu achten sein.

5. Bei einer Anzahl von Schleuderverfahren wird ähnlich dem zuletzt beschriebenen Verfahren ebenfalls angestrebt, die Erhitzung der Bleibronze durch eine äußere Wärmequelle, also einen Ofen, vorzunehmen.

Bei der Ausführungsform[3] nach Abb. 229 wird der anzugießende Stahlring in einem waagerecht angeordneten drehbaren Ofen in neutraler

---

[1] DRP. 578739, 613810, 619528, 593778, 648945.
[2] DRP. 620983. [3] DRP. 587601.

oder reduzierender Atmosphäre auf annähernd die gleiche oder eine höhere Temperatur erhitzt, als sie die flüssige Bleibronze besitzt. Darauf wird die erhitzte Stahlschale — gegebenenfalls gemeinsam mit dem Ofen — in Umdrehungen versetzt und dabei im Schleudergußverfahren mit dem Bleibronzeanguß versehen. Für eine im Grundaufbau gleiche Anordnung[1] wurde die Anwendung eines Hochfrequenzofens unter Schutz gestellt, um die benötigte hohe Temperatur von etwa 1000° schnell und genau gewährleisten zu können.

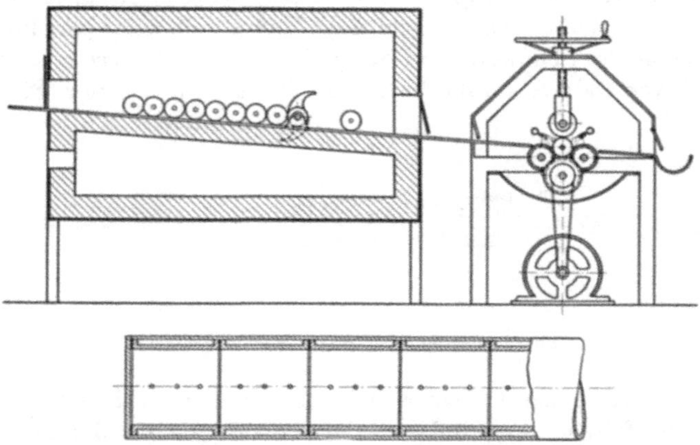

Abb. 230. Verbundgießverfahren nach Gruppe 5.

Vorwärmen und Schleudern werden bei dem in Abb. 230 dargestellten Verfahren[2] getrennt, bei dem Lagerbüchsen zusammen mit der ausreichenden Menge Bleibronze in Form von Spänen oder Pulver in Stahlrohre eingesetzt werden, die vor dem Erhitzen auf beiden Seiten, etwa durch Aufschweißen von Deckeln, verschlossen werden. Diese Hohlkörper werden vor dem Erhitzen mit Reduktionsmitteln gefüllt, um den Sauerstoff zu vertreiben, der sonst eine Oxydation der eingeschlossenen Teile herbeiführen würde. Dann werden die geschlossenen Rohrstücke bis zum Schmelzen der Bleibronze erhitzt. Unmittelbar anschließend wird die Bronze durch Schleudern der erhitzten Körper hinreichend gleichmäßig als Ausguß in die eingesetzten Stützschalen eingebracht. Das Schleudern muß dabei natürlich bis zur Erstarrung der Bronze fortgesetzt werden.

6. Bei der Benutzung eines Ofens kann auch[3] der Anguß im Einzelguß ohne Schleudern erfolgen. Die Erwärmung auf die zur Bindung

[1] DRP. 625014.

[2] DRP. 658268, 658308. Dtsch. Pat.-Anm. 31c, 18/02. G 91658 und 31c, 18/02. G 92789.

[3] Dtsch. Pat.-Anm. 31a, 2/30. G 94448.

notwendige, in der Nähe des Schmelzpunktes der Bleibronze liegende Temperatur erfolgt beispielsweise in einem Drehherdofen, in dem die Oxydation der Stahlringe durch reduzierende oder neutrale Gase verhindert wird. Anschließend erfolgt dann auf einer besonderen Gießstraße der Anguß und anschließend die Abkühlung.

Die *Deutsche Reichsbahn* hat ein verhältnismäßig einfaches Verbundgußverfahren zum Ausgießen ihrer Fahrzeuglager entwickelt[1], daß allgemein für die Herstellung von Lagern für rauhe Betriebsbedingungen (Schwermaschinenlager usw.) Beachtung verdient. Die Stützschale wird durch Tauchen verzinkt und in einer Sandform angegossen. Dabei bildet sich an der Angießfläche ein Zink-Kupfer-Film als Lotschicht. Diese Bindung hat sich für den genannten Verwendungsbereich als vollkommen ausreichend erwiesen. Sie erlaubt außerdem bei verschlissenen Lagern eine einwandfreie Trennung von Stahl und Bleibronze durch Abschlagen des Ausgusses. Diese Möglichkeit ist im vorliegenden Fall zur Gewährleistung einer einfachen und sicheren Altstoffrückgewinnung von besonderem Vorteil.

7. Aus den Ansprüchen der amerikanischen Massenanfertigung entstand die Suche nach *kontinuierlich arbeitenden Angießverfahren,* wie man sie entsprechend für die Herstellung von Weißmetallagern schon seit langem erfolgreich benutzt. Dabei wird ein Stahl- oder Bronzeband durch ein Bad mit dem Angußmetall hindurchgezogen. Beim Verlassen des Bades sorgt eine Abstreifvorrichtung dafür, daß auf den gewünschten Stellen des Bandes eine ausreichende Schicht des Angußmetalles verbleibt. Das Band kann auch in eine Heizkammer eintreten und erst nach ausreichender Vorwärmung den Anguß erhalten.

Ein derartiges Verfahren wurde u. a. von FORD[2] in die Praxis überführt. Dabei wurde das Band zur Vorbearbeitung der Bunde abgekantet und lief anschließend senkrecht von oben in einen mit Bleibronze gefüllten Schmelzofen ein, den es nach Durchlaufen der Schmelze durch eine mit Abstreifvorrichtung versehene, wassergekühlte Bodenöffnung mit Anguß versehen verließ. Das Verfahren führte infolge mangelhafter Beherrschung der Erstarrungsverhältnisse in der Abstreifvorrichtung und infolge der hohen Eisenaufnahme des Bades noch nicht zum vollen Erfolg. Ein weiteres Verfahren, das ebenfalls Gegenstand zahlreicher Entwicklungsarbeiten ist, ist in Anlehnung an die Darstellung einer Patentschrift[3] in Abb. 231 dargestellt. Das Stahlband *a* läuft durch ein Zinnbad *b*, läßt beim Austritt aus dem Bad das überschüssige Zinn an der Abstreifdüse *c* zurück und tritt durch den Einlaß *e* in die

---

[1] GARBERS, E.: Org. Fortschr. Eisenbahnw. Bd. 91 (1936) S. 310. — PERSICKE, I.: Z. VDI Bd. 81 (1937) S. 337—338.

[2] Ungenannt: Iron Age Bd. 136 (1935) S. 25 u. 27. — Ungenannt: Techn. Bl. Düsseld. Bd. 28 (1938) S. 674.

[3] NISCHK, K.: Gießerei Bd. 23 (1936) S. 6 u. 7.

Heizkammer *f* ein. In ihr wird die Bleibronze mittels der kippbaren Gießpfanne *g* auf das Band aufgegossen. Die Angußstärke wird vor dem Verlassen der Gießkammer durch eine in der Höhe verstellbare Backe *h* geregelt. Auch hier sind die Schwierigkeiten, insbesondere bei der Erstarrung und dem Abstreifen des Angusses, nur schwer zu überwinden.

Die heute zum Anguß von Bändern benutzten Verfahren arbeiten vorerst wohl noch alle im Einzelguß und entsprechen grundsätzlich einigen der zum Verbundguß von Ringen angewendeten Verfahren.

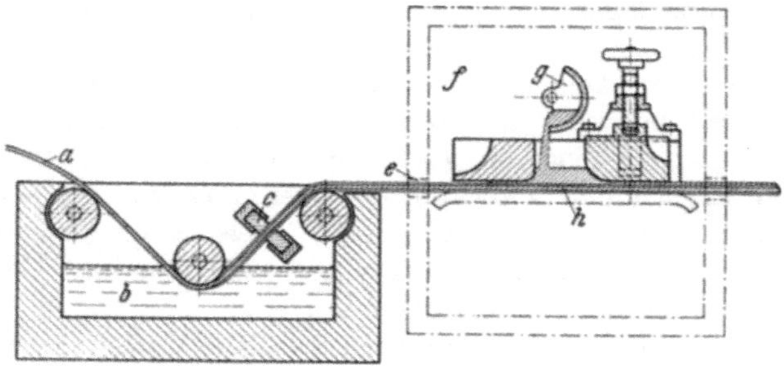

Abb. 231. Verbundgießverfahren nach Gruppe 7.

Besondere Maßnahmen und Einrichtungen erfordert die Verformung der Bandabschnitte zu Halbschalen und Buchsen, bei der eine außerordentlich hohe Maßgenauigkeit verlangt wird[1]. Um den Bleibronzeguß durch die Deformation nicht einreißen oder sonst Schaden nehmen zu lassen, wird der Streifen auch bei erhöhter Temperatur gebogen.

Es sei bemerkt, daß bei derartigen Verfahren die Stützschalenstärke beschränkt ist und die Güte der Bleibronze an das Ergebnis des Einzelgusses nicht heranreicht, jedoch für bestimmte Anwendungsgebiete, insbesondere den Automobilmotorenbau, Erzeugnisse ausreichender Güte hergibt. In vielen Fällen bedient sich auch der amerikanische Leichtmotorenbau noch des Einzelgusses bei vorher in die Fertigform gebrachten Stützschalen.

Die vorstehende Aufzählung wird die heute ausgeübten Verfahren zur Herstellung von Bleibronze-Verbundguß ziemlich vollständig umreißen. Sie läßt erkennen, daß die Herstellungsverfahren sich zum Teil grundlegend voneinander unterscheiden und daß sie in bezug auf benötigte Schmelzmenge, Beherrschung der Erstarrung, Notwendigkeit von Schmelzüberhitzung usw. sehr verschiedene Ansprüche stellen und erfüllen. Allgemein wird einem Verfahren der Vorzug zu geben sein, das auf eine starke Überhitzung zu verzichten in der Lage ist, bei dem die Schmelzführung und Abkühlung weitgehend beherrschbar und bei dem vor allem der Aufwand an Schmelze so gering wie möglich ist.

[1] DRP. 488309, 640449. Dtsch. Pat.-Anm. 49 l, 12. C 51250.

Unter der letzten Anforderung ist zu verstehen, daß sie sich sowohl auf die Menge des für die Einheit vergossenen Materials wie auch auf die Möglichkeit zur Entwertung durch häufiges Umschmelzen, Eisenaufnahme und wiederholte Überhitzung bezieht, denn in allen Fällen gelangt man zu Umschmelzmaterial und damit zu einer mehr oder weniger schnellen Entwertung eines devisenbelasteten Werkstoffes.

g) Bauliche Durchbildung und Bearbeitung.

Für die bauliche Durchbildung und Bearbeitung von Bleibronzelagern gelten alles in allem die gleichen Grundsätze wie für Gleitlager aus anderen Metallen. Nur stellt das im Verbundguß mit Stahl hergestellte für Flugmotoren und andere hochgezüchtete Leichtmaschinen entwickelte Lager eine höhere Stufe der Entwicklung dar als das bis vor einigen Jahren als höchst belastbar angesehene Lager mit einem Weißmetallausguß mit 86 bis 92% Sn. Aus diesem Grunde ergibt sich die Notwendigkeit, die für das Weißmetallager als richtig erkannten Grundsätze in verfeinerter Form auf das Bleibronze-Verbundgußlager zu übertragen[1].

Nachdem erkannt worden war, daß ein Ausguß um so besser haftet, je glatter die anzugießende Oberfläche der Stützschale ist, ist man beim Bleibronzelager dazu übergegangen, die anzugießende Stützschalenfläche fein zu schlichten oder sogar zu schleifen. Ähnliche Sorgfalt muß auf den Rücken der Stützschale verwendet werden. Sie soll sowohl in bezug auf Oberflächengüte als auch Maßhaltigkeit hohen Anforderungen entsprechen, da schon geringe Abweichungen entweder zu einem Klemmen und damit zur Deformation in der Lagerbrücke oder andererseits zum Klappern Veranlassung geben. Diese Erscheinungen wirken sich im Betrieb durch Lagerstörungen in Form von Brüchen des Ausgusses und der Schale sowie als Wärmestauungen aus. Als *Passung* wird für den Einbau vollkommen fertiger Schalen *Schiebesitz* und für den Einbau von Schalen, deren Lauffläche nachträglich im Gehäuse fertiggebohrt wird, *Haftsitz* empfohlen[2]. Jede engere Passung führt, selbst bei starkwandigen Schalen, zu meßbaren Formänderungen der Bohrung beim Zusammenbau.

In vielen Fällen wird heute das Lager in der Brücke durch Verschraubung festgelegt. Diese seit einiger Zeit im Flugmotorenbau bewährte und dort zunehmend angewendete Maßnahme ermöglicht insbesondere die Verwendung verhältnismäßig dünnwandiger Schalen ohne Bunde.

---

[1] MANN, H.: Techn. Zbl. prakt. Metallbearbtg. Bd. 46 (1936) S. 605—609, 689 bis 693. — NALLINGER, F.: Luftwissen Bd. 3 (1936) S. 299—310. — MANN, H.: Autom.-techn. Z. Bd. 39 (1936) S. 290—292. — HEYER, H. O.: Autom.-techn. Z. Bd. 39 (1936) S. 256—262.

[2] HEYER, H. O.: Autom.-techn. Z. Bd. 39 (1936) S. 261.

In bezug auf die Anordnung der Öltaschen sei darauf hingewiesen, daß sie insbesondere beim Leichtmotor unbedingt an der niedrigst belasteten Stelle des Lagers liegen und aus einer sanft angeschnittenen über fast die gesamte Lagerbreite (bis etwa 5 mm vom Rand) eingearbeiteten Tasche bestehen sollen. An dem Einlauf dieser Tasche in den Laufspiegel baut sich durch die Pumpwirkung des sich drehenden Zapfens der Ölfilm unter sehr hohem Druck im Lager auf. Praktisch ohne Einfluß auf diesen Druck und um eine Größenordnung kleiner ist der Pumpendruck. Die Pumpe hat lediglich die Aufgabe, in die Öltaschen eine möglichst reichliche Vorflut zu geben. Daraus folgt, daß es bei mangelhafter Schmierung nicht auf die Erhöhung des *Öldruckes*, sondern der *Ölmenge* ankommt, wenn nicht andere Fehler vorliegen.

Abb. 232. Schwermaschinenlager (750 mm Bohrung, 700 mm Länge) und Exzenterring aus Blei-Mehrstoffbronze (28 % Pb, 4 % Sn, 2 % Ni, Rest Cu) mit Weißmetallfutter auf Bleibasis. Im Vordergrund zum Vergleich ein Bleibronzelager mit Stahlstützschale (53 mm Bohrung, 36 mm Breite).

Das Bleibronzelager mit seiner gegenüber den hochzinnhaltigen Weißmetallagern höheren Härte, insbesondere bei Betriebstemperatur, ist naturgemäß weniger einlauffähig. Der Laufspiegel muß also mehr als beim Weißmetallager so weit vorgearbeitet sein, daß die Anforderungen an den Einlauf, d. h. an das Abtragen der Gleitmetallvorsprünge im Lauffeld und insbesondere an den meist unter Verformung des Zapfens besonders hoch belasteten Lagerrändern möglichst weitgehend durch die Vorbearbeitung vorweggenommen ist. Damit wird die Feinbearbeitung auf einem Diamantbohrwerk beim Leichtmotor zur Selbstverständlichkeit, und auch bei größeren Lagern für gröbere Zwecke sollte die Möglichkeit einer Feinbearbeitung auf einem Sonderbohrwerk oder einer umgebauten Drehbank, mindestens unter Benutzung gut geläppter Widiaschneiden, vorgesehen werden.

Weiche Bleibronzen sollten möglichst gar nicht geschabt werden, da die weichen Bleieinschlüsse sehr leicht als Ganzes aus der Lauffläche herausgerissen werden, womit die Einlauffähigkeit des Lagers stark leidet. Oft läßt sich das Schaben nicht ganz umgehen. Dann muß man diese Arbeit besonders bewährten Fachkräften übertragen, die das Schabewerkzeug wesentlich besser halten und sorgfältiger abziehen, als das früher üblich und nötig war.

Bei den Bleibronze-Verbundlagern ist gegenüber Weißmetallagern auf das meist notwendige größere Spiel zu achten. Während bei Weißmetallagern im allgemeinen mit einem Spiel von etwa 0,06% des Wellendurchmessers gerechnet wird, beträgt sie bei Bleibronzen etwa doppelt so viel und mehr. Man rechnet für größere Fahrzeug- und Flugzeugmotoren rd. 0,15% des Wellendurchmessers. Dieses dem Lagerfachmann von früher her zunächst überraschend groß erscheinende Spiel muß zur Vermeidung von Lagerschäden unbedingt eingehalten werden. Natürlich gibt dieser Faustwert kein allgemein gültiges Gesetz an. Er

Abb. 233. Lager für Fahrzeug-Dieselmotoren aus Blei-Mehrstoffbronze mit Weißmetallfutter.

gilt aber ziemlich genau für Leichtmotoren, doch auch bei diesen liegen die Anforderungen infolge der mehr oder weniger großen Kurbelwellen- und Gehäuseverformung von Fall zu Fall anders. Wenn statische und gleichmäßig einseitig wirkende Belastungen vorliegen, kann das Spiel in vielen Fällen auch kleiner gewählt werden. Es gibt Beispiele an Werkzeugmaschinen, bei denen das Spiel in der mit Bleibronzelagern ausgerüsteten Hauptspindel sogar mit Erfolg extrem eng eingestellt werden konnte. In diesen Sonderfällen ist es oft nötig, das mögliche Kleinstspiel im Versuch zu ermitteln. Insbesondere bei Werkzeugmaschinen wird ja aus Gründen der vom Werkstück verlangten Genauigkeit auf enges Spiel der Spindel ganz besonderer Wert gelegt.

In den folgenden Abbildungen werden die wichtigsten praktisch vorkommenden Ausbildungsformen von Lagerbüchsen und Lagerschalen auf Cu-Pb-Basis gezeigt. Abb. 232 zeigt ein aus Blei-Mehrstoffbronze gegossenes Schwermaschinenlager mit Weißmetallausguß und einen großen, aus der gleichen Legierung gegossenen Gleitring. Abb. 233 zeigt ein kleineres Dieselmotorenlager, ebenfalls aus einer Blei-Mehrstoffbronze mit dünnem Weißmetallfutter. Bauformen nach Abb. 232 und 233 werden in nassem Sand oder in Kokille gegossen.

Wenn die Einlaufeigenschaften von Vollschalen oder Vollringen aus Bleibronze für eine Lagerstelle nicht mehr ausreichen, so schafft der Einguß eines Futters aus Weißmetall, beispielsweise eine Legierung

Abb. 234. Bleibronzebuchsen mit Stahlstützring für Wergzeugmaschinen-Lagerungen.

ähnlich WM 10, gemäß den Beispielen in Abb. 232 und 233 Abhilfe. Die Weißmetalle binden mit Bleibronzen naturgemäß besonders gut. Man hält diese Weißmetallausgüsse so dünn wie irgend möglich, zum Teil

Abb. 235. Hauptspindel-Lager einer Werkzeugmaschine. Bleibronze mit Stahlstützring.

unter 0,6 mm, um die infolge ihrer hohen Verformungsfähigkeit vorhandene Gefahr der Bildung von Stauchungen und Rissen zu vermeiden. Die Bleibronzen bieten als Stützwerkstoffe ohnedies in dieser Beziehung infolge ihrer verhältnismäßig geringen Festigkeit eine gewisse Gefahr.

Massivlager aus Blei-Mehrstoffbronzen ähnlich den Legierungen 5 und 6 der Zahlentafel 34, also Pb-So-Bz 25, haben sich zum Teil auch in dynamisch hochbelasteten Maschinen, wie Fahrzeugdieselmotoren, recht gut bewährt. Mit steigenden Belastungen können jedoch die oben geschilderten Nachteile in der Weise zur Geltung kommen, daß die ganzen Lagerkörper durch Dauerschlagbeanspruchung zu Bruch gehen.

Damit wurde die Aufgabe gestellt, eine dynamisch hoch belastbare Gleitlegierung, von der jedoch ausreichende Einlauf- und Notlaufeigenschaften gefordert wurden, in eine Stützschale möglichst hoher Festigkeit zu bringen. Diese Aufgabe wurde in sehr vollkommener Weise durch das Einbringen von weichen Bleibronzen der Gruppe Pb-Bz 15 bis Pb-Bz 35 bzw. Pb-Bz 15 A bis Pb-Bz 35 A in Stützschalen aus Flußstahl gelöst.

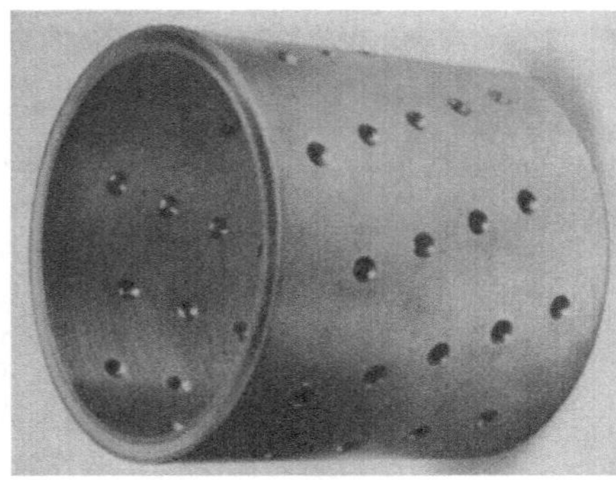

Abb. 236. Beidseitig umgossene, sog. schwimmende Bleibronze-Verbundgußbüchse. Hauptpleuellager eines Sternflugmotors.

Abb. 234 zeigt Buchsen, wie sie für Hauptspindeln von Werkzeugmaschinen in Fertigformen nach Abb. 235 verwendet werden. Ähnliche Bauformen dienen für viele andere Zwecke, z. B. im Leichtmotorenbau zur Lagerung des Hauptpleuelkopfes von Sternmotoren. An dieser Stelle verwendete man bisher oft beidseitig mit Bleibronze umgossene Buchsen, wofür Abb. 236 ein Beispiel bildet. Diese sog. schwimmenden Buchsen haben den Vorteil, daß die Gleitgeschwindigkeit sich in irgendeinem Verhältnis auf die beiden Laufflächen verteilt, so daß sie, auf den Zapfen der Kurbelwelle und auf die Bohrung der Pleuelstangen bezogen, erniedrigt wird. Ihr Hauptnachteil ist die doppelt notwendige Ölluft. Weiterhin scheinen auch die Schmierverhältnisse schwieriger lösbar zu sein als bei nur innen ausgegossenen Buchsen. Jedenfalls gibt der Sternflugmotorenbau die schwimmenden Buchsen in vielen Fällen wieder zugunsten der einseitig ausgegossenen, fest eingepreßten Buchsen auf.

Lagerschalen, wie sie zu vielen Tausenden in Fahrzeugdieselmotoren eingebaut werden, zeigt Abb. 237. Bei der baulichen Durchbildung der Schale ist man von dem Gedanken ausgegangen, durch eine starke Stahlwand und kräftige Bunde die Festigkeit des Gebildes möglichst zu erhöhen. Abb. 238 stellt eine beidseitig mit Bleibronze bekleidete Lagerschale für einen Leichtmotor mit V-förmiger Zylinderanordnung dar.

Zwei mit Bleibronze ausgegossene Fahrzeuglagerschalen, die von der Deutschen Reichsbahn nach ihrem auf S. 297 beschriebenen Verfahren hergestellt sind, zeigt Abb. 239.

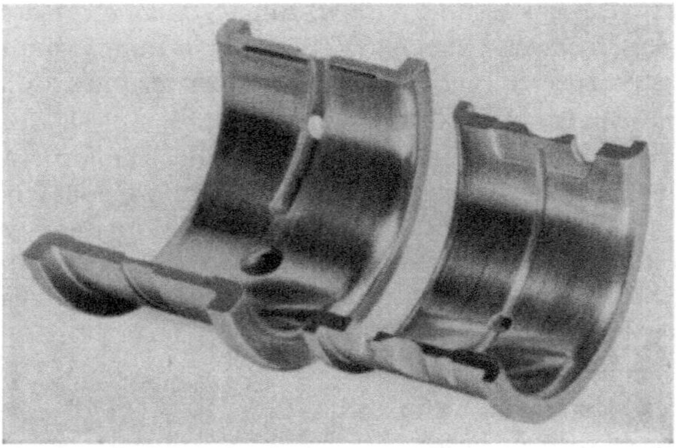

Abb. 237. Lager für Fahrzeug-Dieselmotoren aus Bleibronze mit Stahlstützschale.

Abb. 238. Beidseitig mit Bleibronze umgossenes Pleuellager für einen Leichtmotor mit V-förmiger Zylinderanordnung.

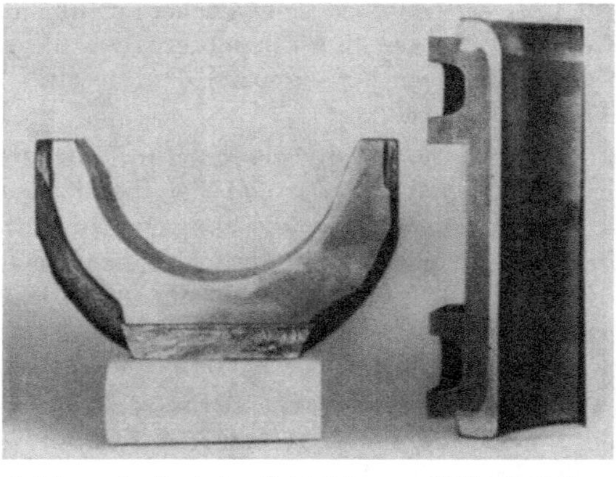

Abb. 239. Achslager der Deutschen Reichsbahn aus Stahl mit Bleibronze-Ausguß.

Bei neueren Bauarten, beeinflußt durch die Gesichtspunkte der Fertigungsverbilligung und Gewichtsersparnis im Motor, werden häufig dünnwandige Schalen von etwa 2 bis 3 mm Stärke verwendet. Die Bunde solcher oft aus Bändern gebogener Schalen stellt man ebenfalls teilweise durch spanlose Formung, z. B. Abkanten her. Oft bringt dieser nachträgliche Verformungsprozeß gewisse kleine Schäden für das Bauteil; doch scheint die Güte dieser Schalen und Buchsen für die

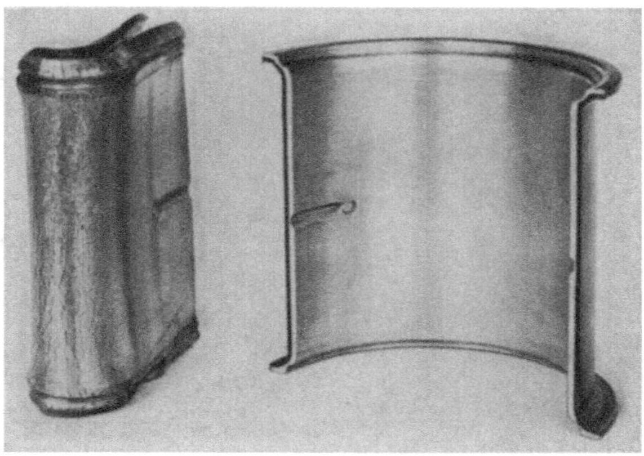

Abb. 240. Bleibronze-Verbundgußlager mit dünnwandiger Stahlstützschale für Flugmotor.

Verwendung im Automobilmotor ausreichend zu sein. Im Flugmotorenbau bedient man sich ausschließlich des Angusses an entsprechend vorgearbeitete Formkörper, also Ringe oder Schalen aus Stahl. Abb. 240 stellt ein solches Flugmotorenlager mit dünner Stahlstützschale dar.

h) Prüfung und Prüfverfahren.

Bei den Bleibronzelagern ist eine Vorprüfung im Laboratorium ohne Durchführung von Laufversuchen auf Grund der bisher vorliegenden Kenntnisse über die Eigenschaften der verschiedenen Legierungen und Legierungsgruppen recht gut möglich. Insbesondere erlaubt die sachgemäße Kombination von Analyse, Schliffbeurteilung, Druckprobe und Röntgenprüfung eine ausgezeichnete Vorkritik, die, auf der Grundlage einer guten Betriebserfahrung durchgeführt, in vielen Fällen eine sichere Beurteilung der Eignung des Werkstoffes für einen vorliegenden Zweck zuläßt.

a) Die *Analyse* gibt zunächst Kenntnis darüber, in welche Gruppe die Legierung hineingehört. Daraus kann man bereits schließen, ob die hinreichende Bleimenge zur Gewährung der geforderten Einlauf- und Notlaufansprüche vorhanden ist bzw. ob bei einer Dreistoffbronze die

Menge des zugesetzten Zinns eine ausreichende Festigkeit der Stützschalen gewährleistet. Auch die Analyse der Beimengungen läßt entsprechende Schlüsse zu.

b) Der *Schliff* gibt hinreichenden Aufschluß über die Bleiverteilung, läßt also erkennen, ob die Erstarrung des Gußstückes sachgemäß geleitet wurde und ob die Gefügeausbildung Gewähr für Haltbarkeit gegenüber den auftretenden statischen oder dynamischen Belastungen gibt.

Abb. 241. Vorrichtung zur Röntgendurchleuchtung von Lagerschalen (SEIFERT).

c) Die *Kugeldruckprobe* ist als am einfachsten und schnellsten durchzuführende Probe sehr wertvoll durch ihren Rückschluß auf den Verformungswiderstand des Lagermetalls. Einen noch besseren Aufschluß darüber gibt der *Druckversuch*, und zwar als *statischer* Versuch, wenn statische Belastungen, und als *Dauerschlagversuch* [1], wenn *dynamische* Belastungen die Lebensdauer des Lagers bestimmen.

d) Schließlich ist die *Röntgenprüfung* [2] in kaum einem anderen Falle, abgesehen vom Leichtmetallformguß und von Schweißverbindungen, in der Lage, so ausgezeichnete Aufschlüsse über die Güte zu geben, wie gerade bei der Bleibronze. Das trifft natürlich in erster Linie und fast ausschließlich für Verbundgußlager mit ihrem relativ dünnen, um 1 mm herum betragenden Ausguß zu. Die Durchleuchtung von Ringen und Schalen wird zweckmäßigerweise in einem Gerät nach Art der Abb. 241

[1] ARMBRUSTER, M.: Zur Frage hochbeanspruchter Gleitlager bei schnellaufenden Maschinen. Werkstofftechn. Koll. T. H. Darmstadt 1934. Schr. Hess. Hochsch. 1934, Heft 3, S. 90—101. — HEYER, H. O.: Entwicklung einer Lagermetallprüfmaschine mit dynamischer Belastung. Dr.-Ing.-Diss. Berlin 1937. — Luftf.-Forschg. Bd. 14 (1937) S. 14—25. — Autom.-techn. Z. Bd. 40 (1937) S. 551—559, 589—595. — THUM, A. u. R. STROHAUER: Z. VDI 81 (1937) S. 1245—1248.

[2] GARRE, B.: Metallwirtsch. Bd. 16 (1937) S. 281—283.

vorgenommen. Die Lager *a* werden auf eine mit Bleiblech beschlagene und mit Film und Verstärkerfolie belegte Walze *b* aufgestreift und gegebenenfalls durch Gummiringe festgehalten. Ein Elektromotor *c* läßt

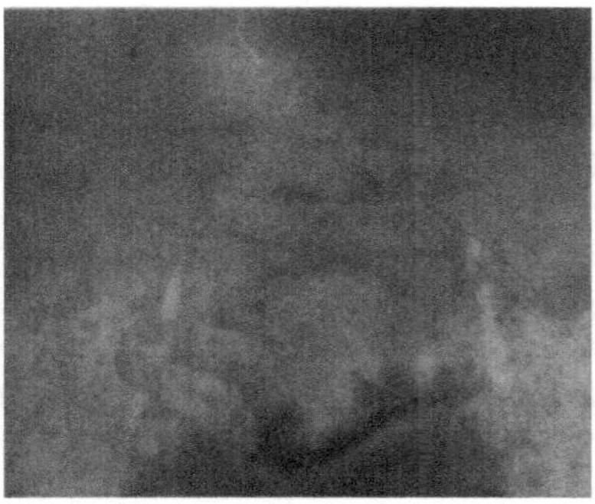

Abb. 242. Röntgenaufnahmen von Bleibronze-Verbundgußlagern (Positiv). Ungleichmäßiges wolkiges Gefüge (Schlierenbildung).

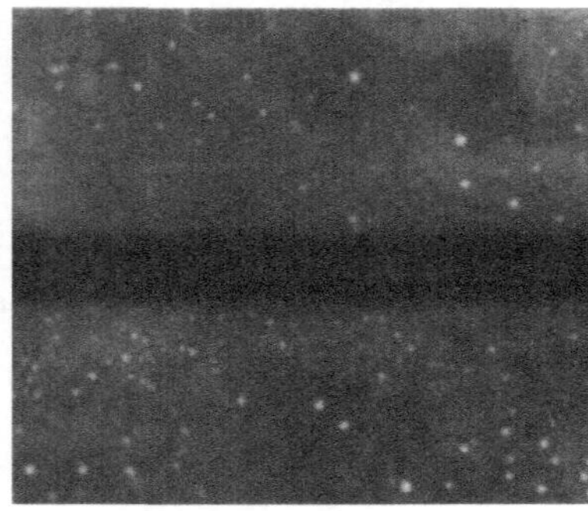

Abb. 243. Röntgenaufnahmen von Bleibronze-Verbundgußlagern (Positiv). Gasblasen.

über einen Reibradantrieb *d* die Walze einige Umdrehungen je Minute ausführen. Zur Aufnahme wird die Vorrichtung nach links in das Pult *e* über die Röhre *f* gefahren. Ein durch zwei Bleibleche gebildeter Spalt *g* sorgt für eine geeignete Ausblendung des Röntgenstrahls und

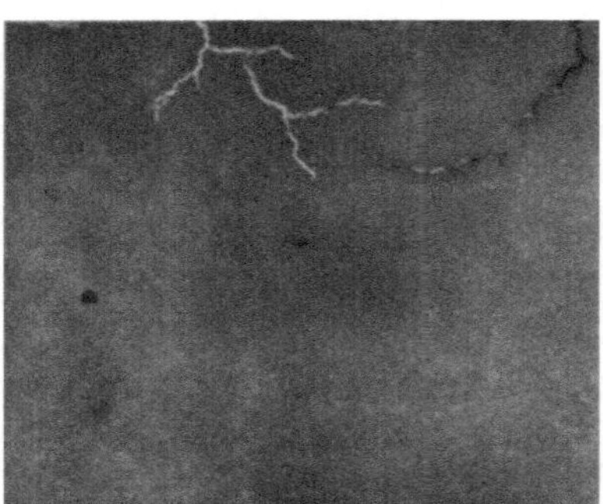

Abb. 244. Röntgenaufnahmen von Bleibronze-Verbundgußlagern (Positiv). Spannungsrisse.

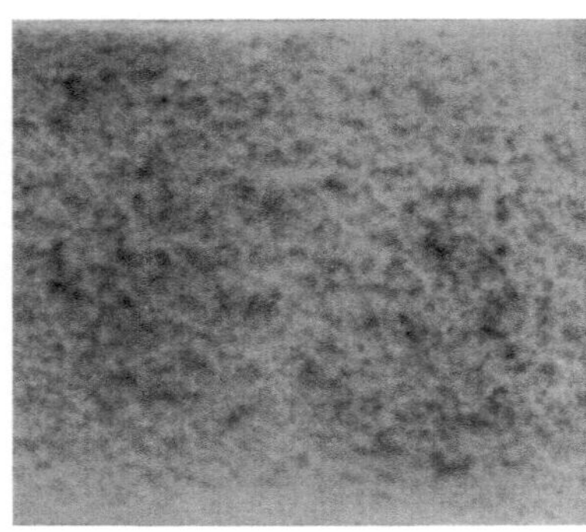

Abb. 245. Röntgenaufnahmen von Bleibronze-Verbundgußlagern (Positiv). Grobe Bleiverteilung.

damit für eine scharfe Abbildung. Beispiele für Aufnahmen auf diesem Gerät bringen die fünf Lichtbilder Abb. 242 bis 246, die Röntgenpositive von Lagerschalen mit verschiedenen Fehlern, grober Gefügeausbildung, Hohlstellenbildung und Bleiseigerungen zeigen.

Nach den bis heute über eine solche kombinierte Prüfmethode an Bleibronze-Verbundlagern gefundenen Ergebnissen, die in Werkslaboratorien gewonnen und unmittelbar anschließend auf dem Prüfstand und im praktischen Betrieb auf ihre Richtigkeit hin untersucht wurden, läßt sich heute folgendes sagen: Die Beurteilung ist mit den oben genannten Mitteln schnell und einwandfrei ohne unzulässigen Aufwand von Kosten durchführbar, wenn über das Lagermetall bzw. die Lagermetallgruppe genügend praktische Erfahrungen vorliegen. Der Einsatz von Lagerprüfmaschinen, die die vorliegenden Belastungsverhältnisse möglichst genau nachahmen, oder von Prüfmotoren erweist sich damit nur nötig zur Klärung der fundamentalen Fragen. Wahrscheinlich läßt sich diese Erkenntnis auch sinngemäß auf die anderen Lagerwerkstoffe übertragen.

Abb. 246. Röntgenaufnahmen von Bleibronze-Verbundgußlagern (Positiv). Einwandfreie Bleibronze.

IV. Legierungen mit Zink.

Von R.-R. Dr.-Ing. H. **Berchtenbreiter**, München.

Mit 2 Abbildungen.

Als Zinklagermetalle seien hier solche bezeichnet, deren überwiegenden Legierungsbestandteil das Zink darstellt.

Im Schrifttum ist noch kein abgeschlossenes Werk vorhanden, das eine Zusammenstellung aller Zinklagermetalle und eine zahlenmäßige Beurteilung ihrer Geeignetheit für bestimmte dauernd zulässige Lagerdrücke und Gleitgeschwindigkeiten enthält. Die folgenden Zusammenstellungen, die dem neueren Schrifttum entnommen sind, beschränken sich fast durchweg auf die Angabe der chemischen Zusammensetzung. Praktisch erprobte oder durch Versuche festgestellte Leistungswerte sind dafür nur ganz ausnahmsweise veröffentlicht worden. Soweit solche Angaben gemacht worden sind, kennzeichnen sie das betreffende Zinklagermetall als etwa gleich leistungsfähig wie ein zinnarmes Lagerweißmetall.

1. Entwicklung der Zinklagermetalle nach Schrifttumsangaben.

Wir finden bei der Durchsicht des zugänglichen Fachschrifttums etwa 150 verschiedene in der Vorkriegszeit entstandene Lagerwerkstoffe, die nach dem Stande der damaligen Legierungstechnik fast ausschließlich empirisch zusammenlegiert worden waren. Mit Hilfe der Zusatzmetalle Aluminium, Kupfer, Zinn, Blei, Nickel, Antimon, Kadmium, Kalzium und Eisen wurden Legierungen mit 3 bis 6 Bestandteilen mit einem Aufbau aus mehreren Kristallarten hergestellt. Eine Abstimmung der Legierungszusätze aufeinander ist weder in ihrer mengenmäßigen Auswahl, noch nach ihrer spezifischen Wirkung bei diesen Zinklagermetallen festzustellen.

Die ausführliche Besprechung aller derartigen Legierungen sei unterlassen. Die mit ihnen erreichten Laufeigenschaften werden kaum befriedigt haben, so daß sie bis auf einige wenige nicht mehr verwendet werden. Da zudem Angaben von Einzelheiten ihrer Gütewerte und ihrer Leistungsfähigkeit fehlten, so entsteht daraus für die Weiterentwicklung der Zinklagermetalle kein Verlust.

Die Aufzählung von Schrifttumsangaben sei daher begonnen mit den „Beiträgen zur Kenntnis der gegossenen Zinklegierungen unter besonderer Berücksichtigung ihrer Verwertbarkeit als Lagermetall" von Paul Gieren[1].

Das Werk entstand zur Zeit des Weltkrieges unter dem Eindruck der damaligen Not an Auslandsmetallen. Es kennzeichnet drei Entwicklungszeiträume der Zinklagermetalle (Vorkriegszeit, Anfang und Ende des Weltkrieges). Auszugsweise sei daraus das Folgende wiedergegeben:

Angesichts der infolge des Weltkrieges immer größer gewordenen Knappheit an bisher verwandten Lagermetallen (Rotguß und Weißmetall) bemühte man sich um einen Ersatz durch inländische Metalle und Legierungen, und zwar in erster Linie um die Zinklegierungen. Als Lagermetall ist schon damals lediglich eine Gußlegierung in Frage gekommen. Die Zahlentafeln 36—39 enthalten solche Zinklagermetalle in entsprechenden Entwicklungszeiträumen.

Zahlentafel 36 enthält Legierungen mit Kupfer- und vorwiegend hohen Zinngehalten aus der Vorkriegszeit. Blei ist in einigen Fällen, wohl mit Absicht, hinzulegiert, während Antimon stets als Verunreinigung zu betrachten sein wird. Ein beträchtlicher Teil dieser Legierungen sind zudem noch überwiegend Zinnlegierungen mit Zinkzusatz.

Mit längerer Dauer des Krieges waren Zinn und Kupfer immer sparsamer bewirtschaftet und der Verbrauch der hochzinn-kupferhaltigen Legierungen aufs Äußerste eingeschränkt worden. Als Ersatzmetalle

Zahlentafel 36. Vor dem Kriege bekannte Zinklegierungen.

Bezeichnung	Zusammensetzung				
	Sn %	Pb %	Cu %	Al %	Zn %
1. Germania-Weißbronze (Elefantenmarke)	8	1—2	4—5	—	Rest
2. Tandem-Weißbronze Nr. 1 (thornykroft für die Marine)	72,25	—	etwa 1,25	—	„
3. Tandem-Weißbronze Nr. 2 (nach Parson)	58,5	—	etwa 2	—	„
4. Tandem-Weißbronze Nr. 3	30	etwa 2	4—5	—	„
5. Tandem-Weißbronze Nr. 4 (nach Fenton)	16	—	4—5	—	„
6. Tandem-Weißbronze Nr. 5	8	2—3	7—8	—	„
7. Hammonia-Metall	60	—	2—4	—	„
8. Lagerweißmetall (nach Parson)	68	2	2	—	„
9. Tandem-Weißbronze Nr. 1 (nach Parson, mit Al)	54,6	—	3	1	„
10. Amerikanisches Metall (für den Automobilbau)	65	1,5	4,5	—	„
11. Anti Attrition Metal London	38	—	2,0	—	„
12. Anti Attrition Metal London	11	—	4	—	„
13. Französische Kriegsmarine	7,5	4	4	—	„
14. Lagermetall LC	12	—	2—4	—	„
15. Leddel Metall für Automobilbau	—	—	5	5	„

[1] Gieren, Paul: Dissertation Berlin 1919.

kamen in erster Linie Blei und Zink in Betracht. Eine Übersicht der wesentlichsten während des Krieges erprobten zinnhaltigen Zinklegierungen gibt die Zahlentafel 37. In diesem Entwicklungszeitraum ist

Zahlentafel 37. Zinnhaltige Kriegszinklegierungen.

Bezeichnung	Zusammensetzung				
	Sn %	Sb %	Pb %	Cu %	Zn %
16. Kriegsmetall 1915	3	—	etwa 2	4	Rest
17. Eisenbahn-Zinklegierung EZL Nr. 1	21,3	etwa 3	12	3,3	„
18. Eisenbahn-Zinklegierung EZL Nr. 2	19	etwa 3	16,6	3,2	„
19. Aalener Zinklegierung (nach Baurat Hassler)	20,51	3,03	21,6	3,49	„
20. Kriegsbronze 1916	10,7	—	6	7,9	„
21. Olpea-Weißbronze	6,5	Spur	2	3,5	„
22. Glyco-Weißbronze ZD	6,2	1	4,45	3,75	„
23. Saxonia-Bronze	3—5	0,7	2,5	6—8	„

Zahlentafel 38. Zinnfreie Kriegszinklegierungen sog. Ersatzbronzen.

Bezeichnung	Zusammensetzung		
	Cu %	Al %	Zn %
24. Spandauer Legierung	4—5	2,5—3,5	Rest
25. Pepenburger Zinklegierung (Elefantenmarke)	5—6	2—3	„
26. Erhard-Bronze	8	3	„
27. Erhard-Bronze	9	1	„
28. Goldschmidt Essen	6—7	5—6	„
29. Kriegsbronze rot Siegel	4	2	„
30. „ grün Siegel	6—7	2	„
31. „ gelb Siegel	8—9	2	„
32. Ava-Metall	2	2	„
33. Bronze 1917	4	1	„

Zahlentafel 39. Manganhaltige Ersatzbronzen.

Bezeichnung	Zusammensetzung			
	Cu %	Al %	Mn %	Zn %
34. Hohenzollern-Lager-Weißmetall	4—5	etwa 2	1—2	Rest
35. Goldschmidtsche Weißbronze	etwa 5—6	2—3	etwa 1	„

der Zinngehalt schon wesentlich kleiner geworden, aber noch nicht ganz verschwunden. Neben zahlreichen Lagermetallschmelzen stellten auch staatliche Betriebe, wie z. B. das Eisenbahn-Zentralamt in Berlin umfassende Versuche an, deren Ergebnisse die zinnhaltigen Zinklegierungen Nr. 16 bis 19 der Zahlentafel 37 waren. In ihren Lagerlaufeigenschaften stellten diese Legierungen kaum eine Verbesserung derjenigen in Zahlentafel 36 dar. Jedoch konnten die Legierungen Nr. 18 und 19 als ganz brauchbare und dabei zinnsparende Lagermetalle verwendet werden, solange der Mangel an Zinn anhielt.

Noch in die Kriegszeit fällt der Eintritt in das dritte Entwicklungsstadium, die Herstellung zinnfreier Kriegszinklegierungen sog. Ersatzbronzen (Zahlentafel 38). Die Zinnknappheit hatte sich verschärft, ein Zinnzusatz von auch nur wenigen Prozenten zu Zinklegierungen war unmöglich geworden. Das Zinn war durch Aluminium ersetzt worden. Hatte das Zinn bei gleichzeitiger Anwesenheit von Kupfer die Zinklegierungen leichtflüssig gemacht, ihre Zähigkeit erhöht, ihre Lötfähigkeit verbessert, die Feinkörnigkeit des Gefügeaufbaues bewirkt und auch die Gußschwindung und damit Rißbildung verringert, so hatte das dafür zugesetzte Aluminium nur teilweise eine ähnlich günstige Wirkung. Jedenfalls waren damit Zink-Kupfer-Aluminiumlegierungen geschaffen, die in einiger Änderung ihres Zusammensetzungsverhältnisses auch heute noch als die wichtigste Legierungsgruppe der Zinklegierungen angesehen werden können.

Weiter führt Gieren als eine wesentliche Neuerung noch Verbesserungsversuche der Zink-Kupfer-Aluminiumlegierungen durch den Zusatz von Mangan an, die wohl aber keine nennenswerte Anwendung gefunden haben. Es sind dies die manganhaltigen Ersatzbronzen der Zahlentafel 39.

Die weiteren Untersuchungen Gierens über die Zustandsdiagramme von binären Zinklegierungen, die Erforschung des Systems Zink-Mangan und des ternären Systems Zink-Zinn-Kupfer und seine mechanischen und physikalischen Versuche mit Zinklagermetallen seien hier nur erwähnt. Jedenfalls stellt er fest, daß in Blech- und Drahtwalzwerken, in denen schon vorher Rotguß und Phosphorbronze häufig genug kaum den außerordentlich hohen Anforderungen zu genügen vermochten, die verschiedenen Zinklegierungen vollständig versagten, so daß hierfür wieder Rotguß freigegeben werden mußte. Für viele andere Lagerzwecke dagegen hatten die Zinklegierungen von vornherein befriedigt, solange man wenigstens zinnhaltige, z. B. die Legierungen Nr. 5, 17 und 18 der Zahlentafel 36 und 37 zur Verfügung hatte. Richtig vorausgesehen war, daß den im Kriege notgedrungen als Ersatz eingeführten Zinklagermetallen starke Konkurrenz in den Bleilegierungen erwachsen würde, was ja auch tatsächlich der Fall war. Ferner gilt, wenigstens im Hinblick auf die Laufeigenschaften, auch für die heute marktgängigen Zinklagermetalle noch die damals von Gieren aufgestellte Folgerung: Sobald die Beschaffung von Zinn und Kupfer keine Schwierigkeiten mehr bietet, wird sich eine Zinklegierung nur dort behaupten können, wo das Metall stoßweiser mechanischer Beanspruchung nicht ausgesetzt und wo die Beanspruchungen des Lagers in Umdrehungszahl und Druck gering sind. Aber auch das sind immerhin noch reiche Anwendungsgebiete.

Unter der Einwirkung der in der Nachkriegszeit einsetzenden Aufwärtsentwicklung der Erkenntnis metallurgischer und physikalischchemischer Zusammenhänge beim Aufbau der Legierungen erfolgte besonders in den letzten beiden Jahrzehnten eine vermehrte systematische Durchforschung der Zinklegierungen, die eine überraschende Entwicklung der Zinklegierungen zunächst für andere technische Verwendungsgebiete mit sich brachte. Es sind dies vor allem die auf der Eigenart des Zinks gut aufgebauten zinkreichen Spritzgußlegierungen. deren Merkmale eine recht gute Festigkeit, aber eine geringe Dehnung sind, ferner die als Austauschlegierungen für kupferreiche Gelb- und Rotmetalle gut geeigneten zinkreichen Form-, Guß-, Preß- und Walzlegierungen. Eine wichtige Voraussetzung für die erreichte Veredelung aller Zinklegierungen bildete die Erzeugung reinsten Zinks. Zwei Verfahren kommen dafür in Betracht. Einmal die trockene Raffination, die aus einer doppelten fraktionierten Destillation besteht, bei der sich die höher siedenden Metalldämpfe der Erzbeimengungen Blei, Kupfer und Silber durch ihren Rückfluß in der Destillationsmuffel anreichern, während von dem in einer zweiten Kolonne niedergeschlagenen Zink noch das niedriger siedende Kadmium abdestilliert wird. Der Reinheitsgrad des so gewonnenen Zinkes beträgt bis zu 99,994%. Weiter liefert in Deutschland das in der Zinkhütte der Bergwerksgesellschaft Georg von Giesches Erben in Magdeburg angewandte Verfahren der elektrolytischen Zinkgewinnung ein Reinzink von 99,99% in großen Mengen. Mit diesem Feinzink als Hauptanteil werden heute alle hochwertigeren Zinklegierungen hergestellt. Am häufigsten werden dabei die höher schmelzenden Metalle oder deren Vorlegierungen in einem Teil des niedergeschmolzenen Zinks einfach aufgelöst. Besondere Schutzmaßnahmen gegen Oxydation und übermäßige Verkrätzung sind dabei nicht erforderlich, wenn die Überschreitung einer erfahrungsgemäß günstigen Schmelztemperatur zuverlässig vermieden wird.

Einen umfassenden Überblick über die Eigenschaften des heute gewinnbaren Reinzinks und der daraus hergestellten Legierungen geben das 1937 im Verlag von Julius Springer in Berlin erschienene Werk von Dr.-Ing. ARTHUR BURKHARDT[1] und das Heft 1 der Beiträge zur Wirtschaft, Wissenschaft und Technik der Metalle und ihrer Legierungen des gleichen Verfassers[2].

Das weit zerstreute metallkundliche Schrifttum auch der jüngsten Zeit über Zinklegierungen ist hier überaus sorgfältig zusammengetragen und geordnet. Ältere Forschungsergebnisse werden berichtigt, die Zustandsschaubilder und Eigenschaften wichtiger Zweistoff- und Dreistoff-Zinklegierungen auf Grund der Ergebnisse neuester Forschungen eingehend beschrieben. Für Vier- und Mehrstofflegierungen waren gleich eingehende Angaben noch nicht möglich. Unumwunden gibt

[1] BURKHARDT, ARTHUR: Technologie der Zinklegierungen.

[2] BURKHARDT, ARTHUR: Zink und seine Legierungen aus dem NEM-Verlag Dr. Georg Lüttke, Berlin.

der Verfasser zu, daß sich das Gebiet der Zinklegierungen noch mitten in der Entwicklung befindet und viele ungelöste Probleme enthält.

Auf die Verwendung der Zinklegierungen als Lagerwerkstoff geht der Verfasser nur kurz ein und zieht den auch heute noch gültigen Schluß, daß die marktgängigen Zinklagermetalle nur für geringere Beanspruchungen, nämlich bis zu 50 kg/cm² Belastung und 4 m/s Umlauf (Gleit-) Geschwindigkeit im Dauerbetrieb geeignet zu sein scheinen. Seiner Meinung nach lägen jedoch auch Ansätze zur Schaffung neuer Zinklagermetalle vor, die eine Erhöhung der Leistungen der Zinklegierungen auch auf diesem Gebiet erwarten lassen. Dem Vernehmen nach sind umfassende Untersuchungen über lauftechnische Eignung gewisser Zinklegierungen in Aussicht genommen.

Eine erhebliche Anzahl von älteren und auch neueren Zinklagermetallen sind in dem Werk von M. v. SCHWARZ[1] 1929 aufgeführt. In nachstehender Zahlentafel 40 ist ihre chemische Zusammensetzung angegeben. Leistungsangaben finden sich für einzelne dieser Legierungen jedoch nicht im allgemeinen. Ähnliche Lagermetalle erwähnt der Zusammensetzung nach auch das Buch von WILLI CLAUS und A. H. F. GOEDERITZ[2]. Mitteilungen über einzelne Zinklagermetalle finden sich zerstreut in Fachzeitschriften, meist aber ohne Angabe der Zusammensetzung oder von Leistungswerten.

Zahlentafel 40. Zinklagermetalle nach M. v. SCHWARZ.

Bezeichnung und Verwendung	Zusammensetzung					
	Zn %	Sn %	Cu %	Pb %	Sb %	Cd %
Lagermetall	90	1,5	7	—	1,5	—
Lagermetall	88	2	8	—	2	—
Sulzer Antifriktionsmetall . .	83,6	9,9	4,0	1,2	—	—
Pierrots Lagermetall	83,3	7,6	2,3	3,0	3,8	—
Englisches Lagermetall . . .	80	14,5	5,5	—	—	—
Englisches Lagermetall . . .	76,1	17,5	5,6	—	—	—
Glievor-Metall	73,5	6,9	4,3	4,9	8,9	1,4
Englisches Babbitmetall . . .	69	19	4	5	3	—
Lagermetall von Dunlevic .	52	46	1,6	—	0,4	—
Lager für Transportwagen .	50	25	—	25	—	—
Wagners Zapfenlagerlegierung	47	38	1	4	6	—
Knieß' Lagermetall	40	15	3	42	—	—
Germania-Bronze	80,4	9,6	4,4	4,7	0,8 Fe	
Ehrhardt-Bronze	84,4	0,2	10,9	1,2	2,5 Al	
Saxonia-Bronze	84,8	5,3	6	3	0,2 Al	
Tandem-Bronze	66	21,5	7	4,8	0,2 Al	
Glyco-Metall	85,5	5	2,4	4,7	2 Al	

[1] SCHWARZ, M. v.: Metall- und Legierungskunde. Stuttgart: Ferdinand Enke 1929.

[2] CLAUS, WILLI u. A. H. F. GOEDERITZ: Gegossene Metalle und Legierungen. Berlin: Technischer Verlag M. Krayn 1933.

2. Eigenschaften der Zinklagermetalle, chemische Zusammensetzung.

Inzwischen sind die Zinklagermetalle als Legierungsgruppen nach ihrer Zusammensetzung und nach Eigenschaften auch genormt. In DIN 1703 U (Februar 1937) finden sich zinnfreie Zinklegierungen der Legierungsgruppe Lg Zn der ungefähren Zusammensetzung 86 bis 95% Zn, 2 bis 8% Cu, 2,5 bis 5% Al und einer Brinellhärte (H 10/250/180) von 110 bis 118 bei 20° C. Die Legierungen sind bleifrei, jedoch mitunter legiert mit kleinen Mengen von Magnesium, Lithium, Nickel und anderen Metallen. Im Sinne allgemeiner Richtlinien sind in diesem Normblatt solche Zinklegierungen als Austauschlegierungen für das zinnarme Wm 5 angeführt.

Zinnhaltige Zinklegierungen mit größerem oder kleinerem Zinngehalt (Legierungsgruppe Lg Zn-Sn) sind in diesem DIN-Blatt nicht mehr aufgeführt, werden aber immer noch verwendet. Die Lagermetalle der ersten Gruppe kommen praktisch nur als Ausgußmetalle in Betracht. Die der zweiten sind auch zur Herstellung ganzer Lagerschalenkörper verwendbar.

Aus weiteren Schrifttumsangaben, dem vom Fachausschuß für Werkstoffkunde beim VDI herausgegebenen Übersichtsblatt I (Dez. 1936) Lagerausgußmetalle und aus Mitteilungen der Hersteller sei in der folgenden Zahlentafel für einzelne neuere zinnhaltige und zinnfreie Zinklagermetalle die ungefähre chemische Zusammensetzung angegeben:

Bezeichnung	Zusammensetzung				
	Sn %	Cu %	Al %	Pb %	Zn %
Glyco-Metall (älter)	5	2,4	2	4,7	85,5
Glyco-Weißbronze ZD	6—9	Cu, Al und Pb Rest			84—86
Glyco-Weißbronze ZD 10 L.	Sn, Cu und Al Rest			5—6	81—82
Tandem-Weißbronze	16	4	—	—	80
Erhardt-Bronze	6	3	—	2	89
Glievor-Lagermetall	6,7	4,4	—	5	73,5
		Kadmium 1,4%, Antimon 9%			
Germania-Bronze	5—7	4—5	0,25	2—3	85—88
Papenburger Bronze	—	4—5	bis 2,5	—	92—95
Erka L	—		3—4		95—96
		unter 1% Cu, Mg und Si			
Erka 5	—	5	3	—	92
Erka 8	—	8	4	—	88
Ebbinghaus-Zink-Sonderlagermetalle	—	2—8	2,5—5	—	86—92
Ney-Lagermetall	—	0,7	4,4	Spur Mg	95,7

Diese bekannteren Lagermetalle sind, abgesehen vom Zinngehalt, in chemischer Hinsicht nahezu gleichartig zusammengesetzt. Die meisten enthalten Aluminium und Kupfer. In geringem Umfang verschieden sind nur die anderen Beimengungen, deren Sonderwirkung auf mechanische und lauftechnische Eigenschaften noch weiter geklärt werden sollte. Erst dann wird eine weitere Verbesserung dieser und jener die Laufeigenschaften des Lagerausgusses noch etwas beeinträchtigenden Auswirkungen des Legierungsgrundstoffes Zink in größerem Ausmaße gelingen. Besonders wäre auch eine eingehende Untersuchung erwünscht, ob zu solchem Zwecke ein Zusatz des stark devisenzehrenden Zinns wirklich gut angewendet ist und ob es tatsächlich auch weiterhin als unersetzbar gelten muß.

3. Mechanische Eigenschaften.

Härte. Die Brinellhärte (H 10/250/180) kann im Mittel für reines Gußzink mit 31 kg/mm² angenommen werden. Sie wird in Zinklegierungen durch die meisten der genannten Zusatzmetalle noch wesentlich erhöht und beträgt dann bei den in der letzten Zahlentafel aufgeführten Zinklagermetallen 60 bis 120 kg/mm². Für die bisher verwandten Zinnweißmetalle ist eine Brinellhärte von 25 bis 35 kg/mm² als günstig für ihren Lauf auf ungehärtetem und unvergütetem Wellenstahl mittlerer Festigkeit, etwa St 50.11 erkannt worden. Demgegenüber ist also die Brinellhärte der Zinklagermetalle etwa 3- bis 4mal so hoch. Die Abnützung eines Lagermetalles hängt erfahrungsgemäß bei halbflüssiger Lagerreibung von der Höhe seiner Härte ab. Der Ersatz eines abgenützten Lagers ist billiger als der Ersatz einer Welle, weshalb der größere Abnutzungsanteil auf das Lager entfallen sollte. Daher beeinflußt die hohe Härte der Zinklagermetalle die Abnutzung der Wellen, bedingt also die Verwendung verschleißfesterer, vergüteter, einsatzgehärteter oder nitrierter Wellenlaufflächen.

Druckfestigkeit. Ein für die vergleichsweise Beurteilung der Güte von Lagermetallen immer herangezogener Prüfwert, die Druckfestigkeit, ergibt für Zinklagermetalle gleichfalls relativ hohe Werte. Bestimmt an einer zylindrischen Probe, deren Höhe gleich dem Durchmesser (= 20 mm) ist, schwankt sie bei den letztgenannten Zinklagermetallen zwischen 40 und 95 kg/mm². Die Stauchfähigkeit derselben, die im gleichen Versuch gemessene Höhenabnahme bis zum Auftreten eines Mantelanrisses, beträgt 20 bis 30%. Die übliche Ausführungsart der Druckfestigkeits- und Stauchfähigkeitsbestimmung „bis zum Bruch" gibt nur eine beschränkte Vergleichswertgrundlage für aus so verschiedenen Bestandteilen aufgebaute Legierungen. Die Berechnung der Druckfestigkeit auf die Einheit des ursprünglichen Querschnittes hat zur Folge, daß das weichste Metall, das dieser Eigenschaft wegen als Lagermetall gar nicht in Frage käme, einen unverhältnismäßig hohen Druckfestigkeitswert erhält, weil es bei mehrfach vergrößertem Endquerschnitt eine große Druckkraft aushält und erst bei sehr starker Stauchung Mantelanrisse erfährt. Eine Verformung von Lagerausgüssen in dem bei dieser Druckfestigkeitsprüfung bis zum Bruch auftretenden Ausmaße kommt in der Wirklichkeit auch nur ganz ausnahmsweise vor. Diese Prüfung sollte eigentlich zwei Wertmaßstäbe ergeben. Einmal möchte der Lagerkonstrukteur aus dem an ganz abweichender Probenform festgestellten Druckfestigkeitswert gerne einen Schluß auf einen Dauerwert der Tragfähigkeit ziehen. Dieser ist aber nicht angängig, weil im Vergleich zu der zylindrischen Probe der recht dünne Lagerausguß doch ganz anders, viel geringer beansprucht ist. Diesen Wert erfaßt viel schärfer die Bestimmung der Quetschgrenze nach DIN 1602. Meßtechnisch einfacher ist meist die Bestimmung der 0,2-Dehngrenze. Für Zinklagermetalle beträgt letztere durchschnittlich 18 bis 22 kg/mm². Der andere Wert, die bei der Weiterbeanspruchung erhaltene Stauchfähigkeit, soll als Vergleichsmaßstab für die Bildsamkeit eines Lagermetalls dienen. Diese ist naturgemäß bei allen als Gußlegierungen verwendeten Zinklagermetallen geringer als bei Blei- oder Zinnlagermetallen. Eine bestimmte Höchstverformung (Stauchung) darf im allgemeinen schon aus schmiertechnischen Gründen nicht überschritten werden.

Abnutzung. Die höhere Härte und ein höherer Abnutzungswiderstand vermindern das Einlaufvermögen. Es kann begünstigt werden durch die Feinstbearbeitung der Laufflächen. Die beim Einlauf vor sich gehende Anpassung von Wellen- und Lagerausguß-Laufflächen erfolgt bei höherer Härte mehr durch den örtlichen Verschleiß als durch Druckverformung. Sie braucht längere Zeit und ist zum mindesten mit höherem spezifischen Flächendruck an der noch kleinen Tragstelle und demzufolge mit höherer, oft auch schädlicher Temperatursteigerung verbunden. Verminderte Einlauffähigkeit, die eine Schonung der Lager für einen bestimmten ersten Zeitraum ihrer Laufleistung verlangt, erschwert auch die häufig geforderte und notwendige sofortige Belastung eines neuen mit einer Zinklagermetallegierung ausgegossenen Lagers mit betriebsmäßigem Flächendruck und Gleitgeschwindigkeit.

Eine ähnliche Vermehrung der Tragfähigkeit wird unter günstigeren Umständen als durch die Erhöhung der Härte durch eine Verminderung der Ausgußstärke bei den in neuerer Zeit in Kraftmaschinen, in Dieselmotoren und Vollbahnlokomotiven mit Erfolg verwandten Dünngußlagern aus Zinn- und Bleilagermetallen oder auch aus Bleibronzen erzielt. Hier beteiligt sich die Lagerstützschale erheblich an der Aufnahme der Druckbeanspruchung. Bei dünnem Ausguß spielt die Bildsamkeit des Ausgußmetalls eine geringere Rolle, was den Zinklegierungen zugute kommen würde. Bei dickem Ausguß jedoch führen Überlastungen des Lagers durch zu hohen Druck oder durch Kantenpressung sehr viel eher zum Warmlauf oder zur Rißbildung und Ausbröcklung des Lagermetalls bis auf den Grund der Stützschale.

Wärmeausdehnung. Die größere Wärmeausdehnung ($a = 40 \cdot 10^{-6}$), die die Zinklegierungen durchwegs besitzen, setzt der Feinstpassung von Welle und Lager eine gewisse Grenze. Es ist ein größeres Lagerspiel sowohl im Durchmesser als auch in der Lagerlänge erforderlich, wenn unzulässige Wärmepressungen vermieden werden sollen.

Eingehendere von neutraler Stelle durchgeführte Untersuchungen der mechanischen Eigenschaften von Zinklagermetallen sind noch nicht bekannt geworden. Teilweise sind sie von den Herstellern noch gar nicht veranlaßt worden, da ja erfahrungsgemäß die Zinklegierungen nur für leichtere Lagerbeanspruchungen in Aussicht genommen sind. Im Zusammenhang mit der Umstellung auf Heimstoffe sind jedoch solche Untersuchungen vom Staatlichen Materialprüfungsamt in Berlin-Dahlem und vom Fachausschuß für Werkstoffkunde beim VDI aufgenommen worden, denen auch eine solche der Laufeigenschaften folgen wird.

4. Aufbau der Zinklagermetalle.

Über dem Aufbau der Zinklagermetalle findet sich bisher im Schrifttum nur wenig. Er ist dem der Zinnlagermetalle ähnlich und enthält in eutektischer Grundmasse eine oder mehrere andere Mischkristallarten. Burkhardt gibt in seinem schon erwähnten Buch ,,Technologie der Zinklegierungen auf S. 115f. Gefügebilder für eine Legierung mit 4% Al, 1% Cu und 0,04% Mg, die in der Zusammensetzung den meist heute gebräuchlichen Lagermetallen nahe steht. Abb. 247 zeigt den Gefügeaufbau einer ähnlichen Legierung, Abb. 248 den einer Al- und kupferreicheren Legierung mit etwa 7 bis 10% Al und 6 bis 8% Cu.

5. Verwendung der Zinklagermetalle.

An sich setzt die Verwendung eines Lagermetalles als Ausgußmetall ein geringes Schwindmaß voraus. Die Erstarrungsschrumpfung beträgt beim Zink 1,5%, bei den Zinklegierungen mit Laufeigenschaften im Durchschnitt etwa 1,1%, also mehr als bei den üblichen Lagerschalenbaustoffen. Die Neigung zur Rißbildung, die die als Ausgußmetalle verwandten Zinklagermetalle daher besitzen, kann nur durch besonders ausgeführte Verklammerungsarten, bei denen allzu große Querschnittsübergänge vermieden werden, wirksam bekämpft werden. Ferner ist aus dem gleichen Grunde auch eine hohe Vorwärmtemperatur der Schalen bis zu 250° C erforderlich. Die Bindung mit der Schale kann der besseren Haltbarkeit und Wärmeableitung wegen auch metallurgisch sein. Dann ist angesichts der geringen Lötfähigkeit der Zinklagermetalle eine Verzinnung oder Verzinkung eiserner oder gußeiserner Schalen notwendig.

Die Dünnflüssigkeit geschmolzener Zinklegierungen ist bei den im Handguß noch anwendbaren Temperaturen im allgemeinen nicht sehr groß, weshalb eine gewisse Mindeststärke des Ausgusses eingehalten und die Schale gut vorgewärmt werden muß.

Wie schon erwähnt, bedürfen die Zinklagermetalle dauernd einer guten Schmierung. Sie sind außerordentlich empfindlich gegen halb-

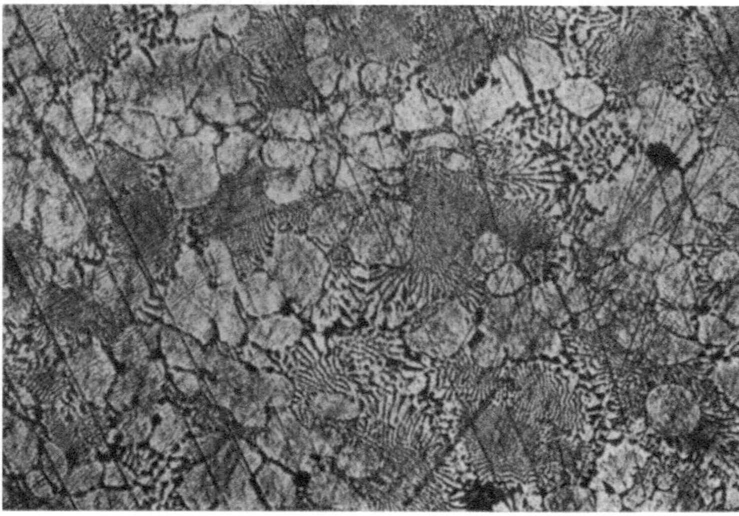

Abb. 247. Gefüge eines Zinklagermetalls mit 4,7% Al und 1,1% Cu.

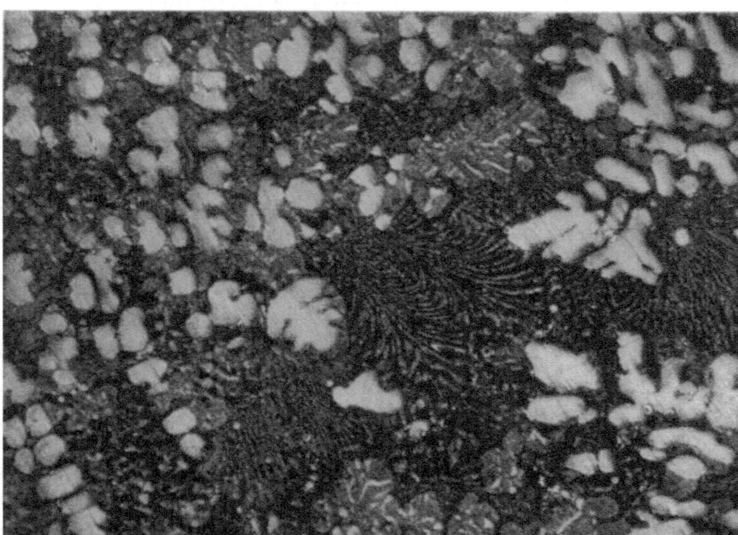

Abb. 248. Gefüge eines Zinklagermetalls mit 8% Al und 7,8% Cu.

flüssige oder trockene Reibung. Lauftechnischer Nachteil ist nur ihre bekannte Neigung zum Fressen, das immer plötzlich und ohne vorherige

Warnzeichen eintritt und fast immer zur Zerstörung des Lagerausgusses und der Wellenlauffläche führt. Notlaufeigenschaften, d. i. die Fähigkeit, beim Versagen der Schmierung noch eine beschränkte Zeit weiterlaufen zu können, ohne daß ein Angriff der Wellenlauffläche eintritt, besitzen die Zinklagermetalle bisher nicht. Diese Tatsache und die erwähnte Neigung zum Fressen auf der Welle kann vermutlich dem Umstande zugeschrieben werden, daß die Affinität des Zinkes zum Eisen besonders groß ist. Bekannt ist der Angriff flüssigen Zinkes auf eiserne Tiegelwände, der zur Auflösung des Eisens und zur Bildung von Hartzink führt. Ebenfalls eingehend untersucht ist der metallurgische Vorgang der Tauchverzinkung von Eisen. Dabei ist die Bildung der intermetallischen Verbindungen $FeZn_7$ und Fe_5Zn_{21} festgestellt worden. Die gleichen Verbindungen verursachen auch die höhere Härte des Hartzinks. Sie sind eben hart und spröde. Ihre Bildung kann praktisch verhindert werden durch den Zusatz von mehr als 0,5% Aluminium. Ähnlich wirkt auch Mangan. Unter dem Einfluß der höheren Temperatur eines mit halbflüssiger oder mit trockener Reibung laufenden Zinklagermetalles ist dieser Diffusionsvorgang bei gesteigerter Temperatur wohl ebenfalls zu erwarten. Dann wäre eine Erklärung für die erfahrungsgemäß bestehende Neigung zum Festfressen der freies Zink enthaltenden Lagermetalle darin zu suchen, daß die Riefenbildung und Gleitflächenzerstörung durch die Schmirgelwirkung der erwähnten harten Verbindungen verursacht wird. Der immer fest an der Welle haftende Lagermetallbeschlag verdankt dann seine Haftfestigkeit der ähnlich wie bei der Tauchverzinkung durch Diffusion erfolgten Bildung der intermetallischen Verbindung.

Der Reibungsbeiwert des Zinks ist gegenüber dem Zinn, als dessen Austauschmetall in Lagerwerkstoffen es hauptsächlich in Frage kommen soll, drei- bis vierfach höher. Die örtliche Erwärmung beim Trockenlauf, die noch nicht mit hinreichender Genauigkeit meßbar ist, muß daher an den jeweiligen Oberflächenpunkten der Lauffläche in kurzer Zeit vor sich gehen, womit eben die thermischen Vorbedingungen zur Beschleunigung der Diffusion des Zinkes in den Stahl geschaffen wären. Im Fachschrifttum fanden sich bisher keine Berichte, in denen dieses ungünstige Verhalten des Zinks bei Laufversuchen in ihrer Abhängigkeit von dem Sättigungszustand der Eisenzinkverbindungen, überhaupt von der Art und Menge auch anderer Mischkristalle untersucht worden wäre. Solche und gleichgeartete systematische Versuche sollten beim zukünftigen Studium der Lagerlaufeigenschaften von Zinklegierungen als wichtigste Grundlage zu deren weiterer Verbesserung angestellt und vergleichend ausgewertet werden.

Erfahrungsgemäß wird die Neigung der Zinklagermetalle zum Fressen durch den Zusatz von größeren Anteilen Zinn und Kupfer etwas vermindert. Dieser Zusatz bedingt aber wieder Fremdmetall und sollte daher möglichst vermieden werden. So werden wohl aber die Legierungen dieser beiden Metalle mit Zink als Grundlage in absehbarer Zeit kaum die günstigen Lauf- und Gleiteigenschaften, auch nicht die recht bequeme Gieß- und Behandlungsmöglichkeit der Zinn- und Bleilagermetalle erreichen. Ihre höhere Härte verlangt eine andere Schalenbauart, einen härteren Wellenwerkstoff und die noch nicht überall angewandte, auch nicht immer anwendbare Feinstbearbeitung und Feinstpassung aller Laufflächen.

Trotzdem sind Zinklagermetalle als geeignet für vielerlei Lager zu bezeichnen, in denen ein mäßiger spezifischer Flächendruck und eine begrenzte Wellenumlaufgeschwindigkeit auftritt, vor allem aber Lagertemperaturen unter 100° C gewährleistet sind.

Man wählt heute Zinklagermetalle für Lagerzwecke des allgemeinen Maschinenbaues, für Werkzeugmaschinen und Transmissionen, für Pumpen und Kompressoren, für Ölmotoren für die Landwirtschaft, für Transportgeräte, Loren, Feld- und Kleinbahnwagen, für bestimmte Lager von Kleinlokomotiven, für Bagger und Zerkleinerungsmaschinen und ähnlich beanspruchte Lager.

Erreicht man aber eine Erhöhung der Bildsamkeit, die Verminderung der hohen Wärmedehnung und Härte und vor allem auch die Beseitigung der Angriffsneigung der Zinklagermetalle auf die Wellenlauffläche, so wird dies zu einer Steigerung ihrer Leistungsfähigkeit und zur Anwendbarkeit auch für schwerer beanspruchte Lager mit höherer Wellen-Umlaufsgeschwindigkeit führen.

6. Zusammenfassung.

Es wurde die Schrifttumsangabe über die bisherige Entwicklung der Zinklagermetalle aufgeführt. Chemische Zusammensetzung derselben, mechanische und gießtechnische Eigenschaften, auch in ihrer Abweichung von denen der bisher bewährten anderen Lagerwerkstoffe, wurden näher beschrieben. Die Laufleistung der heute marktgängigen Zinklagermetalle wurde als hinreichend für nicht sehr hoch beanspruchte Lager bezeichnet. Ihre Verwendbarkeit als Austauschmetalle für zinnarme Lagerweißmetalle und in manchen Fällen unnötigerweise noch verwandte höherzinnhaltige Lagermetalle kann heute als möglich angesehen werden.

Da die metallwissenschaftliche Durchforschung auch der Zinklagermetalle erst am Anfang steht und noch viele gerade mit dieser Verwendungsart zusammenhängenden Aufgaben gelöst werden können, so kann man erwarten, daß die Zinklegierungen sich noch zu Lagerwerkstoffen entwickeln, die die Leistungsfähigkeit so mancher zinnfreien Lagerweißmetalle erreichen werden. Hier liegt noch eine technisch und heimstoffwirtschaftlich aussichtsreiche Aufgabe deutscher Werk- und Wertarbeit.

V. Legierungen mit Zinn und Blei-Zinn.

Von Dr.-Ing. **Walter Bungardt**, Berlin-Adlershof.

Mit 42 Abbildungen.

1. Einleitung.

Die vorzüglichen Gleiteigenschaften von hochzinnhaltigen Legierungen mit Zusätzen an Antimon und Kupfer wurden um die Mitte des vorigen Jahrhunderts durch J. Babbitt[1] praktisch verwertbar gemacht, als es gelang, diese Lagermetalle in Form festhaftender Ausgußschichten in Stahl- oder Bronzestützschalen in den Gleitlagerbau einzuführen. Seitdem spielen diese und ähnlich zusammengesetzte sowie strukturell gleichartig aufgebaute Legierungen auf *Zinn-* und *Blei-Zinnbasis*, die unter der Sammelbezeichnung *Weißmetalle* zusammengefaßt werden, im Maschinenbau als Ausguß-Lagerlegierungen eine wichtige Rolle. Wegen ihrer innerhalb gewisser Beanspruchungsgrenzen hervorragenden Laufeigenschaften und ihrer verhältnismäßig leichten praktischen Handhabung bei der Ausgußfertigung, stellen diese Lagerlegierungen immer noch den Idealtyp des Lagermetalls dar, wenn auch die Grenze der Leistungsfähigkeit für die besten dieser Weißmetalle (mit hohem Zinngehalt) durch die stetig steigenden mechanischen und thermischen Anforderungen an den Lagerwerkstoff (z. B. in der Triebwerkslagerung moderner Verbrennungskraftmaschinen: Flugmotor) bereits überschritten ist.

Die große Bedeutung der Lagerfrage für den Maschinenbau im allgemeinen und das Problem der Auswahl einer günstigsten Lagerlegierung für bestimmte Verwendungszwecke im besonderen hat verständlicherweise eine große Anzahl von Untersuchungen veranlaßt, die sich mit den metallurgischen und mechanischen Eigenschaften dieser wichtigen Lagerlegierungen befassen, wobei nicht zuletzt legierungs- bzw. herstellungstechnische Verbesserungsmöglichkeiten eingehend beachtet wurden. Der Schwerpunkt der bisher geleisteten Arbeit ruht aber auch

---

[1] Babbitt, J.: USA.-Patent Nr. 1252 (17. Juli 1839). Das Patent bezieht sich hauptsächlich auf die *Lagerkonstruktion* (Verbundlager) und nicht auf das *Lagermetall*. Babbitt schlägt eine Legierung mit 89,5% Sn, 8,8% Sb und 1,7% Cu als günstig vor, ohne sich indes damit zu beschränken, die sich jedoch in der Praxis in vielen Fällen als zu weich herausgestellt hat. Siehe hierzu W. M. Corse: Bearing Metals and Bearings. The Chemical Catalog Company, Inc. Monograph Series Nr. 53, S. 201. New York 1930.

bei dieser Legierungsgruppe auf der *Ermittlung der technologischen Eigenschaften des Lagermetalls,* während über das Laufverhalten (Ein-, Dauer- und Notlauf, Tragfähigkeit und Verschleiß usw.) nur spärliche und wenig allgemeingültige Unterlagen vorhanden sind. Die Gründe hierfür sind an anderer Stelle eingehend dargelegt worden, so daß hier ein Hinweis auf den entsprechenden Abschnitt „Lagerprüfung" in diesem Buch genügen mag.

Die Entwicklung der hochzinnhaltigen Weißmetalle ist durch wirtschaftliche Gründe maßgeblich beeinflußt worden. Der hohe Zinnpreis[1] hat schon frühzeitig Bestrebungen ausgelöst, die darauf abzielten, den überragenden Zinngehalt teilweise oder auch gänzlich durch Blei zu ersetzen. So konnten sich z. B. schon bald Legierungen auf der Basis: Blei—Antimon—Zinn durchsetzen mit 68 bis 81% Blei, 14 bis 22% Antimon und nur 5 bis 10% Zinn, solange allerdings höhere Anforderungen an das Lagermetall nicht gestellt wurden[2]. Der Wunsch, Zinn an möglichst vielen Stellen unter Wahrung der Güte, Zweckmäßigkeit und Sicherheit der Erzeugnisse einzusparen, ist in den neueren deutschen Normen, auf die unten einzugehen ist, weitgehend berücksichtigt worden.

Neben diesen Blei-Zinn-Weißmetallen existieren endlich noch eine große Anzahl weiterer Legierungsvorschläge, die zum Teil nur begrenzte Bedeutung haben und die sich meist nicht haben durchsetzen können.

Aus dem bisher Gesagten geht hervor, daß die Gesamtheit der Weißmetalle recht verschiedenartige Legierungen umfaßt, in denen also entweder *Zinn* oder *Blei* den Hauptlegierungsbestandteil bilden. Daneben finden sich Übergänge mit wechselnden Zinn- und Bleigehalten. Außerdem enthalten die handelsüblichen genormten Weißmetalle als Zusatzelemente ferner Antimon und Kupfer.

Den beiden genannten *Weißmetallarten* wird meist noch eine dritte Legierungsgruppe zugezählt: die *Kadmiumlagermetalle,* denen jedoch ein besonderer Abschnitt dieses Buches vorbehalten bleibt[3]. Den Abschluß der Blei-Zinn-Weißmetalle bilden schließlich die zinnfreien, gehärteten *Bleilagermetalle,* die gleichfalls an anderer Stelle gesondert behandelt werden[4].

---

[1] Zum Vergleich mögen folgende Preisnotierungen vom 1. Sept. 1938 dienen:

Lagerweißmetall mit	5% Sn:	34,20	bis	36,30 RM.	je 100 kg
	10% Sn:	46,00	bis	48,50 RM.	je 100 kg
	20% Sn:	69,40	bis	72,75 RM.	je 100 kg
	42% Sn:	119,40	bis	124,50 RM.	je 100 kg
	50% Sn:	138,70	bis	144,40 RM.	je 100 kg
	70% Sn:	185,35	bis	192,70 RM.	je 100 kg
	80% Sn:	214,95	bis	223,15 RM.	je 100 kg
	80% Sn bleifrei:	225,75	bis	234,00 RM.	je 100 kg

[2] Siehe hierzu H. MÜLLER: Z. Metallkde. Bd. 21 (1929) Nr. 9 S. 305—310.

[3] Siehe S. 207 dieses Buches. [4] Siehe S. 367 dieses Buches.

Im folgenden wird unsere Aufgabe also darin bestehen, die Eigenschaften der *Zinn-* und der *Blei-Zinn-Weißmetalle,* soweit sie zur Kennzeichnung dieser Legierungen als *Gleitlagerwerkstoffe* wertvoll sein können, auf Grund des vorliegenden umfangreichen Erfahrungsmaterials darzustellen.

2. Einteilung und Zusammensetzung der wichtigsten Weißmetalle.

a) Zusammensetzung.

Einen vollständigen Überblick über die Zusammensetzung der wichtigsten hochzinnhaltigen und bleifreien (bis auf WM 80) Lagerweißmetalle

Normenblatt	Legierungsbezeichnung	Zusammensetzung und Toleranzen in %				Höchstgehalt an Verunreinigungen in %
		Sn	Sb	Cu	Sonstiges	
DIN 1703 Neuentwurf 1936[1]	WM 80 F	80 ± 1	11 ± 1	9 ± 1	—	Pb < 0,5[2]; Fe < 0,10, Zn < 0,05, Al < 0,05, Zus. < 0,15
	WM 80	80 ± 1	12 ± 1	6 ± 1	2 ± 1 Pb	—; Fe < 0,10, Zn < 0,05, Al < 0,05, Zus. < 0,15
Amer. Soc. for Testing Materials standard specification B 23—26 adopted 1926	Nr. 1	91 ± 1	$4^1/_2$ ± 0,5	$4^1/_2$ ± 0,5	—	Pb < 0,35, As < 0,10, Fe < 0,08, Zn 0, Al 0
	Nr. 2	89 ± 1	7,5 ± 0,75	3,5 ± 0,5	—	
	Nr. 3	$83^1/_3$ ± 1	$8^1/_3$ ± 0,75	$8^1/_3$ ± 0,75	—	
Society Automotive Engineers	Nr. 10	90	4,0 ÷ 5,0	4,0 ÷ 5,0	—	Pb < 0,35, As < 0,10, Fe < 0,08, Zn 0, Bi < 0,08, Al 0
	Nr. 11	86	6,0 ÷ 7,5	5,0 ÷ 6,5	—	
British standard specification for Aircraft Material 1933, 2 B 22	white Metal 92/4/4	Rest	3,5 ÷ 4,0	3,75 ÷ 4,25	0 ÷ 0,60 Ni	Insgesamt < 0,5
British standard specification for Aircraft Material 1933, 2 B 21	white Metal 88/8/4	Rest	8,0 ÷ 10,0	3,75 ÷ 4,25	—	
British Air Ministry Material specification 1933 D.T.D. 214	white Metal Ingots	Rest	6,5 ÷ 7,5	3,0 ÷ 4,25	Bis 0,60 Ni	Insgesamt < 0,25
British Air Ministry Material specification 1934 D.T.D. 244	white Metal Bearings	Rest	6,0 ÷ 7,0	5,5 ÷ 7,5	Bis 0,60 Ni	
Chemins de fer français spécification technique No. 28 von 1918	AE 1	83—1	11—0,5	6—0,5	—	Insgesamt < 1, davon Pb < 0,5
	AE 2	80—1	12—1	7,7—0,7	Bis 0,3 P	
Ministère de l'air français, Air $\frac{2920}{1/A}$ 1935	Alliage Antifriction	± 5%	± 8%	± 5%	—	Insgesamt < 0,5%
		Nach jeweiliger Vorschrift des Sollwertes				

[1] Metallwirtsch. Bd. 15 (1936) S. 193—195.
[2] Die zulässige Bleimenge betrug 1% nach dem bisher gültigen Normblatt von 1930.

Abb. 249. Normen für Zinnweißmetalle in verschiedenen Ländern. (Zusammenstellung nach Frhr. v. Göler und H. Pfister.)

gibt Abb. 249, worin die wesentlichsten hochzinnhaltigen Normlegierungen einiger anderer Länder mit aufgeführt sind[1]. Die Zusammensetzung dieser Lagermetalle liegt also in den Grenzen zwischen 93 und 80% Zinn, 3 bis 10% Kupfer und 3 bis 12% Antimon. Die Höhe des Zinngehaltes ist erfahrungsgemäß für das praktische Verhalten der Legierung aus-

[1] Nach Frh. v. Göler u. H. Pfister: Metallwirtsch. Bd. 15 (1936) Nr. 16 S. 342—348, 365—368.

schlaggebend; seine untere Begrenzung ist dadurch gegeben, daß bei höheren Antimon- und Kupferzusätzen starke Versprödung eintritt, die die Legierungen wertlos macht. Die hochzinnhaltigen Weißmetalle enthalten gelegentlich zur Verbesserung ihrer technologischen Eigenschaften kleine Zusätze an *Nickel* und *Kadmium*; stärkere Bedeutung kommt aber wohl nur einem Kadmiumzusatz zu, wie noch zu zeigen ist. Bemerkenswert ist die Begrenzung des *Blei*gehaltes in allen Legierungen mit Ausnahme von WM 80 (Abb. 249). Ein kleiner Bleigehalt ist in dieser Legierungsgruppe solange nicht schädlich, als die Lagertemperaturen im Betrieb 180° nicht überschreiten. Bei höheren Temperaturen schmilzt dagegen ein ternäres Blei-Zinn-Antimon-Eutektikum auf, das infolge von Kristallseigerung bereits bei Bleizusätzen von 0,5% beobachtet wurde. Aus diesem Grunde und wegen der schon bei geringen Bleigehalten einsetzenden Verschlechterung der statischen und dynamischen Festigkeitseigenschaften bei höheren Temperaturen erklärt sich die in den Normen (Abb. 249) getroffene Begrenzung. Auch kleine Bleizusätze zu kadmiumhaltigen Zinnweißmetallen sind nach v. Göler und

Normenblatt	Legierungsbezeichnung	Zusammensetzung und zulässige Abweichungen in %					Zulässige Verunreinigungen in %
		Pb	Sn	Sb	Cu	Sonstiges	
IN 1703 1931	WM 5	78,5 ± 1	5 ± 0,5	15 ± 1	1,5 ± 0,3		Fe < 0,10, Zn < 0,45, Al < 0,05 } zusammen < 0,15
	WM 10	73,5 ± 1	10 ± 0,5	15 ± 1	1,5 ± 0,5		
	WM 20	64 ± 1	20 ± 1	14 ± 1	2 ± 0,5		
	WM 42	41 ± 1	42 ± 1	14 ± 1	3 ± 0,5		
	WM 50	33 ± 1	50 ± 1	14 ± 1	3 ± 0,5		
	WM 70	12 ± 1	70 ± 1	13 ± 1	5 ± 1		
DIN 1703[1] entwurf 1936	WM 5	78,5 ± 1	5 ± 0,5	15,5 ± 1	1 ± 0,5		Fe < 0,10, Zn < 0,05, Al < 0,05 } Zusammen < 0,15; As < 0,15
„ 1937	WM 10	73,5 ± 1	10 ± 0,5	15,5 ± 1	1 ± 0,5		
	(WM 20)	64 ± 1	20 ± 1	14,5 ± 1	1,5 ± 0,5		
mer. Soc. for ing Materials Standard spécification 3—26 von 1926	Nr. 12	90 ± 1	—	10 ± 0,75	≦ 0,5		As < 0,25, Zn 0, Al 0
	„ 11	85 ± 1	—	15 ± 1	≦ 0,5		
	„ 10	83 ± 1	2 ± 0,25	15 ± 1	≦ 0,5		As < 0,20, Zn 0, Al 0
	„ 9	85 ± 1	5 ± 0,5	10 ± 0,75	≦ 0,5		
	„ 8	80 ± 1	5 ± 0,5	15 ± 1	≦ 0,5		
	„ 7	75 ± 1	10 ± 0,75	15 ± 1	≦ 0,5		
	„ 6	63,5 ± 1	20 ± 1	15 ± 1	1,5 ± 0,25		Fe < 0,08, As < 0,15, Zn 0, Al 0
	„ 5	18 ± 1	65 ± 1	15 ± 1	2 ± 0,25		
	„ 4	10 ± 0,75	75 ± 1	12 ± 1	3 ± 0,5		
iety Automotive Engineers	Nr. 13	86	4,5 bis 5,5	9,25 bis 10,75	0,5		As < 0,20 } Zn 0, Al 0
	„ 14	76	9,25 bis 10,75	14,0 bis 16,0	0,5		
	„ 12	26	59,5	9,5 bis 11,5	2,25 bis 3,75		Fe < 0,08, Bi < 0,08 } Zn 0, Al 0
mins de fer frans, spécification hnique No. 28 von 1918	AP[1]	96—1	—	4—1	—		Insgesamt < 1
	AP[2]	85—1	5—1	10—1	—		
	AP[3]	80—1	—	20—1	—		
erican Railway Association Wagenlager)		Rest	4—2	9—1	0,5	As 0,14 + 0,06	Zusammen (ohne As) < 0,25

[1] Siehe auch S. 326, letzter Absatz.

. 250. Normen für Lagerweißmetalle auf Blei-Zinn-Basis. (Zusammenstellung nach Frhr. v. Göler und F. Scheuer.)

Benennung	Kurzzeichen[1]	Austausch-legierungen für	Ungefähre Zusammen									
			Pb %	Sb %	Sn %	Cd %	Cu %	Ni %	As %	P %	Ca %	Na %
Zinnarme Bleilagermetalle	Pb Lg-Sn 10	WM 80	67 bis83,5	13,5 bis 18	9,8 bis 10	bis 2	bis 2,7	bis1,25	bis 0,9	bis 0,3	—[2]	—
	Lg Pb-Sn 6	WM 80	73 bis 80	14 bis 17	5 bis 8,5	bis 1,5	bis 1,5	bis 1,0	bis 0,5	bis 0,2	—	—
	Lg Pb-Sn 4	(WM 42) WM 20	71,3 bis79,7	14 bis 20	1,5 bis 4,5	bis 1,5	bis 4,0	bis 2	bis 0,8	—	—	—
Zinnfreie Bleilagermetalle mit Antimonzusatz	Lg Pb-Sb	(WM 42) WM 20	77,3 bis 84	16 bis 20	—	—	bis 1,5	bis 1,8	bis 0,9	—	—	—
Zinnfreie Bleilagermetalle mit Alkalizusatz	Lg Pb	WM 80	98 bis 99	—	—	—	—	—	—	—	0,6 bis 0,7	0,6 bis 0,7
Zinnfreie Zinkagermetalle	Lg Zn	WM 5	—	—	—	—	2 bis 5	—	—	—	—	—

[1] Entsprechend der deutschen Umstellnorm DIN 1703 U.
[2] Der Gehalt braucht nicht gleich Null zu sein.

Abb. 251. Zinnarme Weißmetalle und ähnliche Legierungen

G. SACHS[1] nur möglich, wenn die Lagertemperatur 150° nicht überschreitet. Wie Abb. 249 zeigt, unterliegen die Zinnweißmetalle hinsichtlich weiterer ungewollter Beimengungen an Eisen, Zink, Arsen, Wismut und Aluminium scharfen Begrenzungen. Nach einer Zusammenfassung der wichtigsten Erfahrungen von L. E. GRANT[2] sind Zusätze an Eisen, Zink und Arsen und Wismut, das mit Zinn ein bei 135° schmelzendes Eutektikum bildet, in hochzinnhaltigen Weißmetallen in größerer Menge unerwünscht. Phosphor und Magnesium sowie Aluminium, die als Desoxydationsmittel verwendet werden, sind wahrscheinlich in kleinen Mengen unschädlich.

Die wichtigsten Lagerweißmetalle auf Blei-Zinnbasis, wie sie in verschiedenen Ländern genormt sind, enthält Abb. 250[3]. Die Gruppe umfaßt danach vornehmlich Legierungen mit etwa 2 bis 20% Zinn, rund 15% Antimon und 0,3 bis höchstens 5% Cu. Die weitgehende Abstufung der Zusammensetzung dieser Legierungsgruppe nach dem deutschen Normenblatt DIN 1703 (1931) hat sich als überflüssig herausgestellt, da die Legierungen zwischen 20 und 80% Zinn gegenüber den bleireicheren Legierungen wesentliche Vorteile nicht bieten. Infolgedessen hat der deutsche Normenausschuß in der neuesten (dritten) Herausgabe des Normblattes DIN 1703 von 1937 die Weißmetalle WM 70, WM 50, WM 42 und WM 20 gestrichen. Bezüglich der zulässigen

[1] GÖLER, v. u. G. SACHS: Mitt. Arbeitsbereich Metallges. Frankfurt 1935 Heft 10.
[2] GRANT, L. E.: Metals & Alloys Bd. 3 (1932) S. 138—145, 158, 159.
[3] Frh. v. GÖLER u. F. SCHEUER: Z. Metallkde. Bd. 28 (1936) Nr. 5, S. 121—126, Nr. 6 S. 176—178.

etzung						Brinellhärte[3] H 10/250/180			Stat. Druckversuch 20° C $h=d=20$ mm		Schmelzbereich[4]		Gießbereich[4]		Längenschwindmaß
Li	Al	Zn	W	Graphit	Gewicht	kg/mm²			Druckfestigkeit	Stauchung	° C		° C		
%	%	%	%	%	kg/dm³	20° C	50° C	100° C	kg/mm²	%	von	bis	von	bis	%
—	—	—	—	bis 0,21	9,4 bis 9,7	25 bis 32	18 bis 25	10 bis 17	8 bis 18	22 bis 32	240	440	380	550	0,4 bis 0,6
—	—	—	—	bis 0,21	9,4 bis 9,8	24 bis 32	16 bis 21	9 bis 16	5 bis 19	24 bis 38	240	440	380	550	0,5 bis 0,6
—	—	—	bis 0,2	—	9,3 bis 10,4	22 bis 32	14 bis 21	8 bis 16	10 bis 15	25 bis 45	240	450	380	700	0,5 bis 0,6
—	—	—	bis 0,2	—	9,3 bis 10,4	17 bis 21	12 bis 15	7 bis 8	11 bis 13	22 bis 25	240	500	380 bis 450	550	0,4 bis 0,6
0,04	—	—	—	—	10,5 bis 10,6	24 bis 36	21 bis 29	20	17 bis 20	25 bis 30	320	450	470	600	0,7 bis 0,8
—	2,5 bis 5	90 bis 95	—	—	6 bis 7	74 bis 118	—	50 bis 95	95 bis 97	31 bis 37	308 bis 376	480 bis 500	550	700	—

[3] Genaue Schmelz- und Gießbedingungengeben die Lieferwerke an.
[4] In handwarmer Gußform (rd. 40° C) umgegossener Probestab von 35 mm × 35 mm × 150 mm.

für Gleitlager und Gleitflächen. (Angaben nach DIN 1703 U).

Verunreinigungen gibt die letzte senkrechte Spalte in Abb. 250 Auskunft; über die spezielle Wirkung der genannten Verunreinigungen bei dieser Legierungsgruppe besteht jedoch im allgemeinen weniger Klarheit als bei den hochzinnhaltigen Weißmetallen.

Hauptsächlich zur Verbesserung des Verschleißwiderstandes und des Widerstandes gegen Schlagbeanspruchung hat man Blei-Zinn-Weißmetallen verschiedentlich *Nickel, Kadmium* und auch *Arsen* zulegiert; z. B. 78,5 bis 72% Pb, 14 bis 16% Sb, 5 bis 7% Sn, 0,8 bis 1,2% Cu, 0,7 bis 1,5% Ni, 0,7 bis 1,5% Cd und 0,3 bis 0,8% As. Diese Legierung, das *Thermitlagermetall,* besitzt eine ausgedehnte Verbreitung[1].

Erwähnt seien schließlich noch die Bestrebungen für die hochzinnhaltigen Weißmetalle höher mit Blei legierte Weißmetalle als Austauschlegierungen in Vorschlag zu bringen. Abb. 251 enthält nur solche Legierungen, die bereits an vielen Stellen erprobt und daher bei Beachtung ihrer besonderen Eigenschaften häufig als betriebssichere Austauschlegierung gelten können.

b) Eigenschaften der Weißmetalle.

Gefügeaufbau.

Über den Gefügeaufbau der *hochzinnhaltigen Weißmetalle* besteht vollständige Klarheit. Nach den Untersuchungen von W. BONSACK[2] zerfällt

[1] Einzelheiten zu dieser Legierungsgruppe bringen: R. KÜHNEL: Gießerei Bd. 15 (1928) S. 441. HERSCHMANN u. BASIL: Amer. Soc. Test. Mat. Bd. 32 (1932, II) S. 536. G. v. HANFFSTENGEL: Z. Metallkde. Bd. 15 (1923) S. 107.

[2] BONSACK, W.: Z. Metallkde. Bd. 19 (1927) Nr. 3, S. 107—110.

das ternäre Zustandsschaubild: Zinn—Kupfer—Antimon gemäß den in Abb. 252 eingezeichneten Schnitten[1]; die in den einzelnen Zustandsfeldern auftretenden Phasen und ihre Eigenschaften gibt die angefügte Zusammenstellung an. Die Zinnlagermetalle gehören ausschließlich dem Teildreieck Sn—CuSn—SbSn an. In diesem Gebiet verlaufen die Erstarrungs-

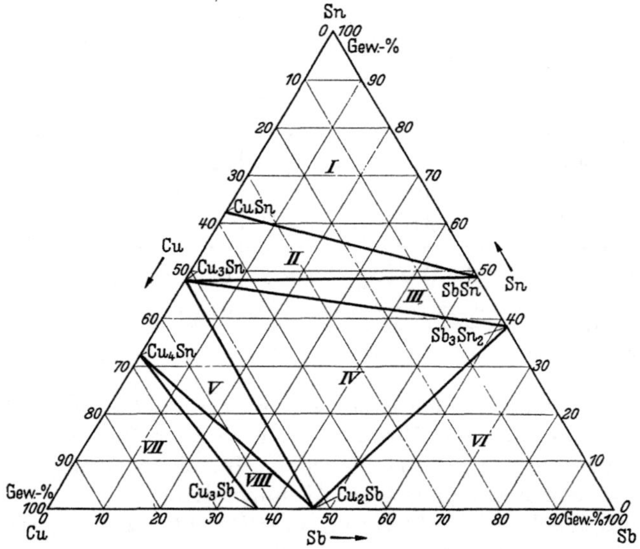

Feld	primär	sekundär	tertiär
I	Cu_3Sn + CuSn spröde	SbSn spröde	Eutektikum bzw. Zinn, weich
II	Cu_3Sn spröde	CuSn „	SbSn spröde
III	Cu_3Sn „	Sb_3Sn_2 „	SbSn „
IV	Cu_3Sn „	Cu_2Sb „	Sb_3Sn_2 „
V	Cu_3Sn „	Cu_4Sn „	Cu_2Sb „
VI	Cu_2Sb „	Sb „	Sb_3Sn_2 „
VII	Cu bearbeitbar	Cu_4Sn „	Cu_3Sb „
VIII	Cu_4Sn spröde	Cu_3Sb „	Cu_2Sb „

Abb. 252. Schnitte im Dreistoffsystem Zinn—Kupfer—Antimon. (Nach BONSACK.)

vorgänge gemäß Abb. 253 folgendermaßen: Links von der Peritektikalen *A*—*B* scheidet sich primär Cu_3Sn aus, wobei die Konzentration der Restschmelze den von der Verbindung Cu_3Sn ausgehenden Pfeilen folgt.

[1] E. JÄNECKE weist in seinem „Kurzgefaßten Handbuch aller Legierungen" (Leipzig: Otto Spamer 1937, S. 365—366) darauf hin, daß die von BONSACK getroffene Einteilung wahrscheinlich nicht in allen Teilen berechtigt ist. Die notwendige Korrektur ist jedoch für unsere Darlegungen belanglos, da die interessierenden Lagerlegierungen nicht in das strittige Gebiet fallen.

Rechts von der Peritektikalen *A—B*, längs der sich Cu_3Sn peritektisch zu CuSn umsetzt, erfolgt Primärausscheidung von CuSn, wobei sich

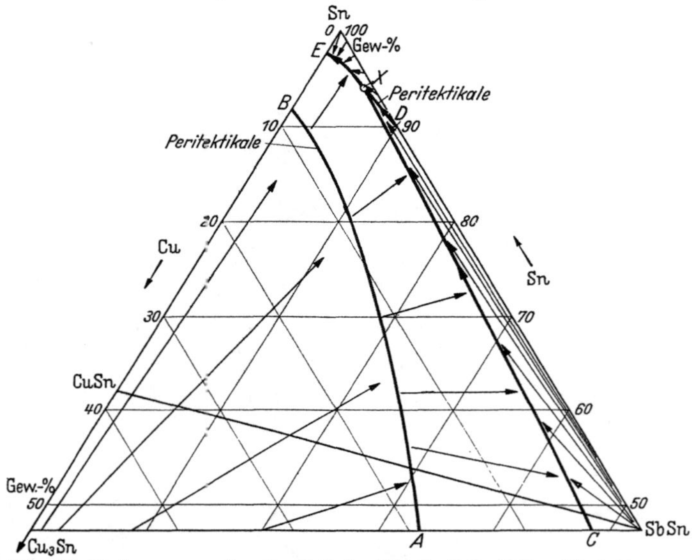

Abb. 253. Erstarrungsvorgänge im Teilschaubild Sn-CuSn-SbSn. (Nach BONSACK.)

jetzt die Restschmelze längs der von CuSn ausgehenden Pfeile verändert. Der weitere Erstarrungsverlauf ist nun davon abhängig, ob die die Restschmelze die Eutektikale zwischen CuSn—SbSn (*C—X*) oder aber Sn—CuSn (*E—X*) trifft. Im ersten Fall kommt eine Kristallisation von SbSn hinzu, während im zweiten Fall ein binäres Eutektikum mit den Bestandteilen Sn und CuSn erstarrt. Der Punkt *X* stellt einen ternären Übergangspunkt dar, in dem die Schmelze *X* mit den Kristallarten CuSn, SbSn und Sn im Gleichgewicht steht. Das Ende der Erstarrung bildet schließlich die Kristallisation eines Eutektikums längs *X—E* mit den Bestandteilen Zinnmischkristall (mit maximal 7% Antimon in fester Lösung) und CuSn bei etwa 230°[1]. Die Grenze

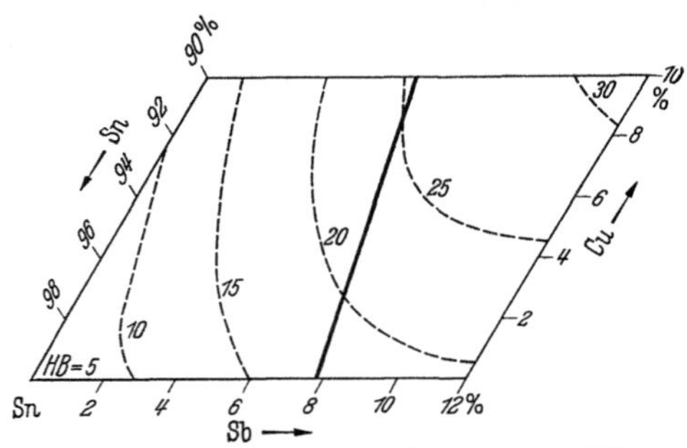

Abb. 254. Grenzlinie für das Auftreten von SbSn-Würfeln (———) in der Zinnecke des Zustandsschaubildes Sn-Sb-Cu. Eingezeichnet (– – – –) sind ferner die Linien gleicher Härte nach Messungen von ELLIS und KARELITZ sowie Frhr. v. GÖLER und PFISTER.

[1] Die Zusammensetzung der Phase im Randsystem Zinn—Kupfer (= CuSn) wird auf Grund neuerer Beobachtungen durch die Formel Cu_6Sn_5 genauer wiedergegeben. (Vgl. hierzu M. HANSEN: Der Aufbau der Zweistofflegierungen. Berlin: Julius Springer 1936.)

für das Auftreten der SbSn-Kristalle (Linie *D*—*X* in Abb. 253 und ihre geradlinige Verlängerung *X*—CuSn) in diesen hochzinnhaltigen Legierungen ist nach Frhr. v. Göler und Pfister[1] in Abb. 254 zum Teil vergrößert dargestellt; es sei jedoch darauf hingewiesen, daß die Lage dieser Grenzlinie nicht nur von den vorhandenen Verunreinigungen,

a) 95% Sn, 2% Sb, 3% Cu.

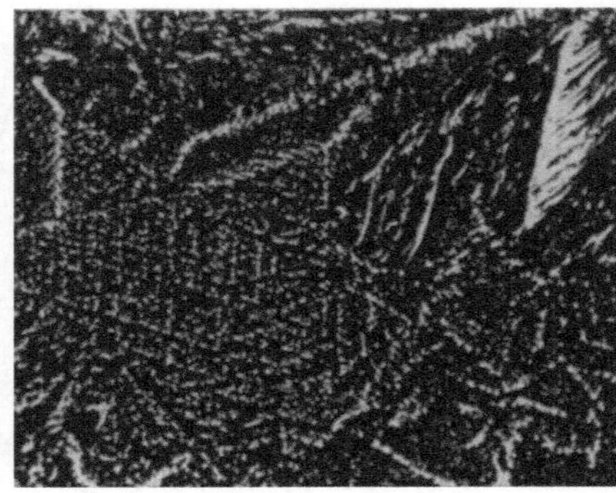

b) 90% Sn, 7% Sb, 3% Cu.

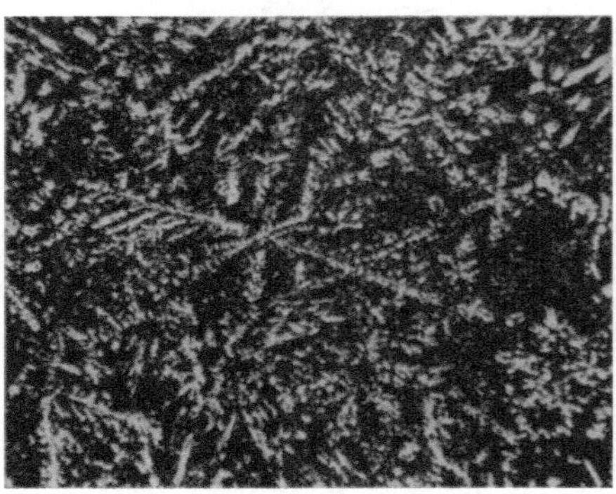

c) 87% Sn, 7% Sb, 6% Cu.

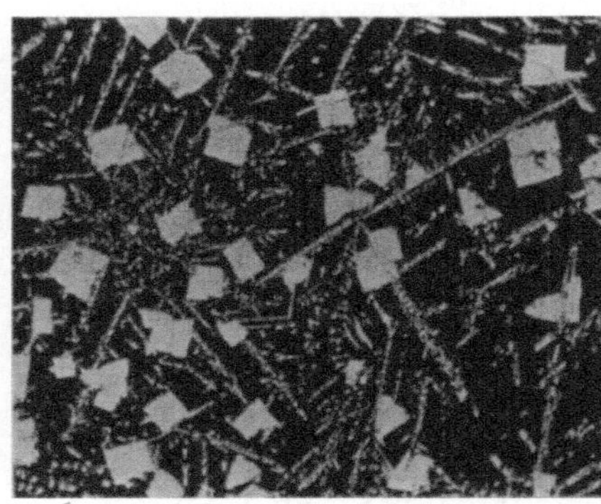

d) 82% Sn, 12% Sb, 6% Cu.

Abb. 255a—d. Gefügebilder von Zinnweißmetallen. Ätzung: 6%ige Alkohol. HNO_3 20° C, 1 min. 100×. (Nach Frhr. v. Göler und Pfister.)

sondern auch von den Erstarrungsbedingungen abhängig ist. So fanden z. B. G. B. Karelitz und O. W. Ellis[2], daß sie sich bei langsamer Abkühlung aus dem Schmelzfluß zu geringeren Antimongehalten verschiebt.

Entsprechend den beschriebenen Gleichgewichtsverhältnissen bestehen somit die hochzinnhaltigen Lagerwerkstoffe aus den Bestandteilen: CuSn-Kristalle, SbSn-Kristalle und einem Eutektikum. Diese Bestandteile besitzen sehr unterschiedliche Härtewerte, die z. B. nach Ritz-

[1] Siehe Fußnote 1, S. 329.

[2] Karelitz, G. B. u. O. W. Ellis: Trans. Amer. Soc. mech. Engrs. Bd. 50 (1928) S. 17—23.

härtemessungen von A. S. KENNEFORD und H. O'NEILL[1] sich wie 10 zu 4 zu 1 verhalten, wenn die oben gegebene Reihenfolge beibehalten wird. Den Aufbau des Gefüges und die normale Anordnung der Gefügebestandteile gibt Abb. 255 nach Frhr. v. GÖLER und H. PFISTER. Bei geringen Kupfer- und Zinngehalten finden wir in der eutektischen Grundmasse nadelige Kristalle der Verbindung CuSn. Erst bei Steigerung des

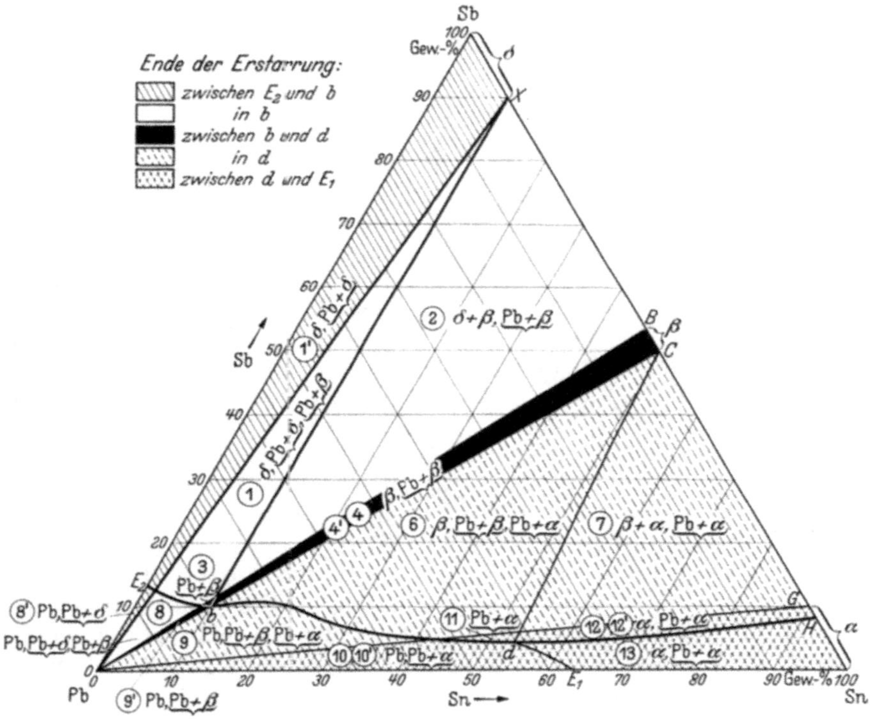

Abb. 256. Gefügeaufbau von Blei-Zinn-Antimonlegierungen. (Nach E. HEYN und O. BAUER.)

Antimongehaltes auf 7 bis 9% treten im Gefüge die würfelförmigen Kristalle der Verbindung SbSn auf, deren Größe mit zunehmendem Kupfergehalt zunimmt[2]. Die Grundmasse ist im Falle vollkommenen Gleichgewichtes entsprechend Abb. 253 eutektisch. Die gegebenenfalls gemachten Zusätze an Nickel oder Kadmium liefern zwar keine charakteristischen neuen Gefügebestandteile; jedoch beeinflussen sie die Ausbildungsform des Gefüges beträchtlich. Nach A. H. MUNDEY und C. C. BISSET[3] wird z. B. durch einen Nickelzusatz von 0,4% zu einem hochzinnhaltigen Weißmetall mit 93% Zinn, 3,5% Antimon und 3,5% Cu

[1] KENNEFORD, A. S. u. H. O'NEILL: J. Inst. Met. Bd. 55 (1934 II) S. 51—69.
[2] NELSON, G. A.: Metals & Alloys Bd. 3 (1932) S. 168—170.
[3] MUNDEY, A. H. u. C. C. BISSET: J. Inst. Met. Bd. 30 (1932) S. 115.

die Bildung der charakteristischen CuSn-Nadeln stark unterdrückt. Diese Wirkung soll dadurch zustande kommen, daß sich der Ni-Zusatz im Kupfer löst. H. GREENWOOD[1] beobachtet für eine Legierung mit 85,5% Sn, 9,88% Sb und 4,21% Cu, 0,30% Pb und 0,04% Fe bei Zugabe von 1% Cd nach dem Guß von 450° in eine kalte Kokille, daß die kubische Kristallform (SbSn) zugunsten einer nadeligen Kristallart abgenommen hat.

Der Feinbau der SnSb-Kristallart entspricht nach Messungen von G. S. FARNHAM[2] dem NaCl-Typ mit einer Kantenlänge des Elementartubus von 4,099 Å in Übereinstimmung mit Beobachtungen von W. MORRIS-JONES und E. G. BOWEN[3]. Die Verbindung CuSn besitzt nach den übereinstimmenden Messungen verschiedener Forscher ebenfalls einen nichtmetallischen Gittertyp; sie bildet ein Nickelarsenidgitter[4].

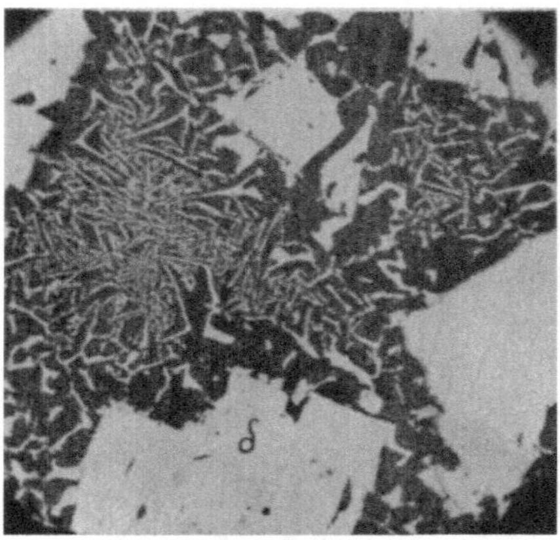

Abb. 257. Gefügeaufbau einer Legierung mit: 5% Sn, 30% Sb und 65% Pb (Feld 1 in Abb. 256). (Nach HEYN und BAUER.) 100×.

Wie die Zusammenstellung der Eigenschaften der auftretenden Gefügebestandteile in Abb. 252 bereits zeigte, sind die hochzinnhaltigen Weißmetalle strukturell dadurch gekennzeichnet, daß harte Kristalle in einer weichen Grundmasse fest eingelagert sind. Wir begegnen hier zum erstenmal einem Gefügeaufbau, der häufig für den Aufbau von Lagerlegierungen als typisch und sogar für notwendig[5] angesehen wird. Es ist nicht zu bezweifeln, daß die Vorstellung der harten Tragkristalle in einer weichen Grundmasse als maßgebliches Entwicklungsprinzip bei der Entwicklung neuer Lagermetalle brauchbare Legierungen geliefert hat, jedoch darf der Gültigkeitsbereich dieser strukturellen Forderung nicht überschätzt werden.

Über den Gefügeaufbau der Weißmetalle auf *Blei-Zinnbasis* gibt das Dreistoffschaubild: Blei—Zinn—Antimon nach E. HEYN und O. BAUER[6] in Abb. 256 Aufschluß. Das Zustandsschaubild wird durch die Linie

[1] GREENWOOD, H.: J. Inst. Met. Bd. 15 (1934, II) S. 77.

[2] FARNHAM, G. S.: Techn. Publ. Internat. Tin Res. and Develop. Council, Ser. A, Nr. 9; s. auch J. Inst. Met. Bd. 55 (1934) S. 49—115.

[3] MORRIS-JONES, W. u. E. G. BOWEN: Nature, Lond. 1930 S. 846.

[4] Vgl. hierzu die kritische Darstellung von M. HANSEN: Der Aufbau der Zweistofflegierungen. Berlin: Julius Springer 1936.

[5] Vgl. hierzu z. B. H. STEUDEL: Luftf.-Forschg. 1936. S. 61.

[6] HEYN, E. u. O. BAUER: Verh. Ver. Beförd. Gewerbefleiß. Bd. 93 (1914) Beiheft.

E_2bdE_1 und durch Cb und Hd in mehrere Felder unterteilt, in denen die angegebenen Kristallarten auftreten. Dabei bedeutet (α) einen zinnreichen Mischkristall mit 0 bis 10% Sb, (β) die Kristallart SbSn mit 47 bis 50% Sn, (δ) einen antimonreichen Mischkristall mit 0 bis 12% Sn, (Pb) reines Blei oder bleireiche Mischkristalle mit 0 bis 18% Sn. Dem Punkt E_1 entspricht das bei 183° schmelzende Eutektikum im Randsystem Blei—Zinn mit 61,9% Blei; E_2 gibt die Zusammensetzung des Eutektikums im Randsystem Blei—Antimon mit 13% Blei bei 247° an. Längs der Linie E_2bdE_1 findet Ausscheidung eutektischer Zweistoffgemische statt. Die Linien Cb und Hd stellen Knicke in der Löslichkeitsfläche dar; längs CH im binären Randsystem und im Dreistoffsystem unter der Fläche $CbdH$ scheidet sich primär die β-Kristallart (= SbSn) aus, die bei 425° in kongruent schmilzt. Die ternären Übergangspunkte b und d haben nach HEYN und BAUER näherungsweise folgende Koordinaten: 10% Sn, 10% Sb, 80% Pb und 242° bzw. 53,5% Sn, 4% Sb, 42,5% Pb und 184°. Ein ternäres Eutektikum tritt in diesem Dreistoffsystem nicht auf.

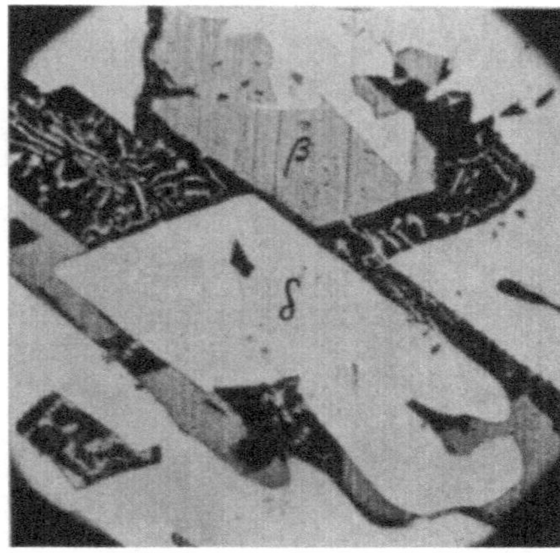

Abb. 258. Gefügeaufbau einer Legierung mit 10% Sn, 50% Sb und 40% Pb (Feld 2 in Abb. 256). (Nach HEYN und BAUER.) 100×.

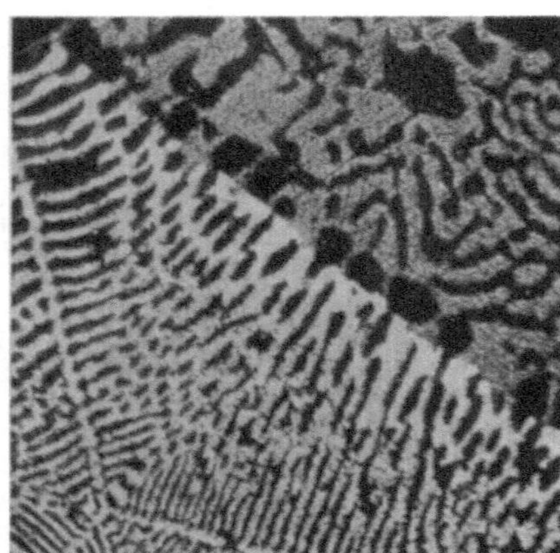

Abb. 259. Übersicht über die beiden binären Eutektika: Pb- + α-Kristalle (rechts oben); Pb- + β-Kristalle (links unten). Die Legierung enthält: 50% Sn; 20% Sb; 30% Pb. (Feld 6 in Abb. 256.) (Nach HEYN und BAUER.) 300×.

Wie die Zusammenstellung in Abb. 250 zeigte, besitzen die Blei-Zinn-Weißmetalle zumeist einen Antimongehalt von etwa 15%. Wesentlich höhere Gehalte verbieten sich wegen der damit verbundenen zunehmenden Versprödung, während geringere Antimonzusätze als 5% die Legierung zu weich machen. Je nach ihrer Zusammensetzung können in diesen Legierungen entsprechend Abb. 256 δ-, β-, α- und Pb-Kristalle primär auftreten. Sie sind eingebettet in eine Grundmasse, die entweder nur aus Pb- und δ-, Pb- und β- bzw. Pb- und α-Kristallen in eutektischer Anordnung oder aber aus zwei eutektischen Kristallgemischen nebeneinander, nämlich Pb + δ und Pb + β oder Pb + β und Pb + α bestehen kann. Metallographisch sind die primär ausgeschiedenen Kristallarten wegen ihrer regelmäßigen geometrischen Form meist gut zu unterscheiden; die Auflösung der eutektischen Grundmasse bereitet dagegen besonders an schnell erstarrten Proben infolge unvollkommener Gleichgewichtseinstellung Schwierigkeiten. In den Abb. 257 bis 261 sind einige charakteristische Gefügebilder für rein ternäre Blei-Zinn-Antimonlegierungen nach langsamer Abkühlung aus dem Schmelzfluß wiedergegeben. Abb. 257 zeigt die gut ausgebildeten δ-Kristalle in doppelt eutektischer Grundmasse aus Pb- + δ- bzw. Pb- + β-Kristallen. In Abb. 258 wird der strukturelle Aufbau einer Legierung gezeigt, die sowohl δ- als auch β-Primärkristalle enthält. Beide Kristallarten unterscheiden sich nur wenig in der Helligkeit; sie sind in einer eutektischen Grundmasse aus Pb- und β-Kristallen eingelagert. Abb. 259 stellt einen Gefügeausschnitt aus einer Legierung dar, die sowohl das Eutektikum Pb- + α-Kristalle (rechts oben) als auch das binäre Eutektikum (Pb- + β-Kristalle) (links unten) nebeneinander enthält. Der Gefügeaufbau einer Legierung, die dem Zustandsfeld 7 (Abb. 256) angehört, gibt Abb. 260 wieder; sie enthält dementsprechend primär ausgeschiedene β-Kristalle, an die sich rundliche, dunkle, zinnreiche α-Kristalle angelagert haben; die Grundmasse besteht aus dem Eutektikum Pb- + α-Kristalle. Abb. 261 gibt endlich einen Überblick über eine Legierung

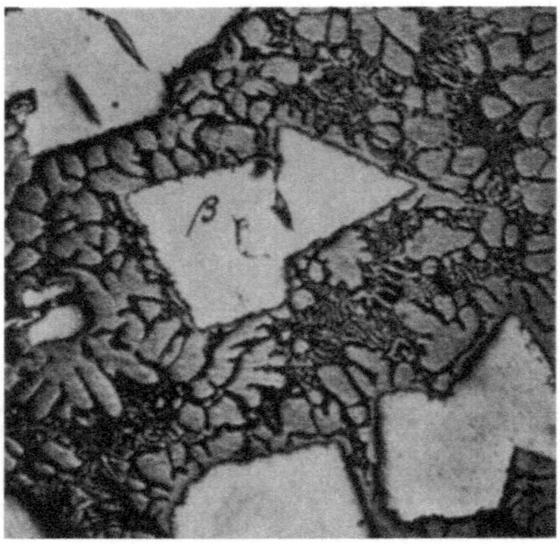

Abb. 260. Gefügeaufbau einer Legierung mit 70% Sn, 10% Sb und 20% Pb (Feld 7 in Abb. 256). (Nach HEYN und BAUER.) 27×.

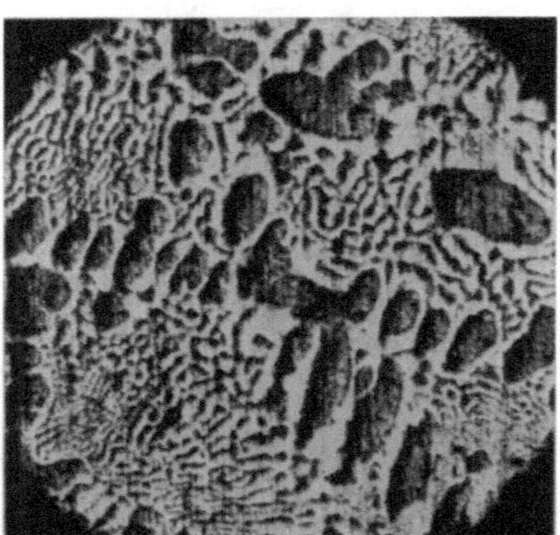

Abb. 261. Gefügeaufbau einer Legierung mit 55% Sn, 2,5% Sb und 42,5% Pb (Feld 10 in Abb. 256; nahe der Grenzlinie dE_1). (Nach HEYN und BAUER.) 100×.

mit primär ausgeschiedenen Bleikristallen in einer grob eutektischen Grundmasse aus Pb- und α-Kristallen.

Als wichtigsten weiteren Legierungszusatz enthalten die Blei-Zinn-Weißmetalle stets einen gewissen Kupfergehalt, dessen Bedeutung bereits HEYN und BAUER erkannten; und zwar wirkt Kupfer härtend. Es unterdrückt ferner Seigerungen. Nach H. MÜLLER[1] und anderen Beobachtern bildet sich bei Anwesenheit von Kupfer in diesen Legierungen nur die Verbindung Cu_2Sb, die in Form nadeliger Kristalle im Gefüge sichtbar wird. Die seigerungshemmende Wirkung des Kupferzusatzes beruht im wesentlichen darauf, daß die leichteren SbSn-Kristalle bei geeigneten Gieß- und Erstarrungsbedingungen weitgehend durch Cu_2Sb-Nadeln ersetzt werden, ohne daß allerdings bis heute über den Mechanismus dieses Vorganges Klarheit besteht[2,3].

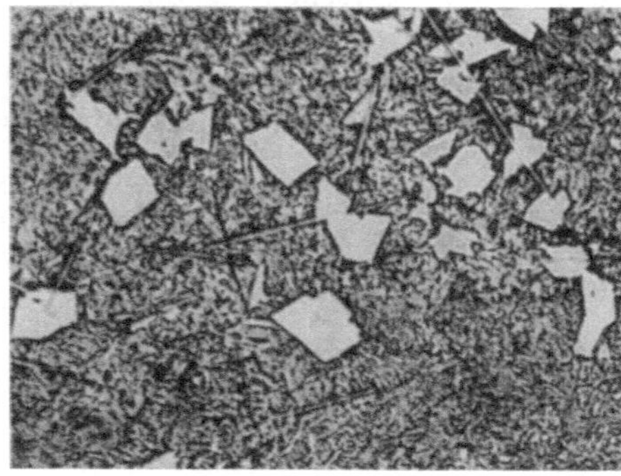

Abb. 262. Gefügeaufbau eines Weißmetalls 5. 500×.

Den Gefügeaufbau einiger handelsüblicher Blei-Zinn-Weißmetalle im Gußzustand (nicht geglüht) verdeutlichen die Abb. 262 bis 264, für die Weißmetalle 5, 42 und 70 (vgl. Abb. 250). Die Cu_2Sb-Nadeln und die kubischen SbSn-Kristalle sind gut zu erkennen, während in der eutektischen Grundmasse aus den erwähnten Gründen Einzelheiten nicht festzustellen sind.

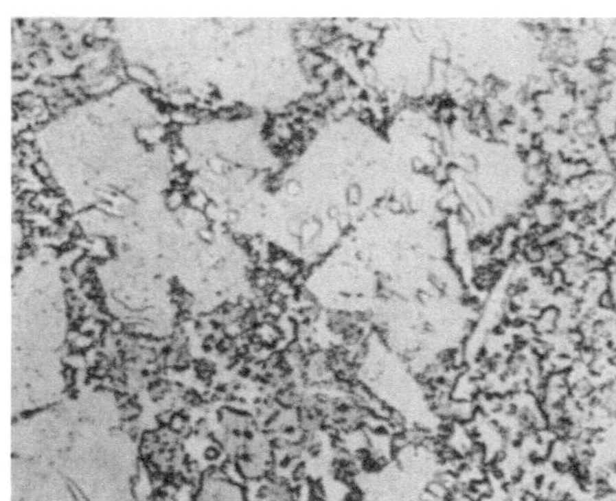

Abb. 263. Gefügeaufbau eines Weißmetalls 42. 500×.

Die Bedeutung sonstiger kleiner Zusätze, z. B. Nickel, Zink und Wismut ist nur gering; größere Bedeutung scheint lediglich einem meist nur geringen *Arsen*gehalt zuzukommen, dessen Wirkung nach zwei Richtungen geht. Arsen wirkt kornverfeinernd und seigerungs-

[1] MÜLLER, H.: Z. Metallkde. Bd. 21 (1929) Nr. 9, S. 305—309.

[2] Ansätze hierzu liefern die Arbeiten von O. W. ELLIS: Engng. Res. Bull. Nr. 6, Univ. 7 Toronto (1926) S. 143—164 usw.

[3] BORNEMANN: Metallurgie Bd. 9 (1912) S. 473; s. auch HEYN u. BAUER: a. a. O. u. L. E. GRANT: a. a. O.

hemmend. Neue Gefügebestandteile entstehen bei Arsenzusatz nicht; wohl scheint As nach Beobachtungen von H. J. ROAST und C. F. PASCOE[1] und K. H. WEGENER[2] die Symmetrie der kubischen β-Kristalle (SbSn) weitgehend zu zerstören. Wie Abb. 265 zeigt, treten — hier allerdings bei höheren — Arsenzusatz die β-Kristalle mit unregelmäßigen abgerundeten Begrenzungsflächen auf.

Arsenzusätze in der Höhe, wie sie die in Abb. 265 gezeigte Lagerlegierung besitzt,

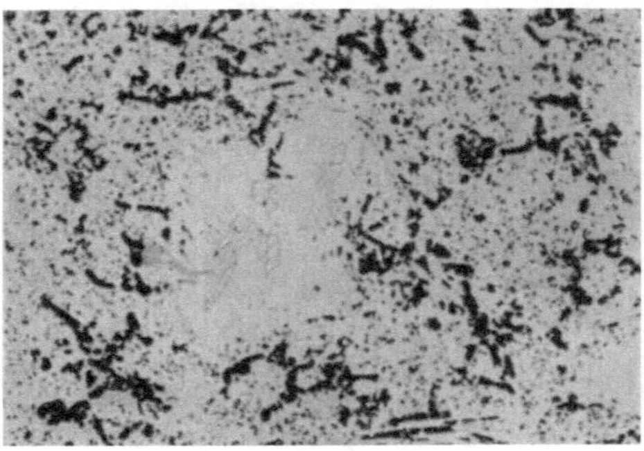

Abb. 264.

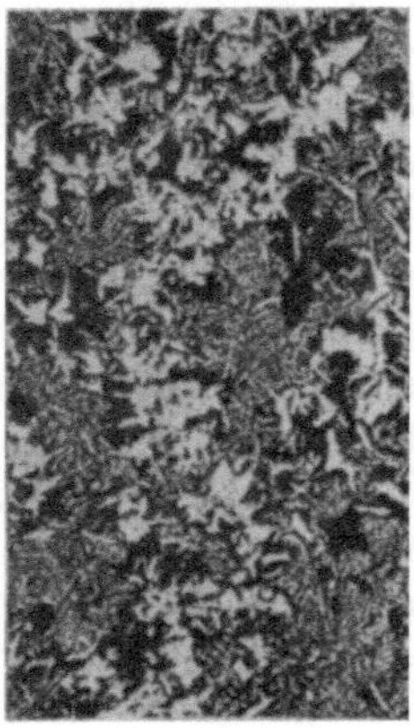

Abb. 265.

Abb. 264. Gefügeaufbau eines Weißmetalls 72. 200×.

Abb. 265. Hocharsenhaltige Blei-Zinn-Weißmetalle. 2,16% As, 14,19% Sb, 1,90% Sn, 81,76% Pb. Brinellhärte: 21,4 kg/mm². 100×.

sind jedoch in normalen Blei-Zinn-Weißmetallen als schädlich anzusehen, wenn höhere Anforderungen an das Lagermetall gestellt werden müssen. Stärkere Verwendung scheint das Arsen nur in einer praktisch binären Blei-Arsen-Lagerlegierung gefunden zu haben, mit Arsenzusätzen von einigen Prozenten.

3. Metallurgische Eigenschaften.

Für die Herstellung guter Lagerausgüsse ist die Kenntnis der *metallurgischen Eigenschaften* der Weißmetalle von großer Bedeutung. Es erscheint daher notwendig, auf einige der wichtigsten metallurgischen Gesichtspunkte kurz hinzuweisen; hierzu sollen im folgenden zunächst nur einige allgemeinere Fragen behandelt werden, während der praktisch wichtige Zusammenhang zwischen den *Legierungseigenschaften* und den *Herstellungsbedingungen* (und zwar insbesondere von den Gieß- und Erstarrungsbedingungen) in einem späteren Abschnitt über die mechanischen Eigenschaften der Weißmetalle erörtert wird. Die mit der Erschmelzung von Weißmetallen verbundenen metallurgischen und

---

[1] ROAST, H. J. u. C. F. PASCOE: Trans. Amer. Inst. min. metallurg. Engrs. Bd. 68 (1923) S. 735.

[2] WEGENER, K. H.: Met. a. Alloys Bd. 3 (1932) S. 116.

fertigungstechnischen Probleme (Wahl des Einsatzes, zweckmäßiges Schmelzgerät, Schmelzführung, Desoxydation, günstigste Gießart und Ausbildung der Gießform, Genauguß usw.) können hier nur gestreift werden[1].

Die Vorteile der hochzinnhaltigen Lagerweißmetalle, wie sie z. B. in Abb. 249 aufgeführt sind, liegen nicht zuletzt in ihrer leichten *Schmelz-* und *Gießbarkeit*. Hinzu kommt, daß die mechanischen Eigenschaften dieser Lagermetalle von einer Wärmebehandlung praktisch unabhängig sind. Ein mehrmaliges Umschmelzen bringt z. B. nach Beobachtungen von R. ARROWSMITH[2], die in Zahlentafel 41 wiedergegeben sind, keinerlei

Zahlentafel 41. Einfluß mehrmaligen Umschmelzens auf die technologischen Eigenschaften eines hochzinnhaltigen Weißmetalls. (Nach R. ARROWSMITH.)

Chemische Zusammensetzung in %	Die Messung erfolgte	Streckgrenze kg/mm²	Zugfestigkeit kg/mm²	Dehnung %	Einschnürung %
Sn: 85,00	Im Anlieferungszustand	5,81	9,05	11,7	16,0
Sb: 10,75	Nach der 1. Umschmelzung	5,72	9,20	10,7	13,4
Cu: 3,90	Nach der 2. Umschmelzung	5,72	9,23	11,6	14,5
Pb: 0,30 Fe: 0,04	Nach langsamer, oxydierender Schmelzung	5,81	9,10	10,6	14,5
As: Spuren					

Qualitätsverschlechterung. Das gilt praktisch natürlich nur solange, als bei Wiederverwendung von Altmaterial eine sorgfältige Überwachung und Klassierung der eingehenden Abfälle stattfindet. Daß allerdings unter der Voraussetzung einer sorglichen Bewirtschaftung beachtliche Weißmetallmengen im Weißmetallhaushalt eines größeren Verbrauchers ohne Qualitätseinbuße eingespart werden können, zeigt P. H. HAAS[3] in eindringlicher Weise. Es ist verschiedentlich darauf hingewiesen worden, daß durch zu lange Schmelzzeiten bzw. starke Schmelzüberhitzung Schädigungen durch hohen Zinnabbrand[4] und größeres Schwindmaß entstehen, verbunden mit einer nachteiligen Gefügeveränderung (grobes Korn und schädigende Zinnsäureeinschlüsse)[5]. Hierzu ist zu bemerken, daß durch Schmelzüberhitzung allein solange keine Schädigungen im Gefüge aufzutreten brauchen, als bei der *richtigen* Gießtemperatur

[1] Zu diesen letzteren Fragen enthalten die Arbeiten von F. VOGEL: Neuere Wege in der Metallurgie der Lager- und Weißmetalle. Halle a. S.: W. Knapp 1933; J. CZOCHRALSKI: Z. Metallkde. Bd. 12 (1920) S. 371—403; H. MÜLLER: Technologie der Lagermetalle (Schmelzen und Vergießen). Z. VDI Bd. 72 (1928) S. 879 wertvolle Angaben.

[2] ARROWSMITH, R.: J. Inst. Met. Bd. 55 (1934 II) S. 71—76.

[3] HAAS, P. H.: Z. VDI Bd. 81 (1937) Nr. 39 S. 1129—1933.

[4] Siehe Fußnote 6, S. 332.

[5] MUNDEY, A. H., C. C. BISSET u. J. CARTLAND: J. Inst. Met. Bd. 38 (1922 II) S. 141—165.

vergossen wird; vorausgesetzt, daß durch ein geeignetes Abdeckmittel (etwa trockene Holzkohle) übermäßige Oxydation der Schmelze vermieden wird. Die meisten Mängel rühren lediglich daher, daß bei zu heißer Schmelzung meist auch zu heiß vergossen wird[1]. Ist das der Fall, so ist selbstverständlich ein grobkörniges, lunkeriges Gefüge unvermeidlich. Von Bedeutung ist schließlich auch die Abkühlungsgeschwindigkeit bei der Durchschreitung des Schmelzintervalls. Zu langsame Abkühlung bewirkt eine starke Vergröberung der Primärkristalle und damit erfahrungsgemäß auch eine Verschlechterung der Eigenschaften des Lagermetalls.

Die Lage der günstigsten Gießtemperatur wird bestimmt durch die Lage des Erstarrungsintervalls, das entweder dem ternären Zustandsschaubild entnommen oder von Fall zu Fall durch Aufnahme einer Abkühlungskurve festgestellt werden kann. In Zahlentafel 41a sind die günstigsten Gießtemperaturen einiger hochzinnhaltiger Weißmetalle nach E. R. Darby[2] angegeben; sie liegen etwa 100 bis 150° über der Temperatur beginnender Erstarrung. Normalerweise soll die Gießtemperatur etwa 50 bis 100° über der Temperatur des Erstarrungsbeginnes liegen, damit die Gießbarkeit (gemessen beispielsweise am *Formfüllungsvermögen*) durch die Anwesenheit bereits ausgeschiedener Primärkristalle nicht verringert wird. Das Schwindmaß der hochzinnhaltigen Lagermetalle schwankt zwischen 0,42 bis 0,55%[3]. Bemerkenswert ist schließlich noch, daß die früher erwähnte Beschränkung des Bleigehaltes in hochzinnhaltigen Weißmetallen — frühzeitiger Schmelzbeginn und Verschlechterung der Eigenschaften in der Wärme — auch noch dadurch gefordert wird, daß bei mehr als 2% Blei die Neigung zu Schrumpfungsrissen stark zunimmt, wodurch namentlich unter dynamischer Schlagbeanspruchung schnell örtliche Zerstörung erfolgen kann.

Zahlentafel 41a. Gießtemperaturen einiger Zinnweißmetalle. (Nach Darby.)

Nr.	Chemische Zusammensetzung in %				Gießtemperatur	Brinellhärte
	Sn	Sb	Cu	Pb	°C	bei 20°
1	91,0	4,5	4,5	—	441	17,0
2	89,0	7,5	3,5	—	424	24,5
3	83,3	8,3	8,3	—	491	27,0
4	75,0	12,0	3,0	10,0	377	24,5

Die ternären *Blei-Zinn-Antimon*-Legierungen sind gekennzeichnet durch ihre ausgesprochene Neigung zur Schwereseigerung und durch die Trägheit, mit der die Gleichgewichtseinstellung während der Abkühlung der schmelzflüssigen Legierungen erfolgt; das gilt namentlich von den in Feld 6 und 7 gelegenen Legierungen (s. Abb. 256). Die Ursache für die

[1] Vgl. hierzu W. Rosenhain: J. Inst. Met. Bd. 38 (1922 II) S. 169, Disk.beitr.
[2] Darby, E. R.: Proc. Amer. Soc. Test. Mater. Bd. 26 (1926 I) S. 186; Zahlentafel 41a zitiert nach L. E. Grant, a. a. O.
[3] Wüst, F.: Metallurgie Bd. 6 (1909) S. 769—792.

Schwereseigerung ist darin zu ersehen, daß die primär ausgeschiedenen β-Kristalle leichter als die bleireiche Grundmasse sind und sich daher bei langsamer Erstarrung im Blockkopf anreichern können. Das Ausmaß dieses Seigerungsvorganges hängt bei gleichen Erstarrungsbedingungen auch vom Sn-Gehalt der Legierung ab. Es ist daher für die technische Herstellung von Blei-Zinn-Weißmetallausgüssen eine schnelle Durchschreitung des Erstarrungsintervalls von größter Wichtigkeit. Die schnelle Abkühlung übt ihrerseits einen entscheidenden Einfluß auf den Gefügeaufbau aus; je schneller die Abkühlung erfolgt, um so feiner treten die δ- und β-Primärkristallarten auf und um so verschwommener erscheinen die binären Eutektika Pb + α bzw. Pb + β. Alle Legierungen mit mehr als 5% Antimon sind nach schneller Abkühlung aus dem Gußzustand weicher als nach anschließendem Anlassen bei 150°.

Zahlentafel 42. Erstarrungsintervalle verschiedener Blei-Zinn-Weißmetalle. (Nach L. E. GRANT.)

Nr.	Chemische Zusammensetzung in %			Erstarrungsintervall	
	Pb	Sn	Sb	Anfang °C	Ende °C
1	90,0	2,0	8,0	268	242
2	85,0	5,0	10,0	250	242
3	70,0	20,0	10,0	234	184
4	80,0	5,0	15,0	269	242
5	80,0	10,0	10,0	242	242
6	70,0	15,0	15,0	261	184
7	71,0	5,0	24,0	325	242
8	75,0	10,0	15,0	265	242
9	60,0	20,0	20,0	297	184
10	70,0	10,0	20,0	289	242
11	50,0	40,0	10,0	241	184

Die Erstarrungsintervalle verschiedener Blei-Zinn-Weißmetalle enthält Zahlentafel 42. Auf die Bedeutung des Arsens als seigerungshemmender Zusatz ist bereits hingewiesen worden; Zahlentafel 43 gibt hierüber einen quantitativen Aufschluß; hierzu sei jedoch bemerkt, daß eine praktische Ausnutzung der günstigen Wirkung eines höheren Arsenzusatzes dadurch Grenzen gesetzt wird, daß u. a. mit steigendem As-Gehalt die Bindung zwischen Ausguß und Stützschale verschlechtert wird.

Zahlentafel 43.
Einfluß des Arsens auf die Seigerung von Blei-Zinn-Weißmetallen. (Nach L. E. GRANT.)

Gußblöckchen Nr.	Lage der untersuchten Stelle	Chemische Zusammensetzung in %				Härte
		As	Sb	Sn	Pb	
1	Blockkopf	**0,08**	16,94	12,71	70,27	31,2
	Blockfuß	**0,03**	10,72	8,41	80,84	22,8
2	Blockkopf	**0,54**	14,81	10,80	73,85	25,9
	Blockfuß	**0,08**	11,08	7,49	81,35	22,8
3	Blockkopf	**1,53**	14,62	10,62	73,23	31,2
	Blockfuß	**1,35**	14,84	10,44	73,37	28,4

4. Mechanische Eigenschaften der Weißmetalle.

Die Bedeutung der Kenntnis technologischer Werkstoffkennwerte von Lagermetallen beruht im wesentlichen darin, daß sie eine Basis zur *vergleichenden Beurteilung* verschiedener Gleitlagerlegierungen liefert, wodurch unter Benutzung praktisch festgelegter Grenzwerte je nach Lager- und Beanspruchungsart eine Unterteilung in mehrere Beanspruchungsgruppen möglich wird. Diese Möglichkeit ist von großem praktischen Interesse. Wenn auch die technologischen Eigenschaften *allein* über die praktische Bewährung im Lager unmittelbar nichts auszusagen vermögen, da die wichtigen konstruktiven und schmiertechnischen Einflußgrößen durch sie nicht erfaßt werden können, so liefern sie doch einen wertvollen Anhalt über die Eignung einer Legierung für bestimmte Verwendungszwecke. Es soll daher im folgenden auf die technologischen Eigenschaften der Weißmetalle unter besonderer Berücksichtigung neuerer Arbeiten eingegangen werden[1]. Um eine bequeme Vergleichsmöglichkeit zu haben, sollen dabei die beiden Weißmetallarten stets nebeneinander behandelt werden. Ein zusammenfassender Vergleich auf Grund der technologischen Eigenschaften befindet sich am Ende dieses Abschnittes.

a) Technologische Eigenschaften in Abhängigkeit von Zusammensetzung, Temperatur und Herstellungsbedingungen.

α) Statische Festigkeitseigenschaften.

Härte. Von allen technologischen Werkstoffkennwerten ist die *Härte* und die *Warmhärte* am häufigsten untersucht worden. Für hochzinnhaltige Weißmetalle geben die Messungen von Frh. v. Göler und H. Pfister einen guten Überblick über den Einfluß der Zusammensetzung und der Temperatur (Abb. 266). Bei gleichem Kupfergehalt nimmt danach die Härte mit steigendem Antimongehalt zunächst stärker und nach Überschreitung der Löslichkeitsfläche für Antimon langsamer zu; auch mit steigendem Kupfergehalt ist bei sonst gleicher Zusammensetzung eine Härtezunahme verbunden. Wie aus Abb. 266 bereits hervorgeht, nimmt mit steigender Temperatur die Härte beträchtlich ab. Dieser Erweichungsvorgang ist in Abb. 267 für einige hochzinnhaltige Weißmetalle eingehender dargestellt; man sieht, daß trotz der verhältnismäßig großen Härteunterschiede bei Raumtemperatur bei 200° z. B. die Härtewerte aller Legierungen in den Bereich zwischen 5 und 8 Brinell-Einheiten fallen. Dieses starke Absinken der Härte ist die Ursache für eine begrenzte Anwendbarkeit der hochzinnhaltigen Weißmetalle bei steigender Temperatur.

[1] Hierzu sei folgendes angemerkt: Im Schrifttum sind eine große Anzahl von Festigkeitsangaben von Lagerweißmetallen vorhanden, die jedoch häufig wegen unterschiedlicher Zusammensetzung, Herstellungs- und Prüfbedingungen nicht miteinander vergleichbar sind. Es kommt daher den neueren Arbeiten von Frhr. v. Göler und H. Pfister: Hochzinnhaltige Lager-Weißmetalle (Metallwirtsch. 1936) und Frhr. v. Göler und F. Scheuer: Lagerweißmetalle auf Blei-Zinn-Basis (Z. Metallkde. 1936) besondere Bedeutung zu. Diese Arbeiten, die auch die Erfahrungen des Auslandes weitgehend kritisch verwerten, geben einen guten Überblick über die großen Zusammenhänge.

Über die Wirkungsweise der wichtigsten sonstigen Legierungszusätze *Kadmium* und *Nickel* geben die Zahlentafeln 44 und 45 eine Vorstellung. Man ersieht aus Zahlentafel 44 nach C. E. Homer und H. Plummer[1], daß unabhängig von dem Verhältnis Antimon zu Kupfer mit steigendem Cd-Zusatz die Härte ansteigt; mehr als 3% Cd-Zusatz bringt aber keinen weiteren Vorteil, da die Formänderungsfähigkeit der Legierung abnimmt. Dabei ist zu berücksichtigen, daß in Gegenwart von 3% Kadmium für ein Weißmetall mit 7% Antimon und 3,5% Kupfer bereits bei 170° Schmelzen eintritt, das bei geringerem Antimongehalt bereits

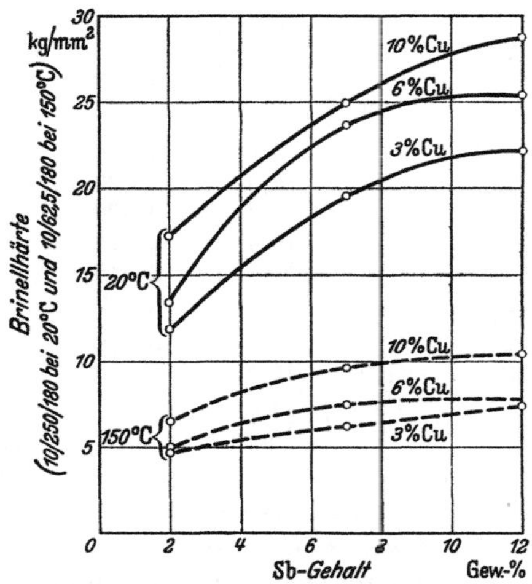

Abb. 266. Einfluß der Zusammensetzung und der Temperatur auf die Härte von Zinnweißmetallen. (Nach Frhr. v. Göler und Pfister.)

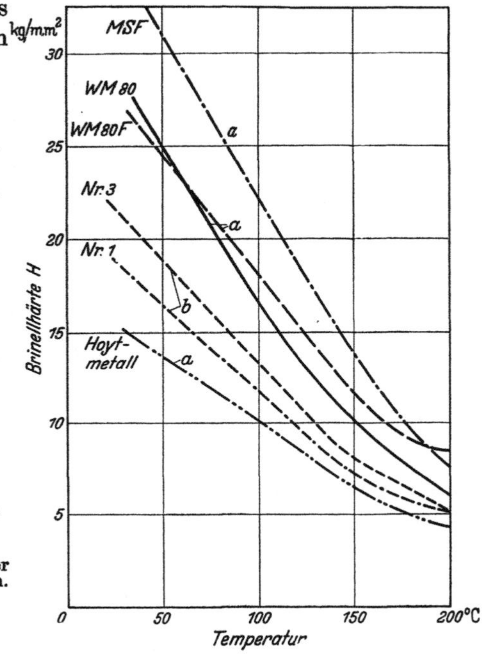

Bezeichnung	Chemische Zusammensetzung in %				Bemerkung
	Sn	Sb	Cu	Rest	
Hoyt-Metall . . .	89,75	7,0	3,0	0,25 Ni	10/62,5/180
Nr. 1	90,9	4,6	4,5	—	10/60/ ?
Nr. 3	83,8	8,1	8,1	—	10/60/ ?
WM 80 F	80,0	10,0	10,0	—	10/62,5/180
WM 80	80,0	12,0	6,0	2,00 Pb	10/62,5/180
MSF	Hochzinnhaltiges, bleifreies Weißmetall mit Kadmiumzusatz				10/62,5/180

Abb. 267. Warmhärte (H 10/62,5/180 bzw. H 10/60/ ?) einiger hochzinnhaltiger Lagermetalle. [Nach Frhr. v. Göler und G. Sachs (a) und Herschman und Basil (b).]

[1] Homer, C. E. u. H. Plummer: Techn. Publ. internat. Tin. Res. a. Develop. Council, Ser. A, Nr. 57 (1937).

Zahlentafel 44. Härte und Warmhärte einiger Zinnweißmetalle mit Kadmiumzusatz. (Nach C. E. Homer und H. Plummer.)

Zusammensetzung in %				Gieß-tempe-ratur	Brinellhärte (5/25/30)			Dehnung im Bereich zwischen 20 und 120° C in %
Sb	Cu	Cd	Sn	° C	20°	100°	140°	
3,5	3,5	—	Rest	325	13,6	7,8	5,7	35—50
3,5	3,5	1,0	,,	305	20,2	10,6	7,5	23—35
3,5	3,5	3,0	,,	305	26,1	15,1	10,7	15—25
3,5	3,5	5,0	,,	305	23,9	14,0	10,1	20—25
7,0	3,5	—	,,	285	18,0	9,9	7,1	15—45
7,0	3,5	1,0	,,	350	22,5	12,0	8,0	10—30
7,0	3,5	3,0	,,	365	28,7	16,8	11,2	10—20
7,0	3,5	5,0	,,	365	30,9	18,1	10,0	8—13
7,0	3,5	7,0	,,	300	27,9	15,3	11,4	8—15
10	7	—	,,	360	21,2	11,9	8,8	10—35
10	7	1	,,	360	26,9	14,9	10,2	5—20
10	7	3	,,	360	30,0	15,9	10,9	3—13
10	7	5	,,	360	28,1	16,8	14,3	2—8
10	7	9	,,	360	33,2	18,9	12,8	2—6

bei weniger als 3% Kadmiumzusatz erfolgen kann. Bietet somit ein Kadmiumzusatz gemessen an der Härte in gewissen Grenzen eine Verbesserung, so scheint dies für eine Nickelzugabe nach A. H. Mundey und

Zahlentafel 45. Einfluß eines Nickelzusatzes auf die Eigenschaften eines Zinnweißmetalls mit 93% Sr, 3,5% Cu und 3,5% Sb. (Nach Mundey und Bisset.)

Nr.	Nickelzusatz in %	Brinellhärte	Zug-festigkeit in kg/mm²	Streckgrenze (bleibende Dehnung 0,05%)	Dehnung in % (Meßlänge 50,8 mm)
1	0,0	24,9	8,1	5,6	11,6
2	0,1	19,3	7,2	4,4	18,0
3	0,2	21,5	7,2	4,4	12,2
4	0,3	22,3	6,9	4,0	6,1
5	0,4	21,5	7,2	4,7	11,0
6	0,5	21,5	5,6	4,7	5,7
7	1,0 + 4% Cu	20,1	6,4	4,0	15,4

C. C. Bisset[1] fraglich; sie bringt, wie auch die übrigen in Zahlentafel 45 schon jetzt mitgeteilten Festigkeitswerte zeigen, keinen nennenswerten Vorteil. Bleizusätze, die in stärker beanspruchten Weißmetallen aus früher genannten Gründen fehlen sollten, verursachen in geringer Menge eine Härtesteigerung bei Raumtemperatur, die jedoch in der Wärme nicht erhalten bleibt.

[1] Mundey, A. H. u. C. C. Bisset: J. Inst. Met. Bd. 30 (1923 II) S. 115.

Die Abhängigkeit der Härte von der Zusammensetzung und der Temperatur für verschiedene *Blei-Zinn-Weißmetalle* enthalten Abb. 268 und 269 auf Grund neuerer Messungen. Mit zunehmendem Zinngehalt

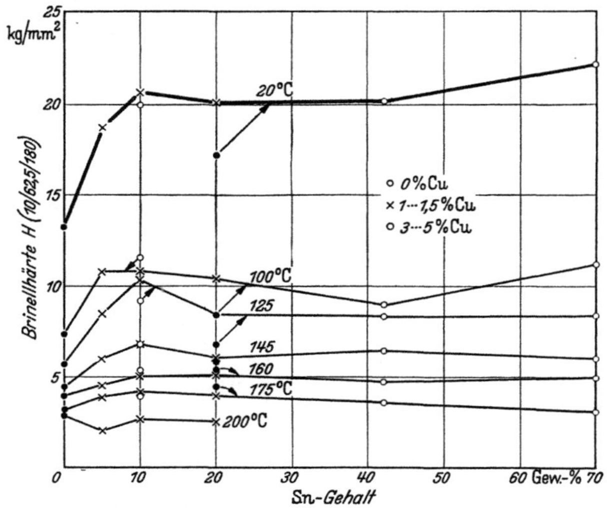

Nr.	Chemische Zusammensetzung der untersuchten Blei-Zinn-Weißmetalle in %				Nr.	Chemische Zusammensetzung der untersuchten Blei-Zinn-Weißmetalle in %			
	Pb	Sn	Sb	Cu		Pb	Sn	Sb	Cu
1	87,0	—	13,0	—	5	65,6	20	14,5	—
2	78,5	5	15,5	1,0	6	64,0	20	14,5	1,5
3	73,5	10	15,5	1,0	7	41,0	42	14,0	3,0
4	71,5	10	15,5	3,0	8	12,0	70	13,0	5,0

Abb. 268. Härte von Blei-Zinn-Weißmetallen in Abhängigkeit von der Zusammensetzung und der Temperatur (Gießtemperatur 500°; Kokillentemperatur 200°). (Nach Frhr. v. Göler und F. Scheuer.)

bis etwa 10% steigen die Härte- und Wärmehärtewerte an; höhere Zinnzusätze bringen keinen weiteren Anstieg. Kupfergehalte bringen erst oberhalb 1,5% eine Steigerung der Härte und der Warmhärte. Aus Abb. 269 ist zu ersehen, daß die bleihaltigen Weißmetalle 5 bis 42 und 70 den höherzinnhaltigen Weißmetallen WM 80 und WM 80 F stark unterlegen sind.

Zugversuche. Einen Überblick über die Wirkungsweise unterschiedlicher Legierungszusammensetzung unter sonst gleichen Erstarrungsbedingungen auf die Zugfestigkeit von Zinnweißmetallen (Gießtemperatur 500°, Kokillentemperatur 200°) liefern die in Abb. 270 nach Frhr. v. Göler und H. Pfister eingetragenen Meßergebnisse. Aus den Versuchen geht hervor, daß mit sinkendem Zinngehalt die Formänderungsfähigkeit der Legierung stark abnimmt; in der gleichen Richtung wirkt

Zahlentafel 46a. Ergebnisse von Zugversuchen an Zinnweißmetallen nach verschiedenen Beobachtern.

Nr.	Chemische Zusammensetzung in % Sn	Sb	Cu	Pb	Fe	Ni	Cd	As	Gießtemperatur °C	Kokillentemperatur °C	Zugversuch Streckgrenze kg/mm²	Zugfestigkeit kg/mm²	Dehnung %	Einschnürung %	E-Modul kg/mm²	Beobachter
1	93,0	3,5	3,5	—	—	—	—	—	350	100	—	8,0	$\delta_4 = 11,6$	—	—	MUNDEY, A. H., C. C. BISSET u. J. CARTLAND: J. Inst. Met. Bd. 28 (1922 II) S. 141
2	86,0	10,5	3,5	—	—	—	—	—	350	100	—	10,4	$\delta_4 = 7,1$	—	—	
3	78,0	11,0	11,0	—	—	—	—	—	350	100	—	10,2	keine	—	—	
4	83,0	10,5	2,5	4,0	—	—	—	—	350	100	—	8,8	keine	—	—	
5	80,0	11,0	3,0	6,0	—	—	—	—	350	100	—	9,0	keine	—	—	
6	88,6	6,2	5,2	—	—	—	—	—	—	—	—	7,3	10,0	—	—	SWARTZ, C. E. u. A. H. PHILIPPS: Proc. Amer. Soc. Test. Mater. Bd. 33 (1933 II) S. 416
7	92,3	3,78	3,55	0,30	0,04	—	—	0,03	450	150	3,95	6,80	19,0	31,5	—	ARROWSMITH, R.: J. Inst. Met. Bd. 55 (1934 II) S. 71
8	92,3	3,78	3,55	0,30	0,04	—	1,0	0,03	450	150	4,15	10,30	6,6	7,5	—	
9	85,0	10,75	3,90	0,30	0,04	—	—	—	450	150	4,23	9,05	9,2	15,5	—	
10	85,0	10,75	3,90	0,30	0,04	—	1,0	—	450	150	6,95	11,0	3,2	5,0	—	
11	92,9	3,6	3,4	—	0,05	0,08	—	—	—	—	3,45	5,75	$\delta_{10} = 11,5$	23,0	6000	BOLLENRATH, F., W. BUNGARDT u. E. SCHMIDT: Luftf.-Forschung Bd. 14 (1937) S. 417
12	87,2	6,9	5,7	0,19	0,03	—	—	0,02	—	—	5,80	8,5	$\delta_{10} = 5,2$	11,0	6100	
13	80,4	11,4	7,4	0,67	0,04	—	—	0,02	—	—	6,7	8,3	$\delta_{10} = 0,6$	1,0	5800	
14	79,9	10,0	9,9	0,19	0,08	—	—	—	—	—	6,9	7,5	$\delta_{10} = 0,6$	1,0	6000	
15	92,3	3,78	3,55	0,30	0,04	—	—	0,03	450	20	18° C: 5,35	6,70	$\delta_4 = 20,5$	24	—	GREENWOOD, H.: Technical Publications of the International Tin Research and Development Council, Ser. A (1937) Nr. 58
											50° C: 4,51	5,65	26,0	34	—	
											100° C: 3,07	3,7	25,0	35	—	
											150° C: 1,83	2,7	32,0	38	—	
											175° C: 1,1	1,9	36,0	41	—	
16	92,3	3,78	3,55	0,30	0,04	—	1,0	0,03	550	20	18° C: 7,9	10,3	$\delta_4 = 8,5$	10	—	
											50° C: 5,7	7,7	16,0	19	—	
											100° C: 4,0	5,4	20,0	26	—	
											150° C: 3,0	3,0	45,0	40	—	
											175° C: 1,73	2,1	63,0	69	—	
17	85,5	9,88	4,21	0,33	0,05	—	—	0,03	450	20	18° C: 7,3	9,3	$\delta_4 = 13$	17	—	
											50° C: 6,1	7,8	17	25	—	
											100° C: 4,3	5,7	23	26	—	
											150° C: 2,7	3,4	33	43	—	
											175° C: 1,8	2,2	52	61	—	
18	85,5	9,88	4,21	0,33	0,05	—	1,0	0,03	550	20	18° C: 9,1	11,4	$\delta_4 = 8$	10	—	
											50° C: 7,0	9,3	13	14	—	
											100° C: 4,5	5,6	23	28	—	
											150° C: 1,8	3,5	29	35	—	
											175° C: 1,4	2,8	45	42	—	
19	82,2	9,50	4,05	**4,17**	0,05	—	—	0,03	450	20	20° C: 6,9	9,8	$\delta_4 = 10$	12	—	
											50° C: 5,0	7,2	13	17	—	
											100° C: 3,5	4,6	18	23	—	
											150° C: 1,6	2,4	21	35	—	
											175° C: 0,8	1,6	33	45	—	

Zahlentafel 46b. Ergebnisse von Zugversuchen an Blei-Zinnweißmetallen.

Nr.	Chemische Zusammensetzung								Gieß-temperatur	Kokillen-temperatur	Zugversuch			Härte bei 20° C	Beobachter
	Pb	Sn	Sb	Cu	As	Ni	Fe	Cd	° C	° C	Streckgrenze kg/mm²	Zugfestigkeit kg/mm²	Dehnung %	kg/mm²	
1	28,5	60,0	10,0	1,5	—	—	—	—	350	100		7,0	koino	27,1[2]	H. H. MUNDEY, C. C. BISSET u. J. CARTLAND: J. Inst. Met. Bd. 28 (1922 II) S. 141
2	48,5	40,0	10,0	1,5	—	—	—	—	350	100	—	7,2	keine	21,8[2]	
3	63,5	20,0	15,0	1,5	—	—	—	—	350	100	—	8,6	keine	31,3[2]	
4[1]	80,0	5,0	15,0	—	—	—	—	—	350	100	—	7,4	$\delta_4 = 2,8$	24,9[2]	
5	63,5	20,0	15,0	—	—	—	—	—	346	?	—	10,2	keine	21,0	L. E. GRANT: Metals & Alloys Bd. 3 (1932) S. 138f.
6	75	10,0	15,0	max. 0,5	—	—	—	—	338	?	—	11,0	keine	22,5	
7	80	5,0	15,0	max. 0,5	—	—	—	—	341	?	—	10,95	keine	20,0	
8	85	5,0	10,0	max. 0,5	—	—	—	—	327	?	—	10,3	keine	19,0	
9	83	2,0	15,0	max. 0,5	—	—	—	—	332	?	—	10,8	keine	17,5	
10	70,4	10,7	15,3	1,7	0,15	0,01	0,06	1,83	?	?	5,3	7,0	$\delta_{10} = 0,4$	22,7	F. BOLLENRATH, W. BUNGARDT und E. SCHMIDT, Luftf.-Forschg. Bd. 14 (1937) S. 417

[1] Enthält kleine Mengen Wismut (Magnolia-Metall).

[2] Prüfbedingung: H_B (10/500 ?).

auch ein zunehmender Kupfergehalt. Eine Bestätigung dieser Zusammenhänge ergibt sich ferner aus den Zahlentafeln 46a und b, die einige

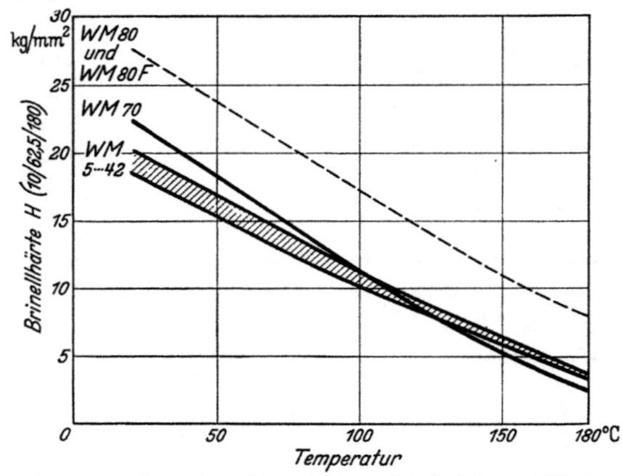

Abb. 269. Warmhärte von Blei-Zinn-Weißmetallen. (Nach Frhr. v. GÖLER und G. SACHS.)

Meßergebnisse an handelsüblichen Lagerweißmetallen enthalten. Die günstige Wirkung eines Kadmiumzusatzes ergibt sich deutlich aus einem

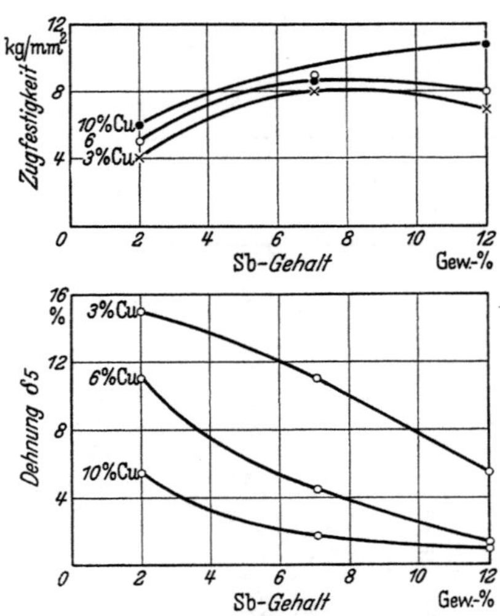

Abb. 270. Zugfestigkeit und Dehnung von Zinnweißmetallen unterschiedlicher Zusammensetzung. (Nach Frhr. v. GÖLER und PFISTER.)

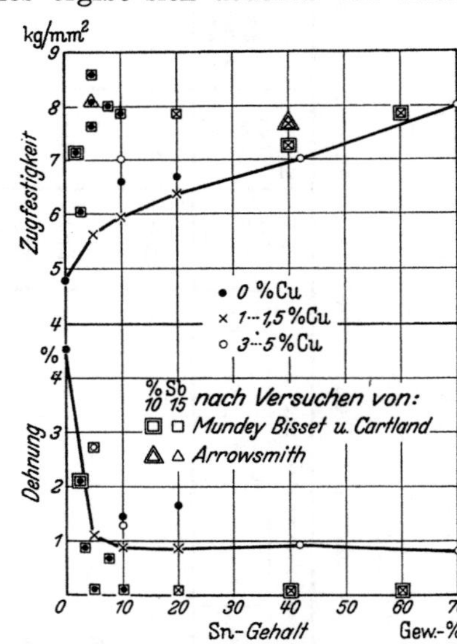

Abb. 271. Ergebnisse von Zugversuchen an Blei-Zinn-Weißmetallen. (Nach Frhr. v. GÖLER und SCHEUER.)

Vergleich der Legierungen 7 und 8, 9 und 10, 15 und 16 bzw. 17 und 18 (Zahlentafel 46a), und zwar ist die Wirkung am stärksten bei geringen Antimon- und Kupfergehalten. Die Wirkung eines höheren Bleizusatzes zeigt ein Vergleich zwischen Legierung 17 und 19; besonders in der Wärme wirkt sich der Bleizusatz verschlechternd auf den Formänderungswiderstand und das Formänderungsvermögen aus. Es sei jedoch betont, daß bei einer vergleichenden Betrachtung der Festigkeitseigenschaften die eingehaltenen Erstarrungsbedingungen berücksichtigt werden müssen.

Für Blei-Zinn-Weißmetalle ändert sich die Zugfestigkeit je nach der Zusammensetzung der Legierung gemäß Abb. 271; mit zunehmendem Zinngehalt nimmt also die Festigkeit zuerst stärker, dann langsamer zu. Es ist aber zu beachten, daß Beobachtungen anderer Forscher namentlich bei kleineren Zinngehalten im Vergleich zu der ausgezogenen Kurve (Abb. 271) starke Streuungen in Richtung zu höheren Festigkeitswerten aufweisen. Die Ursache hierfür muß in unterschiedlichen Gieß- und Erstarrungsbedingungen gesehen werden, die besonders bei Blei-Zinn-Weißmetallen einen starken Einfluß ausüben.

Den Einfluß unterschiedlicher Gieß- und Erstarrungsbedingungen auf Zugfestigkeit, Streckgrenze und Dehnung sowohl an hochzinnhaltigen als auch an Blei-Zinn-Weißmetallen ist von R. ARROWSMITH[1] eingehender untersucht worden. Es zeigte sich, daß bei gleicher Gießtemperatur aber unterschiedlicher Kokillentemperatur die Zugfestigkeit und die Dehnung für alle Weißmetalle verhältnismäßig wenig beeinflußt werden; dagegen ist die Dehnung gegen unterschiedliche Gießbedingungen sehr empfindlich (s. Abb. 272).

Zur Kennzeichnung des Verhaltens in der Wärme sind gelegentlich, so z. B. letzthin von H. GREENWOOD[2] Kurzzerreißversuche bei höheren Temperaturen ausgeführt worden (s. Zahlentafel 46a). Derartige Angaben haben zwar praktisch keine große Bedeutung, da bekanntlich bereits bei Raumtemperatur die hochzinnhaltigen wie auch die Blei-Zinn-Weißmetalle bei Spannungen, die weit unter der Streckgrenze liegen, meßbar kriechen. Die Angabe der Dauerstandfestigkeit wäre daher zum Vergleich zweckmäßiger gewesen[3]. Jedoch lassen die Messungen die Wirkung einiger häufiger Zusätze namentlich bei höheren Temperaturen deutlich hervortreten, so daß sie zum Vergleich recht nützlich sind.

Stauchversuche. Das Verhalten von Zinnweißmetallen unterschiedlicher Zusammensetzung beim Druckversuch kennzeichnen die in Abb. 273 nach Frh. v. GÖLER und PFISTER eingezeichneten Versuchsergebnisse. Auch hier zeigt sich, daß mit steigendem Antimonzusatz sowohl die Bruchspannung als auch die Quetschgrenze solange zunehmen, bis das Sättigungsvermögen der Grundmasse für Antimon erreicht ist und die

---

[1] ARROWSMITH, R.: J. Inst. Met. Bd. 55 (1934 II) S. 49.

[2] GREENWOOD, H.: Techn. Publ. Inst. Tin. Res. Develop. Council, Ser. A, Nr. 58 (1937).

[3] Siehe hierzu D. HANSON u. E. J. SANDFORD: J. Inst. Met. Bd. 59 (1936) u. B. CHALMERS: Proc. roy. Soc., Lond. Bd. 156 (1936) (AJ) S. 427.

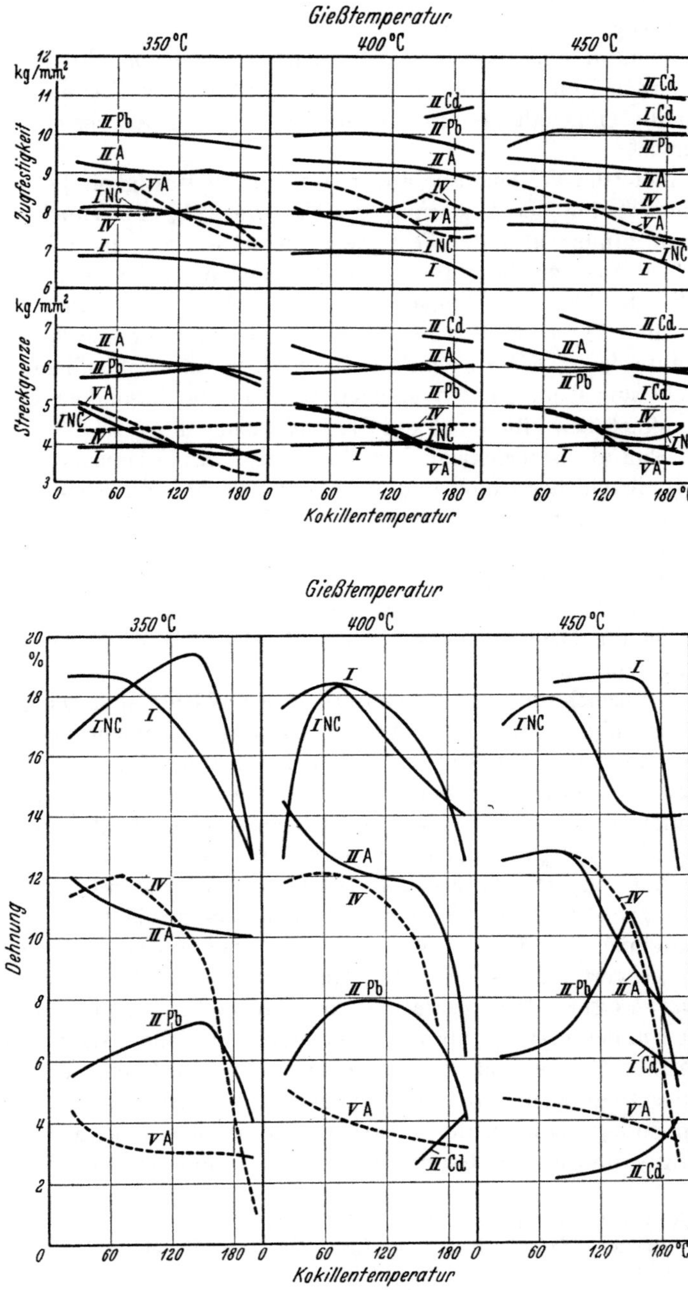

Abbildungsunterschrift s. S. 349.

Bezeichnung	Zusammensetzung der Legierung in %					
	Sn	Sb	Cu	Pb	Fe	As
I	92,3	3,78	3,55	0,30	0,04	0,03
I NC	88,8	7,14	3,74	0,25	—	0,03
I Cd	wie I zusätzlich 1% Cd					
II	85,5	9,88	4,21	0,33	0,05	0,03
II A	85,0	10,75	3,90	0,30	0,04	—
II Cd	wie II zusätzlich 1% Cd					
II Pb	wie II zusätzlich 4% Pb					
	81,7	10,1	3,99	4,1	0,07	0,06
IV	39,8	10,5	1,03	48,6	0,04	0,06
V A	5,4	14,6	0,04	79,1	—	0,06

Abb. 272. Einfluß der Gießbedingungen auf statische Festigkeitseigenschaften einiger Weißmetalle. (Nach ARROWSMITH.)

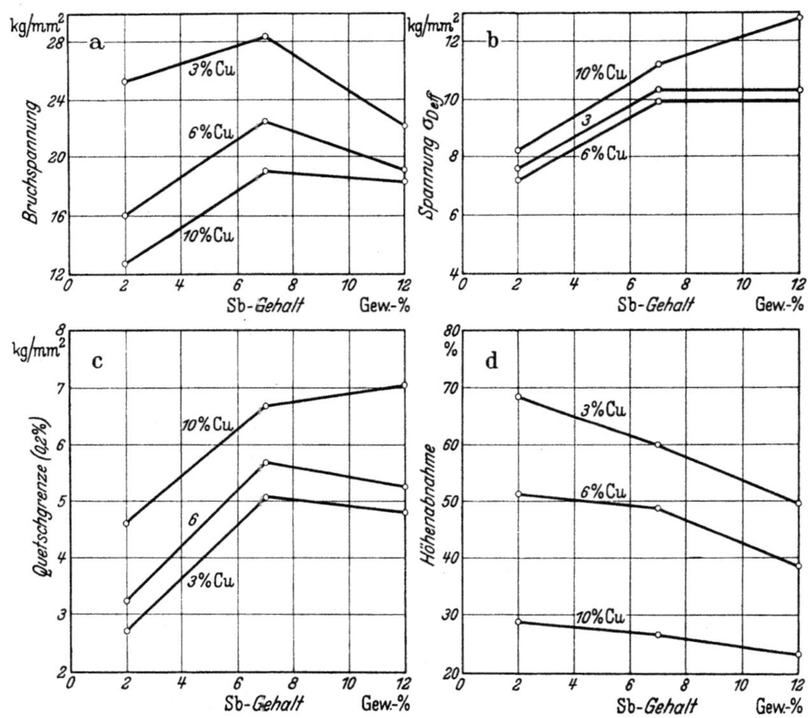

Abb. 273. Ergebnisse von Stauchversuchen an Zinnweißmetallen (Abmessungen der Probekörper: 20 mm Dmr.; 20 mm Höhe). (Nach Frhr. v. GÖLER und PFISTER.)

ersten kubischen SbSn-Kristalle im Gefüge auftreten. Bei weiterer Steigerung tritt keine wesentliche Verbesserung mehr ein. Das Formänderungsvermögen dieser Legierungen wird maßgeblich durch die Höhe

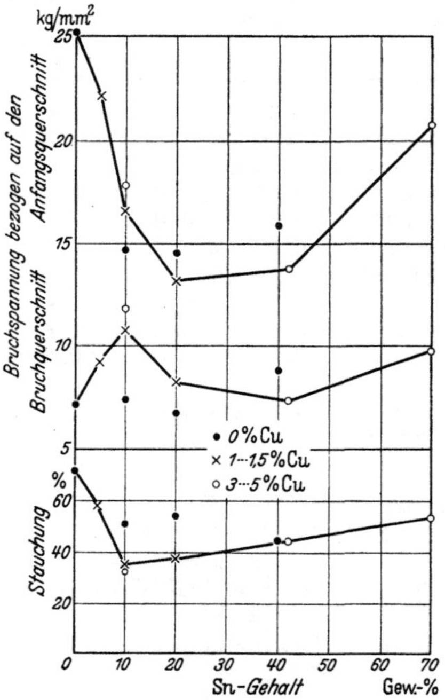

Abb. 274. Stauchversuche an Blei-Zinn-Weißmetallen. (Nach Frhr. v. GÖLER und F. SCHEUER.)

des Kupfergehaltes bestimmt. Wie aus Abb. 273d zu ersehen ist, bewirkt bei mehr als 6% Kupfer das Vorhandensein der CuSn-Kristalle eine starke Verringerung der Höhenabnahme bis zum ersten Auftreten von Rissen beim Stauchversuch.

Für verschiedene Blei-Zinn-Weißmetalle gibt Abb. 274 Aufschluß. Bis zu 10% Zinn nimmt somit das Formänderungsvermögen stark ab, wie die unterste Kurve für die Stauchung deutlich erkennen läßt. Bei höheren Gehalten als 10% erfolgt jedoch wieder ein langsamer Anstieg. Einen verwickelteren Zusammenhang läßt der Verlauf der Druckfestigkeit (bezogen auf den Bruchquerschnitt) vermuten. Trotz der größeren Streuung der Meßwerte scheint sowohl nach den Messungen von Frhr. v. GÖLER und SCHEUER als auch von HEYN und BAUER bei 10% Zinn ein Maximum zu bestehen, dessen Zustandekommen bisher nicht gedeutet werden konnte.

Zahlentafel 47 enthält schließlich zur Ergänzung noch die Ergebnisse einiger Druckversuche an technischen Weißmetallen, aus denen auch der Temperatureinfluß abgelesen werden kann.

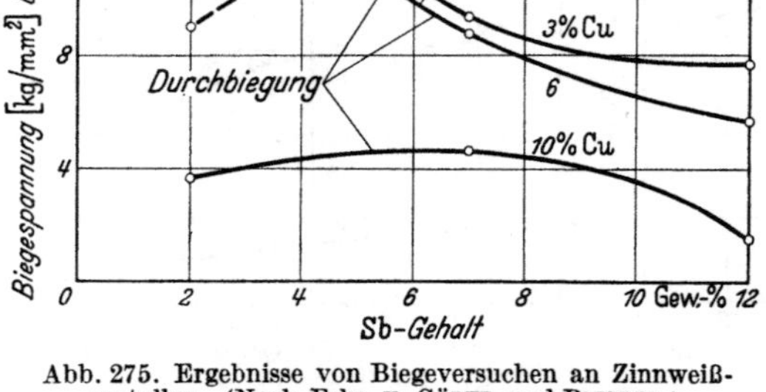

Abb. 275. Ergebnisse von Biegeversuchen an Zinnweißmetallen. (Nach Frhr. v. GÖLER und PFISTER.)

Biegeversuche. Die Ergebnisse von Biegeversuchen an Zinnweißmetallen unterschiedlicher Zusammensetzung gibt Abb. 275 wieder; und zwar sind die Biegespannung beim Bruch bzw. bei Höchstlast (für den nichtgebrochenen Stab) und die Durchbiegung in Abhängigkeit vom Antimongehalt aufgetragen. Die Ergebnisse zeigen auch hier den

Zahlentafel 47. Ergebnisse von Druckversuchen[1] an verschiedenen Weißmetallen. (Nach KENTS Mechanical Engineers Handbook, New York: John Wiley and Sons und London: Chapman and Hall 1938.)

Nr.	Soll-Zusammensetzung in %				Spez. Gewicht	Ist-Zusammensetzung in %				Quetschgrenze[2] kg/mm²		Druckfestigkeit[3] kg/mm²		Brinellhärte (10/500/30)		Schmelzintervall		Gießtemperatur
	Cu	Sn	Sb	Pb	g/cm³	Cu	Sn	Sb	Pb	bei 20°	bei 95°	bei 20°	bei 95°	bei 20°	bei 95°	Beginn °C	Ende °C	°C
1	4,5	91,0	4,5	—	7,34	4,56	90,9	4,52	0,00	3,10	1,86	9,05	4,88	17,0	8,0	222	—	440
2	3,5	89,0	7,5	—	7,39	3,10	89,2	7,40	0,03	4,28	2,11	10,50	6,10	24,5	12,0	241	354	423
3	8,3	83,3	8,3	—	7,46	8,30	83,4	8,20	0,03	4,64	2,21	12,35	6,95	27,0	14,5	240	422	491
4	3,0	75,0	12,0	10,0	7,52	3,00	75,0	11,6	10,2	3,90	1,51	11,35	4,85	24,5	12,0	184	306	377
5	2,0	65,0	15,0	18,0	7,75	2,00	65,5	14,1	18,2	3,55	1,51	10,60	4,75	22,5	10,0	181	296	366
6	1,5	20,0	15,0	63,5	9,33	1,50	19,8	14,6	63,7	2,67	1,44	10,20	5,65	21,0	10,5	181	277	346
7	—	10,0	15,0	75,0	9,73	0,11	10,0	14,5	75,0	2,50	1,15	11,00	4,32	22,5	10,5	240	268	338
8	—	5,0	15,0	80,0	10,04	0,14	5,2	14,9	79,4	2,39	1,23	10,95	4,32	20,0	9,5	237	272	340
9	—	5,0	10,0	85,0	10,24	0,06	5,0	9,9	84,6	2,39	1,09	10,50	4,10	19,0	8,5	237	256	327
10	—	2,0	15,0	83,0	10,07	0,12	2,05	15,7	82,0	2,37	1,30	10,85	4,05	17,5	9,0	242	264	332
11	—	—	15,0	85,0	10,28	0,09	0,09	14,8	84,7	2,14	0,98	9,00	3,58	15,0	7,0	244	262	332
12	—	—	10,0	90,0	10,67	0,12	0,11	9,9	89,4	1,97	0,88	9,10	3,58	14,5	6,5	245	258	330

[1] Probenform: Zylinder von $1/2''$ Dmr. und $1\,1/2''$ Länge; die Proben wurden aus Gußstäben (Kokillenguß) herausgearbeitet.

[2] Gemessen bei bleibender Stauchung von 0,125%.

[3] Bestimmt als spezifische Druckbelastung, die eine Höhenabnahme von 25% verursacht.

schon früher beobachteten Gang; nur bis etwa 7% Antimon erfolgt eine Verbesserung.

Für Blei-Zinn-Weißmetalle ergibt sich in Abhängigkeit vom Zinngehalt eine Veränderung der Biegespannung und der Durchbiegung

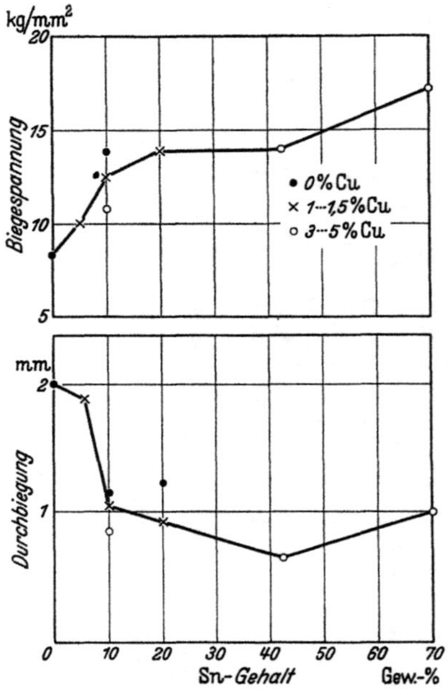

Abb. 276. Biegeversuche an Blei-Zinn-Weißmetallen (Probestab: trapezförmig: oben 40 mm und 36 mm und 17 mm hoch; Biegelänge 100 mm). (Nach Frhr. v. GÖLER und SCHEUER.)

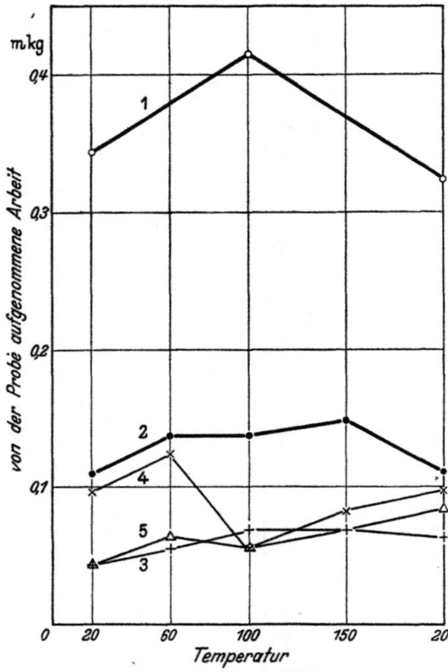

Bezeichnung	Zusammensetzung in %			
	Pb	Sn	Sb	Cu
1	—	90,9	4,6	4,5
2	—	83,8	8,1	8,1
3	62,3	20,8	15,5	1,4
4	79,7	5,0	15,3	—
5	87,0	1,2	11,8	—

Abb. 277. Einfluß der Temperatur auf die Kerbschlagzähigkeit (Izod-Probe) einiger Weißmetalle (Mittelwerte aus je 5 Messungen). (Nach HERSCHMAN und BASIL.)

gemäß Abb. 276; die stärksten Veränderungen erfolgen im Bereich bis zu 10% Zinn.

Von J. W. CUTHBERTSON[1] sind aus Biegeversuchen an verschiedenen Weißmetallen die Elastizitätsmoduli bei Raumtemperatur und bei erhöhter Temperatur (bei geeigneter Versuchsführung) gemessen worden, deren Ergebnisse die Zahlentafeln 48 bis 50 enthalten. Aus ihnen folgt zunächst, daß der *E*-Modul hochzinnhaltiger Weißmetalle mit etwa 5400 kg/mm² bei 18° von der Zusammensetzung ziemlich unabhängig ist; auch bringt ein Kadmiumzusatz keine fühlbare Verbesserung. Die

[1] CUTHBERTSON, J. W.: J. Inst. Met. Bd. 64 (1939) (Advance Copy).

Zahlentafel 48. Elastizitätsmodul für einige Zinnweißmetalle bei Raumtemperatur. (Nach J. W. CUTHBERTSON.)

Nr.	Chemische Zusammensetzung in %							E-Modul kg/mm²	Bemerkung
	Sn	Cu	Sb	Pb	As	Fe	Cd		
1[1]	92,3	3,55	3,78	0,30	0,03	0,04	—	5381—5429	Handelsübliche Legierungen
2	85,5	4,21	9,88	0,33	0,03	0,05	—	5394—5401	
3	81,7	3,99	10,10	4,10	0,06	0,07	—	5267—5310	
4	93	3,5	3,5	—	—	—	—	5120—5183	Versuchs-Legierungen
5	91,5	3,5	5,0	—	—	—	—	5225	
6	89,5	3,5	7,0	—	—	—	—	5352—5359	
7	87,5	3,5	9,0	—	—	—	—	5591—5605	
8	92,0	3,5	3,5	—	—	—	1,0	5239—5415	
9	90,5	3,5	5,0	—	—	—	1,0	5408	
10	88,5	3,5	7,0	—	—	—	1,0	5408—5633	

[1] Alle Legierungen 1 bis 10 wurden im Gußzustand untersucht; Gießtemperatur 400°; Kokillentemperatur 100°.

Zahlentafel 49. Elastizitätsmodul für einige Blei-Zinn-Weißmetalle bei Raumtemperatur. (Nach J. W. CUTHBERTSON.)

Nr.	Chemische Zusammensetzung in %						Elastizitätsmodul in kg/mm²		Zunahme in %
	Sn	Cu	Sb	Pb	As	Fe	im Gußzustand	nach Lagerung bei Raumtemperatur	
1[1]	39,80	1,03	10,50	48,60	0,06	0,04	2215	3228	45,7
								3439	55,3
2[1]	5,05	0,09	14,90	79,90	0,06	Spuren	2926	3059	4,6

[1] Die Legierungen wurden im Gußzustand untersucht; Gießtemperatur 400°; Kokillentemperatur 100°.

Blei-Zinn-Weißmetalle haben im Vergleich zu den Zinnweißmetallen wesentlich geringere elastische Konstanten (Zahlentafel 49). Bemerkenswert ist die starke Verschlechterung des E-Moduls bei Legierung Nr. 3 (Zahlentafel 50), während höhere Bleigehalte offenbar weniger stark verschlechternd wirken. Vom Standpunkt der elastischen Eigenschaften und des Kriechverhaltens aus betrachtet, stellt die Legierung mit 3,5% Cu, 7 bis 9% Sb, Rest Zinn im ganzen betrachtet ein Optimum dar.

Kerbschlagzähigkeit. Die Kerbschlagzähigkeit einiger Weißmetalle enthält Abb. 277 nach Untersuchungen von H. K. HERSCHMANN und J. L. BASIL[1]; bemerkenswert ist hierbei das verhältnismäßig gute Verhalten einer Legierung mit 91% Zinn und je 4,5% Kupfer und Antimon. Der Temperatureinfluß auf die Kerbschlagzähigkeit ist in dem untersuchten Bereich gering. Die Kerbschlagzähigkeit von Weißmetallen auf

[1] HERSCHMANN, H. K. u. J. L. BASIL: Proc. Amer. Soc. Test. Mater. Bd. 32 (1932 II) S. 536.

Zahlentafel 50. Einfluß der Temperatur auf den Elastizitätsmodul verschiedener Weißmetalle[1]. (Nach J. W. CUTHBERTSON.)

Nr.	Chemische Zusammensetzung in %						Elastizitätsmodul in kg/mm² bei				
	Sn	Cu	Sb	Pb	As	Fe	20°	60°	100°	140°	180°
1	92,30	3,55	3,78	0,30	0,03	0,04	5410	4920	3940	2880	2250
2	25,50	4,21	9,88	0,33	0,03	0,05	5420	4990	4115	3020	2320
3	39,80	1,03	10,50	48,60	0,06	0,04	3375	3235	1550	—	—
4	5,05	0,09	14,90	79,90	0,06	Spuren	4500	4360	4000	3270	2460

[1] Die Legierungen lagen im Ausgangszustand gegossen vor; Gießtemperatur 400°; Kokillentemperatur 100°.

Blei-Zinnbasis ist besonders den hochzinnhaltigen Legierungen bei allen Temperaturen unterlegen.

β) Dynamische Festigkeitseigenschaften.

Die praktisch häufig beobachtete Tatsache, daß Weißmetallausgüsse bei starker thermischer und mechanischer Belastung durch *Dauerbrüche* (auf deren Zustandekommen unten noch einzugehen ist) zerstört werden, zwang dazu, die Ermüdungseigenschaften dieser Legierungen zu messen[1]. Dazu sind vornehmlich *Dauerbiege-* und *Dauerschlagversuche* ausgeführt worden. Die Bedeutung der Dauerfestigkeitseigenschaften von Lagerausgußlegierungen hat vornehmlich im Zuge der Entwicklung der Verbrennungskraftmaschinen (höhere Umdrehungszahlen, stärkere Kompression bei leichterer Bauweise) erheblich zugenommen und es ist viel Mühe darauf verwandt worden, die Dauerfestigkeitseigenschaften vornehmlich auf legierungstechnischem Wege (z. B. durch Kadmiumzusätze) zu verbessern.

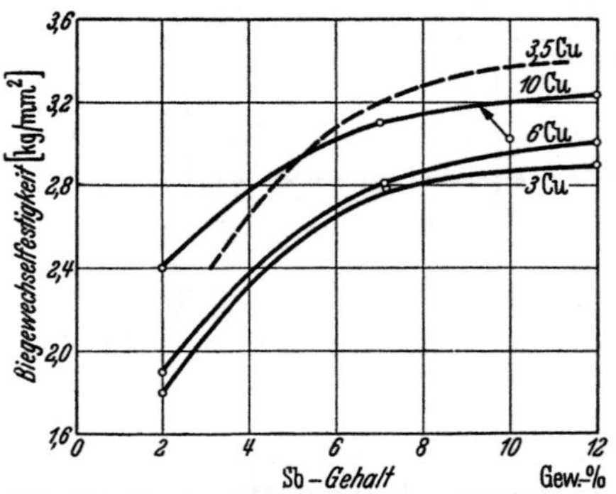

Abb. 278. Biegewechselfestigkeit (20 · 10⁶ Wechsel) von Zinnweißmetallen. ——— Versuche nach Frhr. v. GÖLER und PFISTER, – – – Haighmaschine nach MACNAUGHTAN.

Dauerbiegeversuche. Betrachtet man die in Abb. 278 nach Frhr. v. GÖLER und F. SCHEUER an Zinnweißmetallen beobachteten Biegewechselfestigkeiten, die auf einer SCHENCKschen Maschine mit umlaufender Biegung gewonnen wurden, so ergeben sich folgende bemerkenswerte Ergebnisse: 1. nur bis zu Gehalten von etwa 7% Antimon steigt die Biegewechselfestigkeit an; bei höheren Gehalten bleibt sie konstant; 2. ein hoher

[1] Siehe hierzu besonders D. J. MACNAUGHTAN: J. Inst. Met. Bd. 55 (1934 II) S. 33.

Kupfergehalt scheint günstig zu sein; jedoch kann dieses Ergebnis durch eine bessere Gußqualität vorgetäuscht werden. Die Biegewechselfestigkeiten von Blei-Zinn-Weißmetallen liegen demgegenüber namentlich bei niedrigeren Zinngehalten (bis zu 50%) gemäß Abb. 279 unter denen der Zinnweißmetalle. Bemerkenswert ist das Maximum bei 10% Zinn.

Zahlentafel 51. Biegewechselfestigkeit einiger Weißmetalle.
(Nach F. Bollenrath, W. Bungardt und E. Schmidt.)

Nr.	Chemische Zusammensetzung in %								Biegewechselfestigkeit kg/mm²
	Sn	Sb	Cu	Pb	As	Fe	Ni	Cd	
1	92,9	3,6	3,4	—	—	0,05	0,08	—	2,1 (2,2)[1]
2	87,2	6,9	5,7	0,19	0,02	0,03	—	—	2,3 (2,8)[1]
3	80,4	11,4	7,4	0,67	0,02	0,04	Spuren	—	2,6 (3,0)[1]
4	79,9	10,0	9,9	0,19	Spuren	0,08	—	—	2,3 (3,2)[1]
5	70,3	13,6	5,5	10,30	0,20	0,10	0,02	—	2,4 (2,0)[2]

Die eingeklammerten Zahlen entstammen Messungen von Frhr. v. Göler und H. Pfister[1] bzw. Frhr. v. Göler und F. Scheuer[2].

In Zahlentafel 51 sind schließlich zum Vergleich einige neuere Ergebnisse aufgeführt, die mit der DVL-Planbiegemaschine gewonnen wurden. Sie weisen im Vergleich zu den Ergebnissen von Frhrn. v. Göler und Mitarbeitern namentlich im Gebiet höherer Antimon- und Kupfergehalte nicht unerhebliche Streuungen auf. Das deutet darauf hin, daß der Gußqualität eben ein bedeutender Einfluß zukommt. Es konnte früher gezeigt werden, daß durch einen Kadmiumzusatz zu Zinnweißmetallen die Härte und die Zugfestigkeit verbessert werden kann; von größerer Bedeutung ist der Kadmiumzusatz für die dynamischen Eigenschaften des Weißmetalls. So läßt sich z. B. nach Messungen von B. P. Haigh[1] für ein Weißmetall mit 3,5% Cu und 7% Sb, Rest Zinn die Biegedauerfestigkeit durch Zusatz von 1% Cd von 3,26 kg/mm² auf 3,89 kg/mm², also um etwa 20%, verbessern. Den angegebenen Dauerfestigkeiten liegt eine Lastwechselzahl von $20 \cdot 10^6$ zugrunde.

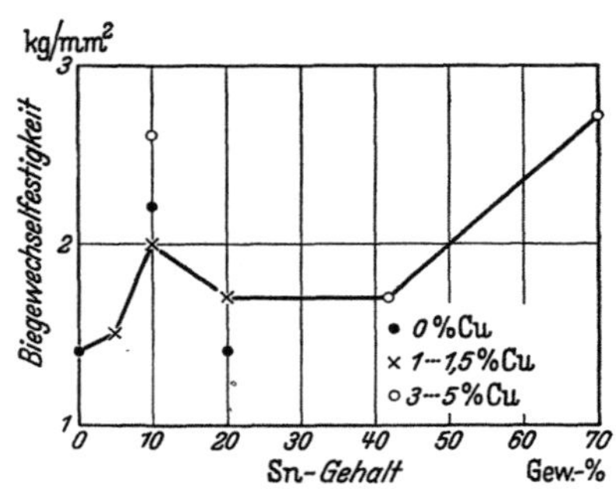

Abb. 279. Biegewechselfestigkeit verschiedener Blei-Zinnweißmetalle in Abhängigkeit von der Zusammensetzung. (Nach Frhr. v. Göler und F. Scheuer.)

Schlagstauchversuche. Die Dauerschlagprüfung wird an Lagermetallen durchgeführt, um einen Überblick über das Verhalten der Legierung unter Dauerstoßbeanspruchung, wie sie im Lager auftreten kann, zu

[1] Haigh, B. P.: siehe hierzu D. J. Macnaughtan, Fußnote 1, S. 354.

gewinnen. So zeigen z. B. die in Abb. 280 niedergelegten Ergebnisse das Verhalten verschiedener Lagerweißmetalle in einem geeigneten Dauerschlagwerk bei Raumtemperatur und höheren Temperaturen, gekennzeichnet durch die prozentuale Höhenverminderung einer Probe nach 1000 Schlägen bei 0,45 mkg Arbeitsvermögen je Schlag. Es zeigt sich, daß die hochzinnhaltigen Weißmetalle bei höheren Temperaturen schnell erweichen, während die Blei-Zinn-Weißmetalle mit mehr als 5% Zinn deutlich überlegen sind. Und zwar gilt, daß die Überlegenheit um so deutlicher wird, je höher der Zinngehalt ist. In ähnlicher Weise hat auch H. GREENWOOD[1] gefunden, daß die zinnreichsten Weißmetalle (93/3,5/3,5) bei Dauerschlagbeanspruchung die größten Verformungen ergeben, wobei allerdings die Gefahr der Rißbildung sehr klein ist. Nach GREENWOOD sind besonders die CuSn-Nadeln gegen Schlagbeanspruchung wesentlich empfindlicher als die SnSb-Kristalle.

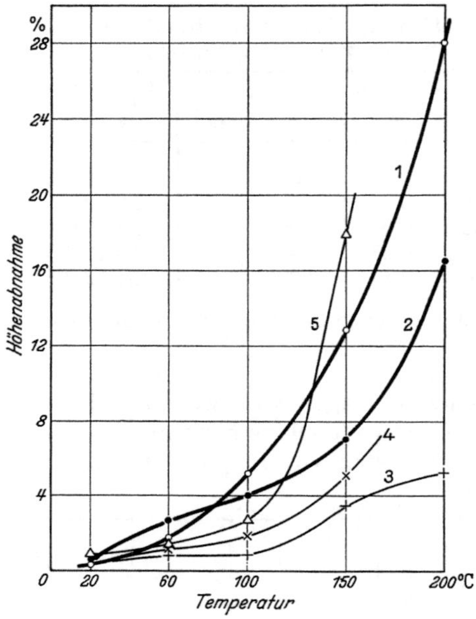

Bezeichnung	Zusammensetzung in %			
	Pb	Sn	Sb	Cu
1	—	90,9	4,6	4,5
2	—	83,8	8,1	8,1
3	62,3	20,8	15,5	1,4
4	79,7	5,0	15,3	—
5	87,0	1,2	11,8	—

Abb. 280. Ergebnisse der Dauerschlagprüfung von HERSCHMAN und BASIL für 1000 Schläge für verschiedene Weißmetalle bei steigenden Temperaturen (Energie je Schlag: 0,456 mkg). (Auswertung des Verfassers.)

Schlagstauchversuche an Blei-Zinn-Weißmetallen enthält Abbildung 281, in Abhängigkeit vom Zinngehalt nach Messungen von Frh. v. GÖLER und F. SCHEUER, die sich gut in ältere Beobachtungen von HEYN und BAUER bezüglich der Abhängigkeit vom Zinngehalt einfügen[2]. Aus ihren Meßergebnissen folgt, daß mit höherem Kupfergehalt die bis zum Bruch ertragene Schlagzahl und auch das Verformungsvermögen der Legierungen verringert wird. Die Beobachtungen entsprechend Abb. 281 zeigen, daß im Gebiet mittlerer Zinngehalte (20 bis 40%) kein höherer Wiederstand gegen Dauerschlagbeanspruchung vorhanden ist.

[1] GREENWOOD, H.: J. Inst. Met. Bd. 55 (1934 II) S. 77.

[2] In ihrer absoluten Größe sind beide Meßreihen nicht miteinander vergleichbar, da sie unter verschiedenen Versuchsbedingungen erhalten wurden.

Der Einfluß unterschiedlicher Gießbedingungen auf das Dauerschlagverhalten zeigt Abb. 282 nach Messungen von H. GREENWOOD[1]. Die Meßergebnisse sind insofern bemerkenswert, als sie einmal die Unterlegenheit aller hochzinnhaltiger Weißmetalle nochmals deutlich hervortreten und ferner die günstige Wirkung höherer Antimongehalte (vgl. Kurve I und I NC) und Kadmiumzusätze (vgl. I und I Cd) erkennen lassen.

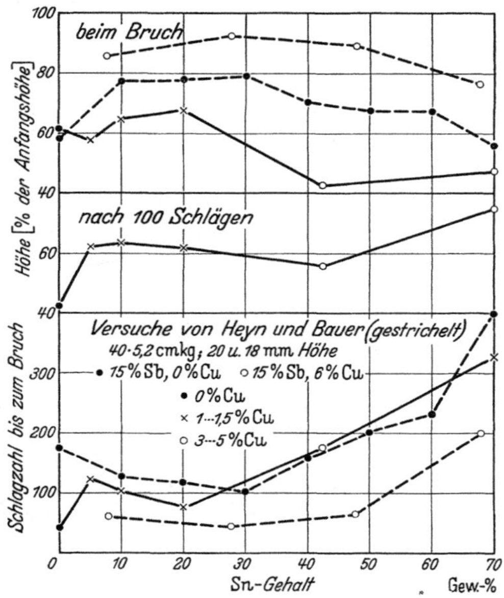

Abb. 281. Schlagstauchversuche an Blei-Zinn-Weißmetallen (Schlagarbeit: 15 cmkg je Schlag). (Nach Frhr. v. GÖLER und SCHEUER.)

Zusammenfassung. Faßt man die vorstehend ausführlich besprochenen Ergebnisse der technologischen Prüfung zusammen, ohne zunächst das praktische Laufverhalten (gekennzeichnet durch Einlauf-, Notlauf- und Dauerlaufverhalten, Empfindlichkeit gegen Kantenpressung und Ölverunreinigungen, Verschleiß u. ä.) zur Beurteilung mit heranzuziehen, so ergibt sich folgendes Bild. Unter den Zinnweißmetallen besitzen die Legierungen, deren Zusammensetzung etwa in der Nähe der Löslichkeitsgrenze für Antimon liegt und die verhältnismäßig niedrige Kupfergehalte besitzen im ganzen betrachtet festigkeitsmäßig die besten Eigenschaften. Wenn also zwischen den Festigkeitseigenschaften des Lagermetalls und seiner Laufbewährung ein einfacher Zusammenhang bestände, wäre anzunehmen, daß Zinnweißmetalle mit 90% Sn, 7% Sb und 3% Cu bis 87% Sn, 7% Sb und 6% Cu die besten Gleitlagerlegierungen darstellen. Bei weiterer Steigerung des Antimonzusatzes (und auch des Kupferzusatzes) nimmt der Verformungswiderstand zwar noch zu, jedoch die Formänderungsfähigkeit bis zur vollständigen Versprödung ab. Von den Blei-Zinn-Weißmetallen kommt der Legierung mit 10% Sn (ferner 10 bis 15% Sb, 1,5% Cu, Rest Blei) die größte Bedeutung zu, denn sowohl bei geringeren Sn-Gehalten (unter 5%) und zwischen 20 bis 40% Zinn sind die technologischen Eigenschaften im ganzen betrachtet schlechter. Bei mehr als 70% Zinn nähern sich dann die Eigenschaften den Zinnweißmetallen.

[1] GREENWOOD, H.: J. Inst. Met. Bd. 55 (1934 II) S. 77.

Es entsteht nun die praktisch wichtige Frage, ob sich die auf Grund der technologischen Eigenschaften gewonnene Klassifizierung mit den Ergebnissen der praktischen Erfahrung deckt. Hier sei nun an einem Beispiel, nämlich für die hochzinnhaltigen Weißmetalle, aufgezeigt, daß

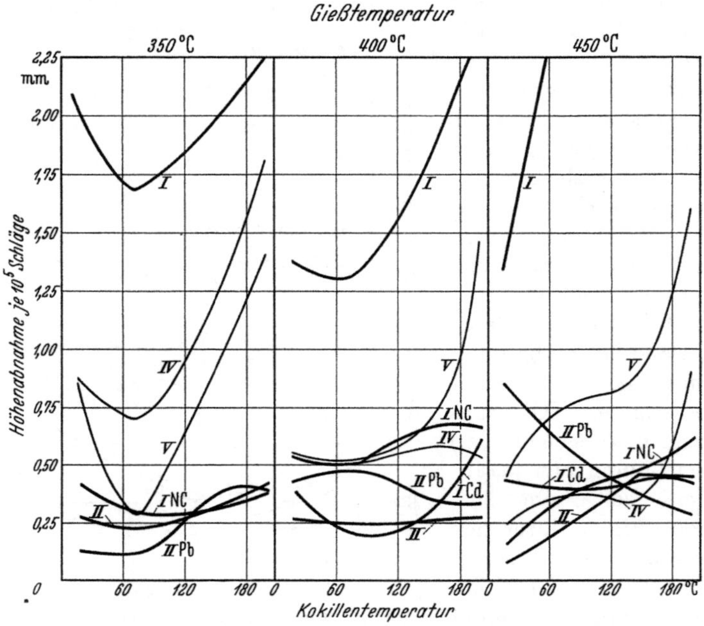

Bezeichnung	Chemische Zusammensetzung in %					
	Sn	Sb	Cu	Pb	Fe	As
I	92,3	3,78	3,55	0,30	0,04	0,03
I NC	88,8	7,14	3,74	0,25	—	0,03
I Cd	wie 1 zusätzlich 1% Cd					
II	85,5	9,88	4,21	0,33	0,05	0,03
II Pb	81,7	10,1	3,99	4,1	0,07	0,06
IV	39,8	10,5	1,03	48,6	0,04	0,06
V	5,05	14,9	0,09	79,9	—	0,06

Abb. 282. Einfluß der Gießbedingungen auf die Dauerschlagfestigkeit verschiedener Weißmetalle. Prüftemperatur: 150° C. (Nach Greenwood.)

die Legierung mit bestem praktischen *Lauf*verhalten in ihrer Zusammensetzung *nicht* mit der Legierung günstigster Festigkeitseigenschaften zusammenzufallen braucht. Es hat sich nämlich gezeigt, daß für höchste Beanspruchung zinnreichere Legierungen mit 93% Sn und je 3,5% Antimon und Kupfer besser geeignet sind, als höher mit Antimon und Kupfer legierte. Diese Legierung hat weder die besten statischen noch dynamischen Eigenschaften; sie zeichnet sich aber durch *gute*

Verformungsfähigkeit und durch *geringe Rißempfindlichkeit* aus, die ihr eine gewisse Überlegenheit verleiht.

Die versuchsmäßig an Blei-Zinn-Weißmetallen gewonnenen Erkenntnisse decken sich weitgehend mit der praktischen Erfahrung, was schon dadurch zum Ausdruck kommt, daß in dem deutschen Normblatt Weißmetall (DIN 1703) alle zwischen WM 80 und WM 10 liegenden Legierungen gestrichen wurden.

Bei einem Vergleich zwischen Zinn- und Blei-Zinn-Weißmetallen fällt die Überlegenheit der Zinnweißmetalle sofort ins Auge. Sie haben nicht allein bessere metallurgische Eigenschaften und eine größere Unabhängigkeit von den Herstellungs- und Abkühlungsbedingungen; sie sind im allgemeinen auch mechanisch überlegen, und zwar besonders in der Wärme. Allgemein kann festgestellt werden, daß die Zinnweißmetalle vorteilhaft bei höheren Lagerdrücken und Temperaturen, z. B. in den Hauptlagern von Automobil- und Flugmotoren, Dieselmaschinen usw. verwendet werden, während die weniger leistungsfähigen Blei-Zinn-Weißmetalle für niedrigere Lagerdrücke und Temperaturen bestens geeignet sind.

b) Laufverhalten.

Die praktische Erfahrung hat gezeigt, daß von allen bisher erprobten Lagermetallen den Weißmetallen, insbesondere den hochzinnhaltigen, die besten Laufeigenschaften zukommen. Sie besitzen das beste Einlaufvermögen, selbst gegen weichere Wellen. Es ist ferner praktisch von großem Vorteil, daß diese Lagerlegierungen leicht einschabbar sind, was die Fertigung des Ausgusses bedeutend erleichtert (vgl. hiermit etwa die großen Schwierigkeiten bei der Fertigung von Bleibronzebuchsen).

Die Schichtdicke des Weißmetallausgusses beträgt je nach Lagerart 10 mm und mehr bei schweren Lagern (z. B. Lokomotivachslagern) bis zu etwa 0,5 mm bei hochwertigen Triebwerkslagerungen für Verbrennungskraftmaschinen. So werden z. B. Schichtdicken von 5 bis 8 mm bei 100 mm Wellendurchmesser bzw. 6 bis 13 mm für 300 mm Wellendurchmesser genannt[1]. Zur Vermeidung eines großen Verschleißes bzw. einer frühzeitigen Zerstörung durch starke Schlagbeanspruchung ist das Einhalten eines genaueren Lagerspieles wichtig; man pflegt bei Zinn- bzw. Blei-Zinn-Weißmetallen etwa $0{,}5\,^0/_{00}$ vom Zapfendurchmesser einzuhalten.

Die Frage des Verschleißes ist verschiedentlich versuchsmäßig geprüft worden. Auf Grund der Arbeiten von ZIMMERMANN[2], HUDSON[3], HERSCHMANN und BASIL[4] und den Messungen durch Frh. v. GÖLER und Mitarbeiten ergibt sich eine deutliche Überlegenheit der Zinnweißmetalle,

[1] Metals & Alloys Bd. 9 (1938) Nr. 9, S. 216.
[2] ZIMMERMANN: Metals & Alloys Bd. 2 (1931) S. 95.
[3] HUDSON: J. Inst. Met. Bd. 52 (1932) S. 101.
[4] HERSCHMANN u. BASIL: A. S T. M. Bd. 32 (1932 II) S. 536.

wie ein Vergleich von Abb. 283 und 284 erkennen läßt. Die dort dargestellten Trockenverschleißversuche — bei denen die Verkürzung eines 2 mm starken mit 1 kg belasteten Versuchsstäbchens nach Zurücklegung eines bestimmten Verschleißweges als Maß für die Größe des Verschleißes gewählt wurde — ergeben für Zinnweißmetalle einen deutlichen Einfluß des Kupfergehaltes, während der Antimonzusatz erst oberhalb 7% merklich wird (Abb. 283). Bei Blei-Zinn-Weißmetallen ergibt sich ein Verschleißhöchstwert bei 10% Sn; mit steigenden Zinngehalten nimmt der Verschleiß stark ab und nähert sich den in Abb. 283 angegebenen Werten. Ein steigender Kupfergehalt wirkt in diesen Legierungen verschleißhemmend. Es scheint ferner so, als ob durch Zugabe von etwa 1,3% Arsen und 1,5% Cd zu einem Weißmetall WM 10 der Verschleiß beträchtlich verringert werden kann[1]. Die vergleichsweise in Abb. 284 miteingetragenen Versuchswerte von Herschmann und Basil wie auch die Ergebnisse von Ackermann[2], die unter anderen Prüfbedingungen gewonnen sind, zeigen sowohl in ihrer Größe als auch in der Tendenz der Abhängigkeit vom Zinngehalt gegenüber den Messungen von Frhr. v. Göler und Mitarbeitern einen andersartigen Verlauf. Die Schwankungen in der absoluten Höhe des Verschleißes sind bei Berücksichtigung des überragenden Einflusses unterschiedlicher Prüf- und Schmierungsbedingungen[3] verständlich. Die Tatsache, daß aber auch der Gang der Meßergebnisse die aufgezeigten großen Unterschiede aufweist, ist als Beweis dafür anzusehen, daß auf diesem Gebiet eine Klärung noch nicht erfolgt ist. Diese ist natürlich erst dann zu erhalten, wenn eine Einigung über die Art, wie der Verschleiß gemessen werden soll, erzielt ist.

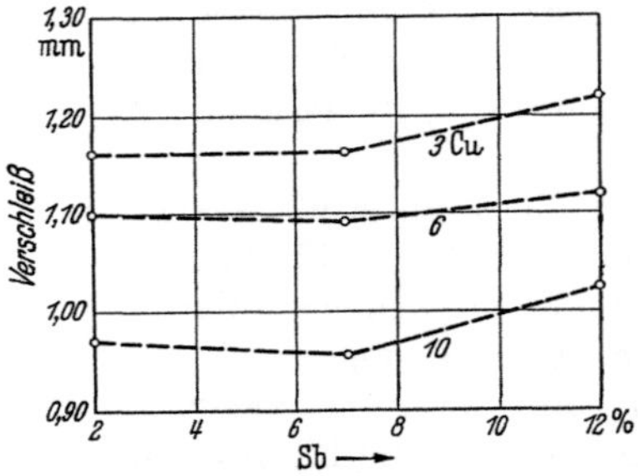

Abb. 283. Verschleißversuche an Zinnweißmetallen auf Polierrotpapier. (Nach Frhr. v. Göler und H. Pfister.)

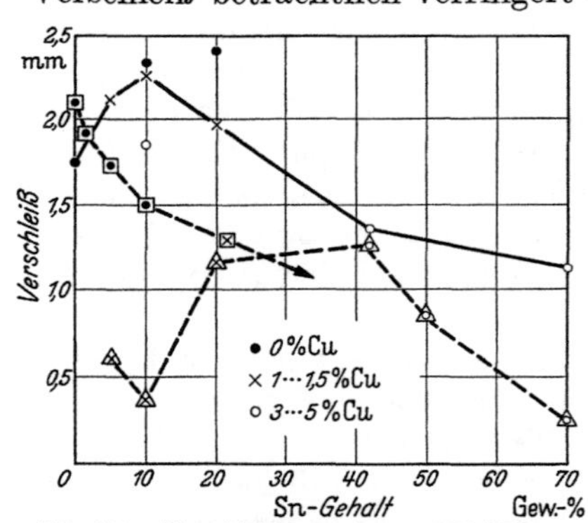

Abb. 284. Verschleißversuche an Blei-Zinn-Weißmetallen (Zusammenstellung nach Frhr. v. Göler und F. Scheuer). □---□ Versuche von Herschmann und Basil an der Amsler-Maschine unter Öl. (Gewichtsverlust nach 1000 Umdrehungen.) △---△ Versuche von Ackermann bei trockener Reibung gegen Stahl (abgenutztes Volumen je Zeiteinheit). ——— Versuche von Frhr. v. Göler und F. Scheuer bei trockener Reibung gegen Schmirgelpapier.

[1] Basset, H. N.: Bearing Metals, S. 200. London: Edward Arnold & Co. 1937.
[2] Ackermann: Z. Metallkde. Bd. 21 (1929) S. 339.
[3] Jakeman u. Barr: Engineering Bd. 133 (1932) S. 200.

5. Physikalische Eigenschaften der Weißmetalle.

Von den physikalischen Eigenschaften der Weißmetalle interessieren vornehmlich das *Wärmeleitvermögen* und das *thermische Ausdehnungsverhalten*. Angaben über die spezifischen Gewichte enthält Zahlentafel 47. Über die Wärmeleitung bei höheren Temperaturen gibt Abb. 285 Aufschluß, die zum Vergleich die Wärmeleitzahlen einiger anderer Lagerlegierungen und die der wichtigsten Basiselemente enthält. Die Abbildung

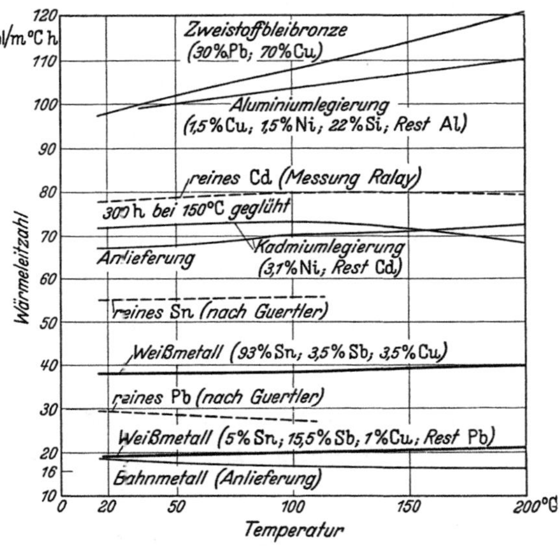

Abb. 285. Wärmeleitfähigkeit von Lagerwerkstoffen (gemessen von F. RAISCH).

zeigt, daß alle Weißmetallarten, vornehmlich aber die auf Blei-Zinn-Basis ein sehr kleines Wärmeleitvermögen besitzen. Da aber die Stärke der Ausgußschicht besonders in höher beanspruchten Lagerungen zwecks Steigerung der Haltbarkeit nur etwa 0,5 mm beträgt, dürfte hier die schlechte Wärmeleitzahl gegenüber dem Gesamtwärmewiderstand Stützschale + Weißmetallausguß nicht sehr ins Gewicht fallen. Anders liegen die Dinge natürlich, wenn Ausgußstärken von 10 mm und mehr verwendet werden.

Die thermischen *Ausdehnungskoeffizienten* der wichtigsten Weißmetalle enthält Zahlentafel 52 auf Grund neuerer Messungen. Hervorzuheben sind lediglich die größeren Ausdehnungsbeiwerte der Weißmetalle auf Blei-Zinn-Basis; der Unterschied gegenüber den Zinnweißmetallen soll nach Angaben von Frhr. v. GÖLER und SACHS[1] sogar noch größer sein. Vergleicht man hiermit das Ausdehnungsverhalten von Stahl, Bronze und Aluminium, deren Ausdehnungsbeiwerte zwischen

[1] Frhr. v. GÖLER u. SACHS: Mitt. Arbeitsbereich Metallges. 1935 Heft 10.

Zahlentafel 52. Lineare thermische Ausdehnungskoeffizienten verschiedener Weißmetalle auf Zinn und Blei-Zinn-Basis. (Nach Messungen von W. BUNGARDT und G. SCHAITBERGER.)

Nr.	Chemische Zusammensetzung in %							Thermischer Ausdehnungskoeffizient in mm/mm °C · 10^{-6} zwischen	
	Sn	Sb	Cu	Pb	Ni	Fe	As	20—100°	20—150°
1	92,9	3,6	3,4	Spuren	0,08	0,05	Spuren	22,1	23,2
2	87,2	6,9	5,7	0,19	—	0,03	0,02	22,8	23,8
3	79,3	10,4	10,2	—	—	—	—	20,4	22,0
4	79,9	10,0	9,9	0,19	—	0,08	Spuren	21,7	22,7
5	80,4	11,4	7,4	0,67	Spuren	0,04	0,02	20,7	21,7
6	70,3	13,6	5,5	10,3	0,02	0,10	0,20	20,4	21,7
7	41,9	14,3	3,2	40,4	—	—	—	22,4	23,5
8	4,8	15,8	1,1	78,3	—	—	—	24,3	24,5

0 bis 100° : $12 \cdot 10^{-6}$, $18 \cdot 10^{-6}$ bzw. $24 \cdot 10^{-6}$ mm/mm °C betragen, so ergibt sich leicht, daß namentlich die Kombination: Stahl—Weißmetall auf Blei-Zinn-Basis zu starken Zugeigenspannungen führen kann, die die Haltbarkeit der Bindung und die Lebensdauer des Lagers verkleinern können.

6. Fehler in Weißmetall-Lagern.

Die Zerstörung von Weißmetall-Lagerausgüssen bei mechanischer Beanspruchung oberhalb der Zeit- und Dauerfestigkeit gegen Schlag-

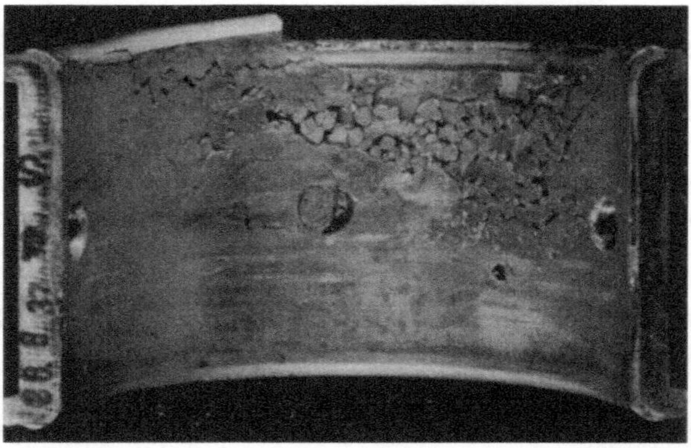

Abb. 286. Durch dynamische Druckbeanspruchung zerstörte Weißmetall-Lauffläche (Höchstdruck: 165 kg/cm², Umfangsgeschwindigkeit 8,5 m/s, Lagertemperatur 120°, Gesamtlaufzeit 146¾ Stunden). (Nach Versuchen von E. GILBERT.)

und Biegebeanspruchung führt zu charakteristischen netzartigen Ermüdungsbrüchen, wie sie in Abb. 286 dargestellt sind. Das Auftreten derartiger Brüche hängt jedoch nicht nur von den *dynamischen*

Festigkeitseigenschaften der Ausgußlegierung ab, sondern wird ebensosehr von der *Ausgußstärke* wie auch von den *Herstellungsbedingungen* bestimmt.

Auf die Bedeutung der Ausgußstärke ist bereits früher hingewiesen worden. Je geringer die Dicke der Ausgußschicht ist, in um so stärkerem Maße wirkt die Lagerschale stützend auf das Lagermetall und

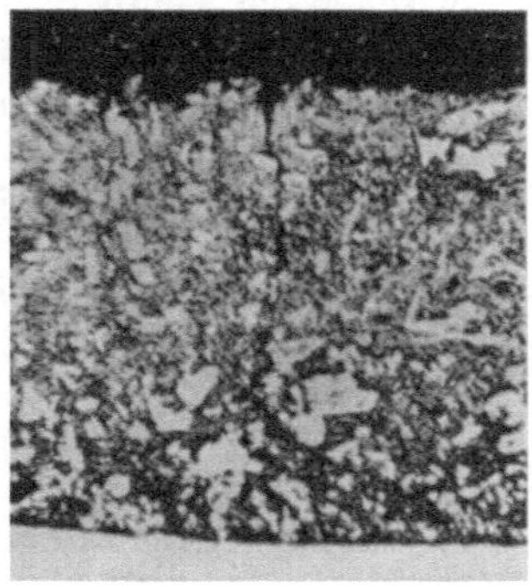

Abb. 287. Radialriß in einem Weißmetallausguß. (Nach MACNAUGHTAN.)

eine um so größere Last vermag das Lager einwandfrei aufzunehmen. Einen weiteren großen Einfluß haben die Fertigungsbedingungen, gekennzeichnet durch Schmelzführung, Gieß-, Schalen- und Kerntemperatur

Abb. 288. Durch Ermündungsbruch zerstörtes Weißmetall-Lager. (Nach MACNAUGHTAN.)

und endlich noch die Menge des vergossenen Metalls. Es ist von H. MÜLLER[1] und D. J. MACNAUGHTAN[2] darauf hingewiesen worden, daß für die Haltbarkeit eines Weißmetall-Lagers der Eigenspannungszustand in der Ausgußschicht von großer Bedeutung ist. Durch das unterschied-

[1] MÜLLER, H.: Z. VDI Bd. 72 (1928) S. 879.

[2] MACNAUGHTAN, D. J.: J. Inst. Met. Bd. 55 (1934) S. 33. Einen guten Überblick über die Technik der Lagerausgußherstellung gibt E. MEYER: Z. VDI Bd. 80 (1936) S. 652.

liche Ausdehnungsverhalten von Weißmetallausguß ($\beta = 24 \cdot 10^{-6}$) und Stahl- ($\beta = 12 \cdot 10^{-6}$) oder Bronzestützschale ($\beta = 17 \cdot 10^{-6}$) entstehen bei der Abkühlung — namentlich unter ungleichmäßigen Abkühlungsbedingungen, z. B. vorwiegend einseitigem Wärmeentzug — starke Zugeigenspannungen, und zwar Längs-, Radial- und Tangentialspannungen. Die Größe dieser Spannungen hängt unter anderem wesentlich ab von der Temperaturdifferenz zwischen der Temperatur beendeter Erstarrung und der Konvergenztemperatur sowie dem Unterschied des Ausdehnungsbestrebens zwischen Stützschale und Ausgußschicht. Es leuchtet

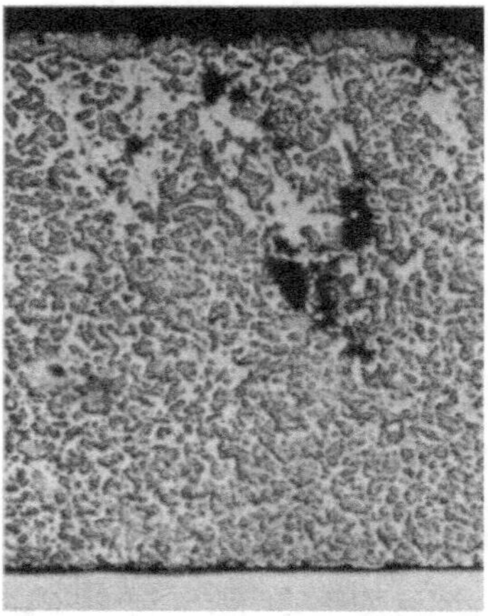

Abb. 289. Weißmetall-Lager auf Bronzeschale mit Schwindungslunker.

ohne weiteres ein, daß infolge des schädlichen Einflusses der Eigenspannungen in der Ausgußschicht alle Maßnahmen zu ihrer Verringerung für die Haltbarkeit von Bedeutung sind. Am vorteilhaftesten wäre es, wenn Lagerstützschale und Weißmetallausguß den gleichen thermischen Ausdehnungsbeiwert besäßen.

Die *vorzeitige* Zerstörung von Weißmetallausgüssen wird durch das Vorhandensein einer Anzahl von *Herstellungsfehlern* wesentlich begünstigt, auf deren wichtigste kurz eingegangen werden soll. Häufig vorkommende Fehler sind: Schwindungsrisse, Lunker, Seigerungen, Grobkörnigkeit, ungewollte Verunreinigungen, Bindungsfehler u. ä. So zeigt z. B. Abb. 287 einen Radialriß in einem Weißmetallausguß, der unter Last nach einiger Zeit ein Ausbröckeln größerer Weißmetallbezirke verursacht (Abb. 288). Sehr nachteilig sind endlich auch die in Abb. 289 gezeigten Schwindungslunker, die — infolge Kerbwirkung — örtliche Spannungsspitzen verursachen und damit frühzeitige Zerstörung herbeiführen können. In Abb. 290 ist schließlich noch eine Lagerschale nach

R. W. DAYTON[1] wiedergegeben, bei der die Zerstörung der Lauffläche durch eingebettete Gußeisenteilchen verursacht wurde. Von großer Wichtigkeit ist schließlich auch die Bindungsfestigkeit zwischen Weißmetall und Stützschale, die mikroskopisch oder technologisch mittels einer besonderen Meißel- oder Verwinde- bzw. Aufbiegeprobe[2] geprüft wird. Gegenüber diesen Verfahren, die eine Zerstörung der Lagerschale notwendig machen, ist die röntgenographische Durchleuchtung zur Sichtbarmachung von Rissen und Bindungsfehlern im Vorteil.

Praktisch wird eine gute Bindung dadurch erzielt, daß man die gereinigte Stützschale zunächst mit einer dünnen Zinnschicht versieht

Abb. 290. Durch eingegossene Eisenteilchen frühzeitig zerstörte Lauffläche eines Weißmetall-Ausgusses. (Nach DAYTON.)

und dann im Kokillen- oder Schleuderguß das Weißmetall aufbringt. Die bleireichen Weißmetalle bereiten der Erzielung einer guten Bindung wegen ihrer stärkeren Neigung zur Oxydation größere Schwierigkeiten. Nach E. WOOD[3] beeinflußt das Auftreten von Eisen-Zinn-Verbindungen die Bindung nicht nachteilig; wesentlich schädlicher soll sich dagegen eine Ansammlung von Cu_2Sn-Kristallen in der Nähe der Trennfuge verhalten. WOOD gibt zur Erreichung einer guten Bindung Stählen mit geringem C- und Mn-Gehalt den Vorzug.

7. Zusammenfassung.

In den vorstehenden Ausführungen über die wichtigsten metallurgischen und mechanischen Eigenschaften der bisher weitest verbreiteten Lagermetalle auf Zinn- und Blei-Zinn-Basis ist gezeigt worden, bis zu welchem Maße Forschung und praktische Erprobung in das Wesen

---

[1] DAYTON, R. W.: Metals & Alloys Bd. 9 (1938) Nr. 9, S. 211.

[2] Frhr. v. GÖLER und R. WEBER: Jahrbuch 1937 der Deutschen Luftfahrtforschung, Bd. 2, S. 217.

[3] WOOD, E.: Met. Ind. (London) Bd. 52 (1938) Nr. 22 S. 569.

dieser Lagerlegierungen eingedrungen sind. Trotzdem noch viele Sonderfragen offen bleiben müssen, die zu einem weiteren Studium dieser Legierungen auffordern, kann doch abschließend festgestellt werden, daß man weder durch weitere legierungstechnische noch sonstige konstruktive Maßnahmen wesentlich über das bisher Erreichte herauskommen wird. Die Entwicklung scheint daher trotz aller Bemühungen, die namentlich in England zu Verbesserungen der Weißmetalle in den letzten Jahren unternommen wurden, zu einem gewissen Abschluß gekommen zu sein.

Wenn damit auch die Weißmetalle für *höchste* Beanspruchungen heute nicht mehr ausreichen, so muß demgegenüber doch festgestellt werden, daß sie für viele Fälle mit geringeren Anforderungen nicht zu entbehren sind, und besonders die billigeren Blei-Zinn-Lagermetalle und die in den Umstellnormen genannten Lagerlegierungen wegen ihrer guten Laufeigenschaften sich in vielen Fällen von selbst empfehlen.

C. Gehärtete Bleilagermetalle.

Von Dr.-Ing. **Frhr. F. K. v. Göler** und Dipl.-Ing. **R. Weber**,
Frankfurt a. M.

Mit 28 Abbildungen.

1. Einleitung.

Eine Sonderstellung nehmen unter den Bleilagermetallen die mit Alkali- und Erdalkalimetallen gehärteten Bleilegierungen ein. Sie werden kurz als gehärtete Bleilagermetalle bezeichnet[1]. Von gelegentlichen früheren Vorschlägen abgesehen, hat ihre Entwicklung begonnen, als während des Weltkrieges in verschiedenen Staaten Schwierigkeiten in der Zinn- und Antimonbeschaffung auftraten. Sie wurden vor allem in Deutschland, bedingt durch die besonders schwierige Rohstofflage, auch nach dem Kriege weitgehend angewendet. Dies ist in erster Linie ein Verdienst der Deutschen Reichsbahn[2]. Es würde weit über den Rahmen der vorliegenden Arbeit hinausführen, die Namen aller beteiligten Forscher und Techniker zu nennen und die nahezu 100 Patente, die auf diesem Gebiet angemeldet worden sind, aufzuführen. In Zahlentafel 53 sind nur die wichtigsten Legierungstypen, die im Laufe der Jahre in mehr oder weniger großem Maße zur Anwendung gelangten, zusammengestellt.

Von diesen Legierungen haben sich einige wenige in ganz großem Umfange durchsetzen können. In Deutschland wird das „Bn-Metall"[3] vor allem als das Lagermetall für die Güter- und Personenwagen der Deutschen Reichsbahn verwendet. In gewissem Umfang scheint Satco in den Vereinigten Staaten Anwendung zu finden. Die anderen genannten Metalle sind zum Teil im Laufe der Jahre durch bessere Legierungen ersetzt worden, so wie das Bn-Metall an die Stelle des Lurgi-Metalls und des Can-Metalls getreten ist, oder sie sind auf ein enges Anwendungsgebiet beschränkt geblieben.

Es gibt zwar eine Menge von Veröffentlichungen über die gehärteten Bleilagermetalle, jedoch sind wirklich faßbare Angaben über die genaue

[1] Der Kürze halber seien von den in der vorliegenden Arbeit zum Vergleich herangezogenen Lagermetallen die Bleilegierungen mit Zusätzen von Antimon, Zinn, Kupfer usw. (z. B. WM 10) als Blei-Antimonlagermetalle, die Zinnlegierungen mit Zusätzen von Antimon, Kupfer usw. (z. B. WM 80) als Zinnlagermetalle bezeichnet.

[2] Lindermayer: Das deutsche Eisenbahnwesen der Gegenwart, Berlin 1923. Bd. 1, S. 278—288. — Glasers Ann. Bd. 116 (1935) S. 35—42, 43—50.

[3] Bn-Metall ist das von der Metallgesellschaft AG. und von Schaefer & Schael nach DRP. 518 395 hergestellte, auch unter dem Namen Bahnmetall bekannte Lagermetall.

Zahlentafel 53. Zusammensetzung gehärteter Bleilagermetalle.

Entwicklungsjahr	Bezeichnung	Hersteller	Zusammensetzung in Gew.-%											
			Pb	Ca	Mg	Ba	Sr	Na	K	Li	Sn	Cu	Hg	Al	
1905	Noheet[1, 2]		98,5					1,3			0,08				
1915	Kalziumlagermetall[3]	Schaefer & Schael	92,1	2,75							2	2			1,2 Cd
1915	Frary- oder Ulco-Metall[4]	United Lead Co.	97 bis 98	< 1 0,70 0,43		< 2 1,70 1,36		0,05			0,18	0,1	0,25[5] 0,33[6] 0,24[7]		
1916	Lurgi-Metall[8, 3]	Metall-Gesellsch.	96,5	0,4		2,8		0,3							
1917	Thyssen-Lagermetall[9]		96		1,5 bis 2			0,2 bis 0,3							1—3 Zn
1917	Weißbronze-Feldgrau[10]		98,5					1,5							
1920	Can-Metall (Kalziummetall neu)[8, 3]	Schaefer & Schael	94,9	1,75		1	1					1,5			
1925	Bn-Metall[7] (Bahnmetall)	Met.-Gesellsch. u. Schaefer & Schael	98,6	0,69				0,62		0,04				0,02	
1926	Mathesius-Lagermetall[7]	Schaefer & Schael	98,5	0,65	0,22			0,6						0,08	
1930	Satco	National Lead Co.	98	0,5	0,075				0,04	0,04	1		0,25	0,05[11]	
			97,5 bis 98,2	0,11 bis 0,6	0,01 bis 0,08			0 bis 0,007	0 bis 0,06	0 bis 0,06	1,0 bis 2,4		0 bis 0,25	0,008 bis 0,05	[12]
			95,9	0,62	0,15			0,54			2,56			[14]	
1934	Union-Lagermetall[10]		98,3	0,2	1,5										

Zusammensetzung und die Eigenschaften der Legierungen dürftig.

Wenn daher in den nachstehenden Ausführungen das Bn-Metall an erster Stelle steht, so rührt dies nicht nur daher, daß den Verfassern hierfür auch bisher unveröffentlichtes Material zur Verfügung stand[1], sondern es ist gleichzeitig eine Folge davon, daß es sich bei Bn-Metall um die weitaus wichtigste und deshalb auch am gründlichsten untersuchte Legierung handelt.

2. Gefüge.

Für die Gefügebeurteilung sei zunächst auf die Zustandsdiagramme der binären Legierungen des Bleies verwiesen[2, 3, 4], die in Abb. 291 bis 293 für die wichtigsten Zusätze an Alkali- und Erd-

[1] Es handelt sich hierbei um Versuchsergebnisse aus dem Metall-Laboratorium der Metallgesellschaft. Die Verfasser sind der Metallgesellschaft für die Genehmigung zur Veröffentlichung zu Dank verpflichtet, ebenso den Herren W. Brasch, E. Henkel, W. Jung-König, E. Koch, W. Linicus und E. Schmid, von denen wertvolle Anregungen und ein Teil der in Frage kommenden Versuchsergebnisse stammen.

[2] Grube, G. u. A. Dietrich: Z. Elektrochem. Bd. 44 (1938) S. 755—767.

[3] Hansen, M.: Der Aufbau der Zweistofflegierungen. Berlin 1936.

[4] Klaiber, H.: Z. Elektrochem. Bd. 42 (1936) S. 258—264.

[1] Corse, W. M.: Bearing Metals and Bearings, New York 1930 S. 208—209.

[2] Grant, L. E.: Metals & Alloys Bd. 5 (1934) S. 161—164, 191—194.

[3] Mathesius: Glasers Ann. Bd. 92 (1923) S. 163—170.

[4] Auf Grund eines Mißverständnisses im Schrifttum auch als Ferry-Metall bezeichnet.

[5] Cowan, W. A., L. D. Simpkins u. G. O. Hiers: Trans. Amer. electrochem. Soc. Bd. 40 (1921) S. 27—49. Auszug: Chem. metall. Engng. Bd. 25 (1921) S. 1181—1185.

[6] Herschman, H. K. u. J. L. Basil: Proc. Amer. Soc. Test. Mater. Bd. 32 (1932 II) S. 536—557.

[7] Eigene Analyse.

[8] Holtmeyer: Org. Fortschr. Eisenbahnw. Bd. 92 (1937) S. 349—358.

[9] Richards, E.: Metallbörse Bd. 24 (1934) S. 146.

[10] Schmidt, R.: Stahl u. Eisen Bd. 56 (1936) S. 228—231.

[11] Witte, F.: Z. Metallkde. Bd. 26 (1934) S. 69—70. Auch im Patentschrifttum angegebene Zusammensetzung.

[12] Die im Schrifttum (Fußnote 2, 11, 13) angegebenen und die durch eigene Analysen gefundenen Werte schwanken in diesem weiten Bereich. Witte erwähnt, daß es zwei Qualitäten gibt, Satco I mit 2,5% und Satco II mit 2% härtenden Bestandteilen.

[13] Karelitz, G. B. u. O. W. Ellis: Trans. Amer. Soc. mech. Engrs. Bd. 52 (1930) S. 87—99. Auszug: Met. Ind., Lond. Bd. 36 (1930) S. 197—201.

[14] Pichugin, I. V.: Dizelestroenie Bd. 7 (1936) S. 11—21 (russ.). Ref. M. A. Inst. Met. Bd. 3 (1936) S. 519—520. Da diese Analyse weit von allen anderen abweicht und da die Herkunft der Legierung nicht bekannt ist, sind die Werte gesondert aufgeführt.

alkalimetallen wiedergegeben sind. Für die anderen wichtigen Zusätze sind die interessierenden Daten in Zahlentafel 54 zusammengestellt. In dem gemäß Zahlentafel 53 praktisch vorkommenden Bereich bilden also nur Kalzium und Strontium primär zur Ausscheidung gelangende Kristallarten, während alle anderen Zusätze entweder in feste Lösung gehen oder eine eutektische Grundmasse bilden. Über die ternären und höheren Zustandsschaubilder ist fast gar nichts bekannt. Über das ternäre System Blei-Kalzium-Natrium liegt ein kurzer Bericht vor[1], aus dem hervorgeht, daß in dem in Frage kommenden Zusammensetzungsbereich die oberen Schmelzpunkte durch den Kalziumgehalt bestimmt werden, während die unteren dem des Blei-Natrium-Eutektikums entsprechen dürften. Den Gefügeaufbau bestim-

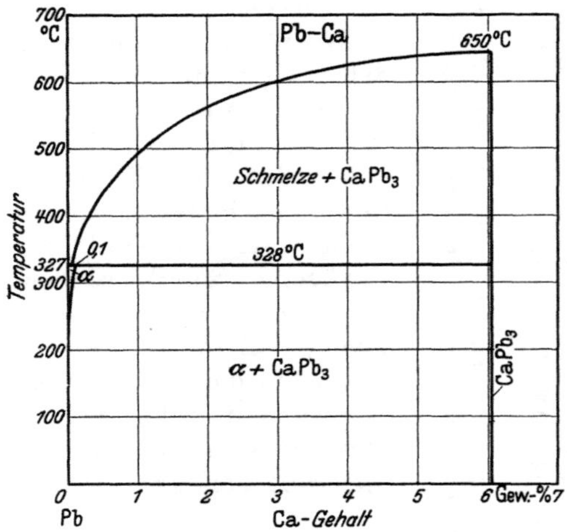

Abb. 291. Bleiseite des Zustandsschaubildes Blei-Kalzium. (Nach Schumacher und Bouton[2]).

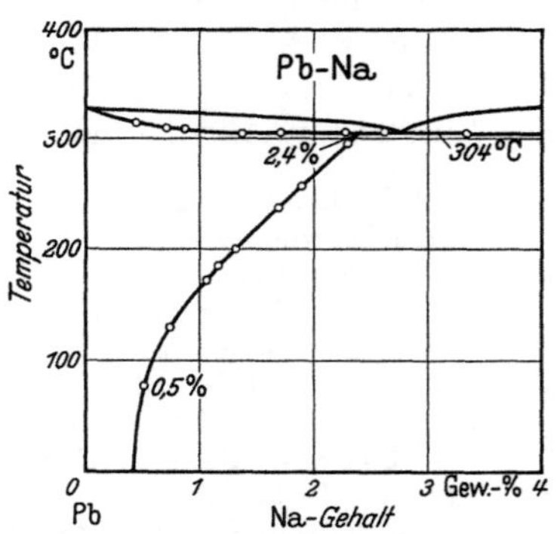

Abb. 292. Bleiseite des Zustandsschaubildes Blei-Natrium. (Nach Klaiber[3].)

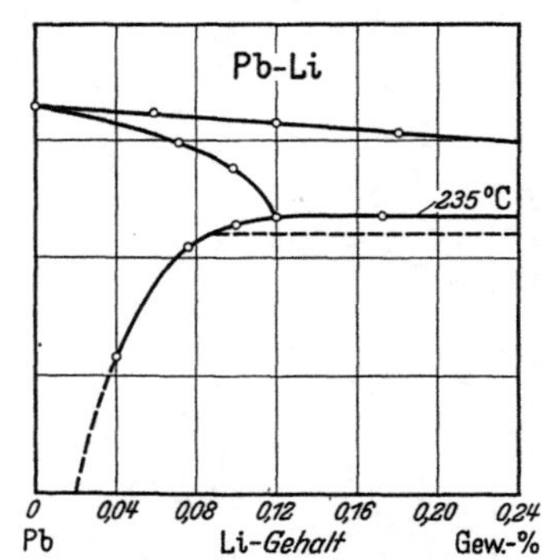

Abb. 293. Bleiseite des Zustandsschaubildes Blei-Lithium. (Nach Grube und Dietrich[4].)

men die gleichen Phasen ($CaPb_3$ und β-Blei-Natrium), wie sie in den binären Diagrammen auftreten. Das Auftreten der Blei-Kalzium- bzw.

[1] Ageew, N. W.: Met. Ind., Lond. Bd. 50 (1937) S. 4—6.
[2] Hansen, M.: Der Aufbau der Zweistofflegierungen. Berlin 1936.
[3] Klaiber, H.: Z. Elektrochem. Bd. 42 (1936) S. 258—264.
[4] Grube, G. u. A. Dietrich: Z. Elektrochem. Bd. 44 (1938) S. 755—767.

Zahlentafel 54. Gefügeverhältnisse bei den wichtigsten binären Bleilegierungen.

Zusatz	Löslichkeit %	Eutektikum Zusammensetzung %	Eutektikum Temperatur °C	Nächste Kristallart
Ba	0,1—0,5	6,2	293	$BaPb_3$
Ca	0,01—0,1	Diagr. vgl. Abb. 291		$CaPb_3$
Mg	0,2—0,7	2,5	250	Mg_2Pb
Sr	nicht bekannt	peritektisch, ähnlich wie bei Ca		$SrPb_3$
Na	0,5—2,4	2,5	304	β-Phase, 95% Pb
Li	0,02—0,12	0,65	235	Li_2Pb
K	nicht bekannt	1,9	277	KPb_4

Blei-Strontium-Tragkristalle scheint jedenfalls durch die anderen Zusätze nicht wesentlich beeinflußt zu werden. Auch die gelegentlich zugesetzten Schwermetalle wie Zinn, Kadmium und Quecksilber scheinen in der

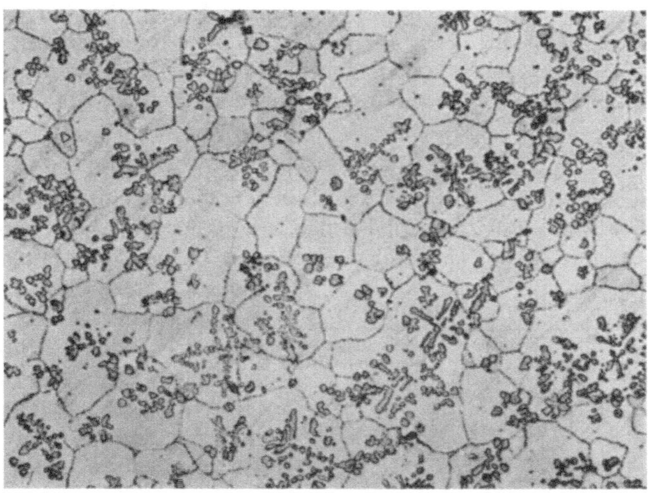

Abb. 294. Gefüge von Bahnmetall geätzt mit 1%iger alkoholischer Salpetersäure. 200×.

Grundmasse zu verschwinden und den Gefügeaufbau nicht zu verändern. Nur das Kupfer, das im Can-Metall vorkommt, soll in der Legierung in Form der Verbindung Cu_4Ca auftreten[1].

Auf alle wichtigeren Legierungen der Zahlentafel 53 paßt also durchaus die Hypothese, daß ein gutes Lagermetall harte Tragkristalle in einer weicheren, aber nicht zu nachgiebigen Grundmasse haben müsse. Als

[1] Mathesius: Glasers Ann. Bd. 92 (1923) S. 163—170.

Beispiel sei in Abb. 294 ein Gefügebild von Bn-Metall mit harten Pb_3Ca-Kristallen in der durch Natrium und Lithium gehärteten Grundmasse gegeben.

3. Schmelzen und Gießen.

a) Herstellung der Legierungen.

Die Legierungen nehmen hinsichtlich ihrer Herstellung eine Sonderstellung ein, da die Einführung der Zusätze, wenigstens teilweise, nicht nach einer der üblichen legierungstechnischen Methoden erfolgt. Vielmehr gibt es eine Reihe von Verfahren, um die Erdalkali- und Alkalimetalle durch chemische Umsetzungen einer ihre Verbindungen enthaltenden, geschmolzenen Schlacke mit Blei oder durch Elektrolyse geschmolzener Salzgemische über einer Bleikathode einzulegieren. Insbesondere erfolgt die Einführung des Kalziums zweckmäßig auf diese Weise, da das Einlegieren metallischen Kalziums in Blei infolge seines hohen Schmelzpunktes mit Ausbrandverlusten von mindestens 20% verbunden zu sein pflegt. Die Alkalimetalle werden teilweise metallisch einlegiert. Auch hierbei sind aber gewisse Kunstgriffe zu beachten, um Verluste zu vermeiden. Es ist daher unbedingt ratsam, die gehärteten Bleilagermetalle von den mit diesen Verfahren vertrauten und entsprechend eingerichteten Hütten zu beziehen.

b) Erstarrungsintervall.

Die Schmelzintervalle liegen bei diesen Legierungen durchweg höher als bei den Zinn- und den Blei-Antimonlagermetallen. Da die Menge der Zusätze nur gering ist, sind auch in den Legierungen mit drei und mehr Zusätzen die Grenzen der Schmelzintervalle im wesentlichen bestimmt durch den höchsten oberen und den niedrigsten unteren Schmelzpunkt in den entsprechenden binären Diagrammen[1]. Der untere Schmelzpunkt ist gegenüber dem Bleischmelzpunkt nur wenig herabgesetzt, entsprechend der hohen Lage der in Frage kommenden eutektischen Temperaturen. Der obere Schmelzpunkt wird durch die sich schon früh ausscheidenden Pb_3Ca- bzw. Pb_3Sr-Kristalle in die Höhe gedrückt. Infolgedessen muß die Gießtemperatur ebenfalls höher gewählt werden. Zahlentafel 55 gibt die Schmelzintervalle der wichtigsten Legierungen.

Zahlentafel 55. Schmelzintervalle.

Legierung	Schmelzintervalle °C	Empfohlene Gießtemperatur °C
Bn-Metall . . .	312—425	500—550
Satco	295—420	565
Frary-Metall . .	284—440	450
Can-Metall . . .	290—600	650
Lurgi-Metall . .	290—400	425—475

[1] Für Blei-Kalzium-Natrium bestätigt dies z. B. N. W. Ageew: Met. Ind., Lond. Bd. 50 (1937) S. 4—6.

Verwiesen sei auch auf die Angaben von SLAWINSKI[1] über die von ihm untersuchten Legierungen (vgl. S. 391). Zahlentafel 55 enthält auch die von den Herstellern empfohlenen durchschnittlichen Gießtemperaturen. Je nach den Abmessungen der Lagerschale und der Wahl der Kokille werden aber die Gießtemperaturen geändert werden müssen.

c) Schmelzbehandlung.

Die Neigung der Zusätze zum Ausbrennen und des Kalziums zum Ausseigern macht gewisse Vorsichtsmaßnahmen notwendig[2, 3, 4]. Ausseigern kann erfolgen, wenn kalziumhaltiges Lagermetall längere Zeit unterhalb 400° gehalten wird. Bei diesen Temperaturen beginnt nach dem Zustandsdiagramm die Verbindung Pb_3Ca bereits zu erstarren. Sie steigt an die Oberfläche und wird von Unkundigen häufig als Krätze abgeschöpft.

Bei Überhitzung der Metalle können dagegen erhöhte Verluste durch Verkrätzung und Ausbrand eintreten. Es beruht dies einerseits darauf, daß die Verkrätzung des Bleies durch die in Frage kommenden Zusätze gefördert wird, andererseits darauf, daß die Alkali- und Erdalkalimetalle infolge ihrer chemischen Affinität zum Sauerstoff und teilweise auch zum Stickstoff bevorzugt in die Krätze gehen[5]. Man wird daher auf folgende Gesichtspunkte beim Schmelzen achten müssen[6].

Man schmilzt in Öfen, die eine schnelle Erhitzung ermöglichen. Die Tiegel sollen tief sein, also eine verhältnismäßig kleine, freie Oberfläche haben. Es soll auch nicht mehr Metall als schnell verarbeitet werden kann, eingeschmolzen werden. Beschrieben werden geeignete Öfen z. B. von CZOCHRALSKI und WELTER[3], MÜLLER[4], SCHULZE und VOGT[2]. Beim Einschmelzen ist die Bildung größerer Oberflächen dadurch zu vermeiden, daß man durch Einschmelzen einer kleineren Menge Lagermetalls zunächst einen Sumpf bildet und in diesen die anderen Blöcke einträgt[3]. Mit der Temperatur darf man auf keinen Fall zu hoch gehen, für Bn-Metall z. B. nicht über 600°.

Man kann die Schmelze gegen Ausbrand durch einen eisernen Deckel oder eine Decke aus Sand oder Holzkohle[7, 3] schützen, wobei auf unbedingte Trockenheit des Abdeckmittels zu achten ist. Die Abb. 295 zeigt für Lurgi-Metall die Schutzwirkung von Holzkohle. Sie läßt aber

---

[1] SLAWINSKI, N. P., A. V. SHASHIN u. N. A. FILIN: Metallurg Bd. 3 (1935) S. 66—81 (russ.). Ref. M. A. Inst. Met. Bd. 2 (1935) S. 576.

[2] SCHULZE, E. u. VOGT: Verkehrstechnik Bd. 3 (1922) S. 577—580 u. 585—589.

[3] CZOCHRALSKI, J.: Z. Metallkde. Bd. 12 (1920) S. 371—403. — CZOCHRALSKI, J. u. G. WELTER: Lagermetalle und ihre technologische Bewertung. Berlin: Julius Springer 1924.

[4] MÜLLER, H.: Z. VDI Bd. 72 (1928) S. 879—884.

[5] GÖLER, Frhr. v.: Gießerei Bd. 25 (1938) S. 242—247.

[6] Metallgesellschaft AG., Prospekte sowie Verarbeitungs- und Gießvorschrift für Bahnmetall.

[7] MATHESIUS: Glasers Ann. Bd. 92 (1923) S. 163—170.

auch erkennen, daß bei feuchter Holzkohle der Ausbrand schneller erfolgt als ohne Schutzdecke. Interessant ist an der Abbildung, daß nach Kurve *a* auch ohne jeden Schutz innerhalb der ersten 2 Stunden die Härte nicht beeinträchtigt wird, ein gefährlicher Ausbrand also nicht erfolgt.

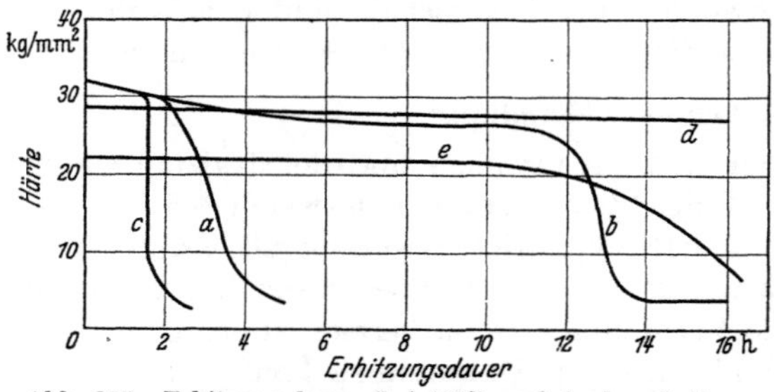

Abb. 295. Erhitzungsdauer (bei 400°) und Ausbrand für verschiedene Lagermetalle. *a* Lurgi-Metall ohne Schutzschicht, *b* Lurgi-Metall unter Holzkohle, *c* Lurgi-Metall unter feuchter Holzkohle, *d* Weißmetall ohne Schutzschicht. *e* Einheitsmetall ohne Schutzschicht. (Nach CZOCHRALSKI und WELTER[2].)

Eingehende Ausbrandversuche an Legierungen mit etwa 0,9% Ca und 0,6% Na hat SLAWINSKI[1] durchgeführt. Zahlentafel 56 gibt einige seiner Ergebnisse wieder. Danach konnte auch er die gute Schutzwirkung von Holzkohle bestätigen. Ferner hat sich ein Gemisch von gleichen Teilen (auf das Molekulargewicht bezogen) $CaCl_2$ und NaCl als Schutzdecke gut bewährt. Dieses Salzgemisch hat nur den Nachteil, daß es wegen seines hohen Schmelzpunktes erst von 650° ab zu verwenden ist. Bei der Verwendung anderer Salze oder Salzgemische erfolgten Reaktionen zwischen der Schmelze und der Salzdecke, die stets erhebliche Veränderungen in der Zusammensetzung der Legierung bzw. die Einführung weiterer Metalle zur Folge hatten.

Zahlentafel 56. Ausbrand beim Schmelzen von Pb-Ca-Na-Legierungen nach SLAWINSKI.

Behandlung		Schutzdecke	Zusammensetzung in %	
			Ca	Na
Anlieferung		—	0,87	0,59
550° C	15 min	keine	0,69	0,11
550° C	15 „	Holzkohle	0,84	0,57
550° C	60 min	keine	0,13	0,21
550° C	60 „	Holzkohle	0,65	0,55
700° C	15 min	keine	Spuren	0,42
700° C	15 „	Holzkohle	0,80	0,57
700° C	15 „	NaCl + $CaCl_2$	0,79	0,53
700° C	60 min	keine	Spuren	Spuren
700° C	60 „	Holzkohle	0,60	0,53
700° C	60 „	NaCl + $CaCl_2$	0,70	0,51

SLAWINSKI beobachtete bei seinen Legierungen stets, daß das Kalzium stärker ausbrannte als das Natrium. Das deckt sich auch mit eigenen Beobachtungen an Bn-Metall.

[1] SLAWINSKI, N. P., A. V. SHASHIN u. N. A. FILIN: Metallurg Bd. 3 (1935) S. 66—81 (russ.). Ref. M. A. Inst. Met. Bd. 2 (1935) S. 576.

[2] CZOCHRALSKI, J.: Z. Metallkde. Bd. 12 (1920) S. 371—403. — CZOCHRALSKI, J. u. G. WELTER: Lagermetalle und ihre technologische Bewertung. Berlin: Julius Springer 1924.

Schon von Frary-Metall wird erwähnt[1, 2], daß kleine nicht genannte Zusätze die Ausbrandgefahr erheblich herabsetzen. Ein solcher Zusatz ist das Aluminium[3, 4]. Daher werden bei der Herstellung des Bn-Metalls 0,2% Al gesteckt. In der fertigen Legierung befinden sich nur noch einige Hundertstel Prozent.

Es ist aber auch zu beachten, daß manche Metalle, wie Antimon, Wismut und Tellur zu erheblichen Verlusten an härtenden Bestandteilen führen können, weil sie mit ihnen hochschmelzende Verbindungen bilden, die aus der Schmelze ausseigern können. Deshalb sind Verunreinigungen mit antimonhaltigen Zinn- und Bleilagermetallen sorgfältig zu vermeiden. Aus dem gleichen Grunde ist der zulässige Wismutgehalt in Blei, das für Bn-Metall Verwendung finden soll, auf 0,02% festgelegt worden.

d) Altmaterial.

Altmaterial in größeren Stücken kann in Mengen bis zu 30% [5, 6] der Schmelze wieder zugesetzt werden, wenn man sicher ist, daß es sich um die gleiche, nicht verunreinigte Legierung handelt. Kleinstückiges Altmaterial, vor allem Späne, darf dagegen nicht mehr verwendet werden, da es seine härtenden Bestandteile entweder durch Oxydation bei zu langem Lagern oder durch Ausbrand beim Schmelzen verliert. Alles nicht ganz einwandfreie Altmaterial muß der Hütte wieder zugeführt werden[7].

e) Bindung.

Bei den Anwendungen des Bn-Metalls handelt es sich im allgemeinen um verhältnismäßig große Lagerschalen mit dicken Ausgüssen. Hierbei werden die Lagerschalen mit Schwalbenschwanznuten versehen, so daß der Ausguß durch mechanische Verklammerung befestigt ist. Derartige Schalenformen sind verschiedentlich beschrieben worden[8, 9, 5, 10]. Auch an der Schale befestigte Skelette aus durchlochtem Eisenblech[11, 5] oder Messingdraht[9] werden erwähnt.

[1] COWAN, W. A., L. D. SIMPKINS u. G. O. HIERS: Trans. electrochem. Soc. Bd. 40 (1921) S. 27—49. Auszug: Chem. metall. Engng. Bd. 25 (1921) S. 1181—1185.

[2] FRARY, F. C. u. S. N. TEMPLE: Chem. metall. Engng. Bd. 19 (1918) S. 523 bis 524.

[3] KIRSEBOM, G. N.: Metal Ind. London Bd. 47 (1935) S. 165.

[4] GRANT, L. E.: Metals & Alloys Bd. 5 (1934) S. 161—164, 191—195.

[5] CZOCHRALSKI, J.: Z. Metallkde. Bd. 12 (1920) S. 371—403. — CZOCHRALSKI, J. u. G. WELTER: Lagermetalle und ihre technologische Bewertung. Berlin: Julius Springer 1924.

[6] BRASCH, W.: Techn. Zbl. prakt. Metallbearb. Bd. 46 (1936) S. 452, 454, 456, 458.

[7] HAAS, PH.: Glasers Ann. Bd. 116 (1935) S. 77—85, 87—92.

[8] MÜLLER, H.: Glasers Ann. Sonderheft 1927 S. 279—291.

[9] MÜLLER, H.: Z. VDI Bd. 72 (1928) S. 879—884.

[10] Metallgesellschaft AG., Prospekte sowie Verarbeitungs- und Gießvorschrift für Bn-Metall.

[11] KÜHNEL, R.: Gießerei Bd. 15 (1928) S. 441—446.

Ebensogut können die gehärteten Bleilagermetalle aber auch in dünnen Ausgüssen vergossen und durch Löten an der Stützschale befestigt werden[1]. Als Lot können die üblichen Blei-Zinnlegierungen verwendet werden. Wird Wert auf besonders gute Haltfestigkeit gelegt oder wird die Stützschale vom Lot schlecht benetzt, wie dies z. B. bei Gußeisen gelegentlich der Fall ist, so bringen Blei-Zinnlote mit 5—10% Zinkzusatz oder eutektische Kadmium-Zinklegierungen (15—30% Zink) gute Erfolge. Die Reinigung und Vorbereitung der Lagerschale erfolgt in üblicher Weise.

f) Kokillenguß.

Zum Ausgießen werden die Schalen in Kokillen eingesetzt, und zwar sind Kokillen für steigenden Guß, bei denen in den Eingußkanälen Aussparungen zum Abfangen von Schlacken und Schaum vorgesehen sind, vorzuziehen[2].

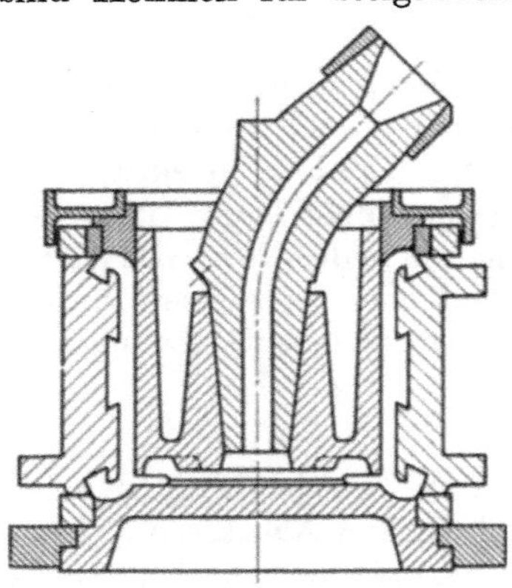

Abb. 296. Kokille zum Ausgießen von Lagerschalen mit Bn-Metall. 1/6 nat. Größe.

Wie allgemein beim Gießen üblich, soll auch bei den gehärteten Bleilagermetallen die Schmelze in einem dicken ruhigen Strahl aus möglichst geringer Höhe ausfließen, nachdem Krätze und Abdeckmittel sorgfältig abgezogen worden sind.

Da sich dieser Lagermetalltyp, wenigstens das Bn-Metall, von allen anderen Lagerlegierungen dadurch unterscheidet, daß bei einwandfreier Oberflächenbeschaffenheit von Welle und Lager die Gußhaut ohne weitere Nachbearbeitung einzulaufen vermag, ist für solche Zwecke auf sehr genaues Einpassen der Lagerschale in die Kokille und gute Bearbeitung des Kerns zu achten (sog. Genaugußverfahren[3], vgl. S. 401/402).

Abb. 296 zeigt eine Kokille, wie sie für große Eisenbahnlager entwickelt wurde, nach Müller[4]. Der Einguß ist gebogen, damit das Metall ruhig einfließen kann. Dabei sind vor dem Guß die Schalen und die Kokille anzuwärmen. Die zweckmäßigen Temperaturen richten sich durchaus nach den Abmessungen der Lager, so daß nur allgemeine Regeln gegeben werden können. Entsprechend dem höheren Schmelz-

[1] Brasch, W.: Techn. Zbl. prakt. Metallbearb. Bd. 46 (1936) S. 452, 454, 456, 458.

[2] Czochralski, J.: Z. Metallkde. Bd. 12 (1920) S. 371—403. — Czochralski, J. u. G. Welter: Lagermetalle und ihre technologische Bewertung. Berlin: Julius Springer 1924.

[3] Garbers: Org. Fortschr. Eisenbahnw. Bd. 91 (1936) S. 293—312.

[4] Müller, H.: Z. VDI Bd. 72 (1928) S. 879—884.

punkt müssen Gieß- und Kokillentemperatur auch höher gewählt werden als bei den Zinn- und Blei-Antimonlagermetallen. Es ist zu beachten, daß bei gehärteten Bleilagermetallen das Formfüllungsvermögen durch Steigerung der Gießtemperatur nur wenig verbessert werden kann, während es mit steigender Kokillentemperatur erheblich zunimmt[1, 2]. Auch um Ausbrand und Schlackenbildung zu vermeiden, arbeitet man zweckmäßig mit möglichst heißer Kokille und möglichst niedriger Gießtemperatur.

MÜLLER hat für das Ausgießen der in Abb. 296 gezeigten Kokille und Schale mit Bn-Metall folgende Hinweise gegeben: Die Grundplattentemperatur soll etwa 320° betragen, sie entspricht also der Erstarrungstemperatur. Wird die Grundplatte kälter gehalten, so wird das Metall zu schnell abgekühlt und füllt die Form nicht voll aus. Außerdem kann kein Material aus dem Einguß nachgesaugt werden, so daß Lunker entstehen. Wird die Grundplatte zu stark erhitzt, so macht die Dichtung Schwierigkeiten und das Metall läuft durch die vorhandenen Ritzen fort. Die Schalentemperatur gibt er zu 250—260° an. Der Kern soll auf 100° erhitzt werden.

g) Schwindung.

Die genaue Abstimmung dieser Temperaturverhältnisse ist nicht nur wichtig zur Erzielung eines dichten, einwandfreien Gusses, sie wirkt sich auch günstig aus in einer Verringerung des Schwindunterschiedes zwischen Schale und Ausguß. Das Auftreten von inneren Spannungen und unter Umständen von Rissen wird dadurch vermieden. Einen Höchstwert für das Schwindmaß kann man bekanntlich durch Multiplikation des Ausdehnungskoeffizienten mit dem Temperaturintervall zwischen Raumtemperatur und Erstarrungstemperatur berechnen. Infolge des hohen Ausdehnungskoeffizienten (vgl. S. 389) und der hohen Erstarrungstemperatur ergeben sich nach dieser Berechnungsart Schwindmaße von 0,95 bis 1,08%[3, 4]. Die bei den üblichen Gießanordnungen gemessenen Schwindungen sind bekanntlich wesentlich kleiner. So wurde für Bn-Metall nach dem Verfahren des staatlichen Materialprüfungsamtes (vgl. S. 74/75) das Schwindmaß zu 0,76% bestimmt. MÜLLER[4] hat nun in einer Versuchsanordnung, die sich von der in Abb. 296 gezeigten Kokille nur dadurch unterschied, daß an Stelle der Lagerschale ein Rotgußzylinder eingesetzt wurde, die Abhängigkeit des Schwindunterschiedes zwischen Ausguß und Lagerschale bzw. Rotgußzylinder studiert. Er fand, daß

---

[1] GÖLER, Frhr. v.: Gießerei Bd. 25 (1938) S. 242—247.

[2] SLAWINSKI, N. P., A. V. SHASHIN u. N. A. FILIN: Metallurg. Bd. 3 (1935) S. 66—81 (russ.). Ref. M. A. Inst. Met. Bd. 2 (1935) S. 576.

[3] CZOCHRALSKI, J.: Z. Metallkde. Bd. 12 (1920) S. 371—403. — CZOCHRALSKI, J. u. G. WELTER: Lagermetalle und ihre technologische Bewertung. Berlin: Julius Springer 1924.

[4] MÜLLER, H.: Z. VDI Bd. 72 (1928) S. 879—884.

bei Einhaltung der oben gegebenen Temperaturen der Schwindunterschied nur 0,26 mm betrug[1]. Dies ist also nur ein Bruchteil der oben angegebenen Schwindmaße. Wurde dagegen bei den Versuchen, bei sonst gleichen Bedingungen, die Schalentemperatur zu 120° statt zu 250° angesetzt, so ergab sich ein Schwindunterschied von 0,48 mm. Die Versuche lassen die große Bedeutung einer richtigen Wahl der Gießbedingungen klar erkennen. Die zweckmäßigen Gießbedingungen für andere Lagerabmessungen wird man an Hand der Überlegungen, wie sie sich aus dem geschilderten Einzelfall ergeben, durch wenige Versuche feststellen können.

Die Abkühlung der Lager nach dem Erstarren soll nicht zu schnell erfolgen, damit die trotzdem noch auftretenden Wärmespannungen sich ausgleichen können.

h) Schleuderguß.

Ausgüsse aus den gehärteten Bleilagermetallen lassen sich auch im Schleuderguß herstellen. Wegen der großen Dichteunterschiede zwischen den einzelnen Legierungsbestandteilen muß aber die Einhaltung der richtigen Gießbedingungen (niedrige Umdrehungszahl, schnelle Erstarrung) sehr sorgfältig überwacht werden.

i) Umschmelzen.

Die Legierungen sind zwar nicht beliebig oft, aber doch weitgehend umschmelzbar. Selbstverständlich müssen dabei die für das Schmelzen gegebenen Regeln Beachtung finden.

So hat Graebing[2] Laufversuche durchgeführt, bei denen das Bn-metall 17mal aus Lagerschalen ausgeschmolzen und wieder eingegossen wurde. Bei den mit 40 kg/cm² und 2,4 m/s durchgeführten Einlaufversuchen war bis zum Schluß keine Verschlechterung des Laufverhaltens zu beobachten. Die zum Vergleich geprüften Blei-Antimon-Lagermetalle erlaubten 14—19 Umschmelzungen, verhielten sich also nicht günstiger.

k) Die in diesem Kapitel beschriebenen schmelz- und gießtechnischen Maßnahmen

sind auch bei anderen Lagerlegierungen bekannt und üblich. Bei den gehärteten Bleilagermetallen muß aber auf ihre sorgfältige Beachtung Wert gelegt werden. Es lassen sich dann, wie jahrelange Betriebserfahrung gezeigt hat, vollkommen einwandfreie Lagerausgüsse herstellen.

---

[1] Die genauen Abmessungen sind in dieser Arbeit leider nicht angegeben worden. Die Höhe dürfte aber etwa 100 mm betragen haben, so daß Millimeter und Prozente annähernd gleichgesetzt werden können.

[2] Graebing, A.: Braunkohle Bd. 35 (1936) S. 613—618.

4. Mechanische Eigenschaften.

a) Die mechanischen Eigenschaften der gehärteten Bleilagermetalle

sind erfahrungsgemäß stark von den Gieß- und Abkühlungsbedingungen abhängig, worüber allerdings systematische Untersuchungen kaum vorzuliegen scheinen. Ferner ist zu beachten, daß sie wie alle Bleilegierungen bei Raumtemperatur nicht stabil sind und daß man daher nach dem Gießen oder einer Wärmebehandlung 3 bis 6 Tage bis zur Messung warten soll, damit die Veränderungen der mechanischen Eigenschaften im wesentlichen abgeschlossen sind.

Nachstehend sind zunächst (Abschnitt b bis e) die mechanischen Werte angegeben, wie sie an ausgelagerten Proben gefunden werden, die unter ähnlichen Bedingungen gegossen wurden, wie ein durchschnittlicher Lagerausguß. In einem weiteren Abschnitt (f) werden dann einige Angaben über den Einfluß der Gießbedingungen, von Wärmebehandlungen und des Lagerns bei Raumtemperatur gemacht.

b) Binäre Legierungen.

Abb. 297 gibt für eine Reihe binärer Bleilegierungen den Einfluß wachsender Zusätze auf die Härte wieder. Den steilsten Anstieg zeigen

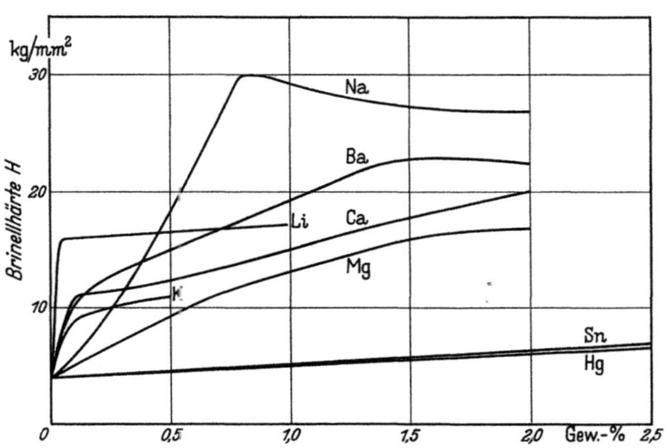

Abb. 297. Härte gegossener binärer Bleilegierungen. Na, Mg, Sn und Hg nach GOEBEL[1] (H 4/20/20); Ca, Ba, K und Li nach eigenen Messungen (H 10/250/180).

Legierungen mit Lithium. Die höchsten Härtewerte jedoch sind mit Natrium zu erreichen. Durchweg härten die Alkali- und Erdalkalimetalle sehr viel stärker als gleiche Mengen von Schwermetallzusätzen. Je nach den Abkühlungsbedingungen ist mit nicht unerheblichen Abweichungen

[1] GOEBEL, J.: Z. Met. Bd. 14 (1922) S. 357—366, 388—394, 425—432, 449 bis 456.

von den hier gegebenen Werten zu rechnen. Und zwar beträgt der Streuungsbereich für:

Na	Li	Ca	Mg	Sn	Hg
± 5	± 2	± 3	± 2	± 0,5	± 0,5 Härteeinheiten

Für K und Ba ist der Streubereich nicht bekannt. Die Härten streuen erst nach Überschreiten des Mischkristallbereiches in dem angegebenen starken Maße.

Die sonstigen mechanischen Eigenschaften sind für Gußlegierungen kaum untersucht worden. Für Knetlegierungen liegen Daten nur bei sehr kleinen Konzentrationen vor.

c) Legierungen mit mehr als einem Zusatz.

Über die mechanischen Eigenschaften von Legierungen mit mehr als einem Zusatz liegen keine systematischen Veröffentlichungen vor. Die Abb. 298—300 zeigen nach eigenen Versuchen, wie sich beim Bn-Metall Änderungen im Gehalt einzelner Komponenten auswirken. Aus Abb. 301 ergibt sich der Einfluß des Bleigehaltes, wobei also die härtenden Zusätze in verschiedener Gesamtkonzentration, aber stets im gleichen gegenseitigen Verhältnis wie im Bn-Metall vorhanden sind. Es zeigt sich, daß die Zusammensetzung des Bn-Metalls hinsichtlich der mechanischen Eigenschaften das Optimum dessen darstellt, was durch eine Kombination der drei Zusätze: Kalzium, Natrium und Lithium erreicht werden kann. Die Zusätze sind jeweils so hoch gewählt, daß Härte und Festigkeit bei weiterer Erhöhung nicht mehr oder nur noch wenig steigen. Die Dehnung ist zwar in der Nähe der Bn-Metall-Zusammensetzung erheblich niedriger als für verdünnte oder an einer Komponente arme Legierungen. Diese Abnahme ist aber, wenn man überhaupt eine gewisse Härte anstrebt, nicht zu umgehen; in dem in Frage kommenden Konzentrationsbereich ändert sich die Dehnung nur mehr wenig. Hinsichtlich der Wechselbiegefestigkeit liegt Bn-Metall recht günstig. Die Größe des härtenden Einflusses der einzelnen Komponenten beim Bn-Metall entspricht ungefähr dem, was auf Grund von Härtemessungen an den binären Legierungen (vgl. Abb. 297) zu erwarten ist. Natrium und Lithium härten stark (vgl. Abb. 299 und 300). Eine Änderung des Kalziumgehaltes ist dagegen in dem in Abb. 298 erfaßten Bereich nur von geringem Einfluß auf die mechanischen Eigenschaften. Kalzium hat vor allem Bedeutung als Tragkristallbildner. Der Gehalt ist so zu wählen, daß noch eine ausreichend gute Gießbarkeit vorhanden ist.

In Zahlentafel 57 sind eine Reihe von Literaturangaben über die mechanischen Eigenschaften des Bn-Metalls zusammengestellt, die eine nicht unerhebliche Streuung aufweisen. Außerdem sind noch folgende Angaben zu zitieren.

Der Fließfaktor nach HARGREAVES wurde für Bn-Metall zu 0,020 bis 0,031 bestimmt[1, 2], liegt also nach der von den Verfassern angegebenen Regel recht günstig (vgl. S. 222—223). Im übrigen hatte schon LIEBER[3]

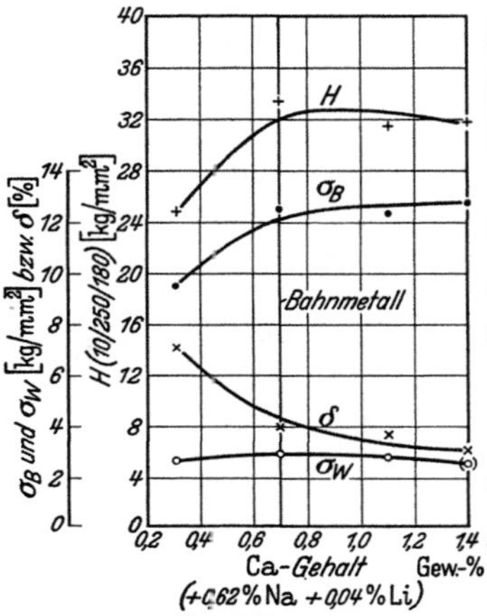

Abb. 298.

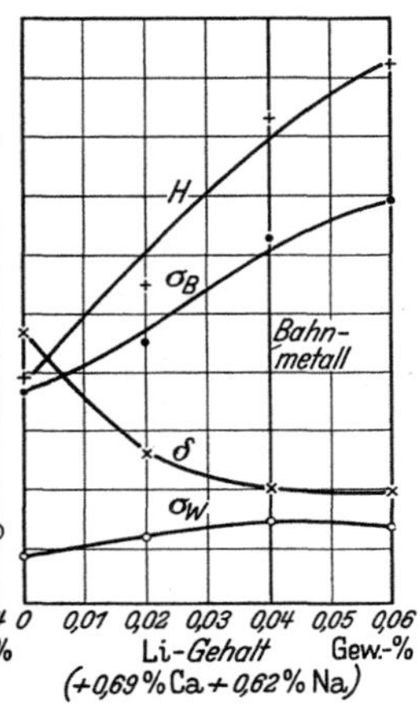

Abb. 299.

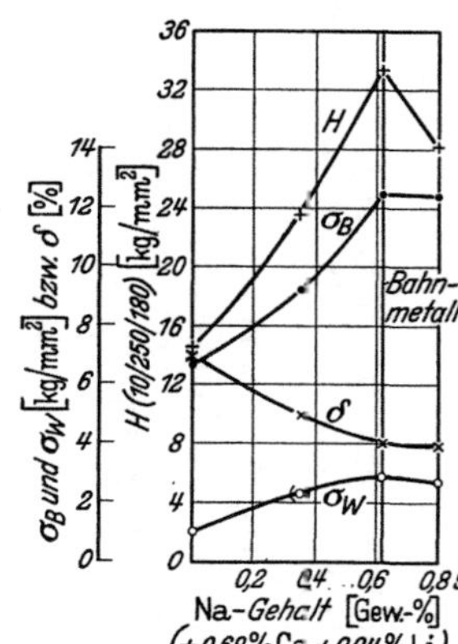

Abb. 300.

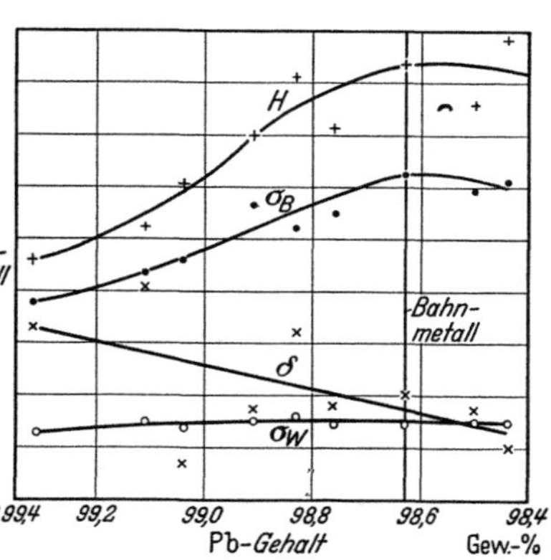

Abb. 301.

Abb. 298—301. Abhängigkeit der mechanischen Eigenschaften von der Konzentration der verschiedenen Bestandteile des Bn-Metalls. *H* Brinellhärte, σ_B Zugfestigkeit, δ Dehung (δ_{10}), σ_W Wechselbiegefestigkeit für $20 \cdot 10^6$ Lastspiele.

Abb. 298. Einfluß des Kalziumgehaltes. Abb. 299. Einfluß des Lithiumgehaltes. Abb. 300. Einfluß des Natriumgehaltes. Abb. 301. Einfluß des Bleigehaltes.

bei Messungen über die Abhängigkeit der Kugeldruckhärte von der Belastungsdauer festgestellt, daß Lurgi-, Kalzium- und Mathesius-Metall langsamer fließen als Einheits- und Regelmetall.

[1] CUTHBERTSON, J. W.: J. Inst. Met. Bd. 64 (1939) (Adv. Copy).
[2] KENNEFORD, A. S. u. H. O'NEILL: J. Inst. Met. Bd. 55 (1934) S. 51—69.
[3] LIEBER, P.: Z. Metallkde. Bd. 16 (1924) S. 128—131.

Zahlentafel 57. Mechanische Eigenschaften gehärteter Bleilagermetalle.

Legierung	Härte	Zugversuch			Druckversuch			Wechselbiegeversuch	E-Modul
	kg/mm²	σ_B kg/mm²	δ %	σ_f kg/mm²	σ_D kg/mm²	q %	σ_f kg/mm²	σ_w kg/mm²	kg/mm²
Bn-Metall	28—36	12,5	3		17—20	25—30	6,3 (0,2%)	2,9[1–5]	
	26	8,5	0,8	3,7 (0,02%)	15,0		2,95 (0,02%)	2,3	2200 (Zug)[6]
				7,4 (0,2%)			8,2 (0,2%)		2250 (Druck)[6]
	30—37	9,5	4,8	6,7 Proportionalitätsgrenze					2640[7–9]
Satco[1, 10, 11]	19—22	8	6		10,7		8,5 (2,0%)	2,1	
Satco I 2,5% } härtende	27	7,7	10		14,7				
Satco II 2,0% } Zusätze[12]	24	7,0	15		11,5				
Noheet[10]	26	9,8		7,7 (E-Grenze)	15,5				
Frary-Metall[1, 13, 14]	26—29	9,1	5		10,5				
Lurgi-Metall[15]	28—36				13	55	5,5 (0,2%)		
Can-Metall[1]	30								

[1] Eigene Versuche. [2] Brasch, W.: Techn. Zbl. prakt. Metallbearb. Bd. 46 (1936) S. 452, 454, 456, 458.

[3] Göler, Frhr. v. u. G. Sachs: Mitt. Arbeitsber. Metallges. Heft 10 (1935) S. 3—10; Gießereipraxis Bd. 57 (1936) S. 76 bis 79, 121—124.

[4] Kühnel, R.: Gießerei Bd. 15 (1928) S. 441—446.

[5] Metallgesellschaft AG., Prospekte sowie Verarbeitungs- und Gießvorschrift für Bn-Metall.

[6] Bollenrath, F., W. Bungardt u. E. Schmidt: Luftf.-Forschg. Bd. 14 (1937) S. 417—425.

[7] Arrowsmith, R.: J. Inst. Met. Bd. 55 (1934 II) S. 71—76.

[8] Cuthbertson, J. W.: J. Inst. Met. Bd. 64 (1939) (Adv. Copy).

[9] Kenneford, A. S. u. H. O'Neill: J. Inst. Met. Bd. 55 (1934) S. 51—69.

[10] Grant, L. E.: Metals & Alloys Bd. 5 (1934) S. 161—164, 191—195.

[11] Hack, C. H.: Metal Progr. Bd. 28 (1935) S. 61—64, 72. [12] Witte, F.: Z. Metallkde. Bd. 26 (1934) S. 69, 70.

[13] Frary, F. C. u. S. N. Temple: Chem. metall. Engng. Bd. 19 (1918) S. 523—524.

[14] Herschman, H. K. u. J. L. Basil: Proc. Amer. Soc. Test. Mater. Bd. 32 (1932 II) S. 536—557.

[15] Czochralski, J.: Z. Metallkde. Bd. 12 (1920) S. 371—403. — Czochralski, J. u. G. Welter: Lagermetalle und ihre technologische Bewertung. Berlin: Julius Springer 1924.

Bei Schlagstauchversuchen verhielt sich Bn-Metall wesentlich günstiger als Zinn- und Blei-Antimon-Lagermetalle. KÜHNEL[1] erhielt bei einem Fallmoment von 4,3 kg × 1 cm für Bn-Metall 7000, für WM 80 128 und für WM 10 55 Schläge bis zum Bruch. Bei Versuchen[2] mit einem Fallmomentv on 5 kg × 3 cm zeigten Bn-Metall-Zylinder von 10 mm Höhe und 10 mm Durchmesser nach 200 Schlägen eine Höhenverminderung von 1,5 mm, aber noch keinen Anriß. Bei WM 80 waren bereits nach 120 Schlägen Anrisse und eine Höhenverminderung um 3,2 mm eingetreten.

Über die Eigenschaften der übrigen Lagermetalle finden sich in der Literatur einige Einzelangaben, die in Zahlentafel 57 den Werten von Bn-Metall gegenübergestellt sind. Der Vergleich wird allerdings dadurch erschwert, daß in den meisten Fällen weder über die Gieß- noch über die Prüfbedingungen genaue Angaben vorhanden sind. Es scheint aber, daß Bn-Metall die härteste und festeste Legierung dieses Typs darstellt, daß es aber infolgedessen in der Formänderungsfähigkeit von weicheren Legierungen übertroffen wird.

Die gehärteten Bleilagermetalle enthalten zum Teil noch Schwermetalle, wie Zinn, Quecksilber, Kupfer und Kadmium. Diese scheinen einen günstigen Einfluß auf das Aussehen und vielleicht auch auf die Korngröße zu besitzen. Insofern könnten sie auch die Laufeigenschaften beeinflussen. Eine wesentliche Härtung durch sie tritt aber nicht ein.

d) Warmhärten.

Bei einer Zusammenstellung aller im Schrifttum vorhandenen Angaben über die Warmhärte der gehärteten Bleilagermetalle zeigt es sich, daß die Angaben verschiedener Verfasser für ein und dieselbe Legierung um bis zu 12 Härtegrade auseinanderliegen. Es rührt dies wohl in erster Linie von dem großen Einfluß der Prüfbedingungen her. Zum Teil freilich sind die Abweichungen so groß, daß sie hierdurch allein nicht mehr erklärt werden können. Jedenfalls sieht man, daß die in der Literatur angegebenen Warmhärten nur im Vergleich zu anderen vom gleichen Verfasser unter gleichen Bedingungen geprüften Legierungen Bedeutung haben.

Daher sind einige Warmhärtemessungen mit niedriger spezifischer Belastung der Kugel[3] herausgegriffen und in Abb. 302 den Härtekurven einiger anderer Lagermetalltypen gegenübergestellt.

[1] KÜHNEL, R.: Gießerei Bd. 15 (1928) S. 441—446.

[2] BRASCH, W.: Techn. Zbl. prakt. Metallbearb. Bd. 46 (1936) S. 452, 454, 456, 458.

[3] Die Prüfbedingungen bei diesen Messungen weichen hinsichtlich der niedrigeren Last von den früher üblichen ab. Sie erscheinen aber gerade dadurch, wie an anderer Stelle[4] ausgeführt, für den Vergleich verschiedener Legierungen besonders geeignet.

[4] Frhr. v. GÖLER u. G. SACHS: Mitt. Arbeitsber. Metallges. Heft 10 (1935) S. 3—10. — Gieß.-Praxis Bd. 57 (1936) S. 76—79, 121—124.

Die gehärteten Bleilagermetalle unterscheiden sich danach von allen anderen Lagermetallen auf Zinn- und Bleibasis durch eine verhältnismäßig niedrige prozentuale Abnahme der Warmhärte mit steigender

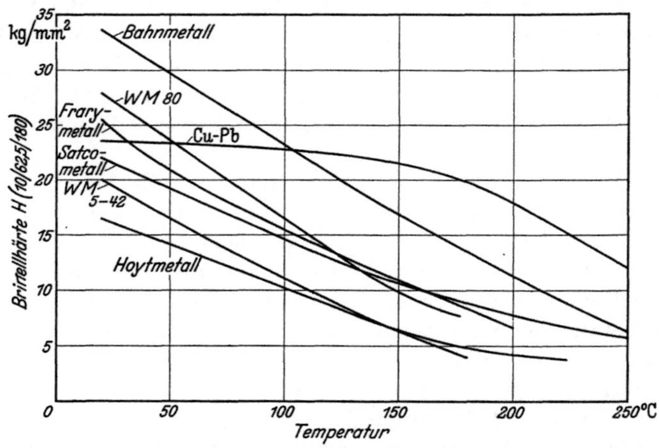

Abb. 302. Warmhärten verschiedener gehärteter Bleilagermetalle im Vergleich zu anderen Lagermetallen. (Frary-Metall nach HERSCHMAN und BASIL[1], H 10/60/?.)

Temperatur, sowie dadurch, daß noch bei 250° eine erhebliche Warmhärte vorhanden ist. Beides ist bedingt durch den hochliegenden unteren Schmelzpunkt.

Der flache Verlauf der Warmhärtekurve bei Satco-Metall hat praktisch wenig Bedeutung, da infolge der sehr niedrigen Härte bei Raumtemperatur auch die Warmhärte bei Betriebstemperaturen nicht die der anderen gehärteten Bleilagermetalle erreicht.

e) Temperaturabhängigkeit sonstiger Eigenschaften.

Über die Temperaturabhängigkeit anderer Eigenschaften existieren folgende Angaben: Die in Zahlentafel 58 aufgeführten Warmzug- und Warmstauchversuche ergeben für die Legierungen noch bei 150 und 200° Festigkeitswerte, die hoch liegen im Vergleich zu denen der in den Originalarbeiten angeführten Zinn- und Bleilagermetallen. Vor allem zeigen Kerbschlagversuche auf dem Izodhammer für Frary- und Bn-Metall einen höheren Anstieg der Kerbschlagzähigkeit mit steigender Temperatur als für alle anderen Legierungen. GREENWOOD[2] hat die Verformung nach 100000 Schlägen auf einen Stahlstab, der in einem lagerähnlichen Körper aus der zu prüfenden Legierung eingelegt war, gemessen. Dabei nimmt die Verformung zwischen 18 und 150° für Bn-Metall nur auf

[1] HERSCHMAN, H. K. u. J. L. BASIL: Proc. Amer. Soc. Test. Mater. Bd. 32 (1932 II) S. 536—557.

[2] GREENWOOD, H.: J. Inst. Met. Bd. 55 (1934) S. 77—87.

Zahlentafel 58. Eigenschaften in der Wärme.

Temperatur °C		26	65	100	150	200	Werkstoff
Zugversuch	σ_B kg/mm²	7,8	6,5	5,2	3,4	2,0	Satco [1]
	δ %	5,8	7,3	7,3	13,0	17,0	Satco [1]
Druckversuch	$\sigma_{2\%}$ kg/mm²	8,6	7,3	5,2	3,8	2,4	Satco [1]
	Temp. °C	20	60	100	150	200	
	$\sigma_{0,3}$ kg/mm²	5,3	5,0	4,2	2,8	1,4	Frary-Metall [2]
Kerbschlagzähigkeit	a_k cm kg/cm²	2,3	2,6	2,2	2,8	3,9	Frary-Metall [2]
		4,1	3,6	6,3	7,3	6,1	Bn-Metall [3]

das $2^1/_2$fache zu, während sie für ein Zinnweißmetall auf das 10fache steigt. Der E-Modul von Bn-Metall ändert sich nur von 2600 bei Raumtemperatur auf 1200 bei 200° [4]. Diese Änderung ist geringer als bei irgendeinem anderen der vom Verfasser untersuchten Zinn- und Blei-Antimonlagermetalle.

f) Zeitliche Änderungen der mechanischen Eigenschaften (Nachhärtung und Enthärtung).

Bei der Besprechung der Gefüge ist bereits erwähnt worden, daß die Löslichkeiten der verschiedenen Zusätze in Blei, soweit sie bekannt sind, stark von der Temperatur abhängen. Dies hat zwei Effekte zur Folge, die schon früh im Schrifttum sowohl über die binären Legierungen des Bleies mit den Alkali- und Erdalkalimetallen [5] als auch über die gehärteten Bleilagermetalle erwähnt werden. Es sind dies die Nachhärtung, d. h. eine Härtezunahme der Metalle in den ersten Tagen nach dem Gießen und die Enthärtung, die sich darin äußert, daß bei Temperaturen von 60° ab die Härte langsam wieder abnimmt. Ähnliche Erscheinungen werden übrigens auch bei den Blei-Antimon- und den Zinnlagermetallen beobachtet [6, 7], scheinen aber nicht mit der gleichen Gründlichkeit untersucht worden zu sein.

α) Nachhärtung.

Schon 1918 wird für das Frary-Metall die in Abb. 303 gegebene Kurve a mitgeteilt [8], die die Härtezunahme von Blöcken dieser Legierung beim

[1] Hack, C. H.: Metal Progr. Bd. 28 (1935) S. 61—64, 72.
[2] Herschman, H. K. u. J. L. Basil: Proc. Amer. Soc. Test. Mater. Bd. 32 (1932 II) S. 536—557.
[3] Unveröffentlichte Versuche der Firma Amsler.
[4] Cuthbertson, J. W.: J. Inst. Met. Bd. 64 (1939) (Adv. Copy).
[5] Goebel, J.: Z. Met. Bd. 14 (1922) S. 357—366, 388—394, 425—432, 449—456.
[6] Frhr. v. Göler u. H. Pfister: Metallwirtsch. Bd. 15 (1936) S. 342—348, 365—368.
[7] Frhr. v. Göler u. F. Scheuer: Z. Met. Bd. 28 (1936) S. 121—126, 176—178.
[8] Frary, F. C. u. S. N. Temple: Chem. metall. Engng. Bd. 19 (1918) S. 523—524.

Lagern wiedergibt. Kurve *b* zeigt, wie diese Härtezunahme bei 100° beschleunigt und vergrößert wird. Kurve *c*[1] und *d*[2] geben die Nachhärtung für Bn-Metall. Die Änderung der Kennziffern des Zugversuches durch die Nachhärtung zeigt Abb. 304 für Bn-Metall[3].

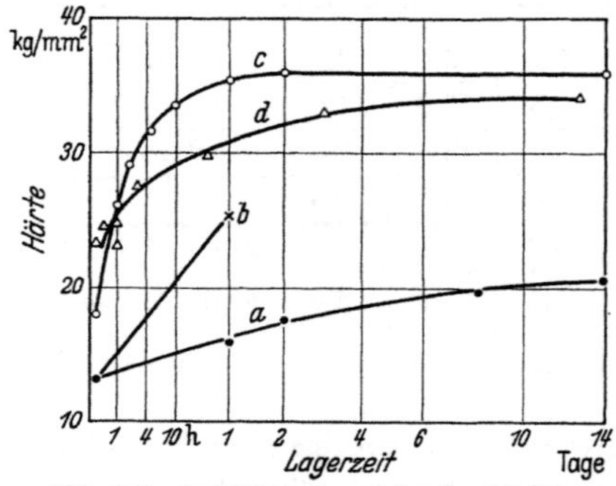

Abb. 303. Nachhärtung gehärteter Bleilagermetalle. *a* Frary-Metall, *b* Frary-Metall bei 100°, *c* und *d* Bn-Metall.

Nach Abb. 305 ist ebenso wie die Härte selbst auch die Nachhärtung von den Gießbedingungen abhängig. Und zwar steigt der Betrag der Nachhärtung, wenn die Abkühlung langsamer erfolgt, während die Härte ein Maximum bei mittlerer Abkühlungsgeschwindigkeit durchläuft. Erwähnt wird die Nachhärtung noch in verschiedenen Arbeiten[4, 5, 6, 7, 8, 9],

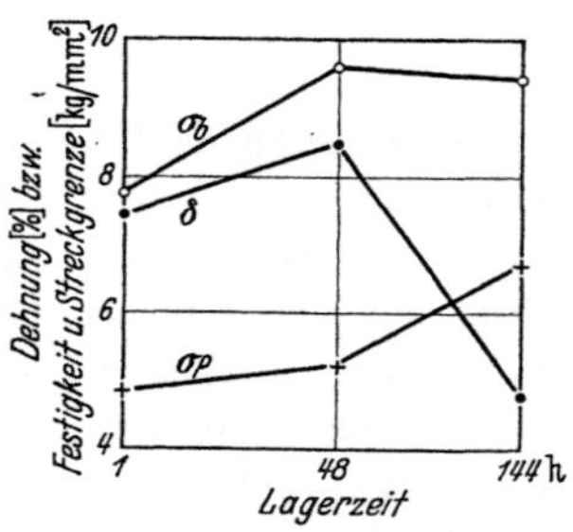

Abb. 304. Nachhärtung von Bn-Metall beim Zugversuch. σ_B Zugfestigkeit in kg/mm², δ Dehnung in Prozent, σ_P Proportionalitätsgrenze in kg/mm². (Nach ARROWSMITH.)

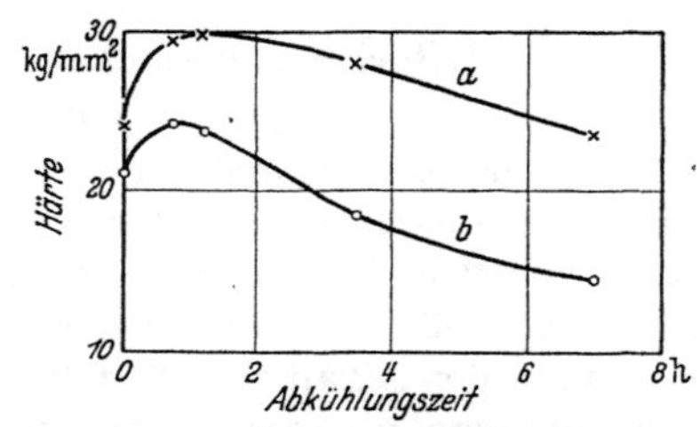

Abb. 305. Einfluß der Abkühlungsbedingungen auf die Nachhärtung von Bn-Metall. *b* Härte 5 Stunden nach dem Guß, *a* Härte 5 Tage nach dem Guß. (Nach HENKEL.)

während sich ausführlichere Angaben, von den bei Abb. 303 und 304 erwähnten Arbeiten abgesehen, nur vereinzelt finden[10, 11]. Hervorzuheben

---

[1] HENKEL, E.: Unveröffentlichte Versuche.

[2] KENNEFORD, A. S. u. H. O'NEILL: J. Inst. Met. Bd. 55 (1934) S. 51—69.

[3] ARROWSMITH, R.: J. Inst. Met. Bd. 55 (1934) S. 71—76.

[4] ACKERMANN, CH. L.: Metallwirtsch. Bd. 8 (1929) S. 701, 702.

[5] COWAN, W. A., L. D. SIMPKINS u. G. O. HIERS: Trans. electrochem. Soc. Bd. 40 (1921) S. 27—49, Auszug: Chem. and Met. Engng. Bd. 25 (1921) S. 1181 bis 1185.

[6] GRANT, L. E.: Metals & Alloys Bd. 5 (1934) S. 161—164, 191—195.

[7] HACK, C. H.: Metal Progr. Bd. 28 1935 S. 61—64, 72.

[8] KÜHNEL, R.: Gießerei Bd. 15 (1928) S. 441—446.

[9] KUNZE: Masch.-Bau Betrieb Bd. 10 (1931) S. 664—670.

[10] BURKHARDT, A.: Metallwirtsch. Bd. 14 (1935) S. 581—587.

[11] CZOCHRALSKI, J.: Z. Metallkde. Bd. 12 (1920) S. 371—403. — CZOCHRALSKI, J. u. G. WELTER: Lagermetalle und ihre technologische Bewertung. Berlin: Julius Springer 1924.

ist hier besonders die Arbeit von SLAWINSKI[1], der für 12 verschiedene, durchweg ziemlich hoch legierte Legierungen (vgl. Zahlentafel 59) die Härtezunahme zwischen 1 und 30 Tagen nach dem Gießen untersucht hat. Dabei ließ sich ein Einfluß der Zusammensetzung auf die Nachhärtung nicht erkennen.

Als Erklärung für die Aushärtung ist eine Ausscheidung der nach dem Guß in fester Lösung verbliebenen Bestandteile, und zwar vor allem des Natriums anzusehen. Bewiesen wird diese Annahme durch Rückstrahlmessungen an Bn-Metall[2], bei denen eine Zunahme der Gitterkonstanten der bleireichen Grundmasse von 4,930 ÅE für frischgegossenes Bn-Metall auf 4,937 ÅE nach mehrtägigem Lagern festgestellt wurde. Der Wert nähert sich also, wie dies bei einer Ausscheidung zu erwarten ist, beim Lagern der mit 4,940 ÅE angegebenen Gitterkonstanten von Blei.

β) Enthärtung.

Während bei Raumtemperatur und den Temperaturen, wie sie in Lagern bei mäßigen Belastungen auftreten, die durch Nachhärtung erreichte Endhärte anscheinend beliebig lange erhalten bleibt, verlaufen bei Temperaturen oberhalb 60° die Stabilisierungsvorgänge in den gehärteten Bleilagermetallen weiter. Im Zusammenhang damit fallen die Härten im Laufe der Zeit wieder ab. Auf diese Erscheinung wird im Schrifttum mehrfach hingewiesen[3, 4, 5, 6, 7, 8]. Abb. 306 gibt die Härte von 6 Tage lang bei verschiedenen Temperaturen angelassenem Bn-Metall[9] und von Satco-Metall[10] an. Nach dem Anlassen auf höhere Temperaturen erfolgt beim Lagern eine abermalige Aushärtung, so daß sich für Anlaßtemperaturen oberhalb 100° die Werte für sofort und für erst nach mehreren Tagen geprüfte Proben erheblich unterscheiden (Abb. 306, Kurve *a* und *b*). Dies beruht darauf, daß bei diesen Temperaturen die Löslichkeit der Zusätze in Blei schon wieder

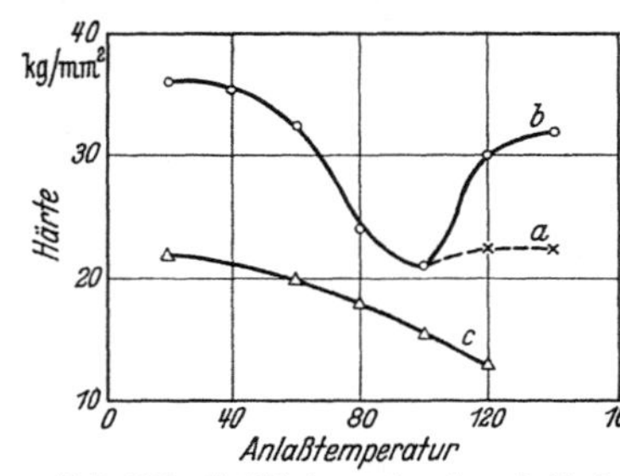

Abb. 306. Enthärtung durch sechstägiges Anlassen bei verschiedenen Temperaturen. *a* Bn-Metall sofort geprüft, *b* Bn-Metall 6 Tage nach dem Anlassen geprüft, *c* Satco 6 Tage nach dem Anlassen geprüft.

[1] SLAWINSKI, N. P., A. V. SHASHIN u. N. A. FILIN: Metallurg. Bd. 3 (1935) S. 66 bis 81. (russ.) Ref. M. A. Inst. Met. Bd. 2 (1935) S. 576.

[2] FARNHAM, G. S.: J. Inst. Met. Bd. 55 (1934) S. 69—70.

[3] KUNZE: Masch.-Bau Betrieb Bd. 10 (1931) S. 664—670.

[4] BURKHARDT, A.: Metallwirtsch. Bd. 12 (1935) S. 581—587.

[5] GARBERS: Org. Fortschr. Eisenbahnw. Bd. 91 (1936) S. 293—312.

[6] HELDT, P. M.: Automotiv. Ind. Bd. 78 (1938) S. 412—422.

[7] HOLTMEYER: Org. Fortschr. Eisenbahnw. Bd. 92 (1937) S. 349—358.

[8] KENNEFORD, A. S. u. H. O'NEILL: J. Inst. Met. Bd. 55 (1934) S. 51—69.

[9] HENKEL, E.: Unveröffentlichte Versuche.

[10] KOCH, E. u. E. SCHMID: Unveröffentlichte Versuche.

merklich höher wird, so daß erneute Aushärtung erfolgen kann. Den Abfall der Härte bei der wirksamsten Glühtemperatur von 100° mit der Zeit gibt Abb. 307.

Von Bedeutung für die praktische Verwendung ist nun aber nicht die Härte bei Raumtemperatur, sondern die Warmhärte. Bei dieser

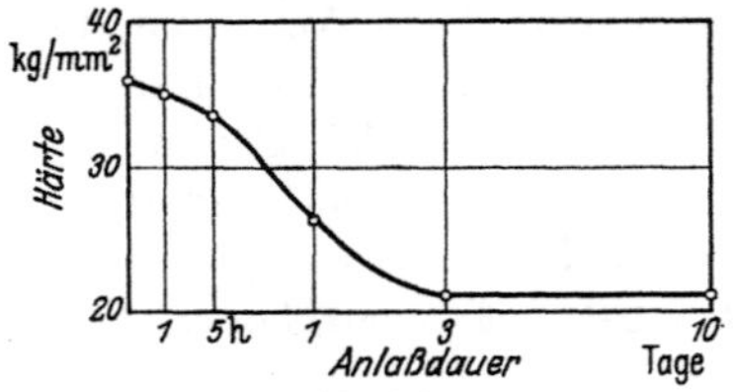

Abb. 307.

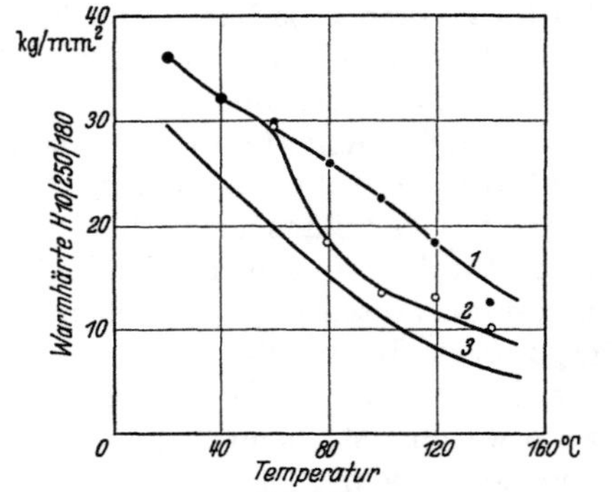

Abb. 308.

Abb. 307. Enthärtung von Bn-Metall bei 100° in Abhängigkeit von der Anlaßdauer.

Abb. 308. Warmhärte von Bn-Metall im Gußzustand (Kurve *1*) und nach achttägigem Anlassen auf die jeweilige Prüftemperatur (Kurve *2*) im Vergleich zu Regelmetall (Kurve *3*).

macht sich die Enthärtung sehr viel weniger bemerkbar. So gibt Abb. 308 nebeneinander die Warmhärtekurven von Bn-Metall nach einstündigem und nach achttägigem Erhitzen auf die jeweilige Prüftemperatur. Nach dem einstündigen Erhitzen dürfte, wie aus Abb. 307 hervorgeht, eine wesentliche Enthärtung noch nicht erfolgt sein. Vergleicht man die Differenz der Kurven *1* und *2* mit dem Absinken der Werte der Abb. 306, so sieht man, daß sich die Enthärtung in der Warmhärte verhältnismäßig wenig auswirkt. Vor allem liegen die Werte auch für das enthärtete Material immer noch über den in Kurve *3* gegebenen Warmhärten von Regelmetall[1].

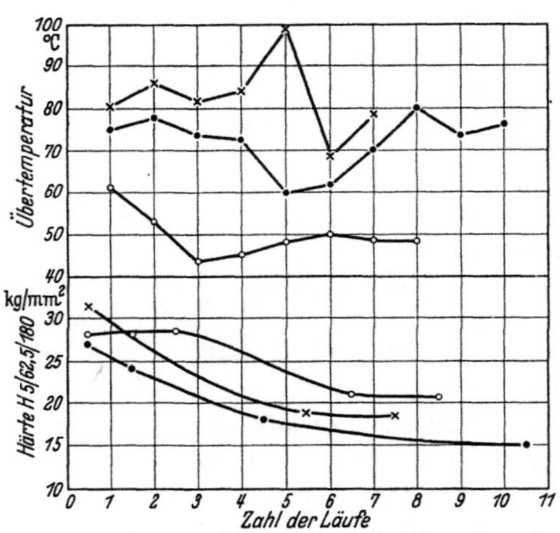

Abb. 309. Laufverhalten und Härte von Bn-Metall. Güterwagenlagerschalen. Gleitgeschwindigkeit 2,9 m/s. Belastung 6 t.

Auf das Laufverhalten unter normalen Bedingungen scheint die Enthärtung ohne wesentlichen Einfluß zu sein. So läßt Abb. 309 erkennen, daß die Übertemperatur bei Laufversuchen trotz der im Laufe der Versuche abnehmenden Härte im Durchschnitt nicht

[1] Die hier benutzten Warmhärtewerte des Regelmetalls sind dem Werkstoffhandbuch für Nichteisenmetalle entnommen. Es ist dabei nicht berücksichtigt, daß auch die Zinnweißmetalle bei längerem Anlassen um 2—4 Härtegrade erweichen. Frhr. v. GÖLER u. H. PFISTER: Metallwirtsch. Bd. 15 (1936) S. 342—348, 365—368.

zugenommen hat. Bei diesen Versuchen liefen drei mit Bn-Metall ausgegossene Güterwagenschalen an 7 bis 10 Tagen nacheinander täglich 8 Stunden. Bei jedem der täglichen Läufe wurde die Geschwindigkeit von 2 auf 4 bis 5 m/s gesteigert. Die Belastung betrug durchweg 6 t. Die Schalen erreichten dabei Übertemperaturen bis zu 115°. Die oberen Kurven in der Abb. 309 geben die aus den einzelnen Laufkurven entnommenen Übertemperaturen für eine mittlere Gleitgeschwindigkeit von 2,9 m/s, während die unteren Kurven die im Laufspiegel sofort nach dem Erkalten des Lagers gemessenen Härten der Ausgüsse zeigen. Die verschiedene Höhe der Lauftemperaturen für die drei Schalen beruht auf Unterschieden der äußeren Bedingungen.

5. Physikalische und chemische Eigenschaften.

a) Spezifisches Gewicht.

Das spezifische Gewicht der gehärteten Bleilagermetalle weicht von dem des reinen Bleies (11,35), obwohl es sich mengenmäßig nur um ganz kleine Zusätze handelt, erheblich ab, weil der Dichteunterschied zwischen Blei und den Zusätzen außerordentlich groß ist. So beträgt das spezifische Gewicht von Bn-Metall 10,56 g/cm³. Das spezifische Gewicht der verschiedenen Legierungen läßt sich überschlägig aus folgenden, an binären Legierungen gemessenen Zahlen ermitteln: für 0,1 Gew.-% Zusatz von Kalzium bzw. Natrium bzw. Lithium ändert sich das spezifische Gewicht um 0,029 bzw. 0,079 bzw. 0,24 g/cm³. In diesem Zusammenhang dürfte interessieren, daß das Bahnmetall mit gewichtsmäßig 0,69% Ca, 0,62% Na, 0,04% Li, 0,02% Al und 98,63% Pb in Vol.-% umgerechnet[1] aus 4,51% Ca, 6,49% Na, 0,76% Li, 0,08% Al und nur 88,2% Pb besteht. Das Bn-Metall enthält volumenmäßig, d. h. auch flächenmäßig etwa 12% Pb_3Ca-Tragkristalle.

b) Ausdehnungskoeffizient.

Der Ausdehnungskoeffizient von reinem Blei ($29 \cdot 10^{-6}$) wird durch Alkali- und Erdalkalizusätze vergrößert. Für eine Legierung mit 0,6% Ca und 0,5% Na wird er zwischen 20 und 200° angegeben zu $36{,}3 \cdot 10^{-6}$*. Eigene Messungen ergaben für Bn-Metall $32{,}7 \cdot 10^{-6}$ zwischen 20 und 100°.

c) Wärmeleitfähigkeit.

Die Wärmeleitfähigkeit von Bn-Metall beträgt 0,050 cal/cm · grad · s. In guter Übereinstimmung damit steht eine Schrifttumsangabe[2] von $0{,}05_0$ bei 20° und $0{,}04_4$ bei 200°. 300stündiges Ausglühen bei 150° hat praktisch keinen Einfluß[2].

[1] Unter Benutzung der Dichten der reinen Metalle ohne Berücksichtigung der beim Legieren eintretenden Kontraktion errechnet.

* Botschwar, A. A. u. A. A. Maurach: Zvetnye Metally (The Non-Ferrous Metals) 1930 S. 504—507. Ref. Chem. Zbl. Bd. 101 (1930) S. 613.

[2] Bollenrath, F., W. Bungardt u. E. Schmidt: Luftf.-Forschg. Bd. 14 (1937) S. 417—425.

d) Spezifische Wärme.

Die spezifische Wärme von Blei beträgt 0,031 cal/grad · g. Die spezifischen Wärmen der Erdalkali- und besonders der Alkalimetalle sind soviel größer, daß sie trotz der geringen Mengen der Zusätze die spezifische Wärme nicht unerheblich erhöhen. So beträgt z. B. die spezifische Wärme von Bn-Metall 0,034 cal/grad · g.

e) Chemische Beständigkeit.

Da die Alkali- und Erdalkalimetalle selbst chemisch sehr unbeständig sind und schon an der Luft oxydiert werden, wird fälschlicherweise oft eine ähnlich starke Anfälligkeit bei den gehärteten Bleilagermetallen vermutet. Demgegenüber ist zu betonen, daß die Zusätze in den Legierungen entweder in fester Lösung im Blei oder in sehr bleireichen Verbindungen vorhanden sind und infolgedessen eine ernsthafte Korrosionsgefahr nicht zu bestehen braucht[1]. In der Tat haben auch die Legierungen mit Natriumzusätzen bis etwa 0,7% und mit Kalziumzusätzen in der Praxis zu keinerlei Anständen Anlaß gegeben. Natürlich empfiehlt es sich nicht, die Legierungen lange Zeit im Freien oder in sehr feuchten Räumen aufzubewahren, weil sich dann doch allmählich eine oxydierte Rinde von einigen Millimetern Dicke bilden kann[2]. Falls die Legierungen jahrelang[3] lagern sollen, werden sie zweckmäßig durch Einfetten oder Eintauchen in flüssiges Paraffin mit einem gut schützenden Überzug versehen[4, 5].

Auf Grund praktischer Erfahrungen werden Noheet[6], Lurgi-Metall und magnesiumhaltige Legierungen als weniger korrosionsbeständig angesehen. Man kann daraus folgern, daß Natrium in Mengen, die die Löslichkeitsgrenze erheblich übersteigen, schädlich wirkt und ebenso Barium bei Gehalten von 2 bis 3%. Unterhalb dieser Grenzen sind beide Metalle ungefährlich. Kalzium schädigt offenbar die chemische Beständigkeit in keiner Weise. Magnesiumhaltige Legierungen werden schon nach wenigen Wochen Lagern an der Luft brüchig und zerfallen schließlich[7, 8, 9]. Nach Masing[10] tritt dies bei binären Legierungen schon

---

[1] Kühnel, R.: Gießerei Bd. 15 (1928) S. 441—446.

[2] Holtmeyer: Org. Fortschr. Eisenbahnw. Bd. 92 (1937) S. 349—358.

[3] Anon.: Korrosion u. Metallsch. Bd. 12 (1936) S. 50—52.

[4] Garbers: Org. Fortschr. Eisenbahnw. Bd. 91 (1936) S. 293—312.

[5] Brasch, W.: Techn. Zbl. prakt. Metallbearb. Bd. 46 (1936) S. 452, 454, 456, 458.

[6] Grant, L. E.: Metals & Alloys Bd. 5 (1934) S. 161—164, 191—195.

[7] Kroll, W.: Techn. Zbl. prakt. Metallbearb. Bd. 47 (1937) S. 180, 182.

[8] Goebel, J.: Z. Metallkde. Bd. 14 (1922) S. 357—366, 388—394, 425—432, 449—456.

[9] Slawinski, N. P., A. V. Shashin u. N. A. Filin: Metallurg. Bd. 3 (1935) S. 66—81 (russ.). Ref. M. A. Inst. Met. Bd. 2 (1935) S. 576.

[10] Diskussion zu M. v. Schwarz: Z. Metallkde. Bd. 28 (1936) S. 131—132.

bei 0,05% Mg ein. In Gegenwart anderer Zusätze wird die gefährliche Wirkung des Magnesiums anscheinend verringert, jedoch ist über die dann zulässigen Gehalte nichts Genaues bekannt[1]. Trotz seines günstigen Einflusses auf die mechanischen und Laufeigenschaften[2, 3, 4] dürfte es also als Zusatz nur in kleinen Mengen, sicherlich nicht über 0,1%, zulässig sein.

Laboratoriumsversuche wurden von SLAWINSKI an verschiedenen Legierungen in mehreren Agenzien durchgeführt[5]. Nach Zahlentafel 59

Zahlentafel 59. Korrosionsversuche von SLAWINSKI, SHASHIN und FILIN.

Legierung Nr.	Zusätze in %						Reihenfolge hinsichtlich der Korrosion in	
	Ca	Na	Ba	K	Al	Cd	Leitungswasser	Öl *
10	0,61	0,84					7	—4
11	0,98	0,72			0,2		10	—6
12	0,69	0,96			0,5		9	—3
13	0,39	0,39			1,0		5	—5
14	0,90	0,90				0,3	4	—7
15	0,90	0,90				0,5	3	—9
16	0,90	0,90				1,0	6	—8
17	0,40	0,99	0,10				8	—2
18	0,52	0,95	0,57				12	+3
19	0,20	1,88	0,76				11	+1
20	0,90	0,90		0,5			2	—1
21	0,90	0,90		1,0			1	+2

* — Gewichtsabnahme.

handelt es sich dabei um Legierungen mit bis 0,9% Ca und 0,9% Na, denen verschiedene dritte Zusätze zugefügt werden. Die Versuche in Leitungswasser sind in Abb. 310 wiedergegeben. Danach ist der Angriff durchweg nicht übermäßig groß und seine Geschwindigkeit verringert sich nach einigen Monaten sehr stark. Soweit die offenbar erhebliche Versuchsstreuung ein Urteil über den Einfluß der einzelnen Zusätze zuläßt, scheint es, daß Kalium (Legierung 20 und 21) den Angriff sehr verringert und höhere Bariumgehalte (Legierung 18 und 19) ihn erheblich vergrößern. Es ist dagegen nicht zu verstehen, warum die Legierung 11, die in ihrer Zusammensetzung nicht herausfällt, sich derartig ungünstig verhält.

Korrosionsversuche der gleichen Verfasser[5] an denselben Legierungen in Öl gibt Abb. 311 wieder. Über die Beschaffenheit des Öles wird nichts angegeben; jedoch wird erwähnt, daß die Gewichtsverluste durch eine Einwirkung der im Öl vorhandenen organischen Säuren hervorgerufen

[1] Diskussion zu M. v. SCHWARZ: Z. Metallkde. Bd. 28 (1936) S. 131—132.
[2] ACKERMANN, CH. L.: Metallwirtsch. Bd. 8 (1929) S. 701, 702.
[3] SCHMIDT, R.: Stahl u. Eisen Bd. 56 (1936) S. 228—231.
[4] SCHWARZ, M. v.: Z. Metallkde. Bd. 28 (1936) S. 128—131.
[5] SLAWINSKI, N. P., A. V. SHASHIN u. N. A. FILIN: Metallurg. Bd. 3 (1935) S. 66—81. (russ.) Ref. M. A. Inst. Met. Bd. 2 (1935) S. 576.

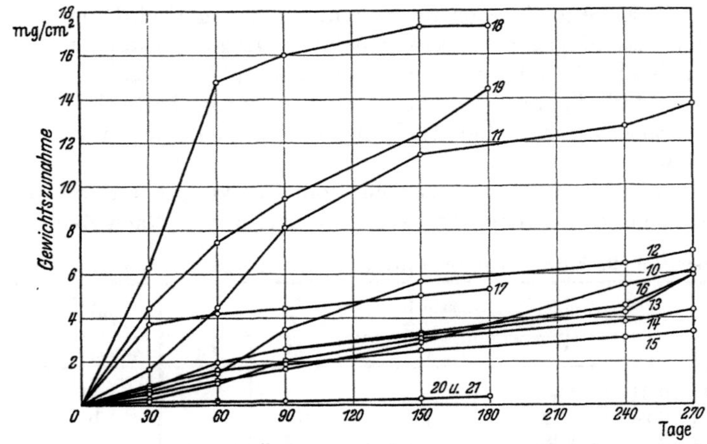

Abb. 310. Korrosion gehärteter Bleilegierungen in Leitungswasser. (Nach SLAWINSKI, SHASHIN und FILIN.)

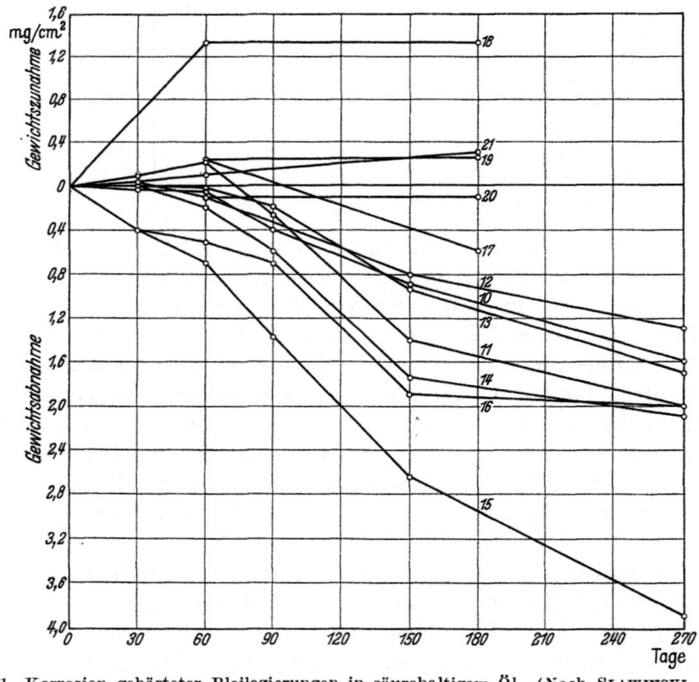

Abb. 311. Korrosion gehärteter Bleilegierungen in säurehaltigem Öl. (Nach SLAWINSKI, SHASHIN und FILIN.)

seien. Auch hier verhalten sich die kaliumhaltigen Legierungen (20 und 21) sehr gut. Die kadmiumhaltigen Legierungen 14, 15 und 16 zeigen dagegen die höchsten Gewichtsverluste, während die bariumhaltige Legierung 18 im Gegensatz zu allen anderen Legierungen eine starke Gewichtszunahme aufweist.

Ferner liegen Versuche von 28 Wochen Dauer in 80° heißem Mineralöl an einer Legierung vor, die mit 94,4% Blei, 1,01% Barium, 1,07% Strontium, 1,01% Kupfer und 2,28% Kalzium fast die Zusammensetzung des Can-Metalls hat[1]. Für dieses sehr hochlegierte Lagermetall beträgt der Gewichtsverlust, gerechnet auf 100 Stunden, 13,7 mg/cm² (entsprechend etwa 0,01 mm), gegenüber 9,7 mg/cm² für Weichblei, während die Blei-Antimon- und die Zinnlegierungen überhaupt nicht angegriffen wurden. Unter besonderen Verhältnissen wird gelegentlich über stärkeren chemischen Angriff berichtet. So können nach MATHESIUS[2] gehärtete Bleilagermetalle nicht für Lagerstellen mit Preßölschmierung verwendet werden. Durch die Einwirkung der hier unter hohem Druck mit dem Öl in Berührung kommenden Luft sollen sich im Öl Fettsäuren bilden, die die Legierung verhältnismäßig stark angreifen. Auch JAKEMAN und BARR[3] berichten, daß stark säurehaltige, tierische und pflanzliche Öle, die sie versuchsweise anwendeten, bei Bn-Metall zu einem hohen Verschleiß führen, während die Legierung sich gegenüber Erdölen und gefetteten Ölen einwandfrei verhält. Schließlich erwähnt auch UNDERWOOD[4], daß Satco bei höheren Temperaturen von säurehaltigem Öl angegriffen wird. In allen genannten Fällen handelt es sich aber offenbar um Versuchsöle oder um Öle für Sonderzwecke. Beim Gebrauch normaler Öle tritt weder ein chemischer Angriff auf die gehärteten Bleilagermetalle, noch eine anormale Zersetzung des Öles ein.

6. Laufverhalten in Prüfmaschinen und im Betriebe.

Es liegen keine Laufversuche vor, bei denen verschiedene Arten gehärteter Bleilagermetalle eingehend genug geprüft worden wären, um einen Vergleich oder die Herausarbeitung wesentlicher Unterschiede zu ermöglichen. Dagegen hat man aus den verschiedenen Veröffentlichungen durchaus den Eindruck, daß es immer dieselben Eigenschaften sind, in denen sich die gehärteten Bleilagermetalle von anderen Lagerlegierungen unterscheiden. Dementsprechend wird auch in diesem Abschnitt die Gruppe der gehärteten Bleilagermetalle als ganzes den anderen Lagerlegierungen gegenübergestellt, während auf eine Bewertung der einzelnen gehärteten Bleilagermetalle untereinander hinsichtlich der Laufeigenschaften verzichtet werden muß.

a) Verschleiß.

Zahlentafel 60 bringt die im Schrifttum und aus eigenen Versuchen vorhandenen Verschleißmessungen. Ferner finden sich folgende Angaben:

---

[1] Anon.: Korrosion u. Metallsch. Bd. 12 (1936) S. 50—52.

[2] MATHESIUS: Glasers Ann. Bd. 92 (1923) S. 163—170.

[3] JAKEMAN, C. u. G. BARR: B.N.F.M.R.A. Nr. 289 A Nov. 1931 Res. Nr. 43. Ref. Engng. Bd. 133 (1932) S. 200—203.

[4] UNDERWOOD, A. F.: S.A.E. J. Bd. 43 (1938) S. 385—392.

In einer Diskussion der in Zahlentafel 60 gebrachten Messungen von WELTER und von KUNZE teilt letzterer[1] mit, daß seine Laboratoriumsmessungen durch die Ergebnisse von Betriebsversuchen an D-Zug-Wagen nach 60000 km Lauf bestätigt wurden. Bei Laufversuchen beobachteten JAKEMAN und BARR[2] an Bn-Metall und McKEE[3] an Frary-Metall einen hohen Abrieb im Vergleich zu Zinn- und Blei-Antimonlagermetallen.

Zahlentafel 60. Verschleiß von gehärteten Bleilagermetallen im Vergleich zu anderen Legierungen.

Prüfmethode	Verschleiß gemessen in	Bn-Metall	Satco	Frary-metall	Zinnlagermetall mit 80—94% Sn	Blei-Antimonlagermetall 0—20% Sn	Bronze
Lagerprüfmschine mit Ölschmierung[4] . .	10^{-3} mm	50—55			20—35		2—5
Trockenverschleiß auf Polierrotpapier[5] . .	mm	4,1	3,3—4,2		1,6—2,2	3,3	0,75
Spindelmaschine mit Ölschmierung[6] . .	10^{-3} mm	15			6	5	
Amslermaschine unter Öl[7]	g			1,45	0,4	1,3—2,1	
Betriebsmessungen an D-Zug-Wagen[8] . .	mm	0,57			0,51	0,61	

Auch ACKERMANN[9] hat auf der Hanffstengelmaschine an einer Bleilegierung mit 2,5% Mg und 2,5% Zn eine um etwa 20% höhere Abnutzung als bei WM 5 gemessen. Nach einer uns im Original nicht zugänglichen Arbeit von PICHUGIN[10] liegt Satco im Verschleiß zwischen verschiedenen Blei-Antimonlagermetallen mit kleinen Sonderzusätzen und erheblich höher als ein Zinnlagermetall. HERSCHMAN und BASIL[7] haben außer den

[1] KUNZE: Masch.-Bau Betrieb Bd. 11 (1932) S. 147.

[2] JAKEMAN, C. u. G. BARR: B.N.F.M.R.A. Nr. 289 A Nov. 1931 Res. Nr. 43, Ref. Engng. Bd. 133 (1932) S. 200—203.

[3] McKEE, S. A. u. T. R. McKEE: Trans. Amer. Soc. mech. Engrs. Bd. 59 (1938) S. 721—724.

[4] W. JUNG-KÖNIG, E. KOCH u. W. LINICUS, zum Teil veröffentlicht von W. LINICUS: Schriften d. Hess. Hochschulen, T. H. Darmstadt 1933 Nr. 2, S. 13—19.

[5] Frhr. v. GÖLER u. G. SACHS: Mitt. Arbeitsber. Metallges. Heft 10 (1935) S. 3—10. — Gießereipraxis Bd. 57 (1936) S. 76—79, 121—124.

[6] KUNZE: Masch.-Bau Betrieb Bd. 10 (1931) S. 664—670.

[7] HERSCHMAN, H. K. u. J. L. BASIL: Proc. Amer. Soc. Test. Mater Bd. 32 (1932 II) S. 536—557.

[8] WELTER, G.: Masch.-Bau Betrieb Bd. 11 (1932) S. 146, 147 (Zuschrift zu KUNZE). Mittelwerte aus Messungen an den Achslagern von 70 D-Zug-Wagen nach halbjähriger Laufzeit.

[9] ACKERMANN, CH. L.: Metallwirtsch. Bd. 8 (1929) S. 701, 702.

[10] PICHUGIN, J. V.: Dizelestroenie Bd. 7 (1936) S. 11—21 (russ.). Ref. M. A. Inst. Met. Bd. 3 (1936) S. 519—520.

in Zahlentafel 60 aufgenommenen Laboratoriumsmessungen auch Prüfungen in Benzinmotoren durchgeführt. Dabei ergaben sich die in Zahlentafel 61 angegebenen Abnutzungsverhältnisse. Geprüft wurden jeweils 3 bis 6 Lager. Die Werte für Frary-Metall sind durch ein offensichtlich schlechtes Lager sehr in die Höhe gedrückt worden. Wenn man nur die normallaufenden Lager berücksichtigt, so ergeben sich etwa 30% niedrigere Werte, die für den Verschleiß im Dauerbetrieb und für die Durchmesserzunahme nur wenig höher als für das Blei-Antimonlagermetall liegen.

Es fällt zunächst auf, daß die geschilderten Ergebnisse recht weitgehend voneinander abweichen, ja, daß manche denen anderer Forscher widersprechen. Diese Feststellung darf aber nicht dazu verleiten, derartige Messungen überhaupt als wertlos anzusehen. Vielmehr drückt

Zahlentafel 61. Abnutzung verschiedener Lagermetalle in Benzinmotoren. (Nach HERSCHMAN und BASIL.)

Legierung	Gewichtsverlust in g beim		Nach 170 + 850 Stunden Durchmesserzunahme in mm
	Einlauf 170 Stunden	Dauerbetrieb 850 Stunden	
Zinnlagermetall 90% Sn	1,2	1,1	0,030
Blei-Antimonlagermetall 3% Sn	2,0	1,8	0,043
Frary-Metall	4,7	2,9	0,061

sich darin die Vielfältigkeit der Beanspruchungsverhältnisse im Lager aus, die ja auch im Betriebe, wie jedermann aus Erfahrung weiß, zu durchaus wechselnden Ergebnissen führen kann.

Wenn man auf eine zahlenmäßige Festlegung für das gegenseitige Verhältnis der Verschleißwerte verzichtet und sich auf einen qualitativen Überblick beschränkt, so stimmen alle diese Angaben darin überein, daß die hochzinnhaltigen Lagermetalle den geringsten Verschleiß haben und darin weder von den Blei-Antimonlagermetallen noch von den gehärteten Bleilagermetallen erreicht werden. Eine Ausnahme bilden nur sehr weit zurückliegende Versuche an Frary-Metall[1, 2], bei denen an gelaufenen Lagern für ein Zinnweißmetall etwas höhere Gewichtsverluste als für Frary-Metall gefunden wurden.

Es sei hier schon darauf hingewiesen, daß der hohe Verschleiß mit den guten Laufeigenschaften keineswegs im Widerspruch steht[3]. Wahrscheinlich ist sogar die verhältnismäßig starke Abnutzung eine der Ursachen für die gute Einlauffähigkeit, die Unempfindlichkeit gegen Störungen und damit die Eignung für einen rauhen Betrieb.

[1] BURGESS, G. K. u. R. W. WOODWARD: Chem. metall. Engng. Bd. 19 (1918) S. 660—661.

[2] FRARY, F. C. u. S. N. TEMPLE: Chem. metall. Engng. Bd. 19 (1918) S. 523 bis 524.

[3] KUNZE: Masch.-Bau Betrieb Bd. 10 (1931) S. 664—670.

Diese Deutung drängt sich auf, wenn man den zeitlichen Verlauf des Verschleißvorganges betrachtet. Abb. 312 zeigt diesen für zwei Güterwagenlagerschalen, die mit einem gehärteten Bleilagermetall mit 0,7 % Ca, 0,35 % Na und 0,04 % Li ausgegossen worden waren. Die Schalen wurden nach verschiedenen Laufzeiten ausgebaut und die Breite des gebildeten Laufspiegels gemessen. Daraus wurde das Volumen berechnet, welches durch den Verschleiß beim Laufen aus dem Ausguß herausgearbeitet worden war. Die Laufspiegelbreite und das Verschleißvolumen sind in Abb. 312 über der Versuchsdauer aufgetragen. Es ergibt sich, daß ein sehr großer Verschleiß bereits in den ersten Stunden (die erste Messung erfolgte nach 3 Stunden) eintritt. Wie einige Stunden dauernde Eindruckversuche bei der gleichen Belastung und Temperatur, aber mit stillstehender Welle gezeigt haben, ist der hohe Anfangswert zu größenordnungsmäßig $^1/_3$ dadurch bedingt, daß der Ausguß eingedrückt wird. Dieser Anteil könnte also durch konstruktive Maßnahmen, wie Verringerung der Ausgußstärke und Einlöten des Ausgusses wesentlich verkleinert werden. Es bleibt aber immer noch ein erheblicher durch Abrieb bedingter Anteil. Durch diese Versuche ist bewiesen, daß zwischen Einlaufverschleiß und Verschleiß im Dauerbetrieb scharf unterschieden werden muß. Entsprechende Versuche für andere Lagermetalle liegen bisher nicht vor. Man hat aber aus manchen Beobachtungen im Betriebe und bei Laufversuchen z. B. von McKEE[1] oder aus den in Zahlentafel 61 wiedergegebenen Versuchen von HERSCHMAN und BASIL[2] den Eindruck, daß bei den gehärteten Bleilagermetallen das Verhältnis des Einlaufverschleißes zum Verschleiß im Dauerbetrieb erheblich größer ist als bei Zinn- und Blei-Antimonlagermetallen und daß dieser Unterschied sowohl die gute Einlauffähigkeit neuer Schalen bedingt als auch die Unempfindlichkeit im Lauf, d. h. die Fähigkeit nach Störungen, die z. B. durch Fremdkörper verursacht sein können, wieder einzulaufen.

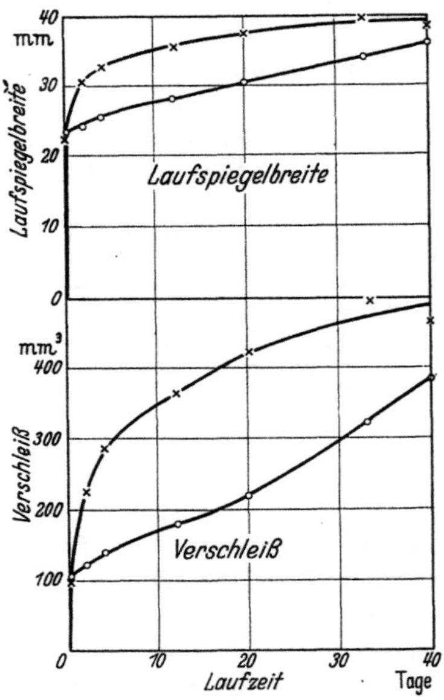

Abb. 312. Laufspiegelbreite und Verschleiß (abgeriebenes Volumen) bei 2 Güterwagenlagerschalen. Belastung 4 t. Gleitgeschwindigkeit 1,4 m/s. Spiel 4,4 %.

[1] McKEE, S. A. u. T. R. McKEE: Trans. Amer. Soc. mech. Engrs. Bd. 59 (1938) S. 721—724.

[2] HERSCHMAN, H. K. u. J. L. BASIL: Proc. Amer. Soc. Test. Mater. Bd. 32 (1932 II) S. 536—557.

Über das gegenseitige Verhältnis der Verschleißwerte für verschiedene Typen gehärteter Bleilagermetalle ist bisher nichts veröffentlicht worden. Eigene Versuche gaben Streuungen für die Werte der gleichen Legierung schon bei Wiederholung unter gleichen Bedingungen und mehr noch beim Übergang zu einer anderen Prüfmethode, die es noch nicht erlauben, ins einzelne gehende Schlüsse zu ziehen.

Im Zusammenhang mit den Verschleißmessungen sei erwähnt, daß abgeriebene Lagermetallteilchen im Öl im Gegensatz zu anderen Verunreinigungen, wie etwa Sand, keine ernsthaften Laufstörungen hervorrufen[1].

b) Reibungs- und Temperaturmessungen.

In der älteren Literatur finden sich vorwiegend Versuche bei relativ niedrigen Belastungen und Gleitgeschwindigkeiten. Unter diesen Verhältnissen scheinen in bezug auf Reibung bzw. Lagertemperatur zwischen gehärteten Bleilagermetallen, den Zinnweißmetallen und den Blei-Antimonlagermetallen keine großen Unterschiede zu bestehen. So geben z. B. S. A. und T. R. McKee[2] die in Abb. 313 gegebenen Reibungskurven für gut eingelaufene Lager, wobei bei Gleitgeschwindigkeiten zwischen 0,12 und 9,4 m/s und Belastungen zwischen 2,3 und 13,7 kg/cm² geprüft wurde[3]. Hierher gehören auch die bereits erwähnten (vgl. S. 395) Versuche des Bureau of Standards[4,5], die für Frary-Metall sogar etwas günstigere Reibungswerte ergaben als für das verglichene Zinnweißmetall.

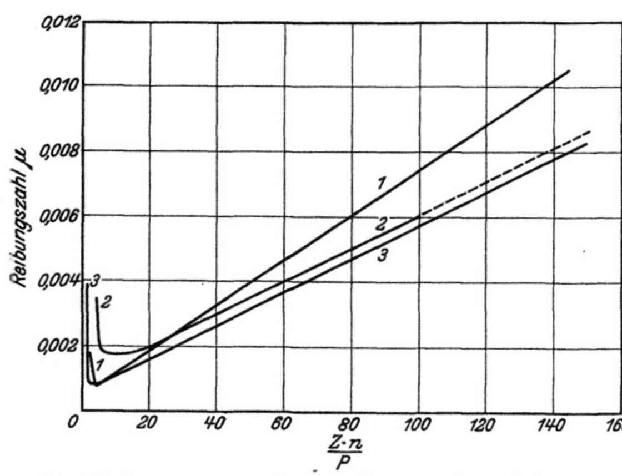

Abb. 313. Laufkurven verschiedener Lagermetalle für Belastungen von 9,1 bis 13,7 kg/cm² und Gleitgeschwindigkeiten von 0,12 bis 9,4 m/s. *1* Bleilagermetall (82,5% Pb, 14,05% Sb, 3,28% Sn, 0,15% Cu), *2* gehärtetes Bleilagermetall (97,5% Pb, 1,75% Ba, 0,75% Ca), *3* Zinnweißmetall (90,3% Sn, 4,77% Sb, 4,5% Cu, 0,4% Pb). *Z* Ölzähigkeit, *n* Drehzahl, *P* spezifische Belastung.

---

[1] Garbers: Org. Fortschr. Eisenbahnw. Bd. 91 (1936) S. 293—312.

[2] McKee, S. A. u. T. R. McKee: Trans. Amer. Soc. mech. Engrs. Bd. 59 (1938) S. 721—724.

[3] Diese Versuche wurden ebenso wie alle anderen in diesem Abschnitt zitierten Laufversuche bei statischer Belastung durchgeführt.

[4] Burgess, G. K. u. R. W. Woodward: Chem. metall. Engng. Bd. 19 (1918) S. 660, 661.

[5] Frary, F. C. u. S. N. Temple: Chem. metall. Engng. Bd. 19 (1918) S. 523 bis 524.

Untereinander etwa gleich große Reibungswerte fanden auch Jakeman und Barr[1] für Bn-Metall und WM 80 bei niedrigen Beanspruchungen. Lurgi-Metall hat nach Czochralski und Welter[2] bei Belastungen bis 48 kg/cm² und Gleitgeschwindigkeiten bis 2,7 m/s die gleichen, teilweise sogar etwas niedrigere Temperaturen wie ein Weißmetall nicht näher angegebener Zusammensetzung. Bei Laufversuchen bei 7 t Belastung und 1,6 m/s Gleitgeschwindigkeit an mit Lurgi-Metall, Regelmetall, Aalener-Metall und Einheitsmetall ausgegossenen Güterwagenlagerschalen findet Schulze[3] bei normalem Lauf in mehrfach wiederholten Versuchen auf $\pm 5^\circ$ gleiche Temperaturen. Schließlich entspricht Bn-Metall in den Übertemperaturen nach Graebing[4, 5] durchaus den Werten, die für verschiedene Bleilagermetalle (vgl. Zahlentafel 62) und WM 70 gefunden wurden.

c) Belastbarkeit.

Sehr viel unklarer ist dagegen die für die Bewährung eines Lagermetalls eigentlich entscheidende Frage nach den Grenzen, bis zu denen man hinsichtlich Belastung und Geschwindigkeit gehen kann. Aus den vorhandenen Versuchsergebnissen und den Betriebserfahrungen scheint hervorzugehen, daß die gehärteten Bleilagermetalle den hochzinnhaltigen Lagermetallen, wie etwa WM 80 etwas unterlegen sind. Den Blei-Antimonlagermetallen sind sie dagegen bei niedrigen und mittleren Belastungen hinsichtlich der ertragenen Gleitgeschwindigkeit gleichwertig, sie nehmen aber, selbstverständlich nur noch bei begrenzten Gleitgeschwindigkeiten, höhere Belastungen als diese auf. Schematisch lassen sich diese Verhältnisse durch die Abb. 314 darstellen. Vergleichsversuche, die tatsächlich den ganzen Bereich dieser Abbildung umfassen, liegen nicht vor. Wohl aber lassen sich für einzelne Abschnitte nachstehende Schrifttumsangaben anführen.

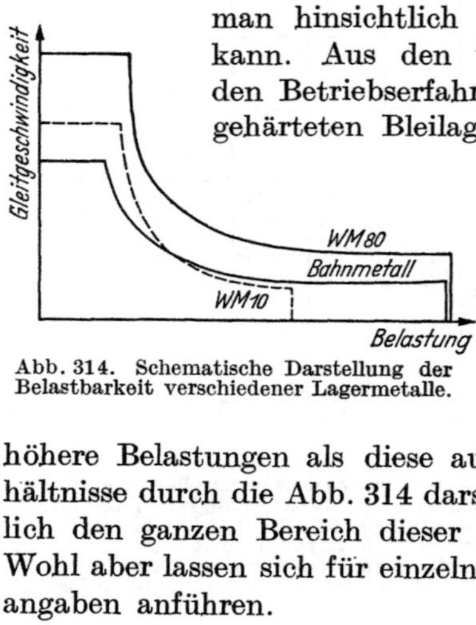

Abb. 314. Schematische Darstellung der Belastbarkeit verschiedener Lagermetalle.

Aus Versuchen von Graebing[4] an den in Zahlentafel 62 aufgeführten Legierungen sind die in Abb. 315 zusammengestellten Grenzwerte entnommen. Dabei ist bei seinen Laufkurven die Grenze der

[1] Jakeman, C. u. G. Barr: B.N.F.M.R.A. Nr. 289 A Nov. 1931 Res. Nr. 43, Ref. Engng. Bd. 133 (1932) S. 200—203.

[2] Czochralski, J.: Z. Metallkde. Bd. 12 (1920) S. 371—403. — Czochralski, J. u. G. Welter: Lagermetalle und ihre technologische Bewertung. Berlin: Julius Springer 1924.

[3] Schulze, E.: Eisenbahnwesen. Berlin 1925. S. 168—187.

[4] Graebing, A.: Braunkohle Bd. 34 (1935) S. 729—735, 748—752.

[5] Graebing, A.: Braunkohle Bd. 35 (1936) S. 613—618.

Zahlentafel 62. Zusammensetzung der von GRAEBING geprüften Lagermetalle.

Nr. in Abb. 315	Legierung	Zusammensetzung in %[1]						
		Pb	Sn	Sb	As	Ni	Cu	
2	WM 70	12	70	13			5	
3	Uno Glyco . . .	74,5	10	13,5				
4	Torpedo 2129 .	77		20	0,9	1,8		
5	Thermit	75	6	15	0,5	1	1	1,5 Cd
6	Gittermetall GK	73	10	15			1,8	0,2 C
7	Careco 80[2] . . .	70—77	4,5—10	16	0,3—0,5	0—0,8	1	0—1 Cd
8	Albo I	78,9	5,8	13,6			1,7	
9	Daraco S . . .	78,8	6	15				
1	Bn-Metall. . . .	98,6	0,69 Ca;		0,62 Na;	0,04 Li;	0,02 Al.	

[1] Übersichtsblatt über zinnarme und zinnfreie Lagerausgußmetalle. Berlin: Beuth-Verlag 1936.

[2] Es war nicht festzustellen, um welche der im Übersichtsblatt angeführten 4 Careco-Legierungen es sich handelt.

Belastbarkeit da angesetzt, wo die Temperaturkurven steiler anzusteigen beginnen. Diese Abbildung zeigt also, daß in dem recht großen untersuchten Beanspruchungsbereich Bn-Metall durchaus dasselbe aushält, wie die Mehrzahl der geprüften Bleilagermetalle. Den Unterschieden zwischen den verschiedenen Lagermetallen, die man im einzelnen aus der Abbildung herauslesen könnte, möchten wir kein Gewicht beilegen, weil sehr ähnlich zusammengesetzte Legierungen wie z. B. Thermit und Careco oder Daraco und Uno-Glyco in der Abb. 315 sehr weit auseinander liegen. Abb. 316, die aus in der Arbeit von BRASCH[1] zitierten Versuchen der Technischen Hochschule Berlin stammt, zeigt recht kraß die Unterlegenheit des Bn-Metalls bei hohen Gleitgeschwindigkeiten und seine außerordentliche Überlegenheit bei niedrigen Gleitgeschwindigkeiten und hohen Belastungen. Die hohe Grenzbelastbarkeit bei kleinen und mittleren Geschwindigkeiten wird durch Versuche an der Technischen Hochschule Charlottenburg belegt[2], bei denen Lurgi-

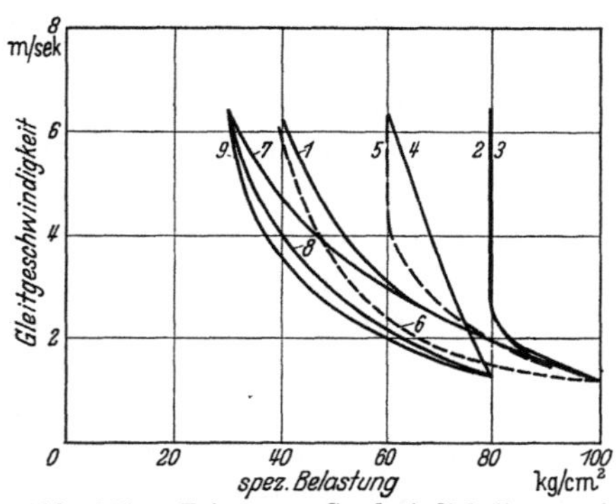

Abb. 315. Ertragene Geschwindigkeiten und Grenzen der Belastbarkeit für Bn-Metall und verschiedene Weißmetalle. (Nach GRAEBING.)

[1] BRASCH, W.: Techn. Zbl. prakt. Metallbearb. Bd. 46 (1936) S. 452, 454, 456, 458.

[2] Zitiert bei CZOCHRALSKI, J.: Z. Metallkde. Bd. 12 (1920) S. 371—403. — CZOCHRALSKI, J. u. G. WELTER: Lagermetalle und ihre technologische Bewertung. Berlin: Julius Springer 1924.

lagermetall bei 1,05 m/s bis zu 425 kg/cm² belastet werden konnte. Bn-Metall kann bei 2,5 m/s bis zu 380 und bei 4,2 m/s bis zu 340 kg/cm² belastet werden [1].

Im Vergleich zu Zinnlagermetallen liegen Versuche von JAKEMAN und BARR [2] vor, nach denen bei einer Gleitgeschwindigkeit von 3,5 m/s Bn-Metall bei 105 kg/cm² versagt, während ein Weißmetall mit 80% Zinn noch bei 175 kg/cm² gut läuft. Mit der oben besprochenen begrenzten Leistungsfähigkeit bei hohen Geschwindigkeiten, steht in Einklang, daß nach ARMBRUSTER [3] bei 13 m/s Gleitgeschwindigkeit ein alkali- und

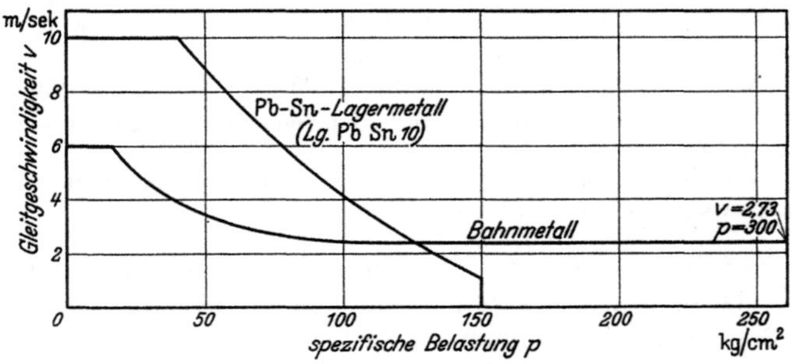

Abb. 316. Kurven gleicher Temperatur für Bn-Metall und ein Bleilagermetall mit 10% Zinn.

erdalkalihaltiges Bleilagermetall sowohl einer hochzinnhaltigen als auch einer hochbleihaltigen graphitierten Legierung unterlegen sein soll. Nähere Angaben über Zusammensetzung und Prüfbedingungen fehlen allerdings bei dieser Veröffentlichung.

Es gibt schließlich noch eine Reihe von Versuchen an gehärteten Bleilagermetallen auf verschiedenen Maschinen, bei denen Klötzchen aus einem Lagermetall gegen einen Stahlring angedrückt werden [4–8]. Sie seien hier nur der Vollständigkeit halber erwähnt, da die Frage, ob eine derartige Prüfung zur Beurteilung der Gleiteigenschaften geeignet ist, sehr umstritten ist.

---

[1] BRASCH, W.: Techn. Zbl. prakt. Metallbearb. Bd. 46 (1936) S. 452, 454, 456, 458.

[2] JAKEMAN, C. u. G. BARR: B.N.F.M.R.A. Nr. 289 A Nov. 1931 Res. Nr. 43, Ref. Engng. Bd. 133 (1932) S. 200—203.

[3] ARMBRUSTER, M.: Dtsch. Mot.-Z. Bd. 6 (1929) S. 504, 506.

[4] MOELLENDORFF, W. v. u. J. CZOCHRALSKI, zitiert bei CZOCHRALSKI, J.: Z. Metallkde. Bd. 12 (1920) S. 371—403.

[5] ACKERMANN, CH. L.: Metallwirtsch. Bd. 8 (1929) S. 701, 702.

[6] FLEISCHMANN, E.: Forschungsarbeiten über Metallkunde und Röntgenmetallographie, Heft 3, S. 89. München u. Leipzig 1932.

[7] KATZ: Braunkohle Bd. 34 (1935) S. 752—754.

[8] SCHWARZ, M. v.: Z. Metallkde. Bd. 28 (1936) S. 128—131.

d) Einlaufverhalten und Notlaufeigenschaften.

Für die betriebliche Anwendung sind außer den Feststellungen bei Verschleiß-, Reibungs- und Temperaturmessungen noch weitere Gesichtspunkte maßgebend, die sich in erster Linie im Betriebe ergeben haben, durch Versuche aber nur schwer erfassen lassen und sich einer zahlenmäßigen Wiedergabe zumeist entziehen. Hier ist zunächst die ausgezeichnete Einlauffähigkeit der gehärteten Bleilagermetalle zu nennen. Abb. 317, die einer Arbeit von SCHULZE[1] entnommen ist, belegt diese Fähigkeit für Lurgi-Metall. Die obere Kurve zeigt, daß das Lager, obwohl es infolge

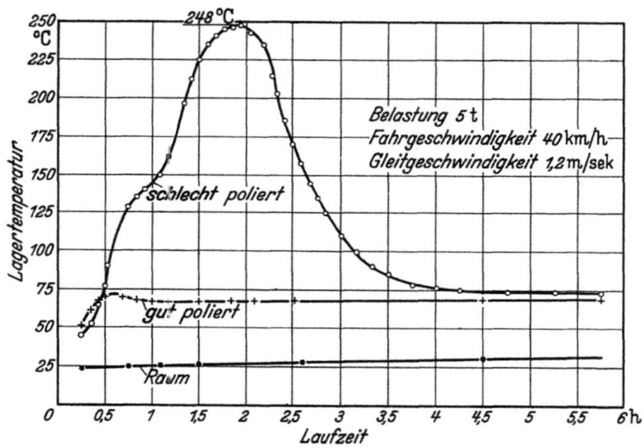

Abb. 317. Einlaufkurven von Eisenbahn-Achslagern mit Lurgi-Metall bei verschiedener Achsschenkelbearbeitung. (Nach SCHULZE[1].)

schlechter Bearbeitung des Achsschenkels schon eine Temperatur von 250° erreicht hatte, sich vollkommen wieder erholt. Durch den Lauf werden die Fehler auf dem Achsschenkel allmählich auspoliert und die Temperatur gleicht sich wieder der Temperatur einer Schale an, die mit gut poliertem Schenkel eingelaufen war. Sowohl Zinn- als auch Blei-Antimonlagermetalle, die beide bei 180° zu schmelzen beginnen, hätten in diesem Falle zu Heißläufern geführt. Die untere Kurve, die den Einlauf bei gut bearbeitetem Achsschenkel zeigt, bietet dagegen nichts Besonderes. Wie aus anderen Versuchen des gleichen Verfassers hervorgeht, stimmen in diesem Falle die Einlaufkurven für das gehärtete Bleilagermetall, Regelmetall, Aalener-Metall und Einheitsmetall praktisch überein. Die gute Einlauffähigkeit wird auch dem Bn-Metall nachgerühmt[2].

Die gute Einlauffähigkeit bedingt, daß mit gehärteten Bleilagermetallen ausgegossene Schalen ohne nachträgliche Bearbeitung mit der Gußhaut eingebaut werden können, um sofort unter Vollast anzufahren. Die auch bei dem sog. „Genaugußverfahren“ niemals ganz zu

[1] SCHULZE, E.: Eisenbahnwesen. Berlin 1925. S. 168—187.

[2] KUNZE: Masch.-Bau Betrieb Bd. 10 (1931) S. 664—670.

vermeidenden Oberflächenfehler der Gußhaut werden durch Bildung eines Laufspiegels in kurzer Zeit beseitigt. Gelegentlich wird sogar erwähnt, daß der Einlauf auf der Gußhaut noch besser erfolgt als auf einer abgedrehten Oberfläche [1,2].

Auf den gleichen Ursachen wie die gute Einlauffähigkeit beruhen wahrscheinlich auch die guten Notlaufeigenschaften, d. h. die Unempfindlichkeit gegen Überlastungen und Störungen der Schmierung. Diese bestätigen Karelitz und Ellis [3] bei Auslaufversuchen nach Abstellen

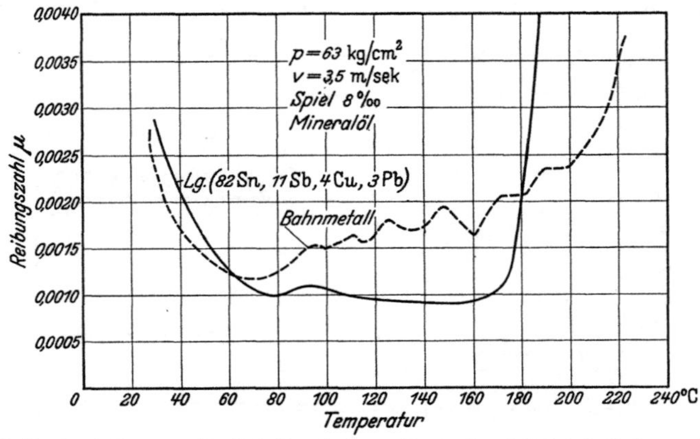

Abb. 318. Laufverhalten von Bn-Metall und einem Zinnweißmetall bei Aufheizung des Öles.

der Schmierung an Satco und an Zinnlagermetallen. Sehr deutlich kommt sie zum Ausdruck in Abb. 318, die einer Arbeit von Jakeman und Barr [4] entstammt. Hierbei wurde durch Aufheizung des Öles die Lagertemperatur allmählich gesteigert. Das Zinnweißmetall, das 3,1% Blei enthält, hat zwar bis 170° erheblich niedrigere Reibung, versagt aber beim Schmelzpunkt des Blei-Zinn-Eutektikums, während das Bahnmetall noch bis 220° läuft. Wahrscheinlich würde sich dieses Lager bei Verringerung der Belastung oder Abkühlung des Öles wieder ebenso erholen, wie das Lager bei dem in Abb. 317 gezeigten Einlaufversuch. Zur Erklärung der guten Notlaufeigenschaften kann die Beobachtung beitragen, daß bei Regelmetall beim Heißlauf die Temperatursteigerung bis zum Schmelzpunkt geht und zum Ausschmelzen des Ausgusses führt, während bei den gehärteten Bleilagermetallen die Temperatur etwa 30 bis 50° unter dem Schmelzpunkt bleibt. Dabei wird der Ausguß allmählich herausgedrückt [1,3].

[1] Wolff, R.: Eisenbahnwerk 1925 S. 211—215, 235—240.

[2] Müller, H.: Glasers Ann. Sonderheft 1927 S. 279—291.

[3] Karelitz, G. B. u. O. W. Ellis: Trans. Amer. Soc. mech. Engrs. Bd. 52 (1930) S. 87—99. Auszug: Met. Ind., Lond. Bd. 36 (1930) S. 197—201.

[4] Jakeman, C. u. G. Barr: B.N.F.M.R.A. Nr. 289 A Nov. 1931 Res. Nr. 43, Ref. Engng. Bd. 133 (1932) S. 200—203.

Zweifellos sind Einlauffähigkeit und Notlaufeigenschaften der gehärteten Bleilagermetalle bedingt durch den hohen Schmelzpunkt einerseits, der sie weitgehende Überhitzung ohne Schaden ertragen läßt, durch ihren hohen Verschleiß andererseits, der eine schnelle Glättung der Lauffläche und Anpassung an die Welle ermöglicht.

e) Anwendung für schienengebundene Fahrzeuge.

Die gehärteten Bleilagermetalle sind von Anfang an vorwiegend in Eisenbahnfahrzeugen verwendet worden. Diese Lager unterscheiden sich hinsichtlich Konstruktion und Betriebsbedingungen ganz wesentlich von fast allen im übrigen Maschinenbau vorkommenden Lagern. Es werden daher auch in dem vorliegenden Bericht die Anwendung der gehärteten Bleilagermetalle für schienengebundene Fahrzeuge und die auf anderen Gebieten des Maschinenbaues in zwei getrennten Abschnitten behandelt.

Die gehärteten Bleilagermetalle haben für alle bei Eisenbahnfahrzeugen vorhandenen Lager Verwendung gefunden, und zwar vor allem für die Achslager. Ebenso haben sie sich bei Kleinbahnen, Straßenbahnen[1] und Feldbahnen gut eingeführt[2].

Zahlentafel 63.

Wagengewicht in t	Brinellhärte kg/mm²
30—40	27—31
40—50	31—33
50—60	33—35

Bei Personen- und Güterwagen können sie bis zu den höchsten Achsdrücken (15 t) verwendet werden. Neuerdings ist für Bn-Metall empfohlen worden[3] bei hohen Belastungen besonders harte Lagerausgüsse auszusuchen entsprechend der vorstehenden Zahlentafel 63.

Bei schwächer und mittelstark beanspruchten Lokomotiven hat Bn-Metall sich gut bewährt; bei schweren Lokomotiven dagegen hat es in den besonders hoch beanspruchten Pleuelstangen- und Kopfstangenlagern nicht ausgereicht[4, 5]. Hier wird Regelmetall verwendet, da wie zu erwarten Blei-Antimonlagermetalle ebenfalls versagten[5].

Die gute Einlaufsfähigkeit der gehärteten Bleilagermetalle, insbesondere des Bn-Metalls hat es ermöglicht, daß die Güter- und Personenwagenlagerschalen der Deutschen Reichsbahn ohne nachträgliche Bearbeitung mit der Gußhaut auf die Achse aufgesetzt werden und ohne schonenden Einlauf sofort in den Betrieb gehen können[6–10].

[1] Kindler, E.: Verkehrstechnik Bd. 4 (1923) S. 161—163.
[2] Pontani, H. H.: Mitt. Arbeitsber. Met. Ges. Heft 12 (1936) S. 24—32.
[3] Bernsdorff, O.: Bahningenieur Bd. 55 (1938) S. 401—407.
[4] Haas: Aussprache über Lagermetalle im Fachnormenausschuß für Nichteisenmetalle, S. 22, 23. Berlin 1934.
[5] Wagner, R. P. u. H. Muethen: Glasers Ann. Bd. 118 (1936) S. 31—38, 59—69.
[6] Kunze: Masch.-Bau Betrieb Bd. 10 (1931) S. 664—670.
[7] Müller, H.: Z. VDI Bd. 72 (1928) S. 879—884.
[8] Schulze, E. u. Vogt: Verkehrstechnik Bd. 33 (1922) S. 577—580, 585—589.
[9] Lindermayer: Das deutsche Eisenbahnwesen der Gegenwart, Berlin 1923. Bd. 1, S. 278—288.
[10] Wolff, R.: Eisenbahnwerk 1925 S. 211—215, 235—240.

Im Eisenbahnbetriebe hat die Einführung der gehärteten Bleilagermetalle wegen ihrer guten Einlauffähigkeit und Notlaufeigenschaften zu einer erheblichen Verringerung der Zahl der Heißläufer geführt[1]. Dabei wirkt wahrscheinlich mit, daß man beginnende Heißläufer an der Entwicklung von Öldämpfen noch vor vollständigem Versagen des Lagers erkennen und bekämpfen kann, während bei Zinnweißmetallagern das Öl erst zu dampfen beginnt, wenn nichts mehr zu retten ist[2, 3, 4].

Wenn auch die Lager beim schienengebundenen Fahrzeug unter besonders ungünstigen Verhältnissen arbeiten müssen, und wenn sich auch die gehärteten Bleilagermetalle durch ihre Unempfindlichkeit im rauhen Betriebe vor anderen Lagermetallen auszuzeichnen scheinen, so berechtigt dies doch nicht dazu, die konstruktiven Maßnahmen zu vernachlässigen, die zu einer Verbesserung der Laufbedingungen beitragen können. In dieser Hinsicht ist seinerzeit von der Versuchsabteilung für Lagermetalle der Deutschen Reichsbahn in Göttingen Pionierarbeit geleistet worden mit der Einführung einer sorgfältigen Bearbeitung des Achsschenkels durch Schleifen und Prägepolieren und mit einer Formgebung von Lagerschale und Ausguß, welche die unter Belastung eintretenden Verbiegungen von Achsschenkel und Lagerschale berücksichtigt[5–10]. Bedingt durch die seitdem erfolgte Erhöhung der Geschwindigkeiten und Belastungen wird neuerdings daran gearbeitet, durch Verbesserung der Schmierung und Kühlung, durch sorgfältige Abdichtung der Achsbüchse und durch Vergrößerung der Seitenspiele das Gleitlager den erhöhten Anforderungen anzupassen[11–14].

f) Sonstige Anwendungen.

Hier sind zunächst eine Reihe von Maschinen zu nennen, bei denen die Lager ähnlich wie Eisenbahnlager unter verhältnismäßig groben Bedingungen arbeiten. So wird über gute Bewährung gehärteter Bleilagermetalle in Baumaschinen, Bergwerksmaschinen, Walzwerken,

---

[1] Witte, F.: Z. Metallkde. Bd. 26 (1934) S. 69—70.
[2] Lindermayer: Das deutsche Eisenbahnwesen der Gegenwart, Berlin 1923. Bd. 1, S. 278—288.
[3] Mathesius: Glasers Ann. Bd. 92 (1923) S. 163—170.
[4] Kindler, E.: Verkehrstechnik Bd. 4 (1923) S. 161—163.
[5] Hentschel: Eisenbahnwerk 1925. S. 265.
[6] Müller, H.: Glasers Ann. Sonderheft 1927 S. 279—291.
[7] Schulze, E. u. Vogt: Verkehrstechnik Bd. 3 (1922) S. 577—580, 585—589.
[8] Schulze, E.: Eisenbahnwesen. Berlin 1925. S. 168—187.
[9] Schulze, E.: Verkehrstechnik Bd. 7 (1926) S. 417—423.
[10] Wolff, R.: Eisenbahnwerk 1925 S. 211—215, 235—240.
[11] Bernsdorff, O.: Bahningenieur Bd. 55 (1938) S. 401—407.
[12] Garbers: Org. Fortschr. Eisenbahnw. Bd. 91 (1936) S. 293—312.
[13] Holtmeyer: Org. Fortschr. Eisenbahnw. Bd. 92 (1937) S. 349—358.
[14] Ottersbach: Bahningenieur Bd. 55 (1938) S. 397—401.

Seilbahnen, Brikettpressen usw. berichtet[1–3]. Dabei handelt es sich um Lager mit dickem Ausguß.

Es finden sich aber auch Angaben über die Anwendung von Lagerschalen mit dünnen, eingelöteten Ausgüssen in Verbrennungskraftmaschinen. Und zwar scheint sich Satco für die Haupt- und Pleuellager von standfesten Dieselmotoren und von Dieselmotoren für Triebwagen und Schnellboote bewährt zu haben[4, 5, 6]. RICARDO[7] berichtet über gutes Verhalten im Pleuellager eines Verbrennungsmotors bei 2500 U/min und 240 kg/cm² Belastung. UNDERWOOD[8] hat in einer den Verhältnissen im Automobilmotor angepaßten Prüfmaschine mit wechselnder Belastung ähnliche Lebensdauern für Satco wie für Zinnlagermetalle gefunden.

7. Zusammenfassender Überblick.

Abschließend soll versucht werden, eine gegenseitige Bewertung der verschiedenen gehärteten Bleilagermetalle zu geben und ihre Stellung gegenüber anderen Lagerlegierungen abzugrenzen. Freilich ist dies eine sehr viel schwierigere Aufgabe als z. B. die Beurteilung von Legierungen hinsichtlich ihrer Festigkeitseigenschaften. Hier kann man durch Prüfung verschiedener mechanischer Eigenschaften, durch Erhöhung der Meßgenauigkeit und durch häufige Wiederholung der Messungen auch kleine Unterschiede herausarbeiten und wird schließlich zu einem zuverlässigen, zahlenmäßig belegbaren Urteil über die Eignung der verschiedenen Legierungen für diesen oder jenen Zweck gelangen.

Anders liegen die Verhältnisse auf dem Lagergebiet[9]. Einerseits lassen sich die praktischen Anforderungen, denen die Legierung genügen soll, nicht exakt angeben. Die Kenntnis der in einer Maschine auftretenden Lagerbelastung und Gleitgeschwindigkeit besagt bekanntlich noch sehr wenig. Es kommen vielmehr eine Reihe von Faktoren hinzu, die entweder nicht genügend bekannt sind oder sich von Fall zu Fall ändern. Ist man sich aber über die Anforderungen, die die Praxis stellt, einigermaßen klar geworden, so tritt als neue Schwierigkeit die große Streuung bei Laufversuchen und Verschleißmessungen hinzu. Im Gegensatz zu anderen Problemen ist es bei den zeitraubenden und kostspieligen Lagerprüfungen nur begrenzt möglich, durch Häufung der Versuche die

[1] BRASCH, W.: Techn. Zbl. prakt. Metallbearb. Bd. 46 (1936) S. 452, 454, 456, 458.
[2] PONTANI, H. H.: Mitt. Arbeitsber. Met. Ges. Heft 12 (1936) S. 24—32.
[3] SCHMIDT, R.: Stahl u. Eisen Bd. 56 (1936) S. 228—231.
[4] HACK, C. H.: Metal Progr. Bd. 28 1935 S. 61—64, 72.
[5] HELDT, P. M.: Automotiv. Ind. Bd. 78 (1938) S. 412—422.
[6] BANGERT, P. H.: Z. VDI Bd. 81 (1937) S. 510—516.
[7] RICARDO, H. R. u. J. H. PITCHFORD: S.A.E. J. Bd. 41 (1937) S. 405—414.
[8] UNDERWOOD, A. F.: S.A.E. J. Bd. 43 (1938) S. 385—392.
[9] Frhr. v. GÖLER u. R. WEBER: Jb. dtsch. Luftfahrtforsch. 1937, Teil II S. 217 bis 220.

Genauigkeit zu steigern und zu einem brauchbaren Durchschnittsurteil zu gelangen. Die Entwicklung der Lagermetalle ist daher mehr als die vieler anderer Legierungen empirisch erfolgt. Die Sachbearbeiter bildeten sich ihr Urteil weniger nach einzelnen Zahlenergebnissen, deren Unzulänglichkeit ihnen klar war, sondern auf Grund vieler Einzelbeobachtungen von meist qualitativer Natur aus Betrieb und Versuch. Ein solches Urteil ist nicht weniger wertvoll, als durch Messungen beweisbare Aussagen. Es wird sogar im allgemeinen von größerer praktischer Bedeutung sein, nur läßt es sich viel schwieriger beschreiben und begründen.

Zur Beurteilung der verschiedenen gehärteten Bleilagermetalle müssen wir dementsprechend die praktische Bewährung als maßgebenden Gesichtspunkt gelten lassen. Die Laboratoriumsergebnisse können aber dazu dienen, die Unterschiede in der praktischen Beurteilung zu verstehen. Sieht man sich nun die technische Entwicklung dieser Legierungsgruppe etwa an Hand der Zahlentafel 53 an, so stellt man fest, daß die Zahl der Zusätze aus der Gruppe der Alkali- und Erdalkalimetalle zugenommen hat, daß dagegen die Konzentration des einzelnen Bestandteiles kleiner geworden ist. Man hat erkannt, daß im Hinblick auf die Härtung die Wirkung der einzelnen Bestandteile aufhörte, oder doch viel geringer wurde, wenn der Gehalt gewisse Grenzen überschritt. Für die binären Legierungen sind diese Grenzen durch die Knicke der Härtekurven in Abb. 297 gegeben. In manchen Fällen ergaben sich sogar bei Überschreitung dieser Grenzen deutliche Nachteile. So eine erhebliche Korrosionsanfälligkeit und Ausbrandneigung bei zu hohen Natrium- oder Bariumzusätzen sowie Gießschwierigkeiten und Sprödigkeit bei zu hohem Kalziumgehalt. Bei Kombination mehrerer Zusätze in kleineren Mengen verhalten sich die mechanischen Eigenschaften annähernd additiv, während dies für die geschilderten Nachteile nicht zu gelten scheint. Ein weiterer wichtiger Auslesefaktor war die Erkenntnis, daß Magnesiumgehalte, wahrscheinlich von 0,1% ab, die Legierungen in einer Weise korrosionsanfällig machen, die eine Verwertung in weiteren Kreisen ausschließt.

Diese Gesichtspunkte rechtfertigen die Entwicklung zum Bn-Metall und zum Satco mit 3 bis 4 härtenden Bestandteilen aus der Gruppe der Alkali- und Erdalkalimetalle. Bn-Metall ist ursprünglich als Legierung für dicke Ausgüsse entwickelt worden. Die Legierung muß also aus sich selbst heraus eine erhebliche Härte aufbringen. Man ist daher mit den Zusätzen bis an die obere Grenze des zweckmäßigen Bereiches gegangen. Zur Herstellung dünner Ausgüsse kann die Konzentration der härtenden Bestandteile durch Bleizusatz verringert werden. Satco hingegen scheint von vornherein hauptsächlich für dünne, eingelötete Ausgüsse Verwendung gefunden zu haben, bei denen hinsichtlich der Härte die Stützschale „durchschimmert“. Es enthält daher geringere

Mengen an Alkali- und Erdalkalimetallen. Beide Legierungen enthalten aber auch noch andere Zusätze, von denen das Aluminium die Beständigkeit gegen Ausbrand und Korrosion erhöht. Welchen Einfluß die Schwermetalle, die sich in manchen gehärteten Bleilagermetallen finden, ausüben, ist nicht klar. Sie härten jedenfalls nur in ganz geringfügigem Maße. Zusammenfassend kann man feststellen, daß diese beiden Legierungen ihrem jeweiligen Verwendungszweck gut angepaßt sind. Die geschilderten Gedankengänge zeigen aber auch, wo die Möglichkeiten für die Weiterentwicklung der gehärteten Bleilagermetalle liegen.

Bei einem Vergleich mit anderen Lagermetallen sind folgende Gesichtspunkte zu berücksichtigen. In gießtechnischer Hinsicht verlangen die gehärteten Bleilagermetalle mehr Sorgfalt als die Zinn- und Blei-Antimonlagermetalle. In bezug auf die Gleiteigenschaften unterscheiden sie sich bei niederen und mittleren Beanspruchungen nicht von den Weißmetallen, bei hoher Belastung und einwandfreier Schmierung dürften sie zwischen den Zinn- und Blei-Antimonlagermetallen liegen. Für das Durchschnittslager des allgemeinen Maschinenbaues sind sie daher ohne weiteres geeignet. Ihr verhältnismäßig hoher Verschleiß und ihre begrenzte Belastungsfähigkeit bei hohen Geschwindigkeiten lassen eine Verwendung in schnellaufenden Maschinen mit kleinen Fertigungstoleranzen, wie etwa hochgezüchteten Verbrennungsmotoren, wahrscheinlich nicht zu. Anders liegen die Verhältnisse dagegen in weniger genau gearbeiteten Maschinen und unter rauheren Betriebsbedingungen. Hier übertreffen die gehärteten Bleilagermetalle infolge ihrer guten Notlaufeigenschaften nicht nur die Blei-Antimonlegierungen, sondern in vielen Fällen auch die Zinnweißmetalle.

Als letzter, aber nicht unwichtiger Gesichtspunkt sei hervorgehoben, daß die gehärteten Bleilagermetalle wenig oder wie das Bn-Metall keine devisenbelasteten Zusätze enthalten. Dieser Tatsache verdanken sie ihre Entstehung in der Kriegs- und der Nachkriegszeit. Das Bn-Metall war einer der wenigen „Ersatzstoffe", der sein Anwendungsgebiet auch später behauptet hat und sogar erweitern konnte. Es ist daher in der heutigen Zeit, in der die Devisenfrage wieder in den Vordergrund gerückt ist, der gegebene Austauschwerkstoff.

D. Gesinterte Lagermetalle.

Von Dr.-Ing. **Helmut Mann**, Düren (Rhld.).

Mit 6 Abbildungen.

1. Aufbau und Eigenschaften.

Alle bisher behandelten Lagermetalle machen zur Gewinnung ihrer Grundform einen *Schmelz- und Gießprozeß* durch. Sie werden durch den Gießprozeß in die endgültige Form und abschließend meist durch spanabhebende Formung auf Fertigmaß gebracht. Bei Verbundstücken in Form angegossener oder im Walzverfahren plattierter Bänder, die zu Lagerschalen und -büchsen gebogen oder gerollt werden, wird zur Bildung der Fertigform auch die spanlose Formung herangezogen. In allen Fällen geht diesen Arbeitsgängen jedoch der *Gießprozeß* voran.

Seit einiger Zeit wird an Stelle des Gießens noch eine *zweite Möglichkeit* zur Formung *von Lagerkörpern* benutzt, das *Sintern* oder *Fritten*[1]. Es besteht in einer Diffusionsglühung von Körpern, die aus Metallpulver vorgepreßt werden, in neutraler oder reduzierender Atmosphäre. Im Gegensatz zum Gießen wird beim Sintern die Schmelztemperatur der Bestandteile des Pulvergemisches oder wenigstens die Schmelztemperatur des Hauptbestandteiles nicht erreicht.

Das Sintern oder Fritten wurde zunächst mit besonderem Vorteil bei der Herstellung von Formteilen aus hochschmelzenden Metallen, wie Wolfram, Molybdän und Tantal, benutzt. Seine Heranziehung zur Herstellung von Gleitwerkstoffen, deren Legierungsbestandteile Metalle mit verhältnismäßig niedrigem Schmelzpunkt sind, hat vor allem zwei Gründe:

Erstens kann durch geeignete Wahl der Korngröße des Metallpulvers, des bei der Verformung benutzten Druckes und der Glühbedingungen beim Sintern, ferner durch Zuschlag flüchtiger Bestandteile das Sinter-Formstück *in bestimmten regelbaren Grenzen porös* gehalten werden. Die Poren des gesinterten Körpers können mit einem Schmiermittel,

[1] Zusammenfassendes Schrifttum, das in diesem Abschnitt als Quelle benutzt wurde: Sauerwald, F.: Z. Metallkde. Bd. 16 (1924) S. 41—47. — Skaupy, F.: Metallkeramik. Berlin: Verlag Chemie 1930. — Skaupy, F.: Metallkeramik, Nachtrag. Berlin: Verlag Chemie 1935. — Hardy, C.: Metal Progr. Bd. 22 (1932) S. 32—37. — Hardy, C.: Metal Progr. Bd. 26 (1936) S. 63—67. — Goetzel, C. G.: Werkstattstechnik Bd. 31 (1937) S. 446—449. — Jones, W. D.: Principles of powder metallurgy. London: E. Arnold & Co. 1937. — Peters, F. P.: Metals & Alloys Bd. 9 (1938) S. 69—72. — Noel, E. L., J. D. Shaw, E. B. Gebert: Met. Ind., Lond. Bd. 53 (1938) S. 315—318, 349—353. Met. Technol. T. P. 923 Bd. 5 (1938).

z. B. Maschinenöl, aufgefüllt werden, wodurch ein unter ungünstigen Schmierbedingungen, wie bei schleichenden Gleitgeschwindigkeiten oder

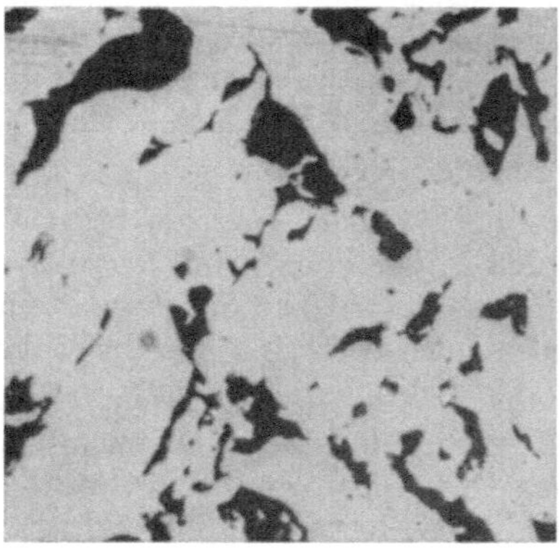

Abb. 319. Sinterbronze der Zusammensetzung 89,4% Cu, 10,6% Sn. Schliff ungeätzt. 50×.

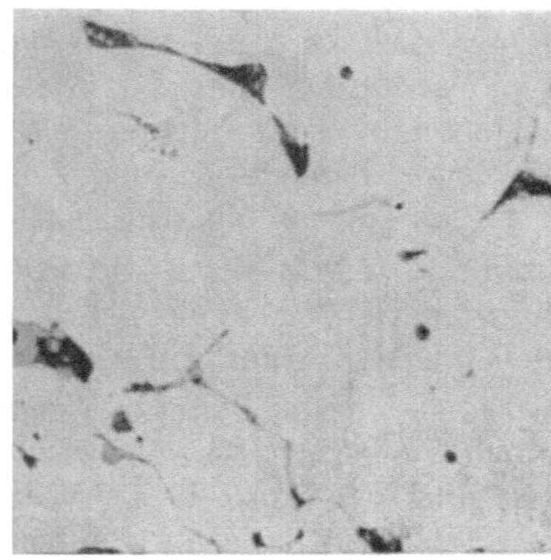

Abb. 320. Sinterbronze der Zusammensetzung 89,4% Cu, 10,6% Sn. Schliff ungeätzt. 200×.

beim Fehlen äußerer Ölzufuhr, ungewöhnlich betriebssicherer Lagerkörper gebildet wird.

Zweitens können dem Sinterkörper *nichtmetallische oder metallische Stoffe in gewünschter regelbarer Verteilung beigemengt* werden, die auf dem Wege des Schmelzens und Legierens schwierig oder unzulänglich eingebracht werden könnten. Beispielsweise wird zur Schaffung einer gewissen Dauerschmierung Metallpulvergemischen Graphit zugesetzt, der im Schmelzprozeß als praktisch unlöslicher Bestandteil wegen seines geringen spezifischen Gewichtes im Schmelztiegel fast völlig nach oben abschwemmen und verschlacken würde.

Abb. 321. Sinterbronze der Zusammensetzung 89,4% Cu, 10,6% Sn. Geätzt mit salzsaurer Lösung von Eisenchlorid. 100×.

In diesem Zusammenhang ist auch die *Herstellung von Bleibronzen* mit hohem Bleigehalt *im Sinterprozeß* aus Gemischen von Kupfer- und Bleipulver zu nennen. Das Sinterverfahren stellt in dieser Anwendung eine Umgehung der bei Bleibronze, insbesondere im Verbundguß, *schwer zu beherrschenden Gieß- und Erstarrungsvorgänge* dar.

Die meisten gesinterten Lagerkörper werden aus *Kupfer und Zinn*, gegebenenfalls unter *Zusatz von kolloidalem Graphit* hersestellt[1]. Die

[1] Weitere Sintermetalle s. Abs. 4.

üblichen Zusammensetzungen liegen im Bereich von 6 bis 12% Sn, Rest Cu, gegebenenfalls 1 bis 4,5% C. Größere Graphitzuschläge scheinen unzweckmäßig zu sein, da sie das Wachsen der Stücke beim Sintern zu stark begünstigen. Zu dieser Mischung kommt meist noch ein *Zusatz von flüchtigen Substanzen*, z. B. 1% Stearinsäure in Äther oder einem anderen geeigneten Lösungsmittel. Als weitere derartige Zuschläge werden Petroleum, Salizylsäure und Ammoniumchlorid genannt.

Die Größe der Kupferteilchen liegt meist in den Grenzen zwischen 0,02 und 0,2 mm. Zum Teil werden auch Sinterbronzen mit wesentlich gröberem Gefüge bei einer Teilchengröße von etwa 0,75 mm hergestellt, um die Ölzufuhr aus den Kapillarräumen noch besser zu gewährleisten.

Die Gefügeausbildung gesinterter Kupfer-Zinn-Pulvergemische zeigen Abb. 319 bis 321. Der ungeätzte Schliff Abb. 319 läßt bei 50facher Vergrößerung den Porositätsgrad erkennen. Die Poren stellen etwa 16% der Gesamtfläche dar. Bei stärkerer, 200facher Vergrößerung, läßt der ungeätzte Schliff Abb. 320 die Gefügeausbildung und die Korngrenzen schon klarer heraustreten. Das Gefüge besteht aus Kupfer-Zinn-Mischkristallen, in denen vereinzelt an den Stellen stärkerer Zinnkonzentrationen Eutektoideinschlüsse auftreten. Die Gefügebestandteile kommen im geätzten Schliff Abb. 321 klarer heraus. Die α-Körner sind teilweise infolge der Verformung beim Pressen und der anschließenden Glühung als Zwillinge ausgebildet.

2. Gleitverhalten und Eignungsbereich.

Die gleit- und schmiertechnischen Verhältnisse bei einem mit Öl getränkten porösen Sinterlager lassen sich unter Zuhilfenahme der hydrodynamischen Gleitlagertheorie ähnlich wie beim Massivlager deuten[1]. Bei einem Massivlager, wie es im Maschinenbau allgemein verwendet wird, ist praktisch eine ununterbrochene Tragfläche vorhanden, auf der sich, von einer Ölzufuhr an einer keilförmigen Öltasche ausgehend, der Ölfilm auf Grund von hydrodynamisch begründeten Keilkraftwirkungen aufbaut. Bei solchen Lagern, insbesondere in schnellaufenden Maschinen, liegt Mischreibung vor, die schon fast den Charakter der Fließreibung, d. h. vollkommener Schmierung ohne Berührung und Verschleiß von Lager und Zapfen besitzt.

Bei den Sinterlagern ist nicht *eine* Ölzufuhr, sondern es sind *außerordentlich zahlreiche Speisestellen* in Form der Ausgänge der Kapillaren zur Laufebene hin vorhanden. Hinter jeder dieser Kapillaren baut sich, wenn auch vom theoretischen Standpunkt aus relativ unvollkommen, der Schmierfilm auf Grund hydrodynamischer Kräfte auf. Dabei besteht der Nachteil, daß der im Aufbau begriffene Schmierfilm sich in die

[1] Ringsdorff-Kapillar-Gleitlager. Ringsdorff-Werke KG., Mehlem (Rh.), S. 12 und 13.

nächste Kapillare, auf die er trifft, teilweise wieder entspannen kann. Ein Sinterlager macht demnach mit steigender Gleitgeschwindigkeit in zunehmendem Maße von den gleichen hydrodynamischen Tragkräften Gebrauch wie ein Massivlager, etwa ein Grund- oder Pleuellager einer schnelläufigen Maschine. Während aber die beim Sinterlager meist vorhandene niedrige Gleitgeschwindigkeit den hydrodynamischen Aufbau des Schmierfilms erschwert, wird dieser Mangel durch die zahlreichen Ölspeisepunkte im Lager zum großen Teil wieder ausgeglichen. Ein grundsätzlicher Nachteil dieser Anordnung besteht nur darin, daß die Summe aller Flächen, auf denen sich der Schmierfilm aufbaut, wesentlich geringer ist als die entsprechende Gesamtfläche eines Massivlagers. Die Belastbarkeit ist dementsprechend geringer, ganz abgesehen von der durch den Herstellungsgang und die Porosität bedingten relativ geringen Festigkeit und Härte, die sich andererseits durch überlegene Einlaufeigenschaften sowie durch verringerten Wellenangriff als Vorzug darstellt. Die Belastbarkeit ist weiterhin um so kleiner, je gröber und zahlreicher die Poren sind. Andererseits gewährleisten zahlreiche und grobe Poren eine höhere Verläßlichkeit der Kapillarschmierung.

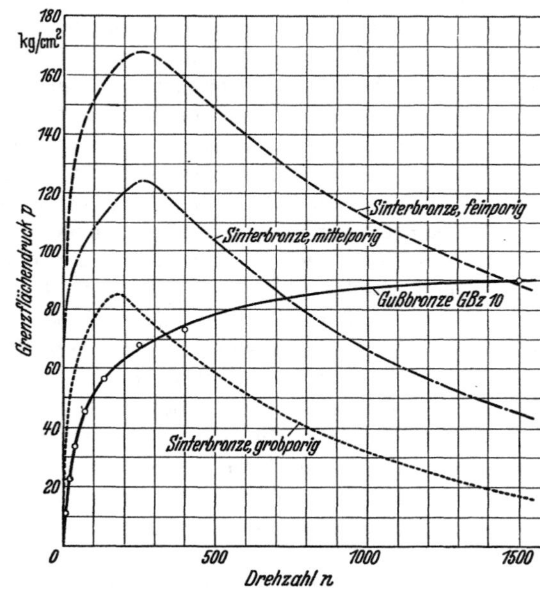

Abb. 322. Belastbarkeit von Sinterbronzen verschiedener Porengröße im Vergleich zu Zinn-Gußbronze.

Diese Verhältnisse werden durch das Schaubild Abb. 322, das die Grenzbelastungen von drei Sinterbronzen mit verschieden grober Porenausbildung im Vergleich mit den Grenzbelastungen einer gegossenen Zinnbronze darstellt, veranschaulicht[1]. Die Ergebnisse wurden auf einem Lagerprüfstand, Bauart *Falz*, gewonnen. Als Grenzflächendruck p ist diejenige spezifische Belastung bezeichnet, bei der ein plötzliches Ansteigen der Reibung einsetzt, so daß das Versagen des Lagers unmittelbar bevorsteht. Der Grenzflächendruck wurde empirisch auf dem Lager-

[1] Ringsdorff-Kapillar-Gleitlager. Ringsdorff-Werke KG., Mehlem (Rh.), S. 43.

prüfstand auf Grund von Temperatur- und Reibungsmomentmessungen ermittelt und in Abhängigkeit von der Drehzahl aufgetragen.

Zunächst ist bei den Sinterbronzen gegenüber der massiven Gußbronze ein grundsätzlich andersartiger Verlauf des Grenzflächendruckes mit steigender Drehzahl festzustellen. Die Belastbarkeit des *Massivlagers* nimmt im untersuchten Bereich mit steigender Drehzahl zu. Bei weiter steigender Drehzahl würde infolge zunehmender Erwärmung und damit abnehmender Schmiermittelzähigkeit die Tragfähigkeit wieder abnehmen, wenn nicht durch besondere Maßnahmen, wie intensive Kühlung, die Öltemperatur und damit seine Zähigkeit gleichgehalten würde. Bei abnehmender Drehzahl nimmt auch die Tragfähigkeit des Massivlagers ab, da der Schmierfilm, dessen Bildung ausschließlich auf hydrodynamische Keilkräfte, die mit der Drehzahl zunehmen, zurückzuführen ist, bei sinkender Drehzahl an Tragfähigkeit verliert, so daß bei der vorhandenen Mischreibung der Anteil der Fließreibung gegenüber der Trockenreibung mehr und mehr zurücktritt.

Bei den *Sintermetallen* nimmt infolge der Schmiermittelzufuhr an zahlreichen Stellen der Lauffläche der Grenzflächendruck, d. h. die Belastbarkeit, schon im unteren Drehzahlbereich mit steigender Drehzahl sehr schnell zu, um bald wieder abzusinken. Dabei schneiden in Abb. 322 die Kurven aller drei Sinterbronzen in dem untersuchten Bereich die Kurve der Gußbronze. An diesen Schnittpunkten beginnt also mit höheren Drehzahlen die eindeutige Überlegenheit des Massivlagers. Das Schaubild läßt andererseits ebenso eindeutig die hohe *Überlegenheit der Sinterbronzen im Bereich geringerer Drehzahlen* erkennen. Es läßt weiterhin Schlüsse auf die *Beziehung zwischen Belastbarkeit und Porengröße* zu. Die feinporige Sinterbronze besitzt bei weitem die höchste Belastbarkeit, vor allem, weil sie die verhältnismäßig größte tragende Fläche aufweist. Die grobporige Sinterbronze ist nicht so hoch belastbar und weist bereits bei einer sehr niedrigen Gleitgeschwindigkeit den gleichen Grenzflächendruck wie das Massivlager auf, d. h. bei weiter steigender Drehzahl ist seine Belastbarkeit bereits geringer. Dabei ist seine *Betriebssicherheit* infolge der noch sicherer gewährleisteten Schmierung höher zu bewerten.

Für eine Eignungsabgrenzung ist die Betrachtung des Grenzflächendruck-Gleitgeschwindigkeit-Schaubildes insofern von Wert, als es über die zulässigen Lagerdrücke Aufschluß gibt und die für Massiv- und Sinterlager unterschiedliche Beeinflussung der Schmierfilmbildung durch die Gleitgeschwindigkeit erkennen läßt.

Das wesentlichste Ziel des Lagergestalters muß jedoch das *Lager größter Betriebssicherheit* sein[1], und damit gewinnt die selbsttätige Schmierwirkung der Sinterlager eine betriebsmäßige Bedeutung, die beispielsweise in dem obigen Belastungsschaubild nicht zum Ausdruck kommt

[1] HEYER, H. O.: Autom.-techn. Z. Bd. 39 (1936) S. 258.

und höchstens in vergleichenden Dauerversuchen grundsätzlich geklärt werden könnte. Bei diesem Vergleich wäre immer noch die Frage offen, wie hoch die Gewährleistung einer voll ausreichenden Schmiermittelzufuhr beim Massivlager als Unsicherheitsfaktor im Betrieb zu bewerten wäre. Diese Frage hängt mit davon ab, in welchem Grade das Lager einer Wartung zugänglich ist und mit welcher Wahrscheinlichkeit ein gelegentliches Aussetzen dieser Wartung angenommen werden kann.

Für die Eignungsabgrenzung kommen danach also nicht nur die rein physikalischen und technologischen Eigenschaften des Lagermetalls und des Lagers in Betracht, sondern auch Voraussetzungen, die einer technisch-wissenschaftlichen Ermittlung nicht unmittelbar zugänglich sind. Wir gelangen damit etwa zu folgender *Eignungsabgrenzung* der gesinterten, ölgetränkten Lagermetalle. Gesinterte Lagermetalle sind Massivlagern im Bereich der *kleinen Geschwindigkeiten überlegen*, d. h. in dem Bereich, wo beim Massivlager die hinreichend vollkommene Bildung eines hydrodynamisch gebildeten Schmierfilms nicht mehr gewährleistet ist. Das gilt besonders auch für Schwinglager, bei denen die Gleitgeschwindigkeit periodisch Null wird und die Drehrichtung im gleichen Takt wechselt, während die Lagerbelastung meist konstant bleibt, so daß beim Richtungswechsel die Schmierung außerordentlich unvollkommen wird. Ähnliche Verhältnisse herrschen oft bei Gleitsteinen und Führungsschiebern. In diesen und ähnlichen Fällen bilden gesinterte Lagermetalle besonders gute Anwendungsmöglichkeiten, wenn die Lagerdrücke nicht so hoch liegen, daß die Druckfestigkeit des Sintermetalls nicht mehr ausreicht, um unzulässige Verformungen und Verquetschungen auszuschließen. In *hohen Drehzahlbereichen* kommen Sintermetalle nur bei *geringen Lagerdrücken* in Betracht. Hier liegt ihr Vorteil nicht so sehr in der Gewährleistung einer einwandfreien Schmierfilmbildung, als vielmehr einer zuverlässigen Schmierung auch bei schlechter, aussetzender oder fehlender Wartung, ferner in der Möglichkeit einer dichten Lagerung, die infolge der hohen Dämpfungseigenschaften der Sintermetalle einen geräuscharmen Betrieb ermöglichen hilft. Ein besonders wertvoller Anwendungsbereich scheint in diesem Zusammenhang die Lagerung kleiner Elektromaschinen, z. B. Anlasser für Kraftfahrzeuge und geräuscharmer Sondermotoren zu werden.

Die Sinterlager sind in bezug auf ihren *Ölverbrauch* gegenüber den Massivlagern äußerst *sparsam*, da das durch die Lagererwärmung austretende Öl bei Aussetzung des Betriebes von den Kapillaren wieder aufgesaugt wird und da ein *Öldurchsatz* wie beim Massivlager *nicht vorhanden* ist. Verluste durch seitliches Austreten und Abtropfen von Öl können außerdem durch besondere Maßnahmen, z. B. durch am Rand eingedrehte Ringnuten gemäß Abb. 323 vollends hintangehalten werden.

Dabei ist jedoch zu bedenken, daß — mindestens bei allen schnellläufigen Maschinen — das Öl im Lager nicht nur zur *Schmierung*, sondern auch zur *Kühlung* dient. Diese Kühlung fällt beim Sinterlager fort. Die in ihm erzeugte Reibungswärme, für die das Produkt aus Lagerbelastung und Gleitgeschwindigkeit, also $p \cdot v$, die Berechnungsgrundlage bildet, kann also nur durch den Lagerkörper und die Welle abgeführt werden. Andererseits bedeutet ein Wärmestau im Lager eine Verringerung der Viskosität des Öls und damit seiner Tragfähigkeit. Diese Verhältnisse bringen eine Einschränkung des Anwendungsbereichs für Sinterlager, wenn nicht durch konstruktive Maßnahmen für die Abführung der Wärme besonders gesorgt werden kann. Das gilt besonders für *hohe Drehzahlen,* natürlich um so mehr, je höher dabei die Lagerbelastung ist. Bei *sehr hohen Lagerbelastungen und weniger hohen Gleitgeschwindigkeiten* treten dagegen die Festigkeitseigenschaften des Sintermetalls als Maßstab für seine Bewährung in den Vordergrund. Als höchstzulässige Gleitgeschwindigkeit wird 0,5 m/s genannt, und als höchstzulässige Belastungen bei Geschwindigkeiten dieser Größenordnung etwa 30 bis 100 kg/cm². Bei schleichenden Geschwindigkeiten soll die Belastbarkeit bis 350 kg/cm² betragen. Die Härte der Sinterbronzen liegt dabei in den Grenzen 12 bis 35 kg/mm² (H 5/250/30).

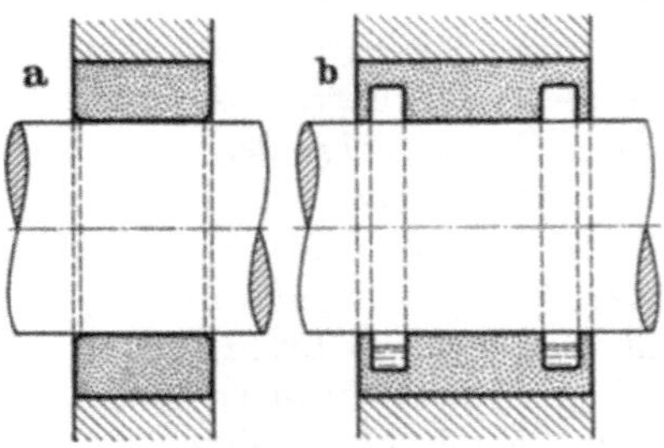

Abb. 323. Lagerbüchsen ohne (a) und mit (b) Ölfangrinnen (RINGSDORFF).

Bei *dynamischer Belastung,* insbesondere bei starken Druckspitzen in der Lagerbelastung, sind gesinterte Lagermetalle *ungeeignet,* da sie infolge ihrer Porosität und ihres gegenüber gegossenen Legierungen weniger engen Metallverbandes eine verhältnismäßig geringe Dauerschlagfestigkeit besitzen.

3. Herstellung und Verarbeitung.

Die *Erzeugung der Metallpulver* erfolgt nach mehreren Methoden, meist auf physikalischem Wege, d. h. durch Zerkleinerung von festen Metallstücken in Mühlen oder durch Zerteilen von geschmolzenem Metall, ferner auf chemischem Wege, insbesondere durch Reduktion des Metalloxyds in Wasserstoff oder Kohlenoxyd oder durch Elektrolyse[1].

Beim Transport und Lagerung führt die infolge der stark vergrößerten Metalloberfläche erhöhte Aktivität der Metallpulver zu einer beschleunigten Oxydation, wenn das Pulver nicht unter Verschluß und gegebenenfalls unter inaktiver Atmosphäre gelagert wird. Bei gut verschlossenen Behältern rechnet man mit einer größten Lagerfähigkeit von einigen Wochen. Oxydiertes Kupferpulver kann beim Sintern eine

[1] PETERS, F. P.: Metals & Alloys Bd. 9 (1938) S. 70 u. 71. — NOEL, E. D., J. D. SHAW, E. B. GEBERT: Met. Ind., Lond. Bd. 53 (1938) S. 315—318, 349—350.

einwandfreie Diffusion der zu sinternden Stücke in Frage stellen, insbesondere, wenn die Porosität der Formstücke nur gering oder die reduzierende Wirkung der Glühatmosphäre unzureichend ist. Andererseits kann in einigen Fällen gerade die Herstellung eines einwandfreien Sintermetalls durch Reduktion des Metalloxyds ermöglicht werden.

Die Metallpulver und ihre Zuschläge werden meist in einfachen Trommeln (Kugelmühlen) oder Rollfässern gemischt. Wenn eine zusätzliche Verkleinerung der Teilchen beabsichtigt ist, führt die Benutzung einer Kugelmühle oder Kugelschwingmühle nur bei hinreichend großer Härte der Teilchen zum Erfolg.

Das Pulvergemisch wird auf mechanischen oder hydraulischen Pressen in Preßformen unter Drücken von 750 bis 5000 kg/cm², meist 2000 bis 4000 kg/cm², vorgeformt. Stempel und Matrize müssen ein genügend großes Spiel von einigen Zehntel Millimeter (man rechnet z. B. mit 0,2 bis 0,5% des Durchmessers) haben, damit beim Pressen die Luft entweichen kann. Die Abnutzung der Werkzeuge ist recht groß. Sie werden deshalb, wenn die wirtschaftlichen Bedingungen es gestatten, verchromt oder aus Widia hergestellt. Die obengenannten Zusätze flüchtiger Stoffe haben eine gewisse Schmierwirkung, die sich durch geringere Abnutzung der Preßform und niedrigere Preß- und Auswerferdrücke günstig auswirkt.

Für eine wirtschaftliche Fertigung von Formstücken, insbesondere von Lagerbüchsen, die in großer Stückzahl von der Fahrzeugindustrie verwendet werden, ist eine vollkommene Durchbildung der Pressen in bezug auf die Genauigkeit ihrer Führungen auch bei angestrengtem Dauerbetrieb, ferner in bezug auf selbsttätige Mengenzumessung und Beschickung sowie Auswerfung des gepreßten Formstückes von grundsätzlicher Bedeutung. Besondere Schwierigkeiten bereitet die Zuführung der Mischung zum Preßwerkzeug und das Auswerfen des vorgeformten Stückes bei dünnwandigen Büchsen. Für diese Aufgaben wurden Sonderwerkzeuge entwickelt, für die Abb. 324 ein Beispiel zeigt. Zuerst wird der Hohlraum *a*, aus dem der Dorn *b* durch Absenken herausgezogen ist, mit Metallpulver gefüllt. Dann geht der Dorn *b* nach oben; das durch ihn verdrängte Metallpulver tritt in die seitlichen Taschen *c* ein. Der Hohlraum *a* ist damit in Form eines Hohlzylinders gleichmäßig dicht mit Metallpulver gefüllt. Der Abstreifring *d* wird nach hinten weggezogen und nimmt dabei das überschüssige Metallpulver mit fort. Anschließend geht der rohrförmige Stempel *e* von oben herunter und formt das in dem Raum *a* vorhandene Metallpulver zu einer Laufbüchse vor. Durch die gezeichnete Anordnung wird die Schwierigkeit umgangen, einen *rohrförmigen* dünnwandigen Raum in gleichmäßiger Schicht mit Metallpulver zu füllen.

Für die Maschinenwahl und den Werkzeugentwurf ist die notwendige Hubhöhe wesentlich, da das Pulvergemisch beträchtlich zusammengedrückt wird. Das Verdichtungsverhältnis beträgt z. B. bei einem spezifischen Gewicht des lose geschichteten Pulvers von 2,6 g/cm³ etwa 3 : 1, d. h. die Formhöhe muß etwa dreimal so hoch wie die Höhe der zu pressenden Lagerbüchse sein[1].

Die Sinterung erfolgt meist in Topfglühöfen, wie sie für das Blankglühen allgemein bekannt sind. Auch jede andere Ofenbauart, bei der reduzierend oder neutral geglüht werden kann, ist geeignet. Als reduzierendes Gas kann Wasserstoff verwendet werden, ferner Schutzgase,

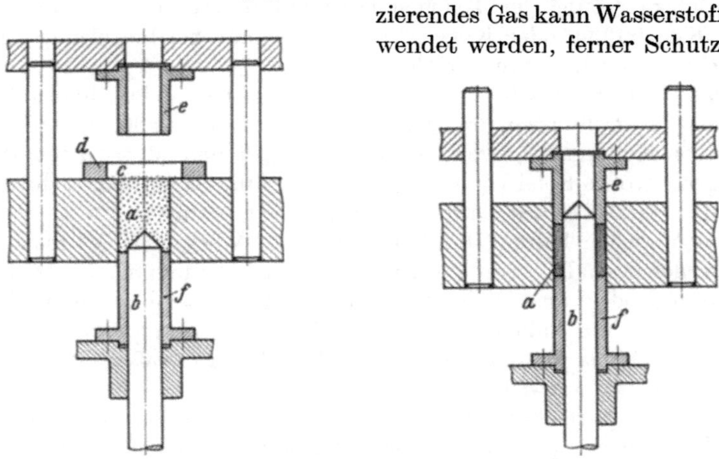

Abb. 324. Preßwerkzeug zur Herstellung dünnwandiger Büchsen in zwei Arbeitsstellungen.

die durch Verbrennung von Leuchtgas oder Aufspaltung von Ammoniak gewonnen werden. An Stelle von unter Gas stehenden Öfen können auch reduzierende oder neutrale Salzbäder verwendet werden. Als geeignete Salze werden z. B. Natriumcyanid (Schmelzpunkt 562°) und für höhere Temperaturen Kryolith (Schmelzpunkt etwa 1000°) genannt.

Die Sintertemperatur für Kupfer-Zinn-Gemische liegt meist bei etwa 800°. Sie ist von der Glühdauer abhängig, die einige Minuten bis zu einer Stunde beträgt. Durch Vorwärmen auf etwa 400° wird zunächst das Zinn verflüssigt und hüllt als Schmelze die Kupferteilchen ein. Erst bei höheren Temperaturen nimmt die Diffusion so stark zu, daß der eigentliche Sintervorgang einsetzt. Zinn und andere niedrig schmelzende Bestandteile brauchen übrigens wegen dieser Verflüssigung im Metallgemisch nicht in so feiner Verteilung vorzuliegen wie Kupfer.

Die gesinterten Formstücke werden mit einem Schmiermittel, meist Maschinenöl, getränkt, und zwar im Vakuum oder einfacher durch Kochen in erwärmtem Öl. Die Öltemperatur beträgt dabei 70 bis 130°, die Kochdauer 10 Minuten bis 24 Stunden. Die mit Öl gefüllten Hohlräume

[1] JONES, W. D.: Principles of powder metallurgy, S. 151. London: E. Arnold & Co. 1937.

machen etwa 15 bis 45% des Gesamtvolumens aus. Dabei liegt das Ölvolumen bei denjenigen Büchsen, die durch Graphitzusatz eine zusätzliche selbsttätige Schmierung erhalten und durch Prägen auf Fertigmaß gebracht werden, bei etwa 15 bis 20%, während Sinterbronzen mit ausschließlicher Ölschmierung, die durch feinstgedrehte Laufflächen gekennzeichnet sind, ein Ölvolumen von etwa 20 bis 40% aufweisen. Da sich das Öl infolge der Kapillarwirkung in die Hohlräume hineinzieht, scheint Tränken im Vakuum im allgemeinen unnötig zu sein.

Beim Sintern wachsen die Stücke etwas, außerdem leidet ihre Oberflächenglätte, so daß sie vor dem Einbau noch auf Fertigmaß gebracht werden müssen. Für die Fertigbearbeitung finden sich widersprechende Vorschriften. Zum Teil erfolgt sie durch spanlose Formung in Kalibrierpressen, zum Teil durch spanabhebende Formung auf Feinstbearbeitungsmaschinen.

Wenn die Schmierwirkung des Öles, das die Hohlräume im gesinterten Lager ausfüllt, voll ausgenutzt werden soll, ist es zweifellos erforderlich, die Poren an der Lauffläche möglichst offen zu halten. Damit verbietet sich eine spanlose Formung durch Kalibrieren im Prägewerkzeug, Aufdornen mittels Kugel usw. von selbst, da diese Arbeitsgänge — mindestens teilweise — ein Zuquetschen der Poren verursachen und damit den Nachfluß des Schmiermittels zum Gleitfeld in Frage stellen. Die Offenhaltung der Poren wird nach dem Stand der heutigen Bearbeitungstechnik nur durch Bohren der Lauffläche mittels Diamant oder Widiaschneide gewährleistet.

Im Laufe einer längeren Betriebszeit wird die selbsttätige Schmierwirkung eines solchen Lagers durch Zusetzen der Poren, verursacht durch Verharzung oder Verschmutzung des Öles und Verquetschung der Lauffläche unter der Lagerbelastung, herabgesetzt werden. Zur Verharzung neigende und verschmutzte Öle müssen vermieden werden, da ein Sinterkörper ein sehr wirksames Feinfilter darstellt, in dem sich alle eingebrachten Fremdkörper absetzen und die Kapillaren nach und nach zusetzen. Von diesen Möglichkeiten zur Minderung der Selbstschmierung abgesehen besitzen *Sinterlager mit offenen Poren*, d. h. durch Feinbohren auf Fertigmaß gebrachte Lager, prinzipiell die *höchste selbsttätige Schmierwirkung*.

Bei der *Fertigbearbeitung* gesinterter Lagerbüchsen durch *Kalibrieren oder Prägen* werden die Poren an der Lauffläche mehr oder weniger zugequetscht und damit die selbsttätige Schmierwirkung herabgesetzt. Trotzdem wird diese Art der Fertigbearbeitung insbesondere bei großen Stückzahlen aus Gründen der wirtschaftlichen Herstellung oft bevorzugt. Sie gibt offenbar auch für viele Zwecke Lagerbüchsen mit ausreichender Schmierleistung her. Die Belastbarkeit wird dabei vermutlich durch die Verdichtung der Randzonen beim Prägen auf Kosten der Schmierwirkung erhöht. Bei diesen Lagern wird allgemein die selbstschmierende

Wirkung durch Graphitzusatz etwas gesteigert. Die bevorzugten Anwendungsgebiete für diese auf Fertigmaß geprägten Lager sind Gestänge für Dreh- und Schubbewegungen, Schwinghebel und Gelenke. Bei Lagerstellen, wo der Zapfen eine ständig umlaufende Bewegung ausführt, oder bei höheren Ansprüchen an die Bildung des Schmierfilms wird man den durch Feinbohren fertigbearbeiteten Lagern mit offenen Poren den Vorzug geben.

4. Besondere Sintermetalle und gesinterte Bleibronzen.

Außer Kupfer und Zinn kommt für die Herstellung von gesinterten Lagern noch Zink, Eisen und Blei in Betracht. Zink wird zusammen mit Zinn als Zusatz zu Kupfer genannt, Eisen entweder mit Kupfer und Graphit (z. B. 88,5% Fe, 10% Cu, 1,5% C), mit Aluminium oder nur mit Graphit ohne Zusatz zweiter Metalle.

Gesinterte Lagerkörper auf Eisenbasis werden in letzter Zeit zunehmend genannt und scheinen eine Austauschmöglichkeit für Sinterlager auf Kupferbasis darzustellen[1]. Sie besitzen offenbar den Vorzug höherer Belastbarkeit, wenn auch bei geringeren Laufeigenschaften.

Auch die Herstellung von hoch bleihaltigen Kupferlegierungen, also Bleibronzen, wird durch Sintern statt durch Schmelzen und Gießen versucht. Dabei ist meist abweichend von den bisher behandelten Sintermetallen nicht die Erzeugung eines porösen Lagerkörpers, sondern die Herstellung einer dichten Bleibronze mit einem der Gußstruktur entsprechenden Gefüge das Ziel der Entwicklung[2]. Anlaß dazu gaben die beim Gießverfahren, insbesondere beim Verbundguß, vorhandenen Schwierigkeiten, den Erstarrungsvorgang wunschgemäß zu führen und die Bindung zwischen Stützkörper und Anguß sicherzustellen. Ferner bietet das Sintern, insbesondere im Gegensatz zu einigen Verbundgußverfahren, die Möglichkeit, mit einem geringsten Metallaufwand auszukommen.

Nach den Angaben einer amerikanischen Patentschrift[3] soll die Herstellung hoch bleihaltiger Sinterbronzen in grundsätzlich gleicher Weise wie bei zinnhaltigen Sinterbronzen möglich sein. Beispielsweise wird angegeben, daß eine Mischung von 67,5% Cu, 7,5% Sn und 25% Pb bei einem Druck von 1400 kg/cm^2 vorgeformt und 20 bis 30 min bei etwa 800° unter Schutzgas gesintert wird.

Das Arbeiten nach dieser Anweisung führt nach anderen Angaben[4] zum Mißerfolg, da die mangelhafte Legierungsbildung von Kupfer und Blei das bei 327° flüssig werdende Blei nicht, wie Zinn, die Kupferteilchen

---

[1] Druckschriften der Firmen Schwelmer Eisenwerk Müller & Co., Schwelm i. W. und Schunk & Ebe, Gießen. Ferner Machinist, Lond. Bd. 80 (1936) S. 491.

[2] Fetz, E.: Metals & Alloys Bd. 8 (1937) S. 257—260.

[3] Amer. Pat. 2075444.

[4] Fetz, E.: Metals & Alloys Bd. 8 (1937) S. 258.

einhüllt und anschließend in sie hineindiffundiert, sondern sich zu größeren Tropfen zusammenballt. Damit treten die gleichen Schwierigkeiten auf wie bei unvollkommener Beherrschung des Gieß- und Erstarrungsvorganges.

Erfolg brachten dagegen[1] Versuche mit Bleipulver, das vorher im Kontaktverfahren oder elektrolytisch verkupfert worden war. Durch die vor dem Glühen aufgebrachte Kupferhaut wurde die Zusammenballung der flüssigen Bleiteilchen beim Sintern verhindert. Bei Pb-Gehalten von 20 bis 35% traten bis 900° noch keine Zusammenballungen des Bleis ein, und bei Pb-Gehalten von 45 bis 55% konnten immer noch Temperaturen bis 750° ohne diesen Nachteil erreicht werden.

Solche Gemische aus verkupfertem Blei und Kupfer wurden zu Streifen gepreßt, die sich biegen und walzen ließen. Bei 43% Blei war beispielsweise ein Abwalzen um 50% möglich. Die Bindung dieser Streifen mit Unterlagen aus Kupfer-, Bronze- und Flußstahlbändern gelingt ohne Zwischenschichten kaum, da die Glühung zu lange bei zu hohen Temperaturen durchgeführt werden müßte, als daß Zusammenballungen von Blei verhindert werden könnten. Die Herstellung einer guten Bindung war erst unter Benutzung einer Zinn-Zwischenschicht möglich. Die damit erzielte Bindung reicht natürlich an die beim Verbundguß vorhandene Hartlösung von Eisen und Kupfer nicht heran.

Das Sintern bietet bei Bleibronzen noch die besondere Möglichkeit, den Bleigehalt über den Querschnitt des Sinterkörpers veränderlich zu verteilen. Die Lauffläche soll zur Begünstigung der Laufeigenschaften einen verhältnismäßig hohen Bleigehalt aufweisen, während der Rücken des Lagerkörpers möglichst hohe Festigkeit haben soll, d. h. zweckmäßigerweise bleifrei gehalten wird. Diese Anforderungen lassen sich beim Sintern von Bleibronzen durch entsprechendes Schichten bleireicher und bleiarmer bzw. bleifreier Pulvergemische verhältnismäßig einfach erfüllen. So wurden Sinterkörper hergestellt, die an der Lauffläche aus etwa 50% Pb und 50% Cu und am Rücken praktisch aus reinem Cu bestanden.

Ein weiteres Verfahren zur Herstellung von Bleibronzen besteht darin, in gesinterten Kupferkörpern mit ausreichender Porosität Blei an die Stelle von Öl treten zu lassen, d. h. grob poröse kupferne Sinterkörper im Vakuum mit flüssigem Blei zu tränken.

Die Herstellung von Bleibronzen im Sinterverfahren bietet ebenso wie der Bleibronzeguß und insbesondere -verbundguß Schwierigkeiten, die in bezug auf die Beeinflussung der Bleiverteilung ähnlich liegen und in bezug auf die Bindung mit Stützwerkstoffen sogar besonders schwer zu beherrschen sind. Vermutlich wird die weitere Entwicklung den Gießverfahren gegenüber dem Sintern bei der Herstellung von

[1] Fetz, E.: Metals & Alloys Bd. 8 (1937) S. 258.

hoch bleihaltigen Kupferlegierungen auch weiterhin den Vorzug geben, wenn nicht die Herstellung *poröser*, hoch bleihaltiger Körper angestrebt wird.

5. Prüfung und Prüfverfahren.

Die Ausgangswerkstoffe, die Metallpulver, können auf folgende Werte geprüft werden: *Chemische Zusammensetzung*, *spezifisches Gewicht*, *Form und Größe der Teilchen*, *insbesondere verhältnismäßiger Anteil verschiedener Teilchengrößen und Fließfaktor*[1].

Die *chemische Zusammensetzung* wird nach den üblichen analytischen Methoden ermittelt. Dabei ist die Ermittlung des Sauerstoffgehaltes der Proben wegen ihrer durch die große Oberfläche erhöhten Aktivität von besonderer Bedeutung.

Das *spezifische Gewicht* wird meist in folgender Weise als Klopfvolumen oder Einschüttdichte bestimmt. Die Probe (z. B. 10 g) wird in ein austariertes zylindrisches Meßgefäß gefüllt und so lange durch leichtes Aufstauchen des Zylinders auf eine geeignete Unterlage verdichtet, bis praktisch keine Volumenverringerung mehr eintritt. In diesem Zustand wird die Bestimmung vorgenommen. Das spezifische Gewicht der Pulver wird beeinflußt durch die Teilchengröße und Teilchenform, insbesondere durch Anwesenheit von Teilchen verschiedener Größen. Hier gelten ähnliche Betrachtungen, wie sie bei der Formsandprüfung im Gießereibetrieb angestellt werden. So wird auch die Ermittlung der Anteile verschiedener *Korngrößen* ähnlich wie bei Formsand in einem Mehrfachsieb vorgenommen, soweit es die Größe der Teilchen gestattet. Die Siebanalyse ist durchführbar bis herab zu einer Maschengröße von etwa 200, bezogen auf 1 engl. Zoll. Bei kleineren Teilchen muß die Analyse durch *Sedimentation*, d. h. durch Bestimmung der Korngrößenverteilung mit Hilfe des Gesetzes der Fallgeschwindigkeit erfolgen. In vielen Fällen gibt eine *mikroskopische Untersuchung* besonders zur vergleichenden Kritik verschiedener Lieferungen schon hinreichenden Aufschluß über Form und Größe der Teilchen.

Analog der Bestimmung der Zähigkeit von Flüssigkeiten wird die Durchflußgeschwindigkeit durch eine Düse als Prüfwert angegeben, z. B. wird das Gewicht der Pulvermenge bestimmt, die in 1 min durch eine genormte Düse mit einer Bohrung mit dem Durchmesser $^1/_{32}{}'' =$ 0,794 mm fließt. Dieser „*Fließfaktor*“ hat offenbar nur beschränkte Bedeutung, da er insbesondere durch die wechselnden Anteile von Teilchen verschiedener Größe stark beeinflußt wird und da diese Prüfmethode für die praktische Verwendbarkeit der Pulver kaum Aufschlüsse geben kann.

---

[1] Vgl. besonders SKAUPY, F.: Metallkeramik, S. 11—20. Berlin: Verlag Chemie 1930. — JONES, W. D.: Principles of powder metallurgy, S. 182—189. London: E. Arnold & Co. 1937. — NOEL, E. D., J. D. SHAW, E. B. GEBERT: Met. Ind., Lond. Bd. 53 (1938) S. 351—353.

Für das *fertige Sinterlager* gelten unter Berücksichtigung der im Abschnitt über Gleitverhalten und Eignungsbereich gemachten Ausführungen die gleichen Grundsätze wie für die Prüfung anderer Gleitlager. Zusätzlich sind dabei noch folgende Bestimmungen von Wert:

Die Bestimmung des *Porositätsgrades*. Sie erfolgt durch Bestimmung des spezifischen Gewichts oder planimetrisch an einer Prüffläche entsprechend Abb. 319. Dabei muß ein Verschmieren der Poren sorgfältig vermieden werden. Eine für diese Prüfung geeignete Oberfläche wird am besten durch Plandrehen der Probe auf einer Diamantdrehbank gewonnen.

Die Bestimmung der *Ölaufnahme* erfolgt durch Gewichts- und Volumenbestimmung des Sinterkörpers vor und nach der Tränkung unter Berücksichtigung des spezifischen Gewichts des Öls.

Angaben über die *Dauerbewährung* der Sinterlager, die vor allem von der Offenhaltung der Kapillaren abhängig ist, können nur durch die Sammlung von Betriebs- oder Prüfstanderfahrungen über längere Zeiten gewonnen werden.

Sachverzeichnis.

Kadmiumlegierungen 207.
Kantenpressung 56, 86, 177, 185.

GPSR Compliance

The European Union's (EU) General Product Safety Regulation (GPSR) is a set of rules that requires consumer products to be safe and our obligations to ensure this.

If you have any concerns about our products, you can contact us on ProductSafety@springernature.com

In case Publisher is established outside the EU, the EU authorized representative is:

Springer Nature Customer Service Center GmbH
Europaplatz 3
69115 Heidelberg, Germany

Batch number: 10704711

Printed by Printforce, the Netherlands